# Silverlight 2 & ASP.NET 高级编程

Jonathan Swift
（美） Chris Barker 等著
Dan Wahlin

刘志忠 译

清华大学出版社

北 京

Jonathan Swift, Chris Barker, Dan Wahlin, et al.

Professional Silverlight 2 for ASP.NET Developers

EISBN：978-0-470-27775-1

Copyright © 2009 by Wiley Publishing, Inc.

All Rights Reserved. This translation published under license.

本书中文简体字版由 Wiley Publishing，Inc.授权清华大学出版社出版。未经出版者书面许可，不得以任何方式复制或抄袭本书内容。

北京市版权局著作权合同登记号　图字：　01-2009-2817

图书在版编目(CIP)数据

Silverlight 2 & ASP.NET 高级编程/(美)斯卫夫特(Swift，J.) 等 著；刘志忠 译.
—北京：清华大学出版社，2010.4

书名原文：Professional Silverlight 2 for ASP.NET Developers

ISBN 978-7-302-22271-2

I. S… 　II. ①斯… ②刘… 　III. 主页制作—程序设计　IV. TP393.092

中国版本图书馆 CIP 数据核字(2010)第 046020 号

责任编辑：王　军　于　平
装帧设计：孔祥丰
责任校对：胡雁翎
责任印制：孟凡玉

出版发行：清华大学出版社　　　　　　　　　　地　　　址：北京清华大学学研大厦 A 座
　　　　　http://www.tup.com.cn　　　　　　邮　　　编：100084
　　　　　社　总　机：010-62770175　　　　邮　　　购：010-62786544
　　　　　投稿与读者服务：010-62776969，c-service@tup.tsinghua.edu.cn
　　　　　质　量　反　馈：010-62772015，zhiliang@tup.tsinghua.edu.cn

印　刷　者：北京密云胶印厂
装　订　者：北京市密云县京文制本装订厂
经　　　销：全国新华书店
开　　　本：185×260　印　张：39.75　字　数：967 千字
版　　　次：2010 年 4 月第 1 版　　印　　次：2010 年 4 月第1次印刷
印　　　数：1～3000
定　　　价：79.80 元

产品编号：032198-01

# 作 者 简 介

**Jonathan Swift** 曾经在英国的微软公司担任应用开发咨询师多年，而且目前正在管理该团队。这就意味着他要花费大部分时间在各个国家之间来回旅行，以帮助用户高效地使用微软公司的开发技术。Jonathan 具有 13 年的编程经验，并且使用过多项技术，包括 C、C++、Visual Basic、COM、COM+、SQL、ASP 以及.NET 的所有内容，但不仅仅限于这些技术。除了编程外，Jonathan 还曾经担任过微软公司的培训师，主要讲授 Microsoft Official Curriculum 全套课程，也讲授特别设计的一些课程。

Jonathan 试图每天都更新他的博客(http://blogs.msdn.com/jonathanswift)，但是由于写书使得他无法实现这一点(其他比较好的借口就是玩 XBox 游戏)。当不工作时，Jonathan 把他的所有时间都花在陪伴妻子和孩子，偶尔还会在飞行俱乐部中考飞行执照。

**Chris Barker** 是英国的微软公司(www.microsoft.com/uk/adc)的应用程序开发咨询师。他每天的时间都花在在全国旅行、拜访客户，并教授在微软公司平台上进行开发的相关技术咨询。最近，他的主要兴趣在 RIA 开发上，因此他已经组织了多个关于 Silverlight 的客户工作组。除了工作以外，Chris 还喜欢在他的家乡德贝郡游玩，包括骑自行车、踢球。

**Dan Wahlin**(微软公司连接系统的最有价值专家)是.NET 开发的讲师，并且还是 Interface Technical Training(www.interfacett.com)的架构咨询师。Dan 建立了 XML for ASP.NET Developer Web 站点(www.xmlforasp.net)。该网站集中讨论在微软公司的.NET 框架中使用 ASP.NET、Silverlight、AJAX 和 XML Web Service。他还在 INETA Speaker 的办公署就职，并且在多个会议上发表演讲。近年来，Dan 编写或合作编写了多本关于.NET 技术的书籍，其最近的两本书是 *Professional ASP.NET 3.5 AJAX* 和 *Professional Silverlight 2 for ASP.NET Developers*。Dan 还写了多篇在线技术报道，并在 http://Weblogs.asp.net/dwahlin 上开辟了博客专栏，并且有时他还在 www.twitter.com/danwahlin 上更新一些他关注的内容。在闲暇时间，他喜欢运动以及创作一些音乐和录制一些音乐来放松自己——http://Weblogs.asp.net/dwahlin/archive/tags/Music/default.aspx。

# 前　　言

如果您正在阅读本书，那么您将开始利用 Silverlight 编写丰富的、迷人的 ASP.NET 应用程序，并且想确保程序首次就能正常运行。购买本书只是为该过程开了一个头，使用 Silverlight 开发该类应用程序将大大降低学习曲线，并且能节约您以及您公司的大量时间和金钱。并且这仅仅只是开始而已。

我们编写本书的主要目的是为 ASP.NET 开发人员提供相应的能力以让他们快速且简单地创建可视化界面非常好的 Internet 应用程序，并且这些应用程序具有丰富的交互性从而以一种新的在线体验来完全吸引用户。Silverlight 提供了达成该目标的所有功能，并且是以一种虔诚的方式提供的！

首先，.NET 框架的能力已经包含在一个插件中，而该插件可以嵌入多个操作系统的多个浏览器中，从而为开发人员提供了富 Internet 应用开发中强大的功能以及灵活性。

除了介绍 Silverlight 所具有的各个特性以外，本书还将确保您可以调试 Silverlight 应用程序，可以排除应用程序中的漏洞，以及对应用程序的性能进行微调。此外，本书还将确保您可以将 Silverlight 无缝地集成到已有的 ASP.NET 体系结构和代码库中。

## 本书读者对象

本书主要针对那些想快速掌握 Silverlight 2 所提供的所有功能的.NET 开发人员和架构师。

除了涉及大量 Silverlight 2 所提供的特性外，本书还在需要的地方演示了某些特殊的特性如何与 ASP.NET 承载应用程序实施紧密集成。第 7 章中就给出了一个例子。在该例子中，Silverlight 应用程序直接使用了 ASP.NET Profile 服务以获取用户特有的数据。

可以这么说，尽管本书针对的是 ASP.NET 开发人员，但是它在一定程度上涉及到了 Silverlight 2 所有的突出特性，因此它对于那些不使用 ASP.NET 的开发人员而言也是非常有用的编程资源。

但是，如果您是一名.NET 开发的新手，那么首先需要查阅一本.NET 的入门书籍以帮助克服学习一种新的语言所遇到的语法问题和环境相关问题。如果您不是，那么屏住呼吸，开始学习吧！

## 本书主要内容

本书涵盖了 Silverlight 2 的所有特性集，并深入讨论了各个主题领域以提供具有一定深度和广度的介绍。除了介绍 Silverlight API 的主要组件以外，本书还涉及到调试 Silverlight 应用程序，排查 Silverlight 应用程序的故障，以及调节 Silverlight 应用程序的性能，从而使得您具有在给定的时间内创建基于 Silverlight 的高级应用程序的所有技能和知识。

很重要的一点，本书还涵盖了 ASP.NET 和 Silverlight 之间的集成点，从而使得您可以采用不同的技术无缝地利用 Silverlight 的功能来改善已有的和新建的 ASP.NET Web 站点。

如果想利用 Silverlight 进行编程，并且可能使用 ASP.NET 作为承载，那么本书将包含所有的内容。

# 本书结构

本书分为两个不同部分。第 I 部分为"面向 ASP.NET 开发人员的 Silverlight 基础"，第 II 部分为"使用 Silverlight 开发 ASP.NET 应用程序"。第 I 部分试图提供一些 Silverlight 的基础支持，包括作为一项技术 Silverlight 是什么，以及它在基于 Web 开发中所起的作用。该部分还在较高的层次上分析了 Silverlight 应用程序的基本组件，并揭示了开发应用程序之前所需要的所有知识。

第 II 部分则深入地介绍了 Silverlight 的各个特性，并展示了如何利用 Silverlight 和 ASP.NET 的功能来创建迷人的应用程序。

各章的主要内容如下所示：

● 第 I 部分："面向 ASP.NET 开发人员的 Silverlight 基础"

· 第 1 章："Silverlight 基础"——本章将在一个比较高的层次上介绍 Silverlight 是什么，以及它如何帮助您开发迷人的 Web 应用程序。本章还给出了 Silverlight 和其他基于 Web 技术之间的差异，并描述了利用 Silverlight 实施开发所需要的开发环境。简而言之，在阅读了该章以后，您将可以描述 Silverlight，解释为什么将使用 Silverlight，了解它相对于其他竞争者而言有哪些优势。

· 第 2 章："Silverlight 体系结构"——Silverlight 允许构建具有非常好的用户界面且功能全面的应用程序，但是如果在开发过程中遇到什么问题的话，那么理解开发时所基于的基层体系结构将显得比较重要了。该章给出了 Silverlight 2 的核心特性，并介绍了这个高度灵活的框架中的构造块，还特别注意了和已有的 ASP.NET 应用程序之间的集成。

· 第 3 章："XAML 简介"——该章的目的就是让您快速地了解 XAML，从而帮助消除一些语法问题，并让您掌握这种多目标声明式语言的基础知识。该章还给出了如何将 XAML 文件和.NET 代码进行关联，从而帮助您将动态的事件驱动行为注入 Silverlight UI 中。最后，该章还介绍了一项用于动态创建 XAML 的技术，随后还简单介绍了 Expression Blend。

· 第 4 章："Silverlight 编程"——到阅读该章时，您将渴望开始编码了。该章将详细分析您将编写的代码。这些代码将作为构成 Silverlight 应用程序的编程构造块，并且对平台特性不可知。该章将彻底地分析 Silverlight 应用程序的组件，并深入地解释其所有的构造块。此外，该章还详细地介绍了 Silverlight 应用程序的生命周期，以及如何将生命周期连接到一起。该章还给出了将 Silverlight 插件内嵌到应用程序中的不同方法，随后还简单介绍了 JavaScript 及其相应的 DOM 模型。接着，该章讨论了 Silverlight 对象模型，解释了如何构建可视化树以组成 UI。该章还介绍了另外一项用于动态创建 XAML 并将其添加到可视化树上的技术。最后，该章介绍了 Silverlight 事件模型、浏览器交互以及线程模型。

- 第 II 部分："使用 Silverlight 开发 ASP.NET 应用程序"
  - **第 5 章："创建用户界面"**——您现在已经知道了如何编写 Silverlight 应用程序，以及如何编写 XAML 标记。该章将展示如何将这些内容综合到一起以布局 Silverlight 应用程序的用户界面。该章介绍了 Silverlight 所提供的各个布局控件——Canvas、Grid、StackPanel 和 TabControl，还解释了何时利用哪个布局控件。该章还给出了如何创建一个可伸缩 UI 的相关知识。最后，该章还用一节详细介绍了如何本地化应用程序，从而使得应用程序对于其他的语言和文化均可用。
  - **第 6 章："Silverlight 控件"**——Silverlight 2 提供了各类可以用于显示和获取数据的控件。在该章，您将学习到如何使用用户输入控件、项目控件以及媒体控件，并可以了解到如何将这些控件用于构建交互性丰富的用户界面。您还将学习到如何使用诸如 MultiScaleImage 之类的控件来使用 Silverlight 的 Deep Zoom 技术。
  - **第 7 章："样式和模板"**——该章的主题是改变应用程序的外观。该章介绍了使用不同的技术将样式信息应用到构成应用程序的控件的方法。此外，该章还详细介绍了通过 WCF 将 Silverlight 应用程序和 ASP.NET Profile 服务集成，从而使得您可以基于各个用户的偏好来实现个性化 Silverlight 应用程序。
  - **第 8 章："用户交互"**——如果我们不能和某项技术(诸如 Silverlight 之类)交互的话，那么凭什么说该技术是一项伟大的技术呢？在该章，我们将回顾可以和应用程序实施交互的不同方法，从而理解 UIElement 如何使用诸如键盘、鼠标和手写笔之类的输入设备。我们还探讨了导航应用程序的不同方法，并给出了我们可以选择的方法，以及各个选择分别适用于哪个场景。
  - **第 9 章："和服务器通信"**——获取位于分布式数据源中的数据是许多 Silverlight 应用程序的关键。在该章，您将学习到 Silverlight 2 中的各种不同网络技术，并了解如何使用这些技术。该章涉及到多个不同主题，包括：创建并调用 ASMX 和 WCF 服务，调用 REST API，使用 JavaScript 对象表示(JSON)对象，通过套接字将数据从服务器推送到客户端，以及利用 HTTP 双向轮询功能。
  - **第 10 章："处理数据"**——该章完全是关于数据处理的。我的一个同事总是说："如果在 Silverlight 2 中没有使用数据绑定，那么您一定犯了某种错误！"

该章解释了在应用程序中可用的数据框架,然后深入介绍了数据绑定的内部工作原理,并展示了利用该框架可以使用的不同方法。为了理解数据如何被检索,我们给出了利用可用的数据控件获取大部分 Silverlight 2 数据的不同技术和方法。最后,该章还介绍了如何使用 LINQ 和 LINQ to XML 来操作数据。

- **第 11 章:"创建自定义控件"**——该章将介绍用于自定义 Silverlight 2 控件的不同方法。首先,我们将讨论 ASP.NET 开发人员所使用的用户控件模型,然后我们深入探讨了可视化自定义的内部机制。您将会为该功能强大的新模型而着迷。最后,对于那些想充分利用自定义功能的人,该章还给出了如何从零开始创建一个完全自定义的控件。该章是内容非常丰富的一章,它还给出了这些方法可以应用到的典型场景。

- **第 12 章:"确保 Silverlight 应用程序的安全"**——不管您是企业应用程序开发者还是 Silverlight 的爱好者,您都希望在某个时候可以向外发布应用程序,因此安全将是一个事先需要考虑的问题。由于 Silverlight 2 在运行时中具有内置的安全框架,因此 Silverlight 为使用 Silverlight 提供了一个安全的环境。该章将介绍 Silverlight 安全框架,同时还将告诉您作为 Silverlight 开发人员所应该承担的安全责任。

- **第 13 章:"音频和视频"**——在 Silverlight 应用程序中内嵌高保真的音频和视频将可以让应用程序在用户脑海中留下深刻印象。因此,该章将展示仅仅利用 Silverlight 所提供的 MediaElement 控件和 ASP.NET Media 服务器控件来实现这一点。本章还演示了播放控制这一高级主题,播放控制用于在媒体中提供同步控制。该章将肯定会为 Web 站点添加一些令人叫绝的要素。

- **第 14 章:"图形和动画"**——该章首先介绍了 Silverlight 所带的图形 API,包括派生自 Shape 的对象和派生自 Geometry 的对象。前者是可以直接在屏幕上渲染的对象,而后者则在创建之后需要利用 Path 对象来渲染。接下来,该章介绍了 Brush 对象,演示了 SolidColorBrush、LinearGradientBrush、Radial-GradientBrush、ImageBrush 和 VideoBrush,以及这些对象的使用。接下来,该章将介绍非常酷的 Deep Zoom 技术,涉及到利用 Deep Zoom Composer 创建支持 Deep Zoom 的图像以及利用 MultiScaleImage 在 Silverlight 中使用这些图像。最后,该章介绍了可以在 Silverlight 应用程序中使用的不同动画技术,包括基本的 From/To/By 动画以及包含多种不同转换机制的比较高级的关键帧动画。

- **第 15 章:"故障排查"**——从头到尾编写一个应用程序而且不遇到任何开发问题是不可能的。该章将介绍大量的技术和工具以帮助在应用程序不按期望的动作执行时,对应用程序进行适当的调整。除了回过头来修改应用程序中的问题外,该章还提供了多个相对主动的方法来确保应用程序在发布之前就具有比较高的质量。在此,该章还重点介绍了 Silverlight 的测试框架。

·　第 16 章："性能"——Silverlight 是一个功能强大而且非常灵活的框架。其
特有的灵活性通常意味着实现同一目标会有多种不同方法。在选择一个替代
途径时，您经常会发现其代价是性能比较差。该章将提供一系列比较好的建
议，以允许在遇到多个选择时，能够做出合理的决策。此外，您还将学习到
如何在代码中编织相应的指令以简单标识应用程序中的瓶颈。

# 使用本书的要求

为了尽可能地掌握本书的内容，建议您按照本书所提供的例子进行编码，或者直接拷
贝本章所给出的代码，也可以直接下载本书的样例并运行。

为了实现这一点，您将需要 Visual Studio 2008。如果订购的话，该软件可以从 MSDN
上下载。此外，还需要下载并安装 Silverlight Tools for Visual Studio 2008。该软件允许在
Visual Studio 中创建基于 Silverlight 的应用程序。该安装程序将安装 Silverlight 运行时和
Silverlight SDK。您可以从 www.silverlight.net/getstarted 下载该安装程序。

如果您想学习使用微软公司的 Expression Blend 或者 Deep Zoom Composer 的例子，那
么还可以从 www.silverlight.net/getstarted 上下载这些软件。

除了这些软件要求外，您还需要有微软公司.NET 框架的基础开发知识，并且具有基于
Web 开发的经验。当然，创建富 Web 应用程序的激情对于掌握该技术也是非常重要的，当
然这也不是必需的！

# 约定

为了帮助您尽可能从文本上获得更多知识并知道正在发生的事情，我们在本书中使用
了大量的约定。

类似于这样的框表示一些重要的、不能忘记的信息，而且这些信息和周围的文本直接
相关。

注意、提示、警示、窍门以及当前讨论的一些旁白将缩进并用如本段的楷体字表示。

文本中还利用以下的样式：
- 我们将键盘敲击表示为：Ctrl+A。
- 我们将文本中的代码表示为：persistence.properties。
- 我们以两种不同的方式给出代码：

我们用单一样式来表示不需要强调的代码样例。

我们用灰色的突出显示来强调在当前上下文中特别重要的代码。

# 源代码

在使用本书的例子时，您可以选择手动输入所有的代码，也可以选择同本书一起发布的源代码文件。本书所使用的源代码文件都可以从 www.wrox.com 和 http://www.tupwk.com.cn 上下载。一旦访问该网站，只需要查找本书的书名(或者使用 Search 框，或者使用某个书名列表)，然后单击在该书细节页面上的 Download Code 链接以获取本书的所有源代码。

由于很多书有类似的书名，您可能会发现通过 ISBN 搜索是最简单的方法；本书的 ISBN 号为 978-0-470-27775-1。

一旦您下载了该代码，那么用您喜欢的解压工具对其解压。您还可以到 Wrox 代码的主页面 www.wrox.com/dynamic/books/download.aspx 上查看本书中所有可用的代码以及 Wrox 出版的其他书籍的代码。

# 勘误

尽管我们已经尽了各种努力来保证文章或代码中不出现错误，但是错误总是难免的，如果你在本书中找到了错误，例如拼写错误或代码错误，请告诉我们，我们将非常感激。通过勘误表，可以让其他读者更方便地学习，当然，这还有助于提供更高质量的信息。

请给 wkservice@vip.163.com 发电子邮件，我们就会检查你的反馈信息，如果是正确的，我们将在本书的后续版本中采用。

要在网站上找到本书英文版的勘误表，可以登录 http://www.wrox.com，通过 Search 工具或书名列表查找本书，然后在本书的细目页面上，单击 Book Errata 链接。在这个页面上可以查看到 Wrox 编辑已提交和粘贴的所有勘误项。完整的图书列表还包括每本书的勘误表，网址是 www.wrox.com/misc-pages/booklist.shtml。

# p2p.wrox.com

要与作者和同行讨论，请加入 p2p.wrox.com 上的 P2P 论坛。这个论坛是一个基于 Web 的系统，便于你张贴与 Wrox 图书相关的消息和相关技术，与其他读者和技术用户交流心得。该论坛提供了订阅功能，当论坛上有新的消息时，它可以给你传达感兴趣的论题。Wrox 作者、编辑和其他业界专家和读者都会到这个论坛上来探讨问题。

在 http://p2p.wrox.com 上，有许多不同的论坛，它们不仅有助于阅读本书，还有助于开发自己的应用程序。要加入论坛，可以遵循下面的步骤。

(1) 进入 p2p.wrox.com，单击 Register 链接。

(2) 阅读使用协议，并单击 Agree 按钮。

(3) 填写加入该论坛所需要的信息和自己希望提供的其他信息，单击 Submit 按钮。

(4) 你会收到一封电子邮件，其中的信息描述了如何验证账户，完成加入过程。

**提示:**

不加入 P2P 也可以阅读论坛上的消息,但要张贴自己的消息,就必须加入该论坛。

加入论坛后,就可以张贴新消息,响应其他用户张贴的消息。可以随时在 Web 上阅读消息。如果要让该网站给自己发送特定论坛中的消息,可以单击论坛列表中该论坛名旁边的 Subscribe to this Forum 图标。

关于使用 Wrox P2P 的更多信息,可阅读 P2P FAQ,了解论坛软件的工作情况以及 P2P 和 Wrox 图书的许多常见问题。要阅读 FAQ,可以在任意 P2P 页面上单击 FAQ 链接。

# 目　　录

# 第 I 部分

# 面向ASP.NET开发人员的 Silverlight基础

# Silverlight 基础

本章的目的是提供 Silverlight 的清晰概况，从而帮助您认识该技术和现有的技术和功能之间的差异，同时也帮助您理解何时使用 Silverlight 以及为什么要使用 Silverlight。此外，本章的最后部分还给出了 Silverlight 所需要的开发环境概况。如果对 Silverlight 的一般原理比较熟悉的话，就可以跳过本章，直接进入下一章以更深入地了解 Silverlight 的体系结构。

## 1.1 挑战

正如任何 ASP.NET 开发人员告诉您的那样，与在经典的富客户端应用程序中发布一个内容丰富的、迷人的用户界面相比，通过浏览器来发布同样的用户界面将是一件颇具挑战性的事。我差点糊涂了——使用 ASP.NET 将可以创建具有稳健的、企业可用的 Web 应用程序。如果编写正确，这些应用程序同样可以在提供具有良好外观以及合乎逻辑的用户界面(需要一个良好的设计时支持)的同时，还能为大量用户所使用。

但是，如果需要创建的不仅仅是满足一定功能的用户界面，而是需要创建一个真正能够让用户兴奋并推动用户使用该应用程序的界面，一个让用户拍案叫绝的用户界面，那么确实具有一定的挑战性。因为标准的 Web 应用程序并不能完全利用客户端的处理能力来支持多功能的和功能强大的用户界面(user interface，UI)。

仅仅使用 HTML 和 JavaScript(DHTML)来开发多功能的客户端界面也确实可行，并能开发很多伟大的应用程序，但是管理和编写真正的高级场景所需要的大量脚本自身是非常困难的，而跨平台、跨浏览器等非连接环境功能则使得该过程更容易发生错误，而且更富有挑战性。如果再将这些功能和管理支持 JavaScript 所需要的数千行代码结合到一起，则事情将会变得异常复杂。

## 1.2 是要"富客户端"还是要"Web 可达性"

由于生成复杂的、具有很强交互性的 Web 应用程序非常困难，因此就存在一个"丰富性和可达性"之间的折中。丰富性(rich)是指传统客户端应用程序可以完全访问宿主操作系统、API 的能力以及计算能力，从而可以支持固有的更多功能的用户体验。而可达性(reach)则是指基于 Web 的应用程序通过集中部署，让无数运行不同操作系统和软件的用户使用。但是该类应用程序不能充分利用客户端的完全潜能来创建一个真正丰富的 UI。

因此，通常情况下，Web 应用程序开发人员都不得不在丰富性和可达性之间寻找一个比较好的折中点，从而使得应用程序易于部署，让数千甚至数万人同时访问，但同时最终失去了 UI 的丰富性。

到目前为止，通过 Web 提供比较丰富的内容的主要解决方法还是使用 Macromedia Flash。该技术包含了 Flash Player(一个用于显示 Flash 内容的跨浏览器插件)和用于创建 Flash 内容的开发环境。该方法存在一个较大的缺陷，即需要大量的时间来学习在 Flash 环境中实施开发，包括学习 Flash ActionScript 和使用 ASP.NET 实施开发——没有轻重之分。实际上，很少能看到哪位 Web 开发人员能够同时很好地掌握 Flash 和 ASP.NET，因此当同时使用这些技术时，需要多个开发人员。

除了 Flash 之外，Java 是另外一个用于开发内嵌在浏览器中丰富 UI 的选择。但是，对于 ASP.NET 的开发人员而言，他们面临着和使用 Flash 所遇到的相同问题——使用本质不同的技术进行混合来开发最终应用程序，将需要不同的技能并且需要较长的开发周期。

## 1.3　Silverlight 入门

Silverlight 2 是一个跨平台、跨浏览器的插件。该插件支持各个版本的.NET Framework API 编写的富互联网应用程序(Rich Internet Application，RIA)。Silverlight 使得可以使用和 Windows 表示基础(Windows Presentation Foundation)类似的开发环境和经验来创建视觉效果非常好的应用程序：UI 可以使用由 XAML 提供的声明式编程模型来实施创建和布局，然后使用.NET Framework 的能力来进行驱动，从而使其正常运行。

> 术语富互联网应用程序是指任意具有多功能界面并具有类似桌面系统功能的 Web 应用程序。从效果上来说，该类 Web 应用程序在视觉上和功能上都和胖客户端应用程序非常类似。在大部分 RIA 应用程序中，其功能的丰富性都是通过 AJAX 提供的，但是它也包含 Java、Flash，并且正向着支持 Silverlight 应用程序的方向发展。

Silverlight 2 所提供的一些高层功能包括：
- **跨平台支持**——Silverlight 提供了真正的跨浏览器和跨平台支持，可以运行在所有流行的 Web 浏览器上(IE、Firefox、Safari 和 Opera)，并同时可以运行在微软公司的 Windows 平台上和苹果公司的 Mac OS X 平台上。Silverlight 应用程序在这些浏览器和平台上均能一致运行，从而使得可以完全关注于设计和开发应用程序的核心，而不需要担心浏览器和平台的变化所带来的改变。此外，一个名为 Moonlight 的第三方实现也已经被开发出来了，从而允许 Silverlight 在 GNU/Linux 上运行。
- **移动支持**——Silverlight 首次支持 Windows Mobile 操作系统和 Nokia S60 设备。
- **易于安装**——Silverlight 插件支持轻量级下载，可以在数秒钟内实施安装。

- **流化媒体**——可以对音频和视频进行流化，包括移动设备和 HDTV 视频。
- **DRM**——Silverlight 已经支持媒体文件的数字版权管理(Digital Rights Management)。
- **AJAX 模式更新**——在页面发生改变时，不需要刷新整个页面。
- **类似 WPF 的图形化系统**——访问一个支持类似 Windows 表示基础(WPF)的、功能强大的图形化系统。
- **.NET Framework**——Silverlight 基于.NET Framework 的一个子集，因此是一个类似的开发环境。Silverlight 应用程序可以用 C#编写，也可以用 Visual Basic .NET 编写。
- **丰富的控件库**——Silverlight 提供了大量的 UI 控件以支持数据绑定和自动布局。
- **DLR**——Silverlight 支持动态语言，如 Ruby 和 Python，并支持在动态语言运行时(Dynamic Language Runtime，DLR)上的操作。
- **LINQ**——Silverlight 包含了对语言集成查询(language-integrated query)的支持，从而允许使用本地的语法和强类型对象来编写数据访问代码。
- **通信**——Silverlight 包含了大量的通信选项，从而允许通过 XML Web Service、WCF Services、REST 和 ADO.NET Data Service 来完全访问所有拥有的基于服务器的资源。
- **JavaScript 扩展**——Silverlight 为标准的 JavaScript 语言提供了扩展，从而可以通过浏览器的 UI 和控件更好地控制 UI 元素的使用。
- **HTML/托管代码桥**——Silverlight 允许 HTML 和托管代码之间的交互。

如果以上功能还不够的话，那么 Silverlight 的另外一个关键卖点就是它基本上是建立在现有的技术之上，因此 Silverlight 对于任何使用过.NET 的人来说会感觉比较熟悉，而对曾经使用过.NET 3.0 或者 3.5 的人而言就更加熟悉了。此外，由于本身的开发环境就是 Visual Studio，因此，它不会为.NET 开发人员带来任何的麻烦。所有这些使得现有的.NET 开发人员一旦建立好了环境并熟悉了相应的语法查询，就可以非常快速地使用该项技术。因此，和使用 Flash 或者 Java 的.NET 开发人员相比，使用 Silverlight 的起始开发成本较低。

要在浏览器上运行 Silverlight 应用程序，其全部需求就是安装 Silverlight 插件。该插件可以从微软的站点上免费下载。如果用户并未安装该插件，而需要浏览带有 Silverlight 应用程序的某个页面，那么应用程序将自动提示安装该插件。由于该插件非常小，大多数用户连接都仅仅需要数秒的时间即可完成下载安装。

# 1.4　Silverlight 对现有 ASP.NET 应用程序的影响

Silverlight 的目的完全是为了通过 Web 发布下一代的媒体体验和富互联网应用程序(RIA)。该技术使得将视频、帧动画添加到 Web 站点上成了一件轻松的事情，从而大大改善了 Web 站点的交互性，并为用户提供更热情和强烈的访问体验。Silverlight 提供了一个统一的媒体格式，以涵盖高清的媒体类型和使用 WMV 的移动格式，同时还支持针对音频的 WMA 和 MP3。另外，该技术还支持基于矢量的图像，从而使得图像和动画可以任意伸展，而不会损失画面质量。所有这些组合在一起，便可以获得比仅仅使用 DHTML 所获得的更丰富、更迷人的 UI。此外，为了让应用程序速度更快并更易于运行，通过由 Windows MediaLive 进行流化，Silverlight 提供了一个免费的流化和承载解决方案的应用程序，从而使得可以更容易地发布支持媒体的 RIA。

但是，如果想用 Silverlight 来替换现在应用程序的大部分内容，那么这是否会影响搜索引擎发现应用程序呢？由于 Silverlight 应用程序的用户界面是由基于文本的 XAML 定义的，它们仍然可以被索引，并且通过搜索引擎来发现这些应用程序也非常容易，因此这并不是问题。

如果现在大量地使用 JavaScript 在客户端创建一个复杂的 UI，那么 Silverlight 将可以采用一项新的技术来替换该技术。由于新技术采用了 XAML 定义的 UI，而且采用了类型安全的.NET 代码隐藏，因此新的界面将具有更好的性能，而且更易于创建和维护。此外，由于同样的代码可以在不同的浏览器、不同的平台上运行，从而可以免除为每个不同方案编写自定义代码之苦。

如果网站严重地依赖于广告，想象一下：举手之劳就能够实现完整的广告插入——包括发布广播类型视频和动画的能力，同时还不会损失移动质量和视觉保真性——将会是什么样的效果呢？

Silverlight 所提供的能力中，有一个能力比较容易被忽视，即一种新的用于通过“软件作为服务”(Software as a Service，SaaS)来发布应用程序的机制。该术语大概是指一个驻留在 Internet 上的、用户可以付费使用的 Web 应用程序——因此用户通过付费使用应用程序，但并不拥有应用程序。由于 Silverlight 有助于开发功能非常多的 UI 界面，它将使得开发和提供以这种方式发布的应用程序变得更容易，特别是通过 Windows Live 所提供的免费承载服务尤其显得容易。

简而言之，Silverlight 使得可以在 ASP.NET 应用程序中添加一些令人叫绝的元素，而且可以相对容易地实现这一点。

# 1.5　在 ASP.NET 中还可以做些什么

正如现在所了解的，Silverlight 为用户带来了很多功能，但这并不是说从现在开始所编写的每个 ASP.NET 应用程序都仅仅是 Silverlight 应用程序的容器，而 Silverlight 应用程序则提供所有的站点内容和用户体验(是的，并不是这样的……)。事实是，还有很多事情仍然需要在 ASP.NET 中实现。下面给出的一些例子都将使用 ASP.NET，而且可以推断出另外一些需要使用 ASP.NET 的场景：

- **安全感知**——需要时刻牢记 Silverlight 是位于客户端机器的浏览器中的。因此，如果没有很好的理由，大部分情况下都不希望将一些非常敏感的逻辑或者数据自动移动到该应用程序之上。只有正式的威胁建模分析表明敏感操作没有必要保留在服务器上并由服务器来维护时，我们才在客户端实现这些操作，否则这些操作均应该由服务器完成。
- **体系结构感知**——在 n 层体系结构中，仍然需要将数据库访问代码用 ASP.NET 来编写，并为 Silverlight 提供相应的访问点。

- **环境关注**——Silverlight 插件并不能在所有的环境下运行，如公司的环境下、教育机构的环境下或者是私有的环境下。在某些环境下，它将违背某些人的策略，这样只能用 ASP.NET 编写所有程序，没有任何别的选择。此外，就 Silverlight 的广泛使用状况来看，Silverlight 目前还不能支持所有操作系统上的所有浏览器，因此，还需要使用 ASP.NET 来实现这些意外情况。
- **开发的简易性**——在某些情况下，在 ASP.NET 中开发某些程序将更为快捷、简单，而且更可靠和可测试。表单的创建就是这样的一个例子，包含经典的数据项验证。由于拥有可以用于快速开发的大量控件，所以已经证明 ASP.NET 是可以快速创建数据输入应用程序的有效工具。此时，将应用程序中的数据输入部分移植到 Silverlight 中将不会有任何性能上的改善。

## 1.6    开发环境概述

建立 Silverlight 的开发环境非常容易。第一件事就是：需要使用一个集成开发环境 (Integrated Development Environment，IDE)，该 IDE 就是 Visual Studio 2008。为了提供 Silverlight 项目模板、开发人员运行时、IntelliSense、调试支持以及其他的一些开发支持，需要安装 Silverlight Tools for Visual Studio 2008。安装完这两个项目后，就完成了开发环境的安装，因此就可以轻松地使用 Visual Studio 来创建和编辑 Silverlight 应用程序了。

一旦已经安装好了这些软件，就可以启动 Visual Studio 了。通过选择 File | New Project，就可以访问如图 1-1 所示的 Silverlight 项目模板。

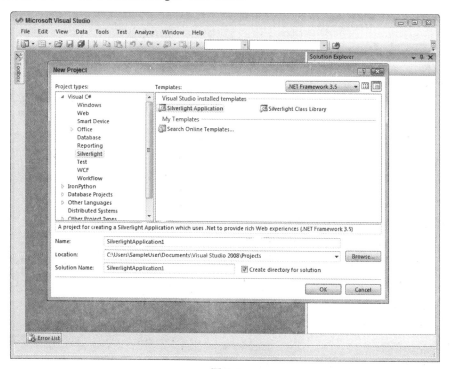

图 1-1

在此可以选择创建 Silverlight 应用程序或者 Silverlight 类库(Silverlight Class Library，SCL)，然后继续后面的工作。这就是所有的开发环境了。在第 3 章"XAML 简介"中，将首次讲述如何利用该开发环境来创建 Silverlight 应用程序并开始 XAML 的介绍。

除了使用 Visual Studio 来实施 Silverlight 开发以外，如果认为自己是一名设计人员，而不仅仅是一名开发人员，那么可能会考虑下载和安装微软公司的 Expression Blend。该软件是针对设计人员的一流环境，它可以综合使用 WPF 和 Silverlight 应用程序。第 3 章和第 5 章均展示了如何使用 Expression Blend 来快速并方便地输出 XAML，这些 XAML 将在 Visual Studio 项目中使用。

## 1.7　小结

本章从一个较高的层次上介绍了 Silverlight 是什么，以及 Silverlight 如何帮助发布更迷人的 Web 应用程序且同时不增加开发的复杂度。

从本章内容可知，在 Silverlight 之前，由于多种原因，在 ASP.NET 中开发功能丰富的、迷人的 UI 颇具挑战性，其中的困难主要来源于仅仅使用 HTML 和 JavaScript 的环境的不连贯性。这就导致了一个"丰富性和可达性"之间的折中，在此必须在应用程序需要拥有图形化丰富的 UI 还是需要易于部署和使用之间做出诀择，但是不能两者兼顾。

Silverlight 通过允许创建具有视觉上非常复杂的而且非常迷人的 UI，并同时可以在不同的操作系统和浏览器上运行的应用程序来帮助解决"丰富性和可达性"问题。Silverlight 可以通过 Web 实现非常简单的安装，它还提供流化媒体支持、AJAX 样式的更新、极好的图形化，另外可能是最重要的一点，它支持所有版本的.NET Framework。

由于 Silverlight 的目的就是提供下一代媒体体验并改善交互性，它支持创建非常热情和迷人的用户体验，从而让现有的 Web 站点从对手中脱颖而出，或者是创建崭新、顶尖级的站点。

重要的是，随后本章提到使用 Silverlight 并不是必要的，也就是说，并不是从现在开始所有代码、逻辑和 UI 都需要从 ASP.NET 转移到 Silverlight。本章主要讨论了四个层次上的考虑，包括安全、体系结构、易于开发性和环境，从而展示了哪些任务不应该在 Silverlight 中完成，以及为什么不应该在 Silverlight 中完成。

最后，本章讨论了开发环境的安装以便创建 Silverlight 应用程序。Silverlight 需要两个主要的组件：Visual Studio 2008 和 Silverlight Tools for Visual Studio 2008。

下一章"Silverlight 体系结构"，将深入分析构成 Silverlight 构造块的基本组件以及 ASP.NET 和 Silverlight 之间存在的关联点。

# Silverlight 体系结构

体系结构(architecture)这个词现在用得越来越多。但是，在 Silverlight 中，体系结构指的又是什么呢？在 Silverlight 中，体系结构是指 Silverlight 自身的组件和构造块，以及 Silverlight 和相关技术(即 ASP.NET)之间的关系。

本章将遵循从客户端到服务器的方式来介绍 Silverlight，从而为深入了解 Silverlight 以及开发自己的 Silverlight 应用程序提供牢固的基础。

本章对内容的介绍遵循这样的一个模式：首先对体系结构的某个层次进行一个全面介绍，然后将该层次分解成多个元素，并对各个元素进行描述，不断重复这个过程，直到达到一定的深度为止。在充实了整个体系结构之后，本章的注意力将转移到与 ASP.NET 的集成和应用程序的生命周期上。这样的介绍方式使得既可以逐页阅读本书的内容，也可以在钻研某个特定领域之时回头查阅相关内容。

本章的目的并不是为了深入研究代码，而是解释一些概念。但是，不用担心——在本书的后面将会深入代码编写的方方面面。

## 2.1   客户端/服务器体系结构概述

图 2-1 显示了在客户端/服务器体系结构中如何使用 Silverlight。随着本章介绍的不断深入，您将会深入了解这张图中的各个元素，以及这些元素所包含的更深层次的元素。一旦已经对 Silverlight 是什么以及 Silverlight 包含哪些内容有了一个初步的了解，我们关注的焦点将转移到 Silverlight 和 ASP.NET 之间的集成点。

图 2-1 中的一个关键点是：尽管 Silverlight 资源位于 Web 服务器上，但是实际上这些资源却是在客户端上执行的。

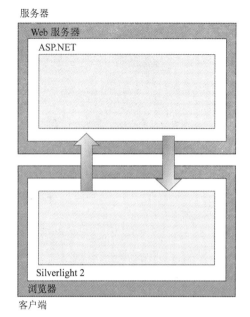

图 2-1

由于 Silverlight 最显著的功能之一就是其对服务器的透明性，因此该图有意识地对所有特殊的 Web 服务器技术进行了抽象。尽管如此，本书的目标是针对 ASP.NET 开发人员，而该类开发人员通常将他们的 Web 应用程序发布在 IIS 上。

虽然前面已经简单地讨论了服务器的一个承载选项，但是下一节将详细给出 Silverlight 应用程序在客户端和服务器端所支持的平台。该节给出了一个完整的列表，该列表给出了 Silverlight 应用程序可以下载和执行的所有平台环境。

在介绍完平台之后，您将深入了解 Silverlight 的内部机制及其内部组成。一旦充分理解了 Silverlight 2，就可以真正知道在应用程序中可以实现哪些功能，那么这里当然就是深入探讨后续章节的一个起点。

## 2.2　平台

由于软件产业已经逐步成熟，所以软件提供商在遵守相应的标准以提高他们的产品和其他应用程序进行交互的能力方面面临着越来越大的压力，特别是在提高他们所提供的应用程序和框架的可达性方面尤其如此。这种压力很大一部分来自于 Internet 和 Web 技术的发展。Web 成功的一个关键是服务提供商都遵循了统一的标准，即 HTML。这也就意味着开发人员只需编写一个 Web 应用程序，而该应用程序可以在任何一个能够解析 HTML 的浏览器上(在任意平台上)运行。为了将 HTML 作为一个标准，对于提供商而言，使用一个集中的权威机构来协调并同步所有的研究工作显得特别重要。这个权威机构就是 W3C(World Wide Web Consortium)。该机构弥补了 Web 领域的这样一个鸿沟。

W3C(World Wide Web Consortium)是一个国际化的联盟。在此联盟内，一些组织、全职工作人员和公众一起致力于开发 Web 标准。

W3C 确实是 Web 成功的关键，但是提供商还需要完成大量的工作以遵循这些标准。例如，在某些情况下，在某个浏览器上渲染一个 HTML 页面和在另外一个提供商所提供的浏览器上渲染一个 HTML 页面就存在一定的差别。更有甚者，某些提供商为了在他们的浏览器中添加一些功能而对 HTML 标准进行了一定的扩展。

在目前来看，HTML 的一个主要限制就是其所能提供的应用程序的多功能性。因此，在过去的几年里，出现了各种各样的技术来改进应用程序的多功能性，包括 AJAX 应用程序和 Flash 应用程序，甚至是更早的 Java 和微软公司的 HTML 扩展 DHTML——各项技术在一定程度上都取得了成功。最近，微软公司也改进了它在这方面的工作，引入了 Silverlight。Silverlight 不仅仅是另外一项技术，它还包括了一个可扩展的框架，您可以在其中构建非常丰富的应用程序。但是，除此以外，该框架还进行了专门设计以实现跨多个浏览器和平台。下面两小节将详细介绍 Silverlight 技术。

## 2.2.1　服务器

由于 Silverlight 代码并不是在服务器上进行解析或者编译，因此服务器平台并没有什么需要特别关注的地方。换句话说，如果您的 Web 服务器可以提供相应资源，那么就客户端关注的内容来看，服务器平台没有任何影响，限制只有在需要确定用什么平台来承载 ASP.NET 时才存在。尽管选择用什么 Web 服务器非常灵活，但是在现实中大部分还是采用 IIS。而 IIS 并不是唯一的选择，例如也可以选择 Apache Web 服务器。实际上，将来甚至可以将在 Linux 平台上通过 Mono 项目(www.mono-project.com/Main_Page)提供 ASP.NET 应用程序。

## 2.2.2　客户端

如果想对 Silverlight 所支持的客户端平台有一个很好的了解，请参考表 2-1。

表 2-1

| 客户端平台 | Internet Explorer 6 | Internet Explorer 7 | FireFox 1.5 | FireFox 2.0 | Safari |
|---|---|---|---|---|---|
| Windows 2000 | Yes | n/a | No | No | No |
| Windows XP SP2+ | Yes | Ycs | Yes | Yes | No |
| Windows Server 2003 | Yes | Yes | Yes | Yes | No |
| Windows Vista | n/a | Yes | Yes | Yes | No |
| Mac OS 10.8.4+(仅 Intel) | n/a | n/a | Yes | Yes | Yes |

除了 PowerPC 平台外，随着 Silverlight 平台的不断发展以及新的操作系统不断涌现，该平台列表在将来很可能需要进行一定的扩展。Linux 的客户端平台就是一个正在发展的平台。前面已经提到过，该平台是 Mono 项目。该项目是由 Open Source 社团项目建立的，

其目的是为了创建可以在 Linux 平台上运行的.NET Framework。早在 Silverlight 开发阶段，该社团(由 Novell 赞助)就决定创建一个还可以在 Linux 客户端上运行的 Silverlight 版本。该项目的名称为 Moonlight。在不久的将来，微软公司肯定会把该项目作为其官方的 Linux 客户端。但是，该项目依旧属于社区支持的项目。

现在，您已经知道可以在哪些地方使用 Silverlight 了，那么也就做好了深入探讨 Silverlight 体系结构的准备。

## 2.3　体系结构

可以在多个层次上分析 Silverlight 组件。在顶层，Silverlight 2 从逻辑上分包含两部分：表示核心和.NET Framework。顾名思义，表示核心包含了大量的可视化元素，从而提供了所有的基本渲染能力(甚至还有其他的能力)。

而.NET Framework 部分则允许您使用来源于托管代码的 API，从而实现对表示核心的操作。当然，拥有这么一个功能是非常好的，但是该功能必须驻留在某个地方。由于 Silverlight 的目的是跨平台和跨浏览器，因此这个承载操作是通过在浏览器中增加一个插件来实现的。由于在一个插件中承载对浏览器进行了额外层次上的抽象，因此可以突破传统 HTML 的限制而使得浏览器可以表示更丰富的内容。该层次的抽象可以有效地将 Silverlight 的内部机制和浏览器进行分离。这使得产生一个可以跨多个浏览器的运行时更加方便、快捷。

图 2-2 为您可视化地展示了 Silverlight 2 中各个组件的基本位置。

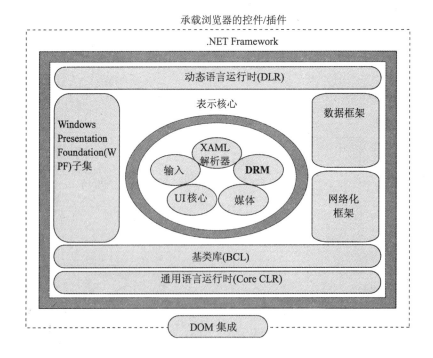

图 2-2

本节将深入讲述表示核心和.NET Framework，探究这两部分分别包含哪些组件。

## 2.3.1　表示核心

Silverlight 1.0 提供了一个表示核心以及一个承载该核心的控件。作为终端用户，您可以得到一个界面非常丰富的应用程序。在后台，作为开发人员，开发环境为您提供的唯一 API 就是一个非托管的接口，您可以基于该接口利用 JavaScript 实施开发。即使是对一个非常熟练的 JavaScript 开发人员，它也存在诸多缺点：非常不友好的 IDE 支持、容易出错、难以调试、效率低下、代码重用率低等一些问题。

从第一天开始，Silverlight 就试图提供一个托管的编程体验。这一点在 Silverlight 的 2.0 版本中已经基本实现。下面几节将把表示核心分解成其组成部分并进行介绍，然后再转移到.NET Framework 提供的托管编程环境中。

### 1. UI 核心

正如您所期望的，UI 核心负责渲染所有的 UI 元素。这包括渲染图像(PNG 格式或 JPEG 格式)、UI 元素(形状、路径等)以及动画等。

### 2. XAML 解析器

第 3 章将详细讨论 XAML，但是在此为了解释 XAML 解析器的功能，我们将简单介绍 XAML。XAML，指的是“可扩展应用程序标记语言”(Extensible Application Markup Language)，是一个基于 XML 的标记语言。该语言允许声明用户界面的外观，而不需要任何代码和设计器(尽管后者对整个过程具有帮助！)。

在 Silverlight 应用程序中，您可以用一个或者多个 XAML 文件为客户端定义部分或者全部的表示内容。Silverlight 需要有一种方法来读取并解释这些标记。Silverlight 就是通过 XAML 解析器来完成此任务的。在前面这句话中有一个词非常重要——解释(interpret)。这就是说，XAML 并不是由 Silverlight 编译的。在.NET Framework 3.0 中，Windows Presentation Foundation(WPF) XAML 实际上是被编译的(编译成一种以 BAML 格式保存的内嵌式二进制资源)。由于 WPF 针对的是微软公司的平台，因此它可以充分利用机器的硬件，这样它可以在它的渲染过程中充分利用显卡。利用 Silverlight XAML 解析器，您只能使用软件渲染。随着技术的不断成熟，也可以引进硬件渲染能力。

尽管 XAML 解析器并没有使用高端显卡，但是它还是利用了多核处理器——由于目前的大部分机器都拥有至少一个双核处理器，所以该解析器拥有了很多的额外能力。

WPF 提供的 XAML 和 Silverlight 提供的 XAML 之间存在的另外一个差别、也是至关紧要的差别是：Silverlight 使用了 WPF XAML 的一个子集，因此该 XAML 解析器也仅仅能解析该子集。

### 3. 媒体

核心的媒体组件和表示核心的其他部分一样，位于同一个非托管的代码库中(更多细节将在稍后给出)，但是，您可以通过 XAML 访问该组件或者通过 MediaElement 控件来访问.NET。媒体组件支持大量的解码器。下面是媒体组件支持的解码器所提供的媒体格式：

- Windows Media Video 7，8，9(分别为 WMV1，WMV2，WMV3)
- Windows Media Video Advanced Profile，non VC-1(WMVA)
- Windows Media Video Advanced Profile，VC1(WMVC1)
- Window Media Metafiles(播放列表)
- Windows Media Audio 7，8，9(分别为 WMA7，WMA8，WMA9)
- 如下配置中的 ISO/MPEG Layer-3：
  - ISO/MPEG Layer-3 兼容数据流输入
  - 单声道或者立体声通道配置
  - 8.11.025，12，16，22.05，24.32.44.1 和 44.8kHZ 的采样频率
  - 每秒 8-320 千比特(kbps)和不同的比特率
  - 但是，自由格式模型(ISO/IEC 11172-3，子类 2.4.2.3)是不支持的。

可以阅读 Silverlight 2 JDK 的“Supported Media and Protocols(Silverlight 2)”一节来了解 Silverlight 所支持和不支持格式的详细细节，因为有一些细节或者警告是您必须知道的(例如，不支持某种播放列表特征，包括当媒体引用错误时抛出 Fallback URL)。

根据在应用程序中播放媒体的方式不同，Silverlight 支持累计下载(从某个 Web 服务器)、流媒体(从某个专门的流媒体服务器)，当然，您还可以将媒体作为一个资源保存在 Silverlight 应用程序的包中。微软公司也在其“Live”中引入了一个服务，从而使得您可以获取一定的免费存储空间来保存需要流化的媒体。关于流化服务的更多细节，请查看 http://dev.live.com/silverlight/。

### 4. 数字版权管理

当前的 Web 风潮显示，用户对拥有丰富内容的 Web 具有强烈的需求，而首当其冲的就是希望能将视频和音频作为 Web 体验的一部分。在过去的很多年里，音乐产业就一直在为音乐的私有化进行一场不可能成功的战争，并且由于网络带宽的持续增长，电影产业也已经开始加入这场战争。尽管音乐和视频的私有化无疑是一个长期的过程，但是，媒体产业还是需要采取一定的措施来保护他们的知识产权。为了实现这一点，媒体行业已经将他们的注意力转移到了数字版权管理(Digital Rights Management，DRM)上。近年来，不同的提供商通过不同技术均实现了 DRM。但是，他们均采用了相同的理论——即媒体资产需要有能力限制只有预定的观众可以在预定的时间内使用媒体。通过在媒体上添加这样的控制，服务提供者就可以管理媒体的内容。该模型并不要求像传统的模式那样每次查看均需要付费，但是该模型可以使用一个订阅者模型，在此模型中服务使用者可以每个月支付租金，从而访问整个媒体库。该模型的另一个关键点就是，可以访问媒体的用户并不能将该资源传递给不能访问这些媒体的用户。

由于 Silverlight 是微软公司关于下一代 Web 体验的核心，因此它应该不仅能够支持媒体，而且能够保护媒体。在过去，微软公司一直就是 DRM 技术的推崇者，它在 Windows Media Digital Rights Management(WMDRM)技术上已经相对成熟了。该技术允许对诸如 Windows Media Video(WMV)的媒体进行加密，从而使得当用户单击内容服务器以流化或者

播放视频时，他们将被重定向到 Windows Media Licensing 服务器。该服务器将检查用户是否有合适的权限可以查看其内容。

既然微软已经拥有了这项技术(WMDRM)，那么 Silverlight 的 DRM 建立在另外一项 DRM 上就令人惊讶了。该技术被称为 PlayReady——微软公司的另外一项 DRM 技术。PlayReady 设计所针对的目标和 WMDRM 的目标有所不同。PlayReady 的目标是设计一个更加轻量级的 DRM，并且希望能够提供可以在便携设备上播放的加密内容。由于 Silverlight 的目标是实现轻量级，它和 PlayReady DRM 具有相同的目标，因此 Silverlight DRM 提供了 PlayReady 客户端的跨平台版本。

尽管 Silverlight DRM 是建立在 PlayReady 之上，但是却存在一个和已有 WMDRM 设备兼容的问题——即如果已经使用了 WMDRM SDK 对内容进行加密，那么这些内容也可以在 Silverlight DRM 上播放。但是，需要提醒的一点是，该许可证必须是由 PlayReady 许可证服务器提供的，因为 Windows Media 许可证服务器提供的许可证格式 Silverlight 不能理解。您还应该知道在开发和部署 PlayReady 内容时也存在一定的许可代价。您可以在 PlayReady 的站点 www.microsoft.com/PlayReady/Licensing/request.mspx 上了解更多的消息。

若想了解更多 Silverlight DRM 的细节以及 Silverlight DRM 的体系结构概况，可以查看论文 www.microsoft.com/silverlight/overview/mediaDetail.aspx?index=4。

### 5. 输入

眼睛能够看到非常漂亮的图像固然赏心悦目，但是有时，您可能想获取用户的某些输入。表示核心的输入组件将负责管理所有试图同终端用户界面实施对话的物理设备，这些设备包括键盘、鼠标、手写笔等。正如将在本书中要看到的，当用户在某个输入设备中执行一个动作时，可以将其和多个事件进行关联，从而在应用程序中进行相应的处理。关于用户输入的更多详细信息，请参阅第 8 章 "用户交互"。

### 6. DOM 集成

前面已经提到过，Silverlight 仅仅提供了表示核心以及一个承载表示核心的控件。表示核心包含在 AgCore.dll 文件中，而承载该类库的插件则位于 NpCtrl.dll 文件中。这两个文件均位于 Silverlight 的安装文件夹中。该文件的内容将在下一小节 ".NET Framework" 中加以介绍。

因此，怎么才能实现用 JavaScript 来操作表示核心呢？答案是——通过使用由承载插件所提供的方法。这些方法通常在 XAML 文档里面的根控件部分给出。由于 UI 是以一种类似于树的形式构建的，因此一旦访问了根，那么不需要执行任何其他操作就可以操作 UI 中的任意元素或者控件了，直到叶子节点。

提供这些方法的方式则依赖于承载所涉及的浏览器。例如，在 Internet Explorer 中，该插件是以 ActiveX 控件的形式承载的，但是在非微软的浏览器上，它是以一个 Netscape 标准插件承载的。不管采取什么方式，作为开发人员，您大部分情况下都不需要担心其实现细节。不管怎样，不需要为特定浏览器或者特定平台编写实现代码是 Silverlight 的一个主要特征。

如果您想更深入地了解 NpCtrl.dll 插件，可以采用两个工具：OleView.exe 和 Dependency

Walker(depends.exe)。这些工具可以在多个微软公司的产品中找到，如在某些版本的 Visual Studio 中。后面的一个工具还是 Windows Resource Kit and Platform SDK 的一部分。这些工具将在第 15 章 "故障排查" 中予以详细介绍。

关于 ActiveX 控件以及 COM 组件的详细介绍已经超出了本书的讨论范围，但是您所需要了解的就是 OleView.exe 通过类型库(Type Library)可以让您了解某个控件可能提供哪些功能。如果您已经在机器上安装了 Silverlight，并且已经打开了 OleView.exe，则可以在名称 AgControl 下面找到 Silverlight 控件。如果继续打开该控件，并查看 IAgControl 接口提供的方法，那么将看到诸如 Contents 和 CreateObject 等方法。这些均可以作为 DOM Integration 的一部分通过 JavaScript 访问，并且允许您访问在 Silverlight 控件实例中的 XAML 对象。

在非微软公司浏览器上的实现方式则稍有不同。该方式并未使用 ActiveX，相反它使用了网景公司的插件 API——现在明白了 NpCtrl.dll 中 NP 的来源了吧。如果使用 depends.exe 工具，那么您将看到由该类库提供的函数列表。比较重要的函数包括 NP_GetEntryPoints、NP_Initialize 和 NP_Shutdown。此处就是如此，插件通过这些函数支持其他浏览器。如果您对该插件 API 感兴趣，可以阅读 http://developer.mozilla.org/en/docs/Gecko_Plugin_API_Reference:Plug-in_Side_Plug-in_API 上的详细文档。

在此，有一些细节需要提醒。如果您已经准备好了编写一些 Silverlight 应用程序，可能会注意到一些文件和引用均以 Ag 作为其前缀。为什么是 Ag 呢？这是因为 Ag 是银(Silver)的化学符号。

## 2.3.2    .NET Framework

Silverlight 2 相对于 Silverlight 1.0 做了很大的改进，因此您可以使用托管代码(如 C#)而不再是 JavaScript。那么，为什么托管代码被称为托管代码(managed code)呢？这是因为您的代码是由 "某些东西" 管理的。所谓的 "某些东西" 就是指.NET Framework(或者更具体点，就是指底层的通用语言运行时)，因此这就对客户端机器有了额外的要求。但是，稍等，.NET Framework(3.0 版)不是超过了 50M 吗？您应该不希望用户第一次访问您崭新而漂亮的 Web 应用程序时需要下载如此庞大的东西。因此，这些下载大小需要减小。出于对带宽、用户的耐心以及可达性等多方面的考虑，微软公司在将该运行时集成到 Silverlight 时，对整个包进行了裁剪。

这个听起来具有一定的挑战性。如何才能将如此庞大的一个运行时和库裁剪到被认为合理的大小？为了回答这个问题，需要看看.NET 框架具体包含了哪些组件。根据您观察的视角，.NET Framework 可以分解为如下的一些组件：

- **基类库(Base Class Library，BCL)**——该类库提供了当前所有操作系统要求的所有典型编码操作。这些操作包括帮助写文件和访问文件(从 System.IO 名称空间)、保持数据集合以及为应用程序添加诊断支持等。
- **ADO.NET 和 ASP.NET**——这些技术位于 BCL 之上(尽管有时可能会看到它包含在 BCL 之中)。它们使用了很多 BCL 提供的通用功能，但是它们也提供了一个应用程序相关的功能，例如访问数据存储或者提供某个 Web 服务器的动态内容。

- 通用语言运行时(Common Language Runtime，CLR)——这一部分是 .NET Framework 的核心。该部分负责资源的垃圾回收。这些资源是指已经超出了使用范围并且应用程序不再使用的资源。这确保了代码可以安全地并按照开发者的意图运行。它还确保了应用程序代码能够以一种有意隔离的方式运行。此外，它还负责一些其他的日常清理任务，但是这些已经超出了本书的讨论范围。
- Windows 通信基础(Windows Communication Foundation，WCF)、Windows 表示基础(Windows Presentation Foundation，WPF)、Windows 工作流基础(Windows Workflow Foundation，WF)和 CardSpace——这些均是 .NET Framework 3.0 对 .NET Framework 2.0 所做的改进：
  - Windows 通信基础(WCF)——WCF 是微软公司为构建互联应用程序所提供的统一通信平台。
  - Windows 表示基础(WPF)——WPF 是图形化框架，它取代了传统的 WinForms (Windows Froms 应用程序)。
  - Windows 工作流基础(WF)——WF 是构建满足某个特定业务或者用户驱动流程的应用程序的框架。
  - CardSpace——CardSpace 是一项技术，主要用于为终端用户的资源提供一个数字标识。

一旦将框架中的这些元素分解成类似于这样的块，就可以知道 Silverlight 2 需要哪些组件。例如，.NET Framework 中的所有元素都位于 CLR 之上，因为它才是 .NET Framework 的真正引擎。因此 .NET Framework 的这部分将仍然保留在 Silverlight 中，并且变成了 CoreCLR。

从技术上说，CoreCLR 是 .NET Framework 中 CLR 在 Silverlight 中的实现。该 CLR 对 Silverlight 2 而言大部分保持不变(和该框架的桌面版本相比)。记住，您可能会看到对 Silverlight 而言，整个 .NET Framework 可能就是指 CoreCLR。

下一小节将看到该框架的桌面版本中哪些功能已经被剔除了，以及 Silverlight 的轻量级化身中还保留了哪些功能。

### 1. 保留的和剔除的功能

.NET Framework 在 Silverlight 2 中的实现忽略了一些东西——有些比较大、比较明显，而有些则比较小、比较细微。这就是为什么某些构造块在 Silverlight 模型中难觅踪影了。在 Silverlight 中丢弃的一些模块包括：

- System.Data——该名称空间在 Silverlight 中不再保留。该名称空间提供了 ADO .NET 的大部分功能，允许应用程序和数据库进行通信。数据库往往是多个客户端的集中资源，因此从 Silverlight 应用程序的角度看来，对该模块没有直接的需求——相反，所有和数据存储相关的处理均是通过 Web 服务调用来完成的。
- System.Deployment.* ——该名称空间在 .NET Framework 2.0 中引入，主要添加了 ClickOnce 技术。该技术允许应用程序以一种无缝的方式部署到客户端(有时也称为无触摸部署(no-touch Deployment))。该技术克服了诸如用户未经许可运行应用程序的这类问题(隔离考虑了 ClickOnce 技术)，而且允许对功能更多的应用程序进行部

**17**

署，并同时保持 Web 应用程序的可维护性。Silverlight 拥有自己的模型以实现这个效果，因此不需要使用 ClickOnce。

- **System.Runtime.InteropServices.*** ——该名称空间提供了目前托管的.NET 应用程序和以前基于 COM 标准编写的.NET 之前的应用程序的互操作性。Silverlight 并未将该名称空间完全剔除，但是进行了裁剪。这是因为 Silverlight 核心还有一部分是用非托管代码编写的，并且 Silverlight 控件本身(在 Internet Explorer 中)也是一个 ActiveX 控件，实质上就是一个 COM 组件。因此，尽管您是用一个可控的环境来编写 Silverlight 应用程序，但可能还会偶尔需要屏蔽底层的非托管组件集。对于 Silverlight 开发人员，这一点是无缝提供的，因此您不需要担心这一点——实际上，由于 Silverlight 中的安全限制，您不能直接访问这些功能。Silverlight 中的安全机制将在第 12 章 "确保 Silverlight 应用程序的安全" 中予以详细讨论。

- **System.Runtime.Remoting**——出于各种目的，该名称空间在 Silverlight 中将不再可访问。具体说来，框架的桌面版本中除了一个类以外的其他所有类都移除了。唯一保留的类就是 interal(C#)；如果您是 VB.NET 开发人员，则唯一保留的就是 Friend 类。本质上说，这就意味着任何在该程序集(或文件)之外的人都不能访问该文件。

- **System.Security**——Silverlight 在安全领域有了很大的改变。同样，具体的细节请参看第 12 章。

这里列出的内容并不完整，即使在名称空间层次也还存在大量的差别。当开始使用 Silverlight 时，您将看到一些更细微的功能改变或者省略——例如，对 XML 文档操作而言，XmlDocument 类型就不再可用了，因为该类型已经由 LINQ to XML 函数(XDocument 类型——请查阅第 10 章 "处理数据" 以了解更多的细节)替换了。这些改变和省略可能并不能满足您的要求。在 Silverlight 发布的准备阶段，微软公司倾听了社团的声音，以确定需要将.NET Framework 的哪些内容包含在 Silverlight 中。但是到了最后，最重要的一点是，需要安装的包的内容要尽量小。如果画成一个图，则一个轴是功能，另一个轴是包的大小，其目标就是努力寻找最佳匹配。

### 2. WPF

当.NET Framework 3.0 发布时，很多人都非常疑惑.NET Framework 3.0 到底是什么。这个疑惑归根结底就是不知道该框架和.NET Framework 2.0 相比发生了什么变化。该版本除了有相当多变化以外，还添加了很多新的功能，如 Windows 通信基础(WCF)、Windows 工作流基础(WF)、Windows 表示基础(WPF)以及 Windows CardSpace(前面已经进行了描述)。

WPF 是表示框架。该框架允许您通过 XAML 以声明的方式表示 UI 或者通过代码以命令的方式表示 UI。Silverlight 2 使用了一个轻量级的 WPF 实现，其主要原因还是为了减小下载的大小。

第 3 章给出了 XAML 的一些基础知识。

XAML 有相应的对象模型，在 Silverlight 中是 WPF 的子集。Silverlight 应用程序的核心就是它的控件。这些控件的开发将在第 11 章中予以讨论。但是，现在有必要看一看

Silverlight 表示基础的类层次结构。该结构并不表示整个对象模型的完整结构，而仅仅是骨架而已。

　　为了设置一些上下文，图 2-3 给出了一个类层次结构的快照。该快照承蒙 Red Gate 的.NET Reflector Tool 公司允许提供(网址为：www.red-gate.com/products/reflector)。

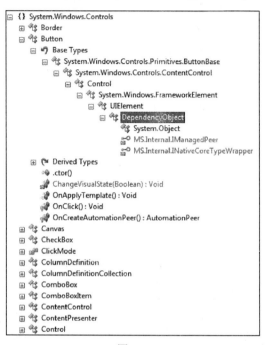

图 2-3

在讨论图 2-3 以前，有两个比较重要的方面需要注意：

- 该类层次并未包含在对象模型中的所有名称空间和类，而是仅仅通过 Canvas 面板对 Silverlight 2 中的一般类层次结构有一个大概的了解。
- 这些类位于 System.Windows 程序集中。(参见本章后面的 2.3.3 小节 "安装的文件" 以了解更多细节。)

从整个层次的最小功能类开始讨论是非常明智的。最小功能类当然就是根类了。该类对于每位.NET 开发人员来说都非常熟悉，即 System.Object。

- **System.Object**——该类是所有简单.NET 类型的基类。它提供了大部分的通用功能。
- **System.Windows.DependencyObject**——DependencyObject 类是 Silverlight 依赖属性系统的核心。它允许框架支持不同的服务，包括附加属性(Attached Properties)、数据绑定(Data Binding)、动画(Animations)、样式(Styles)以及模板(Templates)。这些服务在本书的后续内容中都将予以详细介绍。由于该类提供了很好的灵活性并且能够和父控件实现解耦，因此 Silverlight 中的所有控件最终都派生于该类。DependencyObject 类经常和 DependencyProperty 类一起结合使用。Dependency-Property 类用于在类/控件中注册属性，因为这样对于 DependencyObject 对象的字典是可以访问的。

- System.Windows.UIElement——该类是绑定所有键盘和鼠标事件的关键，同时还是渲染元素可视化输出(可能需要一些转换、修剪等)的关键。大量的依赖属性也将注册到该层次结构的这个层次上。

如果具有 WPF 开发的背景，那么将注意到在该层次结构中缺少了一个类——System.Windows.Media.Visual。该类为 WPF 控件提供了渲染和修剪可视化元素的能力。在 Silverlight 所使用的 WPF 的缩减子集中，所有保留的 System.Windows.Media.Visual 中的方法都移到了 System.Windows.UIElement 中。Visual.TransformToVisual(Visual)方法就是这样的一个例子。该方法在 Silverlight 中已经变成了 UIElement.TransformToVisual(UIElement)。

- System.Windows.FrameworkElement——该类在其基类 UIElement 之上又添加了一层。该类所提供的功能和 UIElement 相比，所不同的是布局、数据绑定以及允许对对象生命周期事件的检测(如，把可视化元素添加到可视化树上，等等)。此外，该类还定义一些在所有控件和面板均具有的常用属性，如 MinHeight、MaxHeight、Width 等。如果想扩展 Silverlight，通常应该在该层次的更底层进行扩展，即从 Control 或者 Panel 类进行派生，这样就可以节约一些时间。

在此，我们选择 System.Windows.Controls.Control 作为下一个需要展示的类。很显然，在 Silverlight 中，该类层次结构中的类还有很多。在此之所以选择该类，是因为在 Silverlight 开发过程中该类将包含通常将要使用的类。将要遇到的另外一个常用类层次也是在该层次树的这个分支点上，该类层次主要演示在布局界面时所用到的不同面板。如果选择这个分支，那么下一个类将是 System.Windows.Controls.Panel。

- System.Windows.Controls.Control——该类的名称就给出了该类所提供的功能。该类是所有 Silverlight 控件的父控件，如 Button(在该树中讨论的一个例子)、ListBox、DataGrid，等等。实际上，该类相对较小，其主要目的是建立其底层控件的结构。它所提供的关键功能是建立 Template 属性。当在 Silverlight 应用程序中开发该功能时，就控件而言有三个选择：(1)调整现有控件的可视化外观；(2)创建一个组合控件(实际上是使用派生自 Control 类的 UserControl 类); (3)或者开发自己的控件，可以派生自 Control，也可以派生自己有的某个控件。这些选项将在后面的第 7 章"样式和模板"以及第 11 章"创建自定义控件"中予以详细讨论。
- System.Windows.Controls.ContentControl——在该派生链上的下一个类是 ContentControl。该类的目的同样非常简单，该类可以看成是比较复杂控件中任意内容的占位符。在将要讨论的 Button 中，一个按钮可能有多个不同状态，它还可能由多个更基本的控件组成——这些控件中有一个用于显示按钮前面的内容。很多情况下，该内容就是诸如 Click Me 的一条文本。但是 ContentControl 允许一些更富有创意的内容放置在派生自该控件的控件之上。该类所提供的关键属性是 Content 属性。该属性允许您将控件的内容设置为您喜欢的任意内容。
- System.Windows.Controls.Primitives.ButtonBase——从这个层次开始，类开始变得越来越具体，越来越不抽象了。开发控件集的团队可以简单地在类层次结构的这个层次上提供 Button 类即可。但是任何优秀的控件开发人员都会从全面的角度考虑在这个层次建立一个通用功能集。这是因为，对于像 Button、HyperlinkButton、RepeatButton 以及 ToggleButton(以及以后的一些组件)之类的控件而言，它们都要求在单击鼠标或者鼠标悬浮在其上时能够改变其状态。正是该类为这些控件定义和提供了这些功能基础。

- System.Windows.Controls.Button—— 最后在该层次结构的叶子层上是 Button 控件/类自身了。该类实现了控件的基本功能并且定义了默认样式。它还定义了控件可以处于的各种不同状态。

到现在，您已经对 Silverlight 的"WPF"层次结构有了一个简单的认识。如果想在某个层次上开发自己的 Silverlight 应用程序，应该熟悉该层次结构。例如，如果想扩展现有的某个类所提供的功能，那么需要了解哪个类最适合派生新类。当逐步阅读本书并且逐步熟悉 Silverlight 2 SDK 后，对该体系结构的理解也将越来越深入。

### 3. 网络化

尽管 Silverlight 应用程序利用了客户端的处理能力为用户提供丰富的用户体验，但是 Silverlight 应用程序很有可能需要在应用程序的某个点同某个服务器实施通信。需要这么做的理由非常多，可能包括：想调用某个新闻服务，想通过某个 Web 服务从某个数据库中获取某些数据，或者也可能想累计下载某些图像(资源)来改善用户体验。Silverlight 解决了所有这些挑战，并以类的形式提供了相应的支持工具以实现这些目标。

由于 Web 服务技术已经成熟，因此研究人员已经开发了多种方法来实现客户端和服务器之间的有效传输，而且有些方法相对其他方法更为合适。例如，如果正在企业环境下使用关键业务的应用程序，那么常常会希望保证各种可靠性以实现消息能够正确发送，并且还可能想在消息头中声明自己这么做的真正意图。如果想使用这些类型的功能，可能需要借助 WS-*标准。在微软的世界里，这些功能现在由 Windows 通信基础(Windows Communication Foundation，WCF)提供。您可以像通常情况一样，仅仅通过产生一个代理就能在 Silverlight 应用程序中访问这样的服务。实现这一点可以使用的所有方法，将在本章稍后的 2.4 节"与 ASP.NET 集成"中予以深入讨论。来源于该功能的另外一件事就是，Silverlight 承诺不仅仅提供一个"迷你游戏"平台，它还致力于为现实世界的业务应用程序提供帮助。

如果您不需要企业 Web 服务(Enterprise Web Services)所增加的复杂性，那么可以使用一个比较简单的版本，即 ASP.NET Web Services。该模型的消息是通过 SOAP 消息进行传输的(在 SOAP 头中没有额外内容)。如果想在应用程序和服务器之间传送数据时包含更多的内容，那么可以使用 Plain Old XML(POX)，但该方法和 SOAP 消息并不兼容。

Silverlight 所支持的另外一个协议是 Representation State Transfer(REST)协议。该协议是近年来越来越流行的一个协议，并且业界很多有名的服务提供商(如 Google、Microsoft Live 等)均支持该协议。实际上，Silverlight Streaming Service 就是通过 REST 协议来向外提供服务的，但是该协议只能通过 HTTP 协议使用。

目前，人们常常通过某种消息源来接收他们的新闻或者博客更新。这些源给人的印象是数据是被推送到客户端的，而不是用户必须在物理上浏览 Web 页面。目前，网络上存在大量以这种小部件(gadget，或者是 widget，依赖于后台的操作系统)形式发布的应用程序。这些应用程序使得这些信息可以无缝地集成到日常生活中(例如在 Windows Vista

下的 Feed Headline 小部件)。这些企业联合组织服务所操作的一般协议是 RSS 或者 ATOM。Silverlight 再次提供了可以在这些协议下使用服务的平台。

本章并未为每个协议都提供具体的例子。第 9 章将给出具体的例子。

### 4. 数据

Silverlight 处理数据时可以使用大量的类。这些类允许执行各种各样的动作，包括查询数据、读写数据；这些类还可以作为串行化的一部分。

这些数据类中有一些已经在.NET Framework 中存在了一定的时间——您可能对这些类非常熟悉了，如 XmlReader。其他的一些类可能是在.NET Framework 的最近版本中才出现的。

.NET Framework 3.5 版本发布时，以 LINQ(Language-integrated query，语言集成查询)的形式提供了一个新的数据查询机制。LINQ 是一种通用目标的数据查询语言，可以内嵌在.NET 代码中。在.NET 代码中，LINQ 可以查询派生于 IEnumerable<T>或者 IQueryable<T>接口的数据源。这是一个功能非常强大的工具，而且当扩展 LINQ 时，其功能将更为强大。Silverlight 中实现的一种 LINQ 扩展就是 LINQ to XML，该扩展包含在 System.Xml 名称空间中。由于 Silverlight 应用程序要处理大量的 Web 服务，因此这些应用程序很可能和 XML 进行交互，甚至可能正将某些数据在本地保存为 XML 格式。不管以哪种方式，LINQ to XML 都将提供比使用 XmlReader 和 XPath 更直观的方法来查询这些信息。

LINQ to XML 功能是通过 Silverlight SDK 中的一个程序集来实现的，而不是核心的运行时功能。这就意味着作为开发人员要使用该功能，需要引用 Silverlight SDK 安装文件夹下面的程序集(默认情况下，该功能在 C:\Program Files\Microsoft SDKs\Silverlight\v2.0\Libraries\Client\System.Xml.Linq.dll 文件中)。一旦在应用程序中引用了该程序集，那么当用户浏览承载应用程序的页面时，该功能将被下载到客户端。

### 5. 动态语言运行时

动态语言运行时(DLR)是 Silverlight 2 引入的新功能。

动态语言运行时并不是新的东西，它在 Ruby 和 Python 中已经使用了多年。但是动态语言的使用人员会比较奇怪，因为 Silverlight 中的 DLR 层位于.NET Framework 之上。这本质上意味着在充分利用了动态世界优点的同时，还可以充分利用.NET 类库提供的丰富功能。那么，什么是动态语言呢？动态语言的基本原则之一就是使用动态类型系统。换句话说，不需要在设计时设定正在使用哪种类型，因为类型将在编译时推断出来。关于动态语言和静态语言(包括 C#、VB.NET 等)哪种更好的争辩，多年来一直存在。实际上，这两种语言都有其擅长的工作。您现在需要知道的就是，如果您是.NET 开发人员，那么需要使用新的工具。

## 2.3.3　安装的文件

为了圆满完成对体系结构的介绍，查看一下在 Silverlight 安装文件夹中这些功能的提供方式是比较有益的。下面的列表给出了在 Silverlight 中安装的文件，并对各个文件简单地描述了其功能。如果想深入了解这些文件的实际功能，可以查阅第 15 章。该章涉及了一些调试技术，并展示了一些可以用于更深入研究代码的工具。

- Silverlight.Configuration.exe——该文件提供了对配置对话框的访问。在配置对话框中，可以检查所安装运行时的版本、配置运行时的更新设置、打开数字版权管理(digital rights management，DRM)，以及删除各个 Silverlight 应用程序的应用存储(或者是关闭应用存储)。
- agcore.dll——该文件是一个 Win32 类库(即不是.NET 程序集)。它提供了图 2-2 中内圈所表示的 Silverlight 功能，还包含了允许和浏览器对象模型实施通信的功能。
- coreclr.dll——这是另一个 Win32 类库，负责加载 Silverlight CLR。
- dbgshim.dll——这是用于调试的 dll 之一，由 Visual Studio 使用，以实现对 Silverlight 应用程序的调试。
- Microsoft.VisualBasic.dll——该托管的程序集包含了 Visual Basic 运行时。
- mscordaccore.dll——这是用于调试 Silverlight 应用程序的非托管类库之一。
- mscordbi.dll——这是另外一个用于调试 Silverlight 应用程序的非托管类库。
- mscorlib.dll——这个受托管的程序集包含了 Silverlighr 的基类库(base class library，BCL)。
- mscorrc.debug.dll——该文件包含了.NET 运行时的资源。
- mscorrc.dll——该文件包含了.NET 运行时的资源。
- npctrl.dll——该文件是在浏览器中承载 Silverlight 的插件。
- npctrlui.dll——该文件包含了浏览器插件所使用的资源。
- Silverlight.ConfigurationUI.dll——该文件是同名可执行文件所使用的资源类库。
- sos.dll——这是另外一个用于调试 Silverlight 应用程序的非托管类库。
- System.Core.dll——这是一个包含运行时核心以及 LINQ 支持的托管程序集。
- system.dll——该文件包含了对托管运行时的多个核心支持，如对类的支持。
- System.Net——从该程序集的名称可以很明显地看出，该文件提供了通过 HTTP、Sockets 等与外界进行通信的托管能力。
- System.Runtime.Serialization——该程序集提供了序列化支持。
- System.ServiceModel.dll——该程序集包含了 Silverlight 所支持的 WCF 子集。Silverlight 仅仅支持 basicHttpBinding。
- System.ServiceModel.Web.dll——该程序集提供了 JSON 序列化支持。同样，在完整的 WCF 实现中，该文件包含了大量的名称空间。
- System.Windows.Browser.dll——该程序集提供了对浏览器文档对象模型(DOM)的托管访问。该文件通常被称为 HTML 桥(HTML Bridge)。
- System.Windows.dll——该程序集包含 Silverlight 的大量可控 API，主要是为了封装表示核心。它提供了对 Silverlight 控件、输入元素以及媒体元素的访问。
- System.Xml.dll——该程序集包含了 Silverlight 中修剪了的 XML 功能，如 XmlReader 类。该文件中已经没有诸如 XmlDocument 的类，因为这些类已经被删除了，取而代之的是 XDocument(在 SDK 的 System.Xml.LINQ 程序集中)。

- slr.dll.managed_manifest——该文件列出了位于运行时安装目录的平台程序集。平台程序集并不能像所开发的程序集一样打包成 XAP 文件——这主要是出于安全考虑。

# 2.4 与 ASP.NET 集成

假如您是 ASP.NET 开发人员而且想学习 Silverlight，那么会面临两种方案之一：第一，有一张完全空白的纸(没有双关的目的)以供使用，在这张纸上可以从零开始开发一个全新的 Web 应用程序；第二，拥有一个正在运行的 Web 应用程序，您想使用 Silverlight 2 将其转换成一个富互联网应用程序(Rich Internet Application，RIA)。

在此，首先需要认识的一件事是，Silverlight 并不关注它是作为 ASP.NET 页面的一部分还是作为 HTML 页面的一部分，甚至是 PHP 页面的一部分。这是因为，它所需要的仅仅是一个客户端容器，能够承载 Silverlight 插件即可。这可能会导致您认为，既然 Silverlight 并不关注您(是否为 ASP.NET 开发人员)，那么为什么需要关注它呢？原因就是，尽管在这些技术之间没有紧密耦合，但是选择在应用程序中使用的这两项技术之间存在多个接触点(touch point)。

概括起来，Silverlight 和 ASP.NET 之间的接触点包括：

- ASP.NET 组合控件；
- 使用 ASP.NET 应用服务；
- 在 Silverlight 中和 ASP.NET 通信；
- 服务器上 XAML 的动态生成；
- 在 Silverlight 中使用 ASP.NET 服务器端控件。

以下章节将简单介绍各个接触点。

## 2.4.1 ASP.NET 组合控件

在您的 ASP.NET 开发生涯中，可能已经在 Web 应用程序中创建过组合控件以封装站点的一些常用功能。组合控件是 Silverlight 非常良好的集成点。组合控件使得可以利用封装的优势将内容发布到站点上。

请注意，在此指的是组合控件(composite control)，而不是自定义服务器端控件(custom server control)。如果习惯了使用 Visual Studio Designer，那么自定义服务器端控件也是一个集成点。

组合控件通常包含的均是服务器端控件或者静态 HTML 内容。前面已经讨论过，Silverlight 可以很好地在 HTML 页面或者 ASP.NET 页面上执行，组合控件也不例外。这就使得有很多机会可以为用户提供丰富的内容。换句话说，可以将 Silverlight 控件打包成组合控件，然后在 Web 应用程序中重复使用。也许您想在站点中获取一定的广告收益，那么可能非常乐于在网站中包含一段位于某个用户控件上的视频(甚至是直接作为 Web 的一部分)，并且可以将其定位在 Web 页面的某个地方。当然，在这个特殊的例子中，还有其他选择。您可以将该 Silverlight 控件驻留在主页上(如果想提高网站的访问量)。

## 2.4.2　使用 ASP.NET 应用服务

ASP.NET 2.0 包含了大量的应用服务。这些服务均遵循 ASP.NET 2.0 所引入的提供者模型。因此，需要知道的仅仅是所需要的服务类型，而不用担心服务背后的实现。这就意味着可以在后台插入各种不同的实现；开发人员可以编写某个 API，而不用担心数据是保存在某个 SQL Server 数据库中还是在 XML 文件中，抑或是在某个其他类型的数据存储中。ASP.NET 所提供的服务包括 Role 提供者、Profile 提供者和 Membership 提供者。

这个模型非常有用，以至于 JavaScript 也想分一杯羹。因此微软公司发布 ASP.NET AJAX Extensions 时添加了对该技术的支持。为了更无缝地实现该技术，ASP.NET AJAX Client Library 隐藏了大量的细节。

为了和服务器通信以交换 Role 或者 Profile 信息，服务器必须用一种 JavaScript 客户端能够理解的语言来提供这些服务。这一点是通过调整服务器应用的 web.config 文件的内容实现的，如此一来就使得客户端可以访问 JSON(JavaScript Object Notation)代理。(更多 JSON 的知识请参阅第 9 章 "和服务器通信"。)

因此，如果简单的 JavaScript 客户端都能够充分利用这些服务，那么当然希望 Silverlight 2 应用程序也能够这样做。关于如何使用这些应用服务的例子，将在后续章节给出。(参见第 12 章 "确保 Silverlight 应用程序的安全"，以了解更多细节。)

## 2.4.3　在 Silverlight 中和 ASP.NET 通信

Silverlight 应用程序能够充分利用客户端的处理能力固然很好，但是很多时候您可能想让它和服务器进行对话——更具体点，想和 ASP.NET 实施对话。由服务器所提供的端点通常都是 Web 服务，因此需要有一种方法能够让 Silverlight 应用程序沿着某个通道和 Web 服务进行通信。这个过程对于所有的 ASP.NET 开发人员而言都非常简单。可以通过在 Visual Studio .NET IDE 中右击 "References" 并选择 "Add Service Reference" 来添加服务引用。该动作将打开一个对话框，从而创建该 Web 服务的一个代理，应用程序可以利用该代理和 Web 服务实施通信。在桌面框架中，可以使用 svcutil.exe 命令行工具产生该代理，但是目前尚未有针对 Silverlight 的特定版本。

## 2.4.4　从服务器动态产生 XAML

Silverlight 应用程序和标准的 ASP.NET Web 应用程序之间还可能存在一个不怎么明显的集成点。在该集成点中，服务器端可以在将 XAML 作为应用程序生命周期的一部分加载到客户端机器之前，动态地生成 XAML 并对其进行操作。该能力背后的思想就是，在创建承载 Silverlight 应用程序的页面时，可以添加某个 ASP.NET 页面的引用，而不是标准的 XAML 文件。那么需要做的就是，让 ASP.NET 页面生成一些构造的 XAML，并且同时可以使用 ASP.NET 隐藏代码来操作该 XAML 的内容。

您可能会问，为什么要在服务器上完成这些操作，而不是在客户端上呢？不管怎么样，通过利用客户端的处理能力，可以减轻服务器的一些负载。这是正确的，但是有时在服务器上执行更加高效，另外有些时候是因为需要对 XAML 进行更多的控制。

例如，假如想为某个特定的用户提供比较个性化的页面。用户以前已经登录了应用程序，并且已经在应用程序中添加一些按钮，使得他可以方便地查看网站上他感兴趣的内容。那么现在有 3 个选择：

- 像平常一样，以拉的方式下载一个标准的 XAML 文件(作为 Silverlight 应用程序包的一部分)，然后通过服务调用来检查该用户，并调用服务器端的服务来以拉的方式下载该用户的自定义内容。
- 当用户首次单击站点时，检查该用户，并为该用户提供单独的 XAML/XAP 包。
- 当用户首次单击站点时，检查该用户，并将一些自定义内容注入一个模板 XAML 文件中。

毫无疑问，最后一种方法不仅能够只通过一个来回就可获取所想要的 UI，同时还不需要为不同的用户保存多个不同的 XAML 文件。这些自定义内容之间的细微差别则保存在数据库中。当然，这种情况下 ASP.NET 页面比较简单，而且易于访问。

该方法除了提供非常好的灵活性以外，还为企业提供了相应的机会以限制向客户端提供的 XAML。通常情况下，可以根据用户能使用的功能来提供对客户端的任意限制，而且这种方式还是非常安全的解决方式。

### 2.4.5　在 Silverlight 中使用 ASP.NET 服务器端控件

Visual Studio 2008 引入了两个新的 ASP.NET 服务器端控件，即 asp:Silverlight 控件和 asp:Media 控件。这两个控件的主要目的就是帮助将 Silverlight 集成到应用程序中。它们的功能概括如下：

- asp:Silverlight——该服务器控件允许 Silverlight 应用程序的 XAP/XAML 文件和相应的 JavaScript 实施完美集成。
- asp:Media——该控件允许在页面中嵌入视频。它包含了对页面中 Silverlight 媒体播放器的各种不同皮肤的支持。

如果您曾经使用过微软公司的 ASP.NET AJAX Extensions 实施开发，那么对这些控件可能比较熟悉。在该开发包中，这些控件使用了同样的模型以包含脚本资源。这些脚本可以和相应的控件进行绑定以提供进一步的功能。

## 2.5　应用程序生命周期

本节主要关注在第一次单击 Silverlight 应用程序时具体执行了哪些操作。出于本例子的目的，假定客户端机器刚刚安装完毕，并且该机器运行的是 Windows Vista 操作系统，而您正在浏览一个包含了一些 Silverlight 内容的应用程序。如果这些内容是承载在某个 ASP.NET Web 页面上，那么页面将像平常一样经历同样的页面事件生命周期。如果这些内容是承载在一个简单的 HTML 页面中，那么仅仅请求 Web 服务器回传一个静态 HTML 页面即可。您第一次知道该页面包含 Silverlight 应用程序，是在页面中接收到一条小通告以请求下载 Silverlight 插件时。该通告消息看上去如图 2-4 所示。

图 2-4

　　显示该通告的原因通常是，在该 Web 页面上的某些 JavaScript 文件正在检查如下准则：(a)是否已经安装 Silverlight 插件？(b)是否已有安装插件所需要的最低要求版本？您不必开发 JavaScript 来执行这些验证。该验证的框架要么是由 Silverlight for Visual Studio .NET Tools 提供，要么是由 Silverlight SDK 提供。

　　一旦确定需要安装该插件，单击该图像(如图 2-4 所示)。然后系统将执行最新版的 Silverlight 插件的合适安装。在此，可能需要重启浏览器以完成安装。

　　重启浏览器后，再次单击同样的网页，将执行不同的过程。如果使用的是由 SDK 所提供的 JavaScript 文件，那么它将再次执行相同的检查，并认识到已经为该页面安装了相应的插件。然后，由页面创建者所开发的代码将创建 Silverlight 插件的一个实例。(实际上，如果愿意，页面作者可以在页面上创建多个这样的实例，但是在此，假定仅仅创建了一个。)

　　作为开发人员，可能希望隔离 Silverlight 功能的不同区域，并让其无缝地出现在某个已有 Web 页面内。可以通过包含多个插件来实现这一点。使用多个实例的另外一个场景是，您正在一个 Web 部分框架内开发 Web 应用程序，而且有多个 Web 部分包含了其自身的 Silverlight 插件。

　　在插件的实例脚本中，开发人员已经设定了大量的属性，但是最重要的是，开发人员想向终端用户展示 XAP 包或者 XAML 页面。然后，Silverlight 插件将以拉的方式下载包含页面资源的包，并同时下载在该应用程序内可能引用的其他程序集。

　　XAP 包将在后面做详细介绍。但是简而言之，XAP 包就是一个 ZIP 文件，它包含了组成应用程序的不同资源。

　　您可能想知道当第二次单击该页面时会发生什么状况。是否会产生同样的过程？答案是可能不会。Silverlight 使用了浏览器缓存。这就意味着这些包不会每次都下载，而是以浏览器所设定的时间间隔下载。

　　本章前面已经提到过 Silverlight 对服务器是不感知的。这就意味着在单击某个带有 Silverlight 应用程序的页面时，服务器的生命周期并没有真正相关(尽管像前面讨论的，如果使用从服务器动态生成 XAML，那么该生命周期将变得轻微相关)。该插件会请求一些资源，而服务器端需要的就是一个能够响应该请求并下载这些程序集/资源到客户端的 Web 服务器。对于用户而言，这是一个无缝的过程，因此不需要每次提醒用户是否需要下载这些资源。您可能会认为这将导致安全漏洞。但是正如将在第 12 章中看到的，安全机制已经构建在 Silverlight 的内核中，因此整个过程将会运行良好，不会带来任何危害。

## 更新 Silverlight

　　本章的 2.3.1 小节下面的第 6 部分 "DOM 集成" 已经简单地讨论过 Silverlight 插件，但是有一个关键的领域该部分并未涉及，那就是 Silverlight 插件在更新 Silverlight 运行时的作用。当编写第一个 Silverlight 应用程序时，如果在浏览器窗口中 Silverlight 应用程序的区域内右击，将会看到 Silverlight Configuration 选项。这将证明您正在单击页面的 Silverlight Host 插件。如果单击了"Silverlight Configuration"链接，将看到一个 About 对话框。该对话框显示了所有常用的 About 信息，包括插件的版本。如果更仔细地看，将看到一个 Updates 选项卡，如图 2-5 所示。

在此真正所看到的是 Silverlight.Configuration.exe 文件的执行。该文件位于 Silverlight 更新目录(查阅 2.3.3 小节"安装的文件"以了解文件的完整列表)。

该数据保存在注册表的以下关键字下：

```
[HKEY_CURRENT_USER\Software\Microsoft\Silverlight]
"UpdateMode"=dword:00000000
```

dword 的值映射为您所做的选择。

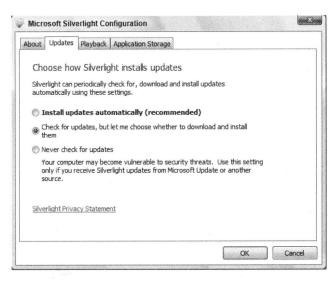

图 2-5

这些选项基本上都不用多做解释，但是下面还是为各个选项提供了简单的介绍：

● "Install updates automatically"——该选项将允许在后台更新 Silverlight 运行时。由于没有运行固定的 Windows 服务来检查最新的版本，因此检查只能在控件运行在浏览器上时执行。在此，重要的一点是，如果运行的是默认情况下支持用户访问控制(User Access Control，UAC)的 Windows Vista 操作系统，那么该选项将不会出现。这是因为出于安全的原因，该安装需要管理者的特权，需要提示用户安装该插件的一个新版本，所以在这种情况下不能自动安装。

● "Check for updates，but let me choose whether to down and install them"——该选项将用与前一选项相同的方式执行检查，但是在下载和安装前会提示您。由于在此有两种更新(面向特征的和面向安全的)选项，因此该选项可以更好地控制安装哪些内容。但是请注意，当访问使用了最新功能的站点时，如果不下载最新的插件(运行时)，就不能使用该应用程序。

- "Never check for updates"——该选项(不推荐)将不会为更新执行任何检查，因此也不会接到任何提示。这个选项的危险是不会提示任何安全更新，因而会使您的机器非常易于受到攻击。

# 2.6　小结

本章简单介绍了 Silverlight 的核心元素。根据介绍显示，Silverlight 的很多功能都是由非托管的核心库提供的。在 Silverlight 中，这些库被包装成了托管(.NET)代码。本章还解释了为什么 Silverlight 会演变成今天这个结构，以及如何在比较传统的 ASP.NET Web 应用程序中利用 Silverlight 的能力。最后，本章介绍了在用户第一次单击 Silverlight 应用程序时该应用程序在后台执行的过程。

从现在开始，您将以这些概念为平台来学习后续的一些章节。

# 第 **3** 章

# XAML 简 介

本章主要是想让您对 XAML 有基本的认识，并能编写 XAML。同时，本章还将展示 XAML 如何用于构造 Silverlight 用户界面的构造块。此外，本章还讨论了为什么需要了解 XAML 以便在 Silverlight 中实施高效编程。本章并不想写成 XAML 语言的参考手册，也不想对每个对象的每个属性进行介绍，相反，它仅仅大致地涉及了 XAML 90%的内容，而且这些内容都是在开发 Silverlight 应用程序时将要遇到的问题。

本章还将展示大量的 XAML 示例和代码片段，以解释使用 Silverlight 之前需要了解的一些概念。不要担心只是从头到尾通读一遍本章，因为最后的小结全面总结了这些关键概念，从而将这些知识进行了整合。

## 3.1 所有 ASP.NET 开发人员都应该知道的基本概念

可扩展应用程序标记语言(Extensible Application Markup Language，XAML)是一个基于 XML 的标记语言，用于实例化和初始化.NET 对象。

XAML 在.NET 3.0 中首次引入。该语言不仅可以用于 Windows 表示基础和 Silverlight 中构建用户界面，还可用于 Windows 工作流基础和 XPS(XML Parser Specification)中表示工作流。毫无疑问，还有一些其他技术也可以使用 XAML 提供的优点，因为它具有由 XML 本身提供的通用目标功能。

但是，为了编写 Silverlight 应用程序，真的有必要学习 XAML 吗？难道我们不能依靠设计人员设计相应的工具来完成这些乏味的工作吗？这个特殊的问题有点类似于 ASP.NET 开发人员疑惑他们是否需要充分掌握 HTML。

很好，您可能以不精通 HTML 的 ASP.NET 开发人员而蒙混过关。这就够了。但是作为 ASP.NET 开发人员，所做的每件事最终都将产生一个包含普通 HTML 文本和相应支持文件的流，并发送给用户的浏览器以实施渲染。您可能正在和一台大型机进行交互以获取数据，然后动态地生成图表。但是实际上，最终的目的是创建一个正确的格式化文本序列，并将其发送给浏览器以实施解析和渲染，此外别无它事。

不管是否已经使用了 Visual Studio 设计界面或者是其他工具来创建站点的 HTML(或者

更有可能是您的某个同事利用他所选择的工具提供的设计)，很多时候您无疑必须在一定的层次上理解该普通文本正在试图创建什么样的标记。例如，必须能够将从大型机上获取的数据正确地放置在提供的静态 HTML 内，并且对其实施正确的格式化。有时，还必须知道为什么程序所产生的 HTML "不尽如人意"。

因此，很有可能您可以以不精通 HTML 的 ASP.NET 开发人员蒙混过关，但是您确实需要一些基本的 HTML 知识来确保能够正确且高效地完成工作。

> 对于 XAML 而言，获取对 XAML 基本层面上的了解将更为重要。将 XAML 和其他标记语言进行比较会让人产生一定的误解，主要原因是 XAML 和其他标记语言不同，它直接表示.NET 类库中对象的实例化。使用 XAML 是直接访问.NET API、以声明式实例化任意对象并设定对象的属性和事件的另外一种有效方法。这就意味 XAML 是编程语言的核心，当然是声明式的编程语言(当和代码混合时具有流控的支持)。

由于 XML 的简单性使得 XAML 和编程语言相比更易于构建和验证，因此在 Visual Studio 或者其他设计工具中，XAML 是默认输出，并且还执行了相应的进一步处理。如果想成为 Silverlight 开发人员，那么不可避免地需要使用 XAML。

并且不要忘记：XAML 是通用目标的声明式语言，它不仅可以应用到 Silverlight 和 WPF，还可以应用到其他技术。这就意味着学习 XAML 所做的工作可以转换为其他技术，因此学习该技术会有多重收获。

由于 Visual Studio 和其他设计工具均在后台输出 XAML，并且设计人员主要用 XAML 来构建用户界面，因此 XAML 是设计人员和开发人员所共享的一种高效通用语言。为了交流方便，这两类人都需要知道对方正在谈论的是什么。

最后，由于 XAML 实际上就是 XML，它本身具有层次结构，因此它非常适合于表示某个用户界面的可视化树。如果想完全用代码来完成这些任务将是非常耗时的，而且已被证明是非常困难的。

简而言之，XML 是 WPF 的核心，因此也就是 Silverlight 的核心。为了成为 Silverlight 专家，您要能够使用它、理解它，并且充分利用它带来的好处。

## 3.2　XAML 语法和术语

重要的事情先来：首先介绍典型 Silverlight XAML 文件的最顶层。XAML 文件只能有一个根元素，在 Silverlight 应用程序文件中，该元素为 UserControl 元素，如以下代码所示：

```
<UserControl x:Class="Chapter03.Page"
    xmlns="http://schemas.microsoft.com/winfx/2006/xaml/presentation"
    xmlns:x="http://schemas.microsoft.com/winfx/2006/xaml"
    Width="400" Height="300">

<Grid x:Name="LayoutRoot" Background="White">

</Grid>
```

```
</UserControl>
```

本例设定了 UserControl 的 Width 和 Height 属性，并包含了两个名称空间的声明。

## 3.2.1　名称空间

xmlns 属性并不是 XAML 所特有的——它是标准 XML 的属性。该属性用于限制它所应用的元素以及包含在其中的子元素。不要试图在浏览器中输入这些名称空间以查看这些名称空间具体是什么，因为这些名称空间里通常什么都没有。XML 名称空间值仅仅是任意字符串而已，其目的是帮助区别具有相同名称的元素，其方式和.NET 名称空间用于完全限制在其名称空间中声明类型的方式非常类似。通过某个网络连接来了解一个名称空间的值基本上都不会有什么结果。

名称空间通常都会使用 URL，其目的是为了保证跨公司的唯一性。(例如，除了微软公司外，没有其他的公司会使用域名*.microsoft.com。)

该例子中的两个名称空间，第一个是默认的(由省略的冒号和后面的字符串表示)，表示在 Silverlight 应用程序中可能需要的所有不同控件。由于它是默认的，因此如果没有明确定义，那么所有通过名称中不带前缀的方式添加的子元素都自动包含在该名称空间内。

紧跟着第二个 xmlns 的:x(实际上，字母 x 是无关紧要的，它可以是 a、b、c，甚至是任意的其他字符串)表示，为了将某个类型限定在该名称空间内，类型的名称必须以 x 作为前缀，如 x:SomeType。该名称空间包含了在 XAML 规范中定义的语言组件，比如说，像下面设置某个对象名称的能力：

```
<TextBlock x:Name="myButton" />
```

和其他标记语言不一样，XAML 旨在用来实例化和初始化.NET 对象。那么如果想实例化在 XAML 中创建的自定义类型或者未包括在默认名称空间中的某个已有.NET 类型，并为其赋值时，会发生什么状况呢？特定的名称空间语法就是为了支持这种场景而存在的。

考虑下面的例子：

```
<UserControl x:Class="Chapter03.Page"
  xmlns="http://schemas.microsoft.com/winfx/2006/xaml/presentation"
  xmlns:x="http://schemas.microsoft.com/winfx/2006/xaml"
  xmlns:math="clr-namespace:MyCompany.Math;assembly=MyCompany.Math.dll"
  Width="400" Height="300">

  <Grid x:Name="LayoutRoot" Background="White">
      <TextBox x:Name="MyTextbox" />
      <math:MyObject x:Name="MyCustomObject" />
  </Grid>

</UserControl>
```

在 UserControl 的声明之内，拥有两个标准的 Silverlight 名称空间，然后是一个具有不同的值语法的自定义名称空间：

```
xmlns:math="clr-namespace:MyCompany.Math;assembly=MyCompany.Math.dll"
```

第一件需要注意的事情是，为该名称空间设定的名称空间前缀是:math。这就意味着，为了正确求解，如果想在 XAML 中使用该名称空间内的任意类型，都必须加上 math:前缀。该名称空间的第一个参数值是 clr-namespaces:MyCompany.Math;，正如该参数名所示，它需要的值是类型所在的名称空间的全限定名。第二个参数 assembly=MyCompany.Math.dll 则是包含类型的程序集的名称。.dll 扩展名是必要的，因为它将被看成一个 URI。由于包含了该名称空间声明，因此可以通过使用<prefix:ClassName>语法方便地使用该名称空间内的类型：

```
<math:MyClassName />
```

但是，这样会产生一个有趣的问题。如果想使用需要传入其构造函数中的参数类型时该怎么样呢？答案很简单，不能这样做。因此，必须谨记，如果您正在编写将在 XAML 中使用的类型，那么该类型要具有默认的无参数构造函数。

### 3.2.2　空白字符

XAML 就是 XML。因此，它必须遵循 XML 的规则及其空白字符处理方法(处理空格、换行符以及制表符)。当一个 XAML 文件被解析时，需要采用如下步骤来标准化包含在该文件中的空白字符：

- 东亚字符之间的换行符被移除。
- 所有的空白字符均转换成空格。
- 所有连续的空格将被删除，并用一个单独的空格代替。
- 在起始标签之后的空格将被移除。
- 在结束标签之前的空格将被移除。

可以想象，在某些情况下，这样的空白字符标准化过程并不是您想要的。例如可能想在页面中定义如下的控件：

```
<UserControl x:Class="Chapter03.Page"
  xmlns="http://schemas.microsoft.com/winfx/2006/xaml/presentation"
  xmlns:x="http://schemas.microsoft.com/winfx/2006/xaml"
  Width="400" Height="300">

  <Grid x:Name="LayoutRoot" Background="White">
    <TextBlock FontSize="72">
        Hello
        World
    </TextBlock>
```

```
    </Grid>

</UserControl>
```

当运行该页面时，看到的实际输出如图 3-1 所示。

图 3-1

这并不是真正想要的结果。空白字符的标准化程序已经用一个空格替换了回车。为了正确地格式化 TextBlock 中的文本，需要使用 LineBreak 元素，如下所示：

```
<UserControl x:Class="Chapter03.Page"
    xmlns="http://schemas.microsoft.com/winfx/2006/xaml/presentation"
    xmlns:x="http://schemas.microsoft.com/winfx/2006/xaml"
    Width="400" Height="300">

    <Grid x:Name="LayoutRoot" Background="White">
        <TextBlock FontSize="72">
            Hello
            <LineBreak />
            World
        </TextBlock>

    </Grid>

</UserControl>
```

这样就会看到本来想要的结果，如图 3-2 所示。

图 3-2

### 3.2.3　对象元素和属性元素

现在已经了解了 Silverlight XAML 文件中两个标准名称空间声明，并且知道了为什么需要这些名称空间，以及如何将和其他类型相关的名称空间包含在文件中。接下来，将更详细地了解 XAML 元素和所支持的语法。

XAML 中的 XML 元素被称为对象元素(object element)，表示在某个.NET 程序集中存在的一个类型。为了给类型所包含的属性和事件进行赋值，需要使用标准的 XML 属性语法。

XAML 是区分大小写的，因此对象元素名和属性元素名必须精确地匹配类型名和类型成员名。为什么要区分大小写呢？XAML 是一个 XML 文档，这就迫使它必须区分大小写。另外一个原因是，由于可以使用 XAML 实例化任意对象，这就有足够的理由需要类型名称的正确大小写。

在下面的例子中，唯一的一行 XAML 表示 TextBlock 类型的实例化，实例化过程将该类型的 Text 属性设置为字符串 "Hello World"，并且设定了其 Width 和 Height 属性。

```
<TextBlock Text="Hello World" Height="20" Width="100" />
```

该语句等价于以下的 C#代码：

```
TextBlock tb = new TextBlock();
tb.Text = "Hello World";
tb.Height = 20;
tb.Width = 100;
```

很明显，在 XAML 中表示类似这样的东西要比用 C#代码表示更为清楚准确。您可能也已经发现了上面的代码中存在一个潜在的问题：如果想将某些不是字符串文本的内容赋给属性或者事件，又该如何呢？

如果想设置的值是简单类型，那么 XAML 加载器将尝试直接将该类转换成字符串文本。如果所需要的值是枚举类型，那么加载器将检查枚举类型中所包含的名称是否和所赋予的值匹配。如果匹配，那么该匹配名称前面的值将被返回。

其他情况下，对那些太复杂而不能用字符串表示的值必须使用属性元素语法(property element syntax)。这表示需要在对象元素的起始标签和结束标签之间嵌套一个元素，而且该标签遵循命名习惯<TypeName.PropertyName>。

考虑一个例子，需要将 TextBlock 的 Foreground 设置为 Blue。如果在文档中查找 Foreground 属性的属性类型，那么将看到该属性的类型为 System.Windows.Media.Brush。通过使用属性元素语法，可以将其表示如下：

```
<TextBlock>

    Hello World

    <TextBlock.Foreground>
      <SolidColorBrush Color="Blue" />
    </TextBlock.Foreground>

</TextBlock>
```

### 3.2.4　类型转换器

由于有被称为类型转换器(type converter)的对象存在，所以可以更简单地表示某些属性的属性元素语法。类型转换器的工作就是知道如何将简单的字符串值转换成一个给定属性真正需要的类型的对象。

因此，对于 TextBlock.Foreground 属性，如果使用简单的基于属性的语法，并为其传入字符串"Blue"，那么一个自定义的转换器将发挥作用。转换器将把该字符串转换成所期望的相应 System.Windows.Media.SolidColorBrush 类型。

例如：

```
<TextBlock Foreground="Blue" />
```

将使用字符串"Blue"，并且用一个新的设置为 Colors.Blue 的 SolidColorBrush 对象替换该字符串。

如果提供给 XAML 的属性是基本类型，那么 XAML 加载器会试图将给定的字符串表示直接转换成正确的基本类型。

如果您想通过 XAML 提供自己编写的类型，那么可以自由地编写自己的类型转换器以允许类型的使用者使用简单字符串，而不需要使用属性元素语法。编写自定义类型转换器涉及继承自 TypeConverter，并且要编写相应的逻辑来检查值是否可以转换以及如何执行转换。

### 3.2.5　标记扩展

再次考虑属性元素语法。如果想将 TextBlock 的 Foreground 属性设置为一个任意的 LinearGradientBrush，那么总会创建一个新的 LinearGradientBrush 实例。

这是因为如下的代码：

```
<TextBlock>

    Hello World

    <TextBlock.Foreground>
      <LinearGradientBrush>
        <GradientStop Color="Green" Offset="0.5"/>
        <GradientStop Color="Yellow" Offset="1.0"/>
      </LinearGradientBrush>
    </TextBlock.Foreground>

</TextBlock>
```

和下面的代码功能一样：

```
//Construct and initialize our LinearGradientBrush
LinearGradientBrush lgb = new LinearGradientBrush();

GradientStop gs1 = new GradientStop();
gs1.Color = Colors.Green;
gs1.Offset = 0.5;

GradientStop gs2 = new GradientStop();
gs2.Color = Colors.Yellow;
gs2.Offset = 1.0;

lgb.GradientStops.Add(gs1);
lgb.GradientStops.Add(gs2);

//Create our TextBlock and assign our pre-created brush
TextBlock tb = new TextBlock;
tb.Foreground = lgb;
```

现在，想象一下，如果 LinearGradientBrush 类型更加复杂，而且在 UI 中有 20 个 TextBlock 需要该类型，那么需要像下面这样做：

```
//Construct and Initialize our common LinearGradientBrush
LinearGradientBrush lgb = new LinearGradientBrush();

GradientStop gs1 = new GradientStop();
gs1.Color = Colors.Green;
gs1.Offset = 0.5;

GradientStop gs2 = new GradientStop();
```

```
gs2.Color = Colors.Yellow;
gs2.Offset = 1.0;

lgb.GradientStops.Add(gs1);
lgb.GradientStops.Add(gs2);

//Create first TextBlock, assign common brush
TextBlock tb1 = new TextBlock();
tb1.Foreground = lgb;

//Create second TextBlock, assign common brush
TextBlock tb2 = new TextBlock();
tb2.Foreground = lgb;

TextBlock tb3···
```

是否可以在 XAML 中复制该行为呢？答案就是标记扩展。标记扩展使得可以将对象引用传递给属性，而不是像通过属性元素语法那样，将新的实例传递给属性。但是标记扩展不仅仅用于这个目的，您将在很多领域看到该技术，如分别通过 Binding 和 TemplateBinding 实现数据绑定和模板时都将用到该技术。

下面的例子演示了该技术是如何实现的。

```xml
<UserControl x:Class="Chapter03.Page"
    xmlns="http://schemas.microsoft.com/winfx/2006/xaml/presentation"
    xmlns:x="http://schemas.microsoft.com/winfx/2006/xaml"
    Width="400" Height="300">

    <Grid x:Name="LayoutRoot" Background="White">

        <Grid.ColumnDefinitions>
            <ColumnDefinition />
            <ColumnDefinition />
        </Grid.ColumnDefinitions>

        <Grid.Resources>
            <LinearGradientBrush x:Key="SharedBrush">
                <GradientStop Color="Yellow" Offset="0.0" />
                <GradientStop Color="Green" Offset="0.5" />
            </LinearGradientBrush>
        </Grid.Resources>

        <TextBlock Text="Hello"
            FontSize="48"
            Foreground="{StaticResource SharedBrush}"
            Grid.Column="0" />

        <TextBlock Text="World"
            FontSize="48"
            Foreground="{StaticResource SharedBrush}"
```

```
                Grid.Column="1" />
    </Grid>

</UserControl>
```

注意 Grid 对象的 Resource 属性。该属性使得可以定义在用户界面上需要多次使用的对象,并将这些对象保存在该属性中以备将来检索。为了访问该集合中的对象,可以使用 StaticResource 标记扩展。

标记扩展总是包含在一对花括号中。当 XAML 解析器遇到某个属性值中的花括号时,它就知道需要进行一定的处理,而不是将该值作为一个字符串或者可转换成字符串的类型。

在该 Resource 属性中搜索一个值的语法是,将属性值包含在一对花括号内,并使用 StaticResource 键值,然后是空格,之后再在后面设定由资源查询所给定的 x:Key 值。

```
{StaticResource MyResourceXKeyName}
```

### 3.2.6　附加属性

XAML 定义了一个非常有趣的能力。该能力允许在类型上指定属性(此时也包含事件),即使属性定义实际上在使用此属性的类型上并没有定义也是如此。当某个对象被添加到某个定义了附加属性的容器对象上时,该对象可以获取这些额外属性。例如,将 TextBlock 控件添加到 Canvas 中,那么除了在 TextBlock 中存在的标准属性外,3 个由 Canvas 提供的属性也可以访问,包括 TextBlock 的 Canvas.Top、Canvas.Left 和 Canvas.ZOrder。

附加属性是通过 Owner.PropertyName 的形式访问的:

```
<Canvas>

    <TextBlock Canvas.Top="20" Canvas.Left="20" />

</Canvas>
```

这可以高效地将正在使用的属性转换成全局属性,从而可以在多个不同类中设置。该技术经常用于布局中,如上面的示例代码,因为该技术允许子元素通知父元素一些重要的值。Button 类型自己并没有包含属性 Top 和 Left 的定义,但是它并不需要让它的父元素知道这些,因此它可以在布局时正确定位。

### 3.2.7　基本绘图

Silverlight 2 具有绘制此处所介绍的 3 种基本图形的能力。第 14 章将详细地讨论高级图形绘制能力,包括比较高级的 PolyLine、Ploygon 以及 Path 图形。

所有这些图形均继承自基类 Shape,因此它们共享一些属性,包括 Height、Width、Stroke 以及 StrokeThickness。

#### 1. Ellipse

Ellipse 对象可以通过改变其 Width 和 Height 属性以在屏幕上绘制椭圆或者圆。以下的代码在蓝色的背景上绘制了一个黑色的圆，如图 3-3 所示。

```
<UserControl x:Class="Chapter03.Page"
    xmlns="http://schemas.microsoft.com/winfx/2006/xaml/presentation"
    xmlns:x="http://schemas.microsoft.com/winfx/2006/xaml"
    Width="400" Height="300">

    <Grid x:Name="LayoutRoot" Background="LightBlue">

        <Ellipse Width="150"
            Height="150"
            Fill="Black"/>

    </Grid>

</UserControl>
```

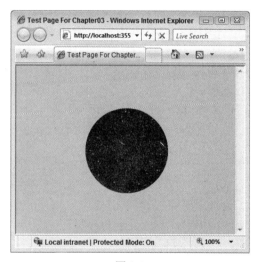

图 3-3

也可以通过改变该对象的 Stroke 属性来改变椭圆边框的颜色，并通过修改其
StrokeThickness 属性来修改该边框的粗细，如图 3-4 所示。

```
<UserControl x:Class="Chapter03.Page"
    xmlns="http://schemas.microsoft.com/winfx/2006/xaml/presentation"
    xmlns:x="http://schemas.microsoft.com/winfx/2006/xaml"
    Width="400" Height="300">

    <Grid x:Name="LayoutRoot" Background="LightBlue">

        <Ellipse Width="150"
            Height="150"
            Fill="Black"
            Stroke="Red"
            StrokeThickness="5"/>
```

```
      </Grid>

</UserControl>
```

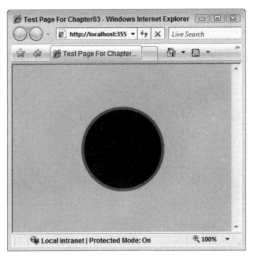

图 3-4

注意，椭圆的 Fill 属性使用了一个字符串值，并且利用类型转换器将该字符串转换成正确类型的对象。它所采用的技术和按钮的 Background 属性所采取的技术完全一样。

如果想为其赋予某种更高级的颜色，那么可能需要使用属性元素语法，如图 3-5 所示。

```
<UserControl x:Class="Chapter03.Page"
    xmlns="http://schemas.microsoft.com/winfx/2006/xaml/presentation"
    xmlns:x="http://schemas.microsoft.com/winfx/2006/xaml"
    Width="400" Height="300">
    <Grid x:Name="LayoutRoot" Background="LightBlue">

       <Ellipse Width="150"
          Height="150"
          Stroke="Black"
          StrokeThickness="5">

          <Ellipse.Fill>
             <LinearGradientBrush>
                <GradientStop Color="Green" Offset="0.0" />
                <GradientStop Color="Yellow" Offset="0.5" />
             </LinearGradientBrush>
          </Ellipse.Fill>

       </Ellipse>

    </Grid>

</UserControl>
```

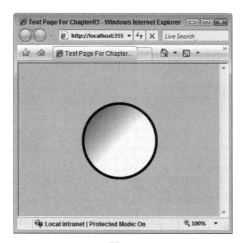

图 3-5

## 2. Rectangle

您应该已经猜到了。Rectangle 对象允许在显示屏上绘制矩形。和 Ellipse 一样，该对象也有 Height、Width、Stroke、StrokeThickness 和 Fill 属性，如图 3-6 所示。

```xml
<UserControl x:Class="Chapter03.Page"
    xmlns="http://schemas.microsoft.com/winfx/2006/xaml/presentation"
    xmlns:x="http://schemas.microsoft.com/winfx/2006/xaml"
    Width="400" Height="300">

    <Grid x:Name="LayoutRoot" Background="LightBlue">

        <Rectangle Height="100"
          Width="250"
          Fill="Black"
          Stroke="Red"
          StrokeThickness="20" />

    </Grid>

</UserControl>
```

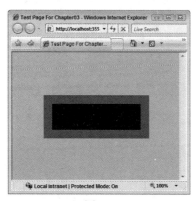

图 3-6

而且可以将一个复杂的笔刷对象应用到 Stroke 属性，就像对 Fill 属性以及某个期望笔刷对象类型的其他属性一样，如图 3-7 所示。

```xml
<UserControl x:Class="Chapter03.Page"
    xmlns="http://schemas.microsoft.com/winfx/2006/xaml/presentation"
    xmlns:x="http://schemas.microsoft.com/winfx/2006/xaml"
    Width="400" Height="300">

<Grid x:Name="LayoutRoot" Background="LightBlue">

  <Rectangle Height="100"
      Width="250"
      Fill="Red"
      StrokeThickness="20">

      <Rectangle.Stroke>
        <LinearGradientBrush>
            <GradientStop Color="Orange" Offset="0.0" />
            <GradientStop Color="Yellow" Offset="0.5" />
            <GradientStop Color="Red" Offset="1.0" />
        </LinearGradientBrush>
      </Rectangle.Stroke>
      </Rectangle>

  </Grid>

</UserControl>
```

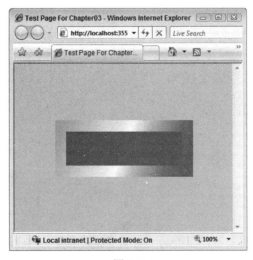

图 3-7

### 3. Line

可以绘制的最后一个基本形状就是 Line。可以使用 X1、X2、Y1 和 Y2 属性来控制线条在显示区域中的位置。X1 和 Y1 属性控制 Line 的起点，而 X2 和 Y2 属性则控制线条的终点。

尽管可以随意设置某个 Line 对象的 Fill 属性，但是这并没有多大意义。Line 对象本身并没有内部，因此也就没有什么可以填充的。但是，必须设置 Stroke 和 StrokeThickness 属性。如果不设置这些属性，那么在屏幕上将看不到所绘制的线，如图 3-8 所示。

```xml
<UserControl x:Class="Chapter03.Page"
    xmlns="http://schemas.microsoft.com/winfx/2006/xaml/presentation"
    xmlns:x="http://schemas.microsoft.com/winfx/2006/xaml"
    Width="400" Height="300">

    <Canvas x:Name="LayoutRoot" Background="LightBlue">

        <Line X1="10" X2="80" Y1="120" Y2="150"
                Stroke="Black"
                StrokeThickness="20"/>

    </Canvas>

</UserControl>
```

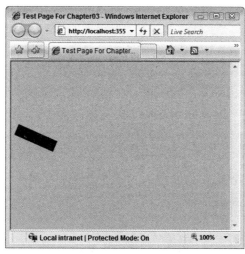

图 3-8

## 3.2.8　隐藏代码

到现在为止您已经看到，在 XAML 中构建用户界面是一个非常简单的过程：创建一个.xaml 文件，确保该文件具有唯一的根元素，并且在将所需要的任意控件添加到该文件之前，确保其名称空间正确。

下一个步骤将是将这些静态的 UI 转换成一个动态的、事件驱动的 UI。XAML 本身并没有流程控制的概念，并且 XAML 的确也不能用于直接处理事件。该步骤需要借用来源于

ASP.NET 的隐藏代码(code-behind)文件的概念，这一点您应该比较熟悉。这样，通过和该场景背后的托管代码一起使用，那些静态、纯可视化的代码就会具有相应的活力了。

为了支持这种交互，需要正确建立 XAML 文件和隐藏代码文件之间的链接。为了建立链接，可以在根元素中使用 x:Class 属性。x:前缀告诉您，该类型包含在 http://schemas.microsoft.com/winfx/2006/xaml 名称空间中。该名称空间包含了在 XAML 文件中可以使用的语言构造类型。Class 类型必须放置在 XAML 文件的根元素上，并且该类必须存在，从而告诉 XAML 编译器 XAML 文件的事件处理和控制逻辑可以在该给定的类中找到。设置该类非常简单，仅仅需要提供类的全限定名以及包含该类型的程序集的位置即可。

下面的例子展示了使用 x:Class 属性来连接 XAML 文件和类名为 Chapter03.Page 的隐藏代码文件。

```xml
<UserControl x:Class="Chapter03.Page"
    xmlns="http://schemas.microsoft.com/winfx/2006/xaml/presentation"
    xmlns:x="http://schemas.microsoft.com/winfx/2006/xaml"
    Loaded="UserControl_Loaded"
    Width="400" Height="300">
    <Grid x:Name="LayoutRoot"
        Background="LightBlue"
        MouseLeftButtonUp="LayoutRoot_MouseLeftButtonUp">

    </Grid>

</UserControl>
```

您将注意到在 Grid 元素中添加了 MouseLeftButtonUp 属性。该属性的值是一个字符串文本，与隐藏代码文件中事件处理方法的名称相同。在隐藏代码文件中的代码如下：

```csharp
using System;
using System.Collections.Generic;
using System.Linq;
using System.Net;
using System.Windows;
using System.Windows.Controls;
using System.Windows.Documents;
using System.Windows.Input;
using System.Windows.Media;
using System.Windows.Media.Animation;
using System.Windows.Shapes;

namespace Chapter03
{
    public partial class Page : UserControl
    }
        public Page()
        {
            InitializeComponent();
        }
```

```
    private void UserControl_Loaded(object sender, RoutedEventArgs e)
    {
        //init code can go in here
    }

    private void LayoutRoot_MouseLeftButtonUp(
            object sender,
            MouseButtonEventArgs e)
    {
        Grid grid = sender as Grid;

        LinearGradientBrush lgb = new LinearGradientBrush();

        GradientStop gs1 = new GradientStop();
        gs1.Color = Colors.Green;
        gs1.Offset = 0.5;

        GradientStop gs2 = new GradientStop();
        gs2.Color = Colors.Yellow;
        gs2.Offset = 1;

        lgb.GradientStops.Add(gs1);
        lgb.GradientStops.Add(gs2);

        grid.Background = lgb;

    }
  }
}
```

代码中第一件需要注意的事是类定义中的 partial 关键字。partial 关键字允许类在多个文件中定义，通常用于将设计器产生的代码和用户编写的代码分离。当连接某个隐藏代码文件时，部分类必须继承自用作文档根元素的类的类型。可以选择忽略该派生代码，但运行时会假定该派生代码，并且出于显式化的考虑，最好还是包含派生代码。

然后，可以看到在 XAML 文件中为 UserControl 和 Grid 元素所定义的两个处理器之一。您可能已经猜到，UserControl_Loaded 将在 UserControl 被加载时由运行时调用。当用 Visual Studio 创建一个页面时，Visual Studio 并不会自动添加已加载的事件。但是，Visual Studio 将创建一个构造函数以调用 InitializeComponent。设计器所生成的代码将放置于此，这些代码通常用于构造和初始化对象，将域层次上的引用赋给 XAML 对象，并为 Silverlight 的内容区域提供初始的渲染。

InitializeComponent 代码在物理上位于一个名为[ClassName].g.cs 的自动生成文件中。该文件编译后可以在解决方案的 obj 目录中找到，如图 3-9 所示。

第二个事件处理器必须自己定义，即 LayoutRoot_MouseLeftButtonUp 处理器。该处理器遵循标准的.NET 事件处理器签名，其中，对产生对象的引用作为第一个参数传递，事件 argument 作为第二个参数传递。第一个参数 sender 强制转换成一个 Grid 类型的对象(产生该事件的元素的类型)。然后，构建一个 LinearGradientBrush 对象，并添加两个 GradientStop 对象到它的 GradientStops 集合。再之后，将完整的 LinearGradientBrush 对象设置为 Grid 的 Background 属性。

图 3-9

如果编译并运行该应用程序，将看到一个具有黄色文本的蓝色方框。但是，当用鼠标左键单击 Grid 时，方框的颜色将变成从绿到黄的渐变，如图 3-10 所示。

图 3-10

## 3.2.9 动态加载 XAML

作为 ASP.NET 开发人员您可能已经认识到，在有些场景下，组成页面的 HTML 不能仅仅在 Visual Studio 中(或者您所喜欢的其他开发工具)进行设计时被创建和编辑。例如，为不同的用户提供不同的 HTML 以提供个性化外观的用户界面，仅仅在设计时是不能实现的，因此还必须执行运行时决策以改变 HTML 来输出个性化的用户界面。

在所有高级的 Silverlight 应用程序中，很有可能会存在这样的需求——发布的 XAML 的内容及其结构只有在某个运行时参数的集合收集完毕以后才能完全知晓。

很幸运的是，在服务器上要实现动态生成 XAML 非常容易。实际上，您应该对此很熟悉，特别是如果曾经编写过 AJAX 代码以返回离散的页面部分更是如此。

在动态创建 XAML 时，有两项技术可以使用：动态创建整个 XAML 页面，并在插件声明中引用该页面；以及动态创建一些 XAML 片段，并且这些片段可以添加到预先已经创建的内存中的 Silverlight 对象树中。第一种方法将在本章予以介绍，因为该方法不涉及 Silverlight 编码，第二项技术则将在第 4 章予以介绍。

### 引用动态创建 XAML 的服务器端页面

基本的前提是：ASP.NET Silverlight 服务器端控件需要有一个 Source 属性，而该属性通常被设置为 Silverlight 应用程序.xap 包(第 4 章将详细介绍控件和.xap 文件)的位置。但是，可以将该属性设置为任意选定的 XAML 文件的位置。实际上，可以随意地将该属性设置为任意文件的地址，只要该文件可以返回一个合法的 XAML 流即可。

考虑以下在 LoadDynamicXAML.aspx 文件中为 ASP.NET Silverlight 服务器端控件所做的声明。

```
<%@ Page Language="C#" AutoEventWireup="true" %>

<%@ Register Assembly="System.Web.Silverlight"
    Namespace="System.Web.UI.SilverlightControls"
    TagPrefix="asp" %>

<!DOCTYPE html PUBLIC "-//W3C//DTD XHTML 1.0 Transitional//EN"
    "http://www.w3.org/TR/xhtml1/DTD/xhtml1-transitional.dtd">

<html xmlns="http://www.w3.org/1999/xhtml" style="height:100%;">
<head runat="server">
    <title>Load Dynamic XAML Example</title>
</head>
<body style="height:100%;margin:0;">
    <form id="form1" runat="server" style="height:100%;">
        <asp:ScriptManager ID="ScriptManager1" runat="server">
        </asp:ScriptManager>
        <div style="height:100%;">
            <asp:Silverlight ID="Xaml1"
                             runat="server"
                             Source="~/DynamicXAML.ashx"
```

```
                              MinimumVersion="2.0.30523"
                              Width="100%"
                              Height="100%" />
        </div>
    </form>
</body>
</html>
```

在本例中您可以看到，Source 属性并未设置为合法的 Silverlight 包(.xap 文件)或者真正的静态 XAML 文件，而是设置为一个 ASP.NET 通用处理器。该处理器将负责把合法的 XAML 流返回给调用者。在本例中，该 XAML 流就是 ASP.NET Silverlight 服务器控件。

在本例中，我们之所以选择处理器而不是.aspx 文件，因为处理器是更加轻量级的，不需要利用页面对象模型本身提供的全页面生命周期。

现在，看看 DynamicXAML.ashx 文件的内容：

```
using System;
using System.Collections;
using System.Data;
using System.Linq;
using System.Web;
using System.Web.Services;
using System.Web.Services.Protocols;
using System.Xml.Linq;

namespace Chapter03Web
{
    /// <summary>
    /// Summary description for $codebehindclassname$
    /// </summary>
    [WebService(Namespace = "http://tempuri.org/")]
    [WebServiceBinding(ConformsTo = WsiProfiles.BasicProfile1_1)]
    public class DynamicXAML : IHttpHandler
    {

        public void ProcessRequest(HttpContext context)
        {
            context.Response.ContentType = "text/xaml";

            context.Response.Write("<Canvas xmlns=" + "\"" +
"http://schemas.microsoft.com/client/2007" + "\" ");
            context.Response.Write("xmlns:x=" + "\"" +
"http://schemas.microsoft.com/winfx/2006/xaml" + "\" ");
            context.Response.Write("Width=" + "\"" + "640" + "\" ");
            context.Response.Write("Height=" + "\"" + "480" + "\"");
            context.Response.Write(">");

            context.Response.Write("<TextBlock Text=" + "\"" +
                                        "Hello, World" + "\" ");
            context.Response.Write("Foreground=" + "\"" + "Blue" + "\" ");
```

```
        context.Response.Write("Canvas.Top=" + "\"" + "10" + "\" ");
        context.Response.Write("Canvas.Left=" + "\"" + "10" + "\"" + "
/>");

        context.Response.Write("</Canvas>");
    }
    public bool IsReusable
    {
        get
        {
            return false;
        }
    }
}
```

除了在创建新的通用处理器时 Visual Studio IDE 生成的样本代码以外，还可以看到一系列对 context.Response.Write 的调用，该调用将把需要的 XAML 发送到输出流。在此，可以随意使用任意需要的逻辑来自定义返回的 XAML。在本例中，因为只是为了提供一个例子，Canvas 对象将显示文本 Hello World。在比较现实的场景下，可能需要查询数据库以返回特定的用户偏好信息。

查看 ProcessRequest 方法的第一行代码——应该注意到 ContentType 默认的 text/plain 已经替换成了 text/xaml。

那么这项操作真正会造成什么影响呢？ContentType 指令将帮助浏览器确定如何显示其内容。如果直接使用浏览器来浏览该.ashx 页面，那么浏览器将把屏幕渲染成图 3-11 所示的结果。

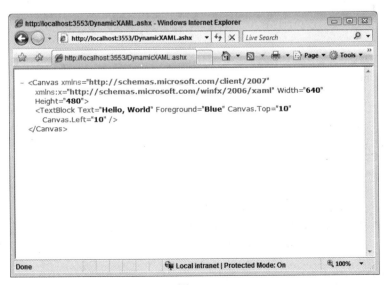

图 3-11

注意，浏览器已经认识到该内容不仅仅是普通文本，它已经将其格式化成了一个非常美观的 XML。现在改变 ContentType，并将其设置回默认的 text/plain，如下所示：

```
context.Response.ContentType = "text/plain";
```

如果现在直接浏览该页面，将看到如图 3-12 所示的屏幕。

这并没有什么不同，但是让浏览器将其显示为一个复杂文件样式的可折叠、着色 XML，确实是一种奖励。如果想使用该技术，我们可以保证，只需要花很少的时间就可以通过直接浏览处理器或者负责输出 XAML 文件的 Web 页面查找文件在哪个地方缺少了一个引号或者一个尖括号。除此之外，显性化是一个非常好的措施，因此应该正确设置 ContentType。

假定现在需要在该文件中添加 n 行文本，而其内容要到运行时才可以访问，并且想在服务器上执行该操作。通过剔除硬编码的<TextBlock>元素，并用函数调用将其替换，那样就可以很容易地满足该需求。

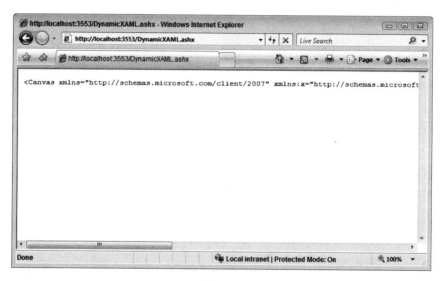

图 3-12

修改 DynamicXML.ashx 以实现该功能：

```csharp
using System;
using System.Collections;
using System.Data;
using System.Linq;
using System.Web;
using System.Web.Services;
using System.Web.Services.Protocols;
using System.Xml.Linq;
using System.Collections.Generic;

namespace Chapter03Web
{
    /// <summary>
    /// Summary description for $codebehindclassname$
    /// </summary>
```

```
[WebService(Namespace = "http://tempuri.org/")]
[WebServiceBinding(ConformsTo = WsiProfiles.BasicProfile1_1)]
public class DynamicXAML : IHttpHandler
{
    public DynamicXAML(): base()
    {
        this.PopulateSimulationData();
    }

    public void ProcessRequest(HttpContext context)
    {
        context.Response.ContentType = "text/xaml";
        context.Response.Write("<Canvas xmlns=" + "\"" +
            "http://schemas.microsoft.com/client/2007" + "\" ");
        context.Response.Write("xmlns:x=" + "\"" +
            "http://schemas.microsoft.com/winfx/2006/xaml" + "\" ");
        context.Response.Write("Width=" + "\"" + "640" + "\" ");
        context.Response.Write("Height=" + "\"" + "480" + "\"");
        context.Response.Write(">");

        this.WriteTextLines(context);

        context.Response.Write("</Canvas>");
    }

    private void WriteTextLines(HttpContext context)
    {
        int canvasTop = 10;
        int canvasLeft = 10;

        foreach (string lineData in this.sampleData)
        {
            context.Response.Write("<TextBlock Text=" + "\"" +
                                        lineData + "\" ");
            context.Response.Write("Foreground="+"\""+"Blue" + "\" ");
            context.Response.Write("Canvas.Top=" + "\"" +
                            canvasTop.ToString() + "\" ");
            context.Response.Write("Canvas.Left=" + "\"" +
                        canvasLeft.ToString() + "\"" + " />");
            canvasTop += 20;
        }
    }

    private List<string> sampleData = new List<string>();

    private void PopulateSimulationData()
    {
        sampleData.Add("This is the first line");
        sampleData.Add("This is the second line");
        sampleData.Add("This is the third line");
```

```
        }

        public bool IsReusable
        {
            get
            {
                return false;
            }
        }
    }
}
```

该代码非常简单。当处理器第一次加载时，将调用 PopulateSimulationData()函数。该函数并不执行其他操作，仅仅是往一个 List<String>类型的私有变量中循环地添加一些样本数据。

当处理器被处理时，WriteTextLines()方法被调用。样本数据在此将被循环，而且要输出的正确 XAML 标记将被添加到输出流。此外，每个 TextBlock 对象均设置了 Canvas.Top 和 Canvas.Left。Canvas.Top 属性以每次 20 像素的量递增，这样在 Canvas 上这些文本行将不会彼此覆盖。

直接浏览该页面，将看到如图 3-13 所示的输出。

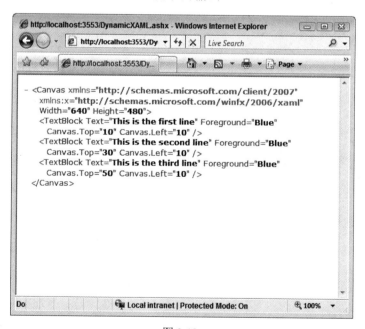

图 3-13

注意，动态生成的 XAML 实例化了 3 个 TextBlock 元素，并为其添加了相应的内容。当通过 Silverlight 承载的控件访问该 XAML 时，将看到正确的输出，如图 3-14 所示。

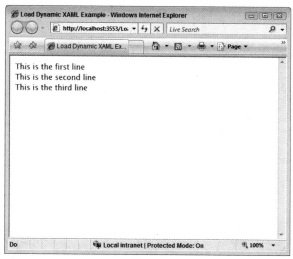

图 3-14

## 3.2.10  可用的工具

有两个集成开发环境可以用来创建 Silverlight 2 应用程序：Microsoft Visual Studio 2008 和 Microsoft Expression Blend 2。在本书的剩余章节中，将集中讨论使用 Visual Studio 2008 来开发 Silverlight 应用程序。本书首要针对的是 ASP.NET 开发人员，并且假定所选择的开发工具是 Visual Studio 2008。但是，适当了解 Expression Blend 还是非常值得的，因为利用该工具可以很好地构建一些高级 UI 或动画 XAML，抑或是设计人员希望的功能。

Expression Blend 是微软公司提供的专业设计工具，主要用于创建使用 WPF 和 Silverlight 的丰富用户体验。利用 Expression Blend，设计人员可以同时创建 Silverlight 1 和 Silverlight 2 应用程序，并利用面向设计的 IDE 构建迷人的用户界面，还可以将文件转交给开发人员，开发人员可以在 Visual Studio 中打开该项目以添加代码，非常简洁。(当然，开发人员也可以首先利用 Visual Studio 来创建具有经典面向开发者风格、普通 UI 的应用程序，并添加所有必需的代码，然后将所有的文件转交给设计人员，设计人员可以直接在 Expression Blend 中打开这些文件，并对其进行美化。)

Expression Blend 为设计人员提供了一流的环境以操作 WPF 和 Silverlight 用户界面，却没有 Visual Studio 中完整编程支持所具有的复杂性和笨重。

Blend 中的一些功能包括：

- 矢量绘制工具，包括文本和三维(3D)工具；
- 实时动画；
- 3D 和媒体支持；
- 实时设计和标记查看；
- 从 Expression Design 中导入美术作品的能力；
- 和 Visual Studio 的互操作能力。

为了创建多功能的、迷人的 WPF UI 或者是 Silverlight UI，不需要使用 Expression Blend，但是从纯设计的角度看，它可以使得设计工作更加简单，并且不需要设计人员像以前那样涉足复杂的 Visual Studio IDE 以创建 UI。

改进在 Visual Studio 开发环境中创建的 XAML 文件非常简单,只要在 Solution Explorer 中右击 XAML 文件,然后选择"Open in Expression Blend"选项即可。图 3-15 显示了该 IDE 的默认状态,它展示了 Expression Blend 的基本外观。

因此, Expression Blend 是用于构建组成用户界面的 XAML 的伟大可视化工具。它为设计人员提供了非常丰富的设计时体验,以完成应用程序中类似于动画和媒体的支持。

但是,如果需要将代码添加到 WPF 或者 Silverlight 应用程序,则要使用 Visual Studio,因为 Expression Blend 仅仅能为代码编辑提供最基础的一些支持(如为对象创建事件处理器存根)。

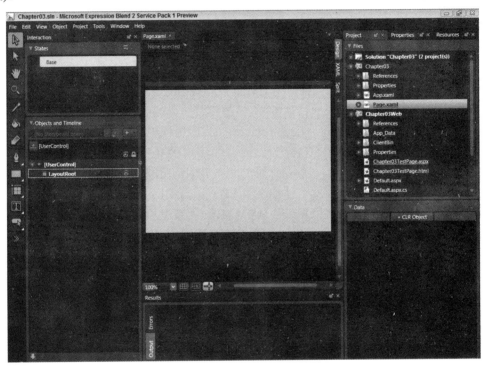

图 3-15

现在开始讨论 Visual Studio 2008。Visual Studio 除了可以为使用.NET 3.0 提供本地支持以外,还可以通过下载并安装 Silverlight tools for Visual Studio,在该 IDE 中创建并编辑 Silverlight 应用程序项目。由这些工具提供的支持包括:

- 针对 Visual Basic 和 C#开发人员的项目模板;
- 针对 XAML 的 IntelliSense 和代码生成器;
- Silverlight 应用程序的调试;
- Web 引用支持;
- 和 Expression Blend 集成。

虽然缺乏 Expression Blend 具备的可视化设计美感,但是 Visual Studio 在做它最擅长的工作——编写代码——时具有其自身的优势。

## 3.3　将所有知识综合在一起

您已经了解了 XAML 的基本要素，并且逐步了解了其简单的代码片段，下面是一个简单的例子，该例子结合了至今为止已经学习过的内容。如果想深入研究该代码，可以从 www.wrox.com 下载本章的代码。

第 4 章将提供这些自动生成文件的更多细节，因此现在只要知道这些并尽量理解这些代码即可。

需要做的第一件事就是启动 Visual Studio，并创建一个名为 Chapter03 的 Silverlight 项目。接受所有的默认设置，那么 IDE 将生成一个 Silverlight 项目以及承载该项目的 ASP.NET 项目。

所生成的项目结构将类似于图 3-16(但是略去图中 LoadDynamicXAML.aspx 和 Dynamic-XAML.ashx，这些文件是在前面的例子中添加进来的)，并且 XAML 代码编辑器将打开创建的默认 Page.xaml。

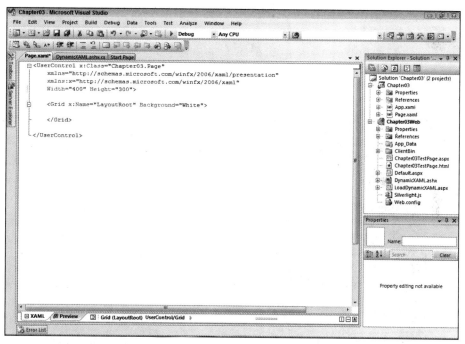

图 3-16

为了在 Silverlight 中显示文本，需要使用 TextBlock 对象。(第 6 章 "Silverlight 控件" 将介绍该控件以及其他一些控件)。将一个 TextBlock 元素添加到页面，并按照以下代码设置其属性：

```
<UserControl x:Class="Chapter03.Page"
    xmlns="http://schemas.microsoft.com/winfx/2006/xaml/presentation"
    xmlns:x="http://schemas.microsoft.com/winfx/2006/xaml"
    Width="400" Height="300">
```

```
<Grid x:Name="LayoutRoot" Background="White">

    <TextBlock Name="textToDisplay"
        Canvas.Left="10"
        Canvas.Top="10"
        Text="This is our Text" />

    </Grid>

</UserControl>
```

如果已经安装了 Expression Blend，那么可以尝试在 Solution Explorer 中右击"Open in Expression Blend"。这样 Expression Blend 将打开该文件，而且现在使用 Expression 所做的任何修改都将被保存，且可以被 Visual Studio 项目重新加载。同样，在 Visual Studio 中所做的任意修改也可以被保存，并在 Expression Blend 中加载。

现在可以利用 Expression Blend 的面向设计的功能随意地美化页面，只要认为合适就行。现在，添加一个简单的动画到该 TextBlock。如果没有安装 Expression Blend，将后面所示的生成的 XAML 拷贝过来即可。

默认情况下，Expression Blend 将显示 Design Workspace。您需要打开 Animation Workspace，因此打开顶层的 Windows | Animation Workspace 菜单项。Blend UI 应该看上去如图 3-17 所示。

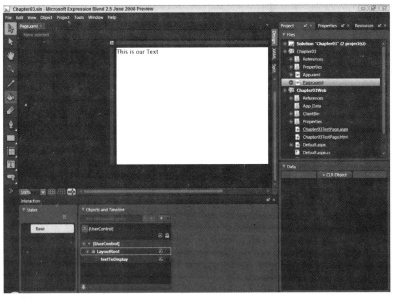

图 3-17

需要创建新的 Storyboard 和 Timeline。在"Objects and Timeline"面板中，应该可以看到一个白色的＋按钮，该按钮旁边有一段灰色的文本(No Storyboard open)。单击该按钮可以打开新的 Storyboard 对话框，然后单击 OK 按钮即可添加新的 Storyboard 资源。保留其名称为 Storyboard1，如图 3-18 所示。

在该 IDE 的左上部分，现在可以看到一些红色的文本表示 Timeline recording is on。选择该 TextBlock，然后选择位于 IDE 底部的 Timeline 中第二个标记中的一个。所选择的第二个标记是该功能时间线将运行的时间长度。应用程序将不断地扩大文本，它将逐渐增大到所选择的第二个数字，比如说 10。

一旦完成了这些操作，下面需要做的就是选择 Properties 面板，并将 TextBlock 的文本大小改成较大的大小。试试 72(如图 3-19 所示)，然后保存项目，并关闭 Expression Blend。

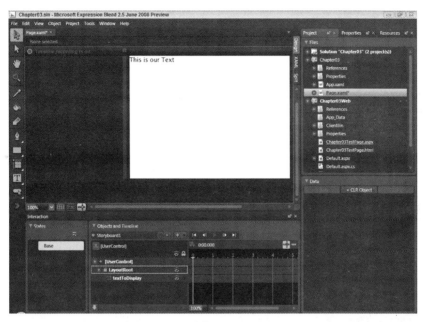

图 3-18

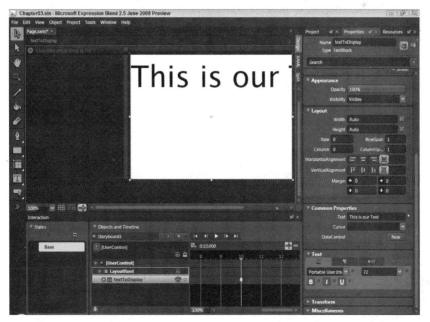

图 3-19

当切换回到 Visual Studio 后,应该会有一个消息框提示,说明 Page.xaml 文件已经做了改动,并询问是否重新加载该文件。如果选择 Yes,那么该 XAML 文件现在看起来应如下所示(再次提醒,如果没有安装 Expression Blend,只需要将该代码拷贝到文件中即可):

```xml
<UserControl x:Class="Chapter03.Page"
    xmlns="http://schemas.microsoft.com/winfx/2006/xaml/presentation"
    xmlns:x="http://schemas.microsoft.com/winfx/2006/xaml"
    Width="400" Height="300">
<UserControl.Resources>
    <Storyboard x:Name="Storyboard1">
        <DoubleAnimationUsingKeyFrames BeginTime="00:00:00"
                            Storyboard.TargetName="textToDisplay"
Storyboard.TargetProperty=
"(TextBlock.FontSize)">
            <SplineDoubleKeyFrame KeyTime="00:00:10" Value="72"/>
        </DoubleAnimationUsingKeyFrames>
    </Storyboard>
</UserControl.Resources>

  <Grid x:Name="LayoutRoot" Background="White">

    <TextBlock Name="textToDisplay"
        Text="This is our Text" />

  </Grid>

</UserControl>
```

注意,此处使用了对象属性语法(object property syntax)以允许设置那些不能通过简单使用字符串来设定的属性。同时还需要注意,此处使用了标记扩展来将一个控件属性绑定到另外一个属性。

第 14 章 "图形和动画" 将给出该动画的语法,因此现在不需要关心其具体的语法。

现在所需要做的就是要启动该动画了。切换到隐藏代码,并在其构建函数中添加以下的代码:

```
Storyboard1.Begin();
```

如果在 Visual Studio 中按下 F5 键,将看到该文本在 Expression Blend IDE 中设定的时间周期内逐步增大。到现在为止应该开始认识到:开发人员和设计人员一起工作会有多方便,同时将 Expression Blend 和 Visual Studio 的所有长处集中一起来处理文件是多么方便。

第 4 章将详细分析 Silverlight 的项目结构,以及如何在 ASP.NET 中承载 Silverlight。

## 3.4　小结

在本章,您第一次深入地了解了 XAML。本章首先介绍了为什么需要了解 XAML,即使您喜欢的编辑器可以为您完成该工作。然后，本章分析了某个 XAML 文件的构造块，并在介绍包含在 XAML 文件中元素的语法之前，介绍了其特有的名称空间声明。

　　本章还介绍了对象和属性语法，以帮助设置需要的类型不是字符串文本的参数值，并且还介绍了类型转换过程，该过程将帮助设置参数值。本章还介绍了标记扩展，以及如何应用标记扩展来定义某个已经存在于文件 Resource 部分的值。

　　然后，本章介绍了一些基本的绘制概念，并且简单介绍 3 种基本的形状类：Ellipse、Rectangle 和 Line。

　　之后，本章展示了如何通过将静态 XAML 文件和隐藏代码文件相链接来赋予静态 XAML 文件以生命。隐藏代码是 ASP.NET 的核心概念。然后本章展示了如何将更多的 ASP.NET 技术应用于帮助动态生成 XAML。

　　最后，本章介绍了两个主要的 IDE 以帮助构建 Silverlight 应用程序——Visual Studio 2008 和 Expression Blend 2。

　　如果想知道如何进行编码，第 4 章将介绍基于 Silverlight API 实施编程的具体细节。

第 **4** 章

# Silverlight 编程

本章将阐述编写 Silverlight 应用程序所需了解的基础知识，探讨 Silverlight 应用程序的基本组成以及编写所有 Silverlight 2.0 应用程序时所采用的没有固定特征的编程构造。

本章首先将介绍 Silverlight 应用程序默认的文件和资源结构，以及在 Web 站点中实际承载 Silverlight 应用程序所涉及到的进程。然后讨论了 Silverlight 要求了解的 JavaScript 知识以研究 Silverlight 对象模型。此外，还讨论了 HTML 文档对象模型和 Silverlight 应用程序之间的双向通信。

随后，本章将解析在整个 Silverlight 框架中使用到的各种编程功能。如果您比较熟悉Windows Presentation Foundation(WPF)，可能会觉得理解起来特别轻松，那么您可以跳过这一部分内容，因为以前学习过这些内容或者类似的内容。

本章还展示了一些代码样本，您可以根据需要下载 Silverlight 应用程序的组件片段，而不必要一次性下载所有代码。这一点对于产生能够在 Internet 上执行良好的应用程序是必需的。

## 4.1 Silverlight 应用程序的组成

一项 Silverlight 应用程序可以由多个不同组件组成，而且在不同的时间需要不同的组件。正因为此，Silverlight 团队希望确保该应用模型和结构能够提供功能更丰富且更为复杂的 RIA。更进一步，他们还想提供相应的能力来打包并部署一个拥有各种组成要素的应用程序，而其中的各个组件在同一个列表清单文件中描述。该文件应该在各种信息中设定各个要素的位置和入口点信息。

由于Silverlight应用程序可以处理的文件有一些非常大(如音频和视频)，因此Silverlight应用程序应该具备惰性加载资源的能力。而这些资源可以在其包内引用，也可以从外面引用。

### 4.1.1 打包 Silverlight 应用程序

当构建一个 Silverlight 应用程序时，其组成部分可以打包成一个简单的 ZIP 压缩文件以实施部署。该压缩文件的名称为[ProjectName].xap，并位于承载该应用程序的 Web 应用程序的 ClientBin 目录下。

　　为了更详细地了解这一点，启动 Visual Studio，并创建一个新的 Silverlight 应用程序 Chapter04。打开如图 4-1 所示的初始对话框，以输入更多关于项目的信息。

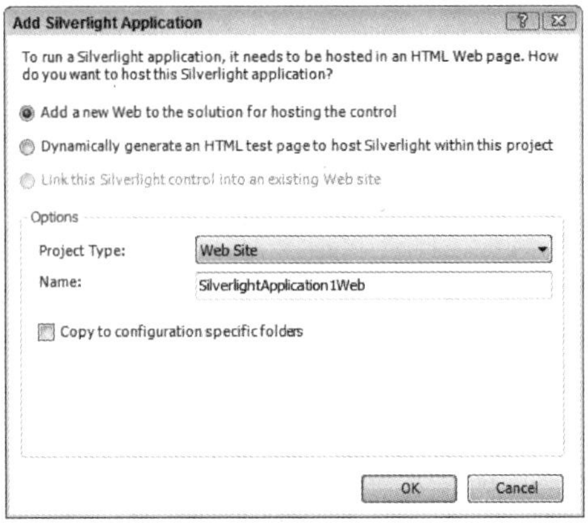

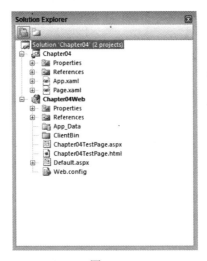

图 4-1

　　关于被创建的 Silverlight 项目如何与用于承载该应用程序的项目之间进行关联，有三个选项。默认选项是将一个新的 Web 添加到可以承载该 Silverlight 应用程序的解决方案。当选择该选项时，Project Name 和 Project Type 文本框均可以输入。Name 的意义非常明确，不用多做解释。而 Type 则允许选择是创建一个 Web 应用程序项目，还是创建一个完整的 Web 站点。前者将使用 ASP.NET 开发 Web 服务器，而后者则选择使用 IIS。

　　接下来的选项是创建一个基本的 HTML 测试页面以承载 Silverlight 应用程序，而最后一个选项则允许将 Silverlight 控件连接到一个已经存在的 Web 站点。

　　对于本例，我们选择第一个选项，并且创建一个 Web 应用程序项目以承载 Silverlight 应用程序，命名为 Chapter04_Web。

　　如果查看 Solution Explorer，您将看到该程序集的目录结构和文件结构如图 4-2 所示。

图 4-2

　　在执行任何操作之前，构建整个解决方案，然后将看到在承载应用程序的 ClientBin
目录中包含的是一个名为 Chapter04.xap 的文件，如图 4-3 所示。

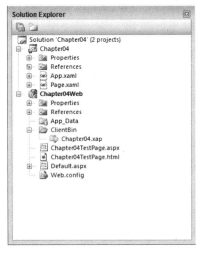

图 4-3

　　前面已经提到过，该文件实际上是一个标准的 ZIP 压缩文件，包含了 Silverlight 应用
程序的部署版本。为了查看该压缩文件中的内容并浏览里面的文件，只要将其名称
Chapter04.xap 改为 Chapter04.zip，然后打开它即可。您可以看到 Chapter04.dll 文件、其他
一些应用程序运行所需要引用的.dll 文件以及一个名为 AppManifest.xaml 的文件。

　　如果打开 AppManifest.xaml 文件，将看到如下标记：

```
<Deployment xmlns="http://schemas.microsoft.com/client/2007/deployment"
            xmlns:x="http://schemas.microsoft.com/winfx/2006/xaml"
            EntryPointAssembly="Chapter04"
            EntryPointType="Chapter04.App"
            RuntimeVersion="2.0.30523.6">
<Deployment.Parts>
  <AssemblyPart x:Name="Chapter04" Source="Chapter04.dll" />
</Deployment.Parts>
</Deployment>
```

　　如果从该文件的顶部开始分析该文件，看到的第一个元素就是 Deployment 元素。该元
素除了定义了两个 XAML 名称空间外，还包含了两个属性用于设定应用程序加载时用作入
口点的程序集和类——EntryPointAssembly 和 EntryPointType。在 EntryPointType 属性中设
定的类必须继承自 System.Windows.Application，并且具有全限定类型名。

　　接下来将看到 Silverlight 应用程序的组成部分均在 Deployment.Parts 元素中定义。仅有
应用程序程序集自身必须在列表清单文件中声明；其他程序集均是可选的，从而可以根据
需要实施惰性加载。该技术使用了内置的 WebClient 对象，本章的最后将讨论该技术。但
是现在您必须认识到，出于对性能的考虑，最好的方法是：只有应用程序运行所需要的文
件才在此指定；而包含那些不是立即需要的功能或者有时不用的功能的文件，则应该使用

WebClient 对象来实施惰性加载。

## 4.1.2　System.Windows.Application

System.Windows.Application 类永远是 Silverlight 应用程序的起点，因为该类封装了入口点信息、应用程序生命期管理、全局资源以及处理未处理异常的能力。

在 Silverlight 文件结构中，App.xaml 和 App.cs 文件提供了对 Application 类的访问。例如，在处理应用程序的 Startup 处理器、Exit 处理器以及 UnhandledException 处理器时，可以有不同的选择。默认情况下，所有这些选项都包装在该文件如下的隐藏代码中。

```
<Application
xmlns="http://schemas.microsoft.com/winfx/2006/xaml/presentation"
              xmlns:x="http://schemas.microsoft.com/winfx/2006/xaml"
              x:Class="Chapter04.App"
              >
    <Application.Resources>

    </Application.Resources>
</Application>
```

前面的代码显示了创建一个新的项目时 App.xaml 的默认标记。下面您可以看到该文件的隐藏代码以及在构造函数中预先包装的事件处理器：

```
using System;
using System.Collections.Generic;
using System.Linq;
using System.Net;
using System.Windows;
using System.Windows.Controls;
using System.Windows.Documents;
using System.Windows.Input;
using System.Windows.Media;
using System.Windows.Media.Animation;
using System.Windows.Shapes;

namespace Chapter04
{
    public partial class App : Application
    {

        public App()
        {
            this.Startup += this.Application_Startup;
            this.Exit += this.Application_Exit;
            this.UnhandledException += this.Application_UnhandledException;

            InitializeComponent();
        }
```

```
   private void Application_Startup(object sender, StartupEventArgs e)
   {
        this.RootVisual = new Page();
   }

   private void Application_Exit(object sender, EventArgs e)
   {

   }
   private void Application_UnhandledException(object sender,
               ApplicationUnhandledExceptionEventArgs e)
   {
       // If the app is running outside of the debugger then report the
       // exception using
       // the browser's exception mechanism.On IE this will display it a
       //yellow alert
       // icon in the status bar and Firefox will display a script error.
       if (!System.Diagnostics.Debugger.IsAttached)
       {

           // NOTE: This will allow the application to continue
           //running after an exception has been thrown
           // but not handled.
           // For production applications this error handling should
           //be replaced with something that will
           // report the error to the website and stop the application.
           e.Handled = true;
           Deployment.Current.Dispatcher.BeginInvoke(
                           delegate { ReportErrorToDOM(e); });
       }
   }
   private void ReportErrorToDOM(ApplicationUnhandledExceptionEventArgs e)
   {
       try
       {
           string errorMsg = e.ExceptionObject.Message +
                           e.ExceptionObject.StackTrace;
           errorMsg=errorMsg.Replace('"','\'').Replace("\r\n",@"\n");

           System.Windows.Browser.HtmlPage.Window.Eval(
"throw new Error(\"Unhandled Error in Silverlight 2 Application " +
           errorMsg + "\");");
       }
       catch (Exception)
       {
       }
   }
}
}
```

注意上面的代码是如何对 Page 类的一个新实例进行实例化的，以及如何将该实例赋予 Application.RootVisual 属性的。该代码行设定了 Page 类作为加载和显示的初始 UI。如果您将另外一个页面添加到 Silverlight 项目中，并且想让该页面最先显示，则需要修改该行代码以接受该新页面的一个实例。

在 Startup 事件中，也可以捕获通过包含在<OBJECT>标签中的 initParams 属性传递给 Silverlight 应用程序的初始化参数，并对该初始化参数进行相应的处理。

考虑下面的例子，该例子展示了如何通过<asp:Silverlight>元素来设置 initParams 属性：

```
<%@ Page Language="C#" AutoEventWireup="true" %>

<%@ Register Assembly="System.Web.Silverlight"
    Namespace="System.Web.UI.SilverlightControls"
    TagPrefix="asp" %>

<!DOCTYPE html PUBLIC "-//W3C//DTD XHTML 1.0 Transitional//EN"
    "http://www.w3.org/TR/xhtml1/DTD/xhtml1-transitional.dtd">

<html xmlns="http://www.w3.org/1999/xhtml" style="height:100%;">
<head runat="server">
    <title>Chapter04</title>
</head>
<body style="height:100%;margin:0;">
    <form id="form1" runat="server" style="height:100%;">
        <asp:ScriptManager ID="ScriptManager1"
         runat="server"></asp:ScriptManager>
        <div style="height:100%;">
            <asp:Silverlight ID="Xaml1"
                             runat="server"
                             Source="~/ClientBin/Chapter04.xap"
                             MinimumVersion="2.0.30911.0"
                             Width="100%"
                             Height="100%"
                             InitParameters="Param1=Hello,Param2=World"
/>
            </div>
        </form>
    </body>
</html>
```

注意参数是如何通过在<asp:Silverlight>元素中的 name=value 对设置的。下面的代码展示了如何在运行时从 Application 类的 Startup 事件中抽取这些值：

```
private void Application_Startup(object sender, StartupEventArgs e)
{
    //Assign the root visual object, in this case the Page class
    this.RootVisual = new Page();
```

```
        //Extract init params
        string param1 = e.InitParams["Param1"];
        string param2 = e.InitParams["Param2"];
    }
```

### 4.1.3　应用程序实例化

Silverlight 应用程序是通过使用<OBJECT>标签或者<EMBED>标签嵌入包含的 Web 页面中的。当然，也可以手动编写该标签及其参数。但是，只是使用<asp:Silverlight>控件要容易得多，该控件将代表您生成相关的 HTML 和 JavaScript。

在该<asp:Silverlight>标签内，除了设置了 ID 和 Runat 属性外，还需要将 Source 值设定为包含 Silverlight 应用程序的包(或者普通 XAML 文件)的位置。其他设置可以根据需要设置。在运行时，<asp:Silverlight>控件需要的所有 JavaScript 文件均是通过<asp:ScriptManager>控件动态引用的。(该控件在页面上是必需的。如果没有该控件，将产生一个出错信息。)

如果出于某些原因，您还是想手动编写该插件标记，那么可以查看[ProjectName]TestPage.html 文件。该文件在创建 Silverlight 应用程序和相应的承载项目时添加到了项目的 Web 主机上。该文件包含了很少的一些必要标记，以将 Silverlight 应用程序嵌入 Web 页面中。同样需要注意的是，该文件使用了 JavaScript 文件 Silverlight.js，该文件自动添加到了承载项目的根目录下。

作为 ASP.NET 开发人员，您很可能想充分利用<asp:Silverlight>所提供的简洁模型，而不是选择手动编写承载标记和代码。

不管采用何种方式，最终结果都是一样的，即相应的<OBJECT>元素被包含到了页面中，并且相关的参数已经设定，如下面的 HTML 所示：

```
<object data="data:application/x-silverlight,"
        type="application/x-silverlight-2" width="100%" height="100%">
    <param name="source" value="ClientBin/Chapter04.xap"/>
    <param name="onerror" value="onSilverlightError" />
    <param name="background" value="white" />
    <param name="minRuntimeVersion" value="2.0.30911.0" />
    <param name="autoUpgrade" value="true" />
    <a href="http://go.microsoft.com/fwlink/?LinkID=124807"
    style="text-decoration: none;">
        <img src="http://go.microsoft.com/fwlink/?LinkId=108181"
        alt="Get Microsoft Silverlight" style="border-style: none"/>
    </a>
</object>
```

注意，标签中的 href 属性和 image 属性也进行了设置。如果插件没有安装，这些属性所指的内容将显示，并且指向 Silverlight 运行时的安装位置。

在页面中包含插件时可能应该设置一些属性。这些属性如表 4-1 所示：

表 4-1

| 属　　性 | 描　　述 |
| --- | --- |
| id | 该属性是在 HTML DOM 中引用该插件的名称 |
| Data | 该属性应该设置为 Silverlight 应用程序 MIME 类型，并且被 Silverlight 插件使用以组织实例化过程 |
| Type | 该属性应该设置为要加载的，Silverlight 插件的 MIME 类型版本 |
| Height | 不用多做解释。可以设置为像素或者父容器的百分比 |
| Width | 不用多做解释。可以设置为像素或者父容器的百分比 |

除了前面提到的这些属性以外，还需要设定 Source 属性，该属性将指向 Silverlight 包的位置。

注意，如果使用<asp:Silverlight>控件，它将自动把 data 和 type 属性应用到底层的<OBJECT>标签。同时需要注意，如果是通过<asp:Silverlight>控件设置，那么表 4-2 和 4-3 中列出的属性和事件可能会在名称上有所不同，但是最终都将设置列出的这些属性。

还有一些其他的不同属性可以应用到 Silverlight 插件，如表 4-2 所示：

表 4-2

| 属　　性 | 描　　述 |
| --- | --- |
| background | Silverlight 插件的背景颜色 |
| enabledHtmlAccess | 用于设定插件是否可以通过 HTML DOM 访问 |
| initParams | 允许传递 name=value 对以辅助初始化 |
| MaxFramerate | 一个整数，用于设定所期望的帧率。该参数是一个最大值。可以设置小于该值，因为该值依赖于系统负载和性能 |
| SplashScreenSource | 可以设置为一个可选的 XAML 闪屏，该屏幕将在包加载时显示 |
| Windowless | 确定插件是在窗口模式下运行还是在无窗口模式下运行。在 Mac 系统，该属性将被忽略，并且插件将一直在无窗口模式下运行 |

Silverlight 插件还提供了多种事件。如果需要，可以在这些事件中包装客户端 JavaScript 处理器。表 4-3 列出了这些事件：

表 4-3

| 事　　件 | 描　　述 |
| --- | --- |
| onError | 当 Silverlight 应用程序实例产生一个错误时产生该事件 |
| OnResize | 当 Silverlight 插件的 ActualHeight 或 ActualWidth 属性改变时触发该事件 |

(续表)

| 事　件 | 描　述 |
|---|---|
| OnLoad | 当插件被实例化，并且所有的内容已经加载时(所有的对象树已经生成，并且所有的 XAML 已经被解析)触发该事件 |
| OnSourceDownloadComplete | 当由 Source 属性设定的应用程序包已经下载完成时触发该事件 |
| OnSourceDownloadProgressChanged | 当由 Source 属性设定的应用程序包正在下载时触发该事件 |

简单地浏览一下 Silverlight 应用程序的实例化过程，将有助于融合对运行时流程和应用程序生命周期的理解：

(1) <OBJECT>标签指出安装了哪个版本的 Silverlight(通常使用 JavaScript 来编写相应的标签)，并加载该插件。

(2) CLR 启动，并且创建一个 AppDomain 以承载该应用程序。

(3) 主应用程序的程序集以及在列表清单中引用的其他程序集将被下载，并加载到 AppDomain。

(4) 现在，使用列表清单文件中的 EntryPointType 信息创建应用程序对象本身。Startup 和 Exit 处理器将被包装，并且在构造器中的所有用户代码都将被执行。

(5) 产生 Startup 事件，该 UI 被构建，并且添加到 Application.VisualRoot 属性中。

(6) 启动页面被加载，并且页面中元素的 FrameworkElement.Loaded 事件被触发，然后产生 Silverlight 插件的 OnLoad 事件。

## 4.1.4　基本的 Silverlight 页面

现在，将注意力转移到 Page.xaml 文件，该文件是在创建新的 Silverlight 应用程序时创建的。和 ASP.NET 的隐藏代码模型一致，UI 的表示也保存在一个文件中(.xaml 文件)，而相应的逻辑则在.xaml 文件的根元素所引用的.xaml.[vb 或 cs]文件中进行了编码。

```
<UserControl x:Class="Chapter04.Page"
    xmlns="http://schemas.microsoft.com/winfx/2006/xaml/presentation"
    xmlns:x="http://schemas.microsoft.com/winfx/2006/xaml"
    Width="400" Height="300">

    <Grid x:Name="LayoutRoot" Background="White">

    </Grid>

</UserControl>
```

正如前面提到的，XAML 文件只能包含一个根元素。在本例中，该根元素是 UserControl 元素。并且它的第一个子元素是用于布局的元素，在本例中是名为 LayoutRoot 的 Grid 控件。

如果需要在应用程序中创建另外一个页面，那么只要将另外一个 Silverlight UserControl 添加到项目即可。UserControl 分散了应用程序的组件，因为它允许将应用程序分解成一些可托管性更好的代码块，而且这些代码块和其他 Silverlight 控件相独立。UserControl 也用于将已有的控件组合到一起以便将来在其他地方重用。

前面的代码显示了隐藏代码文件如何利用 x:class 属性，并将该属性设置为链接的全限定类名以实施引用。您还可以在 x:Class 值中提供一个程序集参数。但是，如果没有给定参数(如本例所示)，那么将假定该程序集为该项目当前正在创建的程序集。

如果查看一下隐藏代码文件，将看到 Page 类继承了 UserControl，并且在对象构造器中调用了 InitializeComponent 方法。

```csharp
using System;
using System.Collections.Generic;
using System.Linq;
using System.Net;
using System.Windows;
using System.Windows.Controls;
using System.Windows.Documents;
using System.Windows.Input;
using System.Windows.Media;
using System.Windows.Media.Animation;
using System.Windows.Shapes;

namespace Chapter04
{
    public partial class Page : UserControl
    {
        public Page()
        {
            InitializeComponent();
        }
    }
}
```

实际的 InitializeComponent 代码保存在一个自动生成的文件中。查看该代码的最简单方法是在方法调用上右击，然后选择“Go To Definition”。该自动生成文件中的代码将负责自动解析该 XAML，并将其赋值给设置的根布局控件，在本例中为一个 Grid 控件。这个文件位于 obj/Debug/目录下。在 Visual Studio 中，如果在 Solution Explorer 中选择“Show All Files”图标，将看到该文件，如图 4-4 所示。

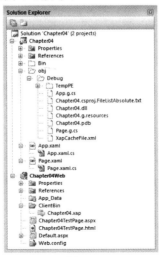

图 4-4

Visual Studio 利用该文件来隐藏一些设计时的复杂性，例如在类中创建变量以提供对具名元素的强类型访问。考虑如下的样例 XAML：

```
<UserControl x:Class="Chapter04.Page"
   xmlns="http://schemas.microsoft.com/winfx/2006/xaml/presentation"
   xmlns:x="http://schemas.microsoft.com/winfx/2006/xaml"
   Width="400" Height="300">

   <Grid x:Name="LayoutRoot" Background="White">

      <Button Width="200" Height="20" Content="Click Me"></Button>

   </Grid>

</UserControl>
```

包含在根布局元素中的 Button 控件并未设定其 x:Name 属性。这就意味着，为了从隐藏代码文件中访问该控件，必须手动遍历整个对象树，直到找到一个 Button 为止，如果该 Button 就是想要的，那么对其进行一定处理。

显然，需要的是为该元素给定一个唯一名，这可以通过 x:Name 属性来给定。当该属性被设定时，Visual Studio 将在两个重要方面更新自动生成的文件：首先，它创建一个名为 MyButton 的内部 Button 域，然后使用 Page.g.cs 生成类的 InitializeComponent 方法中的代码来将实际实例化的元素赋给该对象：

```
#pragma checksum "C:\Users\SampleUser\Documents\Visual Studio
2008\Projects\Chapter
   04\Chapter04\Page.xaml"
   "{406ea660-64cf-4c82-b6f0-42d48172a799}"
"CB261A118F113240BD454ABE5816C799"
   //------------------------------------------------------------------
   // <auto-generated>
   //     This code was generated by a tool.
   //     Runtime Version:2.0.50727.3053
   //
   //     Changes to this file may cause incorrect behavior and will be lost if
   //     the code is regenerated.
   // </auto-generated>
   //------------------------------------------------------------------

using System;
using System.Windows;
using System.Windows.Automation;
using System.Windows.Automation.Peers;
using System.Windows.Automation.Provider;
using System.Windows.Controls;
using System.Windows.Controls.Primitives;
using System.Windows.Data;
using System.Windows.Documents;
```

```csharp
using System.Windows.Ink;
using System.Windows.Input;
using System.Windows.Interop;
using System.Windows.Markup;
using System.Windows.Media;
using System.Windows.Media.Animation;
using System.Windows.Media.Imaging;
using System.Windows.Resources;
using System.Windows.Shapes;
using System.Windows.Threading;


namespace Chapter04 {


    public partial class Page : System.Windows.Controls.UserControl {

        internal System.Windows.Controls.Grid LayoutRoot;

        internal System.Windows.Controls.Button MyButton;

        private bool _contentLoaded;

        /// <summary>
        /// InitializeComponent
        /// </summary>
        [System.Diagnostics.DebuggerNonUserCodeAttribute()]
        public void InitializeComponent() {
            if (_contentLoaded) {
                return;
            }
            _contentLoaded = true;
            System.Windows.Application.LoadComponent(this, new
        System.Uri("/Chapter04;component/Page.xaml",
System.UriKind.Relative));
            this.LayoutRoot =
((System.Windows.Controls.Grid)(this.FindName(
                                    "LayoutRoot")));
            this.MyButton =
((System.Windows.Controls.Button)(this.FindName(
                                    "MyButton")));
        }
    }
}
```

在此，要看的是最后一行。该行代码中的 FindName 方法将用于获取该元素的一个引用，然后将该元素强制转换成 Button 类。然后再将该对象赋给成员变量 MyButton。FindName 方法由 FrameworkElement 提供，UserControl 最终派生自 FrameworkElement。

也可以随意处理 UserControl 基类自己所提供的事件，如 Loaded 事件。包装这些事件

的最简单方法只是在 XAML 文件中添加该事件,让 Visual Studio 自动生成相应的隐藏代码
以创建实例方法,并将其包装。当然,如果首先需要做什么决策的话,也可以通过纯代码
的方法对该事件进行任意包装。以下代码展示了 XAML 文件中的包装过程:

```
<UserControl x:Class="Chapter04.Page"
    xmlns="http://schemas.microsoft.com/winfx/2006/xaml/presentation"
    xmlns:x="http://schemas.microsoft.com/winfx/2006/xaml"
    Width="400"
    Height="300"
    Loaded="UserControl_Loaded">

    <Grid x:Name="LayoutRoot" Background="White">

        <Button Width="200"
                Height="20"
                Content="Click Me"
                x:Name="MyButton"></Button>

    </Grid>

</UserControl>
```

以下代码展示了隐藏代码中的自动生成方法:

```
private void UserControl_Loaded(object sender, RoutedEventArgs e)
{
    MyButton.Content = "New Content";
}
```

可以看到,在 Loaded 事件中,该 Button 的 Content 属性只是被重新赋值。该 Loaded
事件也是由基类 FrameworkElement 提供的,并且将在被请求的元素已经完成布局、被渲染
并且可以与其进行交互时被调用。

这样,您就已经在较高的层次上了解了 Silverlight 应用程序的基本结构。Silverlight 应
用程序是通过 System.Windows.Application 类来管理和实例化的,而该类又是通过 App.xaml
和 App.xaml.cs 文件来访问的。本节还介绍了 Silverlight 应用程序中的页面如何通过简单地
添加 Silverlight UserControl 到该项目,然后使用 XAML 和隐藏代码来控制 UI 和程序逻辑
以创建页面。

下面将简单地讨论 JavaScript,以及针对开发 Silverlight 应用程序而言,我们需要掌握
哪些 JavaScript 技术,并要掌握到什么程度。

## 4.2　JavaScript——需要了解多少

Silverlight 带来的主要好处就是允许在 Web 站点中发布多功能的、迷人的 UI,并且可以
在已有的 Web 页面中增加一些丰富的内容。尽管可以选择全屏运行 Silverlight 应用程序,也
可以让它作为主 UI(更多内容请查阅第 5 章"创建用户界面")——当然需要用户许可,但

是它更可能是用于添加一些额外的内容到某个现有的页面结构中。例如，它可以用于为某个广告发布高保真视频，或者渲染在 DHTML 中难以实现并非常耗时的动画。

为了和典型的 Web 页面交互并控制该页面，需要使用 JavaScript 来检查、操作和响应 DOM(表示某 HTML 页面中元素层次结构的树结构)中的元素和事件。使用 ASP.NET 则使得基本上不需要使用 JavaScript 就可以驱动一般的 DOM 交互,因为服务器端控件已经完成了该功能。而且 ASP.NET Silverlight 和 Media 控件也使得不需要包含正确的.js 文件并添加正确的 JavaScript 方法调用来渲染<OBJECT>或<EMBED>标签。

但是，这些并不能改变背后的事实，即所有这些存在的框架和工具纯粹是抽象了底层的技术而已。当然，总的说来这还是非常好的一件事，但是这将导致代码产生问题时难以调试和维护等类似问题。

值得注意的是，和多数抽象一样，它们只能帮助快速地编写80%的应用代码，而剩余的20%则通常需要通过操作框架或者需要改变框架，以适应项目特有的需求。当然，这就需要掌握一些底层技术和组件的知识。这些技术和组件在第一阶段是隐藏的。

回到最初的起点，Silverlight 应用程序是存在于一个已有页面中的，因此经常会要求从承载页面对 Silverlight 应用程序进行访问和控制。以前面提到内嵌视频的例子为例，它就可能是通过标准的 HTML 元素(play、pause、stop)来实施命令控制的。另外的一个例子就是利用 HTML 表单元素和收集用户特有的数据，并将其注入页面中的 Silverlight 应用程序中。这个交互是通过 JavaScript 来处理的，因此该脚本语言的基础知识是必需的。但是，不用担心必须成为这方面的专家，因为这些代码都比较简单。

因此，和前一章关于是否应该学习 XAML 的讨论一样，能够了解它就行，而不必担心要掌握它、精通它并能利用它编写一些复杂的交互，所需要的只是掌握一些基础知识。

# 4.3  JavaScript——基础知识

JavaScript、JScript 和 ECMAScript 是互相关联的脚本语言，均是在浏览器中解析执行的。前面已经提到过，它们的基本目标是允许开发人员动态改变组成某个 HTML 页面的元素、验证表单输入，并且能够响应 Web 页面整个生命周期中发生的事件。

那么，JavaScript、JScript 以及 ECMAScript 之间存在什么差别呢？JavaScript 是由网景公司最初创建，并于 1995 年发布的。该语言被证明是非常成功的，并且它还推动了微软公司创建他们自己的实现，即 JScript。JScript 最早于 1996 年装配到 IE 3.0。在 1996 年，网景公司将 JavaScript 提交给了 ECMA 国际标准化组织，并且该组织于 1997 年通过了该标准。ECMAScript 是由 ECMA 标准化的该脚本语言的名称。尽管 JavaScript 和 JScript 所提供的一些功能并未包含在 ECMAScript 中，但是它们最终都和 ECMAScript 所规范的基本标准兼容。

许多 ASP.NET 开发人员都没有必要了解 JavaScript，或者不愿意了解 JavaScript。如果您想了解JavaScript,下面的几个小节将简单介绍 JavaScript。如果您已经比较了解 JavaScript 或者真的想尽量不使用 JavaScript,那么可以随意跳过本节。本节并不想完整地介绍 JavaScript,

而只是想提供足够的 JavaScript 知识，从而可以让您学习想学到的知识。

### 4.3.1　对象模型

在 JavaScript 编程中所用到的主要对象模型是文档对象模型(DOM)。该对象模型允许访问组成所开发页面中的元素和成员(方法、事件等)，包括可见的和不可见的。该对象模型组成一棵层次树结构，该树的根节点为一个表示窗口的元素，而叶子节点为在表单中出现的单独输入元素。

DOM 是 JavaScript 使用的主要对象模型，而且该浏览器特有的对象模型也是操作和响应 DOM 常用的编程构建，包括变量声明、允许使用字符串和数字的内置对象、日期/时间处理，……。您已知道了整体结构。

### 4.3.2　将 JavaScript 添加到 Page

JavaScript 函数和语句均包含在 Web 页面的<script>标签内。它们也可以写在一个完全独立的、扩展名为.js 的文件中，然后在页面中使用<script>标签的 src 属性将其包含在其中(前面的每个程序均包含 Silverlight.js)。

```
<script type="text/javascript">
    //…script goes in here
</script>

<script src="test.js" />
```

### 4.3.3　变量使用

为了在 JavaScript 中声明变量，需要使用 var 关键字，然后紧跟变量名(区分大小写)。变量名必须以字符或者下划线开头。

```
var myString = "testValue";
var myInt = 42;
var myBool = true;
var myFloat = 3.32;
```

在函数内声明的变量是该函数的局部变量。全局变量是在函数之外声明的，并且从声明点之后一直到页面结束均可用。

### 4.3.4　函数

函数是使用 function 关键字声明的，后面紧跟参数列表：

```
function SomeFunction(param1, param2)
{
    alert(param1);
    alert(param2);
```

```
}
```

上面的函数有两个输入参数，但是并没有返回值。注意，在 function 关键字之前没有 void 指令。和 C#不一样，在 JavaScript 中这是不要求的。如果函数需要返回值，那么就要在函数内使用 return 关键字，但是不需要指定返回类型，而且所有的变量类型均是可变的。

```
function SomeFunction(param1, param2)
{
    alert(param1);
    alert(param2);

    return 0;
}
```

为了调用函数，仅仅需要设定其名称，然后指定任意需要的参数即可：

```
var retVal = SomeFunction(1, 2);
```

如果函数不返回一个值，那么只要忽略调用左边的变量赋值即可：

```
SomeFunction(1, 2);
```

### 4.3.5　条件语句

我们并不逐个地解释这些语句，因为这些语句的使用对于程序员而言是非常明显的。下面的代码演示了主要的条件操作符：

```
function SomeFunction(param1, param2)
{
    var a = 10;
    var b = 20;

    //if, else and else if
    if (a > 10)
        alert("a is greater than 10");

    if (b == 20)
    {
        alert("b == 20");
        if (a == 10)
        {
            alert("a == 10");
        }
    }

    if (a < 5)
    {
        alert("a < 5");
    }
```

```
else if(a <= 10)
{
    alert("a <= 10");
}
else
{
    alert("none of the above");
}

//switch
switch (a)
{
    case 10:
    {
        alert("first branch");
        break;
    }
    case 20:
    {
        alert("second branch");
        break;
    }
    default:
    {
        alert("neither");
        break;
    }
}

//for statement
for (var i = 0; i < 10; i++)
{
    alert(i);
}


var x = 10;
//do loop
do
{
    alert(x);
    x += 10;
}
while (x <= 30);

//while loop
while (x < 100)
{
    x += 10;
    alert(x);
```

```
        }
    }
```

### 4.3.6　处理事件

每个在 DOM 中指定的元素都有一些事件需要捕获并处理(如 onclick、onblur 和 onfocus 等)。为了处理其事件，需要将事件包装在元素声明中，并为它设定处理器的名称。

```
<input type="button" value="AnyTest" onclick="SomeFunction(1,2)" />
```

body 元素也可以捕获和处理 onload 和 onunload 事件。页面首次被加载时产生 onload 事件，而页面卸载时触发 onunload 事件。

```
<body onload="PageLoad();" onunload="PageUnload();">
```

### 4.3.7　DOM 操作

在 DOM 中存在的每个元素都被当成是层次树上的一个节点，整个层次树结构以文档元素为根节点。考虑一个非常简单的 HTML 页面：

```
<html>
    <head>
        <title>JavaScript Guide</title>
    </head>
    <body>
        <h1>JavaScript Guide</h1>
        <h2>Sibling node</h2>
    </body>
</html>
```

在此可以看到，<head>节点具有唯一的父节点(<html>节点)和唯一的子节点(<title>节点)。<html>节点有两个直接的子节点(<head>节点和<body>节点)，而<body>节点又包含两个子节点(<h1>元素及其兄弟节点<h2>元素)。从这个例子中非常容易看到该文档如何表示成树结构。

为了通过编程的方式来访问该树上不同层次的不同节点，JavaScript 提供了两种方法以供使用：document.getElementById 和 document.getElementsByTagName。

getElementById 接收唯一的字符串参数，该参数对应于文档树中某个元素的 id。下面的例子使用该方法来访问 h2 元素，并使用其 innerHTML 属性：

```
<!DOCTYPE HTML PUBLIC "-//W3C//DTD HTML 4.0 Transitional//EN">
<html>
    <head>
        <title>JavaScript Guide</title>
    </head>
    <body>
```

```
        <h1>JavaScript Guide</h1>
        <h2 id="subHeading">Sibling node</h2>
        <input type="button" value="click me"
onclick="AccessSingleNode()"/>
    </body>
    <script type="text/javascript">
        function AccessSingleNode()
        {
            //using document.getElementById.
            var element = document.getElementById("subHeading");
            alert(element.innerHTML);
        }
    </script>
</html>
```

当想访问某个单独的特定元素时，该方法特别有用。但是如果想访问某个类型的所有元素，那么需要使用 getElementsByTagName 方法：

```
<!DOCTYPE HTML PUBLIC "-//W3C//DTD HTML 4.0 Transitional//EN">
<html>
    <head>
        <title>JavaScript Guide</title>
    </head>
    <body>
        <h1>JavaScript Guide</h1>
        <h2 id="subHeading">Sibling node</h2><br />
        <input type="button" value="Access Single Node"
onclick="AccessSingleNode()"/><br />
        <h3>first item</h3><br />
        <h3>second item</h3><br />
        <h3>third item</h3><br />
        <input type="button" value="Access Multiple Nodes"
onclick="AccessMultipleNodes()" />
    </body>
    <script type="text/javascript">
        function AccessMultipleNodes()
        {
            var elements = document.getElementsByTagName("h3");
            for (var i = 0;i < elements.length; i++)
            {
                alert(elements[i].innerHTML);
            }
        }

        function AccessSingleNode()
        {
            //using document.getElementById.
            var element = document.getElementById("subHeading");
            alert(element.innerHTML);
        }
```

```
    </script>
</html>
```

要注意，该方法如何返回了一个数组结构，数组中的各个条目均可以通过使用[ ]语法并设置其序数来访问。

一旦已经获得 DOM 中某个节点的引用，那么该节点的属性将允许直接跳到第一个子节点、最后一个子节点或者节点的父节点(firstChild、lastChild 和 parentNode)。为了帮助进一步遍历该 DOM 结构，JavaScript 还提供了 nextSibling 和 previousSibling 属性：

```html
<table border="1" id="myTable">
    <tr id="firstRow">
        <td id="firstCell">this</td>
        <td id="secondCell">is</td>
        <td id="thirdCell">a</td>
        <td id="fourthCell">test</td>
    </tr>
</table>
```

给定上面的表格，下面的函数展示了如何遍历整个 DOM：

```javascript
function NavigateExample()
{
    var table = document.getElementById("myTable");

    //reference table body, this will be included automatically if
    //not found in the html
    var tableBody = table.firstChild;

    //reference row
    var row = tableBody.firstChild;
    alert("row id= " + row.id);

    //reference first cell of first row
    var firstCell = row.firstChild;
    alert("firstCell id= " + firstCell.id);

    //reference last cell of first row
    var lastCell = row.lastChild;
    alert("lastCell= " + lastCell.id);

    //reference parent row of first cell
    var parentRow = firstCell.parentNode;
    alert("parentRow= " + parentRow.id);

    //reference second cell of first row
    var secondCell = firstCell.nextSibling;
    alert("secondCell= " + secondCell.id);
```

```
    //reference third cell of first row
    var thirdCell = secondCell.nextSibling;
    alert("thirdCell= " + thirdCell.id);
}
```

除了可以以这种方式访问 DOM 中的单个节点外，document 还提供一些快捷的方法来指向特定的元素/节点集合。例如，访问某个表单的成员可以通过调用 document.forms[0]，其中传递给[]的数字是表单在页面中的序数。(在一个页面上可能有多个表单。)

```
<form id="myForm" action="">
    FirstName: <input type="text" id="firstName" /><br />
    Surname: <input type="text" id="surname" /><br />
    <input type="button" value="Send Data" onclick="FormTest();" />
</form>
```

给定上面的表单，可以获取对该表单的引用，并访问其成员，如下所示：

```
//obtain a reference to the form (0 as it's a 0 based collection and this is
//the first and only form
var form = document.forms[0];

//store the value typed into the firstName input box
var firstNameValue = form.firstName.value;

//store the value typed into the surname input box
var surnameValue = form.surname.value;
```

上面一节仅仅简单介绍了 JavaScript，给出了一些基本的概念和语法。为了深入学习 JavaScript，推荐阅读 Jeremy McPeak 和 Paul Wilton 撰写的 *Beginning JavaScript, 3rd edition* (2007 年，Wrox 出版社)。

# 4.4　Silverlight 对象模型

除了可以使用 JavaScript DOM 模型以格式化和操作承载页面以外，您还可以访问 Silverlight 对象模型。该模型允许创建并操作共同组成 Silverlight 应用程序内容的对象。

Silverlight 应用程序的可视化元素也组织成了一个类似于树的结构，因此建议用 XAML 编写标记，而且用 XAML 编写标记更加方便，因为它的 XML 在格式上本身是层次化的。尽管可以完全在代码中组建 UI，但是这样将花费大量时间，因此不推荐这样做。

## 4.4.1　DependencyObject、UIElement 和 FrameworkElement

DependencyObject、UIElement 和 FrameworkElement 这三个基类是用于构建 Silverlight UI 的大部分对象的父类，因此了解这几个类在继承层次上分别处于什么位置将非常重要。

```
System.Object
  DependencyObject
    UIElement
      FrameworkElement
            System.Windows.Controls.Border
            System.Windows.Controls.Control
            System.Windows.Controls.Image
            System.Windows.Controls.ItemPresenter
            System.Windows.Controls.MediaElement
            System.Windows.Controls.MultiScaleImage
            System.Windows.Controls.Panel
            System.Windows.Controls.Primitives.Popup
            System.Windows.Controls.TextBlock
            System.Windows.Controls.Glyph
            System.Windows.Shapes.Shape
```

首先，在继承树的顶部是.NET 中所有类的基类 System.Object。下面紧接着就是 System.Windows.DependencyObject，该类提供了所有能够利用依赖属性系统优点的派生类。依赖属性在 WPF 和 Silverlight 中都得到广泛的使用。依赖属性系统允许对象属性在运行时基于其他地方存在的值进行求解。该技术的一个实际例子就是动画中使用的属性，因为它们的值在运行时发生了改变，并触发了其他对象属性重新计算。

该派生链的下一个类是 UIElement。该类为所有可能参与构建 UI 的元素提供基本信息，特别是能够捕获输入焦点，并响应用户与键盘和鼠标的交互事件。

最后，就是 FrameworkElement 类，它的工作就是扩展 UIElement，以提供布局能力、提供对象生命期的不同阶段的连接，以及提供数据绑定和数据源支持。

正如从扩展了 FrameworkElement 的类所看到的，如果您正在编写自己的控件，很可能就是扩展这些子类中的一个(如 System.Windows.Controls.Control)，而不是直接扩展 FrameworkElement 自身。

### 4.4.2 遍历整棵树

正如在本章前面所看到的，Silverlight 应用程序的根可视化对象是由 Application 对象的 RootVisual 属性设置的，并且设定为一个 UserControl 实例——Silverlight 应用程序的基本构造块或者可视化组件。

然后，UI 就通过逐渐向该控件添加子元素，而最后形成了一棵由插件渲染的可视化树。那么，和其他任何的对象树一样，最普通的编程任务就是访问该树中的某个单独元素或者是能够一次处理树中的一个元素。

考虑第一项任务——通过名称访问某个单独的元素。如果已经为 XAML 元素提供了 x:Name 属性，那么通过程序来访问这些元素将非常容易，只要简单地在代码中通过其 x:Name 值引用即可。您已经在前面看到了 Visual Studio 如何添加相应的代码来实现该目的，更重要的是了解了如何使用 FrameworkElement.FindName 命令来返回正确的实例。

现在从可视化对象树的根节点开始分析整棵树。这可能并不是和最初想象的一样简单。因为不幸的是，并不是所有的容器类都使用相同的编程 API 来访问它们的子节点。这就使得需要预先对这棵树有一些预备知识(稍微有点偏离遍历一棵对象树的正途)，或者是编写一些代码来测试该对象是否为某种类型，并且如果是，那么使用该类型的 API 来遍历其子节点。

最后，想象一下您也许已经通过使用 XamlReader.Load 命令动态地添加了一些其他的对象到对象树上。但是 Visual Studio 并未为元素产生相应的绑定代码，即使它们拥有它们的 x:Name 集，您也必须自己使用 FrameworkElement.FindName 函数。同时，如果元素已经在选择动态加载的 XAML 文件中赋给了 x:Name 值，那么该方法也是唯一访问该元素的方法。

幸运的是，Silverlight 团队了解到了遍历这棵树的本质困难，并提供了(和 WPF 中一样) VisualTreeHelper 类。该类将负责探测某个给定控件的子内容。下面的例子给出了该类的使用情况，该例子首先用一些 XAML 来布局基本 UI：

```xml
<UserControl x:Class="Chapter04.VisualTreeHelperExample"
    xmlns="http://schemas.microsoft.com/winfx/2006/xaml/presentation"
    xmlns:x="http://schemas.microsoft.com/winfx/2006/xaml"
    Width="400" Height="300">

    <StackPanel x:Name="LayoutRoot" Background="White">

        <Button x:Name="btnWalkTree"
            Content="Walk Tree"
            Click="btnWalkTree_Click"/>

        <Border CornerRadius="10" Background="Yellow">
            <TextBlock x:Name="tbName1"
                Text="Santa Clause"
                HorizontalAlignment="Center"
                VerticalAlignment="Center"
                Margin="3" />
        </Border>
        <Border CornerRadius="10" Background="AliceBlue">
            <TextBlock x:Name="tbName2"
                Text="Mickey Mouse"
                HorizontalAlignment="Center"
                VerticalAlignment="Center"
                Margin="3" />
        </Border>

        <Border CornerRadius="10" Background="Green">
            <TextBlock x:Name="tbName3"
                Text="The Tooth Fairy"
                HorizontalAlignment="Center"
                VerticalAlignment="Center"
                Margin="3" />
        </Border>
```

```
        </StackPanel>

</UserControl>
```

如果检查该 XAML，将会发现该 XAML 包含了一个 StackPanel 对象，而该对象包含了 5 个元素：1 个包装了一个事件处理器的 Button，和 4 个包含在单独的 Border 元素中的 TextBlock 元素。

现在，回过头来看看隐藏代码文件，特别是 Button 的事件处理器：

```csharp
using System;
using System.Collections.Generic;
using System.Linq;
using System.Net;
using System.Windows;
using System.Windows.Controls;
using System.Windows.Documents;
using System.Windows.Input;
using System.Windows.Media;
using System.Windows.Media.Animation;
using System.Windows.Shapes;

namespace Chapter04
{
    public partial class VisualTreeHelperExample : UserControl
    {
        public VisualTreeHelperExample()
        {
            InitializeComponent();
        }

        private void btnWalkTree_Click(object sender, RoutedEventArgs e)
        {
            //Walk the current visual tree using the VisualTreeHelper
            this.WalkChildren(this);
        }

        private void WalkChildren(DependencyObject depObject)
        {
            //grab hold of the name here so it can be inspected
            string name = String.Empty;
            FrameworkElement element = depObject as FrameworkElement;
            if (element != null)
            {
                name = element.Name;
            }

            int childCount =
```

```
                    VisualTreeHelper.GetChildrenCount(element);
        if (childCount > 0)
        {
            for (int i = 0; i < childCount; i++)
            {
                this.WalkChildren(
                    VisualTreeHelper.GetChild(element, i)
                    );
            }
        }
    }
}
}
```

　　该处理器调用了方法 WalkChildren，并将作为可视化树的根节点的 UserControl 实例传递给了该方法。在该方法内，使用了 VisualTreeHelper.GetChildrenCount 和 VisualTreeHelper.GetChild 方法，并递归调用了 WalkChildren 方法，从而探测到了当前可视化树上的各个元素。该方法对于动态添加到该树的对象也可以使用。

　　如果编译并运行该例子，您可能会惊讶简单如 Button 的控件居然由那么多对象组成！

### 动态加载 XAML

　　在 Silverlight 中，动态改变内存中组成用户界面的对象树是有可能的，真实的例子将帮助了解这一点。考虑下面的 XAML 和代码，这些代码均来自本书 Web 站点上 Chapter04 文件夹下面的 DynamicXAML.xaml 文件和 DynamicXAML.xaml.cs 文件：

```
<UserControl x:Class="Chapter04.DynamicXAML"
    xmlns="http://schemas.microsoft.com/winfx/2006/xaml/presentation"
    xmlns:x="http://schemas.microsoft.com/winfx/2006/xaml"
    Width="400" Height="300">

    <Grid x:Name="LayoutRoot"
        Background="White"
        ShowGridLines="True">

    <Grid.ColumnDefinitions>
        <ColumnDefinition/>
        <ColumnDefinition/>
    </Grid.ColumnDefinitions>

    <Grid.RowDefinitions>
        <RowDefinition/>
        <RowDefinition/>
    </Grid.RowDefinitions>

    <Button x:Name="btnOK"
        Content="OK"
        Grid.Column="0"
```

```
                    Grid.Row="0" />

        <Canvas x:Name="dynamicXamlPlaceholder"
                Grid.Column="1"
                Grid.Row="0" />

        <TextBox Text="The Text"
                Grid.Column="1"
                Grid.Row="1"
                Height="20"
                Width="200"/>
    </Grid>

</UserControl>
```

该 XAML 文件将产生如图 4-5 所示的 UI。

图 4-5

现在，考虑一种情况，决定动态加载一些 XAML，并将其插入已经由您拥有的 XAML
文件创建的内存可视化树中。

```
using System;
using System.Collections.Generic;
using System.Linq;
using System.Net;
using System.Windows;
using System.Windows.Controls;
using System.Windows.Documents;
using System.Windows.Input;
using System.Windows.Media;
using System.Windows.Media.Animation;
using System.Windows.Shapes;
```

```
namespace Chapter04
{
    public partial class DynamicXAML : UserControl
    {
        public DynamicXAML()
        {
            InitializeComponent();
        }

        private void UserControl_Loaded(object sender, RoutedEventArgs e)
        {
            this.AddDynamicXaml();
        }

        private void AddDynamicXaml()
        {
            string xaml = "<Button
xmlns='http://schemas.microsoft.com/winfx/2006/xaml/presentation' " +
                        " Content='Test' />";
            object rootNode = XamlReader.Load(xaml);

            Canvas canvas =
(Canvas)this.FindName("dynamicXamlPlaceholder");
            canvas.Children.Add((UIElement)rootNode);
        }
    }
}
```

正如您所看到的，UserControl.Loaded 事件调用了名为 AddDynamicXaml 的私有函数。该函数中的第一件事就是以一个字符串文本的形式来创建一个合法的且良好组成的 XAML 片段，并将其保存在一个变量中。注意，在该 XAML 中的根元素需要 xmlns 声明，以保证 XAML 的良好组成性和合法性。

然后，该方法调用了 System.Windows.Markup.XamlReader 的静态 Load 函数。如代码样本中所示，该函数仅有一个参数，表示的是被加载的 XAML。该返回值为 object 类型，是对新创建对象树的根节点的引用。

可以看到，该代码随后获取了对位于 Grid 中 1,0 位置的 Canvas 对象的引用，并调用了派生 UserControl 类的 FrameworkElement 类提供的 FindName 方法。然后就是通过调用 Canvas 对象的 Children.Add 方法，将新创建的对象树和已有的对象树进行连接。

由于 XAML 是动态加载的，因此即使该文件中的元素指定了 x:Name 元素，允许通过成员域以编程的方式访问该元素的样本代码简直不能生成。这就使得需要依赖 FindName 方法来获取对该元素的引用。图 4-6 显示了新的 UI。

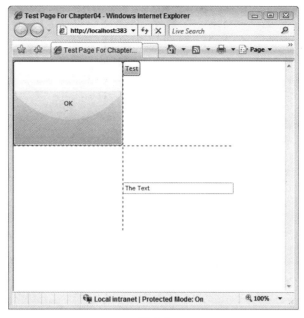

图 4-6

# 4.5　事件、线程和浏览器交互

下面的三个小节将介绍 Silverlight 对象模型，该对象模型允许创建并响应事件、执行异步和同步操作，以及在运行时和承载应用程序的浏览器进行交互。我们首先介绍事件。

### 4.5.1　事件

Silverlight 是一项表示技术。和所有的表示技术一样，它依赖于用户输入以驱动应用流。但是和其他的表示技术不同的是，Silverlight 插件自身就是内嵌在另外一项表示技术——Web 浏览器中。所以，时刻需要牢记，所有的输入事件都是首先由浏览器处理的，然后再发送给 Silverlight 插件以产生 Silverlight 事件。

第 3 章和本章已经介绍了如何包装事件。最简单的方法就是可以编辑 XAML，以将一个函数名赋予一个特定的事件，然后 Visual Studio 可以生成一个相应的处理器，或者也可以用比较老的方式在代码中包装事件。

为了确保您已了解这些方法，首先看看第 4 章源代码中的例子 EventsSample.xaml。

```
<UserControl x:Class="Chapter04.EventsSample"
   xmlns="http://schemas.microsoft.com/winfx/2006/xaml/presentation"
   xmlns:x="http://schemas.microsoft.com/winfx/2006/xaml"
   Width="400" Height="300">
   <Grid x:Name="LayoutRoot" Background="White">

      <Grid.ColumnDefinitions>
```

```
        <ColumnDefinition />
    </Grid.ColumnDefinitions>

    <Grid.RowDefinitions>
        <RowDefinition />
    </Grid.RowDefinitions>

    <TextBox x:Name="txtSomeText"
            Grid.Column="0"
            Grid.Row="0"
            Height="20"
            Width="200"
            GotFocus="txtSomeText_GotFocus"
            LostFocus="txtSomeText_LostFocus"/>

    </Grid>

</UserControl>
```

在此，可以看到一个 TextBox 对象放置在一个 Grid 控件中。除了给定了该 TextBox 的定位信息外，该对象的 GotFocus 和 LostFocus 事件也赋予了不同的方法名。当它们对应的事件产生时，这些方法将被调用。

在隐藏代码中，可以看到有两个方法匹配了在此给出的方法名。这两个方法均有两个输入参数：一个为 object，另外一个为 RoutedEventsArgs 实例。

```
using System;
using System.Collections.Generic;
using System.Linq;
using System.Net;
using System.Windows;
using System.Windows.Controls;
using System.Windows.Documents;
using System.Windows.Input;
using System.Windows.Media;
using System.Windows.Media.Animation;
using System.Windows.Shapes;

namespace Chapter04
{
    public partial class EventsSample : UserControl
    {
        public EventsSample()
        {
            InitializeComponent();

            txtSomeText.MouseEnter += new
MouseEventHandler(txtSomeText_MouseEnter);
        }
```

```
void txtSomeText_MouseEnter(object sender, MouseEventArgs e)
{
    txtSomeText.Text = "Mouse entered!";
}

private void txtSomeText_GotFocus(object sender, RoutedEventArgs e)
{
    txtSomeText.Text = "I've got focus!";
}

private void txtSomeText_LostFocus(object sender, RoutedEventArgs e)
{
    txtSomeText.Text = "I've lost focus!";
}
}
}
```

注意，并不是所有的事件处理器均具有相同的参数。尽管所有的事件处理器均有一个 object 参数以保存对产生该事件的对象的引用，但是实际打包并随事件一起发送的参数则依赖于产生事件的对象。例如，上面的代码也手动封装了第三个事件，MouseEnter 事件。注意传递给该处理器的事件参数是 MouseEventArgs 类型。这是因为该参数类型提供了更多该类型事件特有的信息——例如事件发生时鼠标的位置。

如果运行该样例，当单击 TextBox 文本框以让其获取输入焦点和通过 Tab 键让其失去输入焦点时，该文本框中的文本将发生改变，并且当将鼠标移到它上面时，文本框中的文本将发生改变。

### 路由事件

如果以前使用过 WPF，您很可能了解了路由事件。但是，请注意，和 WPF 不一样，Silverlight 仅仅支持冒泡路由策略，而不支持隧道策略。

这就意味着某些输入事件可以从产生该事件的可视化树上的元素开始冒泡，并且不断向上传送，最后到达可视化层次的根元素。这可能是一项非常有用的技术。该技术允许在某个链上处理某些事件，而不管是哪个后辈元素产生了该事件。常见的场景就是，此层次中某个较低层元素上所产生的按键事件可以对该链上的上层元素产生重要影响(也许 Ctrl+S 键是保存文件)。

考虑第 4 章源代码中的 EventBubbling.xaml 和 EventBubbling.xaml.cs 文件。

```
<UserControl x:Class="Chapter04.EventBubbling"
    xmlns="http://schemas.microsoft.com/winfx/2006/xaml/presentation"
    xmlns:x="http://schemas.microsoft.com/winfx/2006/xaml"
    Width="400" Height="300">

    <Grid x:Name="LayoutRoot"
        Background="White"
```

```
        KeyDown="LayoutRoot_KeyDown">

    <Grid.ColumnDefinitions>
        <ColumnDefinition />
    </Grid.ColumnDefinitions>
    <Grid.RowDefinitions>
        <RowDefinition />
        <RowDefinition />
    </Grid.RowDefinitions>
    <TextBlock x:Name="tbOutput"
            Grid.Column="0"
            Grid.Row="0"
            FontSize="10"/>

    <StackPanel x:Name="myStackPanel"
            Grid.Column="0"
            Grid.Row="1">

      <Button x:Name="myButton">

        <TextBox x:Name="myTextBox"
                Height="20"
                Width="200"
                KeyDown="myTextBox_KeyDown" />

        </Button>

    </StackPanel>
    </Grid>

</UserControl>
```

这个有意构造的例子构建了一个可视化树，其根为 Grid，包含了一个 TextBlock 和一个 StackPanel，而 StackPanel 又包含了 Button，并且 Button 的内容设置为一个 TextBox。该例子将展示 TextBox 对象的 KeyDown 事件如何沿着对象树进行冒泡，直到遇到根元素 Grid。可以注意到，TextBox 和 Grid 都提供了 KeyDown 事件的处理器。

该 XAML 的隐藏代码展示了这两个处理器：

```
using System;
using System.Collections.Generic;
using System.Linq;·
using System.Net;
using System.Windows;
using System.Windows.Controls;
using System.Windows.Documents;
using System.Windows.Input;
using System.Windows.Media;
using System.Windows.Media.Animation;
```

```
using System.Windows.Shapes;

namespace Chapter04
{
    public partial class EventBubbling : UserControl
    {
        public EventBubbling()
        {
            InitializeComponent();
        }

        private void myTextBox_KeyDown(object sender, KeyEventArgs e)
        {
        tbOutput.Text += "\n\nTextBox handled; sender is "
                    + sender.ToString() + ", \nsource is "
                    + e.OriginalSource.ToString() + "\n\n";
        }

        private void LayoutRoot_KeyDown(object sender, KeyEventArgs e)
        {
            tbOutput.Text += "Grid handled; sender is "
                    + sender.ToString() + ", \nsource is "
                    + e.OriginalSource.ToString() + "\n\n";
        }
    }
}
```

两个处理器均将三个信息写到名为 tbOutput 的 TextBlock 对象：正在处理事件的控件、sender 参数的对象类型以及通过事件参数提供的 Source 属性的值。

如果运行该代码，并在 TextBox 中输入一些内容，那么输出将组装如下：

```
TextBox handled, sender is System.Windows.Controls.TextBox, source is
    System.Windows.Controls.TextBox

Grid handled, sender is System.Windows.Controls.Grid, source is
    System.Windows.Controls.TextBox
```

要注意该事件如何在层次树上进行冒泡，并且在这个途径中的每一步均有机会对其进行处理。本例子在两个地方对其进行了处理，子节点 TextBox 和根节点 Grid。

进一步看看 Sender 变量的值以及事件参数中 OriginalSource 属性的值。sender 参数总是当前正在处理事件的类型，而 OriginalSource 则必须用于查找最初真正产生该事件的对象。

另外一个由某些 RoutedEventArgs 类提供的比较有趣的属性是 Handled 属性。该属性是布尔类型。您可能已经在别的地方遇到过该属性。该属性用于阻止正在处理的事件继续沿着对象层次往上冒泡。例如，如果将前面例子的 myTextBox_KeyDown 处理器改变成如下：

```
private void myTextBox_KeyDown(object sender, KeyEventArgs e)
{
    tbOutput.Text += "\n\nTextBox handled; sender is "
                    + sender.ToString() + ", \nsource is "
                    + e.OriginalSource.ToString() + "\n\n";
    e.Handled = true;
}
```

将获取如下的输出，该事件仅仅在当场进行了"处理"，并且被阻止沿着对象树继续向上冒泡：

```
TextBox handled, sender is System.Windows.Controls.TextBox, source is
    System.Windows.Controls.TextBox
```

## 4.5.2　线程和异步

Silverlight 中的线程模型类似于 WPF 和 WinForms 中的线程模型，规定只有运行在主 UI 线程上的代码可以真正访问 UI 组件。这一点非常重要，因而就防止了多个线程同时试图访问同一个 UI 控件所产生的问题。

除此之外，如果在 UI 线程上执行长期运行或者计算复杂的代码，那么在长期运行的任务执行期间，它将阻止该线程处理其他 UI 事件，从而有效地冻结应用。

因此，通常的模式是在呈现代码中尽量让 UI 线程保持空闲，从而可以让该线程做它最应该做的事——处理 UI 消息和维护一个可响应的 UI，并将任何长期运行的任务派发给某个单独的线程执行。

和大多数编程任务一样，有很多方法可以完成同样的任务，实现前面提到的模式也不例外。或许最简单的方法就是首先要讨论的，利用 BackgroundWorker 类。

### 1. BackgroundWorker 类

为了解释该问题，请查看下面第 4 章下载代码中 NoBackgroundWorker.xaml 和 No-BackgroundWorker.xaml.cs 文件中所给出的例子。该 UI 仅仅包含一个 TextBox 和一个 Button。当 Button.Click 事件产生时，通过调用 System.Threading.Thread.Sleep 方法来模拟长期运行的阻塞任务。

```
<UserControl x:Class="Chapter04.NoBackgroundWorker"
    xmlns="http://schemas.microsoft.com/winfx/2006/xaml/presentation"
    xmlns:x="http://schemas.microsoft.com/winfx/2006/xaml"
    Width="400" Height="300">

    <Grid x:Name="LayoutRoot" Background="White">

        <Grid.ColumnDefinitions>
```

```xml
                    <ColumnDefinition />
                </Grid.ColumnDefinitions>
                <Grid.RowDefinitions>
                    <RowDefinition />
                    <RowDefinition />
                </Grid.RowDefinitions>

                <TextBox x:Name="txtEntry"
                        Width="200"
                        Height="20"
                        Grid.Column="0"
                        Grid.Row="0" />

                <Button x:Name="btnStartTask"
                        Width="100"
                        Height="20"
                        Grid.Column="0"
                        Grid.Row="1"
                        Content="Start Task"
                        Click="btnStartTask_Click" />
            </Grid>

</UserControl>
```

下面的代码显示了在隐藏代码中模拟的长期运行的任务：

```csharp
using System;
using System.Collections.Generic;
using System.Linq;
using System.Net;
using System.Windows;
using System.Windows.Controls;
using System.Windows.Documents;
using System.Windows.Input;
using System.Windows.Media;
using System.Windows.Media.Animation;
using System.Windows.Shapes;

namespace Chapter04
{
    public partial class NoBackgroundWorker : UserControl
    {
        public NoBackgroundWorker()
        {
            InitializeComponent();
        }

        private void btnStartTask_Click(object sender, RoutedEventArgs e)
        {
```

```
            System.Threading.Thread.Sleep(2000);
        }
    }
}
```

编译并运行该例子，然后按下按钮，并立即尝试在文本框中输入某些文本。您将会注意到，由于 UI 线程繁忙(它现在正在坐着睡大觉，但是也确实很忙)，它不能处理连贯的输入事件，并且因此 UI 将显得不可响应，直到 UI 线程空闲并再次获取其工作负载为止。在类似于这样的场景下，需要的就是一种简单方法将工作分担给一个后台工作者线程来处理。Silverlight 刚好提供了这种方式，它提供了 BackgroundWorker 类。如果以前有.NET 的编程经验，可能已经对该类比较熟悉了。

本质上，BackgroundWorker 类可以为其 DoWork 事件设定一个处理器。该处理器就是代码将在后台线程中运行的地方。除了可以在该后台线程中处理工作，也可以检查正在运行的工作的状态，如果需要，可以取消该工作。

请查看在 UseBackgroundWorker.xaml 和 UseBackgroundWorker.xaml.cs 文件中的标记和代码：

```xml
<UserControl x:Class="Chapter04.UseBackgroundWorker"
 xmlns="http://schemas.microsoft.com/winfx/2006/xaml/presentation"
 xmlns:x="http://schemas.microsoft.com/winfx/2006/xaml"
 Width="400" Height="300">

<Grid x:Name="LayoutRoot" Background="White">

    <Grid.ColumnDefinitions>
        <ColumnDefinition />
    </Grid.ColumnDefinitions>
    <Grid.RowDefinitions>
        <RowDefinition Height="50" />
        <RowDefinition Height="50" />
    </Grid.RowDefinitions>

    <StackPanel Grid.Column="0"
            Grid.Row="0"
            Orientation="Vertical">

        <TextBox x:Name="txtEntry"
            Width="200"
            Height="20" />

        <TextBox x:Name="txtPercentComplete"
            Width="200"
            Height="20" />

    </StackPanel>
```

```xaml
        <StackPanel Grid.Column="0"
                    Grid.Row="1"
                    Orientation="Horizontal">

            <Button x:Name="btnStartTask"
                    Width="100"
                    Height="20"
                    Content="Start Task"
                    Click="btnStartTask_Click" />

            <Button x:Name="btnCancelTask"
                    Width="100"
                    Height="20"
                    Content="Cancel Task"
                    Click="btnCancelTask_Click" />

        </StackPanel>

    </Grid>

</UserControl>
```

该 XAML 将生成一个包含两个文本框的 UI：一个文本框用于用户输入(上面的一个)，而另外一个则报告当前长期运行任务的进展。除此之外，该 UI 还包含两个按钮：一个用于实际启动任务，而另外一个则允许用户取消任务。

```csharp
using System;
using System.Collections.Generic;
using System.Linq;
using System.Net;
using System.Windows;
using System.Windows.Controls;
using System.Windows.Documents;
using System.Windows.Input;
using System.Windows.Media;
using System.Windows.Media.Animation;
using System.Windows.Shapes;
using System.ComponentModel;

namespace Chapter04
{
    public partial class UseBackgroundWorker : UserControl
    {
        private BackgroundWorker backgroundWorker =
            new BackgroundWorker();

        public UseBackgroundWorker()
        {
            InitializeComponent();
```

```
        backgroundWorker.DoWork +=
            new DoWorkEventHandler(backgroundWorker_DoWork);

        backgroundWorker.WorkerReportsProgress = true;
        backgroundWorker.WorkerSupportsCancellation = true;

        backgroundWorker.ProgressChanged +=
            new ProgressChangedEventHandler(
                backgroundWorker_ProgressChanged
                );

        backgroundWorker.RunWorkerCompleted +=
            new RunWorkerCompletedEventHandler(
                backgroundWorker_RunWorkerCompleted
                );
    }

    void backgroundWorker_RunWorkerCompleted(object sender,
                                    RunWorkerCompletedEventArgs e)
    {
        if (e.Error != null)
        {
            txtPercentComplete.Text = e.Error.Message;
        }
        else if (e.Cancelled)
        {
            txtPercentComplete.Text = "Task Cancelled";
        }
        else
        {
            txtPercentComplete.Text = "Task Completed";
        }
    }

    void backgroundWorker_ProgressChanged(object sender,
                                    ProgressChangedEventArgs e)
    {
        txtPercentComplete.Text=e.ProgressPercentage.ToString()+"%";
    }

    void backgroundWorker_DoWork(object sender, DoWorkEventArgs e)
    {
        const int SECOND = 1000;

        BackgroundWorker backgroundWorker =
            (BackgroundWorker)sender;

        for (int i = 0; i < 20; i++)
        {
```

```
                    //If user has elected to cancel at this point
                    if (backgroundWorker.CancellationPending)
                    {
                        e.Cancel = true;
                        return;
                    }
                    //else continue processing and report our progress
                    backgroundWorker.ReportProgress((i + 1) * 5);
                    System.Threading.Thread.Sleep(SECOND / 4);
                }
            }

        private void btnStartTask_Click(object sender, RoutedEventArgs e)
        {
            backgroundWorker.RunWorkerAsync();
        }

        private void btnStartTask_Click(object sender, RoutedEventArgs e)
        {
            backgroundWorker.RunWorkerAsync();
        }
    }
}
```

第一件需要注意的事情是，创建了一个类层次上的 BackgroundWorker 变量以供使用。在该类的构造函数中，可以看到 DoWork、ProgressChanged、RunWorkerCompleted 事件都进行了相应的包装。ProgressChanged 处理器将允许更新 UI，以反映后台任务的工作进展到了什么地步；而 RunWorkerCompleted 则提供任务运行的信息，例如任务是否失败或者被取消。在构造函数中还设置了两个属性，以允许组件报告其进展并允许它在接收到指令的情况下取消任务。

现在，当在 UI 中单击 Start 按钮时，BackgroundWorker 的 RunWorkerAsync 方法被调用，从而将触发 DoWork 事件。这就意味着 backgroundWorker_DoWork 处理器中的代码将执行。更重要的是，在后台线程上执行该任务就意味着 UI 线程可以空闲，从而可以继续处理消息。

在本例中，没有什么实际的工作执行。为了模拟一个工作负载(处理数据或其他类型工作)，代码使用了一个简单的循环。在每一次循环迭代中，都要检查 BackgroundWorker.CancellationPending 属性以确定用户是否请求取消任务。如果该属性为真，那么起决定作用的开发者要采取相应的行为，即设置 DoWorkEventArgs.Cancel 属性为真，并尽可能优雅地退出方法。

但是，如果该属性为假，处理将继续，并且 BackgroundWorker.ReportProgress 方法将被调用，并将一个表示当前任务完成百分比的数字传递给该方法。

同时还要注意 backgroundWorker_ProgressChanged 事件处理器。ProgressChanged EventArgs 包含 ProgressPercentage 属性，这使得可以访问在 backgroundWorker_DoWork 处理器中设置的该属性值。

在 backgroundWorker_RunWorkerCompleted 处理器中，代码检查任务执行过程中是否发生了错误或者任务是否被取消，并报告相应的信息。

如果编译并运行该例子，然后单击 Start 按钮，将注意到随着百分比指示器的增加，仍然可以在文本框中输入，并且可以和 UI 交互。

BackgroundWorker 为实际在主线程和后台工作者线程之间来回交织的调用进行了很大的抽象。下一节将更为详细地讨论该过程是如何进行的。

### 2. System.Windows.Threading 名称空间

Silverlight 中的 System.Windows.Threading 名称空间中提供了很多类。这些类的目的完全是为了帮助安排主 UI 线程和后台正在运行的任意线程之间的工作。该名称空间和 System.Threading 名称空间之间比较独立。后者提供了对 Thread 的直接访问，也提供了使用线程时被创建的一些同步原语。线程和相关同步原语的详细讨论已经超出了本书的范围，但是可以在 MSDN 的 Web 站点上找到。System.Windows.Threading 中的关键类是 Dispatcher 类。

### 3. System.Windows.Threading.Dispatcher 对象

System.Windows.Threading.Dispatcher 对象在 Silverlight 应用程序中创建，并和 Silverlight 应用程序中的主线程相关联，其主要工作就是维护等待在线程上运行的任务项的优先队列。那么，这就意味着为了保证 UI 的可响应性，在 Dispatcher 中排队的任务项应该比较小，而且是不阻塞的。

如果某个后台线程用于执行代码。那么该代码将不允许访问在 UI 线程中创建的对象 (如 Button 或者 TextBox)。为了让后台代码可以访问 UI 线程中的对象，它必须将它想执行的工作委托给正在请求的线程的 Dispatcher 对象。

为了实现该逻辑，Dispatcher 提供了 BeginInvoke 方法。该方法将工作项添加到队列中，并立即将执行结果返回到调用线程。

我们看一个例子以对此加深理解。在第 4 章的源代码中，可以发现如下所示的 DispatcherExample.xaml 和 DispatcherExample.xaml.cs 文件：

```xml
<UserControl x:Class="Chapter04.DispatcherExample"
    xmlns="http://schemas.microsoft.com/winfx/2006/xaml/presentation"
    xmlns:x="http://schemas.microsoft.com/winfx/2006/xaml"
    Width="400" Height="300">

<Grid x:Name="LayoutRoot" Background="White">

    <Grid.ColumnDefinitions>
        <ColumnDefinition />
    </Grid.ColumnDefinitions>
    <Grid.RowDefinitions>
        <RowDefinition />
        <RowDefinition />
    </Grid.RowDefinitions>
```

```xml
        <TextBlock x:Name="tbOutput"
                   Width="200"
                   Height="20"
                   Grid.Column="0"
                   Grid.Row="0" />

        <Button x:Name="btnStart"
                   Width="100"
                   Height="20"
                   Grid.Column="0"
                   Grid.Row="1"
                   Content="Start"
                   Click="btnStart_Click" />

    </Grid>

</UserControl>
```

该 XAML 定义了一个基本 UI。该 UI 包含一个 TextBlock 和一个 Button。当 Button 被单击时，一个长期运行的任务将在一个隔离的线程上执行，并且在任务执行完成后，该线程需要更新文本块。正如您已经看到的，该工作用 BackgroundWorker 任务就可以轻松完成。但是，也可以使用 UI 线程的 Dispatcher 对象来完成该任务。下面的隐藏代码演示了该概念：

```csharp
using System;
using System.Collections.Generic;
using System.Linq;
using System.Net;
using System.Windows;
using System.Windows.Controls;
using System.Windows.Documents;
using System.Windows.Input;
using System.Windows.Media;
using System.Windows.Media.Animation;
using System.Windows.Shapes;
using System.Threading;

namespace Chapter04
{
    public partial class DispatcherExample : UserControl
    {
        public DispatcherExample()
        {
            InitializeComponent();
        }

        private void btnStart_Click(object sender, RoutedEventArgs e)
        {
```

```
        //manually kick off a long running task
        ThreadStart ts = new ThreadStart(DoLongRunningTask);
        Thread thread = new Thread(ts);
        thread.Start();
    }

    private void DoLongRunningTask()
    {
        const int SECONDS = 1000;
        //close approximation of a long running task :)
        Thread.Sleep(2 * SECONDS);

        //task completes, but needs to access an object on the UI thread.
        Action action = new Action(MarshalToUI);
        this.Dispatcher.BeginInvoke(action);
    }

    private void MarshalToUI()
    {
        tbOutput.Text = "Task completed";
    }

    }
}
```

btnStart_Click 处理器使用 System.Threading 名称空间中的 Thread 和 ThreadStart 类来构建和启动新线程的执行。在该新线程上执行的方法是作为一个参数传递给 ThreadStart 对象的。

一旦该新线程执行启动，它所做的仅仅是休眠 2 秒钟，假定大概为一个实际的长期运行操作。但是，直到结束时才需要执行 UI 线程中的代码，以便该线程中的某个对象(在本例中为一个 TextBlock)可以进行编程。为了实现这一点，实际需要的工作是用 UI 线程的 Dispatcher 对象实施调度，并且这是通过异步的 BeginInvoke 方法来实现的。该方法被重载了，要么接受一个 Action 代表(封装了一个没有输入参数的空方法)，要么接受一个自定义代表和用于一并传送数据的可选的 object[] 参数。在本例中，Action 代表指向 MarshalToUI，该方法将在 UI 线程上执行，因此将可以访问在该线程中创建的对象。

尽管在本例中没有使用该方法的返回对象，但 BeginInvoke 方法实际上返回一个 System.Windows.Threading.DispatcherOperation 类型的对象。该对象使得您可以和在 Dispatcher 队列中的代表进行通信，如允许改变任务的优先级或者取消任务。

### 4. DispatcherTimer 类

DispatcherTimer 是一个高精度的计时器，运行在和 Dispatcher 对象相同的线程上，并且在每个 Dispatcher 循环开始的时候进行重计数。该对象的使用比较简单，仅仅需要用户为 DispatcherTimer 提供一个代表以在一定的时间间隔内进行调用，然后调用相应的 Start 和 Stop 方法启动和结束。在设定时间间隔内调用的代表方法允许直接访问在 UI 线程中创建的对象，这实际上让该对象非常有用。

第 4 章的源代码(chapter04)中的 DispatcherTimerExample.xaml 和 DispatcherTimerExample. xaml.cs 文件演示该对象的使用:

```xml
<UserControl x:Class="Chapter04.DispatcherTimerExample"
    xmlns="http://schemas.microsoft.com/winfx/2006/xaml/presentation"
    xmlns:x="http://schemas.microsoft.com/winfx/2006/xaml"
    Width="400" Height="300">

    <Grid x:Name="LayoutRoot" Background="White" ShowGridLines="True">
        <Grid.ColumnDefinitions>
            <ColumnDefinition />
        </Grid.ColumnDefinitions>
        <Grid.RowDefinitions>
            <RowDefinition />
        </Grid.RowDefinitions>

        <StackPanel Grid.Column="0"
                    Grid.Row="0"
                    HorizontalAlignment="Left">

            <TextBlock x:Name="tbElapsedTime"
                    FontSize="10"
                    Text="0"/>

            <Button x:Name="btnStart"
                Content="Start"
                Height="20"
                Width="100"
                Click="btnStart_Click" />

            <Button x:Name="btnStop"
                Content="Stop"
                Height="20"
                Width="100"
                Click="btnStop_Click" />

            <Button x:Name="btnReset"
                Content="Reset"
                Height="20"
                Width="100"
                Click="btnReset_Click" />

        </StackPanel>

    </Grid>

</UserControl>
```

该 XAML 构建了如图 4-7 所示的基本 UI。

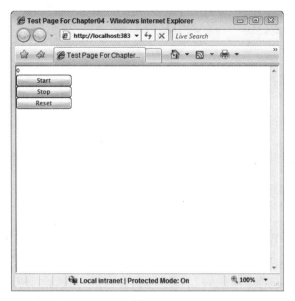

图 4-7

在屏幕的顶部有一个 TextBlock，该对象将用于显示一个递增的秒计数器。其下面的三个按钮的功能均不用多做解释。下面的代码显示了使用该计数器是多么简单。首先需要实例化并初始化该计数器，为其提供一个调用的函数和调用它的时间间隔。然后只不过是请求计时器根据要求停止和启动。

```csharp
using System;
using System.Collections.Generic;
using System.Linq;
using System.Net;
using System.Windows;
using System.Windows.Controls;
using System.Windows.Documents;
using System.Windows.Input;
using System.Windows.Media;
using System.Windows.Media.Animation;
using System.Windows.Shapes;
using System.Windows.Threading;

namespace Chapter04
{
    public partial class DispatcherTimerExample : UserControl
    {
        DispatcherTimer timer = new DispatcherTimer();

        public DispatcherTimerExample()
        {
            InitializeComponent();

            //init timer, set interval to 1 second and wire up handler
```

```
                    timer.Interval = new TimeSpan(0, 0, 1);
                    timer.Tick += new EventHandler(timer_Tick);
                }

                void timer_Tick(object sender, EventArgs e)
                {
                    //add 1 to the current second counter
                    int currentElapsedSeconds = int.Parse(tbElapsedTime.Text);
                    currentElapsedSeconds++;
                    tbElapsedTime.Text = currentElapsedSeconds.ToString();
                }

                private void btnStart_Click(object sender, RoutedEventArgs e)
                {
                    timer.Start();
                }

                private void btnStop_Click(object sender, RoutedEventArgs e)
                {
                    timer.Stop();
                }

                private void btnReset_Click(object sender, RoutedEventArgs e)
                {
                    tbElapsedTime.Text = "0";
                }
            }
        }
```

## 4.5.3　浏览器交互

Silverlight 允许和承载它的 HTML 页面进行双向交互，即既可以从 Silverlight 访问浏览器的文档对象模型(DOM)，也可以从浏览器中访问 Silverlight 应用程序所选择的方法。

### 1. 从 Silverlight 和浏览器交互

为了访问承载浏览器页面的 DOM 模型并可以操作其内容，需要使用 System.Windows.Browser 名称空间中所提供的一些功能。该名称空间提供了三个主要类以允许操作 DOM，即 HtmlPage、HtmlDocument 和 HtmlElement。

HtmlPage 类组成了承载 Silverlight 应用程序的浏览器页面的表示，并允许访问类似 Cookies 和 QueryString 等项，以及 HtmlDocument。HtmlDocument 类表示 DOM 的根元素。它为代码遍历整个 HTML 层次提供了一个起点。HtmlElement 表示该层次上的单个元素，并允许访问并操作该元素及其子节点。

第4章的针对 Web 应用程序项目的源代码(chapter04)包含一个 DOMFromSL.aspx 文件。该文件包含了使用 Silverlight 的样本文件：

```
<%@ Page Language="C#" AutoEventWireup="true"
 CodeBehind="DOMFromSL.aspx.cs"
Inherits="Chapter04Web.DOMFromSL" %>
<%@ Register Assembly="System.Web.Silverlight"
            Namespace="System.Web.UI.SilverlightControls"
            TagPrefix="asp" %>

<!DOCTYPE html PUBLIC "-//W3C//DTD XHTML 1.0 Transitional//EN"
"http://www.w3.org/TR/xhtml1/DTD/xhtml1-transitional.dtd">

<html xmlns="http://www.w3.org/1999/xhtml" >
<head id="Head1" runat="server">
    <title>Untitled Page</title>
</head>
<body style="height:100%;margin:0;">
    <form id="form1" runat="server" style="height:100%;">
        <asp:ScriptManager ID="ScriptManager1"
         runat="server"></asp:ScriptManager>
        <div style="height:100%;">
            <asp:Silverlight ID="Xaml1"
                            runat="server"
                            Source="~/ClientBin/Chapter04.xap"
                            MinimumVersion="2.0.30911.0"
                            Width="100%"
                            Height="100%" />
        </div>

        <input type="text" id="txtNameInput" value="Enter your name" />
        <input type="button" id="btnGetGreeting" value="Get Greeting" />
        <input type="text" id="txtGreeting" size="100" />

    </form>
</body>
</html>
```

　　从以上代码中可以看到，该页面包含了一个表单。在 Silverlight 控件之后，表单包含了 3 个元素：一个名为 txtNameInput 的文本框，一个名为 btnGetGreeting 按钮和另外一个名为 txtGreeting 的文本框。到此并没完。首先要看看如何从 Silverlight 中访问这些元素，并改变这些元素的外观。

　　源代码Chapter04的Silverlight项目中包含一个DOMFromSL.xaml文件和一个DOMFromSL.xaml.cs 文件。为了访问 HTML DOM，需要做的第一件事就是获取调用页面自身的对象引用。通过调用 HtmlPage.Document 属性可以获取该引用。将该引用保存在一个类变量中以便将来访问，并且将其包装在 Loaded 事件处理器中。

```
HtmlDocument htmlDocument;

private void UserControl_Loaded(object sender, RoutedEventArgs e)
```

```
{
    this.htmlDocument = HtmlPage.Document;
}
```

当用户单击组成 Silverlight 控件的唯一按钮时，HTML 元素的外观将发生改变。因此，需要包装该按钮的 Click 事件以允许这么做。

现在我们看看比较有意思的一部分，即从 Silverlight 代码中获取 HTML 元素的引用。为了完成该操作，要使用 HtmlDocument 对象的 GetElementByID 方法。该方法有唯一的字符串类型输入参数，那就是赋予 HTML 元素的 ID，并返回一个 HtmlElement 对象引用：

```
HtmlElement = HtmlDocument.GetElementByID("elementID");
```

将以下代码添加到按钮单击的处理器，将自动增大第一个文本框的字体大小，并改变第二个文本框的背景颜色：

```
private void btnChangeHTML_Click(object sender, RoutedEventArgs e)
{
    //change appearance of HtmlElements in here
    HtmlElement inputName =
        htmlDocument.GetElementById("txtNameInput");

    HtmlElement btnGetGreeting =
        htmlDocument.GetElementById("btnGetGreeting");

    HtmlElement greeting =
        htmlDocument.GetElementById("txtGreeting");

    inputName.SetStyleAttribute("fontSize", "20px");
    greeting.SetStyleAttribute("backgroundColor", "blue");
}
```

注意 SetStyleAttribute 方法的使用。该方法有两个输入参数，均为字符串类型。第一个为样式属性名，第二个参数为该属性所给定的值。在此，您可能会觉得 fontSize 和 backgroundColor 的名称有点奇怪。如果将这些样式属性添加到正常的 HTML 元素，应该写成如下：

```
<input type="text" style="background-color: Blue; font-size=20px" />
```

那么，为什么会存在差别呢？因为，如果想在 JavaScript 中访问背景颜色、字体大小以及任何其他属性，就必须使用 backgroundColor 和 fontSize 而不是带有连接符号的版本。这是因为在 JavaScript 以及一些其他语言中，类的成员名不允许有连接号。由于从 Silverlight 访问 DOM 仅仅是对到 HTML DOM 的桥接器的一个包装器，因此 Silverlight 团队并不想做额外的工作来把 HTML/CSS 属性名转换成实际的属性名(剔除连接号等)。因此，这些属性名将保持和 JavaScript 中的属性名一样。

一旦已经用这种方式获取了引用，那么就可以使用 HtmlElement 类的方法来随意访问元素了。这些操作包括操作属性、绑定和移除事件、添加和移除子节点等。

因此，为了使用 DOM 中的元素，首先需要获取对该元素的引用。除了利用 GetElementByID 方法来获取某个单独具名元素的引用外，也可以使用 GetElementsByTagName 方法来获取某个特定标签的所有元素：

```
ScriptObjectCollection HtmlDocument.GetElementsByTagName(string name);
```

编辑该 HTML 文档，那么它现在包含如下的 HTML：

```
<form action="">
   <p>
      <input type="text" id="txtNameInput" value="Enter your name" />
      <input type="button" id="btnGetGreeting" value="Get Greeting" />
      <input type="text" id="txtGreeting" size="100" />
   </p>
   <h1>This is the first H1</h1><br />
   <h1>This is the second H1</h1><br />
   <h1>This is the third H1</h1>
</form>
```

现在可以使用 GetElementsByTagName 方法以返回一个 ScriptObjectCollection 对象，该对象包含了 DOM 中所有的 H1 元素：

```
private void btnChangeHTML_Click(object sender, RoutedEventArgs e)
{
    //change appearance of HtmlElements in here
    HtmlElement inputName =
        htmlDocument.GetElementById("txtNameInput");

    HtmlElement btnGetGreeting =
        htmlDocument.GetElementById("btnGetGreeting");

    HtmlElement greeting =
        htmlDocument.GetElementById("txtGreeting");

    inputName.SetStyleAttribute("fontSize", "20px");
    greeting.SetStyleAttribute("backgroundColor", "blue");

    ScriptObjectCollection h1Collection =
        htmlDocument.GetElementsByTagName("H1");

    foreach (HtmlElement element in h1Collection)
    {
        element.SetStyleAttribute("backgroundColor", "yellow");
```

```
        }
    }
```

该代码非常简单——一旦在 ScriptObjectCollection 对象中添加了相应的元素，就可以对其进行循环迭代，本例使用了 foreach 循环，然后即可随意访问该集合中的单个 HtmlElement 对象。

那么事件处理又如何呢？在 Silverlight 应用程序中，可以相对容易地处理产生于 DOM 的事件。首先，需要将一个处理器绑定到特定的事件，还要将处理器添加到 btnGetGreeting 按钮的单击事件中。一旦获取了对需要的元素引用，那么 AttachEvent 方法将用于指定想处理哪个事件以及使用哪个处理器。

```
private void btnChangeHTML_Click(object sender, RoutedEventArgs e)
{
    //change appearance of HtmlElements in here
    HtmlElement inputName =
        htmlDocument.GetElementById("txtNameInput");

    HtmlElement btnGetGreeting =
        htmlDocument.GetElementById("btnGetGreeting");

    HtmlElement greeting =
        htmlDocument.GetElementById("txtGreeting");

    inputName.SetStyleAttribute("fontSize", "20px");
    greeting.SetStyleAttribute("backgroundColor", "blue");

    ScriptObjectCollection h1Collection =
        htmlDocument.GetElementsByTagName("H1");

    foreach (HtmlElement element in h1Collection)
    {
        element.SetStyleAttribute("backgroundColor", "yellow");
    }

    bool success = btnGetGreeting.AttachEvent(
        "onclick",
        new EventHandler<HtmlEventArgs>(this.OnGetGreetingClicked));
}

//handler that will output a different greeting based on hour value
public void OnGetGreetingClicked(object sender, HtmlEventArgs e)
{
    HtmlElement inputName =
        htmlDocument.GetElementById("txtNameInput");

    string nameValue = inputName.GetProperty("Value").ToString();

    HtmlElement greeting =
```

```
            htmlDocument.GetElementById("txtGreeting");

    DateTime current = DateTime.Now;
    if (current.Hour <= 12)
        greeting.SetProperty("Value", "Good Morning " + nameValue);
    else if ((current.Hour > 12) && (current.Hour < 18))
        greeting.SetProperty("Value", "Good Afternoon " + nameValue);
    else
        greeting.SetProperty("Value", "Good Night " + nameValue);
}
```

　　AttachEvent 方法有两个参数，一个是表示需要处理的 DOM 元素的事件名的字符串，另外一个是 EventHandler。传递进来的参数 HtmlEventArgs 包含了鼠标、键盘和源元素等大量信息，因此是非常有用的。

　　除此之外，还可以编写代码来改变 DOM 自身的结构，如在 DOM 中添加和移除元素。以下代码将显示如何将一个元素添加到 DOM 中的最后一个<H1>标签。该代码假定已经添加了一个名为 btnAlterDOM 的按钮到该 HTML 页面，并且一个名为 OnAlterDOMClicked 的处理器也已经被包装在 XAML 的页面加载方法中：

```
private void UserControl_Loaded(object sender, RoutedEventArgs e)
{
    this.htmlDocument = HtmlPage.Document;

    HtmlElement btnAlterDOM =
            htmlDocument.GetElementById("btnAlterDOM");

    btnAlterDOM.AttachEvent("onclick", new
      EventHandler<HtmlEventArgs>(this.OnAlterDOMClicked));
}

public void OnAlterDOMClicked(object sender, HtmlEventArgs e)
{
    ScriptObjectCollection h1Collection =
        htmlDocument.GetElementsByTagName("H1");

    HtmlElement element = htmlDocument.CreateElement("input");
    element.SetAttribute("type", "text");
    element.SetProperty("value", "test");

    ((HtmlElement)h1Collection[2]).AppendChild(element);
}
```

　　要注意首先如何使用 HtmlDocument.CreateElement 方法调用并将该标签名传递给这个元素使用，以此来创建一个 HtmlElement 对象。在此，新创建的 HtmlElement 对象并未绑定到该 DOM。在设置完所有需要设置的特性和属性后，可以使用 HtmlElement.AppendChild 方法将该元素添加到该 DOM。

也可以访问在 DOM 中被引用的对象的方法，例如，可以调用某个输入域的 Focus 方法，或者使用 HtmlPage.Navigate 方法将页面导航到新的 URL。

```
HtmlElement inputName = htmlDocument.GetElementByID("txtNameInput");
inputName.Focus();
```

正如您所见，Silverlight 可以和浏览器进行丰富的交互，因此可以放心大胆的开始将一些选定的 JavaScript 工作委托给 Silverlight 来执行。(因为在 JavaScript 和托管代码之间来回切换将带来一定的开销，请参阅第 16 章"性能"以了解更多信息。)并且不要忘了 Silverlight 控件在完成这些功能时并不一定要可见。可以简单地将其宽度和高度设置为 0。

除了可以和 DOM 元素交互外，Silverlight 应用程序还可以调用 JavaScript 函数。

### 2. 从浏览器和 Silverlight 交互

为了允许承载页面中的脚本语言对 Silverlight 类进行编程，首先需要将被处理的类注册为可脚本化的对象。这个过程应该在类的某个初始化步骤中完成，因此 UserControl_Loaded 事件是一个自然的选择。

查看 Chapter04 目录中的 SLFromDOM.aspx 文件的代码，该文件包含了承载 Silverlight 应用程序所需要的基本代码。该 Silverlight 项目还包含了一个名为 SLFromDOM.xaml 的 Silverlight 页面。

需要做的第一件事是将该类注册为可脚本化的对象。该过程是通过调用 HtmlPage.RegisterScriptableObject 方法来实现的。该方法接受两个参数：一个为字符串键值，一个为对象引用。对本例而言，字符串键值为 calculator(该类将执行计算，因此而得名)，而对象引用则为希望提供的类的实例，在此为 Calculator 对象实例。

```
public SLFromDOM()
{
    InitializeComponent();

    Calculator calculator = new Calculator();

    HtmlPage.RegisterScriptableObject("calculator", calculator);
}
```

一旦 Silverlight 类被注册为可脚本化的(Scriptable)，那么下一步将涉及获取对承载可脚本化托管对象的 Silverlight 控件的引用。这个过程非常简单，利用 ASP.NET Silverlight 控件所提供的 OnPluginLoaded 事件即可。该事件包装了一个 JavaScript 事件处理器，该处理器将 Silverlight 承载实例赋给一个全局变量。

```
var hostingControl = null;
  function pluginLoaded(sender)
  {
        hostingControl = sender.get_element();
```

```
        }
```

　　既然拥有了对承载控件的引用，那么就可以访问其 Content 属性，从而允许通过编程的方式访问底层的对象实例。该对象实例表示在注册步骤中使用给定字符串名的 XAML，在本例中为 calculator：

```
hostingControl.Content.calculator
```

　　现在剩下要做的就是，如果托管类的成员需要从 JavaScript 访问，那么将其标记为 ScriptableMembers。充实您的类并添加必要的计算辅助类，如以下代码样本所示，或者打开在第 4 章源代码目录中的 SLFromDOM.xaml.cs 文件：

```csharp
using System;
using System.Collections.Generic;
using System.Linq;
using System.Net;
using System.Windows;
using System.Windows.Controls;
using System.Windows.Documents;
using System.Windows.Input;
using System.Windows.Media;
using System.Windows.Media.Animation;
using System.Windows.Shapes;
using System.Windows.Browser;

namespace Chapter04
{
    public partial class SLFromDOM : UserControl
    {
        public SLFromDOM()
        {
            InitializeComponent();

            Calculator calculator = new Calculator();

            HtmlPage.RegisterScriptableObject("calculator", calculator);
        }
    }

    public class Calculator
    {
        //Rudimentary Calculator methods
        [ScriptableMember()]
        public int Add(int op1, int op2)
        {
            return op1 + op2;
        }
```

```
        [ScriptableMember()]
        public int Subtract(int op1, int op2)
        {
            return op1 - op2;
        }

        [ScriptableMember()]
        public int Divide(int op1, int op2)
        {
            return op1 / op2;
        }

        [ScriptableMember()]
        public int Multiply(int op1, int op2)
        {
            return op1 * op2;
        }
    }
}
```

现在将注意力转移到 SLFROMDOM.aspx 文件。在此将提供基本计算器界面，以使用在 Calculator 类中的托管方法。该界面包含一个表单，该表单包含了 4 组 2 个文本框以输入 op1 和 op2 的值，以及 4 个按钮以执行各自对应的方法。

```
<form action="">
    <!-- Addition -->
    <input type="text" id="addOp1" /> + 
    <input type="text" id="addOp2" /> = 
    <input type="text" id="addResult" /> 
    <input type="button" id="btnAdd"value="Add" onclick="DoAdd();" /><br />

    <!--Subtraction -->
    <input type="text" id="subOp1" /> - 
    <input type="text" id="subOp2" /> = 
    <input type="text" id="subResult" /> 
    <input type="button" id="btnSub" value="Subtract"
      onclick="DoSubtract();"
 /><br />

    <!-- Division -->
    <input type="text" id="divOp1" /> / 
    <input type="text" id="divOp2" /> = 
    <input type="text" id="divResult" /> 
    <input type="button" id="btnDiv" value="Divide" onclick="DoDivide();"
      /><br
 />

    <!-- Multiplication -->
```

```
    <input type="text" id="mulOp1" /> * 
    <input type="text" id="mulOp2" /> = 
    <input type="text" id="mulResult" />
    <input type="button" id="btnMul" value="Mutliply"
     onclick="DoMultiply();"
  /><br />
</form>
```

注意 4 行对 JavaScript 函数的内联调用。这些函数将负责获取 Silverlight 应用程序的一个引用，并且传递合适的参数以调用需要的函数。这些函数的功能如下所示。注意，此处使用了标准的 DOM 调用来访问表单元素内容，以及对 Silverlight 应用程序的实际调用：

```
<script type="text/javascript">
        var hostingControl = null;
        function pluginLoaded(sender)
        {
            hostingControl = sender.get_element();
        }

        function DoAdd()
        {
            var op1 = document.forms[0].elements["addOp1"].value;
            var op2 = document.forms[0].elements["addOp2"].value;
            var result = hostingControl.Content.calculator.Add(
                            parseInt(op1), parseInt(op2));
            document.forms[0].elements["addResult"].value = result;
        }

        function DoSubtract()
        {
            var op1 = document.forms[0].elements["subOp1"].value;
            var op2 = document.forms[0].elements["subOp2"].value;
            var result = hostingControl.Content.calculator.Subtract(
                            parseInt(op1), parseInt(op2));
            document.forms[0].elements["subResult"].value = result;
        }

        function DoDivide()
        {
            var op1 = document.forms[0].elements["divOp1"].value;
            var op2 = document.forms[0].elements["divOp2"].value;
            var result = hostingControl.Content.calculator.Divide(
                        parseInt(op1), parseInt(op2));
            document.forms[0].elements["divResult"].value = result;
        }

        function DoMultiply()
        {
            var op1 = document.forms[0].elements["mulOp1"].value;
```

```
        var op2 = document.forms[0].elements["mulOp2"].value;
        var result = hostingControl.Content.calculator.Multiply(
                        parseInt(op1), parseInt(op2));
        document.forms[0].elements["mulResult"].value = result;
    }
</script>
```

现在可以运行代码，并试试这个例子了。尽管该例子结构很简单，但是它演示了在 JavaScript 和 Silverlight 之间可以实现交互的层次。

除了可以使用这种方法来访问属性和方法外，还可以在 JavaScript 代码中处理托管事件。为了实现这一点，首先必须用<ScriptableMember>标签来修饰托管事件。

## 4.6　按需加载 XAP

在 Internet 环境下，让 Silverlight 应用程序启动并且尽可能快地运行是必要的目标。因此在内容丰富、功能复杂的 Silverlight 应用程序中，让所有的类型打包并加载到唯一的 XAP 文件直接违背了该目标，因为这样的话，整个 XAP 以及所有的功能都需要在应用程序能够启动前完全下载。

显然，如果所有的功能不是都立即需要的话(或者在大多数情况下根本就不需要)，那么这将是对资源的巨大浪费，并且只会让用户觉得特别苦闷，因为应用程序需要花很长的时间来加载和启动。

Silverlight 提供了一种方式来解决这个缓慢的启动和加载时间的问题。它允许只有在需要的情况下选择性地下载和集成功能。为了实现这一点，Silverlight 使用 System.Net.WebClient 类来控制额外程序集的下载。

### System.Net.WebClient 类

WebClient 类可以通过编程的方式接收来自某个 URI 所设定的资源的数据，可以作为数据接收，也可以作为字符串接收。用来完成该任务的两个方法是 OpenReadAsync 和 DownloadStringAsync。

假如已经创建了一个 Silverlight 类库文件，并命名为 MathUtilities.dll，并且该类最初并不使用或者大多数用户很少使用，这就使得它成为按需下载的理想候选者。创建该 Silverlight 类库项目，并在原来的 Silverlight 应用程序中添加一个到该类库的引用后，单击新添加的引用，并且在 Properties 窗口中设置 Copy Local 为 False。这个过程将阻止该 DLL 在所得到的 XAP 文件中打包，从而使得它在浏览器加载 Silverlight 应用程序时不会自动下载该程序集。

第一步是实例化一个 WebClient 实例，并为其提供一个到 MathUtilities.dll 程序集的合法 URI 和一个该 DLL 成功下载后跳转到的回调函数。该回调函数需要实例化一个新的 AssemblyPart 实例，以表示将包含在主应用程序包中的程序集。然后，简单地调用该 AssemblyPart实例的Load方法,并将已经加载的程序集传递给该方法——通过调用 OpenRead-

CompletedEventArgs 的 Result 属性来获取。

```csharp
using System;
using System.Collections.Generic;
using System.Linq;
using System.Net;
using System.Windows;
using System.Windows.Controls;
using System.Windows.Documents;
using System.Windows.Input;
using System.Windows.Media;
using System.Windows.Media.Animation;
using System.Windows.Shapes;
using System.Reflection;

namespace Chapter04
{
    public partial class OnDemandXAP : UserControl
    {
        public OnDemandXAP()
        {
            InitializeComponent();
        }

        private void btnLoadAssembly_Click(object sender, RoutedEventArgs e)
        {
            WebClient webClient = new WebClient();

            webClient.OpenReadCompleted +=
                new OpenReadCompletedEventHandler
                (webClient_OpenReadCompleted);

            webClient.OpenReadAsync(new Uri("MathUtilities.dll",
                                            UriKind.Relative));
        }

        void webClient_OpenReadCompleted(object sender,
                                OpenReadCompletedEventArgs e)
        {
            if ((e.Error == null) && (e.Cancelled == false))
            {
                AssemblyPart assemblyPart = new AssemblyPart();
                Assembly assembly = assemblyPart.Load(e.Result);

                //Use types from within loaded assembly
            }
        }
    }
}
```

# 4.7　小结

本章首先介绍了 Silverlight 应用程序的实际组成，包括文件结构和代码基。然后，本章讨论了如何在 XAP 文件中部署 Silverlight 应用程序。该文件实际上仅仅是包含了一个部署文件清单和相应文件的标准 ZIP 压缩文件，而该部署清单可以包含文件列表以及文件的位置和入口点信息。

然后，本章讨论了 Application 类，包括该类如何控制应用程序的生命周期，以及在 Silverlight 首次加载时应用程序的初始化序列。本章还简单介绍了 Application 类所产生的一些事件，以及如何通过 App.xaml 和 App.xaml.cs 文件来将这些事件进行连接。

然后，本章介绍了将 Silverlight 插件嵌入一个承载 Web 页面的不同选项——使用<asp:Silverlight>控件，无疑这是最简单也是最简洁的选择；手动编写<OBJECT>和支持脚本；最后是使用 SDK 所带的 JavaScript Helper 文件来创建自己的标签。因此。用<asp:Silverlight>选项来完成该任务的优势是很明显的。

编写 Silverlight 应用程序的下一步就是创建作为 UI 的页面。本章展示了如何使用 UserControl 类作为基础构造块来组成 UI。然后，本章揭示了隐藏代码模型，包括具有 x:Name 属性的 XAML 元素的成员变量的自动生成。该功能可以大大改善开发体验。

然后，本章简单地讨论了学习 JavaScript 的好处——它可以帮助您提高对 Silverlight 的一般理解，此外通过正确了解承载页面的内容，可以提高您快速发现和修正漏洞的能力。为了帮助您快速入门，本章提供了编写 JavaScript 的快速入门，涉及的方面包括通用编程技术和 HTML DOM 操作。

然后，本章深入介绍了 Silverlight 对象模型，并且介绍了如何构建可视化树以组成 UI，以及如何访问树上的元素（通过名称或通过手工遍历节点）。该节最后介绍了 XamlReader.Load 方法，以及如何利用该方法来动态地构建对象树，并将其添加到已有的内存中的树上。

接下来本章介绍了 Silverlight 事件模型，以及 Silverlight 如何支持路由事件且仅仅支持冒泡模式路由事件。冒泡某些输入事件将有助于在产生事件的控件的父控件上支持键盘快捷键。

然后，本章讨论了 Silverlight 中的线程和异步，并且演示了在后台线程上执行任务的不同选择。让 UI 线程保持空闲以保持 UI 的可响应性是非常重要的，因此该节介绍了如何利用 Dispatcher 对象来帮助实现这一点。本章还介绍了如何使用 DispatcherTimer 对象来为应用程序提供高精度的计时。

然后，本章介绍了 HTML DOM 和 Silverlight 对象模型之间的双向通信能力，并利用代码样本来演示各个方向的通信。本章讨论了 HtmlPage.Document 对象如何提供从 Silverlight 直接访问 HTML DOM 的方法，以及该 DOM 如何可以被方便地操作。

在另一方面，本章还介绍了如何使用 HtmlPage.RegisterScriptableObject 命令来将托管功能提供给 JavaScript 以及如何在某个注册的类中使用 ScriptableMember 属性来将成员直接提供给 JavaScript。

最后，本章介绍了如何利用按需加载 XAP 文件的优点来改善应用程序的启动时间和一般性能。

下一章"创建用户界面"将展示如何布局 UI 的不同选项以及不同控件添加到 UI 中的不同方法。另外，该章还将概要介绍 Expression Suite，并解释该工具箱如何使得 Silverlight 开发更为简单。然后，该章将讨论如何本地化 Silverlight 应用程序。

# 第 II 部分

# 使用Silverlight开发
# ASP.NET应用程序

# 第**5**章

# 创建用户界面

本书的第 I 部分介绍了 Silverlight 应用程序的一些基本构造块，包括：组成其体系结构的组件，如何使用 XAML 来描述某个用户界面的组成元素，以及如何使用隐藏代码来将静态的用户界面变成动态的、逼真的页面。

本章将开始把前面所学习到的理论应用到实践中。

本章将详细介绍布局的细节，以及如何在 Silverlight 应用程序中创建自己的用户界面。本章还将大致介绍 Expression Suite 设计工具，并解释 Expression Blend 如何用于弥补 Visual Studio 开发环境的不足。本章还将比较和对比 ASP.NET 和 Silverlight 中的不同布局方法。

然后，本章将研究 Silverlight 2 所拥有的各种主要布局控件——Canvas、Grid、StackPanel 和 TabControl，并研究在不同的场景什么时候采用哪种布局控件，此外还将研究如何将标准控件添加到布局中。

本章还讨论了如何创建可伸缩的 UI，即该 UI 允许用户随意改变其大小，但不影响其可用性。

最后，讨论了本地化 Silverlight 应用程序，这一点对于创建全球可达的 Web 站点的 ASP.NET 开发人员而言肯定是重要的。

## 5.1 Expression Suite——简介

设计人员对来自微软公司的产品总是有一个粗略的理想。因为从 ATL 到 Web 开发，软件的首选开发环境均是 Visual Studio。Visual Studio 是一个重量级的集成开发环境 (Integrated Development Environment，IDE)，它为无数的开发项目提供了相应的功能和命令来帮助提高开发速度。

尽管 Visual Studio 在帮助程序员方面做得非常好，但是就辅助设计而言(特别是 Web 设计)，它则远远落后于纯设计包，因为纯设计包往往针对设计者的需求进行精心设计。并且由于 Visual Studio 重量级特性以及以代码为中心的 UI 风格，正好被设计人员排斥在外，使得他们不能利用 Visual Studio 来完成设计任务。Visual Studio 不是完成设计工作的理想工具，并且它包含了大量的菜单选项和任务面板，这些将把未经训练的用户搞得迷迷糊糊。

当然，微软公司认识到了这一点，并且已经开展了大量的工作来改变这种状况。微软公司提供了一流的开发环境套件来帮助设计人员更快速更方便地创建图形、媒体、Web 以及 Windows 应用程序。

该套件就是 Expression Suite 产品——专门用于处理 Windows 应用程序、Web 应用程序的设计，以及图形和媒体的创建与编辑的 IDE。下面将简单介绍组成 Expression Suite 的各个应用程序。我们鼓励下载并试试这些应用程序，以看看它们可以为 Visual Studio(本书的其余部分均使用该开发环境)带来哪些优势——特别是 Expression Blend。

### 5.1.1　Expression Web

Expression Web 是一个功能丰富的 Web 设计包。默认情况下，它允许创建基于 CSS 的和标准兼容的 Web 站点。它完整地提供了创建.aspx 文件和标准 HTML 文件的能力，并且突出了开发人员和设计人员在开发环境中更紧密的协作。

Expression Web 包含的一些高级功能包括：

- **完全标准兼容**——W3C XHTML Conformance。
- **可访问性检查**——Expression Web 具有相应的能力以检查在其中加载的 Web 页面是否符合两个行业标准：

  · World Wide Web Consortium (W3C) Web Content Accessibility Guidelines (WCAG)；

  · 美国康复行动(U.S. Rehabilitation Act)中 508 款的可访问性指南。

  检查结果显示在一个对话框中，对于标准的每一次违反显示一行，同时还显示了更正该违反规则的进一步信息。
- **实时标准验证**——当输入 HTML 时，标准验证将实时突出强调。
- **扩展的 CSS 支持**——该支持由设计界面、IDE 以及渲染提供。
- **CSS 报告工具**——该工具运行某个给定页面上的所有 CSS 规则，不管这些规则是在头部分、是内联的或者是在绑定的样式表中，都把它们混合在一起以易于在一个对话框中引用。
- **XML 可视化工具**——这些工具允许利用简单的拖拉技术来创建 XML 数据的自定义视图。
- **XSLT 支持**。
- **访问 ASP.NET 控件**——该功能为设计人员和开发人员提供了紧密的集成。

如果您确实安装了 Expression Web 并开始使用该工具，将立刻注意到，它不仅仅是一个新版的 FrontPage(这是很好的工具)。

### 5.1.2　Expression Blend

第 3 章已经初步介绍了 Expression Blend 以及它为设计人员和开发人员提供的一些高级功能。在此基础之上，现在您将了解到利用该工具来执行一些通用操作是多么简单。

在启动 Blend 并选择 File | New Project 菜单后，将看到如图 5-1 所示的对话框。

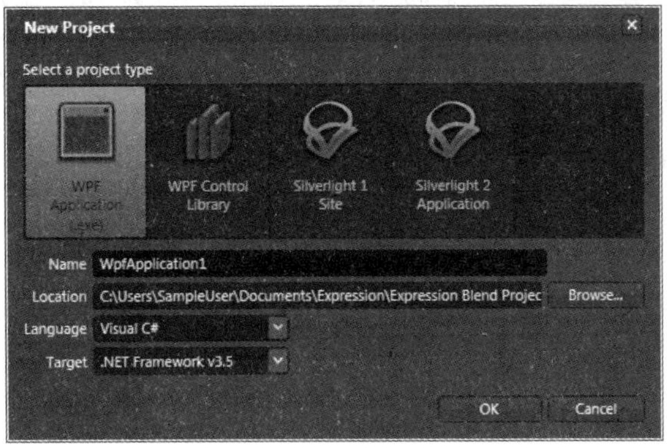

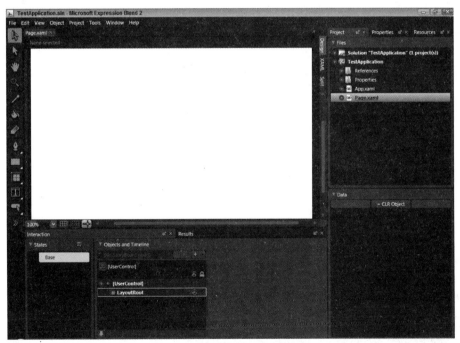

图 5-1

为该测试应用程序输入一个名称(TestApp 或者其他类似的名称)，并选择 Language 和 Location。确定选择了 Silverlight .NET 模板，但是同时要注意还可以选择的模板应用程序类型。一旦确定了项目的安装选项，该 IDE 将打开，并创建解决方案文件和项目文件，包括开始开发所必需的模板文件，如图 5-2 所示。

图 5-2

屏幕的中心为设计面板，用于使用拖拉技术组织元素。可以利用该面板右边的选项卡切换到仅仅使用 XAML 的视图或者是同时具备 Design 和 XAML 的分割视图。在设计面板下面是 Objects and Timeline 面板。当把元素添加到 UI 中时，组成该 UI 的对象的层次视图将在此显示。在该面板中，还可以设计应用到 UI 元素的动画。通过双击 IDE 最左边的矩形图标，可以将一个 Rectangle 对象添加到设计面板。图 5-3 显示了执行该操作以后的对象层次。

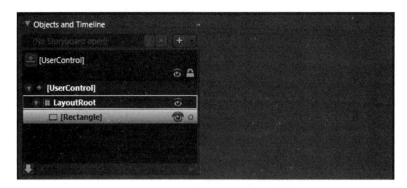

图 5-3

该 Rectangle 对象将以默认值放置，Width 为 100、Height 为 50，并且具有细的黑边框，如图 5-4 所示。

图 5-4

如果在设计面板上选定该矩形，那么可以随意改变其属性，或者在右边的 Properties 窗口中改变，或者通过手动编辑所生成的 XAML 文件来改变。图 5-5 显示了用于改变矩形对象颜色的 Properties 窗口。

除了可以简单地设置诸如颜色和位置等常用属性外，在 Properties 窗口的下面还可以改变某些不常使用的属性，如可以转换元素的位置、形状和大小(分别对应 Translate 属性、Rotate 属性、Skew 属性、Scale 属性，等等)。图 5-6 显示了用这种方法改变 Skew 属性。注意，设计面板和 XAML 视图均反映了所做的属性改变。

图 5-5

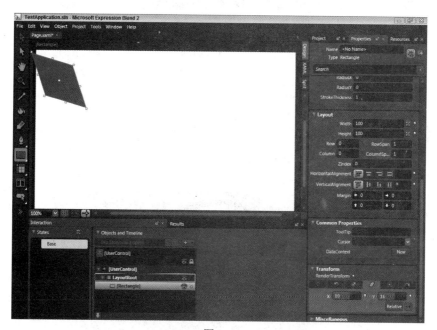

图 5-6

　　继续下去，双击 Text Block 图标以在设计面板中添加一个文本块，并且选择 Pen 工具。该工具将帮助在设计面板中创建复杂的 Path 对象。

　　Blend 也允许快速地将动画应用到 UI 元素。这些选项可以通过打开 Animation 工作区来访问。简单地选择 Window | Active Workspace | Animation Workspace 即可打开 Animation 工作区。通过单击 Storyboard 下拉列表旁边的加号(+)按钮，就可以打开 Create  Storyboard

Resource 对话框，在该对话框中可以命名所使用的时间线，如图 5-7 所示。

图 5-7

　　一旦完成这些操作，将看到一个动画时间线出现在 Objects 面板旁边，从而允许方便地在元素上创建并应用动画。注意在屏幕左上角的文本 "Timeline recording is on"。在该层次上选择一个对象，并修改其属性，然后移动该时间线以设置该属性变化将花费多长时间。在图 5-8 中，该矩形的位置已经发生了改变，并且该变化的时间设置为 2 秒。

图 5-8

　　一旦对动画觉得满意了，可以停止时间线记录，而您的工作也已经完成。该 Rectangle 对象上的一个简单动画就已经定义了。切换到 XAML 视图，看看该动画所产生的标记。

　　为了将一些比较常用的控件添加到设计面板，单击左边工具箱底部的 Asset Library 按钮(双箭头)即可。这将打开 Asset Library 对话框，如图 5-9 所示。

　　该对话框(如果使用 Blend 将会经常使用该对话框)将可以访问全部的内置控件、自定义控件以及本地指定的样式。可以从该对话框中随意地选择一个资源，然后返回到设计面板以将该选中的资源拖到面板上。

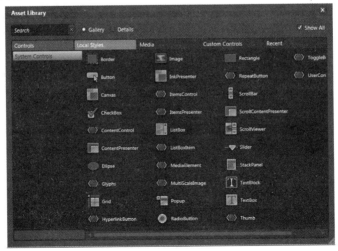

图 5-9

当在设计面板上选择一个对象时，可以使用右边的 Properties 面板来访问正在访问的控件所支持的属性，并修改属性范围。图 5-10 显示了 Properties 面板中展开的 Appearance 和 Layout 小节。

图 5-10

当在该面板中改变属性时，控件将进行实时地重绘以展示所做改变的效果。图 5-11 展示了改变之前所添加的 Rectangle 的 Opacity 属性的效果。

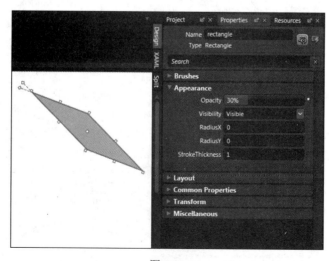

图 5-11

接下来，添加了一个按钮到该设计面板，并使用了如图 5-12 所示的 Properties 窗口。该按钮的文本设置为 "Click Me"，并且其字体改变为 Webdings。

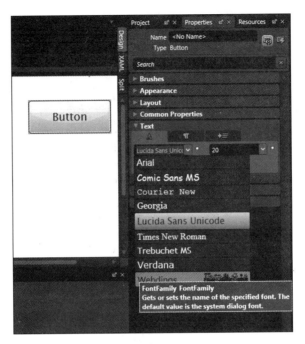

图 5-12

现在，在 Silverlight 中(在此情况下 WPF 也是如此)，组成用户界面的对象均是用矢量图绘制的。这就意味着可以随意地放大或缩小控件的大小或者沿着某个轴倾斜或旋转控件，而不会影响控件的外观质量。图 5-13 显示了前面所创建的按钮在进行一些诸如此类的转换之后的结果。

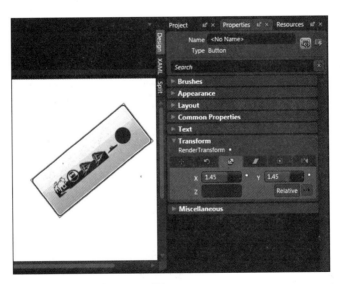

图 5-13

注意，按钮及其上面的"文本"均进行了平滑的旋转与缩放，但并未损失画面质量。这简短的一节内仅仅介绍了 Blend 的一些基本方法。我们鼓励您安装 Blend，并自己试试该软件。利用它创建 XAML 和利用其他方法(包括 Visual Studio)相比，方便了很多。

### 5.1.3　Expression Design

Expression Design 是一个高级的图像和图表包，它允许为 Web 和 Windows 应用程序创建高质量的图像。该软件可以轻松地创建基于矢量的图像，然后将其转换成 XAML 格式，以便让 Blend 或者 Visual Studio 包含在项目中。除了可以同时处理基于矢量的图像和基于位图的图像外，这两种格式的图像还可以集成并在同一个文档中使用。高质量的效果，如斜面、浮雕和高斯模糊等，均可以应用到基于矢量的或基于位图的图像上。该软件还可以对效果或资源进行修改，只要这些效果是非破坏性的和可编辑的。简而言之，如果需要为 Web/Windows 应用程序创建可以 XAML 形式导出的艺术品，那么 Expression Design 将是完成该任务的有力工具。

### 5.1.4　Expression Media

设计 Expression Media 有一个主要目的——使得数字化资源的管理更加方便。来源于 100 多种不同媒体格式的文件，均可以通过简单的拖拉方式导入某个分类库，然后可以进行方便的搜索和标注，甚至在原作离线的情况下也可以执行这些操作。Expression Media 具有高级的批量处理能力，允许一次转换和编辑多个文件，同时还通过源控制功能跟踪所做的改变。Expression Media 还提供了基本的视频和图像编辑功能，如剪辑、调整大小以及调整亮度等级等。除了可以将所有数字资源进行分类以外，Expression Media 还可以通过一个 Web 图库或者幻灯片将其输出。

### 5.1.5　Expression Encoder

Expression Encoder 是 Expression Media 的一个功能，该功能帮助您快速且方便地对音频和视频资源进行编码。它还能够创建可以通过 Silverlight 应用程序显示的 VC-1 编码的内容。

### 5.1.6　Expression Studio

Expression Studio 包含前面所有的应用程序，此外还包含 Visual Studio Standard Edition 的一个拷贝。

## 5.2　ASP.NET 布局与 Silverlight 布局

ASP.NET 是一种编程抽象，它帮助开发人员以面向对象的方式构建复杂的企业 Web 应用程序。实际上，由于 ASP.NET 仅仅包装了 HTML 页面的底层结构，因此在 ASP.NET 中可用的布局方式最终均派生自底层的 HTML 布局方式。

快速回顾一下 ASP.NET 中的布局方式是非常有用的，这样就可以完全理解 ASP.NET

方法和 Silverlight 模型之间的异同了。

## 5.2.1　ASP.NET 中的布局方式

由于 ASP.NET 最终将受限于标准的 Web 页面开发，因此正常的 HTML 布局规则和技术均可以在 ASP.NET 中使用。这就意味着 Web 页面可以综合使用层叠样式表(Cascading Style Sheets，CSS)和表格来进行创建和布局。通常情况下，基于 CSS 的 Web 页面的布局指令存在于一个单独的文件(.css)中。这一点使得 CSS 更加有吸引力：它使得可以将 HTML 文档的**结构**和**表示**清晰地分隔开。

### 1. CSS

CSS 可以将样式属性的组合应用到元素中，从而控制元素的位置和外观——如：边距设置、宽度和高度，CSS 还可以应用下面所列出的不同定位策略。

CSS 除了可以应用到诸如文本框之类的元素以外，假如和 DIV 标签一起使用，它对于实施布局也是非常有用的。DIV 标签用于表示 HTML 文档或者 XHTML 文档中一部分，主要用于将相关的 UI 元素组织到一起。例如，DIV 标签可以用于表示某个 Web 站点顶部的导航条。该导航条包含组织在一起的各种控制元素，并作为一个整体实施定位。

使用 DIV 和 CSS 则使得可以不需要使用表格来构建 UI，即使其本质上比较复杂亦是如此。我们应该说，由于在支持多个浏览器的环境下为 DIV 构建正确的 CSS 是非常困难的任务，因此许多开发人员仍然倾向于使用表格实施布局。理论上说，将 HTML 的结构和表示相分离所获得的优势，应该引导布局向使用 DIV 和 CSS 的方向发展。

当使用 CSS 时，可以使用以下方法定位元素：

- **静态定位**——该方法是定位元素的默认方法。使用该方法意味着元素将放置在该文档的正常流之中定义的位置。
- **相对定位**——使用相对定位方法将提供设置元素的 top、bottom、left 以及 right 属性的能力，从而指定元素将移到它在文档默认定位中的相对位置。
- **绝对定位**——绝对定位允许用使用 top、bottom、left 和 right 属性的位置来定位元素。使用绝对定位需要记住的一件重要事情是，定位是应用到包含元素的。
- **固定定位**——固定定位的定位方式和绝对定位一样，但是它并不是相对其容器进行定位，而是相对浏览器窗口实施定位。

除此以外，还有一些其他方法帮助您在以上的规则中实施定位，如下文所述。

### 2. HTML 表格

在 CSS 用于布局之前，HTML 表格允许用一种类似网格的形式组织页面中元素，将页面或者部分页面分割成行和列，并设定成包含用户界面元素的适当大小。由于其易用性，表格现在还常常应用于布局，但是该方法的缺点是它将结构和表示进行了紧密的集成。

### 3. 结论

创建 ASP.NET Web 站点时所拥有的两种方法——CSS 和表格，在对 UI 实施布局时提供了足够的控制和灵活性。但是，如果想构建 UI，而又要该 UI 能够在浏览器窗口大小改变时或者在显示器发生改变时优雅地改变，则必须特别小心。使用绝对定位并硬编码元素的大小，将保证在使用不同的分辨率和屏幕大小时 UI 不会发生太大的变化。如果布局方式在本地化部分，又有不同的文本大小和从右往左阅读的问题，那么布局方式问题将更加严重。

使用相对定位和变量化元素的大小将有助于缓解这个问题，但是这样在复杂的 UI 中将难以正常。

## 5.2.2　Silverlight 中的布局方式

Silverlight 中的布局是借助于选择容器元素完成的，每个容器元素均有不同的逻辑来堆放在其中的元素以实施布局。因此，每个容器或者布局控件都适用于某些场景。本节将简单介绍 Silverlight 提供的各种布局控件。

首先，应该知道如果想在 WPF 或者 Silverlight 中构建可伸缩的 UI，通过显式地设置元素的坐标不是推荐的方法。固定坐标不能考虑不同的分辨率和窗口大小，也不能考虑内容的变化甚至位置的变化，这就意味着该方法本质上是有缺陷的。也就是说，Silverlight 中的第一种布局元素——Canvas 控件，应该不是创建可伸缩 UI 时的首选(除非您喜欢编写大量代码)。

相反，我们推荐使用一种类似于相对定位的基于流的布局技术。这就意味着，如果为了考虑浏览器窗口大小的变化或者类似情况，而曾经使用过相对定位来构建 Web 站点，那么您就应该不会对 Silverlight 的 Grid 和 StackPanel 控件感到不解。这两个控件均支持对其中的内容进行重新流式布局。但是，如果一直是使用绝对定位，或者从 WinForms 背景直接转换到 Silverlight，那么可能需要花一定的时间来理解这一点。

在详细地了解各个布局方法之前，有必要先看看 Silverlight 中布局和渲染系统中的两个重要方面——创建与分辨率无关的显示的能力(为未来的发布做计划)和一般的布局过程。您还需要了解控制 Silverlight 应用程序的 UI 的顶层因素——为 Silverlight 插件自身所给定的显示设置。

### 1. 与分辨率无关的渲染

影响对象在显示器上绘制的大小的两个主要因素是分辨率和 DPI(每英寸点数)。

分辨率(resolution)指的是可以显示的像素数，如 1 024×768 的分辨率等于水平方向 1 024 个像素，垂直方向上 768 个像素。随着显示器像素的增加，对象的大小将逐渐变小；相反随着显示器像素的减小，对象的大小逐渐增大。这就意味着，尽管您的 UI 在 1 024×768 的分辨率下看上去很大，但是该 UI 在一个较高分辨率(如 1 600×1 400)下可能就会太小而无法使用。

DPI 则用于描述"屏幕英寸"是多大。例如，如果该值为 96，那么 96 个像素将组成一个屏幕英寸。当然，这个值可高可低，因此 1 屏幕英寸并不等于现实世界中的 1 英寸。和分辨率不同，当 DPI 增加时，屏幕上对象的大小也同时增大；而 DPI 减小时，对象的大小也减小。

为了解决在这两个领域中不同值所带来的问题，Silverlight 和 WPF 一样，打算使用设备无关的像素作为基本的度量单位，而不是使用硬件像素作为度量单位。我们说"打算"，是因为该功能在 Silverlight 2 中并未包含，但是将在未来的发行版中包含。该信息使得您知道该功能何时可能添加进来。与设备无关的一个像素等于 1/96 英寸。之所以选择该值，是因为 96 是新的 Vista 平台中 DPI 的默认设置。因此，如果将 DPI 设置为 96，那么 1 硬件像素将等于 1 WPF 像素。如果将 DPI 设置 120，那么 WPF 将认为它需要增大其与设备无关像素的大小以进行弥补，因此每个 WPF 像素在大小上将等于 1.25 个硬件像素。如果在 WPF 中创建了一个 96 像素宽的按钮，那么不管分辨率是多少，它均将在屏幕上显示 1 英寸宽。

矢量图像

目前，使用的计算机图像主要有两大类，即光栅图像(位图)和矢量图像。光栅图像是以类似于网格的形式逐个像素逐个像素构建起来的，最终形成图像。在光栅图像中，每个像素均有不同的颜色/阴影。该技术的缺点是，它不能在不改变图像质量的情况下随意改变图像的大小。但是该技术的优点是，这种图像的质量非常高，甚至能达到照片的真实性。

但是，矢量图像可以随便地改变其大小，并能保持其质量。这是因为这种图像并不是由一个个像素组成，而是由一些比较小的基本对象(线、多点线、贝塞尔曲线以及弧线等)组成，并且每个对象均可以使用数学语句来描述。这样的结果就是，图像可以在任意的分辨率下随意缩放，同时还不影响画面质量。矢量图像的缺点就是，它还不能产生具有相片真实感的图像，并且由于需要执行较多的计算，所以执行起来比位图更慢。

Silverlight 同时支持光栅图像和矢量图像，因此可以选择这两种图像中最好的。例如，如果希望 UI 在多种分辨率下可以随意缩放，那么建议为工具栏图像创建矢量图像，以防止在缩放时所引起的斑驳和边缘失真。

总之，如果希望图像可以在应用程序分辨率变化的情况下完美地缩放，那么应该使用矢量图像，而不是位图。

### 2. 布局过程

Silverlight 中的布局过程本质上和 WPF 中的布局过程一样，利用两阶段的"度量-排列"算法来计算在顶层父面板容器中元素的大小和位置。不管什么时候需要绘制(或重新绘制)用户界面，第一个操作就是"度量"操作。该操作涉及到布局系统循环迭代组成该 UI 的子元素，按顺序对每个元素进行度量，并计算它们的期望大小。元素的期望大小是通过 UIElement.DesiredSize 属性提供的。

接下来，布局系统执行第二个阶段，即"排列"阶段。该阶段循环组成 UI 的元素，并最终设定它们的大小和位置。在 Silverlight 中，每个 FrameworkElement 元素实际上都包含在一个边界框之内，而边界框实际上就是一个简单的矩形。边界框是布局系统在排列过程中实际进行布局定位的对象，每个边界框就是 UI 中的一个布局槽，并且以这种方式定义的矩形对象，可以通过以当前的 FrameworkElement 对象为参数，调用静态的 LayoutInformation.GetLayoutSlot 方法来获取。如果元素比分配给它的布局槽要大，那么它将被修剪，因此并不是所有的元素都能看见。某个以这种方法实施过裁剪的元素，其实际区域的大小可以通过以当前的 FrameworkElement 对象为参数调用 LayoutInformation.
GetLayoutClip 方法来获取。

如果元素适合于布局槽，那么它将基于对齐属性在其内部进行定位。

图 5-14 给出了某个面板以及包含在某个布局槽中唯一子元素之间的关系。

从该例子中可以看到，TextBox 比布局系统分配给它的布局槽要小很多，因此该元素完全可见。但是，如果布局系统由于屏幕实际大小的压力而只能提供一个小于 TextBox 大小的布局槽，那么该 TextBox 的部分甚至全部都将被修剪，并且只有布局修剪后的部分可见，如图 5-15 所示。

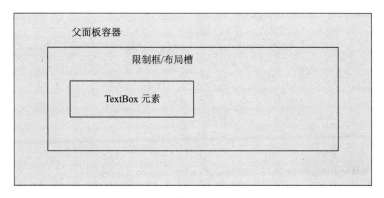

图 5-14

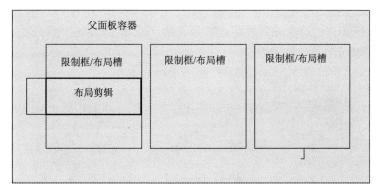

图 5-15

### 3. 显示 Silverlight 插件自身

以一种独立的方式来设计和创建自己的 Silverlight 用户界面固然很好，但是需要记住，UI 在顶层，受限于应用到承载该 UI 的插件的位置和大小指令，而不仅仅是顶层布局控件所指定的大小。所以当在实现时为承载插件赋予了两倍大小的区域时，本来很好看的 UI 将变得不是那么好看。

在多个层次上可以放置改变大小的指令来约束 Silverlight 应用程序。现在依次了解这些指令。首先 Silverlight 应用程序直接放在某个页面的一个 DIV 标签中，如下面的例子所示：

```
<!DOCTYPE html PUBLIC "-//W3C//DTD XHTML 1.0 Transitional//EN"
  "http://www.w3.org/TR/xhtml1/DTD/xhtml1-transitional.dtd">
```

```html
<html xmlns="http://www.w3.org/1999/xhtml" style="height:100%;">
<head runat="server">
  <title>Test Page For Chapter05</title>
</head>
<body style="height:100%;margin:0;">
  <form id="form1" runat="server" style="height:100%;">
<asp:ScriptManager ID="ScriptManager1"
 runat="server"></asp:ScriptManager>
<div style="height:100%;">
    <asp:Silverlight ID="Xaml1"
                     runat="server"
                     Source="~/ClientBin/Chapter05.xap"
                     MinimumVersion="2.0.30523"
                     Width="100%"
                     Height="100%" />
    </div>
  </form>
</body>
</html>
```

可以看到该 DIV 标签具有一个 Style 属性，并且指定了 100%的高度。这就意味着该 DIV 标签将垂直扩展，以填充由其父 HTML 容器所提供的所有空间。想象一下，在本例中，如果该 DIV 标签的宽度和高度属性分别设置为 640 和 480，并且其他属性保持不变。那么，如果将 Silverlight 应用程序中的 Canvas 控件设置为 1 000 像素乘以 1 000 像素的话，也不会有什么问题，但是其余的部分将放置在屏幕外边，因为它们已经落到了包含 DIV 的边界之外，如图 5-16 所示。

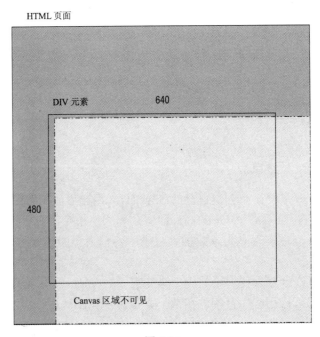

图 5-16

在影响 Silverlight 应用程序大小的链上，下一个地方是在 OBJECT 标签自身内。该标签由 ASP.NET Silverlight 控件输出。默认情况下，该控件的 Width 属性和 Height 属性设置为100%，这将被传播给运行时被渲染的 OBEJCT 标签。如果保持100%不变，那么 Silverlight 控件将扩展，以填充包含该控件的整个 DIV 标签。

最后，还可以在传送给顶层布局控件的大小属性中设置大小。如下的 UserControl 其 Height 设置为 400、Width 设置为 300：

```
<UserControl x:Class="Chapter05.Page"
    xmlns="http://schemas.microsoft.com/winfx/2006/xaml/presentation"
    xmlns:x="http://schemas.microsoft.com/winfx/2006/xaml"
    Width="400" Height="300">
    <Grid x:Name="LayoutRoot" Background="White">

    </Grid>
</UserControl>
```

当遇到奇怪的问题时，需要了解这 3 种改变 Silverlight 应用程序界面大小的不同方式。很容易会由于没有注意到某种方式，而浪费大量的时间来调试错误的界面大小问题。

### 4. 布局控件

既然已经在概念层次上了解了 Silverlight 布局过程，那么现在将注意力转移到可以实施布局的控件上。

为了将某个元素定位并排列在 Silverlight 用户界面中，它必须放在一个派生自 Panel 的控件中。Silverlight 提供了 Canvas、StackPanel、Grid 以及 TabPanel 控件以实施布局。所有这些控件均派生自 Panel 控件，因此它们允许子元素放置在其中并进行排列。

如果发现这些控件均无法满足较高级的布局要求，当然可以自己创建布局控件，并让其继承自 Panel。

下面将逐个讨论这四个布局控件，首先讨论最基础的(也是最有效的)Canvas。

### ① Canvas

Canvas 是 Silverlight 2 中可用的第一个布局控件，也是最简单的一个。通过使用两个 Canvas 附加属性——Canvas.Left(控件的 X 坐标)和 Canvas.Top(控件的 Y 坐标)，Canvas 可以支持使用 X 和 Y 坐标来对子元素实施绝对定位。通过使用 Canvas.ZIndex 附加属性，Canvas 支持在 Canvas 的 Z 轴上定位元素。如果需要，该属性允许将某个元素放在其他元素之上。

实际上，使用 Canvas 比较简单。现在，通过一些例子看看到底有多简单。这些例子均在第 5 章的源代码中。

以下的 XAML 显示将一个 Rectangle 对象添加到一个 Canvas 对象中，其中 Canvas.Top 和 Canvas.Left 附加属性均设置为 80。这样，将把 Rectangle 对象放置在距离 Canvas 顶部和左边各 80 像素的地方。

```
<UserControl x:Class="Chapter05.CanvasExample"
```

```
  xmlns="http://schemas.microsoft.com/winfx/2006/xaml/presentation"
  xmlns:x="http://schemas.microsoft.com/winfx/2006/xaml"
  Width="400" Height="300">
  <Canvas x:Name="LayoutRoot" Background="White">

      <Rectangle Fill="Blue"
          Canvas.Top="80"
          Canvas.Left="80"
          Width="100"
          Height="50" />

      </Canvas>

</UserControl>
```

该矩形被着色为蓝色，从而使其位置非常明显，如图 5-17 所示。

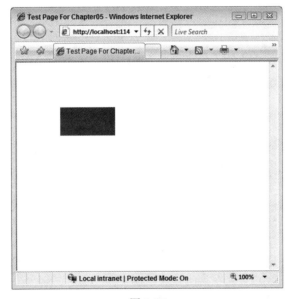

图 5-17

如果忽略 Canvas.Top 和 Canvas.Left 属性，那么它们将被假定为默认值 0，从而有效地将该元素放置在 Canvas 的左上角。

```
<UserControl x:Class="Chapter05.CanvasExample"
  xmlns="http://schemas.microsoft.com/winfx/2006/xaml/presentation"
  xmlns:x="http://schemas.microsoft.com/winfx/2006/xaml"
  Width="400" Height="300">

  <Canvas x:Name="LayoutRoot" Background="White">

      <Rectangle Fill="Blue"
          Width="100"
```

```
                 Height="50" />
         <Rectangle Fill="Green"
                 Width="60"
                 Height="20"
                 Canvas.Top="80" />

     </Canvas>

</UserControl>
```

在上面的例子中，两个矩形均放置在 Canvas 中。第一个矩形将出现在左上角——由于 Canvas.Top 和 Canvas.Left 属性均省略了，因此默认为 0,0。第二个矩形将出现在 0,80 的位置，因为 Canvas.Left 被省略了，从而默认为 0。图 5-18 显示了所得到的结果。

图 5-18

因此，将元素添加到 Canvas 是非常容易的，仅仅需要设置相应的 Canvas.Left 和 Canvas.Top 属性即可。但是要记住，这些属性是指定相对于包含 Canvas 的坐标。当想在一个 Canvas 中嵌套另外一个 Canvas 时，这一点显得很重要。考虑下面的例子：

```
<UserControl x:Class="Chapter05.CanvasExample"
    xmlns="http://schemas.microsoft.com/winfx/2006/xaml/presentation"
    xmlns:x="http://schemas.microsoft.com/winfx/2006/xaml"
    Width="400" Height="300">

<Canvas x:Name="LayoutRoot" Background="White">

    <Rectangle Fill="Yellow"
        Canvas.Top="30"
        Canvas.Left="30"
```

```
            Height="10"
            Width="40"/>

     <Canvas Background="Green"
            Canvas.Top="100"
            Canvas.Left="30"
            Height="200"
            Width="200" >

            <Ellipse Canvas.Top="10"
              Canvas.Left="10"
              Fill="Blue"
              Height="30"
              Width="30" />

        </Canvas>

    </Canvas>

</UserControl>
```

可以看到，Canvas 元素可以像 Rectangle 元素或其他元素一样，作为子元素随意地放在某个父 Canvas 中。而被嵌套的 Canvas 对象声明中 Canvas.Top 和 Canvas.Left 属性，指的是其在父 Canvas 中的位置。但是要注意，最里面 Ellipse 对象所设置的 Canvas.Top 和 Canvas.Left 属性并不是相对于最外面的 Canvas，而是相对于直接包含它的 Canvas，即嵌套的 Canvas。放置在某个 Canvas 中的元素，总是相对于直接包含该元素的 Canvas 进行放置的。图 5-19 显示了所得到的结果。

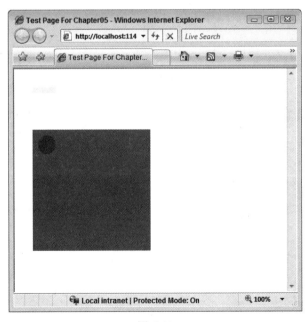

图 5-19

也可以在 Canvas 中随意交叠元素。下面的例子将 5 个矩形添加到 Canvas，并且每个均和前面的一个稍微交叠。注意，没有哪个 Rectangle 对象的 Canvas.ZIndex 属性进行了设置。

```
<UserControl x:Class="Chapter05.CanvasExample"
    xmlns="http://schemas.microsoft.com/winfx/2006/xaml/presentation"
    xmlns:x="http://schemas.microsoft.com/winfx/2006/xaml"
    Width="400" Height="300">

    <Canvas x:Name="LayoutRoot" Background="White">

        <Rectangle Canvas.Left="10"
            Canvas.Top="10"
            Width="100"
            Height="30"
            Fill="Red" />

        <Rectangle Canvas.Left="60"
            Canvas.Top="30"
            Width="100"
            Height="30"
            Fill="Yellow" />

        <Rectangle Canvas.Left="110"
            Canvas.Top="50"
            Width="100"
            Height="30"
            Fill="Green" />

        <Rectangle Canvas.Left="160"
            Canvas.Top="70"
            Width="100"
            Height="30"
            Fill="Blue" />

        <Rectangle Canvas.Left="210"
            Canvas.Top="90"
            Width="100"
            Height="30"
            Fill="Black" />

    </Canvas>

</UserControl>
```

该 XAML 的输出如图 5-20 所示。

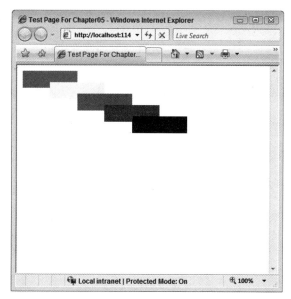

图 5-20

默认情况下，元素添加到 Canvas 控件的顺序就是它们交叠的顺序。本质上，元素将按堆栈放置，一个摞在另一个之上。如果该默认行为并不是想要的效果，那么可以利用 Canvas.ZIndex 附加属性，通过显式设置 Z 坐标来覆盖该行为。

```xml
<UserControl x:Class="Chapter05.CanvasExample"
    xmlns="http://schemas.microsoft.com/winfx/2006/xaml/presentation"
    xmlns:x="http://schemas.microsoft.com/winfx/2006/xaml"
    Width="400" Height="300">

    <Canvas x:Name="LayoutRoot" Background="White">

        <Rectangle Canvas.Left="10"
            Canvas.Top="10"
            Width="100"
            Height="30"
            Fill="Red" />

        <Rectangle Canvas.Left="60"
            Canvas.Top="30"
            Width="100"
            Height="30"
            Fill="Yellow" />

        <Rectangle Canvas.Left="110"
            Canvas.Top="50"
            Width="100"
            Height="30"
            Fill="Green"
            Canvas.ZIndex="1" />
```

```
<Rectangle Canvas.Left="160"
    Canvas.Top="70"
    Width="100"
    Height="30"
    Fill="Blue" />

<Rectangle Canvas.Left="210"
    Canvas.Top="90"
    Width="100"
    Height="30"
    Fill="Black" />

</Canvas>

</UserControl>
```

Canvas.ZIndex 属性越大的元素，将放置在越靠近前面的层次上。将第三个 Rectangle 对象的 Canvas.ZIndex 属性值改为 1，并把它放在没有指定该属性值的其他矩形顶部，如图 5-21 所示。

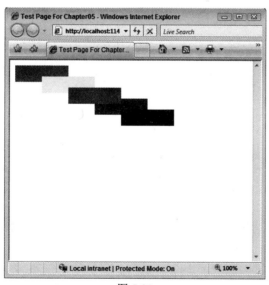

图 5-21

使用 Canvas 实施开发还有最后一点需要考虑。重要的是要记住，尽管设置了 Canvas 控件的 Height 和 Width 属性，但是最终将受限于由承载页面自身指定的 Height 和 Width 属性。因此，如果设置了某个元素将在距离 Canvas 右边 200 像素的地方显示，而承载页面设置 Silverlight 控件的 Width 为 100，那么元素将被放置在屏幕外面，因此该元素将不可见，下面的 ASP.NET Silverlight 控件显式地将 Height 和 Width 均设置为 100：

```
<html xmlns="http://www.w3.org/1999/xhtml" style="height:100%;">
<head runat="server">
    <title>Test Page For Chapter05</title>
```

```
</head>
<body style="height:100%;margin:0;">
    <form id="form1" runat="server" style="height:100%;">
        <asp:ScriptManager ID="ScriptManager1"
         runat="server"></asp:ScriptManager>
        <div style="height:100%;">
            <asp:Silverlight ID="Xaml1"
                                runat="server"
                                Source="~/ClientBin/Chapter05.xap"
                                MinimumVersion="2.0.30523"
                                Width="100"
                                Height="100" />
        </div>
    </form>
</body>
</html>
```

这将导致下面的 Rectangle 将在屏幕之外渲染，因为其 Canvas.Left 属性大于承载页面为 Silverlight 控件所提供的 Width 设置：

```
<UserControl x:Class="Chapter05.CanvasExample"
    xmlns="http://schemas.microsoft.com/winfx/2006/xaml/presentation"
    xmlns:x="http://schemas.microsoft.com/winfx/2006/xaml"
    Width="400" Height="300">

    <Canvas x:Name="LayoutRoot" Background="White">
      <Rectangle Canvas.Top="10"
          Canvas.Left="100"
          Height="20"
          Width="20"
          Fill="Blue" />

    </Canvas>

</UserControl>
```

② Grid

Grid 布局对象允许通过将 UI 中的元素排列成多个行和列来构建 UI。这类似于您已经比较熟悉的 TABLE HTML 元素。

考虑下面简单的例子，该例子定义了一个 2 行 2 列的 Grid：

```
<UserControl x:Class="Chapter05.GridExample"
    xmlns="http://schemas.microsoft.com/winfx/2006/xaml/presentation"
    xmlns:x="http://schemas.microsoft.com/winfx/2006/xaml"
    Width="400" Height="300">

    <Grid x:Name="LayoutRoot"
        Background="White"
        ShowGridLines="True">

    <Grid.ColumnDefinitions>
        <ColumnDefinition />
        <ColumnDefinition />
```

```
        </Grid.ColumnDefinitions>

        <Grid.RowDefinitions>
            <RowDefinition />
            <RowDefinition />
        </Grid.RowDefinitions>

        <TextBlock Grid.Column="0"
                Grid.Row="0"
                Text="0,0" />

        <TextBlock Grid.Column="0"
                Grid.Row="1"
                Text="0,1" />

        <TextBlock Grid.Column="1"
                Grid.Row="0"
                Text="1,0" />

        <TextBlock Grid.Column="1"
                Grid.Row="1"
                Text="1,1" />

    </Grid>

</UserControl>
```

这个例子中没有太多东西需要注意。首先，Grid 对象的 ShowGridLines 属性设置为 True。这将绘制出由行和列所创建的线来，因而可以很方便地看到所做改变的效果。

其次要注意，用于 Grid.ColumnDefinition 和 RowDefinition 元素中定义 Column 和 Row 对象数目的语法放置在 Grid.ColumnDefinitions 和 Grid.RowDefinitions 元素中。稍后将详细介绍。

最后，注意 4 个 TextBlock 对象如何利用 Grid.Column 和 Grid.Row 绑定属性被放置在它们各自的单元格内。

该输出结果如图 5-22 所示。

图 5-22

现在，由于没有提供相应的大小信息，默认行为是根据它们的大小平均地为它们分配空间。这很可能是不够的，因此要能够设定 Column 元素的 Width 属性和 Row 元素的 Height 属性，以精确调节 Grid 布局。如果您希望第 1 个 Column 为 30 像素宽、而第 2 个 Column 为 70 像素宽，那么需要使用如下的代码：

```
<Grid.ColumnDefinitions>
    <ColumnDefinition Width="30" />
    <ColumnDefinition Width="70" />
</Grid.ColumnDefinitions>
```

同样的语法可以应用到 RowDefinition 元素的 Height 属性。下面的标记将把第 1 个 Row 设置为 30 像素高、而第 2 个 Row 设置为 70 像素高：

```
<Grid.RowDefinitions>
    <RowDefinition Height="30" />
    <RowDefinition Height="70" />
</Grid.RowDefinitions>
```

图 5-23 显示了这些改变的最终结果。

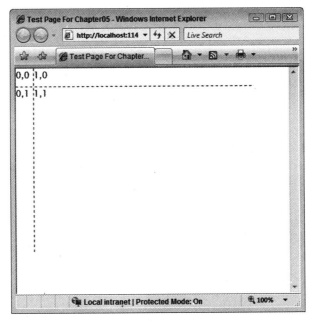

图 5-23

除了显式设置 Row 和 Column 元素的 Width 和 Height 以外，也可以通过设置 Auto 来命令它们自动定义其大小。这样将会导致完全基于单元格中的内容来改变其大小。实现该功能的标记如下所示：

```
<Grid.ColumnDefinitions>
    <ColumnDefinition Width="Auto"/>
    <ColumnDefinition Width="Auto"/>
</Grid.ColumnDefinitions>
```

```
<Grid.RowDefinitions>
   <RowDefinition Height="Auto"/>
   <RowDefinition Height="Auto"/>
</Grid.RowDefinitions>
```

最后，也许是最有用的，可以使用 Star 设定 Row 和 Column 元素的大小。Star 允许使用权重比来分配 Grid 对象中的可用空间。在实际中，这就意味着可以创建一个 Grid，该对象可以随着屏幕大小的改变而相应地改变其大小，因为其大小不是固定的(绝对的)。这也就允许 Grid 自动调整(在可以设定的范围内)到其内容大小的范围。下面这个例子将帮助理解这一点：

```
<UserControl x:Class="Chapter05.GridExample"
    xmlns="http://schemas.microsoft.com/winfx/2006/xaml/presentation"
    xmlns:x="http://schemas.microsoft.com/winfx/2006/xaml"
    Width="400" Height="400">

    <Grid x:Name="LayoutRoot"
        Background="LightBlue"
        ShowGridLines="True">

      <Grid.ColumnDefinitions>
         <ColumnDefinition Width="2*"/>
         <ColumnDefinition Width="*"/>
      </Grid.ColumnDefinitions>

      <Grid.RowDefinitions>
         <RowDefinition Height="2*"/>
         <RowDefinition Height="*"/>
      </Grid.RowDefinitions>

      <TextBlock Grid.Column="0"
                 Grid.Row="0"
                 Text="0,0" />

      <TextBlock Grid.Column="0"
                 Grid.Row="1"
                 Text="0,1" />

      <TextBlock Grid.Column="1"
                 Grid.Row="0"
                 Text="1,0" />

      <TextBlock Grid.Column="1"
                 Grid.Row="1"
                 Text="1,1" />

    </Grid>
```

```
</UserControl>
```

在本例中可以看到，Column Width 属性的值分别设置为 2*和*。这就意味着第 1 个 Column 将获取两倍的可用空间，而第 2 个 Column 则仅仅获得一倍的可用空间。对 Row 元素也设置了同样的比例，所得到的结果如图 5-24 所示。

在需要 Grid 改变其大小以重新排列其中的内容时，该方法的优势显得非常明显。为了实现这一点，插件的大小在 Width 和 Height 中设置为 100%，XAML 文件中容器控件的 Width 和 Height 均需要忽略。这些步骤将保证内容将总是扩张，以充满为插件所提供的可用空间。

```
<div style="height:100%;">
    <asp:Silverlight ID="Xaml1"
                     runat="server"
                     Source="~/ClientBin/Chapter05.xap"
                     MinimumVersion="2.0.30523"
                     Width="100%"
                     Height="100%" />
</div>
```

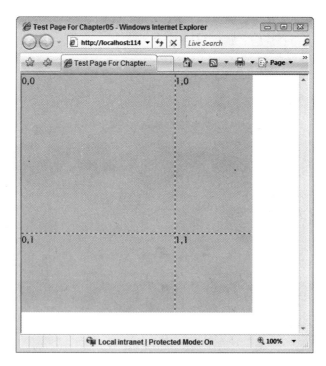

图 5-24

通过这样做，可以看到当浏览器窗口改变时，Grid 及其内容将根据赋予 Column 和 Row 定义的权重比来调整其大小。图 5-25 演示了这一点。

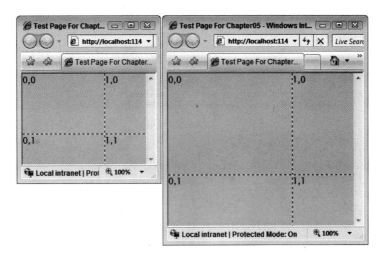

图 5-25

还可以通过设置 Column Width 和 Row Height 的最大值和最小值来进一步调整该行为——实际上是提供了 Column 和 Row 大小可以改变的一个范围。下面的 XAML 展示了这一点:

```
<Grid.ColumnDefinitions>
    <ColumnDefinition Width="2*"/>
    <ColumnDefinition Width="*" MinWidth="30"/>
</Grid.ColumnDefinitions>

<Grid.RowDefinitions>
    <RowDefinition Height="2*" MaxHeight="400"/>
    <RowDefinition Height="*"/>
</Grid.RowDefinitions>
```

该技术允许创建可伸缩的 UI,并且在浏览器窗口大小改变时不会进行无用的渲染。

现在,将注意力转到放置在 Grid 自身内部的控件。除了使用附加属性来定义元素将处于哪个 Row 和 Column 以外,还有两个其他属性允许控件跨越多个 Column 和 Row 元素,这两个属性分别为 Grid.ColumnSpan 和 Grid.RowSpan 附加属性。这些属性将设定为一个数字,从而指定允许它们跨越多少行或列。考虑下面的例子,其中前面例子中的第 1 个 TextBlock 被设置为跨越两列:

```
<TextBlock Grid.Column="0"
           Grid.Row="0"
           Grid.ColumnSpan="2"
           Text="This text will span more than one column" />
```

图 5-26 显示了这些改变对 UI 的影响。

图 5-26

### ③ StackPanel

正如其名称所示，StackPanel 所支持的是堆栈元素，或者是在其中水平堆栈、或者是垂直堆栈(默认为垂直状态)。元素定位是相对于堆栈中的前一个元素进行定位的，因此不必自己关心是怎么定位的。下面的例子显示了垂直堆栈四个元素的情况：

```xml
<UserControl x:Class="Chapter05.StackPanelExample"
    xmlns="http://schemas.microsoft.com/winfx/2006/xaml/presentation"
    xmlns:x="http://schemas.microsoft.com/winfx/2006/xaml">

    <StackPanel x:Name="LayoutRoot" Background="White">
        <TextBlock Text="Item 1" />
        <Button Content="Item 2" />
        <Ellipse Fill="Blue"
                 Height="20"
                 Width="30" />
        <TextBox Text="Item 4" />
    </StackPanel>

</UserControl>
```

图 5-27 显示了该 XAML 的输出。为了将项目的堆栈方式改为水平堆放而不是垂直堆放，可以将 StackPanel.Orientation 属性设置为 Horizontal。

图 5-27

```
<StackPanel x:Name="LayoutRoot"
            Background="White"
            Orientation="Horizontal">

    <TextBlock Text="Item 1" />
    <Button Content="Item 2" />
    <Ellipse Fill="Blue"
             Height="20"
             Width="30" />
    <TextBox Text="Item 4" />

</StackPanel>
```

该文件将如图 5-28 所示渲染 UI。

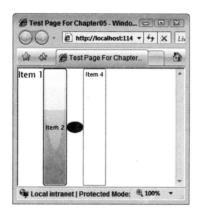

图 5-28

每个在 StackPanel 中堆放的控件，均可以通过其 HorizontalAlignment 和 Vertical-Alignment 属性来设置自己的对齐方式。这些并不会对堆放顺序和方向有什么影响，影响的仅仅是单个控件将如何放置在它所分配的堆栈槽内。

④ Margin

在讨论 TabControl 控件和相应的 TabPanel 对象之前，有必要讨论一下单个元素的 Margin 属性如何影响它们在布局控件中的放置。为了精确地在布局控件中定位一个元素，除了前面已经看到的技术以外，还可以使用 FrameworkElement 基类提供的 HorizontalAlignment、VerticalAlignment 和 Margin 属性。Margin 属性需要进一步的讨论，因为它不仅仅是提供唯一值的问题。

Margin 接受一个 System.Windows.Thickness 类型的值，并用于指定它所设置对象和布局中周围对象之间的空间大小。默认情况下，该值设置为 0；但是只有少数情况下，要求 UI 中所有的对象都以这种方法紧紧包在一起。

有很多种方式可以指定 Margin 的大小，可以统一地设置元素的各个边，也可以单独地为各个不同的边设置不同的 Margin 大小。

下面的例子演示了这个概念：

```xml
<UserControl x:Class="Chapter05.MarginExample"
    xmlns="http://schemas.microsoft.com/winfx/2006/xaml/presentation"
    xmlns:x="http://schemas.microsoft.com/winfx/2006/xaml"
    Width="400" Height="300">

    <StackPanel x:Name="LayoutRoot" Background="LightBlue">

        <!-- Uniform Margin of 30 pixels all the way around -->
        <Button Content="Click Me"
                Margin="30" />

        <!-- Left + Right margin = 20, top + bottom margin = 30 -->
        <TextBox Text="Some Text"
                Margin="20, 30" />

        <!-- left, right, top, bottom values -->
        <TextBlock Text="More Text"
                    Margin="10, 10, 5, 5" />

    </StackPanel>

</UserControl>
```

StackPanel 中的三个元素分别用不同的方式设定了它们的 Margin 属性。第一个元素为其周围各边均设置了统一的 Margin，为 30 像素。第二个元素设置了左右共享的 20 个像素的 Margin，因此每边为 10。而上下共享 30 像素，因此每边为 15。最后，在第三个元素中，每边(左、右、上、下)均显式设置了其 Margin 的大小。

关于 Margin 设置有重要的一点需要考虑，即其作用的累加性。如果有两个互相临近的元素，并且每个均有 10 像素的 Margin，那么这两个元素之间总的空间将是 20。

正如您所想象的一样，结合布局控件中的边距和对齐设置，可以精确地控制元素在 UI 中的位置。

⑤ TabControl

TabControl 对象组织复杂 UI 的方式为：将复杂 UI 分解成相关的组，并将分组的元素放置在含有 TabControl 内的任意数量 TabItem 对象中。

对于每个放置在 TabControl 中的 TabItem，可以通过其 Content 属性来添加 UI 元素，因此通常在 Content 属性中直接创建布局控件来简化单个 TabItem 元素的布局。正如从前面的语句所推断的一样，TabItem 自身并不是布局控件。每个 TabControl 控件只有唯一的 TabPanel 对象可以作为布局容器，也正是该容器真正控制其中的 TabItems 将如何显示。

下面的 C#代码显示了如何通过编程的方式创建 TabControl，并在其中放置两个 TabItem 控件，并且每个控件均将其 Content 属性设置为在其顶部有一个布局控件的 UI 树。(我认为您现在再看到 XAML 应该会觉得比较烦。)

```csharp
using System;
using System.Collections.Generic;
using System.Linq;
```

```csharp
using System.Net;
using System.Windows;
using System.Windows.Controls;
using System.Windows.Documents;
using System.Windows.Input;
using System.Windows.Media;
using System.Windows.Media.Animation;
using System.Windows.Shapes;
using System.Windows.Controls.Primitives;

namespace Chapter05
{
    public partial class TabControlExample : UserControl
    {
        public TabControlExample()
        {
            InitializeComponent();

            //instantiate the TabControl
            TabControl tabControl = new TabControl();

            //Add the first tab, and populate it with
            //a Grid containing a TextBlock
            TabItem tab1 = new TabItem();
            tab1.Header = "Tab 1";
            TextBlock textblock1 = new TextBlock();
            textblock1.Text = "Text Block 1";
            Grid grid = new Grid();
            grid.Children.Add(textblock1);
            tab1.Content = grid;

            //Add this TabItem to the TabControl
            tabControl.Items.Add(tab1);

            //Add the second tab, and populate it with
            //a StackPanel containing a Button
            TabItem tab2 = new TabItem();
            tab2.Header = "Tab 2";
            Button button1 = new Button();
            button1.Content = "Click Me!";
            StackPanel stackPanel = new StackPanel();
            stackPanel.Children.Add(button1);
            tab2.Content = stackPanel;

            //Add this TabItem to the TabControl
            tabControl.Items.Add(tab2);

            //Add the TabControl to the UI
            LayoutRoot.Children.Add(tabControl);
        }
```

```
        }
    }
```

图 5-29 显示了选中第二个选项卡时所得到的 UI。

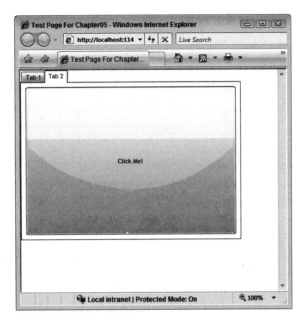

图 5-29

### 5.2.3　全屏显示支持

Silverlight 插件可以支持两种显示模式。内嵌模式是默认模式,并且相对容易处理。全屏模式比较复杂,因此在本节将进行比较详细的介绍。

#### 1. 内嵌模式

在内嵌模式中,插件总是包含在承载浏览器窗口中。而且在该模式下,插件的定位以及大小设定均由包含 DIV 标签完成。该模式是 Silverlight 应用程序的默认显示模式,可以应用到大多数常用的场景。

#### 2. 全屏显示模式

有时候,可能并不希望在限定的浏览器窗口内显示应用程序,如信息亭(kiosk)应用程序以及游戏就是两个这方面的好例子。这些环境可以将显示模式切换到全屏模式。在该模式下,应用程序将放置在所有其他的应用程序(含浏览器)之上,并且自动调整其大小以适应显示器当前的分辨率。

由于该功能的侵略性本质——它将占据整个桌面,因此它不能仅仅通过在代码的某个地方来激活。想象一下,如果某个欠考虑的开发人员迫使 Silverlight 应用程序在页面的 Loaded 事件中全屏显示会有什么效果?这样对于浏览承载该应用程序的页面的用户而言是非常难受的。

相反，它只能通过某些特定的、用户发起的相应动作来激活，如 MouseLeftButtonDown、MouseLeftButtonUp、KeyDown 和 KeyUp，这样就可以防止 Silverlight 应用程序强制性地占有整个桌面。

为了在内嵌模式和全屏模式下切换，需要设置 Application.Current.Host. Content.IsFullScreen 属性，全屏模式下该属性设置为 true，内嵌模式下该属性设置为 false。

下面的例子展示了该行为的作用，并同时演示了该技术的一些微妙之处。该源代码可以在第 5 章的源代码目录下找到。

首先，需要创建一个在内嵌模式或者全屏模式下显示的 XAML 页面。出于本例的目的，下面的 XAML 文件仅仅创建一个按钮，当单击该按钮时页面将在全屏模式和内嵌模式之间切换：

```xml
<UserControl x:Class="Chapter05.FullScreenExample"
  xmlns="http://schemas.microsoft.com/winfx/2006/xaml/presentation"
  xmlns:x="http://schemas.microsoft.com/winfx/2006/xaml">

  <Grid x:Name="LayoutRoot" Background="White">
    <Button Content="Toggle Full Screen Mode"
            Click="Button_Click" />
  </Grid>

</UserControl>
```

注意，事件处理器已经包装在 Button 对象上。下面的隐藏代码显示了该 Button 处理器方法如何在这两种模式之间切换：

```csharp
using System;
using System.Collections.Generic;
using System.Linq;
using System.Net;
using System.Windows;
using System.Windows.Controls;
using System.Windows.Documents;
using System.Windows.Input;
using System.Windows.Media;
using System.Windows.Media.Animation;
using System.Windows.Shapes;

namespace Chapter05
{
    public partial class FullScreenExample : UserControl
    {
        public FullScreenExample()
        {
            InitializeComponent();
        }

        private void Button_Click(object sender, RoutedEventArgs e)
        {
```

```
        Application.Current.Host.Content.IsFullScreen =
            !Application.Current.Host.Content.IsFullScreen;
    }
  }
}
```

当首次运行该页面时，将看到应用程序正常地承载在浏览器中(如图 5-30)。但是，试试单击 Button，那么如图 5-31 所示的屏幕将显示。

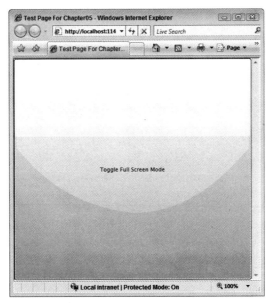

图 5-30

图 5-31

一旦进入全屏模式，请注意临时出现的"Press Esc to exit full-screen mode"指令。该指令在全屏显示并非有意或者不需要时为所有的用户提供了取消该行为的信息。除了在Windows 和 Macintoch 系统中按 Esc 键可以退出全屏外，在 Windows 系统中还可以使用Alt+F4 键返回内嵌模式。

如果应用程序失去焦点，那么该应用程序将自动从全屏模式切回到内嵌模式。但是在它已经占据了整个桌面的情况下，它怎样才能丢失焦点呢？在多显示器的设置中，仅仅简单地在不同显示器中选择另外一个应用程序即可，或者在 Windows 系统中利用 Alt+Tab 键在正在运行的应用程序之间切换。

当应用程序处于全屏模式时，Application.Current.Host.Content.ActualWidth 和 Application.Current.Host.Content.ActualHeight 属性可以用来确定屏幕的大小。这种功能在需要时用来缩放控件非常有用。当进入全屏模式时，插件的 Width 和 Height 属性不会发生变化。

为了演示该属性的作用，可以将一个用于显示屏幕大小的 TextBlock 添加到页面：

```
<Grid x:Name="LayoutRoot" Background="White">
    <Grid.RowDefinitions>
        <RowDefinition />
        <RowDefinition />
    </Grid.RowDefinitions>

    <Button Content="Toggle Full Screen Mode"
            Click="Button_Click"
            Grid.Row="0"/>
    <TextBlock Grid.Row="1"
        x:Name="information" />

</Grid>
```

可以利用 Application.Current.Host.Content.FullScreenChanged 事件将当前的屏幕大小写到这个 TextBlock：

```
using System;
using System.Collections.Generic;
using System.Linq;
using System.Net;
using System.Windows;
using System.Windows.Controls;
using System.Windows.Documents;
using System.Windows.Input;
using System.Windows.Media;
using System.Windows.Media.Animation;
using System.Windows.Shapes;

namespace Chapter05
{
    public partial class FullScreenExample : UserControl
```

```
    {
        public FullScreenExample()
        {
            InitializeComponent();
            this.DisplayBrowserSize();
            Application.Current.Host.Content.FullScreenChanged +=
                new EventHandler(Content_FullScreenChanged);
        }

        void Content_FullScreenChanged(object sender, EventArgs e)
        {
            this.DisplayBrowserSize();
        }

        private void DisplayBrowserSize()
        {
            information.Text = String.Format("Width: {0}, Height {1},
                            ActualWidth {2}, ActualHeight {3}",
                this.Width,
                this.Height,
                Application.Current.Host.Content.ActualWidth,
                Application.Current.Host.Content.ActualHeight);
        }

        private void Button_Click(object sender, RoutedEventArgs e)
        {
            Application.Current.Host.Content.IsFullScreen =
                !Application.Current.Host.Content.IsFullScreen;
        }
    }
}
```

　　注意 FullScreenChange 事件是如何包装在 Page_Loaded 处理器中的，并且代码中添加了一个私有方法——DisplayBrowserSize()。该方法将 UserControl.Height、UserControl.Width、Application.Current.Host.Content.ActualHeight 和 Application.Current.Host.Content.ActualWidth 属性的值写到了 XAML 中名称为 TextBlock 的信息中。

　　现在，试着运行应用程序。首先 Width 和 Height 标准属性将是正确的(如果这些属性没有显式设置，那么可能值为 NaN)，并且 ActualWidth 和 ActualHeight 也将是恰当的值。

　　但是一旦切回到全屏模式，Width 和 Height 保持不变，但是 ActualWidth 和 ActualHeight 将显示真实的浏览器大小(如图 5-32 所示)。

　　如果使用绝对的大小来组织 UI(也就是说使用 Canvas)，并且希望该 UI 可以在进入全屏模式时扩大，那么可以使用一个快速的技巧来完成该任务。考虑下面的 UI，一个 Button 和一个 TextBox 定位在 Canvas 中：

```
<UserControl x:Class="Chapter05.ScaleUpExample"
    xmlns="http://schemas.microsoft.com/winfx/2006/xaml/presentation"
```

```
        xmlns:x="http://schemas.microsoft.com/winfx/2006/xaml"
        Width="400" Height="300">
        <Canvas x:Name="LayoutRoot" Background="White">

          <Button Canvas.Left="20"
                  Canvas.Top="20"
                  Content="Toggle Full Screen"
                  Click="Button_Click" />

          <TextBlock Canvas.Left="20"
                     Canvas.Top="60"
                       Text="Some Text" />
        </Canvas>

</UserControl>
```

图 5-32

现在，当单击 Button 时，屏幕将放大，并进入全屏模式，但是 Canvas 及其内容将保持同样的大小，这样看起来非常奇怪，并且全屏的大部分空间为空白。因此，应用程序最可能需要的就是知道正处于全屏模式，并相应地扩大其 UI。为了实现这一点，可以充分利用以下代码样本所示的 ScaleTransform 类。关于该主题的更多内容，请查阅第 14 章。

```
using System;
using System.Collections.Generic;
using System.Linq;
using System.Net;
using System.Windows;
using System.Windows.Controls;
using System.Windows.Documents;
using System.Windows.Input;
```

```
using System.Windows.Media;
using System.Windows.Media.Animation;
using System.Windows.Shapes;

namespace Chapter05
{
    public partial class ScaleUpExample : UserControl
    {
        public ScaleUpExample()
        {
            InitializeComponent();
            Application.Current.Host.Content.FullScreenChanged +=
                new EventHandler(Content_FullScreenChanged);
        }

        void Content_FullScreenChanged(object sender, EventArgs e)
        {
            //if full screen, scale UI
            if (Application.Current.Host.Content.IsFullScreen)
            {
                double scaleX =
                    Application.Current.Host.Content.ActualHeight/
                    this.Height;
                double scaleY =
                    Application.Current.Host.Content.ActualWidth/
                    this.Width;
                ScaleTransform transformUI = new ScaleTransform();
                transformUI.ScaleX = scaleY;
                transformUI.ScaleY = scaleX;
                this.RenderTransform = transformUI;
            }
            else
            {
                this.RenderTransform = null;
            }
        }

        private void Button_Click(object sender, RoutedEventArgs e)
        {
            Application.Current.Host.Content.IsFullScreen =
                !Application.Current.Host.Content.IsFullScreen;
        }
    }
}
```

图 5-33 和图 5-34 显示了在全屏模式下伸缩 UI 和在全屏模式下不伸缩 UI 之间的差别。但是，仅仅需要在不允许改变 UI 大小的情况下(比如在 Grid 控件中)使用该方法。

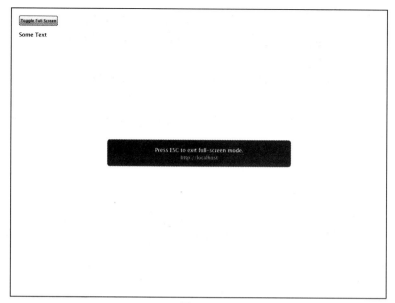

图 5-33

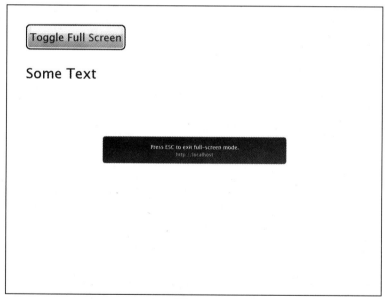

图 5-34

## 5.2.4 本地化

本地化(Localization)是让应用程序在运行时根据当前用户的地区设置来改变其文本的表示的行为。这就意味着，使用德语的用户打开该应用程序的话，那么应用程序中的文本将是完全用德语写的，而法语用户则是用法语来查看该应用程序，等等。

本地化 Silverlight 应用程序涉及到创建资源文件，为每个想支持的地区创建一个资源，并且在资源文件中填入用相应语言表示的应用程序中存在的字符串内容，并且通过关键字来对其进行区分。这些资源文件需要利用特定的格式进行命名，该格式中包括文件所包含的语言源的地区相关代码。例如，德语的地区代码是 de，因此该资源文件的名称将用格式 FileName.de.resx 命名。如果在语言中存在地区差异(美国英语和英国英语)，那么该格式将分别为 en-GB 和 en-US。

需要了解的关键一点是，应用程序中通常使用硬编码的所有文本都需要剥离出来，并独立成一个特定地区的资源文件，从而为需要导入和使用时做准备。

打开第 5 章源代码目录中的 SilverlightLocalizationExample 解决方案。在该 Silverlight 项目中，将注意到在该项目中创建了两个资源文件：一个名为 LocalizedStrings.de.resx，包含所有的德语资源；一个为 LocalizedStrings.resx 包含所有的默认依靠资源，在本例中为英语文本。图 5-35 显示了该项目的完整结构。

图 5-35

如果打开这两个资源文件中的一个，将注意到这两个文件均包含了两个条目，分别名为 TextBlock1 和 TextBlock2。这些均是用于获取元素相应值的唯一名称。注意，这些值在所有的依靠文件中是英语，而在德语资源文件中则是德语。

如果仔细看看 Page.XAML 的内容，将看到如下的标记：

```
<UserControl x:Class="SilverlightLocalizationExample.Page"
    xmlns="http://schemas.microsoft.com/winfx/2006/xaml/presentation"
    xmlns:x="http://schemas.microsoft.com/winfx/2006/xaml"
    xmlns:Localized="clr-namespace:SilverlightLocalizationExample.Resour
    ces"
Width="400" Height="300">

<UserControl.Resources>
    <Localized:LocalizedStrings x:Name="LocalizedStrings" />
</UserControl.Resources>

<StackPanel x:Name="LayoutRoot" Background="LightBlue">
```

```
        <TextBlock Text="{Binding TextBlock1,
            Source={StaticResource LocalizedStrings}}" />

        <TextBlock Text="{Binding TextBlock2,
            Source={StaticResource LocalizedStrings}}" />

    </StackPanel>

</UserControl>
```

第一件有趣的事情是，我们在顶层元素 UserControl 的定义中设定了一个新的名称空间，从而将支持资源文件的类包含在文件范围内：

```
xmlns:Localized="clr-namespace:SilverlightLocalizationExample.Resources"
```

接下来，将看到在 UserControl 的 Resources 节中放置了一个 LocalizedStrings 对象实例，以备将来使用。

最后，StackPanel 中的两个 TextBlock 控件均拥有它们自己的 Text 属性。这些属性将通过特殊的 StaticResource 绑定语法，绑定到资源文件中相关的名称/值对。

现在，如果打开 App.xaml.cs，将看到类的构造函数中添加了一些代码，以手动迫使应用程序以德语作为其 CurrentUICulture。这样，您可以测试一下该系统是否可以由德语用户使用，并且也可以将此代码注释掉以测试英语界面。

```
using System;
using System.Collections.Generic;
using System.Linq;
using System.Net;
using System.Windows;
using System.Windows.Controls;
using System.Windows.Documents;
using System.Windows.Input;
using System.Windows.Media;
using System.Windows.Media.Animation;
using System.Windows.Shapes;

namespace SilverlightLocalizationExample
{
    public partial class App : Application
    {

        public App()
        {
            System.Threading.Thread.CurrentThread.CurrentUICulture =
                new System.Globalization.CultureInfo("de");
```

```
            this.Startup += this.Application_Startup;
            this.Exit += this.Application_Exit;
            this.UnhandledException += this.Application_UnhandledException;

            InitializeComponent();
        }

    private void Application_Startup(object sender, StartupEventArgs e)
    {
        this.RootVisual = new Page();
    }

    private void Application_Exit(object sender, EventArgs e)
    {

    }
    private void Application_UnhandledException(object sender,
    ApplicationUnhandledExceptionEventArgs e)
    {
        if (!System.Diagnostics.Debugger.IsAttached)
        {

            e.Handled = true;

            try
            {
                string errorMsg = e.ExceptionObject.Message +
    e.ExceptionObject.StackTrace;
                errorMsg = errorMsg.Replace( '" ', '\' ' ).Replace("\r\n",
                @"\n");

                System.Windows.Browser.HtmlPage.Window.Eval("throw new
                    Error(\"Unhandled Error in Silverlight 2 Application "
                    + errorMsg + "\");");
            }
            catch (Exception)
            {
            }
        }
    }
    }
}
```

编译并运行该应用程序——将看到如图 5-36 所示的界面。

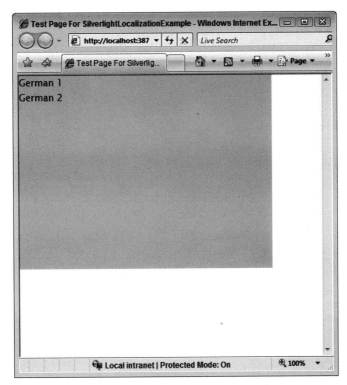

图 5-36

现在注释掉将 CurrentUICulture 设置为德语的那一行代码，并在此编译和运行该应用程序。要注意，现在该文本是如何从默认的资源文件中获取的，该资源为默认的英文。可以以这种方式创建相应的资源文件，并将其添加到应用程序中，从而可以基于用户设置自动地加载和使用这些文件。

如果准备使用该技术，那么需要查看一下 Silverlight 项目的构造前事件(它包含了相应的代码将资源 DLL 移到正确的目录)，并还需要查看一下 csproj 文件，因为该文件包含了 <SupportedCultures>元素。必须确保该元素包含了 Silverlight 应用程序将要支持的所有地区的列表。

## 5.3　小结

本章介绍了新的 Microsoft Expression Suite 设计包的能力，重点介绍了 Expression Blend。Blend 和 Visual Studio 之间的紧密结合，可以帮助平滑设计人员和开发人员之间的边界，并第一次为这两个领域之间提供了无缝的开发环境。

本章接着讨论了 Blend 的高级设计时能力如何支持快速地构建复杂的 UI，而不需要手动编写一行 XAML，从而提供了比 Visual Studio 更简洁的优点。Visual Studio 只是为简单的 XAML 创建提供了设计时支持。

　　然后本章介绍了在 Silverlight 应用程序中可用的布局方法，并和熟悉的 ASP.NET 中的布局方法进行对比。这两者之间的差别不很大，并且如果使用 Grid 或者 StackPanel 的话，在 Silverlight 中构建可伸缩的 UI 将不是什么难事。

　　然后，本章详细分析了在 Silverlight 中首次发行的各种布局控件或者容器，并探讨了选择一个而不是另外一个的原因。

　　最后，本章给出了本地化应用程序的相关步骤，从而允许功能丰富的、迷人的应用程序可以和多种语言文化进行交互。

　　下一章将详细分析 Silverlight 2 中的各个控件。

# 第 **6** 章

# Silverlight 控件

当今的 Web 开发框架和桌面开发框架，均为使用内置控件捕获和显示数据提供了强有力的支持。ASP.NET 是这类框架中的典型例子。ASP.NET 提供了丰富的控件集以实现不同的功能，如：利用 TextBox 和 Button 控件可以捕获终端用户的输入，利用 GridView 或 DetailsView 控件可以显示多种格式的数据，利用 SqlDataSource 和 XmlDataSource 控件可以查询数据库并解析 XML 文件，甚至可以利用 AdRotator 控件来显示广告。不言而喻，使用控件使得可以为应用程序编写最少的自定义代码，从而提高整体的效率。

当 Silverlight 1 发布时，它提供了一个可靠的框架来建立动画对象并显示媒体，但是仅仅包含了很少的控件以显示数据。它提供了诸如 TextBlock 之类的控件以用于显示文本，并提供了 Canvas 之类的控件以用于排列在某个用户界面上的文本。Silverlight 1 并未提供任何控件以用于显示条目列表，也没有相应的控件以用于捕获用户输入或者执行更高级的布局功能。这就导致了需要一些比较聪明的修补和编码技术来填补这个空白。

Silverlight 2 提供了可靠的控件集。该控件集可以用于捕获和显示数据，显示媒体文件，提供灵活的布局选项，显示日历，甚至是缩放图像。Silverlight 2 所提供的控件与其他框架(如 ASP.NET)中的控件有很大的区别，因为它们处于用户界面上，因此在控件的外观和大小上都有很大的灵活性。Silverlight 2 中的控件可以加上动画、赋予样式并进行转换，所有这些在其他框架中都不可能实现。想象一下：当用户输入某个不符合规则的数据时，某个TextBox 变得比较大或者发生颤动会是什么样的感觉；又或者在某个搜索执行过程中，一个动态网格中的行不断地从上往下增加又会是什么样的感觉。尽管这类功能可能在用Silverlight 2 创建应用程序时被扼杀了，但是如果使用它的话，那么显示和使用控件的创造性方式将没有任何限制。

本章将介绍 Silverlight 2 中的一些控件，并且演示这些控件如何在 XAML 中定义以及如何通过代码访问。本章还将演示和讨论 Silverlight Toolkit 中的一些示例控件。后续章节将讨论 Silverlight 控件的不同方面，包括为其加上样式、进行自定义、转换，甚至是加上动画。

## 6.1 Silverlight 控件简介

Silverlight 2 提供了 25 个以上的控件。这些控件分成了 4 个大类，包括用户输入控件、布局控件(参见第 5 章)、条目控件以及媒体控件。图 6-1 显示了在 Visual Studio Toolbox 中显示的这些控件。

图 6-1

用户输入控件包含了在许多其他框架中均可以找到的常用控件，如 TextBox、Button 和 CheckBox，以及一些非标准控件，如 ToggleButton 和 RepeatButton；布局控件包括 Canvas、Border、Grid 以及 StackPanel；而条目控件(用来显示条目集合的控件)则包含 DataGrid、ListBox 和 ComboBox；最后，媒体控件包括 MediaElement、Image 和 MultiScaleImage；此外还包括一些其他的支持控件，如 GridViewSplitter 和 ScrollViewer。

Silverlight 2 中的所有控件均可以在 XAML 中以声明方式定义，也可以像 ASP.NET 控件一样在代码中动态定义。实际上，如果您拥有 ASP.NET 或者 WPF 背景，将会发现在 XAML 中定义控件的概念非常直接。如果对声明式定义控件的概念感到陌生的话，那么在了解这些基础之后，您也会觉得它非常简单。

### 6.1.1 在 XAML 中定义控件

第 3 章已经简单介绍了可扩展应用标记语言(XAML)，并展示了在 XAML 中如何定义 XML 元素和属性。如果曾经在 ASP.NET Web 表单中定义过控件，那么您将很快发现，XAML

对语法问题非常讲究。在 XAML 中定义控件时，有三点需要牢记。第一点，XAML 是区分大小写的，因此需要正确地书写控件名和相应属性名中的大小写，这一点比较重要。Visual Studio 允许您从工具箱中拖拉控件，因此在很多情况下，可以避免手动在 XAML 文件中输入控件。第二，属性值必须用引号括起来。ASP.NET 并没有这个要求(尽管在定义控件时也用引号括起来了)，而且没用引号括起属性值也可以。最后一点，起始标签必须要有对应的结束标签。如果忘记了结束标签，那么在编译该代码时将会遇到问题。

当某个特定控件没有定义相应内容时，可以使用简短的结束标签。通过在相应的地方使用简短标签，可以使输入减到最小，因而也可以减小 XAML 文件的大小。下面是一个 TextBox 控件的简短结束标签的例子。注意，在此不需要使用结束标签</TextBlock>，因为该控件在起始和结束标签之内没有内容，而仅仅定义了属性。

```
<TextBlock x:Name="tbName" Text="Name: " />
```

在脑子里有了这些规则以后，就能理解下面利用 XAML 在 UserControl 中定义了一个 Grid 控件的例子：

```
<UserControl x:Class="SilverlightApplication1.Page"
    xmlns="http://schemas.microsoft.com/winfx/2006/xaml/presentation"
    xmlns:x="http://schemas.microsoft.com/winfx/2006/xaml"
    Width="400" Height="300">

    <Grid x:Name="LayoutRoot" Background="White">

    </Grid>

</UserControl>
```

查看该代码，将注意到该控件定义了一个 Name 属性，该属性具有 x 名称空间前缀，并将 Background 设置为 White。x 前缀是在 UserControl 元素中定义的，指向了唯一确定的统一资源标识符(Uniform Resource Identifier，URI)，其值为 http://schemas.microsoft.com/winfx/2006/xaml。当您在定义一个可能需要通过代码访问的控件名时，应该使用 x:Name 而不是 id。和 ASP.NET 控件一样，在某个 XAML 文件中所有控件的控件名都必须是唯一的，只能以字母或者下划线开始，并且只能包含字母、数字和下划线。

> 派生自 FrameworkElement 的 Silverlight 控件均提供了 Name 属性，该属性为设置 XAML 中定义的 x:Name 属性提供了一种方便的方法。您可以在 XAML 中使用 x:Name 或 Name 来定义某个控件的名称。

除了在 Grid 元素中定义的属性以外，您还将看到 Grid 控件元素的起始标签具有相应的结束标签，并且两个元素的大小写完全匹配。标签的不匹配或者大小写控制得不正确，都会在试图构建应用程序时产生错误。

### 6.1.2 以声明的方式处理控件事件

事件是.NET Framework 和 Silverlight 的一个关键部分。通过将事件和事件处理器相连，在用户执行一个动作时(如单击一个按钮、改变用户界面的大小，或者将鼠标移入或移出某个对象，等等)，您将获得通知。幸运的是，在很多情况下，构建 ASP.NET 事件的语法也可以应用于 Silverlight。

ASP.NET 允许事件以声明的方式或者通过代码连接到事件处理器。例如，为了将一个 Button 控件的 Click 事件绑定到某个事件处理器，可以将 OnClick 属性添加到该 Button 控件：

```
<asp:Button id="btnSubmit" runat="Server" OnClick="btnSubmit_Click"
Text="Go" />
```

然后，可以在代码文件中定义 btnSubmit_Click 事件处理器：

```
private void btnSubmit_Click(object sender,EventArgs e)
{
        //Handle event here
}
```

Silverlight 为定义控件事件提供了类似的声明式机制。每个 Silverlight 控件均有一个派生自某个基类的核心事件集以及控件自身所特有的额外事件。例如，Silverlight 的 Button 控件提供了多个派生自 UIElement 的事件，如 Loaded、MouseEnter 和 MouseLeave，以及一个派生自基类 ButtonBase 的 Click 事件。

将 Silverlight 控件的事件和事件处理器相连也可以在 XAML 中以声明方式完成。下面是将 Button 控件的 Click 事件绑定到一个事件处理器的例子。

```
<Button x:Name="btnSubmit" Content="Go" Click="btnSubmit_Click" />
```

分析 Click 事件的定义，将注意到在 Silverlight 中并未像在 ASP.NET 中一样使用 OnClick。相反，事件的名称直接添加到了 XAML 元素中，而没有带"On"前缀。

在某个 XAML 文件中输入一个事件名时，Visual Studio IntelliSense 将让您选择是否自动在代码文件中生成相应的事件处理器。如果在 IntelliSense 提示中选择 New Event Handler，那么新的事件处理器代码将被创建。Visual Studio 也支持通过在 XAML 文件中右击事件名，并从菜单中选择 Navigate to Event Handler 来直接浏览事件处理器代码。

在 XAML 中定义的某个控件可以添加多个事件。例如，为了了解用户何时将鼠标移过一个 Button 控件(此时想对控件设置动画或者执行其他动作)，可以在处理 Click 事件的同时使用 MouserEnter 事件。下面是在一个 Button 控件中同时定义了 MouseEnter 和 Click 事件的例子：

```
<Button x:Name="btnSubmit" Content="Go" Click="btnSubmit_Click"
MouseEnter="btnSubmit_MouseEnter" />
```

正如前面所提到的，在 XAML 中定义事件时，Visual Studio IntelliSense 将显示一个选项以自动在代码文件中添加事件处理器。但是，所生成的代码和您过去使用 ASP.NET 页面所看到的代码有所差别。XAML 中为 Button 控件所引用的 btnSubmit_Click 事件处理器所接受的参数类型，和.NET 中所使用的标准 EventArgs 类型不同。它接受一个 RoutedEventArgs 类型参数作为第二个参数，如下所示：

```
private void btnSubmit_Click(object sender, RoutedEventArgs e)
{
    //Handle event
}
```

Button 控件的 Click 事件是路由事件(通常由鼠标或键盘触发的事件，可以向上冒泡到其父控件)，因此传递给事件处理器的参数是 RoutedEventArgs 类型而不是 EventArgs 类型。集体用于创建 Button 控件的子控件可以产生事件——当用户与其交互时——这些事件可向上路由到 Button 控件并被处理。

为什么 Silverlight 要用 RoutedEventArgs 类型替换 EventArgs 类型呢？而路由事件又是什么呢？为了回答这些问题，简单地讨论一下控件树是有必要的。Silverlight 依赖于后台的控件树来组织及管理父控件和子控件。根控件是整个树的起始，而子控件则嵌套在该控件之下。根控件的子控件可以拥有其自己的子控件，从而最终创建了一个对象层次或者一个控件树。

在控件树中定义的控件自身可能也包含其他子控件。例如，由 Silverlight 提供的 Button 控件就包含了 Grid、Border 以及后台的内容控件，这些组合一起用于渲染某个按钮的外观和质感。如果用户使用鼠标或者键盘和这些构造块控件中的一个进行交互，事件需要路由给父 Button 控件，这样该事件才可以被正确地处理。将子控件身上所执行的动作通知父控件的过程，就称为路由事件，因为由某个控件所触发的鼠标或键盘事件均在树上路由，因此当事件发生时，就可以通知父元素。路由事件类似于其他语言中的事件冒泡。

Silverlight 控件提供的 LayoutUpdated 事件是一个非路由事件的例子。当某个 Silverlight 应用程序中的对象布局由于属性改变或者用户界面大小改变而发生改变时，该事件产生。由于该事件是 Silverlight 中的非路由事件，因此标准的 EventArgs 类型参数将传递给处理 LayoutUpdated 事件的方法：

```
private void someControl_LayoutUpdated(object sender, EventArgs e)
{
    //Handle event
}
```

## 6.1.3　以编程方式处理控件事件

除了以声明方式声明事件以外，还可以利用C#的+=操作符或者是VB.NET中的AddHandler关键字在代码中动态地将事件绑定到事件处理器。这对于.NET 开发人员来说并不是什么新闻，因为这是以编程方式处理事件的标准方法。下面的例子显示了将 Silverlight UserControl 的 Loaded 事件和 Button 控件的 Click 事件绑定到相应事件处理器的代码：

```
public partial class Page : UserControl
{
    public Page()
    {
        InitializeComponent();
        this.Loaded += new RoutedEventHandler(Page_Loaded);
        this.btnSubmit.Click += new RoutedEventHandler(btnSubmit_Click);
    }

    private void Page_Loaded(object sender, RoutedEventArgs e)
    {
        tbDate.Text = DateTime.Now.ToLongDateString();
    }

    private void btnSubmit_Click(object sender, RoutedEventArgs e)
    {
        //Handle button event here
    }
}
```

当调用 Page 类的构造函数时，Loaded 事件和 Click 事件将分别绑定到相应的事件处理器。如果想在某个 Silverlight 应用程序中的所有控件均已加载并为使用做好了准备时执行某个任务，则 Loaded 事件将非常有用。这类似于 ASP.NET 中 Page 类所提供的 Load 事件。该例子定位了一个名为 tbDate 的 TextBlock 控件，并且将当前日期赋予该控件的 Text 属性。

既然已经了解了声明控件的一般语法和规则，并了解事件如何通过声明方式和编程方式来绑定到事件处理器，那么下面将看看 Silverlight 2 中的各种不同控件。当对每个控件进行介绍时，您将看到每个控件的使用方式以及所提供的关键功能均有所不同。但是，每个控件的属性、方法以及事件的完整列表并未给出，因为 Silverlight SDK 提供了所有必需的细节，所以在此重复给出只会增加不必要的页面。下面我们首先看看用户输入控件。

# 6.2　用户输入控件

Silverlight 提供了多个不同控件来收集用户输入。该类控件主要包括以下控件：
- TextBlock 控件
- TextBox 控件
- PasswordBox 控件
- Button 控件
- HyperLinkButton 控件
- Checkbox 控件
- RadioButton 控件

- RepeatButton 控件
- Slider 控件
- Calendar 控件
- DatePicker 控件
- ToolTip 控件

本节将讨论该类控件中的各个控件，并展示如何在 XAML 中定义这些控件。

## 6.2.1　TextBlock 控件

在诸如 ASP.NET 和 Windows Forms 的开发框架中，Label 控件是使用非常频繁的一个控件。尽管 Silverlight 并未提供名为 Label 的控件，但是它提供了 TextBlock 控件来执行和 Label 控件一样的功能。您不能用 TextBox 控件来捕获数据，但是它通常和其他用户输入控件(如 TextBox)一起使用，因此它也被包含在用户输入控件的范畴。

TextBlock 控件提供了 Text 属性，该属性可用于定义将在用户界面上显示的文本值。在 XAML 中定义一个 TextBlock 控件，类似于在 ASP.NET 中定义一个 Label 控件。下面是 TextBlock 控件的一个简单例子：

```
<TextBlock x:Name="tbFirstName" Text="First Name: " />
```

在控件中显示的文本，也可以通过将文本放置在控件的起始和结束标签之间来设置为 TextBlock 控件的内容：

```
<TextBlock x:Name="tbFirstName">First Name</TextBlock>
```

在某些情况下，由 TextBlock 所输出的文本可能会由于父容器(如一个 Grid 行/列)不能提供足够的文本空间而被截断。在这种情况下，控件的 TextWrapping 属性可以设置为 Wrap。通过将 4 个由逗号隔开的值赋给 Margin 属性，可以在控件的左、上、右、下分别设置边距。如果仅仅为 Margin 属性定义了一个值，那么所有边距(左、上、右、下)均使用相同的值。所有派生自 FrameworkElement 基类的 Silverlight 控件均有 Margin 属性。

下面给出了一个使用 TextWrapping 和 Margin 属性的 TextBlock 控件的例子：

```
<TextBlock Text="Receive Newsletter?"
TextWrapping="Wrap" Margin="7,5,0,0" />
```

TextBlock 的字体特性可以通过使用诸如 FontFamily、FontStyle 和 FontSize 的属性来改变，而使用 Foreground 属性则可以改变控件的字体颜色：

```
<TextBlock x:Name="tbFirstName" Text="First Name: " FontFamily="Arial"
FontSize="14" FontStyle="Bold" Foreground="Maroon" />
```

当需要格式化多行文本(如一个段落)时，可以在界面上添加多个 TextBlock 控件。而且，TextBlock 控件也支持 Run 和 LineBreak 子元素，这些元素可以将自定义格式应用到特定的文本行。下面给出了一个使用 Run 和 LineBreak 元素的例子。该例子还通过使用 Margin 属

性在控件周围加上了边距，从而保留了一些空间。控件的左、上、右、下分别均添加了 10
个像素的边距。

```
<TextBlock x:Name="tbStyledText" Margin="10,10,10,10" FontFamily="Arial"
  Width="500" Text="Using the TextBlock with runs…">
    <LineBreak/>
    <Run Foreground="Navy" FontFamily="Verdana" FontSize="34">
        Second Line with Verdana
    </Run>
    <LineBreak/>
    <Run Foreground="Teal" FontFamily="Times New Roman" FontSize="18"
      Text="3rd line with Times New Roman" />
</TextBlock>
```

使用 Run 和 LineBreak 元素所产生的输出如图 6-2 所示。

图 6-2

TextBlock 控件扩展了 FrameworkElement 类，从而拥有几个标准事件，如 MouseEnter、
MouseLeave 和 MouseLeftButtonDown，因此它可以在用户与其交互时改变控件的外观。

### 6.2.2　TextBox 控件

Silverlight 的 TextBox 控件和 ASP.NET 中的 TextBox 控件功能非常类似。它提供了一
种方式以捕获由终端用户输入的无格式文本，同时也通过使用不同的属性和事件来允许对
输入的数据进行过滤和选择。ASP.NET 中的 TextBox 可以用下面的方式进行定义：

```
<asp:TextBox id="txtName" runat="Server" Font-Names="Arial" />
```

Silverlight 中的 TextBox 控件可以用非常类似的方式进行定义：

```
<TextBox x:Name="tbName" FontFamily="Arial" Width="100" Height="20" />
```

图 6-3 给出了 Silverlight 中一个 TextBox 控件的例子。简单看来，该控件根本没有什么
不一样，看起来和以前遇到过的文本框没有太大的区别。但是，由于它是 Silverlight 文本
框，所以它更加灵活，而且可以动起来和被转换。

Phoenix

图 6-3

TextBox 的字体样式可以使用诸如 FontFamily、FontSize 和 FontWeight 的属性来进行设置，并且某个 TextBox 控件在父容器中的位置可以使用 HorizontalAlignment、VerticalAlignment 和 Margin 属性来设置。

和 ASP.NET 中的 TextBox 控件一样，Silverlight 中的 TextBox 支持不同类型的文本框，包括普通文本框和多行文本框。为了创建一个多行 TextBox，需要将 AcceptsReturn 设置为 True、将 VerticalScrollBarVisibility 设置为 Visible，并为 Height 和 Width 属性赋予相应的值，如下所示：

```
<TextBox x:Name="tbComments" AcceptsReturn="True"
  VerticalScrollBarVisibility="Visible" FontFamily="Arial"
  Width="300" Height="100" Margin="5" />
```

图 6-4 显示了一个多行 TextBox 控件的例子。

图 6-4

Silverlight 中的 TextBox 控件提供了一些 ASP.NET TextBox 控件所没有提供的功能，如检索被用户选中(突出显示)文本的能力。尽管该类任务可以在客户端使用 JavaScript 基于 ASP.NET TextBox 来实现，但是 Silverlight 中的 TextBox 控件可以直接通过属性 SelectedText、SelectionLength 和 SelectionStart 来访问选中的文本。TextBox 中的文本可以通过使用 Select()方法利用编程的方式来选中，并通过调用 Focus()方法来设置焦点。

下面给出了一个 TextBox 控件的例子。在该例子中，当调用一个验证方法时，选中名为 txtCity 的 TextBox 中的所有文本，并让该控件获取焦点。

```
private bool Validate()
{
    if (this.txtCity.Text.Length < 3) //Simulate a simple validation rule
    {
        this.txtCity.Select(0, this.txtCity.Text.Length);
        this.txtCity.Focus();
        return false;
    }
    return true;
}
```

本例子选择 TextBox 中的所有文本，从位置 0 开始，到文本末结束。通过在 XAML 中或者编程的方式设置 SelectionForeground 和 SelectionBackground 属性，可以改变被选中文本的颜色。下面的例子显示了如何在 XAML 中改变这些属性：

```
<TextBox x:Name="txtCity" Text="Phoenix" SelectionForeground="White"
SelectionBackground="Navy" FontFamily="Arial" Width="200" Height="20"
Margin="5" />
```

### 6.2.3　PasswordBox 控件

Silverlight 提供了一种特殊类型的文本框，叫做 PasswordBox，该控件可以在 Silverlight 应用程序中用于捕获密码。PasswordBox 控件看上去和标准的 TextBox 控件一样，但是它不允许执行文本框中可以执行的剪切、复制和粘贴操作，并且该控件还将输入的数据更安全地保存在内存中。

PasswordBox 控件提供了一个 PasswordChar 属性，以控制用户输入其密码时在文本框中所显示的字符。密码的最大长度可以利用 MaxLength 来进行设置。在 XAML 中定义一个 PasswordBox 控件的例子如下所示：

```
<PasswordBox x:Name="pbPassword" MaxLength="64" PasswordChar="*"
    PasswordChanged="PasswordChangedHandler"
/>
```

在 Password 控件中输入的文本可以通过 Password 属性来访问。Password 控件并未展示 TextBox 控件所提供的 Text 属性。

### 6.2.4　Button 控件

Button 控件自用户界面首次被创建以来就一直很普遍，并且多年未曾发生过任何改变。Silverlight 的 Button 控件也不例外，如图 6-5 所示。

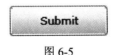

图 6-5

Button 控件的作用与 ASP.NET 中的标准 Button 控件类似(和其他框架中该类控件的功能也类似)，该控件通过提供一个 Click 事件来允许开发人员方便地了解用户何时单击了该按钮。Button 控件派生自一个名为 ButtonBase 的基类。该基类提供了 Silverlight 中所有 Button 控件的核心属性、方法和事件。

Silverlight 中的 Button 控件和其他框架中的按钮不同：如果该控件的高度或者宽度没有定义的话，该控件将自动填满其父容器的边界。这一点对于用户改变用户界面大小或者进入全屏显示模式时非常有用，因为按钮将根据其父容器大小的改变而自动改变自身的大小。如果想让按钮保持原来的大小不变，您可以设定 Height 和 Width 属性值以约束 Button

控件的边界。

在 XAML 中，定义一个 Button 控件的例子如下所示：

```
<Button x:Name="btnSubmit" Click="btnSubmit_Click" Content="Submit"
Height="30" Width="75" HorizontalAlignment="Left" VerticalAlignment="Top"
Margin="7,5,0,0" />
```

通过查看该 XAML，将看到该按钮的 x:Name、Height 和 Width 属性均被赋予了相应的值，并且通过设置 HorizontalAlignment、VerticalAlignment 和 Margin 属性让按钮在其父容器中对齐。该按钮的文本内容则使用 Content 属性来设置。这一点和为 ASP.NET Button 控件赋予文本的方式有所不同，这是因为 Silverlight 中的 Button 控件是 Windows 表示基础 (WPF)中 Button 控件的一个子集。除了在 Button 元素中赋予的其他属性以外，XAML 代码还定义了 Click 属性，以将控件的 Click 事件绑定到事件处理器。

在本章的前面，您已经看到了诸如 Button 控件的 Click 事件之类的 Silverlight 事件将 RoutedEventArgs 类型对象传递给了事件处理器。我们回忆一下，Button 控件内部包含了多个子控件，当用户单击这些子控件时，子控件将把 Click 事件向上路由给父 Button 控件。下面的例子给出了某个按钮的 Click 事件处理器的例子。注意，该事件处理器接受的是 RoutedEventsArgs 类型参数，而不是.NET 中标准的 EventArgs 类型参数。

```
private void btnSubmit_Click(object sender, RoutedEventArgs e)
{
    this.tbOutput.Text = "Your data has been submitted";
}
```

## 6.2.5　HyperlinkButton 控件

ASP.NET 包含一个 LinkButton 控件，以模拟一个看上去像是一个超链接、但执行标准按钮功能的控件。该控件可以在多个控件(如 GridView 和 DetailsView 控件)中使用以插入、更新和删除数据，并且也可以在自定义方案中使用。

Silverlight 提供了一个类似于 ASP.NET 中 LinkButton 控件的控件，名为 HyperlinkButton。HyperlinkButton 控件看上去像一个普通的超链接，但是由于它派生自 ButtonBase，因此它展示了标准 Button 控件(如 Content 和 Click)中所提供的属性和事件。下面给出了一个使用 HyperlinkButton 控件的例子：

```
<HyperlinkButton x:Name="hlClear" Content="Clear Text Boxes"
Foreground="Navy"
  Click="hlClear_Click" Margin="10"/>
```

该代码将控件的前景色设置为海军蓝，并且将其 Click 事件绑定到一个名为 hlClear_Click 的事件处理器，以清除文本框中的文本：

```
private void hlClear_Click(object sender, RoutedEventArgs e)
```

```
    {
        this.txtCity.Text = String.Empty;
        this.txtComments.Text = String.Empty;
        this.txtName.Text = String.Empty;
        this.pbPassword.Password = String.Empty;
    }
```

HyperlinkButton 展示了 NavigateUri 和 TargetName 属性以用于链接到 Web 页面，并让其在新的窗口中显示，这一点和 HTML 中的标准锚标签很类似：

```
<HyperlinkButton x:Name="hlSilverlight" Content="Silverlight.net"
NavigateUri="http://www.silverlight.net" TargetName="Blank" />
```

### 6.2.6  CheckBox 控件

Silverlight 的 ChechBox 控件派生自一个名为 ToggleButton 的基类(该类又派生自 ButtonBase)，该控件允许跟踪某个控件的不同状态。CheckBox 在 ASP.NET 中通常用于跟踪 True 和 False 值，但是 Silverlight 中的该控件却支持三种状态，包括选中、未选中和不确定状态。CheckBox 提供了一个 IsChecked 属性(Nullable<bool>类型)以用于设置控件的状态，并用于确定它是否被选中或者是没有用户与其交互。当应用程序初次加载该控件，并且需要将该控件设置为选中时，可以在 XAML 文件中或者通过编程的方式在代码文件中将 IsChecked 属性设置为 True。

下面所示的例子在 XAML 中定义了一个 CheckBox 控件，并且在应用程序加载时自动被选中：

```
<CheckBox x:Name="chkNewsletter" IsChecked="True"
Content="Check to receive newsletter" Margin="5" />
```

当用户通过单击一个按钮提交该表单时，CheckBox 控件的状态可以利用 IsChecked 属性来确定，如下所示：

```
private void btnSubmit_Click(object sender, RoutedEventArgs e)
{
    this.tbOutput.Text = String.Format(
        "Your data has been submitted. You have{0}chosen to receive the " +
        "newsletter.",
        (this.chkMeeting.IsChecked.HasValue &&
        this.chkMeeting.IsChecked.Value == true)?" ":" not ");
}
```

CheckBox 控件派生自 ToggleButton。该控件允许跟踪三种状态，而不是仅仅两种状态(ASP.NET 中的 CheckBox 仅仅可以跟踪两种状态，这是因为受限于不同的 HTML 规范)。当需要在 Silverlight 应用程序中跟踪选中、未选中以及不确定状态的情况时，该功能很有用。为了允许 CheckBox 跟踪三种状态，IsThreeState 属性必须设置为 True：

```
<CheckBox x:Name="chkNewsletter" IsThreeState="True"
Content="Will you attend the annual meeting?" Margin="5" />
```

当 IsThreeState 属性设置为 True 时，第一次单击 CheckBox 将显示一个对号(IsChecked 为 True)，第二次单击该控件将进入不确定状态，变成灰色背景(IsChecked 为 null)，第三次单击则不选中控件(IsChecked 为 False)。图 6-6 显示当某个 CheckBox 控件的 IsThreeState 属性设置为 True 时，该控件具有选中、不确定和未选中三种状态。

图 6-6

如果想知道用户何时在 CheckBox 状态之间切换，您可以通过将它们绑定到相应的事件处理器来处理 Checked、Indeterminate 和 Unchecked 事件：

```
<CheckBox x:Name="chkMeeting" IsThreeState="True" Checked="chkMeeting
  StateChanged"
Unchecked="chkMeeting_StateChanged"Indeterminate="chkMeeting_StateChanged"
Content="Yes" Margin="5" />
```

该例子将这三个事件绑定到了一个名为 chkMeeting_StateChanged 的事件处理器。当用户在不同的状态之间切换时，该事件处理器将改变 CheckBox 的前景色和背景色以及内容：

```
private void chkMeeting_StateChanged(object sender, RoutedEventArgs e)
{
    SolidColorBrush brush = null;
    string text = null;

    if (this.chkMeeting.IsChecked == true)
    {
        brush = new SolidColorBrush(Colors.Green);
        text = "Yes";
    }
    if (this.chkMeeting.IsChecked == null)
    {
        brush = new SolidColorBrush(Colors.Black);
        text = "Don't Know";
    }
    if (this.chkMeeting.IsChecked == false)
    {
        brush = new SolidColorBrush(Colors.Red);
        text = "No";
    }
    this.chkMeeting.Background = brush;
    this.chkMeeting.Foreground = brush;
```

```
        this.chkMeeting.Content = text;
}
```

### 6.2.7　RadioButton 控件

单选按钮是在桌面应用程序和 Web 应用程序中常用的另外一个用户输入控件。Silverlight 中 RadioButton 控件的功能和以前看到的其他单选按钮类似，用户可以从一个项目列表中选择一个项目。和 Silverlight 中的 CheckBox 控件一样，RadioButton 控件派生 ToggleButton 控件。这使得当将其 IsThreeState 属性设置为 True 时，它能够跟踪选中、不确定和未选中状态。

如果以前在 ASP.NET 中使用过单选按钮，那么您将发现 Silverlight 中该控件的功能非常类似。ASP.NET 提供了两种方式将单选按钮组成一组。首先，您可以使用一个 RadioButtonList 控件，并在该列表控件中定义单个的条目：

```
<asp:RadioButtonList id="RadioButtonList1" runat="server">
   <asp:ListItem>Male</asp:ListItem>
   <asp:ListItem>Female</asp:ListItem>
</asp:RadioButtonList>
```

其次，可以将单个 RadioButton 控件添加到一个页面，并通过为每个控件的 GroupName 属性赋予同一值来将这些控件分组：

```
Gender:
<br />
<asp:RadioButton id="rdoMale" GroupName="Gender" runat="server"
  Text="Male" />
<asp:RadioButton id="rdoFemale" GroupName="Gender" runat="server"
  Text="Female" />
```

Silverlight 的 RadioButton 控件提供了类似的功能。控件可以通过将它们放在一个父容器中进行分组，也可以通过为每个控件设置 GroupName 属性对其分组。下面的 XAML 代码显示了 RadioButton 控件如何在一个父 StackPanel 控件中进行分组。在本例中并不需要设置其 GroupName 属性，因为控件将自动由其父控件进行分组：

```
<StackPanel Orientation="Horizontal" Grid.Row="2" Grid.Column="1">
   <RadioButton x:Name="rdoMale" Content="Male" Margin="5" />
   <RadioButton x:Name="rdoFemale" Content="Female" />
</StackPanel>
```

多个单选按钮也可以组合在一起形成一个组，因此用户可以通过为每个单独控件的 GroupName 属性赋予相同的值来让用户一次仅能选择一个条目：

```
<RadioButton x:Name="rdoMale" Content="Male" Margin="5" GroupName="Gender"/>
<RadioButton x:Name="rdoFemale" Content="Female" GroupName="Gender" />
```

和各个 RadioButton 相关的标签，可以使用该控件的 Content 属性进行定义，而不是像 ASP.NET 中一样使用 Text 属性。图 6-7 显示了 Silverlight 中 RadioButton 控件的外观。

图 6-7

## 6.2.8　RepeatButton 控件

RepeatButton 控件看上去和标准的 Button 控件一样(它也派生自 ButtonBase)，但是内部的作用却有很大的不同。标准的 Button 每次鼠标单击一下产生一个 Click 事件，而 RepeatButton 控件将在用户按下鼠标时在一定的时间基础上不断地产生 Click 事件。很多人在每天单击滚动条的底部或顶部时，或者在微软公司的 Office 产品中单击+(放大)或 - (缩小)按钮时，都使用了 RepeatButton 控件所提供的功能。通过在一定的时间基础上产生 Click 事件，用户可以在不需要物理单击按钮多次的情况下快速地改变其值。

RepeatButton 控件提供了 Delay 属性和 Interval 属性来确定以什么样的频率产生 Click 事件。Delay 属性控制 RepeatButton 控件在开始产生 Click 事件之前需要等待多长时间，而 Interval 属性则控制 Click 事件之间的时间间隔。当事件触发时，可以编写一个标准的 Click 事件处理器捕获单击事件，并通过编程方式来滚动一个窗口或者增加某个值。

除了可以设置 Delay 属性和 Interval 属性值以外，RepeatButton 还允许您控制如何产生 Click 事件。这一点是通过使用 ClickMode 属性来控制的，该属性接受在 ClickMode 枚举类型中定义的三个值之一，如表 6-1 所示。

表 6-1

| 成 员 名 | 描　　　　述 |
| --- | --- |
| Release | 当 RepeatButton 被按下并释放时(默认值)，该 Click 事件将产生 |
| Press | RepeatButton 已按下，并且鼠标指针停留在该控件上时，该 Click 事件将产生 |
| Hover | 当鼠标指针悬浮在 RepeatButton 控件上时，该 Click 事件将产生 |

下面的 XAML 代码给出了一个使用两个 RepeatButton 控件的例子。这两个控件均设置了 Delay、Interval 和 ClickMode 属性，从而为用户提供一个方便快捷的方式来增加或减少某个值：

```
<RepeatButton x:Name="rptBtnDown" Click="RepeatButton_Click"
 ClickMode="Press"
```

```
         Delay="200" Interval="200" Height="20" Width="30" Content=" - "
      Margin="5,0,5,0" />

      <TextBlock x:Name="tbYearsOfSchool" Text="12" Margin="5,0,5,0" />

      <RepeatButton x:Name="rptBtnUp" Click="RepeatButton_Click"
       ClickMode="Press"
        Delay="200" Interval="200" Height="20" Width="30" Content=" + "
      Margin="5,0,5,0" />
```

当 Click 事件产生时(在本例中每 200 毫秒(ms)产生一次)，下面的代码将更新 tbYearsOf School TextBlock 控件的内容：

```
private void RepeatButton_Click(object sender, RoutedEventArgs e)
{
    int val = int.Parse(tbYearsOfSchool.Text);

    RepeatButton btn = sender as RepeatButton;
    switch (btn.Name)
    {
        case "rptBtnUp":
            val++;
            break;
        case "rptBtnDown":
            val--;
            break;
    }

    if (val < 0)
        val = 0;
    else if (val > 20)
        val = 20;
    this.tbYearsOfSchool.Text = val.ToString();
}
```

图 6-8 显示了当该 Silverlight 应用程序运行时，前面的 XAML 代码的渲染结果。当用户单击按钮(并一直按下鼠标键)时，应用程序将根据单击哪个按钮来自动增大或者减小控件的值。

图 6-8

### 6.2.9　Slider 控件

ASP.NET 框架并未提供 Slider 控件，但是借助 ASP.NET AJAX Toolkit 提供的帮助，您可以方便地将滑杆控件添加到 Web 应用程序中。幸运的是，Silverlight 提供了内置的 Slider

控件，用户可以利用该控件来上下滑动以改变某些值。虽然当应用程序需要允许用户从一个项目列表中选择唯一值时经常使用 RadioButton 控件，但是滑杆控件也可以用于非常高效地选择一个值。图 6-9 给出了 Silverlight 中默认 Slider 控件的一个例子。

图 6-9

Slider 控件提供了 Minimum 和 Maximum 属性以控制 Slider 的范围，同时还提供了一个 ValueChanged 事件以供用户移动 Slider 控件的滑块(thumb)时调用。Slider 的方向也可以通过将 Orientation 属性设置为 Horizontal(默认)或 Vertical 来改变。

下面的例子在 XAML 中定义了一个 Slider 控件：

```
<Slider x:Name="slider" Minimum="0" Maximum="3"
Margin="5" Width="150" ValueChanged="slider_ValueChanged" />
```

在本例中，Slider 允许在 0 到 3 之间选择一个值。改变滑块的位置将触发 ValueChanged 事件，从而调用一个名为 slider_ValueChanged 的事件处理器。该处理器将更新一个名为 tbSliderVal 的 TextBlock 的文本值。ValueChanged 事件传递了一个 RoutedPropertyChanged EventArgs<double>类型对象，如下所示：

```
private void slider_ValueChanged(object sender,
    RoutedPropertyChangedEventArgs<double> e)
{
    int rating = (int)Math.Round(e.NewValue);
    this.tbSliderVal.Text = Convert.ToString((Rating)rating);
}
```

该例子利用 Math.Round()方法来对事件参数的 NewValue 属性值进行舍入(注意，如果您需要知道以前的值，可以访问 OldValue 属性)。然后它将该值转换成一个 Rating 枚举成员，并将结果显示在 TextBlock 中。Rating 枚举类型的定义如下：

```
public enum Rating
{
    Bad,
    Average,
    Good,
    Excellent
}
```

图 6-10 显示了当用户滑动滑块时，TextBlock 控件的 Text 属性如何发生改变(图中显示的 Average 表示该 TextBlock)。另外两个包含 Bad 和 Excellent 文本值的 TextBlock 也分别添加到了 Slider 的周围，从而让用户知道可能的值范围。

图 6-10

### 6.2.10 Calendar 控件

Silverlight 提供了内置的 Calendar 控件，从而使得不需要编写太多代码就可以方便地在一个应用程序中添加日历。Calendar 控件类似于 ASP.NET 中的 Calendar 控件，但是它允许更加方便地选择年和月。

作为新入门者，可以使用类似于下面的语法在 ASP.NET 页面中定义一个基本的 Calendar 控件：

```
<asp:Calendar ID="calBizWeek" runat="server"></asp:Calendar>
```

Silverlight 应用程序可以以几乎一样的方式添加一个日历：

```
<basics:Calendar x:Name="calBizWeek" SelectionMode="SingleRange"
HorizontalAlignment="Left" />
```

看看该代码，您可能会问 basics 名称空间前缀是从哪来的，特别是由于到现在为止，所介绍的控件没有哪个使用了该名称空间。Calendar 控件位于 System.Windows.Controls 程序集中，该程序集并没有在 Silverlight XAML 文件中默认引用，因为很多应用程序根本就不需要该控件，而且不包含该程序集的话，应用程序可以更快速地加载。如果要将 Calendar 控件添加到某个 XAML 文件，那么您需要同时在文件的根元素上添加该名称空间和程序集引用。下面的例子显示了在 UserControl 元素中定义了 basics 名称空间。特别要注意的是，该行代码应该不换行，在此示例代码样本中换行仅仅是由于该页面空间的限制而换行。

```
<UserControl
  xmlns:basics="clr-namespace:System.Windows.Controls;
  assembly=System.Windows.Controls"
  x:Class="UserInputControls.Page"
  xmlns="http://schemas.microsoft.com/winfx/2006/xaml/presentation"
  xmlns:x="http://schemas.microsoft.com/winfx/2006/xaml"
  Background="Black" Width="800" Height="800">

</UserControl>
```

> 如果您将该 Calendar 控件从工具箱中拖到 XAML 文件中，该名称空间和程序集引用将由 Visual Studio 自动添加到该文件。

尽管在本例中使用了 basics 作为名称空间前缀，但是您可以使用您想使用的任何名称空间前缀，只要名称符合标准 XAML 命名习惯就行。

一旦 Calendar 控件已经添加到了该 XAML，那么可以使用多个不同选项来控制终端用户如何选择日期。Calendar 控件允许用户选择单个日期，也允许选择一个日期范围。在日期选择模式之间进行切换，可以通过使用 SelectionMode 属性来完成，该属性接受 CalendarSelectionMode 枚举类型。CalendarSelectionModel 枚举类型的成员如表 6-2 所示。

表 6-2

| 成　员　名 | 描　　述 |
| --- | --- |
| MultipleRange | 允许在日历上选择多个不连续的日期 |
| None | 允许在该日历上不做选择 |
| SingleDate | 允许在日历上选择单个日期 |
| SingleRange | 允许在日历上选择一个连续的日期范围 |

通过设置 DisplayMode 属性,用户可以改变 Calendar 控件的显示模式以显示月或者年。该属性接受 CalendarMode 枚举类型中定义的以下成员之一, 如表 6-3 所示。

表 6-3

| 成　员　名 | 描　　述 |
| --- | --- |
| Decade | 以十年的模式显示日历 |
| Month | 以月的模式显示日历 |
| Year | 以年的模式显示日历 |

用户也可以通过单击日历顶部所显示的日期来改变日历模式。图 6-11 显示了可用的默认模式、月模式和年模式。

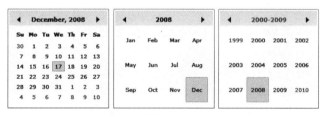

图 6-11

当 Calendar 控件被加载时,如果没有为 DisplayDate 属性或 SelectedDate 属性赋予相应的值,那么日历将突出显示当前日期(DateTime.Today)。您也可以通过将 IsTodayHighlighted 属性设置为 False 来阻止当前日期突出显示, 如下所示:

```
<basics:Calendar x:Name="calBizWeek" IsTodayHighlighted="False" />
```

也可以通过为 DisplayDateStart 属性和 DisplayDateEnd 属性赋值来控制被显示的日期。不在起始和结束范围之内的日期将被隐藏。被选中日期的范围也可以通过 Calendar 控件的 SelectedDates 属性(SelectedDatesCollection 类型)以编程的方式设置,该属性提供了一个 AddRange()方法。下面的例子使用 AddRange()方法突出显示了本周的工作日:

```
protected void Page_Loaded(object sender, RoutedEventArgs e)
{
        SetSelectedDateRange(DateTime.Today);
}
```

```
//Highlight entire business week
private void SetSelectedDateRange(DateTime date)
{
    this.cal.SelectedDates.AddRange(date, date.AddDays(7));
}
```

当用户所选择的一个或多个日期必须由应用程序处理时，您可以处理该 Calendar 控件的 SelectedDatesChanged 事件。SelectedDatesChanged 传递了一个 SelectionChangedEventArgs 类型对象作为一个参数，该参数可以访问用户添加或者移除的日期。

```
protected void Page_Loaded(object sender, RoutedEventArgs e)
{
    this.cal.SelectedDatesChanged +=
        new EventHandler<SelectionChangedEventArgs>(cal_SelectedDatesChanged);
}

void cal_SelectedDatesChanged(object sender, SelectionChangedEventArgs e)
{
    foreach (DateTime dt in e.AddedItems)
    {
        //process date object
    }
}
```

### 6.2.11　DatePicker 控件

Calendar 在用户需要选择或者查看日期时非常有用。但是，当用户需要从一个日历中选择一个单独日期或者直接在日历中输入一个日期时，就可以使用 Silverlight 的 DatePicker 控件。DatePicker 控件包括一个 DatePickerTextBox 控件和一个 Calendar 控件。用户可以单击 DatePicker 控件的文本框后面的一个按钮来查看日历，并选择一个日期。图 6-12 显示了用户正从日历中选择一个日期并且已经选择一个日期以后的 DataPicker 控件。

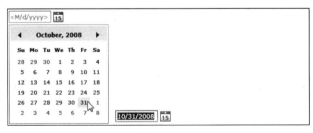

图 6-12

和 Calendar 控件一样，DatePicker 控件也位于 System.Windows.Controls 程序集中，并且需要在 XAML 文件中定义该名称空间和程序集。下面的例子(在本章的 6.2.10 小节 "Calendar 控件" 中也显示过)将该控件所在的名称空间和程序集与 basics 名称空间前缀相关联：

```
<UserControl
  xmlns:basics="clr-namespace:System.Windows.Controls;
  assembly=System.Windows.Controls"
  x:Class="UserInputControls.Page"
  xmlns="http://schemas.microsoft.com/winfx/2006/xaml/presentation"
  xmlns:x="http://schemas.microsoft.com/winfx/2006/xaml"
  Background="Black" Width="800" Height="800">

</UserControl>
```

一旦添加了相应的名称空间和程序集引用，该控件就可以在 XAML 文件中使用：

```
<basics:DatePicker x:Name="dpBirthDate" Width="100" Margin="5" />
```

DatePicker 控件拥有和 Calendar 控件一样的多个属性，如 IsTodayHighlighted、Display DateStart 和 DisplayDateEnd。此外，它还添加了一个 IsDropDownOpen 属性以用于检查该日历是否已经打开，以及一个 CalendarStyle 属性以用于定义可以应用到日历的样式。

DatePicker 还添加了额外的 CalendarOpened 和 CalendarClosed 事件，以确定用户何时正在和日历组件交互，还添加了 DateValidationError 事件，以便在文本框中输入的日期不合法时产生该事件。下面是一个处理 DateValidationError 事件的例子：

```
private void dpBirthDate_DateValidationError(object sender,
    DatePickerDateValidationErrorEventArgs e)
{
    //Pop-up an alert (or do something better like show a Canvas with a message)
    System.Windows.Browser.HtmlPage.Window.Alert("Invalid date entered: " +
        e.Text);
}
```

传递给该事件处理器方法的 DatePickerDateValidationErrorEventArgs 类型对象提供了对 Exception 对象以及终端用户所输入文本的访问。此外，该对象还提供了一个 boolean ThrowException 属性以用于抛出该异常。ThrowException 属性默认设置为 False。

## 6.2.12　ToolTip 控件

毋庸置疑，每个应用程序都应该为用户提供一些帮助。实际上，很少有基于 Web 的应用程序提供相应的帮助让用户知道如何使用应用程序的不同部分。HTML 控件提供了一个 title 属性，以用于显示如何使用某个功能文本框或者按钮，但是在 HTML 标准中并没有直接提供帮助。因此，许多开发人员都编写了大量的自定义 JavaScript 代码，以显示和隐藏包含帮助信息的 div 元素。

Silverlight 简化了用户和不同控件交互时为用户增加帮助的过程。通过使用内置的 ToolTip 控件，在用户鼠标放在 TextBox、Button 或者 Calendar 等控件之上时，可以方便地显示相应的提示。工具提示可以直接在控件中定义，在此情况下，工具提示将显示简单文本，或者通过在控件中嵌套一个 Tooltip 控件并应用自定义样式来显示更多且样式更为丰富的提示。下面是在某个 TextBlock 控件中直接定义工具提示的例子：

```
<TextBlock Text="Name" ToolTipService.ToolTip="Enter your name"
 Margin="7,5,0,0" />
```

ToolTip 控件依赖于一个父 ToolTipService 对象，该对象在后台使用，以注册 ToolTip 并在用户将鼠标移进或者移出某个控件时显示帮助信息。图 6-13 显示了当用户将鼠标移到 TextBlock 控件时 ToolTip 的外观。

图 6-13

尽管直接将 ToolTip 帮助信息添加到控件在很多环境下都非常有效，但是您也可以创建包含其他 Silverlight 控件的改进 ToolTip。这一点可以通过在目标控件中嵌套 ToolTip 控件来完成，而不是直接在该控件中定义工具提示来完成。下面显示的例子在一个 TextBox 控件中嵌套了 ToolTipService 和 ToolTip 控件：

```
<TextBox x:Name="txtName" FontFamily="Arial" Width="200" Height="20"
 Margin="5">
   <ToolTipService.ToolTip>
    <ToolTip>
       <StackPanel>
         <Border Background="Navy" BorderBrush="Gray"
          BorderThickness="1">
           <TextBlock Text="Help" Foreground="White" Margin="2"/>
         </Border>
         <Border Background="Beige" Padding="5" BorderBrush="Gray"
          BorderThickness="1">
           <TextBlock Text="Enter your first and last name" />
         </Border>
       </StackPanel>
    </ToolTip>
   </ToolTipService.ToolTip>
</TextBox>
```

该例子使用 StackPanel 控件、Border 控件以及 TextBlock 控件一起显示一个比较可靠的工具提示。图 6-14 显示了当用户和该 TextBox 控件交互时 ToolTip 的外观。

图 6-14

尽管可以像前面的例子一样在一个父控件中直接定义一个 ToolTip 控件，但是创建一个可重用样式是更可取的。通过创建一个样式，您可以在一个地方定义所有 ToolTip 控件的外观，甚至可以移除 Silverlight 在 ToolTip 控件周围默认添加的框。其他关于创建和应用样式的信息，将在第 7 章中提供。

ToolTip 控件提供了 HorizontalOffset 和 VerticalOffset 属性来控制 ToolTip 如何显示，并可以使用 IsOpen 属性来检查 ToolTip 是否正在显示。Open 和 Closed 事件可以用于跟踪 ToolTip 是否正在显示。

# 6.3　项目控件

ASP.NET 提供了多个不同控件以用于显示项目集合，如 GridView、Repeater、DataList 和 ListView。Silverlight 也提供了多个控件以用不同的方法来显示项目。在本节所包含的控件包括：

- ListBox 控件
- ItemsControl 控件
- DataGrid 控件
- ScrollViewer 控件
- ScrollBar 控件
- ComboBox 控件
- Popup 控件

本节将介绍这些控件，并讨论在 Silverlight 应用程序中如何使用这些控件。其他关于如何为控件绑定数据和定义模板的信息，将在后续章节中讨论。

## 6.3.1　ListBox 控件

ListBox 控件为在应用程序中垂直或者水平显示项目集提供了一种灵活的方式。和 ASP.NET 中的许多控件一样，ListBox 控件依赖模板来确定项目如何渲染。在数据绑定方案中通常使用 ListBox 控件。本节将简单介绍该控件，并且演示了如何使用模板。在本书稍后，您将看到诸如 ListBox 之类的项目控件如何绑定到不同的数据源。

模板提供了一种方法以用于定义集合中各个项目如何被渲染。如果您有一个 Customer 对象的列表，且每个对象均有 Name、Address 和 Phone 属性，那么可以创建一个模板，以自定义的方式输出各属性值。模板在 ASP.NET 中非常普遍，并且多个不同的控件均支持模板，包括项目模板、可选项目模板、编辑项目模板，等等。下面是一个 Repeater 控件使用模板的例子：

```
<asp:Repeater ID="rptCustomers" runat="server">
    <HeaderTemplate>
        <ul>
    </HeaderTemplate>
    <ItemTemplate>
      <%# Eval("Name") %>
      <br />
      <%# Eval("Address") %>
      <br />
      <%# Eval("Phone") %>
```

```
    </ItemTemplate>
    <FooterTemplate>
        </ul>
    </FooterTemplate>
</asp:Repeater>
```

Silverlight 的 ListBox 控件提供了名为 ItemTemplate 的唯一模板。该模板的用法和前面例子中 Repeater 控件的 ItemTemplate 模板的用法非常类似。但是，ListBox 的 ItemTemplate 需要在其中放置一个 DataTemplate，这样就可以实施数据绑定。

ListBox 控件所提供的 ItemTemplate 属性和其他属性都继承自 ItemsControl 类。尽管可以使用 ItemsControl 来替换 ListBox，但是 ListBox 控件包含一些其他功能，如检索用户所单击项目的索引(继承自 Selector 类)。

下面给出的例子定义了一个 ItemTemplate，该对象可以显示来源于 Customer 对象集合中的数据：

```
<ListBox x:Name="lbCustomers" Background="#efefef" Height="150"
  BorderBrush="Black" BorderThickness="1" FontFamily="Arial" Margin="10">
    <ListBox.ItemTemplate>
        <DataTemplate>
            <Grid Width="600">
                <Grid.ColumnDefinitions>
                <ColumnDefinition Width=".20*" />
                <ColumnDefinition Width=".20*" />
                <ColumnDefinition Width=".30*" />
                <ColumnDefinition Width=".30*" />
            </Grid.ColumnDefinitions>
            <Grid.RowDefinitions>
                <RowDefinition Height="40" />
            </Grid.RowDefinitions>
            <Image Grid.Column="0" Source="/Images/blue.jpg" Margin="2"
                VerticalAlignment="top" Height="35" Width="25" />
            <TextBlock Grid.Column="1" Text="{Binding Name}" FontSize="14"
                Foreground="Navy" />
            <TextBlock Grid.Column="2" Text="{Binding Address}"
             FontSize="14"
                Foreground="Red" />
            <TextBlock Grid.Column="3" Text="{Binding Phone}" FontSize="14"
                Foreground="Green" />
        </Grid>
        </DataTemplate>
    </ListBox.ItemTemplate>
</ListBox>
```

该代码样本中所显示的数据绑定语法(即{Binding Name})告诉控件,在集合中的每个对象循环时，在该模板中数据上下文对象的哪个属性将绑定到该控件。关于数据绑定的其他细节，将在第 9 章中给出。

该例子中显示的 ItemTemplate 包含了一个 DataTemplate，而该 DataTemplate 又包含了一个 Grid，以用于在 ListBox 中排列一个 Image 控件和三个 TextBlock 控件。每个 TextBlock 控件均绑定到一个 Customer 对象属性。如果在绑定到 ListBox 的集合中包含了 50 个 Customer 对象，ItemTemplate 将被处理 50 次。图 6-15 显示了 ListBox 被渲染以后的一个例子。

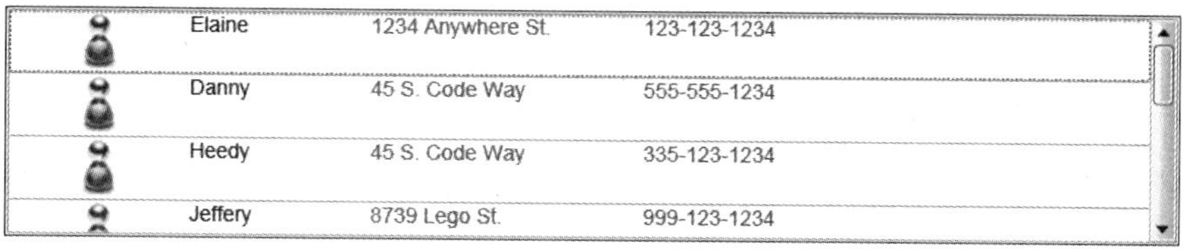

图 6-15

图 6-15 中所展示的数据在 ListBox 控件中均是垂直显示的，垂直显示是默认的方向。当应用程序需要水平显示数据时，ListBox 也支持水平显示数据。为了水平显示控件，您可以使用 ListBox 控件的 ItemPanel 属性。该属性允许将一个诸如 StackPanel 的包装器控件放置在 ItemTemplate 所输出的控件之外，以改变它们的排列方向。下面展示了将 ListBox 控件的 ItemPanel 和 ItemTemplate 一起使用的例子：

```
<ListBox x:Name="lbCustomersHorizontal" Background="#efefef" Height="150"
BorderBrush="Black" BorderThickness="1" FontFamily="Arial" Margin="10">
    <ListBox.ItemTemplate>
        <DataTemplate>
            <StackPanel Margin="10,0,10,0">
             <Image Grid.Column="0" Source="/Images/blue.jpg" Margin="2"
             VerticalAlignment="top" Height="35" Width="25" />
            <TextBlock Text="{Binding Name}" HorizontalAlignment
            ="Center"
             FontSize="14" Foreground="Navy" Margin="5" />
            <TextBlock Text="{Binding Address}" HorizontalAlignment=
             "Center"
             FontSize="14" Foreground="Red" Margin="5" />
            <TextBlock Grid.Column="3" HorizontalAlignment="Center"
             Text="{Binding Phone}" FontSize="14" Margin="5"
             Foreground="Green" />
        </StackPanel>
        </DataTemplate>
    </ListBox.ItemTemplate>
    <ListBox.ItemsPanel>
        <ItemsPanelTemplate>
            <StackPanel Orientation="Horizontal" />
        </ItemsPanelTemplate>
    </ListBox.ItemsPanel>
</ListBox>
```

**191**

当集合中的每个对象均进行绑定时，Orientation 属性设置为 Horizontal 的 StackPanel 控件将包装在 ItemTemplate 所定义的控件周围。将 StackPanel 放在各个项目周围的结果如图 6-16 所示。

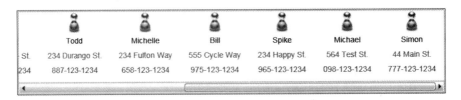

图 6-16

当用户选择 ListBox 中的一个条目时，利用该控件的 SelectedIndex 属性可以检索到该条目的索引。绑定到所选定条目的数据，可以通过 SelectedItem 属性访问。

### 6.3.2　DataGrid 控件

网格在桌面应用程序和 Web 应用程序中非常流行，因为它们提供了一种简单方式来显示分栏数据的各行。ASP.NET 的 GridView 控件是 Web 应用程序中最常使用的控件之一，因为它可以绑定来自不同数据源的数据。Silverlight 并没有包含 GridView 控件，但是却提供可以用于显示、过滤、排序以及编辑分栏数据的 DataGrid 控件。

DataGrid 控件位于 System.Windows.Controls.Data 程序集中。该程序集必须在 DataGrid 可以使用之前利用名称空间前缀来引用。在下面的例子中，XAML 文件的根元素引用了该程序集，并为其赋予了一个 data 名称空间前缀：

```
<UserControl
    xmlns:data="clr-namespace:System.Windows.Controls;
    assembly=System.Windows.Controls.Data" x:Class="ItemsControls.Page"
    xmlns="http://schemas.microsoft.com/winfx/2006/xaml/presentation"
    xmlns:x="http://schemas.microsoft.com/winfx/2006/xaml"
    FontFamily="Trebuchet MS" FontSize="11"
    Width="800" Height="800">

</UserControl>
```

一旦定义了该名称空间前缀，DataGrid 控件就可以添加到该 XAML 文件。下面的例子显示了使用自动生成列的 DataGrid 的情况：

```
<data:DataGrid x:Name="dgCustomers" AutoGenerateColumns="True" />
```

和 ASP.NET 中的 GridView 控件列一样，DataGrid 中的列可以进行自定义。DataGrid 包含了多种不同的列类型：

- DataGridCheckBoxColumn
- DataGridTemplateColumn
- DataGridTextColumn

为了使用自定义列，需要将 DataGrid 控件的 AutoGenerateColumns 属性设置为 False，

并且在 DataGrid.Columns 元素中定义自定义列：

```
<data:DataGrid x:Name="dgCustomers" GridlinesVisibility="All"
  HeadersVisibility="Column" RowBackground="BlanchedAlmond"
  AlternatingRowBackground="White" IsReadOnly="True"
  CanUserResizeColumns="True" Margin="10" HorizontalAlignment="Left"
  AutoGenerateColumns="False" Width="300">
  <data:DataGrid.Columns>
    <data:DataGridTextColumn Header="Name"
      DisplayMemberBinding="{Binding Name}" />
    <data:DataGridTextColumn Header="Address"
      DisplayMemberBinding="{Binding Address}" />
    <data:DataGridTextColumn Header="Phone"
      DisplayMemberBinding="{Binding Phone}" />
  </data:DataGrid.Columns>
</data:DataGrid>
```

该例子定义了三个 DataGridTextColumn 控件，以绑定到一个 Customer 对象的属性。它还设置了 DataGrid 的多个属性，如 GridlinesVisibility、RowBackground、Alternating-RowBackground、IsReadOnly 和 CanUserResizeColumns。图 6-17 显示了一旦数据已经绑定到网格而 DataGrid 中的列是如何被渲染的。

| Name | Address | Phone |
|------|---------|-------|
| Elaine | 1234 Anywhere St. | 123-123-1234 |
| Danny | 45 S. Code Way | 555-555-1234 |
| Heedy | 45 S. Code Way | 335-123-1234 |
| Jeffery | 8739 Lego St. | 999-123-1234 |
| Todd | 234 Durango St. | 887-123-1234 |
| Michelle | 234 Fulton Way | 658-123-1234 |
| Bill | 555 Cycle Way | 975-123-1234 |
| Spike | 234 Happy St. | 965-123-1234 |
| Michael | 564 Test St. | 098-123-1234 |
| Simon | 44 Main St. | 777-123-1234 |

图 6-17

使用 DataGrid 控件的其他细节将在第 9 章给出。

### 6.3.3　ScrollViewer 控件

ListBox 和 DataGrid 控件都对滚动提供了内置的支持。但是，很多时候在用户界面中使用的其他控件也需要添加水平或者垂直的滚动条。例如，您可能有一个 StackPanel 控件，在其中包含多个 Border 控件，因此该控件需要增加一个垂直的滚动条来适应特定的屏幕区域。

Silverlight 的 ScrollViewer 控件提供了一种相应的方式，以做最少的工作就可以在控件中添加滚动功能。通过使用该控件，您可以定义控件是否允许使用水平或者垂直的滚动条，并可以设置滚动区域的高度(称为视口(viewport))、添加背景颜色，等等。下面所给出的例子使用了 ScrollViewer 控件在 StackPanel 所包含的子控件中添加垂直滚动功能：

```
<ScrollViewer Width="300" Height="175"
```

```
HorizontalScrollBarVisibility="Disabled"
    VerticalScrollBarVisibility="Visible" HorizontalAlignment="Left">
    <StackPanel Margin="10">
        <Border CornerRadius="10" Background="Navy">
            <TextBlock Text="Walk Dog" Foreground="White"
            Margin="10" FontSize="16" />
        </Border>
        <Border CornerRadius="10" Background="Black">
            <TextBlock Text="Get Gas" Foreground="White"
            Margin="10" FontSize="16" />
        </Border>
        <Border CornerRadius="10" Background="Yellow">
            <TextBlock Text="Buy Groceries" Foreground="Black"
            Margin="10" FontSize="16" />
        </Border>
        <Border CornerRadius="10" Background="Green">
            <TextBlock Text="Sleep" Foreground="White"
            Margin="10" FontSize="16" />
        </Border>
        <Border CornerRadius="10" Background="Gray">
            <TextBlock Text="Learn Silverlight" Foreground="White"
            Margin="10" FontSize="16" />
        </Border>
    </StackPanel>
</ScrollViewer>
```

该例子设置了视口的高度和宽度，关闭了水平滚动条而打开了垂直滚动条，并且让所有控件左对齐。图 6-18 显示了实际应用中该 ScrollViewer 控件的例子。

图 6-18

ScrollViewer 的 HorizontalScrollBarVisibility 属性和 VerticalScrollBarVisibility 属性接受 ScrollBarVisibility 枚举类型中所定义的四个值之一。各个枚举类型成员描述如表 6-4 所示。

表 6-4

| 成 员 名 | 描 述 |
| --- | --- |
| Auto | 当内容不能完全放在视口中时，滚动条出现；当内容可以放在视口内时，滚动条将不可见 |
| Disabled | 即使内容不能完全放在视口内，滚动条也不会出现。其父控件的大小将应用到该内容上 |

(续表)

| 成　员　名 | 描　　　述 |
|---|---|
| Hidden | 即使内容不能完全放在视口内，滚动条也将隐藏。当使用该值时，内容可能要被截取，因为滚动条是可用的，只是对视图隐藏而已。尽管鼠标不能用于滚动，但是箭头按钮可以用于滚动。该值是默认值 |
| Visible | 即使在不需要的情况下，滚动条也将出现 |

诸如 ListBox 之类在默认情况下有内置滚动能力的控件，也可以使用 ScrollViewer 打开或者关闭滚动条。在滚动条不应该显示(可能是由于空间约束的原因)、但是用户仍然能够使用箭头按钮来滚动的情况下，可以在 ListBox 控件中定义 ScrollViewer.HorizontalScrollBarVisibility 和 ScrollViewer.VerticalScrollBarVisibility 附加属性：

```
<ListBox x:Name="lbCustomersScrollHidden" Background="#efefef"
  Height="150"
    ScrollViewer.HorizontalScrollBarVisibility="Disabled"
    ScrollViewer.VerticalScrollBarVisibility="Hidden"
  BorderBrush="Black" BorderThickness="1" FontFamily="Arial"
    Margin="10">
      <ListBox.ItemTemplate>
       <DataTemplate>
       <Grid Width="600">
         <Grid.ColumnDefinitions>
            <ColumnDefinition Width=".20*" />
            <ColumnDefinition Width=".20*" />
            <ColumnDefinition Width=".30*" />
            <ColumnDefinition Width=".30*" />
         </Grid.ColumnDefinitions>
         <Grid.RowDefinitions>
           <RowDefinition Height="40" />
         </Grid.RowDefinitions>
         <Image Grid.Column="0" Source="../../Images/blue.jpg"
           Margin="2"
           VerticalAlignment="top" Height="35" Width="25" />
         <TextBlock Grid.Column="1" Text="{Binding Name}" FontSize="14"
           Foreground="Navy" />
         <TextBlock Grid.Column="2" Text="{Binding Address}"
           FontSize="14"
           Foreground="Red" />
         <TextBlock Grid.Column="3" Text="{Binding Phone}" FontSize="14"
           Foreground="Green" />
       </Grid>
      </DataTemplate>
    </ListBox.ItemTemplate>
</ListBox>
```

该例子关闭了水平滚动条，并隐藏了垂直滚动条，如图 6-19 所示。由于垂直滚动条被隐藏，用户仍然可以使用箭头键来遍历所有条目。

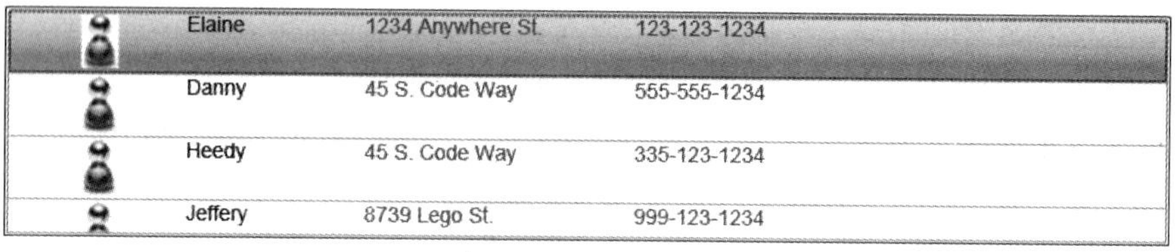

图 6-19

### 6.3.4　ComboBox 控件

ASP.NET 提供了 DropDownList 控件以用于显示多个条目，终端用户能够从中选择唯一条目。尽管 Silverlight 并未提供 DropDownList 控件，但是它通过 ComboBox 控件提供了类似的功能。ComboBox 中的条目可以通过将控件绑定到一个数据源添加，也可以通过使用 ComboBoxItem XAML 元素硬编码在控件中，或者通过编程方式添加。下面的例子使用 ComboBox 控件和 ComboBoxItem XAML 元素来显示美国的不同州：

```
<ComboBox x:Name="cbStates" Width="150" Height="20"
  SelectionChanged="cbStates_SelectionChanged">
  <ComboBoxItem Content="Arizona" />
  <ComboBoxItem Content="California" />
  <ComboBoxItem Content="Utah" />
</ComboBox>
```

当用户单击 ComboBox 中的一个条目时，SelectionChanged 事件被触发。下面的例子处理了该事件：

```
private void cbStates_SelectionChanged(object sender,
  SelectionChangedEventArgs e)
{
    this.tbState.Text =
        "Selected " + ((ComboBoxItem)this.cbStates.SelectedItem).Content;
}
```

一旦事件触发，被选择的 ComboBoxItem 就可以通过 SelectionChangedEventArg 类型对象的 AddedItems 属性，或者通过 ComboBox 控件的 SelectedItem 属性进行访问。AddedItems 属性和 SelectedItem 属性均返回 Object 类型，因此为了访问该条目的 Content 属性，必须对其实施强制转换。

### 6.3.5　Popup 控件

显示一个条目列表是很多应用程序中的关键，但是在很多时候用户希望能看到关于某个 DataGrid 行或者 ListBox 条目的其他细节。Popup 控件允许您为显示在 ListBox、DataGrid 或其他自定义控件中的条目显示额外的细节。尽管可以编写自定义的代码来显示或隐藏数据细节，但是 Popup 控件就是设计来完成该类任务的，并且可以让该过程更加简单。图 6-20

给出了一个使用 Popup 控件以显示 DataGrid 中某一行的额外细节的例子。

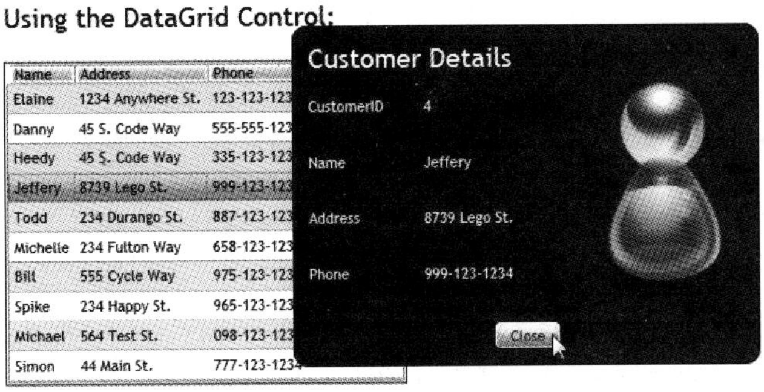

图 6-20

Silverlight 的 Popup 控件可以以类似于 ASP.NET 的 Panel 控件使用方法的方法使用。两个控件均允许子控件在某个应用程序中动态显示或者隐藏。Popup 控件提供了一个 Visibility 属性(像所有派生自 FrameworkElement 的控件一样)，但是您将使用它的 IsOpen 属性来显示或隐藏其内容。下面的例子使用 Popup 控件以在用户单击 DataGrid 中的某一行时显示其细节。

```
<Popup x:Name="popUp">
    <Border CornerRadius="10" Width="350" Height="250" Background="Navy"
    BorderBrush="Black" BorderThickness="2">
        <Grid>
            <Grid.ColumnDefinitions>
            <ColumnDefinition Width=".25*" />
            <ColumnDefinition Width=".35*" />
            <ColumnDefinition Width=".40*" />
            </Grid.ColumnDefinitions>

            <Grid.RowDefinitions>
                <RowDefinition />
                <RowDefinition />
                <RowDefinition />
                <RowDefinition />
                <RowDefinition />
                <RowDefinition />
            </Grid.RowDefinitions>

            <TextBlock Text="Customer Details" FontSize="20" Foreground="White"
                Margin="10" Grid.ColumnSpan="3" Grid.Row="0" Grid.Column="0" />

            <Image Source="/Images/blue.png" Grid.RowSpan="4" Grid.Row="1"
                Grid.Column="2" />

            <TextBlock Text="CustomerID" Margin="10" Foreground="White"
                Grid.Row="1" Grid.Column="0" />
            <TextBlock Text="{Binding Path=CustomerID}" Margin="10"
                Foreground="White" Grid.Row="1" Grid.Column="1" />
```

```
        <TextBlock Text="Name" Margin="10" Foreground="White" Grid.Row="2"
          Grid.Column="0" />
        <TextBlock Text="{Binding Path=Name}" Margin="10" Foreground
          ="White"
          Grid.Row="2" Grid.Column="1"/>

        <TextBlock Text="Address" Margin="10" Foreground="White" Grid.Row=
          "3"
          Grid.Column="0" />
        <TextBlock Text="{Binding Path=Address}" Margin="10"
          Foreground="White" Grid.Row="3" Grid.Column="1"/>

        <TextBlock Text="Phone" Margin="10" Foreground="White" Grid.Row="4"
          Grid.Column="0" />
        <TextBlock Text="{Binding Path=Phone}" Margin="10" Foreground
          ="White"
          Grid.Row="4" Grid.Column="1"/>

        <Button x:Name="btnPopUpClose" Click="btnPopUpClose_Click"
          Width="50"
        Content="Close" Margin="10" Grid.ColumnSpan="3" Grid.Row="5"
        Grid.Column="0"/>
    </Grid>
  </Border>
</Popup>
```

　　Popup 控件也可以显示包含在某个 Silverlight 用户控件中的控件。当需要在应用程序中具有更好的模块化和可重用性时，推荐使用该方法。第 11 章将给出创建和使用用户控件的更多细节。在此所给出的数据绑定代码将在第 9 章中详细讨论。

　　当用户在 DataGrid 中选中一行时，其 SelectionChanged 事件将触发。该事件将负责计算 Popup 控件将在屏幕的哪个地方显示。一旦计算完成，代码将把控件的 HorizontalOffset 属性和 VerticalOffset 属性设置为相应值，并设置其 IsOpen 属性为 True 以显示该控件：

```
bool gridRowSelected = false;

private void dgCustomers_SelectionChanged(object sender,
  SelectionChangedEventArgs e)
{
    if (gridRowSelected) //Don't show popup when grid first loads
    {
        double x = (this.Width / 2) -
          (((FrameworkElement)this.popUp.Child).Width / 2);
        this.popUp.IsOpen = true;
        this.popUp.HorizontalOffset = x;
        this.popUp.VerticalOffset = -300;
        this.popUp.DataContext = (Customer)this.dgCustomers.SelectedItem;
```

```
    }
    else
    {
        gridRowSelected = true;
    }
}

private void btnPopUpClose_Click(object sender, RoutedEventArgs e)
{
    this.popUp.IsOpen = false;
}
```

当用户单击 Popup 控件中的 close Button 时，btnPopUpClose_Click 事件将被触发。该事件将把 Popup 的 IsOpen 属性设置为 false 以关闭该控件。

## 6.4　媒体控件

Silverlight 提供了多个控件以用于捕获和显示数据。但是有些应用程序需要的不仅是捕获并显示简单数据，而是能够播放音频并显示图像和视频的丰富媒体控件集合。包含在媒体控件类中的控件包括：

- Image 控件
- MediaElement 控件
- MultiScaleImage 控件

本节将介绍这些媒体控件，并让您起步使用这些控件。后续章节将给出这些控件的细节，并深入挖掘这些控件的能力。

### 6.4.1　Image 控件

Silverlight 中包含的 Image 控件和 ASP.NET 中的 Image 控件一样，可以用于显示图像。该控件所支持的图像类型包括 JPEG 图像、索引颜色的 PNG(1 位、4 位和 8 位)图像以及真彩(24 位和 32 位)颜色深度的 PNG 图像。亮度色标和 64 位真彩 PNG 色彩深度图像不受支持。

图像可以从 Silverlight 的 XAP 文件中获取，也可以从远程 HTTP 地址上获取。由 Image 控件显示的图像位置由 Source 属性定义，该属性依赖于处理加载 JPEG 或者 PNG 图像的 BitmapImage 类。下面的例子使用 Image 控件以显示一个名为 blue.png 的图像。该图像包含在 Silverlight 项目中的 Images 文件夹中。该图像文件的 Build Action 在 Visual Studio 的 Properties 窗口中设置为 Content。

```
<Image x:Name="image" Source="/Images/blue.png" Margin="10"
HorizontalAlignment="Left"/>
```

由于 blue.png 文件是 Silverlight 项目的一部分，并且在 Visual Studio 的 Properties 窗口中将 Build Action 设置为 Content，因此该图像将包含在 XAP 文件中，而该 XAP 文件放置在站点的 ClientBin 文件夹中。Source 属性中路径前的/字符告诉 Image 控件，将从 XAP 文件根目录中开始寻找图像。如果图像文件的 Build Action 标记为 Resource，那么该文件将作为一个 Source 属性内嵌在程序集文件中，并且可以通过为 Source 属性赋予一个 Images/blue.png 值来访问。

位于远程 Web 站点上的图像，可以通过为 Source 属性赋予一个 HTTP 路径显示：

```
<Image Source="http://www.xmlforasp.net/images/headerRight.jpg"
Margin="10" HorizontalAlignment="Left"/>
```

如果您想控制图像文件是否充满其父容器，可以为 Image 控件的 Stretch 属性赋予 Stretch 枚举类型的下列值之一，如表 6-5 所示。

表 6-5

| Stretch 值 | 描　　　述 |
| --- | --- |
| None | 内容不拉伸以填满整个父容器的大小 |
| Fill | 内容将拉伸以适应输出窗口的大小。由于内容的高度和宽度可以独立缩放，因此内容最初的长宽比将可能不会被保持。也就是说，为了完全填充整个输出区域，内容可能会发生变形 |
| Uniform | 内容将拉伸以适应父容器的大小。但是，内容的长宽比将保持不变。这就意味着如果图像的大小和父控件的大小不匹配的话(如目标控件比较宽)，那么在不匹配的控件中将显示额外的空白。换句话说，图像并不会试图拉伸以适应不匹配的大小 |
| UniformToFill | 内容将缩放，使得它完全填满输出区域，但是保持其初始的长宽比。使用该值将导致图像被裁剪 |

图 6-21 显示了改变某个图像的 Stretch 属性的效果。

Image Control with Stretch = None　　Image Control with Stretch = Fill

Image Control with Stretch = Uniform　Image Control with Stretch = UniformToFill

图 6-21

Image 控件提供了 Loaded 事件以用于了解图像何时被加载，还提供了 ImageFailed 事件以用于了解何时图像加载失败。下面的例子处理了这些事件：

```
private void Image_Loaded(object sender, RoutedEventArgs e)
```

```
{
        //Image has loaded. Perform animation or other action
}

private void Image_ImageFailed(object sender, ExceptionRoutedEventArgs e)
{
    System.Windows.Browser.HtmlPage.Window.Alert("Image failed to load: " +
        e.ErrorException.Message);
}
```

传递给 Image_ImageFailed 事件处理器的 ExceptionRoutedEventArgs 对象，包含了一个 ErrorException 对象。该对象提供了对出错信息、堆栈轨迹以及内部异常的访问。

## 6.4.2　MediaElement 控件

Silverlight 自其最初发布以来就提供了对多种媒体格式的稳定支持，并且世界上很多网站上均已经使用了其媒体能力。需要播放各种音频和视频的应用程序，可以通过在 XAML 文件中添加一个 MediaElement 标签，并定义一个文件源来使用内置的媒体支持。通过 MediaElement 控件所提供的事件，应用程序可以播放不同类型的视频和音频文件，并与其进行交互，包括 WMA、MP3 和 WMV 文件。

MediaElement 控件支持如下的音频格式：

- WMA 7——Windows Media Audio 7
- WMA 8——Windows Media Audio 8
- WMA 9——Windows Media Audio 9
- WMA 10——Windows Media Audio 10
- MP3 ——ISO/MPEG Layer-3
- 输入——ISO/MPEG Layer-3 数据流
- 通道配置——单声道、立体声
- 采样频率——8 kHz、11.025 kHz、12 kHz、16 kHz、22.05 kHz、24 kHz、32 kHz、44.1 kHz 和 48 kHz
- 比特率——8-320 kbps，可变比特率
- 限制——"Free format mode"(参见 ISO/IEC 11172-3，子款 2.4.2.3)不受支持

MediaElement 控件支持以下的视频格式：

- WMV1——Windows Media Video 7
- WMV2——Windows Media Video 8
- WMV3——Windows Media Video 9
- WMVA——Windows Media Video Advanced Profile，non-VC-1
- WMVC1——Windows Media Video Advanced Profile，VC-1

有很多工具可以将不同格式的音频或者视频文件转换成上面列出的格式，包括微软公司的 Expression Encoder。Expression Encoder 使得在视频中添加水印非常方便，使得在视频中添加片头和片尾也比较方便，而且可以在视频中添加一些标记，以用于将视频与在 Silverlight 应用程序可能会遇到的其他动作进行同步。

MediaElement 提供了诸如 Source、Height、Width、Stretch 等诸多属性来控制显示什么媒体文件以及如何显示这些媒体文件。它还提供了多个事件，以用于了解媒体对象的状态何时发生了改变，如 BufferingProgressChanged、MarkerReached 和 MediaOpened。下面的例子使用了 MediaElement 控件：

```
<MediaElement x:Name="mediaElement" Source="/Video/Sandwich_Thief.wmv"
AutoPlay="True" Stretch="None" />
```

尽管您可以在使用 MediaElement 控件显示视频时为其 Height 属性和 Width 属性赋予相应的值，但是一般推荐让媒体填充其容器。如果需要媒体变得比较小，那么对其进行重新编码以调整其大小，这样就会有一个比较好的总体视觉体验。

该例子使用 MediaElement 控件的 Source 属性来定义视频文件的位置，并通过将 AutoPlay 属性设置为 True 来自动开始播放视频文件。

您可以通过调用 Play()方法、Stop()方法和 Pause()方法来分别开始、停止和暂停音频和视频文件。在下面的例子中，显示了终端用户单击不同的按钮来调用这些方法：

```
private void MediaButton_Click(object sender, RoutedEventArgs e)
{
    Button btn = (Button)sender;
    switch (btn.Content.ToString())
    {
        case "Play":
            this.mediaElement.Play();
            break;
        case "Pause":
            this.mediaElement.Pause();
            break;
        case "Stop":
            this.mediaElement.Stop();
            break;
    }
}
```

MediaElement 控件还有很多其他功能，这些功能将在第 13 章 “音频和视频” 中予以讨论。

### 6.4.3　用 ProgressBar 控件显示下载进度

毋庸置疑，音频文件和视频文件可能比较大。根据终端用户的网络连接、网络延时以及其他因素，文件下载的速度可能大大不同。尽管可以编写自定义代码来处理显示媒体文件正在下载的进度，但是 Silverlight 提供了 ProgressBar 控件以用于可视化地通知用户文件的下载进度，而不需要写太多代码。ProgressBar 控件的作用和 Windows Forms 中的 ProgressBar 非常类似，也提供了 Minimum 和 Maximum 属性，如下所示：

```
<ProgressBar x:Name="pbBar" Height="20" Width="100"
Minimum="1" Maximum="100" Margin="10" />
```

ProgressBar 控件所显示的值可以通过改变其 Value 值来递增，如以下代码所示。这些代码处理 MediaElement 控件的 DownloadProgressChanged 事件：

```
private void mediaElement_DownloadProgressChanged(object sender,
 RoutedEventArgs e)
{
    int val = (int)(mediaElement.DownloadProgress * 100);
    if (val > 99)
    {
        this.pbBar.Visibility = Visibility.Collapsed;
        this.tbProgress.Text = "Download Complete!";
        return;
    }
    this.pbBar.Value = val;
    this.tbProgress.Text = val.ToString() + "%";
}
```

图 6-22 显示了当其 Value 属性增加时该 ProgressBar 控件的外观。

图 6-22

### 6.4.4　MultiScaleImage 控件

在 Web 上，放大和缩小图像一直就比较困难。有一些技术可以在不进行图像像素化的情况下完成该任务，但是 Web 浏览器在没有其他插件帮助的情况下自身不能完成该任务。幸运的是，Silverlight 提供了 MultiScaleImage 控件，该控件可以用于在不进行像素化的情况下快速放大和缩小图像。位于 http://memorabilia.hardrock.com 的 Hard Rock Café 的 Memorabilia 网站，是一个出于此目的使用 MultiScaleImage 控件的很好例子。参见图 6-23。

图 6-23

　　MultiScaleImage 控件通过显示图像的不同层来进行工作，有高层(放大)和低层(缩小)，并且仅仅加载需要显示的实际像素，而不是不适合于视口边界的图像的一部分。它从某个具有.xml 扩展名的特定文件中读取图像数据，该文件可以使用微软公司的 Deep Zoom Composer 工具来创建。图像可以在 Deep Zoom Composer 中进行排列，然后导出到一个 Silverlight 应用程序，而 Silverlight 应用程序使用 MultiScaleImage 控件显示这些图像。

　　图 6-24 显示了如何使用 Deep Zoom Composer 来排列图像。

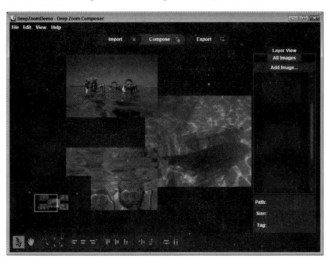

图 6-24

　　一旦图像已经在 Deep Zoom Composer 中进行了排列，就可以导出它们，在 Silverlight 应用程序中使用。您可以在导出操作完成后，通过立即运行相应的工具来创建一个示例应用程序。由该工具创建的 XAML 代码如下例所示：

```
<UserControl x:Class="DeepZoomProject.Page"
xmlns="http://schemas.microsoft.com/winfx/2006/xaml/presentation"
xmlns:x="http://schemas.microsoft.com/winfx/2006/xaml"
Width="1024" Height="768">
<Grid x:Name="LayoutRoot" Background="#FFFFFFFF">
    <Border BorderThickness="1,1,1,1" Margin="10,10,10,10"
    BorderBrush="#FF9F9F9F">
      <MultiScaleImage x:Name="msi" MinHeight="480" MinWidth="640"
          Height="768" Width="1024"/>
    </Border>
  </Grid>
</UserControl>
```

　　尽管该代码定义了 MultiScaleImage 控件的 Height 和 Width 属性，但它并没有赋予包含图像信息的 XML 源文件。这是在代码文件中处理的，如下所示：

```
this.msi.Source = new DeepZoomImageTileSource(
    new Uri("GeneratedImages/dzc_output.xml", UriKind.Relative));
this.msi.Loaded += new RoutedEventHandler(msi_Loaded);
```

关于使用 Deep Zoom Composer 以及 MultiScaleImage 控件的更多信息，将在第 14 章"图形和动画"中给出。

## 6.5　Silverlight Toolkit 中的控件

如果您使用过 ASP.NET AJAX，那么可能使用过或者听说过诸如 ASP.NET AJAX Control Toolkit 等工具箱中的控件。微软公司也发布了一个可以在 Silverlight 2 应用程序中使用的、包括新的控件和功能的 Silverlight Toolkit。这些控件被分组成了不同的"功能群"(quality bands)，大部分控件都包含在"预览"(preview)群和"稳定"(stable)群中。这就允许微软公司基于社区的反馈更加快速地开发和发布控件。这些控件的状态将随着漏洞的修复以及新功能的增加而不断变化，并且很多控件最终都将转移到发布阶段或者"成熟"(mature)群。关于控件功能群的更多信息，可以查看 www.codeplex.com/Silverlight/Wiki/ View.aspx?title =Quality%20Bands& referringTitle=Home&ANCHOR#Preview。

Silverlight Toolkit 的最初发行版中包括以下控件(注意，将来很可能会有新的控件添加进来)：

- AutoCompleteBox
- ButtonSpinner
- Chart
- DockPanel
- Expander
- HeaderedItemControl
- HeaderedContentControl
- ImplicitStyleManager
- Label
- NumericUpDown
- TreeView
- ViewBox
- WrapPanel

这些控件大部分都包含在 Microsoft.Windows.Controls.dll 程序集中。该程序集包含了多个名称空间，如 Microsoft.Windows.Controls。关于主题和图表的其他控件，则包含在单独的程序集中。由于这些控件包含在多个程序集中，因此 Silverlight 2 应用程序仅仅下载它们需要的程序集，而不是下载一个比较大、但包含很多不需要的类和控件的程序集。

为了使用 Toolkit 中的控件，需要引用工具箱所提供的相应程序集(如 Microsoft. Windows.Controls)，然后通过右键单击控件并选择 Choose Items 将控件添加到 Visual Studio 2008 工具箱。选择 Silverlight Components 选项卡，浏览 Toolkit 程序集，然后选中想添加的那些控件旁边的复选框。

一旦这些控件已经添加到该工具箱，您就可以将它们拖到某个 XAML 文件。该 XAML 文件将自动在 UserControl 根元素中添加相应的名称空间，如下所示：

```
<UserControl
    xmlns="http://schemas.microsoft.com/client/2007"
    xmlns:x="http://schemas.microsoft.com/winfx/2006/xaml"
    xmlns:controls="clr-namespace:Microsoft.Windows.Controls;
      assembly=Microsoft.Windows.Controls"
    x:Class="…">
</UserControl>
```

本章的剩余部分将介绍 Silverlight Toolkit 中包含的一些控件，并看看如何使用这些控件改善 Silverlight 2 应用程序。

## 6.5.1　AutoCompleteBox 控件

AutoCompleteBox 控件的功能和 ASP.NET AJAX Control Toolkit 中的 AutoComplete-Extender 控件非常类似。它允许用户在文本框中输入字符时数据显示在文本框下。下面的 XAML 代码定义了一个名为 acCountries 的 AutoCompleteBox 控件。该控件在用户输入单个字符后显示数据。

```
<controls:AutoCompleteBox x:Name="acCountries"
    MinimumPopulateDelay="200"
    MinimumPrefixLength="1"
    Width="260"
    HorizontalAlignment="Left" />
```

您可以使用 ItemsSource 属性将自动补全数据(auto-complete data)绑定到控件(注意，数据可以从 Silverlight 可以访问的任何数据源中检索)：

```
private void BindData()
{
    acCountries.ItemsSource = new List<string>() { "USA", "Spain", "Mexico",
        "Canada", "Costa Rica" };
}
```

图 6-25 显示了当终端用户在文本框中输入一个 c 后所看到的界面。

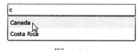

图 6-25

AutoCompleteBox 控件支持使用 lambdas 来过滤自动补全的数据，并提供了丰富的属性集和事件集，而且允许定义模板。图 6-26 展现了一个在该控件的 ItemTemplate 属性中赋予一个自定义模板以显示用户输入的图片和文本的例子。

图 6-26

ItemTemplate 属性以及样式和模板的相关主题，将在第 7 章中详细讨论。

## 6.5.2　WrapPanel 控件

WrapPanel 控件是经常使用的控件之一——特别是需要在用户界面上显示一个对象集合，而不想借助于网格样式进行布局的时候尤其如此。尽管标准的 StackPanel 提供了一种方法以水平或者垂直的方式显示控件，但是超出控件边界的内容都将被裁剪掉。这就导致了一个问题，因为图像或者其他类型的数据需要的是换行，而不是裁剪。尽管在 Web 上有一些第三方的 WrapPanel 控件可以用，但是 Silverlight Toolkit 中的该控件可以快速高效地完成这项任务。下面的例子使用 ItemControl(一个控件，像 ListBox 和 ComboBox 之类的条目控件从中派生而来)中的 WrapPanel 控件为从 Flickr 中检索到的图像定义父容器：

```xml
<ItemsControl x:Name="icPhotos" Grid.Row="1" VerticalAlignment="Top">
    <ItemsControl.ItemsPanel>
        <ItemsPanelTemplate>
            <controls:WrapPanel x:Name="wpImages" Margin="10"
             Orientation="Horizontal" VerticalAlignment="Top" />
        </ItemsPanelTemplate>
    </ItemsControl.ItemsPanel>
    <ItemsControl.ItemTemplate>
        <DataTemplate>
            <Rectangle Stroke="LightGray" Tag="{Binding Url}"
             Fill="{Binding
             ImageBrush}" StrokeThickness="2"
             RadiusX="15" RadiusY="15" Margin="15"
             Height="75" Width="75" Loaded="Rectangle_Loaded"
             MouseLeave="Rectangle_MouseLeave"
             MouseEnter="Rectangle_MouseEnter"
             MouseLeftButtonDown="rect_MouseLeftButtonDown">
                <Rectangle.RenderTransform>
                    <TransformGroup>
                        <ScaleTransform ScaleX="1" ScaleY="1" CenterX="37.5"
                            CenterY="37.5" />
                    </TransformGroup>
                </Rectangle.RenderTransform>
            </Rectangle>
        </DataTemplate>
    </ItemsControl.ItemTemplate>
</ItemsControl>
```

在此给出的 XAML 代码简单涉及了 Silverlight 中的数据绑定和自定义数据模板。关于数据绑定的进一步信息，将在第 10 章给出。

下面的例子使用 WrapPanel 控件以"预包装"的方式显示一系列图像，如图 6-27 所示。

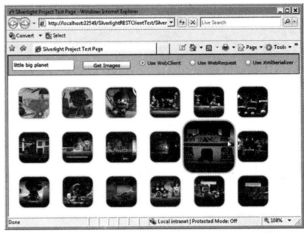

图 6-27

### 6.5.3    TreeView 控件

Silverlight Toolkit 中的 TreeView 控件，无论在外观上还是功能上均和您所见过的标准树视图类似，但是它可以加上样式，并且可以根据您喜欢的方式进行自定义。下面所示的例子使用了 TreeView 控件：

```
<controls:TreeView Margin="5">
  <controls:TreeViewItem Header="ACME Corporation Employees">
    <controls:TreeViewItem Header="Mike James">
      <controls:TreeViewItem Header="Fred Stel" />
      <controls:TreeViewItem Header="Heedy Taft" />
      <controls:TreeViewItem Header="Seth Johnson" />
      <controls:TreeViewItem Header="Dan Williams" />
      <controls:TreeViewItem Header="Ted Thompson">
        <controls:TreeViewItem Header="Daine Rivers" />
        <controls:TreeViewItem Header="Gillian Pierson" />
      </controls:TreeViewItem>
    </controls:TreeViewItem>
  </controls:TreeViewItem>
</controls:TreeView>
```

如果您曾经使用过 ASP.NET 中的 TreeView 控件，那么就知道这些代码看起来非常类似。图 6-28 给出了该控件在 Silverlight 中渲染后的外观。

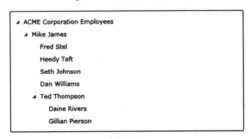

图 6-28

　　包含在 Silverlight Toolkit 中的示例代码，也提供了一个例子将 TreeView 控件绑定到一个 ObjectCollection 实例(在该工具箱中的一个新对象)以显示一个层次结构。下面就是该 ObjectCollection 的定义，其中，Domain、Kingdom 以及其他相关元素均基于包含在 Tookit 样本中的自定义类。当然，这些类可以用自己的数据类来替换，并进行动态构建。

```
<controls:ObjectCollection x:Key="TreeOfLife"
 xmlns="http://schemas.microsoft.com/client/2007">
  <common:Domain Classification="Bacteria">
    <common:Kingdom Classification="Eubacteria" />
  </common:Domain>
  <common:Domain Classification="Archaea">
    <common:Kingdom Classification="Archaebacteria" />
  </common:Domain>
  <common:Domain Classification="Eukarya">
    <common:Kingdom Classification="Protista" />
    <common:Kingdom Classification="Fungi" />
    <common:Kingdom Classification="Plantae" />
    <common:Kingdom Classification="Animalia">
      <common:Phylum Classification="Arthropoda">
        <common:Class Classification="Insecta">
          <common:Order Classification="Diptera">
            <common:Family Classification="Drosophilidae">
              <common:Genus Classification="Drosophila">
                <common:Species Classification="D. melanogaster" />
              </common:Genus>
            </common:Family>
          </common:Order>
        </common:Class>
      </common:Phylum>
      <common:Phylum Classification="Chordata">
        <common:Class Classification="Mammalia">
          <common:Order Classification="Primates">
            <common:Family Classification="Hominidae">
              <common:Genus Classification="Homo">
                <common:Species Classification="H. sapiens" />
              </common:Genus>
            </common:Family>
          </common:Order>
        </common:Class>
      </common:Phylum>
      <common:Phylum Classification="Ctenophora" />
      <common:Phylum Classification="Porifera" />
      <common:Phylum Classification="Placozoa" />
    </common:Kingdom>
  </common:Domain>
</controls:ObjectCollection>
```

　　TreeView 控件可以使用 TreeView 的 ItemsSource 属性绑定到该 TreeOfLife ObjectCollection 类，如下所示(关于数据绑定的更多信息，请查阅第 10 章 "处理数据")：

```
<controls:TreeView x:Name="tvTreeOfLife" Margin="5"
  ItemsSource="{StaticResource TreeOfLife}" >
    <controls:TreeView.ItemTemplate>
      <controls:HierarchicalDataTemplate ItemsSource="{Binding
        Subclasses}">
        <StackPanel>
          <TextBlock Text="{Binding Rank}" FontSize="8" FontStyle="Italic"
            Foreground="Gray" Margin="0 0 0 -5" />
          <TextBlock Text="{Binding Classification}" />
        </StackPanel>
      </controls:HierarchicalDataTemplate>
    </controls:TreeView.ItemTemplate>
</controls:TreeView>
```

注意，ItemsSource 属性绑定到了 ObjectCollection 中定义的 TreeOfLife 键值，并且在该树视图中的每一个值均是使用绑定到 Rank 属性和 Classification 属性的 Hierarchical-DataTemplate 生成的，此外这些值均是使用 StackPanel 显示的。图 6-29 显示了不同的生命分类渲染之后 TreeView 的外观。

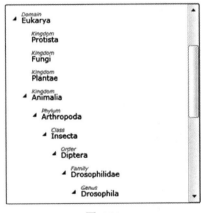

图 6-29

### 6.5.4　Chart 控件

绘制图表是很多应用程序的一个重要部分。过去，当需要在应用程序中嵌入不同类型的图表时，开发人员依赖于自定义代码、报表以及第三方控件来实现相应的功能。Silverlight Toolkit 包含了一个 Chart 控件，该控件可以用于显示不同类型的各种数据。该控件位于 Microsoft.Windows.Controls.DataVisualization 程序集中，并且具有 Microsoft.Windows. Controls.Data-Visualization.Charting 名称空间。利用该控件可以显示线性图表、饼图和分布图，甚至是为图表设置动画。下面的例子定义了一个条状图，该条状图绑定到了一个包含 PugetSound 对象的 ObjectCollection 集合。

```
<charting:Chart Title="Typical Use">
    <charting:Chart.Series>
      <charting:ColumnSeries
          Title="Population"
```

```
        ItemsSource="{Binding PugetSound, Source={StaticResource
          City}}"
        IndependentValueBinding="{Binding Name}"
        DependentValueBinding="{Binding Population}"/>
    </charting:Chart.Series>
</charting:Chart>
```

绑定到该图表的 ObjectCollection 集合如下所示：

```
ObjectCollection pugetSound = new ObjectCollection();
pugetSound.Add(new City { Name = "Bellevue", Population = 112344 });
pugetSound.Add(new City { Name = "Issaquah", Population = 11212 });
pugetSound.Add(new City { Name = "Redmond", Population = 46391 });
pugetSound.Add(new City { Name = "Seattle", Population = 592800 });
```

该图表所产生的输出如图 6-30 所示。

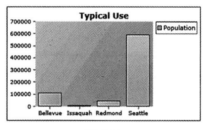

图 6-30

下面显示的例子定义了一个绑定到同一 ObjectCollection 数据的饼图：

```
<charting:Chart Title="Typical Use">
    <charting:Chart.Series>
        <charting:PieSeries
            ItemsSource="{Binding PugetSound, Source={StaticResource City}}"
            IndependentValueBinding="{Binding Name}"
            DependentValueBinding="{Binding Population}"/>
    </charting:Chart.Series>
</charting:Chart>
```

图 6-31 给出了饼图的外观。

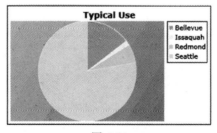

图 6-31

本节所讨论的 Silverlight Toolkit 控件只是该工具包中很小的一部分，并且介绍得比较简单，还有多个其他可用的控件尚未涉及。可以访问 www.codeplex.com/Silverlight 以下载其他文档和样例。此外，第 7 章还将介绍 ImplicitStyleManager 控件的内容。

## 6.6  小结

Silverlight 提供了多个内置控件，以用于捕获用户输入、显示数据项和播放媒体文件。许多控件都类似于 ASP.NET 中的 Web 控件，这也使得您可以更加快速地掌握这些控件。

本章首先介绍了如何在 XAML 中定义控件以及如何将事件绑定到事件处理器。然后，深入介绍了用户输入控件范畴内的控件，如 TextBox、Button 和 Checkbox，并展示了条目控件如何以不同方式显示数据集合。可用的条目控件包括 ListBox、DataGrid 和 ComboBox。然后，本章还介绍了可以用于显示图像、播放音频和视频文件的媒体控件。可用的媒体控件包括 Image、MediaElement 和 MultiScaleImage。最后，本章还讨论了 Silverlight Toolkit 中的几个控件，如 AutoCompleteBox 和 WrapPanel。

在 Silverlight 控件中可以使用其他几个功能，包括样式和模板。在第 7 章 "样式和模板"，您将学习到如何创建并应用样式，以及如何开发自定义控件模板。

# 第 **7** 章

# 样式和模板

正如到现在为止所看到的，Silverlight 拥有一整套布局和输入控件，以帮助构建用户界面。但是，如果 Silverlight 不提供对可扩展样式和模板的支持，那么所有的 Silverlight 应用程序将看起来基本上都是一样的，不会有任何的个性点缀。

本章首先介绍如何以内联的方式将不同的样式快速且方便地应用到 UI 元素上。实际上，前一章已经做了这方面的一些工作。然后将介绍一些将样式定义和样式所应用到的控件相分离的方法，而且不仅考虑了在局部的页面内将两者分离，还讨论了跨整个应用程序的、全局的两者分离。

此后，本章将介绍无外观(lookless)控件的概念，并学习到如何完全重定义某个控件的皮肤(skin)(包含内置控件)而不改变控件的功能——一项称为模板化(templating)的技术。本节还将介绍如何将用户提供的值传播给新模板中的单个元素，这项技术称为模板绑定(template binding)。

最后，本章将介绍如何将 Silverlight 应用程序连接到 ASP.NET Profile Provider 以实现 Silverlight 应用程序的个性化。

## 7.1 样式

当讨论将某个样式应用到某个 ASP.NET Web 站点和(或)某个 Silverlight 应用程序中的某个元素时，通常指的是能够改变控件外观的能力——改变其大小、对齐方式，等等。添加样式一般要求您是杰出的设计人员或者后面拥有非常优秀的设计团队。

为了影响表示外观的属性，可以基于控件来设置控件的属性(称为内联(inline))，并且每次重复应用这些信息，或者也可以选择在某个集中的地方定义样式，然后将预定义的样式信息应用到控件。该模型以前已经见过多次。在 HTML 中，可以使用样式表来保存可以应用到 HTML 元素的样式信息，并且在需要的时候，可以选择直接将这些信息应用到 HTML 元素。ASP.NET 引入了主题(theme)的概念。主题是在皮肤文件中定义的，然后应用到服务器控件。因此，您对该模型至少应该比较熟悉。下面两个小节，"应用内联样式"和"在中心位置设置样式”将详细分析这两种方法。

## 7.1.1　应用内联样式

为某个控件加上样式最快捷方便的方法，是直接在该控件上内联(inline)地设置其属性，也就是说在元素定义上添加相应的样式。

您已经可以在不做丝毫考虑的情况下使用该技术了，只要简单地设置某个控件的 Height 和 Width 属性就可以改变其样式。

下面的 XAML 定义了 TextBlock、TextBox 和 Button 元素。这些元素组成了一个简单的登录表单，并且排列在一个父 Canvas 上。但是，注意该例子仅仅设置了元素的 x:Name、Text/Content 以及 Canvas 的附加属性。就样式而言，没有进行任何设置，因此每个控件都使用其默认设置作为其外观。

```xml
<UserControl x:Class=""Chapter07.InlineExample"
    xmlns="http://schemas.microsoft.com/winfx/2006/xaml/presentation"
    xmlns:x="http://schemas.microsoft.com/winfx/2006/xaml"
    Width="400" Height="300">

<Canvas x:Name="LayoutRoot" Background="White">

    <!-- STEP 1, NO STYLE -->
    <TextBlock x:Name="usernameLabel"
            Text="Enter your Username: "
            Canvas.Top="10"
            Canvas.Left="10" />

    <TextBox x:Name="username"
            Canvas.Top="10"
            Canvas.Left="150"/>

    <TextBlock x:Name="passwordLabel"
            Text="Enter your password: "
            Canvas.Top="40"
            Canvas.Left="10"/>

    <TextBox x:Name="password"
            Canvas.Top="40"
            Canvas.Left="150"/>

    <Button x:Name="loginButton"
            Content="Login"
            Canvas.Top="70"
            Canvas.Left="10"/>
    <!-- END STEP 1 -->
</Canvas>


</UserControl>
```

图 7-1 给出了该 XAML 的输出。

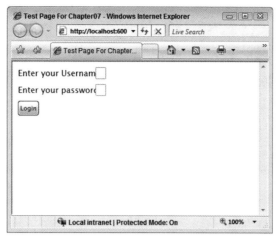

图 7-1

您应该会同意这并不是世界上最好的登录表单。尽管控件均进行了正确的定位，但是 TextBox 的默认宽度实在是太短了。因此，设计该表单的下一步就是增大 TextBox 元素的默认宽度以达到某个更大的宽度，并且增大 Button 的宽度以使其更加突出。

```
<TextBlock x:Name="usernameLabel"
           Text="Enter your Username: "
           Canvas.Top="10"
           Canvas.Left="10" />

<TextBox x:Name="username"
           Canvas.Top="10"
           Canvas.Left="150"
           Width="150" />

<TextBlock x:Name="passwordLabel"
           Text="Enter your password: "
           Canvas.Top="40"
           Canvas.Left="10" />

<TextBox x:Name="password"
           Canvas.Top="40"
           Canvas.Left="150"
           Width="150" />

<Button x:Name="loginButton"
           Content="Login"
           Canvas.Top="70"
           Canvas.Left="10"
           Width="80" />
```

图 7-2 显示的表单中 TextBox 和 Button 对象均有了新的大小设置，这样看上去要好多了。

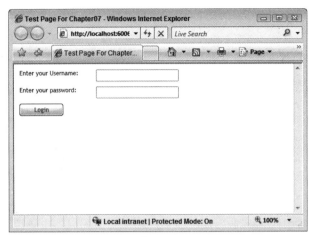

图 7-2

现在假定公司在品牌上有严格的规定，也就是说，在该表单以及其余表单上使用的文本必须匹配或者近似匹配公司的标准，即字体为 Times New Roman、文字大小为 12。这个需求使得需要设置表单中各个控件的 FontFamily 属性和 FontSize 属性，以显示文本内容，如以下 XAML 代码所示：

```xaml
<TextBlock x:Name="usernameLabel"
        Text="Enter your Username: "
        Canvas.Top="10"
        Canvas.Left="10"
        FontFamily="Times New Roman"
        FontSize="12"/>

<TextBox x:Name="username"
        Canvas.Top="10"
        Canvas.Left="150"
        Width="150"
        FontFamily="Times New Roman"
        FontSize="12"/>

<TextBlock x:Name="passwordLabel"
        Text="Enter your password: "
        Canvas.Top="40"
        Canvas.Left="10"
        FontFamily="Times New Roman"
        FontSize="12"/>

<TextBox x:Name="password"
        Canvas.Top="40"
        Canvas.Left="150"
        Width="150"
        FontFamily="Times New Roman"
        FontSize="12"/>
```

```
<Button x:Name="loginButton"
        Content="Login"
        Canvas.Top="70"
        Canvas.Left="10"
        Width="80"
        FontFamily="Times New Roman"
        FontSize="12"/>
```

因此，到现在为止已经增大了某些元素的默认大小，并使用了公司的标准字体和文字大小。现在我们将大胆地考虑一些别的设计了——将标签文本改成绿色的，并添加一个标题以完善该表单。XAML 文件应该组合成如下所示：

```
<TextBlock x:Name="headingText"
        Text="Please Login"
        Canvas.Top="10"
        Canvas.Left="10"
        FontFamily="Times New Roman"
        FontSize="18" />

<TextBlock x:Name="usernameLabel"
        Text="Enter your Username: "
        Canvas.Top="40"
        Canvas.Left="10"
        FontFamily="Times New Roman"
        FontSize="12"
        Foreground="Green"/>

<TextBox x:Name="username"
        Canvas.Top="40"
        Canvas.Left="150"
        Width="150"
        FontFamily="Times New Roman"
        FontSize="12"/>

<TextBlock x:Name="passwordLabel"
        Text="Enter your password: "
        Canvas.Top="70"
        Canvas.Left="10"
        FontFamily="Times New Roman"
        FontSize="12"
        Foreground="Green"/>

<TextBox x:Name="password"
        Canvas.Top="70"
        Canvas.Left="150"
        Width="150"
        FontFamily="Times New Roman"
        FontSize="12"/>

<Button x:Name="loginButton"
```

**217**

```
            Content="Login"
            Canvas.Top="100"
            Canvas.Left="10"
            Width="80"
            FontFamily="Times New Roman"
            FontSize="12"/>
```

图 7-3 显示了最终的结果。该结果非常美观，我相信您也同样会这样认为。

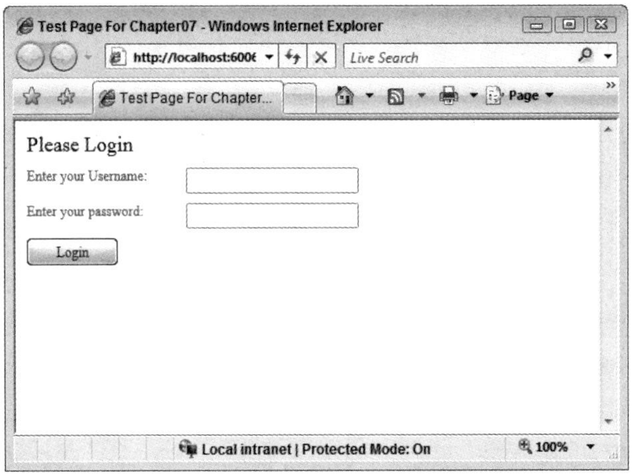

图 7-3

现在，我们花一些时间来考虑一下"内联"方法中所存在的一些问题。即使对于这个小例子而言，对不同的控件重复应用相同的设置也是非常沉重的任务，并且在一些比较大的应用程序中，该工作将变得非常费时。而且随着实际复杂性的增加，该过程将变得非常容易出错。

此外，很少有东西在创建以后就不需做任何更改的，确实非常少。例如，很可能某个公司标准发生了改变，要求使用一个比较可爱的表单，并要求改变相应的样式属性以符合公司标准。这一点在一个复杂表单中就难以实现了，更别说是大量的复杂表单了！

最后，内联样式使得维护整个应用程序统一的外观变得非常困难，特别是当多个设计人员和开发人员一起工作时更是如此。

那么，我们所需要的是在某个心位置中定义设置样式，然后将这些样式自动应用到应用程序中的相应控件。

### 7.1.2　在中心位置设置样式

定义样式然后重用样式集的能力是由 Style 对象提供的。为了将一个预定义的样式应用到某个控件或者几个控件，首先需要一种方法来设置哪个控件需要采用该设置样式。在 Silverlight 中，可以通过将 Style.TargetType 属性设置为需要使用该样式的元素的类型，然后通过x:Key属性为Style对象赋予唯一键值来完成该任务。x:Key可以应用到定义了Resources 部分的元素，因此 Style 对象也必须在使用的 XAML 文件中的 Resources 部分中定义。

第 4 章已经介绍了 FrameworkElement 类。该类的作用就是为进一步派生其他控件提供布局能力、对象生命期连接以及数据绑定和资源支持。这表示 Silverlight 中每个派生的 FrameworkElement 控件均有一个 Style 属性，该属性值默认为 null。为了将该属性设置为 XAML 中某个预定义的样式，需要使用 x:Key 属性值所提供的字符串名。为了设置实际被引用的 Style 对象，需要采用类型转换。

### 1. Setter

除了能够应用某个样式以设置元素外，还需要能够在样式内定义实际给使用该样式的控件设置什么样的属性值。为了实现这一点，Style 对象提供了 Setter 属性，该属性允许设置多个 Setter 对象。例如，Setter 对象允许通过该对象的 Property 和 Value 属性，分别指定将要设置样式的属性名称以及将赋予该属性的值为 FontSize 和 12。创建多个 Setter 对象允许预定义任何选定的样式设置。

下面的 XAML 显示了如何为需要设置 FontFamily、FontSize 和 Width 属性的 TextBox 元素定义 Style 对象。

```
<Style x:Key="StandardTextBox" TargetType="TextBox">
    <Setter Property="FontFamily"
            Value="Times New Roman" />

    <Setter Property="FontSize"
            Value="12" />

    <Setter Property="Width"
            Value="150" />
</Style>
```

### 2. 在页面层上设定样式

在页面层设定样式和在 UI 元素中内联设置样式相比有诸多优点。首先，由于它不需要在多个改变之间重复使用样式信息，因此它有助于维护样式。第二，它使得在多个页面之间遵循统一的标准更加容易，而不能在页面中应用特别的样式。最后，由于在各种方法中，样式仅仅在一处声明，然后在多处重复使用，因此它减少了出错的机会。

Style 对象需要在应用程序的 Resources 节中设定。如果样式仅仅应用到唯一页面，那么可以简单地将其放在父容器——UserControl 的 Resources 部分中即可。如果希望样式仅仅应用到该层次上某个容器中的元素，也可以随意地将其放在容器元素的 Resources 部分(如在 Canvas 中)即可。对于页面(或其他容器)中每个需要使用该样式的元素，应该将它们的 Style 属性设置为 x:Key 属性所给定的 Style 的名称。

了解了这一点之后，修改前面的 XAML 文件以包括 TextBox 样式定义和应用，如下所示：

```
<Canvas.Resources>
    <Style x:Key="StandardTextBox" TargetType="TextBox">
        <Setter Property="FontFamily"
                Value="Times New Roman" />
        <Setter Property="FontSize"
```

```
                        Value="12" />

        <Setter Property="Width"
                Value="150" />
    </Style>
</Canvas.Resources>

<TextBlock x:Name="headingText"
           Text="Please Login"
           Canvas.Top="10"
           Canvas.Left="10"
           FontFamily="Times New Roman"
           FontSize="18" />

<TextBlock x:Name="usernameLabel"
           Text="Enter your Username: "
           Canvas.Top="40"
           Canvas.Left="10"
           FontFamily="Times New Roman"
           FontSize="12"
           Foreground="Green"/>

<TextBox x:Name="username"
         Canvas.Top="40"
         Canvas.Left="150"
         Style="{StaticResource StandardTextBox}"/>

<TextBlock x:Name="passwordLabel"
           Text="Enter your password: "
           Canvas.Top="70"
           Canvas.Left="10"
           FontFamily="Times New Roman"
           FontSize="12"
           Foreground="Green"/>

<TextBox x:Name="password"
         Canvas.Top="70"
         Canvas.Left="150"
         Style="{StaticResource StandardTextBox}" />

<Button x:Name="loginButton"
        Content="Login"
        Canvas.Top="100"
        Canvas.Left="10"
        Width="80"
        FontFamily="Times New Roman"
        FontSize="12"/>
```

注意，正在考虑的是，TextBox 元素的 Style 属性是如何设置为{StaticResource

StandardTextBox}的。如果编译并运行该应用程序，仍然能够获得和前面一样的结果。这就
意味着新的样式定义已经发挥作用了。

现在，提取其余的样式并定义这些样式以备使用，如下所示：

```xml
<Canvas.Resources>
    <Style x:Key="StandardTextBox" TargetType="TextBox">
        <Setter Property="FontFamily"
                Value="Times New Roman" />

        <Setter Property="FontSize"
                Value="12" />

        <Setter Property="Width"
                Value="150" />
    </Style>

    <Style x:Key="TextBlockHeader" TargetType="TextBlock">
        <Setter Property="FontFamily"
                Value="Times New Roman" />

        <Setter Property="FontSize"
                Value="18" />
    </Style>

    <Style x:Key="StandardLabel" TargetType="TextBlock">
        <Setter Property="FontFamily"
                Value="Times New Roman" />

        <Setter Property="FontSize"
                Value="12" />

        <Setter Property="Foreground"
                Value="Green" />
    </Style>

    <Style x:Key="StandardButton" TargetType="Button">
        <Setter Property="FontFamily"
                Value="Times New Roman" />

        <Setter Property="FontSize"
                Value="12" />

        <Setter Property="Width"
                Value="80" />
    </Style>
</Canvas.Resources>

<TextBlock x:Name="headingText"
           Text="Please Login"
           Canvas.Top="10"
```

```
                      Canvas.Left="10"
                      Style="{StaticResource TextBlockHeader}"/>

<TextBlock x:Name="usernameLabel"
           Text="Enter your Username: "
           Canvas.Top="40"
           Canvas.Left="10"
           Style="{StaticResource StandardLabel}"/>

<TextBox x:Name="username"
         Canvas.Top="40"
         Canvas.Left="150"
         Style="{StaticResource StandardTextBox}"/>

<TextBlock x:Name="passwordLabel"
           Text="Enter your password: "
           Canvas.Top="70"
           Canvas.Left="10"
           Style="{StaticResource StandardLabel}"/>

<TextBox x:Name="password"
         Canvas.Top="70"
         Canvas.Left="150"
         Style="{StaticResource StandardTextBox}" />

<Button x:Name="loginButton"
        Content="Login"
        Canvas.Top="100"
        Canvas.Left="10"
        Style="{StaticResource StandardButton}"/>
```

注意，可以针对相同的类型定义多个 Style 对象。这样使得可以为诸如 TextBox 之类的对象创建多个样式，然后通过使用 x:Key 值精确地指定使用哪个样式。

### 3. 覆盖设置样式

现在可以使用 Style 对象来预定义所期望的样式，然后将这些样式应用到一个或多个控件。除了可以为给定控件应用一个样式以外，还可以提供内联的样式信息，而且这些信息可能和指定样式对象所给定的样式信息相冲突。在这种情况下，由"内联"样式所提供的值将覆盖在 Style 对象中所定义的样式。但是，Style 对象并不做任何改变，仍然可以将没有冲突的属性应用到正在使用该样式的元素中。

该机制允许采用某个 Style 对象的部分，甚至大部分，但是也可以为某个特定控件而稍作改变。下面的 XAML 显示了一个 TextBlock，该控件用自己选择的设置覆盖 Foreground Setter，但是仍然使用 FontSize Setter：

```
<Canvas.Resources>
    <Style x:Key="DefaultTextBlock" TargetType="TextBlock">
```

```
            <Setter Property="Foreground"
                    Value="Green" />

            <Setter Property="FontSize"
                    Value="26" />
        </Style>
</Canvas.Resources>

<TextBlock Text="Hello, World!"
           Style="{StaticResource DefaultTextBlock}"
           Foreground="Blue" />
```

重申一遍，覆盖 Style 设置的部分或者全部并不会对 Style 对象做任何改变，并且使用该样式的其他控件仍然正常工作。

**4. 在应用程序级指定样式**

到现在为止，所有的例子都假定，所拥有的样式只是想从顶级的 UserControl 元素或者其中的某个容器传播到它们的子元素。在现实世界中，更可能创建一些将应用于整个应用程序的样式，即可能要跨越多个页面。

为了实现这一点，仅仅需要把样式的定义提升到 App.xaml 页面中 Application 对象的 Resources 部分即可。

```
<Application xmlns="http://schemas.microsoft.com/winfx/2006/xaml/
  presentation"
             xmlns:x="http://schemas.microsoft.com/winfx/2006/xaml"
             x:Class="Chapter07.App"
             >
    <Application.Resources>
        <Style x:Key="StandardTextBox" TargetType="TextBox">
            <Setter Property="FontFamily"
                    Value="Times New Roman" />

            <Setter Property="FontSize"
                    Value="12" />

            <Setter Property="Width"
                    Value="150" />
        </Style>

        <Style x:Key="TextBlockHeader" TargetType="TextBlock">
            <Setter Property="FontFamily"
                    Value="Times New Roman" />

            <Setter Property="FontSize"
                    Value="18" />
        </Style>

        <Style x:Key="StandardLabel" TargetType="TextBlock">
```

```
            <Setter Property="FontFamily"
                    Value="Times New Roman" />

            <Setter Property="FontSize"
                    Value="12" />

            <Setter Property="Foreground"
                    Value="Green" />
        </Style>

        <Style x:Key="StandardButton" TargetType="Button">
            <Setter Property="FontFamily"
                    Value="Times New Roman" />

            <Setter Property="FontSize"
                    Value="12" />

            <Setter Property="Width"
                    Value="80" />
        </Style>
    </Application.Resources>
</Application>
```

## 7.2　模板

到现在为止，您已经了解了如何通过简单地用某些值来设置控件属性以实现样式，或者在元素自身上直接设置，或者通过预定义的 Style 对象设置。这些技术在大部分情况下都非常有用，并且可以为 Silverlight 应用程序的外观提供良好的控制。但是，在某些情况下，需要更多的控制。例如，假如想改变某个控件的实际形状，而不仅仅是改变其大小和颜色。例如，可能喜欢一个星形的 Button。很明显，仅仅通过简单地设置 Button 类的属性是不可能实现这一目标的。

### 7.2.1　ControlTemplate

为了能够更好地自定义某个控件的外观，Silverlight 提供了 ControlTemplate 类。所有继承自 Control 类的对象均拥有在 ControlTemplate 中定义的外观(注意，并不是所有继承自 FrameworkElement 的对象均拥有 Style 设置)，该元素是在 XAML 中定义的。然后，该定义可以传递给将要实现的 Control.Template 属性。

#### 1．"无外观"控件

要完全将控件的可视化外观和行为与控件的实际实现相分离，因而创建无外观(lookless)的控件，这一点至关重要。所有的功能均可以编写和实现，而实际的外观以及外观如何可视化地发生变化，则可以有效地进行皮肤化(Skinned)处理和变换，而且在必要的时候还可以替换。

当然，为了重新为某个控件加上皮肤，需要了解控件希望如何与其皮肤进行交互。通常，控件内的代码可能期望所有应用到该控件的皮肤均有某些元素可以操作。为了满足这样的期望，控件开发人员可以创建一个控件合同，而且在合同中指定 3 条重要的信息：

- 关于可以用来改变控件可视化外观的公有属性的定义；
- 关于控件希望在某个皮肤中拥有的所有 UIElement 对象的定义；
- 关于 VisualState 对象的定义，这些对象将控制控件的不同状态以响应用户动作。

该类的"合同"是在控件的隐藏代码文件中通过使用 TemplatePart 属性来定义的。

### 2. VisualState 对象

从前面的列表中可以看出，控件可以定义多个 VisualState 对象。但是 VisualState 到底是什么呢？VisualState 表示控件处于某个特定状态的外观。例如，Button 控件可能处于"按下"(pressed)状态，那么该控件的外观可能需要改变以反映该事实(如凹进的外观)。

VisualState 对象允许在控件处于某个特定状态时，通过应用一个 Storyboard 对象到该控件来改变该控件的外观。

对每个控件而言，这些状态本身均包含在一个 VisualStateManager 中，并由其进行管理，并且包含了一个 VisualStateGroup 对象的集合。由于能够将不同的控件状态进行分组，因此可以考虑某些状态之间是互相排斥的这一事实。例如，某个控件不可能同时处于聚焦状态和非聚焦状态。

关于这些对象的详细信息将在第 11 章"创建自定义控件"中给出。

下面，将看到如何使用一个 ControlTemplate 对象来为内置的 Button 对象重新加上皮肤，以使其变成星形。

### 3. 使用模板

事实上，创建新的 ControlTemplate 对象和创建预定义样式的过程基本一致：使用 Setter 对象将 ControlTemplate 值传递给 Template 属性。下面的 XAML 使用 PathGeometry 对象描述了一个星形，并以该星形作为 Button 的新形状：

```xml
<UserControl x:Class="Chapter07.BasicTemplateExample"
    xmlns="http://schemas.microsoft.com/winfx/2006/xaml/presentation"
    xmlns:x="http://schemas.microsoft.com/winfx/2006/xaml"
    Width="400" Height="300">
    <Grid x:Name="LayoutRoot" Background="White">
        <Grid.Resources>
            <Style TargetType="Button" x:Key="StarButton">
                <Setter Property="Template">
                    <Setter.Value>
                        <ControlTemplate TargetType="Button">
                            <Grid>
                                <Path Fill="Yellow">
                                    <Path.Data>
                                        <PathGeometry>
                                            <PathFigure>
```

```
                                        <LineSegment Point="100,100" />
                                        <LineSegment Point="200, 100" />
                                        <LineSegment Point="250, 0" />
                                        <LineSegment Point="300, 100" />
                                        <LineSegment Point="400, 100" />
                                        <LineSegment Point="320, 200" />
                                        <LineSegment Point="400, 300" />
                                        <LineSegment Point="250, 270" />
                                        <LineSegment Point="100, 300" />
                                        <LineSegment Point="180, 200" />
                                        <LineSegment Point="100, 100" />
                                    </PathFigure>
                                </PathGeometry>
                            </Path.Data>
                        </Path>
                    </Grid>
                </ControlTemplate>
            </Setter.Value>
        </Setter>
    </Style>
</Grid.Resources>

<Button Style="{StaticResource StarButton}" Content="Click Me" />
    </Grid>
</UserControl>
```

注意新的 Style 对象是如何定义的，Setter 对象是声明作用在一个名为 Template 的属性上的。然后，ControlTemplate 实例将通过 Setter.Value 元素传递进来。该 XAML 的输出如图 7-4 所示。

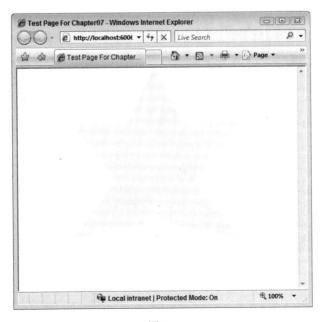

图 7-4

看，我们已经绘制了一个星形。当然，该星形绘制得并不好，但是不管如何，它是一个星形。您可能已经注意到该 StarButton 的当前实现中存在的一些问题。首先，设置为字符串“Click Me”的 Content 属性并没有发挥该有的作用。该文本只是被忽视了。此外，鼠标在 Button 上滚动也不会有任何效果。显然，还有一些工作要做。

此时此刻，由 Button 类指定、以表示各个皮肤需要有哪些元素以便与其进行交互的“合同”就没有兑现。如果查阅一下 Button 类的文档，将会发现该类希望某些具名元素和一些“VisualState”(实现为 Storyboard)的存在。

就元素而言，它期望有两个元素：

- RootElement——该控件的根元素；
- FocusVisualElement——拥有该名称的元素将为控件获取输入焦点；

Button 类也定义了它可以处于的 6 种状态：

- Normal 状态——按钮的默认状态；
- MouseOver 状态——当鼠标位于其上的状态；
- Pressed 状态——当按钮按下时的按钮状态；
- Disabled 状态——当按钮去使能时按钮的状态；
- Focused 状态——按钮具有焦点时的状态；
- Unfocused 状态——按钮没有焦点时的状态。

为了实现需要的元素，仅仅需要在 ControlTemplate 中命名相应的元素即可。在 StarButton 例子中，Grid 控件将命名为 RootElement，并且一个 TextBlock 控件将添加进来，这样将利用该控件来显示字符串内容。此外，该按钮的不同状态则需要通过 VisualState 和 Storyboard 对象来实现。这些 VisualState 对象应该分别命名为正在考虑的控件的状态名(在 StarButton 例子中，它们的名称应该为 Normal、MouseOver、Pressed、Disabled、Focused 以及 Unfocused)。

### 4. Generic.xaml

现在，当需要改变某个控件的模板时，通常都是从现有的某个定义出发，对其进行一定的修改，而不是完全从零开始。这些定义保存在控件程序集的一个名为 generic.xaml 的资源中。尽管如果真的想看看该文档的话，可以看到该文档，但是可能仅仅查看相应的 MSDN 文档，这些文档列出了所有控件需要的模板，以及它们默认的模板。可以在 http://msdn.microsoft.com/en-us/library/cc278069(VS.95).aspx 上找到该文档。Button 控件的默认 XAML 如下所示。该文档展示了如何为自己的模板实现不同的状态和具名元素。不要被该 XAML 的规模吓坏了——如果从上到下查看该文档，将发现实际上该文档并不可怕。

```
<Style TargetType="Button"
xmlns:vsm="clr-namespace:System.Windows;assembly=System.Windows">
    <Setter Property="IsEnabled" Value="true" />
    <Setter Property="IsTabStop" Value="true" />
    <Setter Property="Background" Value="#FF003255" />
    <Setter Property="Foreground" Value="#FF313131" />
    <Setter Property="MinWidth" Value="5" />
    <Setter Property="MinHeight" Value="5" />
    <Setter Property="Margin" Value="0" />
```

```xml
<Setter Property="HorizontalContentAlignment" Value="Center" />
<Setter Property="VerticalContentAlignment" Value="Center" />
<Setter Property="Cursor" Value="Arrow" />
<Setter Property="TextAlignment" Value="Left" />
<Setter Property="TextWrapping" Value="NoWrap" />
<!-- Cannot currently parse FontFamily type in XAML
so it's being set in code -->
<!-- <Setter Property="FontFamily" Value="Trebuchet MS" /> -->
<Setter Property="FontSize" Value="11" />
<!-- Cannot currently parse FontWeight type in XAML
so it's being set in code -->
<!-- <Setter Property="FontWeight" Value="Bold" /> -->
<Setter Property="Template">
<Setter.Value>
  <ControlTemplate TargetType="Button">
    <Grid>
      <Grid.Resources>
        <!-- Visual constants used by the template -->
        <Color x:Key="LinearBevelLightStartColor">#FCFFFFFF</Color>
        <Color x:Key="LinearBevelLightEndColor">#F4FFFFFF</Color>
        <Color x:Key="LinearBevelDarkStartColor">#E0FFFFFF</Color>
        <Color x:Key="LinearBevelDarkEndColor">#B2FFFFFF</Color>
        <Color
        x:Key="MouseOverLinearBevelDarkEndColor">#7FFFFFFF</Color>
        <Color
        x:Key="HoverLinearBevelLightStartColor">#FCFFFFFF</Color>
        <Color
        x:Key="HoverLinearBevelLightEndColor">#EAFFFFFF</Color>
        <Color
        x:Key="HoverLinearBevelDarkStartColor">#D8FFFFFF</Color>
        <Color
        x:Key="HoverLinearBevelDarkEndColor">#4CFFFFFF</Color>
        <Color x:Key="CurvedBevelFillStartColor">#B3FFFFFF</Color>
        <Color x:Key="CurvedBevelFillEndColor">#3CFFFFFF</Color>
        <SolidColorBrush x:Key="BorderBrush" Color="#FF000000" />
        <SolidColorBrush x:Key="AccentBrush" Color="#FFFFFFFF" />
        <SolidColorBrush x:Key="DisabledBrush" Color="#A5FFFFFF" />
        <LinearGradientBrush
    x:Key="FocusedStrokeBrush" StartPoint="0.5,0" EndPoint="0.5,1">
          <GradientStop Color="#B2FFFFFF" Offset="0" />
          <GradientStop Color="#51FFFFFF" Offset="1" />
          <GradientStop Color="#66FFFFFF" Offset="0.325" />
          <GradientStop Color="#1EFFFFFF" Offset="0.325" />
        </LinearGradientBrush>
      </Grid.Resources>
      <vsm:VisualStateManager.VisualStateGroups>
        <vsm:VisualStateGroup x:Name="CommonStates">
          <vsm:VisualStateGroup.Transitions>
            <vsm:VisualTransition To="MouseOver"
            Duration="0:0:0.2" />
```

```xml
                    <vsm:VisualTransition To="Pressed"
                Duration="0:0:0.1" />
        </vsm:VisualStateGroup.Transitions>
        <vsm:VisualState x:Name="Normal" />
        <vsm:VisualState x:Name="MouseOver">
            <Storyboard>
                <ColorAnimation
                  Storyboard.TargetName="LinearBevelDarkEnd"
                  Storyboard.TargetProperty="Color"
To="{StaticResource MouseOverLinearBevelDarkEndColor}"
                  Duration="0" />
            </Storyboard>
        </vsm:VisualState>
        <vsm:VisualState x:Name="Pressed">
            <Storyboard>
                <DoubleAnimation
              Storyboard.TargetName="LinearBevelLightEnd"
              Storyboard.TargetProperty="Offset" To=".2"
                    Duration="0" />
                    <ColorAnimation
                  Storyboard.TargetName="LinearBevelLightStart"
                  Storyboard.TargetProperty="Color"
                  To="{StaticResource
                    HoverLinearBevelLightEndColor}"
                  Duration="0" />
                    <ColorAnimation
                  Storyboard.TargetName="LinearBevelLightEnd"
                  Storyboard.TargetProperty="Color"
                To="{StaticResource HoverLinearBevelLightEndColor}"
                  Duration="0" />
                        <ColorAnimation
                  Storyboard.TargetName="LinearBevelDarkStart"
                  Storyboard.TargetProperty="Color"
                  To="{StaticResource
                    HoverLinearBevelDarkStartColor}"
                  Duration="0" />
                        <ColorAnimation
                  Storyboard.TargetName="LinearBevelDarkEnd"
                  Storyboard.TargetProperty="Color"
                  To="{StaticResource
                    HoverLinearBevelDarkEndColor}"
                  Duration="0" />
                        <DoubleAnimation
                    Storyboard.TargetName="DownStroke"
                    Storyboard.TargetProperty="Opacity"
                    To="1" Duration="0" />
                </Storyboard>
            </vsm:VisualState>
            <vsm:VisualState x:Name="Disabled">
                <Storyboard>
```

```
                        <DoubleAnimation
                        Storyboard.TargetName="DisabledVisual"
                        Storyboard.TargetProperty="Opacity"
                        To="1" Duration="0" />
                    </Storyboard>
                </vsm:VisualState>
            </vsm:VisualStateGroup>
            <vsm:VisualStateGroup x:Name="FocusStates">
                <vsm:VisualState x:Name="Focused">
                    <Storyboard>
                        <ObjectAnimationUsingKeyFrames
                        Storyboard.TargetName="FocusVisual"
                        Storyboard.TargetProperty="Visibility"
                        Duration="0">
                          <DiscreteObjectKeyFrame KeyTime="0">
                              <DiscreteObjectKeyFrame.Value>
                              <Visibility>Visible</Visibility>
                              </DiscreteObjectKeyFrame.Value>
                          </DiscreteObjectKeyFrame>
                        </ObjectAnimationUsingKeyFrames>
                    </Storyboard>
                </vsm:VisualState>
                <vsm:VisualState x:Name="Unfocused">
                  <Storyboard>
                        <ObjectAnimationUsingKeyFrames
                        Storyboard.TargetName="FocusVisual"
                        Storyboard.TargetProperty="Visibility"
                        Duration="0">
                          <DiscreteObjectKeyFrame KeyTime="0">
                              <DiscreteObjectKeyFrame.Value>
                                <Visibility>Collapsed</Visibility>
                              </DiscreteObjectKeyFrame.Value>
                          </DiscreteObjectKeyFrame>
                        </ObjectAnimationUsingKeyFrames>
                  </Storyboard>
                </vsm:VisualState>
            </vsm:VisualStateGroup>
        </vsm:VisualStateManager.VisualStateGroups>

        <Rectangle x:Name="Background"
    RadiusX="4" RadiusY="4" Fill="{TemplateBinding Background}" />
        <Rectangle x:Name="BackgroundGradient"
    RadiusX="4" RadiusY="4" StrokeThickness="1"
    Stroke="{StaticResource BorderBrush}">
            <Rectangle.Fill>
                <LinearGradientBrush StartPoint="0.7,0"
                                     EndPoint="0.7,1">
                    <GradientStop
                        x:Name="LinearBevelLightStart"
                    Color="{StaticResource LinearBevelLightStartColor}"
```

```xml
                      Offset="0" />
                <GradientStop x:Name="LinearBevelLightEnd"
        Color="{StaticResource LinearBevelLightEndColor}"
        Offset="0.35" />
          <GradientStop x:Name="LinearBevelDarkStart"
        Color="{StaticResource LinearBevelDarkStartColor}"
        Offset="0.35" />
          <GradientStop x:Name="LinearBevelDarkEnd"
        Color="{StaticResource LinearBevelDarkEndColor}"
        Offset="1" />
      </LinearGradientBrush>
    </Rectangle.Fill>
  </Rectangle>
  <Grid x:Name="CurvedBevelScale" Margin="2">
    <Grid.RowDefinitions>
      <RowDefinition Height="7*" />
      <RowDefinition Height="3*" />
    </Grid.RowDefinitions>
    <Path x:Name="CurvedBevel" Stretch="Fill"
      Margin="3,0,3,0"
      Data="F1 M 0,0.02 V 0.15 C 0.15,0.22 0.30,0.25 0.50,
      0.26 C 0.70,0.26 0.85,0.22 1,0.15 V 0.02 L 0.97,0 H 0.02
      L 0,0.02 Z">
        <Path.Fill>
          <LinearGradientBrush StartPoint="0.5,0"
                               EndPoint="0.5,1">
            <GradientStop x:Name="CurvedBevelFillStart"
        Color="{StaticResource CurvedBevelFillStartColor}"
        Offset="0" />
          <GradientStop x:Name="CurvedBevelFillEnd"
        Color="{StaticResource CurvedBevelFillEndColor}"
              Offset="1" />
          </LinearGradientBrush>
        </Path.Fill>
      </Path>
    </Grid>
    <Rectangle x:Name="Accent" RadiusX="3"
               RadiusY="3" Margin="1"
      Stroke="{StaticResource AccentBrush}"
      StrokeThickness="1" />
    <Grid x:Name="FocusVisual" Visibility="Collapsed">
      <Rectangle RadiusX="3" RadiusY="3" Margin="2"
        Stroke="{StaticResource AccentBrush}"
        StrokeThickness="1" />
      <Rectangle RadiusX="3" RadiusY="3"
        Stroke="{TemplateBinding Background}"
        StrokeThickness="2" />
      <Rectangle RadiusX="3" RadiusY="3"
        Stroke="{StaticResource FocusedStrokeBrush}"
        StrokeThickness="2" />
```

```xml
          </Grid>
          <Grid x:Name="DownStroke" Opacity="0">
            <Rectangle Stroke="{TemplateBinding Background}"
                  RadiusX="3" RadiusY="3"
                  StrokeThickness="1" Opacity="0.05"
                  Margin="1,2,1,1" />
            <Rectangle Stroke="{TemplateBinding Background}"
                  RadiusX="3" RadiusY="3" StrokeThickness="1"
                  Opacity="0.05" Margin="1,1.75,1,1" />
            <Rectangle Stroke="{TemplateBinding Background}"
                  RadiusX="3" RadiusY="3"
                  StrokeThickness="1" Opacity="0.05"
                  Margin="1,1.5,1,1" />
            <Rectangle Stroke="{TemplateBinding Background}"
                RadiusX="3" RadiusY="3" StrokeThickness="1"
                Opacity="0.05" Margin="1,1.25,1,1" />
            <Rectangle Stroke="{TemplateBinding Background}"
                RadiusX="3" RadiusY="3" StrokeThickness="1"
                Opacity="1" Margin="1" />
            <Rectangle RadiusX="4" RadiusY="4"
                StrokeThickness="1" Margin="1">
              <Rectangle.Stroke>
                <LinearGradientBrush EndPoint="0.5,1"
                                     StartPoint="0.5,0">
                  <GradientStop Color="#A5FFFFFF" Offset="0" />
                  <GradientStop Color="#FFFFFFFF" Offset="1" />
                </LinearGradientBrush>
              </Rectangle.Stroke>
            </Rectangle>
          </Grid>
          <ContentPresenter
            Content="{TemplateBinding Content}"
            ContentTemplate="{TemplateBinding ContentTemplate}"
            HorizontalContentAlignment=
                "{TemplateBinding HorizontalContentAlignment}"
            Padding="{TemplateBinding Padding}"
            TextAlignment="{TemplateBinding TextAlignment}"
            TextDecorations="{TemplateBinding TextDecorations}"
            TextWrapping="{TemplateBinding TextWrapping}"
            VerticalContentAlignment=
                "{TemplateBinding VerticalContentAlignment}"
            Margin="4,5,4,4" />
          <Rectangle x:Name="DisabledVisual" RadiusX="4"
            RadiusY="4" Fill="{StaticResource DisabledBrush}"
              Opacity="0"
            IsHitTestVisible="false" />
        </Grid>
      </ControlTemplate>
    </Setter.Value>
  </Setter>
```

```
</Style>
```

注意，该代码首先为使用该模板的控件设定了一个默认值，包括 Foreground、Background、Margin 和 TextAlignment，等等。

接下来，在 ControlTemplate 内将看到 VisualState 元素集以及相应的 Storyboard。这些对象将负责响应状态的改变，以改变按钮的外观。这些是通过在不同的状态下使用预定义的颜色集来完成的。关于管理控件可视化状态的更多信息，将在第 11 章给出。

最后，注意在定义实际按钮及其内容的 XAML 中，使用了一项称为 TemplateBinding 的技术。下面将研究该技术。

## 7.2.2  TemplateBinding

查看前一节中默认的按钮模板，可以看到一项称为 TemplateBinding 的特殊语法。该语法只能在某个 ControlTemplate 的 XAML 中使用，并且允许将模板中某个任意属性的值直接绑定到控件自身的一个属性。例如，该技术确保在开发人员或者设计人员为 Button 提供 Content 时，可以将该值传播给您自己的 Content 表示。

有一个简单的例子可以演示这个概念。再次考虑为 Button 类创建自己的模板。假如需要一个椭圆形的按钮，而不是标准的矩形，那么 XAML 将很可能以如下的代码开始：

```xml
<UserControl x:Class="Chapter07.TemplateBindingExample"
    xmlns="http://schemas.microsoft.com/winfx/2006/xaml/presentation"
    xmlns:x="http://schemas.microsoft.com/winfx/2006/xaml"
    Width="400" Height="300">

    <Grid x:Name="LayoutRoot" Background="White">

        <Grid.Resources>
            <Style x:Key="NewButton" TargetType="Button">
                <Setter Property="Template">
                    <Setter.Value>
                        <ControlTemplate TargetType="Button">

                            <Grid>
                            <Ellipse Width="150" Height="100" Fill="Green" />
                            <TextBlock Text="Click"
                                    HorizontalAlignment="Center"
                                    VerticalAlignment="Center" />
                            </Grid>

                        </ControlTemplate>
                    </Setter.Value>
                </Setter>
            </Style>
        </Grid.Resources>

        <Button Style="{StaticResource NewButton}" Content="The Content" />
    </Grid>
```

```
</UserControl>
```

如果运行该应用程序，将看到如图 7-5 所示的输出。

图 7-5

同样，这里的问题也是，控件并未显示 Button 类用户所设置的 Content 值，而是字符串 "The Content"。为了显示该设置，需要有一种方法将模板中的 TextBlock 绑定到用户所提供的值，这就是 TemplateBinding 发挥作用的地方。

下面的 XAML 显示了如何使用 TemplateBinding 以允许用户将 Width、Height 和 Content 的设置绑定到自定义模板的属性。注意，TextBlock 控件已经替换为一个 ContentPresenter 控件。由于 Button 控件可以接受并不是完全基于字符串的 Content，而在自定义模板中也需要支持这一点，因此采用 ContentPresenter 来满足这项需求。

```
<Style x:Key="NewButton" TargetType="Button">
    <Setter Property="Template">
        <Setter.Value>
            <ControlTemplate TargetType="Button">

                <Grid>
                    <Ellipse Width="{TemplateBinding Width}"
                             Height="{TemplateBinding Height}"
                             Fill="Green" />
                    <ContentPresenter Content="{TemplateBinding
                        Content}"
                                      HorizontalAlignment="Center"
                                      VerticalAlignment="Center" />

                </Grid>

            </ControlTemplate>
        </Setter.Value>
```

```
        </Setter>
</Style>
```

如果现在运行该例子，将看到如图 7-6 所示的输出。

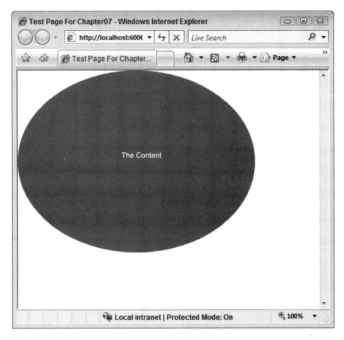

图 7-6

如您所见，由于 TemplateBinding 的功能，所以 Height、Width 和 Content 的值均真正地发挥了作用。

关于控件模板化的更多信息，请查阅第 11 章。

## 7.3 　和 ASP.NET 集成

现在已经具有为 Silverlight 应用程序添加样式(包括内联样式和共享样式)的完备知识了，而且也掌握了如何通过 ControlTemplates 来定义单个控件。Silverlight 应用程序很可能需要和一个已有的或者新的 ASP.NET 应用程序一起使用。正因为如此，所以 Silverlight 可能需要和 ASP.NET 应用程序共享统一的"外观"或者改变其外观，以反映用户的个人设置。

不幸的是，就维护统一的外观而言，除了手动将已有的 CSS 或者 ASP.NET 主题信息转换到 Silverlight 应用程序外，没有其他简单的方法。如果确实需要保证 Silverlight 中的文本框具有和 ASP.NET 或者 HTML 中文本框相同的样式，则必须将相应的样式信息复制到 Silverlight 应用程序，并很可能要把样式信息放置在某个类似 App.xaml 的全局位置中。

但是事情还未结束。尽管可能想共享某些样式信息，但是 Silverlight 应用程序要和 ASP.NET 应用程序看上去完全一致是不可能的(或者说很少有地方可以实现这一点)。假如将样式信息添加到某个全局中心位置，那么它非常容易发现和维护。

## 使用 ASP.NET Profile Provider

如果希望 Silverlight 应用程序考虑某个用户的 ASP.NET 的配置文件信息，这一点很有可能，不需要担心。如果需要的话，Silverlight 允许使用 ASP.NET 内置的 Profile 属性系统来检索保存在各个用户基础上的信息。

为了实现这一点，简单地通过 ASP.NET 应用服务提供对 ASP.NET 站点中的 Profile Provider 的访问即可。ASP.NET Application Services 在.NET 3.5 中已经发布。不要担心以前是否已经提供了这些服务——我们现在将只简单地逐步介绍该过程(第 7 章的源代码包含了完整的例子)。

为了提供 Profile 服务，需要在该服务之前创建一个 WCF 服务：添加一个新的文本文件到该 Web 项目，并为其赋予合适的名称，其扩展名为.svc。在本例中，名称为 ProfileService.svc，如图 7-7 中的突出显示部分显示。

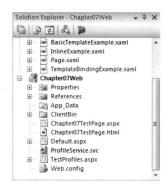

图 7-7

在该.svc 文件中，添加如下的代码以表示希望使用的应用服务：

```
<%@ ServiceHost Language="C#"
            Service="System.Web.ApplicationServices.ProfileService" %>
```

对该文件的处理就此结束。保存并关闭该文件，然后打开 Web.config 文件，根据需要改变应用程序的配置以打开该 Profile 服务。所需要包含的配置如以下代码所示：

```
<system.serviceModel>
  <services>
    <service name="System.Web.ApplicationServices.ProfileService"
            behaviorConfiguration="ProfileServiceTypeBehaviors">
    <endpoint contract="System.Web.ApplicationServices.ProfileService"
            binding="basicHttpBinding" bindingConfiguration="userHttp"
            bindingNamespace="http://asp.net/ApplicationServices/v200">
    </service>

</services>
<bindings>
  <basicHttpBinding>
    <binding name="userHttp">
```

```
          <security mode="None"/>
      </binding>
    </basicHttpBinding>
  </bindings>
  <behaviors>
    <serviceBehaviors>
      <behavior name="ProfileServiceTypeBehaviors">
        <serviceMetadata httpGetEnabled="true"/>
      </behavior>
    </serviceBehaviors>
  </behaviors>
  <serviceHostingEnvironment aspNetCompatibilityEnabled="true"/>
  </system.serviceModel>

  <system.web.extensions>
   <scripting>
    <webServices>
     <profileService enabled="true"
                     readAccessProperties="SampleData1"
                     writeAccessProperties="Sampledata1" />
    </webServices>
   </scripting>
  </system.web.extensions>
```

　　该配置代码在 system.serviceModel 部分中设立了一个 WCF 端点，然后在 system.web. extensions 部分打开了 Profile 服务。

　　这些就是提供 ASP.NET Profile Service 并将其高效打开的所有步骤。现在将注意力转回到 Silverlight 项目，因为需要在该项目中添加一个服务引用，这样就可以使用 Profile 服务。为了完成该步骤，右击项目，然后选择 Add Service Reference，这样将打开如图 7-8 所示的对话框。

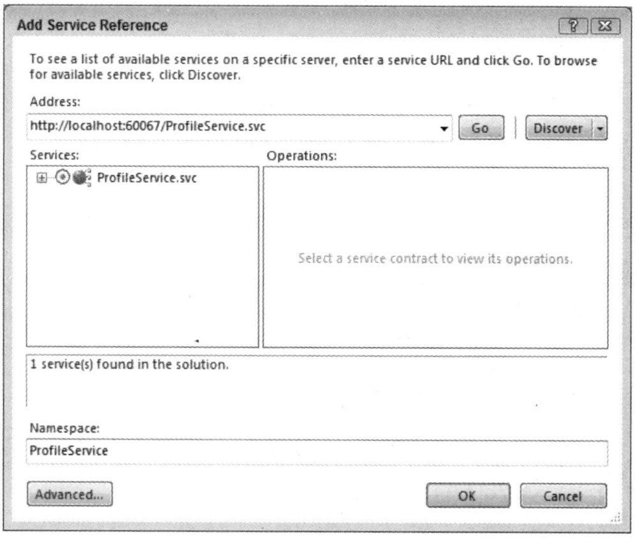

图 7-8

**237**

要确保将 Namespace 参数设置为某个有用的值，而不是默认的 ServiceReference1。在本例中，该参数将设置为 ProfileService。单击 OK 键，然后等待数秒。一旦整个过程完成，那么该项目结构中将包含一个新的服务引用，名为 ProfileService，如图 7-9 所示。

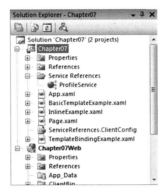

图 7-9

那么，现在已经配置好了一个服务器端的 WCF 服务以提供 ASP.NET Profile Service，并且还拥有了一个 Silverlight 中的代理，因而客户端可以与其进行通信。剩下的工作就是利用该代理来获取需要的信息。Page.xaml 包含一个非常基础的 UI，该 UI 包含一个 Grid 及其两个子元素，一个 Button 和一个 TextBlock。

```xml
<UserControl x:Class="Chapter07.Page"
    xmlns="http://schemas.microsoft.com/winfx/2006/xaml/presentation"
    xmlns:x="http://schemas.microsoft.com/winfx/2006/xaml"
    Width="400" Height="300">
    <Grid x:Name="LayoutRoot" Background="White">
      <Grid.ColumnDefinitions>
        <ColumnDefinition />
        <ColumnDefinition />
    </Grid.ColumnDefinitions>

    <Button x:Name="btnGetData"
            Content="Get Data"
            Click="btnGetData_Click"
            Grid.Column="0"/>

    <TextBlock x:Name="tbShowData"
            Text=""
            Grid.Column="1" />
    </Grid>

</UserControl>
```

该按钮已经绑定到了一个事件处理器。该事件处理器使用 ProfileService 代理来调用 ASP.NET 应用程序服务，如以下的代码所示：

```
using System;
using System.Collections.Generic;
```

```
using System.Linq;
using System.Net;
using System.Windows;
using System.Windows.Controls;
using System.Windows.Documents;
using System.Windows.Input;
using System.Windows.Media;
using System.Windows.Media.Animation;
using System.Windows.Shapes;

namespace Chapter07
{
    public partial class Page : UserControl
    {
        public Page()
        {
            InitializeComponent();
        }

        private string _sampleData1 = String.Empty;

        private void btnGetData_Click(object sender,
            RoutedEventArgs e)
        {
            ProfileService.ProfileServiceClient client
                = new Chapter07.ProfileService.ProfileServiceClient();

            client.GetAllPropertiesForCurrentUserAsync(false);

            client.GetAllPropertiesForCurrentUserCompleted +=
                new EventHandler<Chapter07.ProfileService.
                    GetAllPropertiesForCurrentUserCompletedEventArgs>(
                    client_GetAllPropertiesForCurrentUserCompleted);
        }

        void client_GetAllPropertiesForCurrentUserCompleted(
            object sender,
            Chapter07.ProfileService.
                GetAllPropertiesForCurrentUserCompletedEventArgs e)
        {
            this._sampleData1 = e.Result["SampleData1"].ToString();
        }
    }
}
```

在该 Button 事件处理器中，可以看到代码实例化了 ProfileServiceClient 的一个新实例，然后以 false 为参数，调用了 GetAllPropertiesForCurrentUserAsync 方法。该方法返回所有当前用户所保存的属性，而 false 参数则允许未认证的用户访问它们的属性。

下一步，GetAllPropertiesForCurrentUserCompleted 事件被绑定。也许您已经想到了，

在当前用户的属性已经被检索并保存在内存中时，该事件将触发。

在该处理器内，可以看到通过询问 GetAllPropertiesForCurrentUserCompletedEventArgs 参数以获取所需要的参数值非常简单。注意，为了真正提取一个值，首先需要在 ASP.NET 中将一个值放在该位置，或者使用 ProfileServiceClient 的 SetPropertiesForCurrentUserAsync 方法将该值放置在其中。

您应该非常满意。如果分别从 ASP.NET 和 Silverlight 的角度来查看完成该任务所涉及的步骤，就会觉得需要做的事情真的不多。

## 7.4 ImplicitStyleManager

尽管所看到的定义和应用样式的默认技术确实起了作用，但是它需要在应用程序中每一个需要使用该特定样式的控件上添加一个 Style= "{StaticResource YourStyleKey}"，这一点很讨厌。WPF 提供了一种相应的方式隐式地将样式应用到控件。但是，Silverlight 2 并未提供该功能。考虑 Silverlight Toolkit(可以从 www.silverlight.net 免费下载)所提供的 Implicit StyleManager。通过使用 ImplicitStyleManager，可以将针对某个特定控件类型的样式直接应用到每个控件，而不需要手动为各个控件添加 Style 属性。该类位于 Microsoft. Windows. Controls.Theming 名称空间(Microsoft.Windows.Controls 程序集)。可以在 XAML 文件中引用该名称空间，如下所示：

```
<UserControl x:Class="…"
    xmlns="http://schemas.microsoft.com/winfx/2006/xaml/presentation"
    xmlns:x="http://schemas.microsoft.com/winfx/2006/xaml"
    xmlns:controls=
"clr-namespace:Microsoft.Windows.Controls;
assembly=Microsoft.Windows.Controls"
xmlns:theming="clr-namespace:Microsoft.Windows.Controls.Theming;
assembly=Microsoft.Windows.Controls.Theming"
>
```

下面的例子在一个控件中使用了 ImplicitStyleManager，该控件在其 Resources 部分中局部定义了样式：

```
<StackPanel>
    <Border BorderBrush="Green" BorderThickness="2" Padding="5"
      Margin="5" theming:ImplicitStyleManager.ApplyMode="OneTime">
        <Border.Resources>
            <Style TargetType="Button">
                <Setter Property="Foreground" Value="Green" />
            </Style>
            <Style TargetType="TextBox">
                <Setter Property="FontSize" Value="10.5"/>
                <Setter Property="FontFamily" Value="Trebuchet MS"/>
                <Setter Property="Foreground" Value="#FF00FF00" />
            </Style>
        </Border.Resources>
```

```
            <StackPanel>
                <Button Content="Button inside border" />
                <TextBox Text="TextBox inside border"></TextBox>
            </StackPanel>
        </Border>
        <Button Content="Button outside border" />
    </StackPanel>
```

该例子自动将样式应用到相应的控件(在本例中为一个 Button 和一个 TextBox)。theming:
ImplicitStyleManager.ApplyMode 属性使这一切成为可能。查看在 StackPanel 中的控件定义，
将看到没有添加 Style 属性。相反，样式是基于 Style 元素的 TargetType "隐式"应用的。
同样，也不需要在 Style 元素中定义 x:Key。

也可以使用 ImplicitStyleManager 应用在某个主题文件(一个包含 ResourceDictionary 的
XAML 文件)中定义的样式：

```
<Border
    BorderBrush="Green"
    BorderThickness="2"
    Padding="5"
    Margin="5"
    theming:ImplicitStyleManager.ApplyMode="OneTime"
    theming:ImplicitStyleManager.ResourceDictionaryUri="Theming/CustomTh
      eme.xaml">
    <StackPanel>
        <Button Foreground="White" Content="This is a button" Width="200" />
        <CheckBox></CheckBox>
        <TextBox Text="Are you hungry?" />
        <ListBox Height="40">
            <ListBoxItem Content="This is an item" />
            <ListBoxItem Content="This is an item" />
            <ListBoxItem Content="This is an item" />
            <ListBoxItem Content="This is an item" />
            <ListBoxItem Content="This is an item" />
            <ListBoxItem Content="This is an item" />
            <ListBoxItem Content="This is an item" />
            <ListBoxItem Content="This is an item" />
        </ListBox>
    </StackPanel>
</Border>
```

前面的代码所引用的 CustomTheme.xaml 文件的一部分如下所示：

```
<ResourceDictionary
    xmlns="http://schemas.microsoft.com/winfx/2006/xaml/presentation"
    xmlns:x="http://schemas.microsoft.com/winfx/2006/xaml"
    xmlns:vsm="clr-namespace:System.Windows;assembly=System.Windows"
    xmlns:d="http://schemas.microsoft.com/expression/blend/2008"
    xmlns:mc="http://schemas.openxmlformats.org/markup-compatibility/2006"
    mc:Ignorable="d">
```

```xml
    <Style TargetType="Button">
        <Setter Property="IsEnabled" Value="true"/>
        <Setter Property="IsTabStop" Value="true"/>
        <Setter Property="Background" Value="#FF003255"/>
        <Setter Property="Foreground" Value="#FF313131"/>
        <Setter Property="MinWidth" Value="5"/>
        <Setter Property="MinHeight" Value="5"/>
        <Setter Property="Margin" Value="0"/>
        <Setter Property="HorizontalContentAlignment" Value="Center"/>
        <Setter Property="VerticalContentAlignment" Value="Center"/>
        <Setter Property="Cursor" Value="Arrow"/>
        <Setter Property="FontSize" Value="11"/>
        <Setter Property="Template">
            <Setter.Value>
                <ControlTemplate TargetType="Button">
                    <!-- Template Code -->
                </ControlTemplate>
            </Setter.Value>
        </Setter>
    </Style>

    <!-- Additional Control Styles ->

</ResourceDictionary>
```

可以看到，通过使用 ImplicitStyleManager，能够更加容易地创建可以应用到控件的不同主题，而且不需要在每个控件中声明 Style 属性，因而可以获得比 Silverlight 2 更好的灵活性。

更多的 Silverlight Toolkit 控件，已经在第 6 章讨论过。

# 7.5　小结

本章讨论了如何在 Silverlight 中改变控件的外观。首先，本章介绍了单个控件如何以内联的方式添加样式。该方式直接在元素声明中设置样式相关的属性。尽管这种方式提供了一种快捷而且方便的机制以在元素中添加样式信息，但从长远来看，该机制导致了维护问题，因为样式信息在不同的页面中重复定义了，因此改变难以传播，而且通用的标准也难以强制执行。

然后，本章介绍了如何从单个元素中抽取样式信息，并且将其包装在 Style 对象中。本章还介绍了这些 Style 对象如何允许创建具名的、预定义样式，以便将这些样式赋予组成用户界面的元素。这些对象可以是页面层次的或者是容器层次的，从而可以提高局部的可维护性。这些对象也可以放在 App.xaml 的 Application.Resources 部分中，从而为整个应用程序提供统一的样式。

即使在使用 Style 对象来强制执行设计的一致性和改善可维护性时，如果需要，可以设置单个元素以覆盖部分或者全部样式。

　　然后，本章介绍了 Silverlight 中一项比较高级的样式技术——通过替换控件的 Control-Template 属性完全为内置或自定义控件重新加上皮肤。该技术使得控件可以保持其功能，而同时让其可视化行为和外观按需发生变化。所有 Silverlight 中的内置控件均在一个 generic.xaml 文件中维护其默认样式，该文件在包含的程序集中作为一个资源内嵌在其中。尽管可以在此获取所有的默认样式，但是完整的规范和列表也可以在 MSDN 文档中在线获取。

　　接下来，本章介绍了如何将用户提供的值传播给模板元素，并且还介绍了如何使用 TemplateBinding 语法将两者绑定到一起。在这一节，还阐明了 ContentPresenter 绑定到为 Content 所提供的值，而不是简单的字符串。

　　最后，本章介绍如何通过 ASP.NET Application Services 进入 ASP.NET Profile Provider，使得 Silverlight 应用程序可以感知用户设置，从而为网站的各个用户提供有效的个性化。完成该任务的过程包含两个主要步骤——提供 ASP.NET Profile Service 以及在 Silverlight 中使用该服务——两个步骤都非常简单，并未涉及大量的代码。

　　下一章将分析 Silverlight 应用程序可以从用户接受输入的各种不同方法，并介绍支持该技术的丰富的对象模型。该章还将讨论如何才能实现导航应用程序。

# 第 8 章

# 用 户 交 互

如果不能与像 Silverlight 这样迷人的技术进行交互，那么拥有它也没有什么真正的意义。出于这个基本原因，本章将探索如何使用 Silverlight 在此领域所提供的灵活编程模型。为了理解如何使用该模型，我们将探讨采用不同方法的交互语境，而这些方法是与插件交互能够用得上的。

本章分为两个主要部分，都用来介绍用户交互，从而为 Silverlight 应用程序带来更加丰富的用户体验。第一部分(节)涉及交互场景并描述了如何处理用户使用不同输入时所触发的事件，从而让您更深入理解可用对象模型的功能链。理解了这一点，将可以系统地探讨 ASP.NET 中共同的更深层的功能，以及可扩展应用程序行为的新功能。在这些基础上，本章探讨不同输入设备，以理解它们内部是如何工作的以及一些特殊的考虑。如果您是经验丰富的 ASP.NET 开发人员，那么可以直接跳到 8.1.3 小节"从输入设备获取大部分信息"。该小节介绍了如何从 Ink 功能中获取大部分信息，以及如何模拟类似于拖放的常用功能。

第二部分(节)研究 Silverlight 在本地和远程利用屏幕库、利用当前 Web 应用程序以及利用 WCF 在用户控件之间进行导航的能力。本节还阐述了每位 ASP.NET 开发人员在设计与插件交互的应用程序时都需要了解的 ASP.NET 的优势和局限性。

## 8.1　Silverlight 交互语境

既然正在 Silverlight 的环境下做开发，就有必要了解此模型所提供的与其他环境的不同点和相似之处。之前的几章已经介绍了该插件所发布的体系结构和控件。现在将要利用那些知识来研究应用程序和 ASP.NET 环境之间的交互。Silverlight 应用程序运行在一个沙箱环境中，但是这并不妨碍用熟悉的 ASP.NET 技术与外部环境进行交互。正如之前看到的，对象模型将发布属性和事件，有了这些属性和事件，可以利用托管代码或类似于 JavaScript 这种解析的非托管语言来与它们实现交互，还可以在考虑将传统的 ASP.NET 应用程序移植到 Silverlight 的时候打开一个有趣的窗口。正如您将发现的，从过去所用的模型转变成此编程模型并没有激烈的变化。图 8-1 给出了丰富的交互。

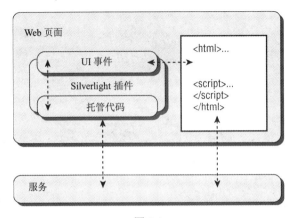

图 8-1

事件交互可以分为两类：输入事件和非输入事件。本章主要关注的是输入事件，该事件最初是由浏览器来处理的，然后转交 Silverlight 应用程序处理。第二种事件类型是由对象产生的而不是浏览器产生的。它们通常用于通知对象的状态发生了改变。这是.NET 编程环境中常用的模式。

此研究过程将介绍一些特殊的行为(尤其是在具有一些 WPF 经验的情况下)，如没有双击事件，但是该研究的思想是探索其原因以及帮助处理这些差异的方法。

### 8.1.1　使用 UIElement 事件

基于 Silverlight 的应用程序使用声明式编程模型，此模型可以定义用户控件如何运转。如果在 XAML 的隐藏代码中定义了类，那么将得到一个已编译对象，该对象包括了托管的隐藏代码。而且这还不是唯一的方法。正如在 Silverlight 1.0 中看到的，可以有 XAML 代码，这些代码不需要编译，但是所有的功能均依赖于 ASP.NET 应用程序所包含的非托管代码。本章的后面部分，将系统地研究用户如何使用类似于 JavaScript 的解析语言。

#### 1. 处理用户交互

为了处理事件，需要使用事件处理器。事实上，事件处理器在事件被触发时才被调用。如果用过托管代码或为网站编写过脚本，那么应该熟悉此概念。Silverlight 模型始终给出了至少两个参数：参数 sender 和 e。第一个参数给出了对产生事件的对象的引用；第二个参数根据事件类型不同而有所不同，但是通常给出了关于事件的附加信息(例如一个鼠标移动事件的 X/Y 位置)。如果正利用托管代码来使用这些参数，编译器将检查它们是否存在，因为它在后台使用了一个代表，但是这种情况在非托管代码中不会出现，因为它原本对此要求就比较松。

路由事件是一种特殊类型的事件，它可在不同监听器上调用多个处理器。换句话说，当控件产生一个事件时，该事件可以沿着元素树向上"冒泡"(例如，一个按钮产生 click 事件，然后它的父控件也产生此事件)，或者也可以沿着元素树向下"打隧道"，也就是人所熟知的预览(preview)(例如，当单击按钮时，事件首先在容器中产生，然后才由按钮产生事件)。Silverlight 只对事件的一个小子集支持冒泡路由事件，不支持打隧道事件。另外的一个重要区别是参数 Handled 的使用。WPF 可以通过改变此参数来停止路由。在 Silverlight 中，此行为被忽略了，但是建议一旦某个对象处理了该事件就改变此参数值，这不仅仅是为了使利用父元素的开发人员可以将其作为一个信息参数来查询它的状态，而且还是为了支持可能引入这种行为的 Silverlight 未来版本。

本章将用这些事件来捕获用户交互。回顾一下这些概念，如果将控件连接到 x:Class 条目以包括隐藏代码，那就可以利用 XAML 添加一个新的事件处理器：

```
<UserControl x:Class="Chapter8.MyControl" ……
<Button x:Name="cmdAccept" Click="Accept_Click"/>
```

在这种情况下，命名为"cmdAccept"的按钮将把 click 事件路由到在隐藏代码中发布的方法，如下所示：

```
private void Accept_Click(object sender, RoutedEventArgs e){}
```

如果需要的话，也可以利用托管代码以.NET 开发人员过去所使用的相同的处理模型来添加处理器：

```
cmdAccept.Click += cmdAccept_Click;
```

记住，如果把多个处理器绑定到某个事件中，则所有的事件都将被触发，所以要确保没有将处理器添加到可以执行多次的方法中。如果确实需要这样做，要记住利用操作符-=解除对处理器的绑定。

既然已经知道如何编写处理器，那么现在是时候与 Silverlight 对象进行交互了。如果正在使用托管代码，那么应该对交互比较熟悉。可以编写相应的隐藏代码，这些代码实际上在其后台触发远程通信、启动后台处理或改变当前对象。令人高兴的是，所有这些都是在客户端执行的(除非在访问远程服务)，因而提高性能。这是在与本地执行的插件进行交互时需要转变观念的地方。ASP.NET 环境也以类似的方式与对象交互，不同点在于，代码是在服务器端执行的，然后在客户端实施渲染。

### 2. 使用属性

既然已经了解了在 Silverlight 中如何构建事件处理器，那么是时候开始弄出点动静来了，并看看如何在托管代码中与对象属性实现交互。将要研究的例子是一个简单的条款和条件接受，在此选中该复选框将使能 Continue 按钮。

快速创建一个 Silverlight 项目。由于关注主用户控件，所以添加一个复选框和一个按钮到网格中。利用这个机会可以实施利用 WPF 功能进行设计的能力。在使用 HTML 和 ASP.NET 控件多年以后，将发现这种经验真的很吸引人。可以使用类似于 Expression Blend 2 的工具来扩展 Visual Studio 2008 推出的现有功能。一个简单设计的例子如图 8-2 所示。

图 8-2

第一个尝试很简单: 利用隐藏代码以实现与传统属性交互, 其方法和在 ASP.NET 环境下所使用的方法一样。要做的第一件事就是在 XAML 对象中引用处理器:

```
<UserControl x:Class="Chapter8.MyControl" …. >

<CheckBox Height="26"
          Margin="25,0,185,14"
          VerticalAlignment="Bottom"
          Content="Accept Terms and Conditions"
          x:Name="chkTerms"
          Checked="ConfirmTerms"/>
```

当此组件编译时, x:Class 条目将被包括在该组件中。(注意, 为了简化起见, 省略了其余的属性。)在隐藏代码中, 可以像之前介绍地那样添加事件处理器:

```
private void ConfirmTerms(object sender, RoutedEventArgs e)
{
        btnAccept.IsEnabled = true;
}
```

如果正使用一个后台线程与属性交互, 那么将需要利用 Dispatcher 对象(在第 4 章中已介绍)与属性进行交互, 因为不能从非用户界面线程改变用户界面。为了改写此例子, 应该使用如下代码:

```
this.Dispatcher.BeginInvoke(
    delegate { btnAccept.IsEnabled = true; }
    );
```

可以在 www.wrox.com 上找到此例子和第 8 章代码示例中的其他示例。

① **使用依赖属性**

也可以用与标准属性和附加属性交互的方法来与依赖属性进行交互。利用依赖属性来扩展控件功能的优势受到大家的欢迎, 因为它们提供了一个轻量级的模型来动态地扩展 XAML 对象并与之交互。这是 WPF 所引入的新概念, 该概念起初对于传统的 ASP.NET 开发人员来说可能很奇怪。如果不记得如何使用这些属性了, 可以参考第 10 章。该章将介绍如何改造这个简单的例子并与一个依赖属性交互。

```
public static readonly DependencyProperty TermsAcceptedProperty =
    DependencyProperty.Register(
    "TermsAccepted", typeof(Boolean),
    typeof(MyControl),
    new PropertyMetadata(new PropertyChangedCallback(Notification))
    );

public bool TermsAccepted
{
        get { return (bool)GetValue(TermsAcceptedProperty); }
        set { SetValue(TermsAcceptedProperty, value);}
```

```
}

private void ConfirmTerms(object sender, RoutedEventArgs e)
{
        TermsAccepted = true;
}
```

该例子现在已经发生了改变，您正在与一个已注册的依赖属性之一交互。现在改变属性，将允许通过单个操作将改变通知到所有绑定到该属性的对象。可以像前面几章中介绍的那样，使用方法 GetValue() 和 SetValue() 来改变该属性值。我们还在例子中包括了一个通知回调函数，以在值发生改变(扩展依赖属性的神奇之处)时执行一个特殊方法。正如您能看到的一样，这是一个绝妙的方法，它可以解耦隐藏代码中的 XAML 代码，而不需要直接引用对象。整本书中都在强调此模型，以帮助从 ASP.NET 中强有力的耦合模型转向 Silverlight 和 WPF 引擎提供的强大功能上。

② **通过脚本与属性交互**

如同探讨在托管代码中使用现有的 ASP.NET 知识是多么简单一样，理解如何用类似于 JavaScript 的编程语言与对象交互同样非常重要。

接着前一个例子，将要修改代码以利用 JavaScript 来改变 Button 的属性。要做的第一件事是发布一个希望在托管代码和非托管代码之间共享的对象。起初这可能看起来是个大工程，但是很快将意识到它的潜力，因为它允许控制以及正确定义 HTML 中可调用的部分。在这个场景中，只想展示 IsEnabled 属性。下面，开始定义希望共享的对象：

```
public class HtmlBridge
{
   private Button source;

   public HtmlBridge(Button source)
   {
        this.source = source;
   }

   [ScriptableMember()]
   public bool IsEnabled
   {
        set { this.source.IsEnabled = value; }
   }
}
```

该代码定义了一个名为 HtmlBridge 的新类，此类将一个 Button 作为参数(这将是要向外展示的对象)。然后可以使用[ScriptableMember]特性来向非托管环境中展示相应的属性和方法。现在可以将此新的对象和主应用程序链接到一起了。

很遗憾，诸如 Button 控件的通用控件在默认情况下没有用可脚本化特性来修饰，因为这将在特定场合节约编写桥接类的时间。

```
public partial class Page : UserControl
```

```
{
        public Page()
        {
                InitializeComponent();

                HtmlPage.RegisterScriptableObject("MyApp",
                                            new HtmlBridge(cmdButton));
        }
}
```

该代码利用按钮作为源在"MyApp"键下注册了一个新的 HtmlBridge 对象。此代码现在为 HTML 页面展示了该对象。既然应用程序已经准备好了共享该对象，那就让我们看看如何在 ASP.NET 页面上使用此接口：

```
<script type="text/javascript">

        var SLCtrl = null;

        function OnLoaded(sender)
        {
                SLCtrl = sender.get_element();
        }

        function OnClick()
        {
                SLCtrl.Content.MyApp.IsEnabled = false;
        }
</script>
```

正在添加两个方法。第一个将在 Silverlight 插件被初始化以获取对应用程序的引用时执行。第二个将利用 JavaScript 由标准的 ASP.NET 按钮执行。可以看到 OnClick()方法是如何访问可脚本化字典并执行属性集的。

现在需要添加运行这两个方法的相应对象。第一个方法将在 OnPluginLoaded 事件期间从 Silverlight 插件中调用：

```
<asp:ScriptManager ID="ScriptManager1" runat="server"></asp:ScriptManager>

<div style="height:100%;">
    <asp:Silverlight ID="Xaml1"
                    runat="server"
                    OnPluginLoaded=" OnLoaded"
                    Source="~/ClientBin/Sl2.xap"
                    Width="100%" Height="100%" />
</div>
```

现在可以根据喜好在一个 HTML 按钮或 ASP.NET 按钮上添加标准 JavaScript 调用：

```
<button id="cmdASPButton" runat="server" onclick="return OnClick()" />
```

也可以使用 FindName 方法在 Silverlight 树中搜索特定控件名。可以使用此技术与插件交互。注意在这种情况下，JavaScript 不是区分大小写的，但是 XAML 对象是，所以建议始终使用 Pascal 风格的大小写以避免将来的麻烦。

### 3. 在用户交互环境下的 AJAX 技术

这是个有意思的地方，因为您一直尝试优化 ASP.NET 应用程序的性能和可响应性。在过去的几年中，此领域出现了不同技术以帮助流化 Web 内容。正如所知道的，AJAX 仍然很热门，而且将继续作为改进用户体验的一种方法来服务 Web 社团。在微软公司正致力于研究 Silverlight 流时，该技术也一直是站在 ASP.NET 这边的。关于这点一个很好的例子就是 ASP.NET 对 AJAX 的支持。此技术允许回传在客户端实现部分渲染的请求，以改进用户体验并优化 Web 站点性能。微软发布了一系列新的用户控件，这些控件不需要代码就可以实现 AJAX，因而让 ASP.NET 开发人员的工作减轻了不少。Silverlight 引入了新的选项来优化服务器和客户端之间的通信，这让 ASP.NET 开发人员进退两难，不知选择哪个方向继续。在开始使用 Silverlight 时，是移植还是集成则是问题。

好消息是 Silverlight 利用之前介绍的 JavaScript 模型集成了微软公司的 AJAX 库，因此可以重用 ASP.NET 项目现有的基础结构，这是一个大优势。现在，如果没有什么问题的话，那就应该开始研究 Silverlight 所支持的 WCF 可扩展性，因为这可以使用 JSON 与 AJAX 端点进行交互，也可以使用 JSON 与其他协议交互以调用不在初始服务器上的其他服务。

图 8-3 显示了一个 XAML 按钮如何调用现有的方法以获取来自服务器的信息。这是一项很强大的功能，将帮助实现 Silverlight 组件与当前 Web 站点集成。

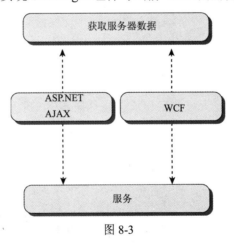

图 8-3

## 8.1.2　与输入设备交互

在对 Silverlight 如何使用事件模型来解决用户交互有了总体认识，并与 ASP.NET 进行了类比之后，现在可以准备研究不同的输入设备，并讨论如何与这些设备交互。

Silverlight 团队一直努力工作，以期扩展不同的交互场景。需要改变过去在 ASP.NET 环境下所使用的传统的指向和单击方法，并为应用程序的将来做好规划。关于 Microsoft Surface 技术以及 Windows 7 中用户体验的最近展现，正在说明多点设备将成为主流，此领域的硬件也在不断地发展。在过去的七年里，制造者一直在生产带触摸屏的手写板个人电脑。更有甚者，游戏产业中的技术正致力于研究一些新式交互概念，如情绪探测器等。这些概念不仅可以应用到游戏产业，也可以用于帮助残障人士与设备交互。但是不要对未来过分地兴奋。并非所有这些功能都包括在 Silverlight 的当前版本中，但是设计师在设计它们时，头脑里已经有了这些概念。这将是另外一个转变，是从会带来新功能的 ASP.NET 到崭新的、才华横溢的理念的一种转变。

### 1. 鼠标

在 Silverlight 环境中，鼠标扮演着比在 ASP.NET 环境中更重要的角色，因为它已经不仅仅只是一个为了触发事件而执行指向和单击操作的简单设备了。可以利用 UIElements 发布的不同事件和获取鼠标信息的 Silverlight 功能来实现与鼠标更有意义的交互。由于 Windows 处理消息的内部机理，以常用模式之外的其他模式与鼠标交互是个很大的挑战。在 Silverlight 环境中，在处理鼠标事件时没有什么特别之处，但是它提供了相应的功能以使得捕获鼠标信息成为一个令人愉快的体验。

① 鼠标事件

让我们来分析利用鼠标可获取的不同事件：

- MouseLeftButtonDown——此事件在按下鼠标左键时触发。它只在动作被触发时触发一次。
- MouseLeftButtonUp——此事件在释放鼠标左键时触发。这些事件的动作可以与 MouseLeftButtonDown 的动作相关联，因为它们是一个接着另一个发生的。
- MouseMove——此事件在鼠标在控件边缘周围移动时触发。每次鼠标位置改变，事件都将触发。要了解此事件与之前的两个事件(MouseLeftButtonDown 和 MouseLeft ButtonUp)是不相关的，而是与后面两个事件(MouseEnter 和 MouseLeave)相关联的，这一点很重要。为什么这是很重要的呢？因为这里经常出现和性能相关的漏洞，开发人员经常试图将大量的工作放在此处理器中，他们相信该事件将仅仅在按住鼠标按钮时(拖动模式)才被触发。
- MouseEnter——此事件在鼠标进入控件边界区域时触发。此事件在鼠标指针每次进入该区域时触发，但是直到产生一个 MouseLeave 事件之后才会再次执行。
- MouseLeave——此事件在鼠标离开控件边界区域时触发。

事件处理器参数不仅包括发送者,而且还包括鼠标特有的参数 MouseEventArgs 和派生的 MouseButtonEventArgs 参数。这些参数允许查询鼠标的位置并获取手写笔信息(关于这一点的更多信息将在本章的后面讨论)。

> 当看到 MouseLeftButtonUp 和 MouseLeftButtonDown 的参数时，您可能会想知道右击参数又会发生什么呢。关于这一点，是出于两点不同需要的考虑。第一点主要是考虑当插件由浏览器承载时，捕捉右击事件的困难性(因为浏览器将在 Silverlight 应用程序之前处理该事件)。另一点考虑就是关于跨设备的兼容性，因为在不远的将来，该应用程序可能会运行在非标准设备上。

现在来看一个例子, 该例子使用了前一节中所提供的概念, 并结合了这些概念以实现与 XAML 对象的交互:

```
<Grid        x:Name="MyGrid"
             Background="White"
             MouseLeftButtonDown="ParentAction"
             MouseEnter="ShowCircle"
             MouseLeave="HideCircle" >

<Ellipse  Height="32.889"
             HorizontalAlignment="Stretch"
             Margin="83,53,86,51"
             VerticalAlignment="Stretch"
             Fill="#FF49D131"
             Stroke="#FF000000"
             x:Name="MyCircle"
             MouseLeftButtonDown="ColorBlue"
             MouseLeftButtonUp="ColorGreen"
             Visibility="Collapsed"/>
</Grid>
```

正如在该代码中所看到的, 可以在对象中混合和匹配事件。在这种情况下, MouseLeftButtonDown 事件被处理两次。这将遵守事件冒泡机制, 即如果子对象还没有处理该事件, 允许采取相应的处理。这在需要保护应用程序的场合中很有用。注意 MouseEnter 和 MouseLeave 不会遵从这个模式(路由事件), 而只能由使用该事件的控件处理。控件 MyCircle 的代码如下所示:

```
private void ShowCircle(object sender, MouseEventArgs e)
{
        MyCircle.Visibility = Visibility.Visible;
}

private void HideCircle(object sender, MouseEventArgs e)
{
        MyCircle.Visibility = Visibility.Collapsed;
}

private void ColorBlue(object sender, MouseButtonEventArgs e)
{
        MyCircle.Fill = new SolidColorBrush(
                 Color.FromArgb(0xFF, 0x00, 0x00, 0xFF));
        e.Handled = true; // Best practice
}

private void ColorGreen(object sender, MouseButtonEventArgs e)
{
        MyCircle.Fill = new SolidColorBrush(
                 Color.FromArgb(0xFF, 0x00, 0xFF, 0x00));
        e.Handled = true; // Best practice
```

```
        }

        private void ParentAction(object sender, MouseButtonEventArgs e)
        {
                if (!e.Handled) { /* Special action */ }
        }
```

② 触发情节串联图板

一个好的模型将允许访问在用户控件中可能拥有的资源，其方式就像正在编写标准句柄代码一样。这意味着可以创建一个更丰富的交互(例如，类似于当鼠标悬浮在对象上时)。下面这个例子给出了一个小的图片浏览器，该浏览器可以突出显示希望在情节串联图板中使用的图片(如图 8-4 所示)：

```
<UserControl.Resources>
  <Storyboard x:Name="ShowPicture">
     <DoubleAnimationUsingKeyFrames
     x:Name="MovePicture"
     Storyboard.TargetName="Image2"
   Storyboard.TargetProperty="(UIElement.RenderTransform)"
     BeginTime="00:00:00">
            <SplineDoubleKeyFrame KeyTime="00:00:00" Value="0"/>
            <SplineDoubleKeyFrame KeyTime="00:00:01" Value="-68.334"/>
     </DoubleAnimationUsingKeyFrames>
     <.. extra animation details ..>
</Storyboard>
</UserControl.Resources>
```

**My Photo Picker**

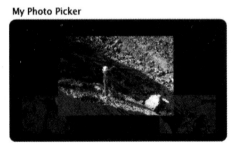

图 8-4

为了简洁起见，关于动画的一些细节被省略了。如果想研究它的更多信息，请参考第14 章。在此处可以使用的一个有趣模型是，当在图片上移动鼠标时，应用程序将触发动画并改变处理器上的目标，如下所示：

```
private void Image_MouseEnter(object sender, MouseEventArgs e)
{
        // We stop it if the storyboard is running
        ShowPicture.Stop();

        // We set the new target on the animation
        MovePicture.SetValue(Storyboard.TargetNameProperty,
```

```
                                                   ((Image)sender).Name);
              // We restart the storyboard
              ShowPicture.Begin();
    }
```

正如所看到的，代码将所有如何从鼠标获取最大信息量的概念放到了一起。它确实用 WPF 的丰富功能扩展了之前在 ASP.NET 中的用户体验。现在让我们来讨论鼠标处理的一些细节。

③ 获取相关位置信息

如果一直在使用处理方法中的参数，那么您可能一直在使用 GetPosition 方法。此方法将把鼠标指针位置返回到一个 Point 结构。该结构包括可以在事件中使用的 X 和 Y 位置。注意此调用不是异步的，这就意味着如果鼠标继续移动，该值在方法的执行阶段中将保持不变。当事件触发时，它的作用就像是一个位置的快照。

所接收到的位置，将基于作为参数传递给方法的对象被计算。如果使用 null 对象，那么这些值将与插件相关。如果想改变此行为，那么需要传递相关的对象，因而相应地计算 Point 结构。可以修改之前的例子以获取位置信息，并且可以用那些数据调整动画：

```
Point CurrentPosition = e.GetPosition((Image)sender);
```

当离开一个对象时，读取鼠标的最后位置信息是一件诱人的事。但是当处理此事件时，MouseLeave 事件将不会包括位置信息。因此，如果位置信息为 null，也不要感到奇怪。

④ 捕捉鼠标

一个有趣的功能是当鼠标在控件边界之外时获取鼠标的能力。这是一个很有帮助的功能，它将允许扩展 MouseMove 事件的功能。它后面隐含的思想是，当一直按住鼠标左键时控件将保留鼠标在控件中的事件链，只有当用户释放按键时才停止。这有很多含义，在本章的后面部分中理解如何从这些设备获取尽可能多的信息时，将深入研究该问题。为了捕获鼠标，需要调用如下方法：

```
private void Canvas_MouseLeftButtonDown(object sender,
  MouseButtonEventArgs e)
{
        MyCanvas.CaptureMouse();
}
```

既然已经捕获到了鼠标，那么可以利用 MouseMove 处理器来处理鼠标的位置，例如，允许创建一个 Path，该 Path 可以在拖动鼠标的时候使用，直到松开鼠标为止。如果用户释放按键，鼠标捕获将自动复位，但是在代码中调用释放方法被认为是个好习惯。

```
private void Canvas_MouseLeftButtonUp(object sender, MouseButtonEventArgs e)
{
        MyCanvas.ReleaseMouseCapture();
}
```

任何 UIElement 对象都能够捕获并释放鼠标。注意当鼠标被捕获时，其他元素都不能收到 MouseMove 事件，这是常常出现漏洞的地方。

⑤　使用鼠标滚轮

正如在事件列表中看到的，Silverlight 中不支持鼠标滚轮。这一点是基于插件试图满足的兼容性模型的。但是由于当缩放图片时使用滚轮是一个很好的功能，所以有很多不同的网站阐述了如何使用该功能，甚至提供了相应的辅助类以支持该功能。

窍门是在浏览器的层次上截取此事件，因为浏览器支持此功能。下面的例子说明了如何捕捉鼠标滚轮以使用此事件。首先，对于此例子，使用对象 ScaleTransform 改变一个文本框的渲染。此 XAML 代码看起来如下所示：

```
<TextBlock
        HorizontalAlignment="Center"
        VerticalAlignment="Center"
        FontFamily="Verdana"
        FontSize="20"
        Foreground="DarkBlue"
        Text="Use the wheel now!">
        <TextBlock.RenderTransform>
                <ScaleTransform x:Name="MyZoom"/>
        </TextBlock.RenderTransform>
</TextBlock>
```

既然已经有了 XAML 的支持，那就需要添加事件处理器了。对于此例，可以使用由名称空间 System.Windows.Browser 展示的 HtmlPage 类。此事件将由捕获了来自浏览器的关于鼠标滚轮移动信息的自定义方法处理。

```
using System.Windows.Browser;
using System.Windows.Controls;
using System;

namespace Chapter8
{
public partial class Zoom : UserControl
{
        public Zoom()
        {
                InitializeComponent();
                HtmlPage.Document.AttachEvent("onmousewheel",
                  ChangeZoomLevel);
        }


        private void ChangeZoomLevel(Object sender, HtmlEventArgs args)
        {
                ScriptObject EventData = args.EventObject;

                if (EventData.GetProperty("wheelDelta") != null)
                {
```

```
                              double Offset =
                              Convert.ToDouble(EventData.GetProperty
                                ("wheelDelta"));

                              MyZoom.ScaleX += (Offset > 0 ? 0.1 : -0.1);
                              MyZoom.ScaleY += (Offset > 0 ? 0.1 : -0.1);
                         }
                    }
               }
          }
```

需要获取 ScriptObject 对象以获取滚轮移动的事件信息。这个信息是用和之前位置之间的偏移量表示的。有了此信息，现在可以直接改变对象的比例了。

注意此例已经用 IE 7 测试过了。如果正在尝试使用不同的浏览器，那么可能要考虑检查该浏览器所特有的事件名和属性名。

⑥ 其他平台上需考虑的因素

微软公司团队在测试 Silverlight 的鼠标处理属性时注意到的一件重要事情是，在利用 Safari 进行测试时，如果在事件处理器代码中检查到一个未处理异常，那么在插件上不会再收到其他事件。微软公司正在与其他第三方合作，以尝试标准化此行为。

记住 Silverlight 只是一个由浏览器承载的插件，所以应用程序实际上依赖于浏览器如何与事件交互。可靠的建议是，在不同的浏览器和平台上测试应用程序以理解不同的行为。

### 2. 手写笔和触摸屏

Silverlight 2 支持 ASP.NET 环境中的一个新概念，即与掌上电脑中常见的手写笔/笔和触摸屏进行的交互。与它们的交互类似于与鼠标的交互，但是在此交互中有一些新的元素扮演着重要的角色。如果研究该事件参数，将发现 StylusDevice 属性和 Inverted 属性，前一个属性将提供由手写笔所捕获的点的信息。

- Inverted——这是个有趣的选项。当用户与手写笔交互时，可以检测手写笔是否切换了而作为一个擦除器使用。注意，如果利用不能切换的输入，例如鼠标，则此值将始终为 false。

这些输入类型在本章后面将研究的 Ink 场景中很常见，但是同时让我们看看这些设备的输出。如果继续研究这些参数，那么将发现 GetStylusPoints(UIElement element)方法。此方法返回一个手写笔指针位置(相对于作为参数传递的引用元素)的克隆集合。此集合包括自最后一个鼠标事件以后的所有点，但是如果正将鼠标用作输入设备，此集合将包括唯一的点。此集合中储存的内容是称为 StylusPoint 的一个数字，它是一个依赖属性，它将基于相关对象返回 X 和 Y 位置(如"鼠标"小节中讨论的)。在讨论笔划时，手写笔指针信息将很有用。同时，理解基本对象的重要性以及如何设定相应的属性是重要的。

Silverlight 1 不支持使用高分辨率显示器时的高 DPI 输入。Silverlight 2 在返回点值时考虑了分辨率。

### 3. 键盘

键盘是 ASP.NET 环境中的另一种常用输入设备。在处理浏览器时，Silverlight 使用键盘没有大的区别。因此，由于消息将根据聚焦的对象不同而有所不同，所以关于可以获取什么内容时，具有一定的限制。

① 键盘事件

在键盘世界中，有几个基本的事件：

- KeyDown——在对象(发送者)具有输入焦点时，如果在键盘上按下某个键，那么该事件将被触发。

- KeyUp——此事件在释放按键时触发。它总是在 KeyDown 事件后发生。同样，该事件仅仅能应用到具有输入焦点的对象。

由于这些事件需要对象的焦点，因此强调除了单个对象具有输入焦点外，还需要让 Silverlight 插件具有输入焦点，因为在处理 UIElement 时，这两者都被认为是具有输入焦点的。

事件处理器现在接收了 KeyEventArgs 对象，它展示了事件中所涉及的一个键(或多个键)的给定信息。第一个要研究的属性是 Key 属性。它将以枚举器的形式返回键。在全世界有不同的键盘，所以当尝试用枚举器读键时就有麻烦。出于这个原因，因此在此枚举器中只列出可移植代码——如果代码不是可移植的，它将返回 Unknown。同样的问题也适用于 PlatformKeyCode 属性，该属性只返回键的代码。

```
private void KeyPressed_Prank(object sender, KeyEventArgs e)
{
        if (e.Key == Key.Tab)
            ((UIElement)sender).Focus(); // Trust me, this will annoy a user
}
```

② 与 TextBox 交互

有一些控件(如 TextBox)可以处理键盘输入。仍然可以在这些控件中注册一个事件处理器，并且可以执行事件处理器。内部机理是新的处理器将向事件处理器集合预定。注意，这将在 ASP.NET 环境中发生，而且不能保证执行顺序，所以不要依赖特殊的执行顺序。

图 8-5 显示了一个使用一个 TextBox 和一个带水印样式文本框的例子，其中添加了自己的处理器以将信息从一个地方复制到另一处，并执行相应的输出改变。

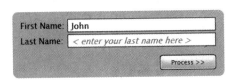

图 8-5

③ 特殊考虑

正如前面提到的，在键盘世界中，关于用事件处理器所能捕获的信息有一定局限性。在浏览器发送这些消息时，它可能捕获它们中的一些，如让屏幕全屏显示的特殊按键，或控制浏览器功能的一些组合键。Key 和 PlatformKeyCode 不提供修饰器列表(修饰器(modifier)指的是诸如 Ctrl 或 Alt 的键)。为了探讨这些键，必须使用静态对象的 Keyboard 和 Modifiers 属性，如下例所示：

```
private void KeyPressed(object sender, KeyEventArgs e)
{
        if (e.Key == Key.A &&
        ((Keyboard.Modifiers & ModifierKeys.Apple) == ModifierKeys.Apple))
                txtLastName.Text = "You pressed the right keys!";
}
```

由于 ModifiersKeys 是一个标志枚举器，所以可以用二进制计算来组合各个单独的修饰器。应该能想象，作为 ASP.NET 开发人员并且还明白 Apple 条目，是实现多平台的一个极好开端。

## 8.1.3 从输入设备获取大部分信息

既然已经了解了不同的输入设备以及在 Silverlight 语境中使用它们时必须考虑的因素，那么现在应该开始在实际中使用这些知识了。如果跳跃性阅读了一些章节并且有一些关于下面这些概念的问题，请抽时间回到跳过的章节以充分阅读那些章节。

Silverlight 团队非常注重用户体验，以及如何为开发人员和用户扩展 Web 所能做的事情。给人印象最深刻的功能之一是 Ink 功能，下面我们将讨论该功能。

### 1. Ink

这是在用户交互领域我们最喜爱的功能之一。该功能所提供的可将手写字和徒手画添加到 Silverlight 应用程序中的能力，真正完成了基于 Web 的应用程序世界中所缺失的功能。正如您所看到的，手写笔和触摸屏设备的引入正打破软件界限并引入了新的技术。由于引入快速输入设备以弥补屏幕的内容以及将自由输入转换成数据的需求仍然不断增长，所以如果使用 Silverlight 应用程序，那么就选择了正确的道路。

Ink 解决方案如何起到好作用的一个有趣例子就是组织中的文档批准过程。想象正在实现一个工作流系统，其中生成了文档，并且公司内部不同的人需要复审并最后批准这些文档。今天，由于签署的局限性，这些工作的大部分仍然需要手动完成。虽然一些公司正在使用密码和证书以保证工作流不间断，但是这在行业中并未得到广泛的接受。

如果正尝试利用 ASP.NET 技巧结合 Silverlight 来解决此问题，则可以利用 Ink 功能来实现一个一流的解决方案。我们假定应用程序已经生成了一个财务报告，插件读取了内容而且在屏幕上对它进行了渲染，如图 8-6 所示。

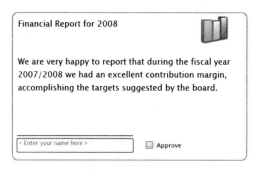

图 8-6

插件已经渲染了该内容，并且给出了一个批准用户可检查文档的文本。而且出于安全的原因，使用文本块控件提供一个签名空间并告诉用户，他们要在此部分写出他们的姓名。

为了使用手写功能，需要拥有一个 InkPresenter 对象。将对象置于签名空间的附近，允许用户在出席重要会议的途中使用手写电脑直接签署文档。此应用程序现在看起来如图8-7 所示。

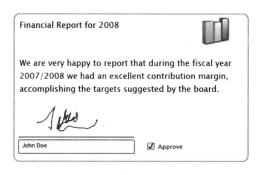

图 8-7

该笔划可以被获取并附加到文档，这样发布人员就可发送附加了签名的最终副本。可能您已经认出了所应用的签名模型，因为它与通常用于签署信用卡购物的方法相似。现在使用 InkPresenter，可以用此特点快速将此功能添加到应用程序中。

① 使用 InkPresenter

既然已经看到了一个实际的例子，现在该开始研究如何将此表示器包括在 ASP.NET 应用程序中以及考虑将带来的效果了。首先要注意的事情之一就是，InkPresenter 是由 Canvas类派生出来的：

```
System.Object
  System.Windows.Controls.Panel
    System.Windows.DependencyObject
      System.Windows.FrameworkElement
        System.Windows.UIElement
          System.Windows.Controls.Canvas
            System.Windows.Controls.InkPresenter
```

Canvas 提供了 Background 属性，以显示笔划和 Children 属性来包括新的 UIElement 元素。要记住的一件重要事情是：笔划集合不包括在 Children 集合中，而是单独地储存在 Strokes 依赖属性中。这是开发人员用 Canvas.ZIndex 调整 Canvas 子元素的 Z 顺序而看不到笔划有什么反应时的常见问题。

如果研究此表示器，将会觉得所有的属性和方法都比较熟悉，因为它们是从父类中继承得到的。表示器中所包含的变化就是 Strokes 依赖属性，以及一个过载的 HitTest()方法以检查笔划是否由所使用的点或矩形所表示。而且正如所想象的一样，Strokes 属性确实是一个 StrokeCollection 对象，它包括 InkPresenter 正渲染的所有笔划。此主题与在"手写笔和触摸屏"小节中解释的手写笔指针概念有关，因为笔划(stroke)是 StylusPointsCollection 对象中表示这些点的一个集合。这些点可以在处理鼠标事件(尤其是 MouseMove 事件)时被捕获。但是作为开发人员，如果明白该代码并探讨此实现，则可能更好地理解此概念：

```
<InkPresenter    x:Name="MyInk"
             Background="Transparent"
             MouseLeftButtonDown="MyInk_MouseLeftButtonDown"
             MouseMove="MyInk_MouseMove"
             MouseLeftButtonUp="MyInk_MouseLeftButtonUp"
             Width="330" Height="260">

     < ⋯ Other UIElement children that we want to render ⋯ >

</InkPresenter>
```

这是在此应用程序中添加一个 InkPresenter 的 XAML 代码。本例子将其命名为 MyInk，并且将其 Background 设置为透明。注意已经添加了事件处理器来支持该输入设备。现在在隐藏代码中，添加了 MouseLeftButtonDown 处理器来开始捕捉此笔划：

```
// We need to add the Ink reference
using System.Windows.Ink;

// We use a single stroke object for our active stroke
private Stroke signatureStroke;

private void MyInk_MouseLeftButtonDown(object sender, MouseButtonEventArgs e)
{
     // We capture the mouse to own the MouseMove event
     MyInk.CaptureMouse();

     // We create a new stroke for our signature
     signatureStroke = new Stroke();

     // Adds this stroke to the collection
     MyInk.Strokes.Add(signatureStroke);
}
```

正如前面解释的，正在做的第一件事是捕获鼠标，此方法允许"拦截"(hijack)鼠标移动事件。本例创建了一个新的笔划对象，它将用于渲染手写路径。最后，为了考虑笔划，

需要将它添加到 InkPresenter 中的笔划集合中。现在该读取用户的笔迹了:

```
private void MyInk_MouseMove(object sender, MouseEventArgs e)
{
        if (signatureStroke != null)
        {
                // We add the stylus points to my current stroke
                signatureStroke.StylusPoints.AddStylusPoints(
                        e.GetStylusPoints(MyInk));
        }
}
```

这里的第二个方法正在查询是否有一个活动的笔划。记住,不管鼠标的左键是否被按下,此处理器都会被调用。在这里也可以使用其他条件,但是重要的一点是尽量让它简单一些。一旦知道有一个活动的笔划,可以查询鼠标参数。在这个特殊的例子中,应用程序获取了引用 MyInk 实例手写笔指针的集合。这些手写笔指针被添加到当前的笔划中。现在,为了完成该任务,需要释放它:

```
private void MyInk_MouseLeftButtonUp(object sender, MouseButtonEventArgs e)
{
        // We clear the stroke
        signatureStroke = null;

        // We release the capture
        MyInk.ReleaseMouseCapture();
}
```

正在做的第一件事是删除类笔划引用,以便后面的鼠标移动不再被考虑在笔划中。最后,释放鼠标捕获,以便允许其他对象来接收鼠标移动事件。

当鼠标左键被再次触发时,将创建一个新的笔划,并且重复此过程。很直接了当,不是这样吗?

② 使用笔划

前一个例子创建了一个新的笔划,并直接在 InkPresenter 中使用它。此编程模型还提供了改变笔划的功能,如果需要,还可以创建一个更丰富的输出。

可以修改笔划的手写属性以修改输出。例如,前面的例子添加了相应的功能以更正由工作流发送的文本,如图 8-8 中加删除线的文本。

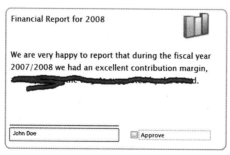

图 8-8

为了实现这种类型的功能，需要调整之前的代码，从而将当前笔划上的 DrawingAttributes 属性改成如下所示：

```
private void MyInk_MouseLeftButtonDown(object sender, MouseButtonEventArgs e)
{
    // We capture the mouse to own the MouseMove event
    MyInk.CaptureMouse();

    // We create a new stroke for our signature
    signatureStroke = new Stroke();

    // Defines the attributes
    signatureStroke.DrawingAttributes.Width = 2;
    signatureStroke.DrawingAttributes.Height = 5;
    signatureStroke.DrawingAttributes.Color =
            Color.FromArgb(0xFF, 0xFF, 0, 0);
    signatureStroke.DrawingAttributes.OutlineColor =
            Color.FromArgb(0xFf, 0, 0, 0xFF);

    // Adds this stroke to the collection
    MyInk.Strokes.Add(signatureStroke);
}
```

③ 擦除器模式

如果输入设备具有探测切换模式的能力，或者只是利用用户界面实现了此功能，那么可以模拟一个擦除器。在这种情况下可以实现一个擦除器，因为没有相应的自动功能可以删除已经在集合中添加的笔划。

在此，开发人员要能够很方便地解释什么东西需要删除。正如之前解释的一样，笔划储存在由 InkPresenter 提供的笔划集合中。让我们在之前的例子中实现该功能。出于这一原因，需要添加一些信息以通知应用程序，它正处于"擦除器模式"。如果已经有一个具有此能力的输入设备，则要记住检查 InkPresenter 属性(不要忽略此特性！)。在此文档批准应用程序中，添加了一个复选框，以改变手写笔行为。现在，当移动鼠标时，需要检查在什么模式中并执行对应的动作：

```
private void MyInk_MouseMove(object sender, MouseEventArgs e)
{
    if (signatureStroke != null)
    {
        // Gets the current points
        StylusPointCollection Points =
                e.StylusDevice.GetStylusPoints(MyInk);
        // Check if we are in erase mode
        if (chkEraser.IsChecked == true)
        {
            // Select the strokes affected
            StrokeCollection ErasedStrokes =
                    MyInk.Strokes.HitTest((Points);
```

```
                    if (ErasedStrokes != null)
                    {
                            // Remove the strokes from the collection
                            for (int i = 0; i < ErasedStrokes.Count; i++)
                            {
                            MyInk.Strokes.Remove(ErasedStrokes[i]);
                            }
                    }
            }
            else
            {
                    // We add the stylus points to my current stroke
                    signatureStroke.StylusPoints.Add (
                            e.StylusDevice.GetStylusPoints(MyInk));
            }
        }
    }
}
```

在此例中，您正删除由 HitTest 方法所返回的笔划。该方法返回了分割的笔划集合。一旦拥有了这些笔划，就可以直接使用它们。

您可能感到疑惑，为什么要明确地使用语句 "IsChecked == true"。原因是这些属性的大部分都为可空值(nullable value)，因此一个布尔类型可以储存 true、false 或 null。

### 2. 拖放

输入设备另一个有趣的用法是在 Silverlight 插件中拖放对象的能力。这是 ASP.NET 开发人员开始在他们的 Web 2.0 应用程序中使用的功能。流行的基于 Web 的邮件应用程序经常使用甚至过度使用此功能。在做好准备开始使用该功能之前，要记住的一件事是安全限制。该限制将阻止插件从其他应用程序中拖拽对象，因此只能在 Sliverlight 应用程序中拖放对象。

① 拖对象

正如在第 7 章中已经看到的，可以使用一个 Canvas，以利用大家熟知的 Top 和 Left 属性来定位对象(在 canvas 的上下文中，这些属性被称为 Canvas.TopProperty 属性和 Canvas.LeftProperty 属性)。当希望开始在应用程序中拖动对象时，这些属性确实有用。但是这不是拖拽和移动对象的唯一方法。可以使用任意的其他定位方法。

此例模拟将一个条目从一个容器拖拽到其他容器中。这有助于展示在应用程序中使用的拖放选项的不同功能。此应用程序看起来如图 8-9 所示。

为简化此例子，在本例中容器就是 Border 对象，但是可以使用任何其他对象(例如一个 ListBox)以添加和删除条目。此条目是包括一个 Image 和 TextBlock 的另一个 Border 对象。

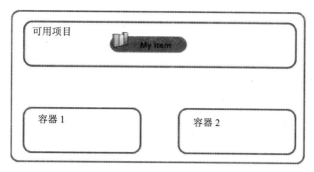

图 8-9

为了实现此拖放应用程序，需要使用条目的鼠标事件来处理鼠标单击和移动，以跟踪初始位置和偏移量。有了这些信息，就可以改变画布的 Top 和 Left 属性。

```
<Border Height="19"
        HorizontalAlignment="Stretch"
        Margin="0,0,0,0"
        VerticalAlignment="Top"
        RenderTransformOrigin="1,3"
        Background="#FF0798FF"
        BorderBrush="#FF000000"
        CornerRadius="10,10,10,10"
        x:Name="MyItem"
        MouseLeftButtonDown="MyItem_MouseLeftButtonDown"
        MouseLeftButtonUp="MyItem_MouseLeftButtonUp"
        MouseMove="MyItem_MouseMove"
        Canvas.Left="140"
        Canvas.Top="39"
        Width="95">

        <… Contents are placed here …>
</Border>
```

对于事件处理器的实现，定义几个私有对象，它们可帮助跟踪鼠标的位置和拖拽状态，如下所示：

```
private bool isDragging;
private Point itemPosition;
```

现在介绍应用程序实现，该实现捕获当前位置、调整项目位置并释放鼠标：

```
private void MyItem_MouseLeftButtonDown(object sender,
  MouseButtonEventArgs e)
{
    // The item captures the mouse events
    MyItem.CaptureMouse();

    // We set up the dragging flag and the current position
    this.isDragging = true;
```

```
        this.itemPosition = new Point(
             e.GetPosition(null).X, e.GetPosition(null).Y);
}

private void MyItem_MouseLeftButtonUp(object sender, MouseButtonEventArgs e)
{
        // We remove the flag and the mouse events
        this.isDragging = false;
        MyItem.ReleaseMouseCapture();
}

private void MyItem_MouseMove(object sender, MouseEventArgs e)
{
        if (this.isDragging)
        {
             // Calculates the deltas based on the new position
             double VerticalDelta = e.GetPosition(null).Y -
                  this.itemPosition.Y;
             double HorizontalDelta = e.GetPosition(null).X -
             this.itemPosition.X;

             // Sets the new item position
             MyItem.SetValue(Canvas.TopProperty, VerticalDelta +
                 Convert.ToDouble(MyItem.GetValue(Canvas.TopProperty)));

             MyItem.SetValue(Canvas.LeftProperty, HorizontalDelta +
                 Convert.ToDouble(MyItem.GetValue(Canvas.LeftProperty)));

             // Update position global variables.
             this.itemPosition.Y = e.GetPosition(null).Y;
             this.itemPosition.X = e.GetPosition(null).X;
        }
}
```

　　当选中此条目时，可以添加一些特殊的效果，如改变背景颜色以帮助用户标识此移动。如果希望用此例子来增加知识并对其进行改进，挑战将是"备份"此条目并拖拽一个复制的条目，直到在其他容器中释放它。一旦被释放，它将删除备份的项。(这是拖放应用程序中一个很常用的行为，而且通常被认为是为用户提供类似体验的最好方法。)

　　您可能试图去做的事是使用容器上的 MouseEnter 和 MouseLeave 事件来检测用户何时将此项目拖拽到该容器对象上。问题是必须考虑鼠标捕获模型，因为该模型将阻止应用程序接收来自其他对象的事件。还需要考虑将鼠标捕获移到画布，但是这意味着需要进一步过滤鼠标移动，这样有些头疼。出于这个原因，应该基于容器的位置来分析拖拽位置，或者用 MouseLeftButtonUp 上的 HitTest 功能来完成此任务。

　　您可能注意到了，在 Silverlight 中没有拖放事件。这就是为什么要分析不同情况的原因。安全限制妨碍了应用程序使用剪贴板来传送信息，因此，拖放需要进行模拟。

## 8.2 导航

如果希望用 Silverlight 创建一个不仅仅是可以流化视频的应用程序，那么将需要包括多个用户交互模型。除非是优秀的用户界面设计者，可以将所有的信息安排在唯一的页面中，并且功能正常，否则就需要多个页面。这些页面将帮助设计应用程序样式组件，而且该组件对于用户来说是直观的，且提供了更丰富的体验。您已经遇到过数百个关于此模型的例子了，因为您已经处理了向导、页面以及随时处理导航对象的工作流应用程序。如果正在向 ASP.NET 页面中引入 Silverlight 应用程序，那么就要了解如何解决此挑战。

本节描述了用于解决用户交互中关于导航方面问题的不同方法。Silverlight 2 没有提供对多屏扩展功能的支持，因为这不是此版本的主要目标。因此，需要研究可以模拟此行为的不同替代方法。这里所给出的方法并不是全部，但是给出了不同方法的概念，开发人员正用这些方法来迎接此挑战。随着 Silverlight 的不断成长和发展，Silverlight 将为此领域提供更进一步的支持。

### 8.2.1 在 ASP.NET 环境中的 Silverlight 导航

对于有经验的 ASP.NET 开发人员而言，导航模型是非常常用的模型，因为 HTML 技术在很大程度上依赖超链接来在 Web 页面上穿越。但是不断有打破此导航方式的挑战摆在这些开发人员面前，而且开发人员一直在勇敢地创建让人惊讶的工作环境。在过去的十年中，Web 开发人员一直致力于将不同技术(例如 ActiveX 控件、Flash 插件和类似于 Web Service 的服务器端扩展)集成到他们的页面上，如此一来导航变得更加复杂。

现在应用程序开发人员面临着另一个挑战——Silverlight。本书的开始部分就说明了该应用程序运行在一个带沙箱的插件中。这意味着与 ASP.NET 和 Web 浏览器所提供的导航服务和组件进行的交互很少。让我们来探讨一些其中的挑战，同时探讨 WPF 在桌面应用程序中所采用的并在 Silverlight 环境中可能使用的方法。

#### 1. 导航的挑战

在和 ASP.NET 进行交互时，首先遇到的挑战之一就是标准页面转换。由于每个页面都被看作一个独立的实体，所以如果导航到新页面，将丢失插件执行。Silverlight 依赖于之前的页面运行，但是用户一旦离开该页面，内容就被清除了。当用户按下在浏览器历史记录上的向后键或其他链接以返回之前的页面时，Silverlight 应用程序将重新加载并重启，从而丢失之前的状态。

图 8-10 显示了 Web 应用程序中当页面承载一个插件时使用页面导航按钮的一个典型问题。在 Silverlight 中，沙箱应用程序模型将触发一个全新的初始化过程，而丢弃之前的状态。

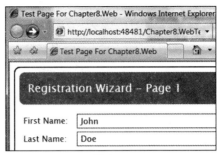

图 8-10

本节将介绍如何在服务器端保持状态，以模拟在 ASP.NET 环境所习惯的相同方法。更有趣的是，Silverlight 组件的灵活性可扩展当前在 Web 环境中的局限性。

### 2. 与 WPF 之间的区别

如果之前有用 XAML 和 WPF 开发应用程序的经验，那么可能熟知该技术提供的导航服务。这些服务已经作为在页面之间导航的一流方法被大家广泛接受，从而在开发人员使用.NET 3.0 开发桌面应用程序以及使用 XBAP 模型开发 Web 应用程序时为之提供无缝体验。

Silverlight 2 不提供支持导航服务的对象，并且强调了多个原因，但是最引人注目的是与浏览器日志的集成，因为该领域有一些内容必须考虑，以给出集成功能的最佳方法并提供最吸引人的用户和开发人员的体验。

## 8.2.2　单插件导航

使用的第一个用于导航的方法是利用单独的 Silverlight 应用程序来模拟此导航。虽然所开发的应用程序还不多，但是已经有很多早期的使用者希望使用此模型，因为它降低了部署的复杂性并满足了大多数用户的要求。虽然如此，也有一些复杂的场合用单插件是不够的，那么可能需要重新选择多插件应用程序。

作为 ASP.NET 开发人员，您可能正考虑将 Silverlight 组件集成到应用程序中，以实现一个特定功能，此功能仍然可能是一个沙箱功能并且与其他 Web 页面无关。如果是这样，使用单插件将使生活更轻松。如果正计划将其在 Web 应用程序的层次上集成，那可能要考虑下节内容，其中将研究多个组件的使用。

### 1. 用户控件转换

在应用程序之间导航的一个最自然方法就是转换用户控件。此模型模拟了正常的桌面应用程序，桌面应用程序通常构造表单并将它们显示在屏幕上。能够注意的最常见区别是，屏幕是如何承载的，因为表单是使用 Windows GDI 系统渲染其内容的。在 Silverlight 环境中，甚至不需要在应用程序之外运行 Windows。

如果分析此应用程序是如何初始化的，能发现希望在屏幕上渲染的第一个控件定义了RootVisual 属性。

```
public partial class App : Application
{
    public App()
    {
        // Event handling
        this.Startup += this.Application_Startup;
        InitializeComponent();
    }

    private void Application_Startup(object sender,
            StartupEventArgs e)
    {
        // Load the main control
        this.RootVisual = new RemoteContainer();
    }
}
```

很多开发人员相信，由于根可视属性可以设置，因此可以将它用作容器引用以改变主屏幕。问题是此属性只能在此事件中设置。在此阶段，拥有的唯一选择就是使用 InitParams字典，以读取由 HTML 初始化方法所发送的参数，然后决定渲染哪个用户控件：

```
<asp:Silverlight
        ID="MyXamlControl"
        runat="server"
        Source="Chapter8.xap"
        Version="2.0"
        Width="720"
        Height="480"
        InitParameters = "LoadingMode=Remote" >
</asp:Silverlight>
```

使用 Application_Startup 读取初始化参数：

```
if (e.InitParams != null && e.InitParams.ContainsKey("LoadingMode"))
{
    if (e.InitParams["LoadingMode"].ToUpper() == "REMOTE")
    {
        this.RootVisual = new RemoteContainer();
        return;
    }
}
else
{
    this.RootVisual = new Container();
}
```

了解了这一点，就需要查看渲染不同屏幕的可选项。

XAML 中的一个有趣功能是拥有子对象的能力。大多数组件具有此能力，并且这是用于模拟导航而要探讨的一个地方。需要做的第一件事就是创建一个容器控件：它可以是一个崭新的、可能包括一些对象的用户控件，也可以是一个完全不可见的透明用户控件。此例将把头作为一个容器，这样就可以快速地识别哪个控件被渲染了。

```xml
<Grid x:Name="LayoutRoot" Background="White">
    <Border Margin="8,8,8,8"
        BorderBrush="#FF00B5FF"
        BorderThickness="1,1,2,2"
        CornerRadius="10,10,10,10">
        <Grid>
            <TextBlock Height="24"
                Margin="8,8,165,0"
                VerticalAlignment="Top"
                Text="This is the header of the local container"
            TextWrapping="Wrap"/>
            <Border Margin="8,42,8,8"
                BorderBrush="#FF7D7CF0"
                BorderThickness="1,1,1,1"
                CornerRadius="10,10,10,10"
                x:Name="MainContainer">
                <Grid x:Name="MainContainerGrid"
                    HorizontalAlignment="Left">
                    <!-- here goes the dynamic content-->
                </Grid>
            </Border>
        </Grid>
    </Border>
</Grid>
```

您正使用几个边框和网格以定位内部的屏幕。在本例中，重要的元素是实际渲染动态内容的"MainContainerGrid"。例子看起来如图 8-11 所示。

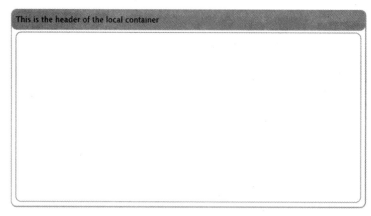

图 8-11

该空白区域将由正准备动态更新的新的子元素填充。既然已经拥有了该控件，那么现在是时候改变 RootVisual 属性以渲染此控件了。可以通过改变项目中的 App.cs 文件来完成此工作。

从这里起，需要确定哪个是第一屏幕。关于如何构造应用程序的体系结构，有多个不同的选项,并且这将基于应用程序类型以及状态如何在屏幕之间转换(以使用 Windows Forms 执行此操作时相同的方法)。在此例中,只有两个屏幕,并且容器将只负责调整显示。出于这些原因,屏幕将提供可以由容器处理的事件以决定下一个动作是什么。

第一个屏幕将包括好几个控件,它们中的一些将捕获用户的姓和名。您将把这些信息发送到下一个屏幕上。第一个用户控件的内容看起来如下所示:

```
<Grid x:Name="LayoutRoot" Background="White">
    <Border Height="56.888" Margin="8,8,8,0" VerticalAlignment="Top"
            Background="#FF0082D0" CornerRadius="10,10,10,10"
            d:LayoutOverrides="Height"/>

    <TextBlock Height="21 " Margin="23,21,35,0" VerticalAlignment="Top"
            FontSize="20" Foreground="#FFFFFFFF" Text="Registration
               Wizard - Page 1" TextWrapping="Wrap" d:LayoutOverrides=
               "Height"/>

    <TextBlock Height="21" HorizontalAlignment="Left" Margin
      ="15,82,0,0"
            VerticalAlignment="Top" Width="97.778" Text="First Name:"
            TextWrapping="Wrap" d:LayoutOverrides="Height"/>

    < ··· More controls here ··· >

    <Button Height="40" HorizontalAlignment="Right" Margin="0,0,19,17"
            VerticalAlignment="Bottom" Width="145.778" Content="Next"
            FontSize="14" x:Name="cmdNext" Click="cmdNext_Click"/>
</Grid>
```

您有了唯一的按钮,它将调用 cmdNext_Click 方法来处理此事件。代码端将处理由动作事件触发的事件以通知容器:

```
public partial class MyFirstForm : UserControl
{
    /// <summary>
    /// This event is raised when the next button is pressed
    /// </summary>
    public event Action<string> NextButton;

    public MyFirstForm()
    {
        InitializeComponent();
    }

    private void cmdNext_Click(object sender, RoutedEventArgs e)
    {
        if (NextButton != null)
            NextButton(string.Format("{0} {1}",
                   txtFirstName.Text, txtLastName.Text));
    }
```

```
    }
```

现在可以构建第二个屏幕(它将显示用户的全名)，并将使用相同的模型提供相应的功能返回之前的屏幕。创建一个使用 TextBlock(用它来渲染全名)的新用户控件。这一次，将修改构造函数以便在接收名称之后才渲染。

正如您所看到的，您正在使用事件模型将屏幕从容器解耦。可以使用新屏幕来快速扩展应用程序，这是推荐的方法。实际上，更高明一些的方法是实现一个通用接口，例如 IScreen，这样容器甚至不知道它是哪种类型屏幕。

两个屏幕都完成了，现在可以继续看容器的代码了。需要做的第一件事是在网格上渲染初始屏幕。让我们处理一下用户控件的加载事件并添加加载方法：

```
private void UserControl_Loaded(object sender, RoutedEventArgs e)
{
    LoadFirstPage();
}
```

LoadFirstPage()方法初始化新的用户控件并将事件处理器关联到 Next 按钮上。对象现在可以与网格的子对象集合相关联了：

```
private void LoadFirstPage()
{
    // Initializes the new screen
    MyFirstForm FirstPage = new MyFirstForm();
    FirstPage.NextButton += new Action<string>(FirstPage_NextButton);

    // Adds the new screen
    this.MainContainerGrid.Children.Add(FirstPage);
}
```

如果执行此代码，Silverlight 组件将同时渲染此容器和渲染屏幕，如图 8-12 所示。

让我们回到容器中为 Next 按钮处理器添加代码。稍微调整第一个方法，并调用 Children.Clear()方法将当前屏幕从网格上删除并添加一个新的屏幕。新的屏幕上的 Previous 按钮将切回到第一个屏幕。

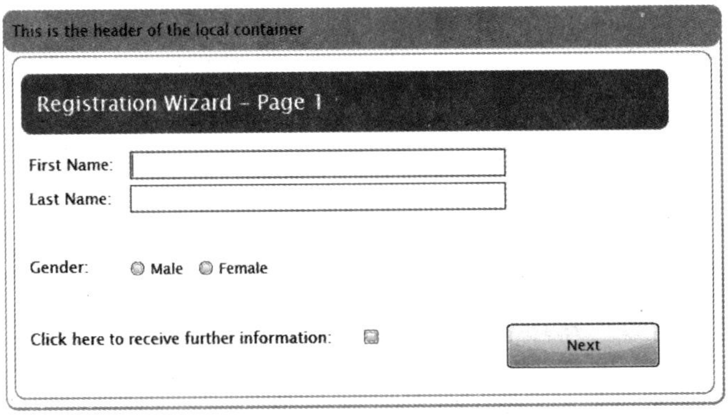

图 8-12

```
void FirstPage_NextButton(string fullName)
{

    MySecondForm SecondPage = new MySecondForm(fullName);
    SecondPage.PreviousButton += new Action(SecondPage_PreviousButton);

    // Clears the previous screen
    this.MainContainerGrid.Children.Clear();

    // Adds the new screen
    this.MainContainerGrid.Children.Add(SecondPage);
}
void SecondPage_PreviousButton()
{

    LoadFirstPage();

}
```

图 8-13 显示了执行此应用程序时的结果。从用户的角度来看，它仍是相同的应用程序，但是从内部机理来看，您正将每个屏幕解耦成单个的控件。

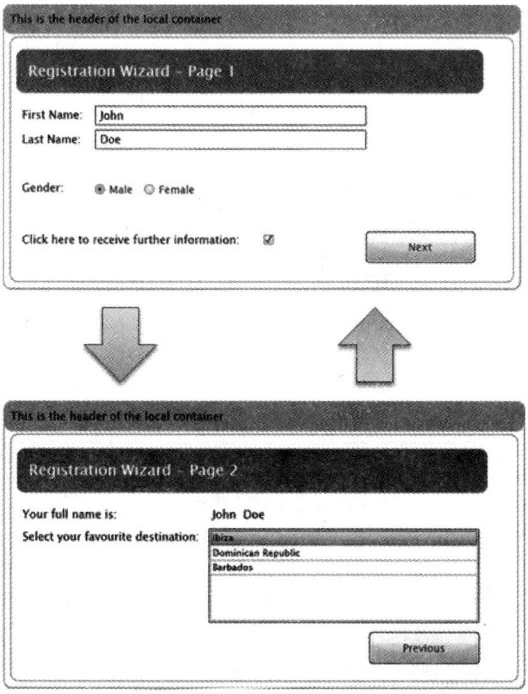

图 8-13

在此所给出的例子展示了如何用用户控件迅速导航的思想。在此书的本阶段，您可能有很多不同的实现想法。要了解的重要事情是，能够如何轻松地在 XAML 中操作子对象，不仅仅是和网格同时使用时，和其他容器控件一起使用时亦是如此。很多开发人员正开始构建自定义控件以处理导航容器。任何事情都阻挡不了利用本书中开始编写的代码并将其改造成为可重复使用的框架。

① 添加效果

既然已经了解了如何在 Silverlight 2 中模拟导航,那么可以添加一个漂亮的效果以增强用户体验。为了执行此操作,要使用 WPF 现存的动画属性,因为您不想重新做此项工作。

由于我们的篇幅有限,这里将只能看到如何将淡入添加到转换过程上,但是可以使用 3D 对象来扩展效果库以旋转屏幕并让屏幕动起来。这是一个可以用现有的 ASP.NET 知识完成的附加产物。

让我们构建一些通用代码以使用隐藏代码让屏幕淡出。如果对使用动画对象没有确切的把握,请参考第 14 章。

```
void FadeScreen(UserControl screen, bool fade)
{
    // Animation duration
    Duration FadingLenght = new Duration(new TimeSpan(0, 0, 3));

    // Type of animation
    DoubleAnimation MainAnimation = new DoubleAnimation();
    MainAnimation.Duration = FadingLenght;
    MainAnimation.To = 0;

    // Main Storyboard
    Storyboard MyFadingStory = new Storyboard();
    MyFadingStory.Duration = MainAnimation.Duration;
    MyFadingStory.Children.Add(MainAnimation);

    // We change the targets
    Storyboard.SetTarget(MainAnimation, screen);
    Storyboard.SetTargetProperty(MainAnimation, "Opacity");

    // We add the resource into the screen
    screen.Resources.Add(MyFadingStory);

    // We trigger the animation
    MyFadingStory.Begin();
}
```

正如在该代码中所看到的,代码创建了一个双精度类型的动画,以基于一定的持续时间不断减小双精度的值。然后创建包括动画的主情节串联图板。记住,在同一情节串联图板中可以有多个动画。下面几行代码改变了动画的目标,换句话说,即动画将应用的对象。最后,将资源添加到屏幕以便它能够被执行。

如果回到前一个例子,可以将动画添加到 Previous 按钮事件处理器,见图 8-14 所示。

```
void SecondPage_PreviousButton()
{
    // We create the new page
    MyFirstForm FirstPage = new MyFirstForm();
    FirstPage.NextButton += new Action<string>(FirstPage_NextButton);
```

```
    // We insert it behind
    this.MainContainerGrid.Children.Insert(0, FirstPage);

    // We fade the current screen
    FadeScreen((UserControl)this.MainContainerGrid.Children[1],true);
}
```

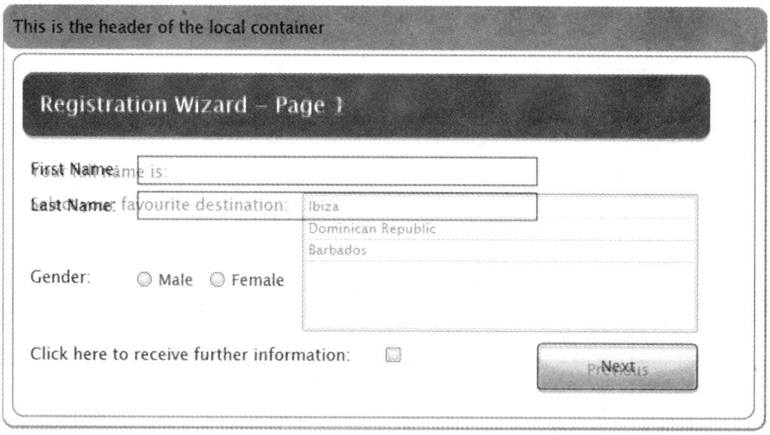

图 8-14

② 模拟有模式的屏幕

如果已经开发过桌面应用程序，那么应该习惯用有模式屏幕来控制特定的功能。此功能在 ASP.NET AJAX 环境中已经使用模拟了其行为的特定控件克隆了。由于浏览器和安全的限制，Silverlight 拥有很有限的通用对话框以实现与本地计算机交互，如 System.Windows. Controls.OpenFileDialog。

可以利用现有的导航知识轻松地模拟该行为，而且能够使用渲染功能来为用户显示有模式的样式屏幕，如图 8-15 中所示。

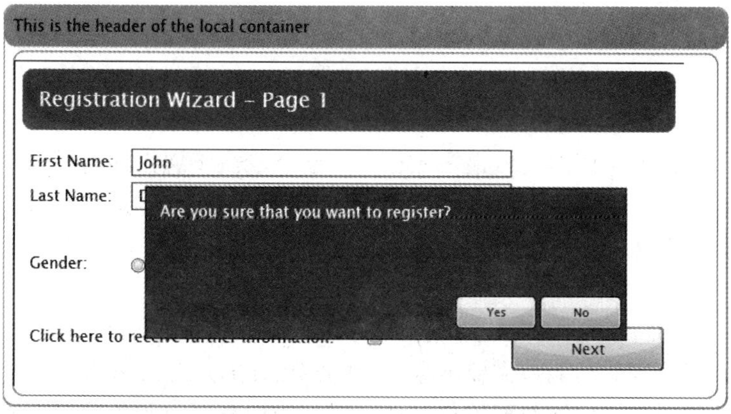

图 8-15

可以创建能够在应用程序中重用的常用模式窗口。为此，需要使用一个新的用户控件，其中，控件的大小作为背景对象覆盖了应用程序界面。此背景对象应该为单一颜色的刷子，但其 Alpha 层次要低于 100，这样它会变成透明的。(如果没有设置刷子，那么能够使用主屏幕的控件，从而打破了导航的控制！)当具有了此外观和感觉后，只需将一个事件添加到发布了 DialogResult 枚举器的对话框上即可，这样就能读取它的输出。

可以修改前一个例子，以在按下 Next 按钮时显示一个对话框：

```
private void cmdNext_Click(object sender, RoutedEventArgs e)
{
        // we show the dialog box
        DialogBox Question = new DialogBox();
        Question.Result += Process_Result;
        MainGrid.Children.Add(Question);
}

void Process_Result(DialogResult result)
{
        // We remove the references
        MainGrid.Children.RemoveAt(MainGrid.Children.Count - 1);

        // we analyze the result
        if (result == DialogResult.Yes)
        {
            if (NextButton != null)
                    NextButton(string.Format("{0} {1}",
                            txtFirstName.Text, txtLastName.Text));
        }
}
```

### 2. 按需加载屏幕

将单个插件用作容器以及在不同用户控件之间切换，在很多场合下都起作用。但是如果屏幕库太大无法部署在一个单独的 XAP 文件中，或者应用程序基于一个工作流返回而需要偶尔自定义屏幕时，情况会怎样呢？对于这种情况，需要考虑从服务器按需加载屏幕。

针对将研究的模型，开发人员具有不同的选择。有些易于实现，但是加载时间更长；有些加载确实很快，但是还需要做很多工作。平衡点取决于您，并将根据应用程序的要求来决定。这一部分中要注意的一点是，将使用 Web 站点与具有本地 Web 客户端和 WCF 服务的 Silverlight 应用程序交互。如果不熟悉这些概念，不用担心，因为第 9 章将讨论通信技术。

要讨论的第一种方法是在服务器上存储多个屏幕库的功能(如图 8-16 所示)。这些库可由用户根据他希望获取的功能按需要下载。一些 ASP.NET 开发人员倾向于选择由 ASP.NET 页面来决定如何使用初始化参数初始化插件，然后应用程序自动下载当前库的模型，这样确实能帮助减小初始应用程序的大小。

此选项具有一定的优势，即仅仅一次就下载大量的对象。一旦本地加载此程序集，那么可以创建存储在该库中的屏幕新实例。让我们来研究一个简单的例子。

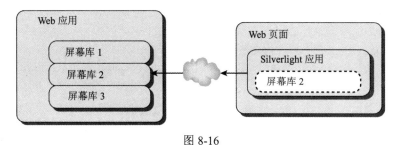

图 8-16

需要做的第一件事是定义 Web 客户对象和远程程序集的存储：

```csharp
using System.Net;
using System.Reflection;

namespace Chapter8
{
    public partial class RemoteContainer : UserControl
    {
        // Initializes the web client
        private WebClient serverConnection = new WebClient();
        private Assembly remoteScreens;
    }
}
```

既然已经在适当的地方拥有了对象，那么要启动异步的远程加载。为此，需要使用 WebClient 组件并配置完成处理器以完成加载：

```csharp
private void UserControl_Loaded(object sender, RoutedEventArgs e)
{
    // We only can download one item at the time
    if (!this.serverConnection.IsBusy)
    {
        this.serverConnection.OpenReadAsync(
            new Uri("Chapter8.Screens.dll", UriKind.Relative));

        this.serverConnection.OpenReadCompleted += new
        OpenReadCompletedEventHandler(ServerConnection_
            OpenReadCompleted);
    }
}
```

首先检查 Web 客户端是不是忙，因为它一次只能处理一个请求。如果客户端空闲，就开始读组件。此程序集部署在 Web 站点的 ClientBin 文件夹上。

```csharp
void ServerConnection_OpenReadCompleted
            (object sender, OpenReadCompletedEventArgs e)
{
    // Loads the assembly in our application
```

```
        AssemblyPart RemoteAssembly = new AssemblyPart();
        this.remoteScreens = RemoteAssembly.Load(e.Result);

        // We load the user control
        UserControl RemoteScreen =
                (UserControl)this.remoteScreens.CreateInstance
                        ("Chapter8.Screens.RemoteScreen");

        // We render the control on our grid
        this.MainContainerGrid.Children.Add(RemoteScreen);
}
```

读取完整个程序集后，可以将程序集加载到应用程序中，然后创建将表示远程屏幕的用户控件实例。

第二种方法更适合大系统，其中屏幕是完全动态的，并且是基于当前应用程序状态创建。由于这个原因，不需要使用包含所有屏幕的预编译程序集。相反，应该动态生成这些对象，并通过一个服务展示给 Silverlight 应用程序。图 8-17 显示了此模型。

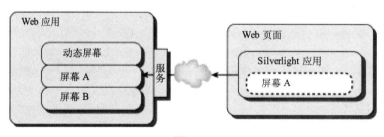

图 8-17

对于此方法，需要准备一个使用基本的 HTTP 绑定的 WCF 服务(也可以选择一个标准的 ASMX Web 服务)。此服务将驻留在相同的 Web 应用程序上，因为出于安全的原因应该遵循此模式，将唯一服务合同(或者是使用标准 Web 服务时所使用的接口)保存在初始服务器上。使用的合同或者接口将提供一个方法以请求下一个屏幕，将一个用户控件返回到 Silverlight 应用程序并且将当前屏幕作为一个参数传送给该方法,而下一个屏幕包含了当前屏幕的结果。此行为与在 ASP.NET 中习惯使用的方式(即实现 GET 和 POST 方法)很相似。

利用此模型，服务能够根据当前屏幕数据处理下一个请求。此信息可被应用程序使用，或转发给体系结构中的另一内部服务。请求将被处理，并为应用程序准备一个新的屏幕。一旦屏幕准备好，就可以用服务层将结果发送回客户端。

```
namespace Chapter8.Web
{
        [ServiceContract]
        public interface IScreens
        {
                [OperationContract]
                string GetScreen(object currentData);
        }
```

```
}
```

为服务定义了接口，其中 GetScreen 方法接收了当前数据，并返回了来自所生成的页面的 XAML 字符串。该服务的实现将使用一个预创建的 XAML 文件，但是可以在此添加功能以动态地创建文件。

```
namespace Chapter8.Web
{
    public class Screens : IScreens
    {
        public string GetScreen(object currentData)
        {
            // We load our XAML file, but this can be replaced with
            // a dynamic generated screen
            XmlDocument Doc = new XmlDocument();
            Doc.Load(AppDomain.CurrentDomain.BaseDirectory +
                    "RemoteScreen.xaml");

            return Doc.OuterXml;
        }
    }
}
```

要生成到 Silverlight 应用程序的链接，只要右击 References 并单击 Add Service Reference (或单击 Add Web Reference 以使用传统的 ASMX Web 服务)来生成动态的代理类即可。下一步是创建服务初始化以实现和异步调用相关联。

```
public static class Remote
{
    /// <summary>
    /// Event raised when a new screen has been received
    /// </summary>
    public static event Action<UserControl> ScreenReceived;

    /// <summary>
    /// Screen client created with the Add Web reference
    /// </summary>
    private static RemoteScreens.ScreensClient _Server;

    public static void Connect()
    {
        // WCF service initialization
        _Server = new Chapter8.RemoteScreens.ScreensClient();
        _Server.Open();

        // Delegate to address the screen completition
        _Server.GetScreenCompleted += new
        EventHandler<Chapter8.RemoteScreens.GetScreenCompletedEventA
            rgs>
```

```
                            (_Server_GetScreenCompleted);
        }

        private static void _Server_GetScreenCompleted(object sender,
                Chapter8.RemoteScreens.GetScreenCompletedEventArgs e)
        {
            if (e.Error == null)
            {
                string XamlPage = e.Result;

                // Creates the user control from the XAML string
                UserControl Screen =
                        (UserControl)XamlReader.Load(XamlPage);

                if (ScreenReceived != null)
                        (ScreenReceived(Screen);
            }
            else
            {
                throw e.Error;
            }
        }

        public static void GetNextScreen(object currentData)
        {
            // Calls the WCF service asynchronicly
            _Server.GetScreenAsync(currentData);
        }
}
```

该服务返回需要由 XamlReader 类解析并加载的初始 XAML 字符串, 以创建用户控件。有了此信息, 可以利用 ScreenReceived 事件回传新屏幕。

记住, 从这一节一开始, 就开始计划寻找模拟导航的方法。虽然我们已经研究了好几种方法, 但是这些并不是全部的方法。可以将满足应用程序并符合用户要求的模型放到一起。Silverlight 将来的版本可能会包括改变这些模型的导航服务, 但是目前这些方法都是有效的方法。

### 8.2.3　多插件导航

到现在为止, 已经看到了使用单插件来渲染多个屏幕的不同方法。虽然该模型在很多应用程序中都能发挥作用, 但是如果需要与当前的 ASP.NET 应用程序集成, 可能就需要多个 Silverlight 应用程序以某种方式互相链接。

由于每个插件承载唯一的应用程序, 因此需要链接独立的应用程序, 并将其状态从一个应用程序转换到另一个应用程序, 以满足支持导航的一致性需求。此节将介绍几种实现此行为的不同方法, 某些方法利用本书中已经学习的概念, 而另一些方法则利用现有的 ASP.NET 知识来补充。

### 1. 与 ASP.NET 集成

运行在页面中的 Silverlight 应用程序一旦被回传到服务器，就可能丢失当前状态，因为理论上说，应用程序无法知道在页面层次上运行的是什么。如果计划导航到一个新页面，有必要使用 ASP.NET 功能将信息从一个应用程序传递到另一个应用程序。

幸运的是，对象模型包含了大量的函数来与浏览器交互，这将帮助管理该导航并触发一些托管代码中的 HTML 动作。如果添加了名称空间 System.Windows.Browser，那么可以使用大量的类(最重要的是 HTMLPage)以帮助查询并控制当前 Web 页面。

在图 8-18 中可以看到，可以与 HTMLPage 对象交互，以将页面回传到服务器，甚至通过传递一个请求字符串导航到新的屏幕。

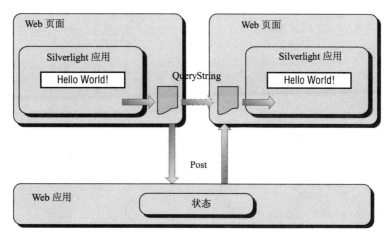

图 8-18

现在来看一个使用这些方法如何通信的例子。此例子将用两个不同 Web 页面承载不同的 Silverlight 应用程序。第一个应用程序包括一个文本框(txtFullName)和一个按钮(cmdPost)。按如下所示的方式处理按钮的 Click 事件：

```
private void cmdPost_Click(object sender, RoutedEventArgs e)
{
    if (txtFullName.Text.Length > 0)
    {
        // We format the destination using a query string
        string FormatDestination =
            string.Format(@"SecondPage.aspx?FullName={0}",
                    txtFullName.Text);

        // Sets the new URI with a query string entry
        Uri SourceUri = new Uri(HtmlPage.Document.DocumentUri,
                                    FormatDestination);

        // Navigates to the next page
        HtmlPage.Window.Navigate(SourceUri);
```

```
        }
    }
```

首先需要格式化目标资源，本例将一个参数添加到查询字符串列表中。一旦在格式化了目标后，就创建了一个基于当前文档 URI 的 URI。最后，使用 HTML 导航模型来切换页面。现在看看另一个应用程序是如何读取该值的：

```
private void UserControl_Loaded(object sender, RoutedEventArgs e)
{
        // We read the query string
        Dictionary<string, string> QueryString = (Dictionary<string,
          string>)
            System.Windows.Browser.HtmlPage.Document.QueryString;

        // We validate it
        if (!QueryString.ContainsKey("FullName"))
        {
            // Alert the user
            HtmlPage.Window.Alert("The request has been corrupted!");

            // Navigate to the first screen
            Uri SourceUri = new Uri(HtmlPage.Document.DocumentUri,
                                    "FirstPage.aspx");

            HtmlPage.Window.Navigate(SourceUri);
        }
        else
        {
            txtFullName.Text = QueryString["FullName"];
        }
}
```

在这个例子中，还可以看到如何集成更深层次的功能，如通知用户新应用程序无法初始化的警告信息。

使用查询字符串不是唯一的选择。如果研究了不同的功能，可以在 Silverlight 中设置属性，然后按照如下所示方式使用 Submit 功能传递表单：

```
HtmlPage.Document.Submit();
```

### 2. 使用服务

正如在图 8-19 中所看到的，此行为与 ASP.NET 开发人员所使用的模式很相似，但是为了在可能性上有所扩展，也可以用服务来将信息传回给系统。此模型更适合于完整的 Silverlight 部署，在此情况下需要将应用程序分割到几个页面中，可能是因为部署大小的要求，也可能是由于与 HTML 进一步集成的要求，如使用 HTTPHandlers 和 HTTPModules。可以在第 9 章 "和服务器通信" 中找到有关服务通信的所有详细信息。

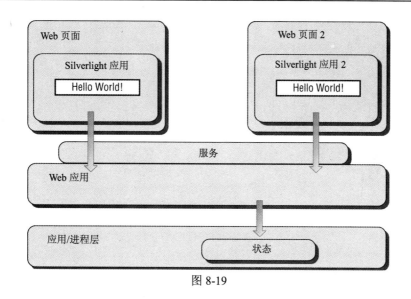

图 8-19

## 8.3 小结

用户交互体系结构实际上勾画了最终用户体验的蓝图，这也是本章之所以如此重要的主要原因。本章介绍了社团中如何解决常见挑战以及如何获得大部分当前功能所使用的最好方法。

本章研究了一个普通 Silverlight 用户可能使用的输入选项，考虑了所有的最新式设备。在此领域中，还有很多令人兴奋的机会可以追逐，并且 Silverlight 的确也在完成该任务。最优秀的功能之一是 Ink 控件，并可能是不远的将来无纸化进程的实用解决方法。

每个 ASP.NET 开发人员都知道，用一个单独的 Web 页面很难创建引人注目的应用程序。Silverlight 环境中也一样。正因为如此，本章还介绍了可能用来在应用程序中导航并改进内容表示效果的不同方法。随着时间的推移，当业界完全采用此技术时，新的方法也将被开发出来，但是同时，本章的内容也提供了开始研究这个令人着迷领域的正确技术。

# 第 **9** 章

# 和服务器通信

将数据集成到应用程序一直是开发过程的主要组成部分，而 Internet 的发展则为访问和保存数据提供了许多新的选择，因为数据可以保存在分布的位置上、可以保存在数据库中、保存在 XML 文件中，也可以保存在远程 Web 服务上。现在有一个好消息，即经过多年的发展，用于访问分布(远程)数据的技术已经足够成熟，并且现在有多个可行的方法可用。

本章将介绍如何使用 Silverlight 的网络和通信功能来访问分布式数据。本章将涵盖如何创建 Silverlight 可以调用的服务，讨论处理跨域问题的不同方法，并介绍 Silverlight 内置的、用于处理数据的类。本章还将介绍内置的 Silverlight 类如何用于向 REST 服务发送数据以及从 REST 服务接收数据，RSS 和 ATOM 聚合源如何被解析，以及如何创建套接字到套接字的直接通信，并利用该通信连接来将数据从某个服务器推送到客户端。

## 9.1　Silverlight 的联网和通信功能

Silverlight 提供了多个内置的网络功能，这些功能可以用于与本地和远程的服务器实施通信以发送和接收数据。其中有一些功能可以在 Visual Studio 中可视化地使用，而另外一些则依赖于自定义代码和配置文件。本节将概述 Silverlight 所支持的联网功能，从而知道联网功能中所支持的一些选项。随后，本章将深入地讨论各个功能，从而可以看到如何在 Silverlight 应用程序中使用不同的联网和通信技术。

### 9.1.1　Silverlight 可以访问和处理的数据类型

毋庸多言，在当前以技术为中心的世界里，数据可以以多种不同的方式进行保存，而且新的技术每天都在不断地发布。幸运的是，Silverlight 实际上能够访问和处理所有现有的基于文本类型的数据类型，包括一些比较流行的格式，如可扩展标记语言(Extensible Markup Language，XML)、简单对象访问协议(Simple Object Access Protocol，SOAP)、超文本标记语言(HyperText Markup Language，HTML)、JavaScript 对象符号(JavaScript Object Notation，

JSON)，以及未来可能发布的一些其他格式。

通过学习如何处理这些一般的数据存储格式，可以访问数据、将数据转换成自定义对象类型，以及将类型或者类型的集合绑定到一个或者多个 Silverlight 控件。在很多情况下，可以使用内置的 Silverlight 类将数据转换成自定义对象。例如，DataContractJsonSerializer 类就可以用于序列化/反序列化 JSON 数据，而 XmlSerializer 类则可以用于序列化/反序列化 XML 数据。当处理自定义的文本格式时，如某个固定长度的普通文件，可以通过创建特定的类来执行解析操作。

## 9.1.2 支持的域和 URL

在应用程序中可以使用的数据类型方面，Silverlight 非常灵活。但是，没有必要直接访问在任意地方的数据。Silverlight 限定了它可以调用的 URL 的类型。如果 URL 是以 http:// 或者 https://开头，那么 Silverlight 可以调用该 URL；但是如果 URL 以 ftp://或者 file://开头，那么 Silverlight 将拒绝调用。对提供 Silverlight 应用程序的初始服务器的回调不存在任何问题，但是调用不同域的其他服务器(指的是跨域调用(cross-domain call))可能会由于安全异常而失败。关于跨域调用所存在的一些问题的讨论，将在本章的稍后部分给出。

## 9.1.3 通信方法

有四种方法可以执行 Silverlight 应用程序和数据存储库之间的异步调用：包括 Web 服务、Representational State Transfer(RESTful)调用、套接字以及 HTTP 轮询双向调用。Web 服务使用简单对象访问协议(SOAP)来交换信息(某些服务器也可以使用其他的格式)；RESTful 调用可以交互不同的数据格式，如 XML 和 JSON；而套接字和 HTTP 轮询双向调用则允许在 Silverlight 客户端和服务器之间传送任意类型的数据。

作为 ASP.NET 开发人员，很可能已经听说过 Web 服务所带来的诸多优点。不管怎么样，Web 服务、面向服务器体系结构(Service Oriented Architecture，SOA)，与 XML 和 AJAX 一起，已经登上了技术排行榜的榜首很多年了。如果还不了解 Web 服务的话，Web 服务实际上提供了一种在离散系统之间交互数据的平台独立方法，使用一种称为 SOAP 的 XML 格式进行交换。Web 服务展示了使用 Web 服务描述语言(Web Service Description Language，WSDL)定义的合同。客户端可以利用 WSDL 来理解如何与某个服务实施通信。由于有了简单的 XML 解析器，所以数据可以在不同的社团之间相对透明地进行转移，而不需要依赖于特定的平台、框架以及对象模型。

利用 Visual Studio 或者某个命令行工具，可以创建 Silverlight 特有的代理对象。而该对象可用于调用 Web 服务，其方法和利用 ASP.NET 中的代理对象调用服务的方法一样。这就使得只要编写很少的代码，并且为开发人员抽象了 SOAP 的序列化/反序列化过程。利用 Silverlight 调用 Web 服务并不需要关于 XML 的知识，因此一旦理解了创建和使用代理对象的过程，该代码就非常直接了当。标准的 Web 服务均可以被调用，而不管它们是用 ASP.NET 编写，还是用 Windows 通信基础(WCF)编写，甚至是利用其他的语言编写，如 Java 或者 Python。

目前,在 Web 上存在多个流行的 Web 服务的替代方法。这些替代方法一般都集中于提供一种更直接的方法来交换数据,从而消除和 Web 服务相关的一些复杂性。例如,一些流行的站点,如 Flickr、MySpace、Digg 和 eBay 都允许利用 REST API 来访问数据,而某些站点则使用 Plain Old XML(POX)来回交换数据。RESTful 调用并没有 Web 服务使用者所具有的合同所带来的诸多好处,但是它试图简化整个交换数据的过程。其他的一些站点则可能依赖 JSON 而不是 XML 来交换数据。JSON 提供了一种简洁的方法,以在对象图和一种基于文本的格式之间进行序列化和反序列化,而这种基于文本的格式很容易在诸如 HTTP 之类的协议上传输。该方法还可以在其他技术(如 ASP.NET AJAX)中使用。

REST 的概念是由 Roy Fielding 提出的。他曾经使用统一资源标识符(Uniform Resource Identifier,URI)总结了可以用于定义和访问资源的不同网络体系结构原则。为了使用不同的方法,REST 允许利用简单的 URL 来检索数据,其行为直接在 URL 路径部分中定义,或者通过定义查询字符串参数来定义。RESTful 调用可以使用内置的 Silverlight 类(如 WebClient 和 HttpWebRequest/HttpWebResponse)来实现。

描述 REST 的最简单方法就是通过一个例子。Flickr 站点提供了一个 REST API(还得加上 XML-RPC 和 SOAP API),开发人员可以使用该 API 来检索他们网站上的照片以及其他信息。对 Flickr REST API 的 RESTful 调用的例子如下所示:

```
http://www.flickr.com/services/rest/?method=flickr.test.echo&format=rest
&foo=bar&api_key=YourKey
```

和所有的 URL 一样,前面的 URL 以及后面的 URL 都将发生改变。

注意,在此使用了标准的 URL,并且使用一个查询字符串参数将服务器应该执行的方法或者行为增加到了该 URL 中。调用该 URL 将产生如下的 POX 响应:

```xml
<?xml version="1.0" encoding="utf-8" ?>
<rsp stat="ok">
    <method>flickr.test.echo</method>
    <format>rest</format>
    <foo>bar</foo>
    <api_key>YourKey</api_key>
</rsp>
```

Digg 站点也提供了 REST API,以允许通过类似的方法来访问数据。如果想从 Digg.com 上检索一个故事列表,可以使用如下的 RESTful 调用:

```
http://services.digg.com/stories/topic/microsoft?count=3&
appkey=http://www.smartwebcontrols.com
```

该调用产生如下的 XML 响应(为了简洁起见,响应数据进行了适当的编辑):

```xml
<?xml version="1.0" encoding="utf-8" ?>
<stories timestamp="1206485104" min_date="1203893100" total="3209"
  offset="0" count="3">
  <story id="5850098"
```

```
            link="http://www.downloadsquad.com/2008/03/25/could-windowsxp-
            get-another-stay-of-execution/" submit_date="1206484576"
            diggs="2" comments="0" status="upcoming" media="news"
            href="http://digg.com/microsoft/Could_Windows_XP_get_another…">
              <title>Could Windows XP get another stay of execution?</title>
              <description> Description…</description>
              <user name="spamspanker123"
                icon="http://digg.com/users/spamspanker123/l.png"
                registered="1202407633" profileviews="135" />
              <topic name="Microsoft" short_name="microsoft" />
              <container name="Technology" short_name="technology" />
              <thumbnail originalwidth="200" originalheight="152"
                contentType="image/jpeg"
                src="http://digg.com/microsoft/Could_Windows_XP /t.jpg" width="80"
                height="80" />
            </story>

            <!— More story elements follow —>

        </stories>
```

除了调用 Web 服务和 REST API 外，当需要一个更底层的通信机制或者需要从服务器获取数据而不是经常轮询服务器时，Silverlight 还提供了套接字到套接字通信的内置支持。该方法使得 Silverlight 可以直接和服务器对话。当诸如股票报价之类的数据需要推送到某个客户端时，这种方法非常有用。Web 服务、RESTful 调用以及套接字都将在本章中详细讨论。

既然已经了解了使用 Silverlight 访问数据的主要方法，下面我们来看看在接收到数据之后处理数据时的可用方法。

### 9.1.4　数据处理方法

Silverlight 为解析和序列化/反序列化从分布式服务器上检索获得的数据提供了很好的支持。由于 Silverlight 包含整个.NET Framework 的一个子集，因此可以利用一些功能强大的功能(如语言集成查询(LINQ)、读取器和书写器)，以解析、处理数据并将数据映射到 CLR 对象。Silverlight 提供了多种机制来处理 XML 数据，这些数据可以是从某个 Web 服务检索的，也可以是来源于某个 RESTful 调用或者是某个套接字。

正如前面所提到的，对使用 SOAP 服务的支持直接内置在 Silverlight 中。SOAP 消息通常利用某个服务代理对象解析并映射到 CLR 对象(反序列化过程)。通过利用代理对象，可以避免编写自定义代码来处理包含在 SOAP 消息中的数据。通常都不需要手动调用服务和亲自处理原始数据，Silverlight 提供了所需要的相应类来完成该工作。

XML 数据可以用多种不同的方式来进行解析，包括使用 LINQ to XML、使用 Xml Reader 类或者使用 XmlSerializer 类。LINQ to XML 提供一种机制来使用查询语法解析 XML 数据，XmlReader 类则提供了更加快速有效的流化 API，而 XmlSerializer 则使得将 XML 数据映射到自定义 CLR 类型更加直接。当需要将数据发送到某台服务器上时，可以在

Silverlight 中使用 XmlWriter 类来生成 XML 数据。

如果想解析诸如 RSS 和 ATOM 之类的 XML 聚合源时，可以使用 XmlReader 类和 XmlSerializer 类，但是更简单的方法是使用内置的 Silverlight 聚合类，如 SyndicationFeed 和 SyndicationItem，这些类可以让您编写最少的代码。通过学习这些类和相关的类，可以花最小的代价高效地下载、解析和处理聚合源。

除了 XML 数据外，JSON 数据也可以使用名为 DataContractJsonSerializer 的类来进行序列化和反序列化。在诸如 www.codeplex.com/Json 的站点上，也有一些开源的 JSON 读取器和书写器类。

这些数据处理方法为处理数据提供了不同的选择，而且这些方法均与选择如何构建应用程序相兼容。如果您是 ASP.NET 开发人员，那么很可能对这些类中的某一些比较熟悉。

# 9.2 跨域支持

在学习各种不同的网络功能之前，有必要讨论一些有可能出现在 Silverlight 应用程序到某台服务器的网络调用中的问题。从一个 Web 站点域到另外一个站点域的调用(称为跨域调用)，对需要从分布式数据源中检索数据的应用程序而言是常有的事。这一点在从多个站点和服务中检索数据的混搭(mash-up)应用程序中就更加明显了。如果使用过类似于 Asynchronous JavaScript and XML(AJAX)的 Web 技术，那么就知道从客户端浏览器实施跨域调用并不总是那么简单。

AJAX 使用了 XmlHttpRequest 对象，该对象要求所有的调用都必须回到最初提供支持 AJAX 的页面的服务器以开始执行。XmlHttpRequest 对象不允许调用其他 Internet 域，这主要是因为各种不同的安全攻击(如跨域伪造等)，均可以用于偷取用户的数据。正因为该限制，所以 AJAX 应用程序通常要调用位于初始服务器上的中间服务，而该服务再调用远程的服务以检索跨域数据。尽管这些技术在大量的网站中使用，但是该技术需要额外的工作，并且需要在交互中引入一个中间人(尽管它允许使用不同的缓存技术以提高应用程序所使用数据的可靠性)。

和 AJAX 不一样，Silverlight 支持跨域调用，但是默认情况下只能调用相同的站点(有时称为初始站点(site of origin))。这就意味着，可以安全地从位于 www.site.com 的站点上的 Silverlight 客户端调用位于 www.site.com/MyService 站点上的服务，且不需要做太多的工作。但是默认情况下，Silverlight 客户端不能调用位于 www.site.com:9090/MyService 上的服务，因为其端口不同。Silverlight 执行以下的检测来查看服务器是否和 Silverlight 客户端处于同一个域中：

- 协议一样，
- 域名一样，
- 端口号一样。

如果完全可以控制客户端应用程序和服务器应用程序，那么一般不需要担心跨域调用问题。但是，当 Silverlight 客户端需要使用一个由诸如亚马逊和谷歌之类的提供商所提供的服务时，或者是某个位于和 Silverlight 应用程序同一域、但具有不同端口或使用不同协议的服务时，将遇到跨域问题。

也可以通过在 Visual Studio 中将一个新的 Web 服务项目添加到已有的 Silverlight 2 项目中，以模拟跨域调用的行为。任何试图从 Silverlight 客户端调用服务的企图，都将得到一个非常奇怪的出错信息 "The remote server returned an unexpected response: (404) Not Found."。初看该错误，可以会认为服务 Reference 没有正确设置，因此需要修改服务的 URL。但是在大多数情况下，这不是该错误的原因。该错误是由 Silverlight 产生的，因为它认识到正在试图执行一个跨域调用。

只有在目标服务器根目录中有一个特定的 XML 跨域策略文件时，才能进行跨域调用。如果 Silverlight 没有检测到该文件，或者发起调用的域被拒绝访问，那么将产生该异常。Silverlight 2 支持两种类型的跨域策略：Flash 的 crossdomain.xml 文件和 Silverlight 的 clientaccesspolicy.xml 文件。当产生了跨域调用时，Silverlight 首先检查在服务器上是否有 cilentaccesspolicy.xml 文件。如果没有该文件，它将检查是否有 crossdomain.xml 文件。下面我们仔细地看看这两类跨域策略文件。

## 9.2.1 Flash 跨域策略文件

跨域策略文件首先是由 Flash 引入的。Flash 允许集成来自多个站点和服务的数据。目前的许多流行 Web 站点上均在其根目录中包含一个名为 crossdomain.xml 的 Flash 跨域策略文件，以允许外部的 Flash 应用程序和该站点实施对话。Silverlight 支持 crossdomain.xml 文件格式的一个子集。下面是所支持文件的一些例子：

```
<?xml version="1.0"?>
<cross-domain-policy>
    <allow-http-request-headers-from domain="*" headers"*"/>
</cross-domain-policy>
```

```
<?xml version="1.0"?>
<cross-domain-policy>
    <allow-access-from domain="*" />
</cross-domain-policy>
```

第一个例子允许任意头从任意站点发送到服务器，这一点在必须允许发送诸如 SOAPAction 的头(使用 Web 服务)时非常有用。特定的头值可以添加到 headers 属性中，这将比使用*更加安全。第二个例子允许从使用 RESTful 调用的域访问服务器。Silverlight 仅仅支持一个值为*的 domain 属性。

关于 crossdomain.xml 文件的其他信息，可以查看 http://www.adobe.com/devnet/ articles/ crossdomain_policy_file_spec.html。

如果站点承载了 Flash 客户端可以访问的服务，那么将希望在该站点的根目录中添加该 crossdomain.xml 文件。如果仅有 Silverlight 客户端可以访问该服务，那么可以像下面所讨论的那样，添加一个名为 clientaccesspolicy.xml 的文件到该站点的根目录。

可能会遇到这样的 crossdomain.xml 文件，该文件在顶部定义了一个文档类型定义 (Document Type Definition，DTD)，并且引用了 www.macromedia.com 或 www.adobe.com。Silverlight 2 不会考虑该 DTD，因为在 crossdomain.xml 文件中会有不同的版本。

## 9.2.2　Silverlight 跨域策略文件

Flash 跨域访问策略文件格式可以很好地通过域来限制对服务器的访问，但是它不允许对服务器的特定资源实施访问控制。在目前 "安全第一" 的情况下，更好地控制哪种资源可以访问将是众所期待的功能。不管怎么样，如果调用者不能访问服务器上的所有文件夹，那么为什么首先为调用者赋予这么高的访问权限呢？

为了减少跨域调用者所遇到的问题，微软公司发布 Silverlight 特有的跨域策略文件，名为 clientaccesspolicy.xml。该文件为哪些域可以使用跨域调用来调用服务器、该域中的哪些资源允许访问以及允许使用哪些 HTTP 请求头，提供了额外的控制。下面是一个 clientaccesspolicy.xml 文件的例子：

```xml
<?xml version="1.0" encoding="utf-8"?>
<access-policy>
    <cross-domain-access>
        <policy>
            <allow-from http-request-header="*">
                <domain uri="*"/>
            </allow-from>
            <grant-to>
                <resource path="/Services" include-subpaths="true"/>
            </grant-to>
        </policy>
    </cross-domain-access>
</access-policy>
```

该文件允许任意站点的跨域调用访问位于服务器根目录下 Services 文件夹中的资源。allow-from 元素提供了定义哪些域可以访问服务的一种方式，这一点非常类似于 Flash 的 crossdomain.xml 文件。但是，Silverlight 的策略文件更深入了一步，该文件使用 grant-to 元素来允许服务器控制哪些资源可以访问，以及通过使用 http-request-header 属性来控制哪种 HTTP 请求头可以传递。http-request-header 属性接收通配符(*)字符以表示所有 HTTP 请求头均可以传递。关于当前不可用头的更多细节，可以在 Silverlight SDK 中找到，也可以在 http://msdn.microsoft.com 上找到。通过为 http-request-header 属性提供一个由逗号隔开的列表，可以在 http-request-header 中定义多个请求头。

当不同域可以访问不同资源时，可以添加多个 policy 元素：

```xml
<?xml version="1.0" encoding="utf-8"?>
<access-policy>
    <cross-domain-access>
        <policy>
            <allow-from http-request-headers="*">
                <domain uri="*"/>
```

```
          </allow-from>
          <grant-to>
            <resource path="/Services" include-subpaths="false"/>
          </grant-to>
        </policy>
        <policy>
          <allow-from http-request-headers="*">
              <domain uri="*.domainName.com"/>
          </allow-from>
          <grant-to>
            <resource path="/SpecialServices" include-subpaths="true"/>
          </grant-to>
        </policy>
      </cross-domain-access>
    </access-policy>
```

该跨域策略文件允许 domainName.com 域访问 SpecialServices 目录以及该目录下的子路径。当 Silverlight 客户端可以访问服务器根目录下的所有内容时，resource 元素的 path 属性可以赋予/值，并且为 include-subpaths 属性赋予值 true。

当某个服务器的 Flash 程序或者 Silverlight 客户端可以访问所有资源时，将一个简单的 Flash crosspolicy.xml 文件放置在服务器上就可以完成该任务。当需要为 Silverlight 客户端锁定特定的资源时，需要将一个 clientaccesspolicy.xml 文件放置该根目录下。如果 Flash 客户端不会调用服务器，那么推荐使用 clientaccesspolicy.xml 文件，因为该类文件可以限制资源和 HTTP 请求头，所以该类文件可以提供最好的安全性。

## 9.3　为 Silverlight 创建服务

到现在，我们已经看到了 Silverlight 可以执行跨域的调用以访问位于不同服务器上的数据。如果想收集来源于分布服务的数据，并在 Silverlight 应用程序中显示这些数据，那么该功能将是一个非常好的功能。但是，在很多情况下，应用程序访问的是位于初始服务器上的数据，因此理解如何创建服务是 Silverlight 开发的重要部分。

本节剩余部分将介绍如何创建 Silverlight 可以使用的 Windows 通信基础(WCF)服务和 ASP.NET Web 服务。很多书籍已经涉及了 WCF 和 ASP.NET Web 服务开发功能和开发的基本原则，因此本节也不会简单地介绍该技术。下面几个小节的主要目的是为使用这些技术提供一个概况，以帮助快速启动该服务开发过程。

### 9.3.1　为 Silverlight 创建 WCF 服务

我们看看创建 WCF 数据合同和服务的过程。一旦创建了这些合同，就可以看到如何实现服务合同，以创建跨平台的服务以及如何配置服务以使之和 Silverlight 兼容。

Windows 通信基础(Windows Communication Foundation，WCF)是在.NET 3.0 中首次发布的，是.NET 3.5 的组成部分。它提供了稳健而灵活的框架以构建不同类型的服务。这些服务可以使用不同的语言、平台或者对象模型，并且可以由客户端使用。WCF 是建立在一些主要的技术标准之上，如 XSD 模式、WSDL、SOAP 以及 WS-*标准(安全、寻址、消息传输、可靠性，等等)，并遵循关键的 SOA 原理，如松耦合合同、绑定(调用服务的方式)和可发现的服务。如果已经熟悉了构建类和实现接口的过程，那么构建 WCF 服务器将是对正在进行的工作的自然扩展。

WCF 有其自身的 ABC 集合：地址(Address)、绑定(Binding)和合同(Contract)。地址部分表示物理服务的位置；绑定部分表示如何绑定到服务，或者说如何与服务对话(是通过 HTTP、TCP 还是其他的绑定？)；而合同部分则定义服务可以执行哪些操作，以及这些操作的详细信息，如来回传递的数据类型。

为了创建 WCF 服务，需要执行一些指定的步骤以确保遵守了这些 ABC。首先在 Visual Studio 中创建一个 WCF Service Library 或者 WCF Service Application 项目。该项目将把一个引用添加到 WCF 程序集，如 System.ServiceModel，该引用包含了服务所使用的关键类。一旦项目已经创建，就可以创建数据合同类、服务接口和 WCF 配置代码，等等。

下面的主题将详细描述如何创建 Silverlight 客户端可以使用的 WCF 服务。尽管可以手工创建 WCF 服务，也可以使用 Visual Studio 的 WCF Service Library 项目模板或 WCF Service Application 项目模板来创建 WCF 服务，但 Silverlight 2 Tools for Visual Studio 2008 也提供了 Silverlight-enabled WCF Service 条目，选择该条目可以帮助启动该过程。一旦已经在 Visual Studio 中创建了一个 Web 站点或者 ASP.NET Web Application 项目，则右击该项目，选择 Add New Item，并选择 Silverlight-enabled WCF Service。执行这些操作将把一个.svc 文件添加到项目，并添加服务的启动代码。WCF 配置代码也将添加到 web.config 文件中。

### 1. 定义 WCF 数据合同

数据合同定义了在客户端和服务器之间传输的数据。可以利用不同的特性来定义数据合同，如 DataContract 和 DataMember。DataContract 特性应用到某个类，而 DataMember 特性则应用到某个域或者某个属性。当将类数据绑定到 Silverlight 控件上时，特别推荐使用公有属性，而不是公有域。

下面的例子创建了一个简单的合同以允许在服务和客户端之间交换 Product 对象：

```csharp
namespace Model
{
    [DataContract]
    public partial class Product
    {
        [DataMember]
        public int ProductID { get; set; }

        [DataMember]
        public int CategoryID { get; set; }

        [DataMember]
        public string ModelNumber { get; set; }
```

```
        [DataMember]
        public string ModelName { get; set; }

        [DataMember]
        public string ProductImage { get; set; }

        [DataMember(Order=6)]
        public decimal UnitCost { set; get; }

        [DataMember]
        public string Description { get; set; }
    }
}
```

尽管可以手动输入该类及其成员，但是 LINQ to SQL 提供了非常好的设计界面，以便可视化地创建数据合同类并将其绑定到数据库表格，从而简化 O/R 映射。本章所提供的样本代码使用了 LINQ to SQL。如果想使用该方案，那么需要确保已经在 LINQ to SQL 设计器中将 Serialization Mode 改成了 Unidirectional，这样所生成的类在用于 WCF 服务时可以进行序列化和反序列化。可以通过右击 LINQ to SQL 设计界面，并从菜单中选择 Properties 来改变 Serialization Mode。

在服务中所使用的数据实体类也可以使用 XML 模式(.xsd 文件)和命令行工具来生成。通过这种方法，在客户和服务之间交换的消息将基于全局标准。该全局标准将有助于减小跨不同平台的互操作问题。利用.NET，可以使用 xsd.exe 工具，并利用/classes 开关选项来为某个 XSD 模式生成类：

```
xsd.exe /classes schemaName.xsd
```

尽管该命令可以生成相应的类和成员属性，但不幸的是，它不会在类中添加 DataContract 特性，也不会在属性中添加 DataMember 特性。

WCF 的 svcutil.exe 工具也可以用于将 XSD 模式转换成类，并且添加相应的 DataContract 和 DataMember 特性。例如，为了根据已有的 XSD 模式生成数据合同类，利用 Visual Studio 的如下命令提示就可以完成：

```
svcutil.exe /dconly schemaName.xsd
```

/dconly 开关选项说明，要根据在模式中定义的类型来创建数据合同类。运行该命令行工具将自动生成基于该模式类型的类。

### 2. 定义 WCF 服务合同

一旦定义好了服务所使用的数据合同，也就可以创建服务合同了。服务合同依赖于.NET 接口和 WCF 的功能。在大多数基本的形式中，服务合同(Service contract)定义了服务将利用接口执行哪些操作。当然，实现该合同的服务必须实现在合同/接口中所定义的所有成员。

下面的代码演示了如何创建服务合同，以及如何利用 ServiceContract 和 Operation Contract 特性分别将接口标记为 WCF 合同和将方法标记为 WCF 操作：

```
[ServiceContract()]
public interface IProductService
{
    [OperationContract]
    Model.Product[] GetProducts();
    [OperationContract]
    Model.Product GetProduct(int prodID);
}
```

该例子定义了一个名为 IProductService 的服务合同以及两个操作，分别名为 GetProducts 和 GetProduct。这两个操作均返回前面所定义的 Product 数据合同。

### 3. 创建 WCF 服务

一旦定义好了服务合同，为了发挥应有的作用，就必须实现服务合同。当一个类实现某个接口时，它必须定义该接口中的所有成员。这一点对于实现服务合同的服务而言也必须如此。

WCF 服务可以利用 IIS 展示，也可以自己驻留在控制台应用程序、Windows 服务或者其他类型的.NET 应用程序中。当服务驻留在 IIS 上时，服务文件将使用.svc 文件扩展名，而不是标准 ASP.NET Web 服务所使用的.asmx 扩展名。.svc 文件包含了 ServiceHost 特性，该特性指向一个包含实际服务代码的代码文件：

```
<% @ServiceHost Language=C# Service="ProductService"
        CodeBehind="~/App_Code/Service.cs" %>
```

为了能够成功编译，该代码文件必须实现相应的服务合同，并满足所有的合同需求。下面的例子显示了在一个名为 ProductService 的类中实现了前面所定义的 IProductService 合同：

```
public class ProductService : IProductService
{   public Model.Product[] GetProducts()
    {
        return Biz.BAL.GetProducts();
    }

    public Model.Product GetProduct(int prodID)
    {
        return Biz.BAL.GetProduct(prodID);
    }
}
```

ProductService 类实现了在 IProductService 类中所定义的两个方法，并添加了相应的代码以调用业务层，而业务层又调用数据层类来和数据库通信。下面的代码给出了数据合同、服务合同、服务、业务层和数据层的接口和类，因此可以看到它们之间是如何彼此关联的：

```
namespace Model
```

```
{
    [DataContract]
    public partial class Product
    {

        [DataMember]
        public int ProductID { get; set; }

        [DataMember]
        public int CategoryID { get; set; }

        [DataMember]
        public string ModelNumber { get; set; }

        [DataMember]
        public string ModelName { get; set; }

        [DataMember]
        public string ProductImage { get; set; }

        [DataMember(Order=6)]
        public decimal UnitCost { set; get; }

        [DataMember]
        public string Description { get; set; }
    }
}

[ServiceContract(Namespace="http://www.smartwebcontrols.com/samples")]
public interface IProductService
{
    [OperationContract]
    Model.Product[] GetProducts();

    [OperationContract]
    Model.Product GetProduct(int prodID);
}

public class ProductService : IProductService
{
    public Model.Product[] GetProducts()
    {
        return Biz.BAL.GetProducts();
    }

    public Model.Product GetProduct(int prodID)
    {
        return Biz.BAL.GetProduct(prodID);
    }
}
```

```
//Business Layer
namespace Biz
{
    public class BAL
    {
        public static Model.Product[] GetProducts()
        {
            return Data.DAL.GetProducts();
        }

        public static Model.Product GetProduct(int prodID)
        {
            return Data.DAL.GetProduct(prodID);
        }
    }
}

//Data Layer
namespace Data
{
    public class DAL
    {
        static string _ProductImageUrlBase;
        private static string ProductImageUrlBase
        {
            get
            {
                if (_ProductImageUrlBase == null)
                {
                    IncomingWebRequestContext context =
                    WebOperationContext.Current.IncomingRequest;
                    _ProductImageUrlBase =
                        String.Format("http://{0}/ProductImages/thumbs/",
                          context.Headers[HttpRequestHeader.Host]);
                }
                return _ProductImageUrlBase;
            }
        }

        public static Product[] GetProducts()
        {
            using (GolfClubShackDataContext context =
                new GolfClubShackDataContext())
            {
                return (from p in context.Products
                        let imageUrl = ProductImageUrlBase + p.ProductImage
                        select new Product
                        {
                            CategoryID = p.CategoryID,
```

```
                                    Description = p.Description,
                                    ModelName = p.ModelName,
                                    ModelNumber = p.ModelNumber,
                                    ProductID = p.ProductID,
                                    ProductImage = imageUrl,
                                    UnitCost = p.UnitCost,
                                }).ToArray<Product>();
            }
        }

        public static Product GetProduct(int prodID)
        {
            using (GolfClubShackDataContext context =
              new GolfClubShackDataContext())
            {
                return (from p in context.Products
                        where p.ProductID == prodID
                        let imageUrl = ProductImageUrlBase + p.ProductImage
                        select new Product
                        {
                            CategoryID = p.CategoryID,
                            Description = p.Description,
                            ModelName = p.ModelName,
                            ModelNumber = p.ModelNumber,
                            ProductID = p.ProductID,
                            ProductImage = imageUrl,
                            UnitCost = p.UnitCost,
                        }).SingleOrDefault<Product>();
            }
        }
    }
}
```

### 4. 配置 WCF 服务

在最初创建 WCF 服务的 Web 站点时，Visual Studio 在 web.config 文件中添加了 WCF 特有的配置项。该配置信息定义了客户端如何绑定到该服务，服务所展示的合同以及服务可以执行的行为。下面的例子显示了在 web.config 中添加 WCF system.ServiceModel 配置项以支持 ProductService 类：

```
<system.serviceModel>
    <services>
        <service name="ProductService" behaviorConfiguration
        ="serviceBehaviors">
            <endpoint contract="IProductService"binding=
              "basicHttpBinding"/>
        </service>
    </services>
```

```
    <behaviors>
        <serviceBehaviors>
            <behavior name="serviceBehaviors">
                <serviceDebug includeExceptionDetailInFaults="false"/>
                <serviceMetadata httpGetEnabled="true"/>
            </behavior>
        </serviceBehaviors>
    </behaviors>
</system.serviceModel>
```

尽管 Visual Studio 生成了服务最初所使用的 XML 配置，但必须修改相应的配置代码，因为改变接口和服务名时，可以确保在代码中所定义的名称和 web.config 中的名称相匹配。该 WCF 服务配置代码利用 name 属性引用 ProductService，利用 behaviorConfiguration 属性定义服务可以执行的行为，并利用 contract 属性定义由服务端点所提供的 IProductService 合同。它还定义了绑定到该服务的客户可以使用标准的 HTTP 绑定。该绑定是 Silverlight 客户端成功调用该服务所必需的。

诸如 wsHttpBinding 之类的绑定并不能正常发挥作用，因为它们允许消息加密、数据签名等操作。而 Silverlight 在不增加下载的插件文件的大小时是不支持这些类型操作的。如果不能利用 Silverlight 来调用 WCF 服务，需要检查的第一件事就是是否使用 basicHttpBinding。

### 5. 自承载 WCF 服务以及跨域策略文件

到现在为止，我们所讨论的 WCF 服务都是驻留在互联网信息服务(IIS)上的。但是 WCF 服务也可以驻留在 Windows 服务、控制台应用程序、Windows Forms 应用程序或者其他的.NET 应用程序中，而不需要依赖于 IIS。试图访问某个不同域中的自承载服务的 Silverlight 客户端，如果不能找到本章前面所讨论过的 crossdomain.xml 或者 clientaccesspolicy.xml 文件，那么它们将会遇到安全问题。

解决这个问题的办法就是.NET 3.5 中新的 WCF Web 功能及其属性。该功能允许 Silverlight 客户端，即使在 WCF 服务不在 IIS 中时，也可以检索一个跨域策略文件。该解决方法最初是由微软公司的 Carlos Figueira 在他的博客 http://blogs.msdn.com/carlosfigueira/default.aspx 中提出来的。

通过利用 WCF 的 WebGetAttribute 类(位于 System.ServiceModel.Web 中)，自承载的服务可以为 Silverlight 客户端提供一个跨域策略文件，其方式和 IIS 在其根目录中放置一个静态策略文件是一样的。下面的例子使用了 WCF 的 WebGetAttribute 类来允许服务操作使用 Web 编程模型：

```
[ServiceContract]
public interface ICrossDomainPolicyRetriever
{
    [OperationContract]
    [WebGet(UriTemplate = "/clientaccesspolicy.xml")]
    Stream GetSilverlightPolicy();
```

```
    [OperationContract]
    [WebGet(UriTemplate = "/crossdomain.xml")]
    Stream GetFlashPolicy();
}
```

WebGetAttribute 类的 UriTemplate 属性设定，任何对/clientaccesspolicy.xml 文件的调用都将调用 GetSilverlightPolicy 方法，而对/crossdomain.xml 的调用都将调用 GetFlashPolicy 方法。通过使用该技术，在不同域中 Silverlight 客户仍然可以使用自承载服务。

下面的例子给出了一个实现 ICrossDomainPolicyRetriever 服务合同的 WCF 服务，并同时给出了 GetSilverlightPolicy 方法和 GetFlashPolicy 方法的代码：

```
using System;
using System.ServiceModel;
using System.ServiceModel.Web;
using System.IO;
using System.Text;
using System.ServiceModel.Description;

[ServiceContract]
public interface ITest
{
    [OperationContract]
    string Echo(string text);
}

[ServiceContract]
public interface ICrossDomainPolicyRetriever
{
    [OperationContract]
    [WebGet(UriTemplate = "/clientaccesspolicy.xml")]
    Stream GetSilverlightPolicy();

    [OperationContract]
    [WebGet(UriTemplate = "/crossdomain.xml")]
    Stream GetFlashPolicy();
}

public class SelfHostedService : ITest, ICrossDomainPolicyRetriever
{
    public string Echo(string text) { return text; }

    Stream StringToStream(string result)
    {
        WebOperationContext.Current.OutgoingResponse.ContentType =
            "application/xml";
        return new MemoryStream(Encoding.UTF8.GetBytes(result));
    }

    public Stream GetSilverlightPolicy()
```

```
    {
        string result = @"<?xml version=""1.0"" encoding=""utf-8""?>
<access-policy>
    <cross-domain-access>
        <policy>
          <allow-from http-request-headers=""*"">
            <domain uri=""*""/>
          </allow-from>
          <grant-to>
            <resource path=""/"" include-subpaths=""true""/>
          </grant-to>
        </policy>
    </cross-domain-access>
</access-policy>";
        return StringToStream(result);
    }
    public Stream GetFlashPolicy()
    {
        string result = @"<?xml version=""1.0""?>
<cross-domain-policy>
    <allow-http-request-headers-from domain=""*"" headers=""*"" />
</cross-domain-policy>";
        return StringToStream(result);
    }
    public static void Main()
    {
        string baseAddress = "http://" + Environment.MachineName + ":8000";
        ServiceHost host = new ServiceHost(typeof(SelfHostedService),
            new Uri(baseAddress));
        host.AddServiceEndpoint(typeof(ITest), new BasicHttpBinding(),
            "basic");
        host.AddServiceEndpoint(typeof(ICrossDomainPolicyRetriever),
            new WebHttpBinding(), "").Behaviors.Add(new WebHttpBehavior());
        ServiceMetadataBehavior smb = new ServiceMetadataBehavior();
        smb.HttpGetEnabled = true;
        host.Description.Behaviors.Add(smb);
        host.Open();
        Console.WriteLine("Host opened");
        Console.Write("Press ENTER to close");
        Console.ReadLine();
        host.Close();
    }
}
```

## 9.3.2　为 Silverlight 创建 ASP.NET Web 服务

WCF 是.NET 3.5 中用于构建服务的关键技术，但是它并不是唯一的选择。当需要创建 Silverlight(或其他客户端)可以使用的 Web 服务时，ASP.NET Web 服务功能仍然可用。ASP.NET

Web 服务(由于使用.asmx 文件扩展名,因此经常被称为 ASMX 服务)并没有提供 WCF 所拥有的所有功能,但是对于 Silverlight 客户端而言,这些功能通常都是不需要的。下面的几小节将展示创建 ASMX 服务的过程。

### 1. 创建 ASMX 文件

自从.NET 在 2002 年面世以来,Visual Studio 就一直为创建 ASP.NET Web 服务提供了支持。这种支持目前仍然有用,而且使得即使以前从未创建过服务,现在从头开始创建 Web 服务也非常容易。Visual Studio 提供了两个项目模板来创建 ASP.NET Web 服务,包括 ASP.NET Web 服务应用程序模板和 ASP.NET Web 服务模板。两个模板均创建一个初始的.asmx 文件以及相关的隐藏代码文件以启动工作。

ASP.NET Web 服务依赖于.NET Framework 中的 XML 和 SOAP 序列化类,在后台将 CLR 类和 SOAP 消息进行来回的转换。当创建 Silverlight 客户端将使用的 ASP.NET 服务时,有一点非常重要,即尽量使用可以很容易绑定到客户端控件的可互操作的类型。例如,ASP.NET Web 服务操作可以返回 DataSets,但是通常应该避免,并用自定义数据实体类来替换。这些定义类通常更加轻量级,而且仅仅包含域和属性,非常类似本章前面所给出的 Product 类。通过使用自定义类,为该服务所生成的 Web 服务描述语言(Web Service Description Language,WSDL)文件将包含服务所提供的类型的更进一步细节,从而更易于由不同的客户端使用。尽量避免在服务(ASP.NET Web 服务或者 WCF 服务)中使用 DataSet,是判断是否正在为 Silverlight 构建服务的经验法则。

> Silverlight 2 并没有为 DataSet 提供内置的支持,这是创建服务时避免使用该类型的另外一个原因。因为利用返回 DataSet 对象的服务的 Silverlight 客户端,将不得不编写自定义代码来解析从服务所返回的 XML 数据。

### 2. 定义 WebMethod

一旦已经创建了 ASP.NET Web 服务或者 Web 站点,那么服务操作(方法)可以直接添加到服务类,并标明 WebMethod 特性。该特性在方法中添加了 Web 服务能力,并且允许该方法利用 HTTP 和 SOAP 通过 Web 来实施调用。其他诸如 WebService 和 WebServiceBinding 的特性也可以添加进来,以定义 SOAP 消息中使用的 XML 名称空间,并确保该服务遵循 WSI Basic Profile 1.1 版规范(参见 www.ws-i.org/Profiles/BasicProfile-1.1.html 上的 WSI Basic Profile)。

下面的例子显示了一个返回产品信息的 ASP.NET Web 服务:

```
using System;
using System.Linq;
using System.Web;
using System.Web.Services;
using System.Web.Services.Protocols;
using System.Xml.Linq;

[WebService(Namespace = "http://www.smartwebcontrols.com/samples")]
[WebServiceBinding(ConformsTo = WsiProfiles.BasicProfile1_1)]
```

```
public class ProductService : System.Web.Services.WebService
{
    public ProductService()
    {
        //Uncomment the following line if using designed components
        //InitializeComponent();
    }

    [WebMethod]
    public Model.Product[] GetProducts()
    {
        return Biz.BAL.GetProducts();
    }

    [WebMethod]
    public Model.Product GetProduct(int prodID)
    {
        return Biz.BAL.GetProduct(prodID);
    }
}
```

ProductService 类定义了 GetProducts 方法和 GetProduct 方法，以分别返回一个 Product 数组和一个 Product 对象。两个方法均标注了 WebMethod 特性，并且使用了业务和数据层的类从数据库中检索数据。

由于两个方法均返回自定义的 Product 类型，因此 WSDL 将是良好定义的，并且易于被客户端使用。看看由服务所生成的 WSDL，将看到自定义 Product 类型(以及 GetProducts 数组)在模式中做了完整的定义，从而使得该类型易于被包含 Silverlight 应用程序的所有用户使用。

```xml
<?xml version="1.0" encoding="utf-8"?>
<wsdl:definitions xmlns:soap="http://schemas.xmlsoap.org/wsdl/soap/"
xmlns:tm="http://microsoft.com/wsdl/mime/textMatching/"
xmlns:soapenc="http://schemas.xmlsoap.org/soap/encoding/"
xmlns:mime="http://schemas.xmlsoap.org/wsdl/mime/"
xmlns:tns="http://www.smartwebcontrols.com/samples"
xmlns:s="http://www.w3.org/2001/XMLSchema"
xmlns:soap12="http://schemas.xmlsoap.org/wsdl/soap12/"
xmlns:http="http://schemas.xmlsoap.org/wsdl/http/"
targetNamespace="http://www.smartwebcontrols.com/samples"
xmlns:wsdl="http://schemas.xmlsoap.org/wsdl/">
  <wsdl:types>
    <s:schema elementFormDefault="qualified"
      targetNamespace="http://www.smartwebcontrols.com/samples">
      <s:element name="GetProducts">
        <s:complexType />
      </s:element>
      <s:element name="GetProductsResponse">
        <s:complexType>
```

```xml
        <s:sequence>
         <s:element minOccurs="0" maxOccurs="1" name=
           "GetProductsResult"
           type="tns:ArrayOfProduct" />
        </s:sequence>
      </s:complexType>
 </s:element>
 <s:complexType name="ArrayOfProduct">
     <s:sequence>
      <s:element minOccurs="0" maxOccurs="unbounded" name="Product"
         nillable="true" type="tns:Product" />
      </s:sequence>
    </s:complexType>
    <s:complexType name="Product">
     <s:sequence>
        <s:element minOccurs="1" maxOccurs="1" name="ProductID"
         type="s:int" />
        <s:element minOccurs="1" maxOccurs="1" name="CategoryID"
         type="s:int" />
        <s:element minOccurs="0" maxOccurs="1" name="ModelNumber"
            type="s:string"
        />
        <s:element minOccurs="0" maxOccurs="1" name="ModelName"
            type="s:string"
        />
        <s:element minOccurs="0" maxOccurs="1" name="ProductImage"
         type="s:string" />
        <s:element minOccurs="1" maxOccurs="1" name="UnitCost"
                type="s:decimal"
        />
        <s:element minOccurs="0" maxOccurs="1" name="Description"
            type="s:string"
        />
        </s:sequence>
      </s:complexType>
      <s:element name="GetProduct">
        <s:complexType>
          <s:sequence>
            <s:element minOccurs="1" maxOccurs="1" name="prodID"
             type="s:int" />
          </s:sequence>
        </s:complexType>
      </s:element>
      <s:element name="GetProductResponse">
        <s:complexType>
          <s:sequence>
           <s:element minOccurs="0" maxOccurs="1" name=
             "GetProductResult"
              type="tns:Product" />
            </s:sequence>
```

```
        </s:complexType>
      </s:element>
    </s:schema>
  </wsdl:types>
  <!— Messages,PortTypes, Operations, Binding, Service endpoints
    defined here —>

</wsdl:definitions>
```

# 9.4 用 Silverlight 调用服务

毋庸置疑，从 Silverlight 应用程序获取数据以及将数据发送给 Silverlight 应用程序是许多应用程序需求的关键功能。Silverlight 游戏应用程序需要将最高分转移到中心服务器；混搭应用程序需要组合来自于多个源的数据；而业务应用程序则需要显示数据并收集用户输入。所有这些应用程序都可以绑定到一个或多个服务来完成这些目标。

在 Web 服务刚刚出现的时候，开发人员不得不手动创建 SOAP 消息，并编写自定义代码来和服务实施通信。对 Web 服务编写代码非常容易出错，因此使得很多开发人员考虑(即使是暂时地)不使用该技术。幸运的是，自从该技术面世以后，有很多工具已经逐步成熟了。这些工具大大减少了为实现客户端和服务实施通信所需要编写的代码量。现在的工具对消息格式进行了抽象，并且允许开发人员使用代理对象来调用服务。代理对象封装了所有和调用服务相关的复杂性。该代理对象序列化来自 CLR 类型的数据，也可以将从服务接收到的数据反序列化为 CLR 类型。

本节将介绍 Silverlight 客户端如何访问 WCF 服务和 ASP.NET 服务，并将数据绑定到控件。本章的稍后将介绍一些和不同类型服务实施通信的其他不同方法。

## 9.4.1 调用 WCF 服务

Silverlight 应用程序通过利用 Visual Studio 内置的代理生成能力，可以快速和 WCF 服务集成，并且仅仅需要编写少量的代码。所生成的代理可以对服务进行异步调用，而不用担心依赖于自定义的线程技术。另外，也可以使用熟悉的事件驱动机制来将服务调用包装在回调方法中。该回调方法随后将数据绑定到界面的控件。

### 1. 创建服务代理

为 Silverlight 应用程序创建 WCF 代理的过程，实际上和为 ASP.NET 应用程序创建 WCF 代理的过程完全一样。为了将服务代理添加到 Silverlight 项目，可以在 Solution Explorer 中右击该项目，然后从菜单中选择 Add Service Reference。图 9-1 显示了 Add Service Reference 对话框。

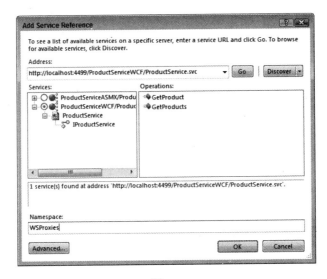

图 9-1

> 如果服务和 Silverlight 应用程序处于不同的域，那么必须在服务所驻留的服务器的根目录中定义一个跨域策略文件。

服务的 WSDL 文件的路径可以在 Address 文本框中输入，也可以通过单击 Discover 按钮以在本地解决方案中寻找服务。在本例中，一旦单击 OK 按钮，Visual Studio 将创建一个可以调用 ProductServiceWCF 服务的代理类。该生成的代理类包装在 WSProxies 名称空间中。

### 2. 使用服务代理来执行异步调用

一旦代理类已经生成，就可以像使用所有的标准.NET 类一样使用该类——实例化该类以及访问该类的成员属性和方法。当访问由该代理对象所提供的方法时，可能会注意到，和曾经在 Web Forms 中使用的 ASP.NET Web 服务代理对象相比会有所不同，Silverlight 代理对象并不支持同步调用。例如，GetProducts 方法并不会像预期一样出现在 IntelliSense 中。相反，将看到一个 GetProductsAsync 方法、一个 GetProductsCompleted 事件以及一个 GetProductsCompletedEventArgs。为什么仅仅支持异步调用呢？简短的回答就是，Silverlight 应用程序是承载在浏览器中的，而浏览器本质是异步的。由于同步调用在调用时可能会导致用户界面线程"阻塞"，因此该方法不是在 Silverlight 中调用服务的好方法，特别是因为永远不知道服务调用将会花费多长时间。

下面的代码演示了使用 Add Service Reference 工具所生成的、名为 ProductServiceClient 的代理类(位于 WSProxies 名称空间)如何在 Silverlight 界面中某个按钮被单击时对 WCF 服务实施异步调用：

```
private void btnWCFProducts_Click(object sender, RoutedEventArgs e)
{
    //Create proxy and give it the name of the endpoint in the config file
```

```
    ProductServiceClient proxy =
      new ProductServiceClient("BasicHttpBinding_IProductService");
    proxy.GetProductsCompleted += new
      EventHandler<GetProductsCompletedEventArgs>(proxy_GetProductsComp
      leted);
    proxy.GetProductsAsync();
}

void proxy_GetProductsCompleted(object sender,
  GetProductsCompletedEventArgs e)
{
    //Bind Product object array to ListBox
    this.lbProducts.ItemsSource = e.Result;
}
```

一旦触发按钮的 Click 事件，事件处理器将实例化该代理对象，并将 GetProducts CompletedEvent 事件包装到一个名为 proxy_GetProductsCompleted 的事件处理器中。在数据从 Web 服务返回后，应用程序将调用 proxy_GetProductsCompleted 事件处理器。一旦事件处理器处理完毕，GetProductsAsync 方法将被调用，从而启动异步调用过程。当 Web 服务调用返回时，GetProductsCompleted 事件处理器将被调用。该事件处理器把 Product 对象数组绑定到在 Silverlight 用户控件中定义的一个名为 lbProducts 的 ListBox 控件。由服务调用所返回的数据将封装在 GetProductsCompletedEventArgs 参数中，并且可以通过 Result 属性实施访问。

该数据所绑定到的用户控件的 XAML 如下所示，而在 Web 服务调用返回后所产生的输出将如图 9-2 所示。

```
<UserControl x:Class="SilverlightClient.Page"
    xmlns="http://schemas.microsoft.com/client/2007"
    xmlns:x="http://schemas.microsoft.com/winfx/2006/xaml">
    <Grid x:Name="LayoutRoot" Background="White">
        <Grid.RowDefinitions>
            <RowDefinition Height="40" />
            <RowDefinition Height="*" />
        </Grid.RowDefinitions>
        <Grid.ColumnDefinitions>
            <ColumnDefinition />
        </Grid.ColumnDefinitions>

        <!-- Row 0 -->
        <StackPanel Orientation="Horizontal" Grid.Row="0">
            <Button x:Name="btnWCFProducts" Content="Get WCF Products"
              Margin="10"
            Width="115" Height="20" Click="btnWCFProducts_Click"></Button>
            <Button x:Name="btnASMXProducts" Content="Get ASMX Products"
            Margin="10" Width="115" Height="20"
            Click="btnASMXProducts_Click"></Button>
        </StackPanel>
```

```xml
            <!— Row 1 —>
            <ListBox x:Name="lbProducts" Grid.Row="1" Margin="10">
                <ListBox.ItemTemplate>
                    <DataTemplate>
                        <StackPanel Orientation="Horizontal">
                            <Image Source="{Binding ProductImage}" Margin="10"
                            Height="100" Width="100" />
                            <TextBlock Text="{Binding ModelName}" />
                        </StackPanel>
                    </DataTemplate>
                </ListBox.ItemTemplate>
            </ListBox>
        </Grid>
</UserControl>
```

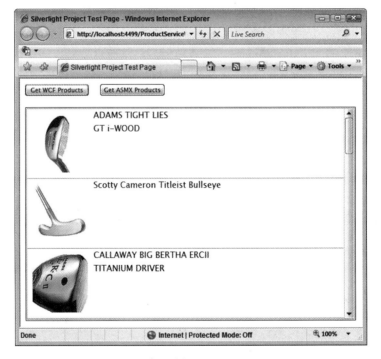

图 9-2

调用该 Web 服务并不需要多少代码，但是可能会问代理对象是如何知道服务端点在什么地方的，答案就在于 Add Service Reference 代理生成器工具。在创建代理对象的代码时，该工具同时创建一个名为 ServiceReferences.ClientConfig 的特定客户端配置文件，并借助工具将其放在 Silverlight 项目中。该文件定义了如何绑定到该 WCF 服务，如下所示：

```xml
<configuration>
    <system.serviceModel>
        <bindings>
            <basicHttpBinding>
```

```
                <binding name="BasicHttpBinding_IProductService"
                maxBufferSize="65536" maxReceivedMessageSize="65536">
                    <security mode="None" />
            </binding>
        </basicHttpBinding>
      </bindings>
      <client>
        <endpoint
            address="http://localhost:4499/ProductServiceWCF/ProductServ
                ice.svc"
            binding="basicHttpBinding"
            bindingConfiguration="BasicHttpBinding_IProductService"
            contract="SilverlightClient.WSProxies.IProductService"
            name="BasicHttpBinding_IProductService" />
      </client>
    </system.serviceModel>
</configuration>
```

分析该配置代码，将注意到该服务的 ABC 均已经进行了定义，包括服务地址、绑定类型以及将要使用的合同。通过使用客户端配置文件，就可以不用在代码中直接硬编码服务端点，这显然将减少编码量，并且可以简化维护过程。当构建该项目时，该文件将打包在 Silverlight XAP 文件中。

当需要通过代码定义服务的 ABC(而不是从配置文件中检索)时，可以按照下面的方式实施：

```
EndpointAddress addr = new EndpointAddress(
    "http://localhost:4499/ProductServiceWCF/ProductService.svc");
Binding httpBinding = new BasicHttpBinding();
ProductServiceClient proxy = new ProductServiceClient(httpBinding, addr);
```

该代码将覆盖 ServiceReferences.ClientConfig 文件中的所有设置。

## 9.4.2　调用 ASP.NET Web 服务

Silverlight 应用程序调用 ASP.NET Web 服务的方法非常类似于调用 WCF 服务。类似的工具和代码均可以用于产生该类型的调用，因此本节将简短地介绍创建和使用代理对象来调用 ASP.NET Web 服务的一些基础知识。

### 1. 创建 ASP.NET Web 服务代理

本章前面的 9.4.1 小节"调用 WCF 服务"中所讨论的 Visual Studio 的 Add Service Reference 工具，也可以用于创建能够调用 ASP.NET Web 服务的代理对象。ASP.NET Web 服务并未像 WCF 一样定义合同，但是 Add Service Reference 工具提供了该服务所支持的操作的类似可视化视图，如图 9-3 所示。前面针对创建 WCF 服务代理所讨论的步骤，完全可以应用于此。

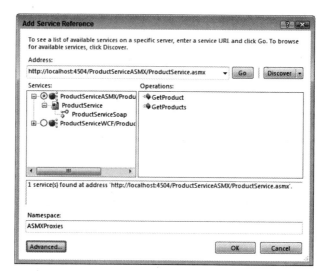

图 9-3

### 2. 利用 Web 服务代理实施异步调用

在运行 Add Service Reference 工具创建代理后，工具将生成一个 SOAP 客户端类以用于调用 ASP.NET Web 服务。和 WCF 调用一样，ASP.NET Web 服务调用也是异步调用。当服务的数据返回到 Silverlight 应用程序时，将调用回调函数来处理数据并将其绑定到控件。

下面所示的例子使用了一个名为 ProductServiceSoapClient 的类异步调用 ASP.NET Web 服务。分析该代码将发现，该代码和用于调用 WCF 服务的代码完全一样(除了代理类型名不同外)。这个一致性非常好，因为一旦掌握了调用服务的模式，那么可以重用该模式，以调用使用不同语言编写并运行在不同平台上的那些服务。

```
private void btnASMXProducts_Click(object sender, RoutedEventArgs e)
{
    ProductServiceSoapClient proxy =
      new ProductServiceSoapClient("ProductServiceSoap");
    proxy.GetProductsCompleted +=
      new EventHandler<GetProductsCompletedEventArgs>
        (proxy_GetProductsCompleted);
    proxy.GetProductsAsync();
}

void proxy_GetProductsCompleted(object sender, GetProductsCompleted
  EventArgs e)
{
    this.lbProducts.ItemsSource = e.Result;
}
```

在代理对象被实例化以后，和该服务调用相关的事件(本例中为 GetProductsCompleted)将连接到一个回调方法，然后通过调用 GetProductsAsync 方法启动异步调用过程。服务所返回的数据，可以通过 GetProductsCompletedEventArgs 类型参数的 Result 属性来访问，该参数传递给了回调方法。

代理对象依赖于 ServiceReference.ClientConfig 文件来定义服务在物理上位于何处。该文件和针对 WCF 代理对象所生成的文件一样。

```
<configuration>
  <system.serviceModel>
    <bindings>
      <basicHttpBinding>
        <binding name="ProductServiceSoap" maxBufferSize="65536"
          maxReceivedMessageSize="65536">
          <security mode="None" />
        </binding>
      </basicHttpBinding>
    </bindings>
    <client>
      <endpoint
        address="http://localhost:4504/ProductServiceASMX
        /ProductService.asmx"binding="basicHttpBinding"
        bindingConfiguration="ProductServiceSoap"
        contract="SilverlightClient.ASMXProxies.ProductServiceSoap"
        name="ProductServiceSoap" />
    </client>
  </system.serviceModel>
</configuration>
```

# 9.5　调用 REST APIs

表示状态转换器(Representational State Transfer，REST)自 2000 年由 Roy Fielding 提出以来已经进行了很大的改进。REST 提供了一种比较简单的方式来调用服务并检索数据，同时还消除了一些和 Web 服务相关的复杂性。依赖于 RESTful 调用的数据服务，通常并不提供诸如 WSDL 文档之类的官方合同。因此，没有相应的代理生成工具可以用于生成调用某个 REST API 的代理。但是，Silverlight 提供了多个类以用于发起请求并处理响应。

也有多项不同的技术可以用于处理从服务所返回的数据。本节将讨论内置的 Silverlight 类如何用于调用 REST 服务，并学习处理由 REST 服务所返回数据的不同技术。

## 9.5.1　在 Silverlight 中实施 RESTful 调用

本章开始提到了几个流行的 Web 站点，如 Digg 和 Flickr。这些站点以及其他一些站点都允许开发人员通过 REST API 来访问数据。有些 REST 服务返回 SOAP，有些返回 POX (Plain Old XML)，而另外一些则返回 JSON。Silverlight 为实施 RESTful 调用和处理所返回的数据提供了多种不同方法。请求和响应可以利用诸如 WebClient、HttpWebRequest 和 HttpWebResponse 的类来进行处理。我们首先分析一下 WebClient 类，看看该类如何用于实施异步 RESTful 调用。

### 1. 使用 WebClient 类

Silverlight 的 WebClient 类位于 System.Net 名称空间，其功能基本上和.NET Framework 中完整版本的 WebClient 类似。它允许对 Web 资源实施异步请求，并提供了一种方式来指定回调方法以处理响应数据。它被认为是在 Silverlight 中发起请求和处理响应的最简单方法，因为它不需要关于流化对象的知识，也不需要了解将字节数组转换成字符串的过程。实际上，WebClient 允许将 REST API 所返回的数据作为一个字符串来访问。

WebClient 提供了一个 DownloadStringAsync 方法以及一个 DownloadStringCompleted 事件。该方法可以用于发起异步调用，而该事件则可以处理响应数据，如下面的代码样本所示：

```
private void StartWebClient()
{
    WebClient restClient = new WebClient();
    restClient.DownloadStringCompleted +=
        new DownloadStringCompletedEventHandler
          (restClient_DownloadStringCompleted);
    restClient.DownloadStringAsync(CreateRESTUri());
}

private void restClient_DownloadStringCompleted(object sender,
    DownloadStringCompletedEventArgs e)
{
    if (e.Error == null && !e.Cancelled)
    {
        ProcessData(e.Result);
    }
}

private Uri CreateRESTUri()
{
    return new Uri(String.Format("{0}?method={1}&api
      key={2}&text={3}&per_page={4}",
        _BaseUri, "flickr.photos.search", _APIKey, this.txtSearchText.
        Text, 50));
}
```

该例子将 WebClient 的 DownloadStringCompleted 事件包装到了一个名为 restClient_DownloadStringCompleted 的事件处理器中。该事件处理器将负责把调用 Flickr REST API 所返回的 XML 数据进行解析。该数据检索过程是通过调用 DownloadStringAsync 方法启动的。该方法接受一个 URI 对象作为参数。该 RESTful 调用所返回的数据，通过 Download StringCompletedEventArgs 的 Result 属性作为字符串来访问。

WebClient 类也提供了 UploadStringAsync 方法和 UploadStringCompleted 事件，用于将数据上载到某个 Web 站点。它们的工作方式与 DownloadStringAsync 方法以及 DownloadString-

Completed 事件类似。

WebClient 也提供 OpenReadAsync 方法和相应的 OpenReadCompleted 事件以用于访问某个服务器上的资源，如字体文件。这一功能在应用程序所使用的服务器资源需要动态检索时比较有用。下面的代码显示 OpenReadAsync 方法如何用于从服务器的 ClientBin 文件夹中下载一个名为 ArialFonts.zip 的.zip 文件，并将从该文件中抽取出来的字体资源赋给一个名为 tbDynamicArial 的 TextBlock 对象。除了 WebClient 类以外，该代码还依赖于一个 StreamResourceInfo 对象，以访问该.zip 文件的内容，即该文件中名为 ARIALN.TTF 的字体文件。

```csharp
private void Page_Loaded(object sender, RoutedEventArgs e)
{
    WebClient client = new WebClient();
    client.OpenReadCompleted +=
      new OpenReadCompletedEventHandler(client_OpenReadCompleted);
    client.OpenReadAsync(new Uri("ArialFonts.zip",UriKind.Relative));
}


private void client_OpenReadCompleted(object sender,
  OpenReadCompletedEventArgs e)
{
    if (e.Error == null && !e.Cancelled)
    {
        StreamResourceInfo zip = new StreamResourceInfo(e.Result,
          "application/zip");
        StreamResourceInfo font = Application.GetResourceStream(zip,
            new Uri("ARIALN.TTF",UriKind.Relative));
        FontSource fSource = new FontSource(font.Stream);
        FontFamily ff = new FontFamily("Arial Narrow");
        UpdateUI(fSource, ff);
    }
}
private void UpdateUI(FontSource fSource, FontFamily ff)
{
    this.tbDynamicArial.FontSource = fSource;
    this.tbDynamicArial.FontFamily = ff;
}
```

分析该代码可能会问，难道没有更简单的方法可以获取字体资源并使用该资源吗？确实，从 ArialFonts.zip 文件中提取 ARIALN.TTF 字体，并将其作为 FontSource 赋给 TextBlock 涉及了太多的工作。幸运的是，确实有更简单的方法，而且该方法可以直接在 XAML 中使用。为了实现这一点，右击包含一个或多个应用程序中所使用字体的.zip 文件，然后从菜单中选择 Properties。在 Properties 窗口中设置 Build Action 属性为 Resource，以将该.zip 文件包含在所生成的.xap 文件中。一旦完成了这些步骤，就可以使用 FontFamily 属性，来定义要访问的.zip 文件资源以及在该文件中应引用的字体。下面的例子在 TextBlock 元素中引用了 Arial 和 Arial Black 字体。注意，文件和字体之间用#字符分离。

```xml
<UserControl x:Class="SilverlightFontClient.Page"
    xmlns="http://schemas.microsoft.com/client/2007"
    xmlns:x="http://schemas.microsoft.com/winfx/2006/xaml"
    Width="600" Height="300">
    <Grid x:Name="LayoutRoot" Background="White">
      <Canvas Margin="10">
          <TextBlock x:Name="tbArial" Canvas.Top="50" Text="Arial Text"
              FontSize="30" FontFamily="ArialFonts.zip#Arial" />
          <TextBlock x:Name="tbArialBold" Canvas.Top="100" Text="Arial
            Black"
              FontSize="30" FontFamily="ArialFonts.zip#Arial Black" />
      </Canvas>
    </Grid>
</UserControl>
```

### 2. 使用 HttpWebRequest 类和 HttpWebResponse 类

WebClient 并不是访问 Web 资源的唯一可用类。Silverlight 还提供了 HttpWebRequest 和 HttpWebResponse 类。这两个类也可以用于调用 REST API 或者是任意可访问的 Web 资源。这些类在.NET Framework 中也有(和 WebClient 一样)，因此这些类对于 ASP.NET 开发人员而言比较熟悉。下面所示的例子使用 HttpWebRequest 和 HttpWebResponse 类从 Filckr REST API 中异步检索数据：

```csharp
private void StartWebRequest()
{
    //Add reference to System.Net.dll if it's not already referenced
    HttpWebRequest request = (HttpWebRequest)WebRequest.Create
      (CreateRESTUri());
    //Start async REST request
    request.BeginGetResponse(new AsyncCallback(GetResponseCallBack),
      request);
}

private void GetResponseCallBack(IAsyncResult asyncResult)
{
    HttpWebRequest request = (HttpWebRequest)asyncResult.AsyncState;
    HttpWebResponse response =
    (HttpWebResponse)request.EndGetResponse(asyncResult);
    Stream dataStream = response.GetResponseStream();
    StreamReader reader = new StreamReader(dataStream);
    string data = reader.ReadToEnd();
    reader.Close();
    response.Close();
    Dispatcher.BeginInvoke(() => ProcessData(data));
}

private Uri CreateRESTUri()
```

```
{
    return new Uri(String.Format("{0}?method={1}&api_key={2}
    &text={3}&per_page={4}",
        _BaseUri, "flickr.photos.search", _APIKey, this.txtSearchText.Text,
            50));
}
```

分析该代码可以看到，HttpWebRequest 类使用了和 WebClient 不同的异步模式。为了使用 HttpWebRequest 类，首先需要利用为 WebRequest 抽象类创建一个实例。WebRequest 提供了静态的 Create 方法，以用于创建到某个 URL(封装在某个 URI 对象中)的请求。一旦创建了 HttpWebRequest 对象，该对象就可以向期望的资源产生异步请求，并通过调用 BeginGetResponse 方法获取响应。BeginGetResponse 方法接受一个指向一个回调方法的 AsyncCallback 对象以及一个状态对象(通常是启动该操作的 HttpWebRequest 对象)。

一旦接收到响应，回调函数(本例中为 GetResponseCallBack)将被调用并且将访问 IAsyncResult 参数中的数据。在异步调用启动时所传递进来的状态对象(初始的 HttpWebRequest 对象)，可以通过 IAsyncResult 对象的 AsyncState 属性访问。而响应数据可以通过 HttpWebResponse 对象访问，而该对象通过调用请求对象的 EndGetResponse 方法来获取。一旦 HttpWebResponse 对象可用，那么它的 GetResponseStream 方法将可以被调用以访问作为一个流所返回的数据。

### 9.5.2　处理 XML 数据

到现在为止，已经了解如何使用 Silverlight 类来实施 RESTful 调用，并从本地或者远程服务器上检索数据。访问数据肯定仅仅是在正确方向上迈开的第一步，很多情况还需要处理数据，并将其绑定到 Silverlight 控件。本节将展示用于处理从 RESTful 调用返回数据的三种不同方法。这些方法包括使用 XmlReader 类、使用 XmlSerializer 类和使用内置的 LINQ to XML 功能。我们首先来看看如何使用 XmlReader 以一种快速、单向的方式解析 XML 数据。

#### 1. 使用 XmlReader 类

XmlReader 类是 2002 年在.NET 1.0 首次发布时引入的。该框架的后续版本不断改善了其功能，并添加了一些辅助类(如添加 XmlReaderSettings)以用于读取器解析 XML 数据时进行相应的设置。XmlReader 提供了一个基于流的 API，该 API 仅仅能单向地解析 XML。通过学习如何使用它所展示的不同方法，可以快速且高效地解析大量的 XML 数据。

XmlReader 类是一个抽象类，因此使用标准的 new 关键字并不能创建实例。相反，调用其静态的 Create 方法将返回可以使用的对象实例。Create 方法有多个重载版本，以分别用于解析包含在流中的 XML 数据、包含在派生于 TextReader 的对象中的 XML 数据，以及包含在某个 Silverlight XAP 文件中的 XML 数据。下面所示的例子创建了一个 XmlReader 实例以解析包含在 StringReader 中的数据：

```
String stringData = "<customers><customer id=\"2\" Name=\"John\"/>
</customers>";
StringReader sReader = new StringReader(stringData);
using (XmlReader reader = XmlReader.Create(sReader))
{
    //Parse XML data

}
```

一旦创建了 XmlReader 实例，该实例就可以通过调用其 Read 方法来解析 XML 数据。每次调用 Read 都将使得读取器移动到流中的下一个 XML 标记，从文档的顶部开始，不断向下移动，直到底部结束。当在解析过程中发现内容时，可以调用诸如 ReadContentAsDecimal 和 ReadContentAsDateTime 之类的不同方法，将数据转换成不同的 CLR 类型。而利用诸如 GetAttribute、MoveToAttribute 和 MoveToNextAttribute 的方法，则可以访问 XML 属性节点。

学习如何使用 XmlReader 类的最好方法就是通过例子来学习，因此我们将看看从 Flickr REST 服务检索得到的数据如何被解析。下面的 XML 文档包含了从 Flickr 所返回的图像信息，这些信息可以用于构建 URL 并从它们的服务器上检索图像：

```
<?xml version="1.0" encoding="utf-8" ?>
<rsp stat="ok">
  <photos page="1" pages="31875" perpage="100" total="3187432">
     <photo id="2375848757" owner="13128942@N05" secret="8b08b4c89c"
       server="2201"
       farm="3" title="Dogs ready to go" ispublic="1" isfriend="0"
        isfamily="0" />
     <photo id="2376686792" owner="25029759@N04" secret="a2f3ac27db"
       server="3218"
       farm="4" title="Inseparable" ispublic="1" isfriend="0" isfamily="0" />
     <photo id="2376683204" owner="22160786@N08" secret="7e60b3903a"
       server="2410"
       farm="3" title="rjk dog 003" ispublic="1" isfriend="0" isfamily="0" />
     <photo id="2375847463" owner="63299638@N00" secret="62fd3effd2"
       server="2014"
       farm="3" title="Hudson &amp; Kobe" ispublic="1" isfriend="0"
        isfamily="0" />
  </photos>
</rsp>
```

当 XML 数据被解析时，其值可以赋给字符串对象，但是通常最好是将 XML 文档进行解析并将数据映射为一个自定义对象的相关属性。将 XML 数据映射为自定义对象的属性，允许数据在应用程序中以一种强类型的方法进行访问，并且允许数据绑定到不同的 Silverlight 控件。在前面的 XML 文档中，和每个<photo>元素相关联的数据均可以映射为如下所示的 Photo 类的属性：

```
namespace SilverlightRESTClient.Model
{
    public class Photo
    {
        public string ID { get; set; }
        public string Owner { get; set; }
        public string Secret { get; set; }
        public string Title { get; set; }
        public bool IsPublic { get; set; }
        public bool IsFriend { get; set; }
        public bool IsFamily { get; set; }
        public string Url { get; set; }
        public string Server { get; set; }
        public ImageBrush ImageBrush { get; set; }
        public string Farm { get; set; }
    }
}
```

将 XML 数据映射为 Photo 对象的实例，可以通过调用 XmlReader 对象的 Read 方法来完成。前面已经提到过，调用 Read 方法将转移到数据流中的下一个 XML 标记。但是，Read 方法并不是唯一可以用于遍历某个 XML 文档的方法，也可以使用类似于 ReadToDescendant 或者 ReadToFollowing 方法将读取器移动到某个特定的元素。当希望跳过某组和应用程序不相关的元素时，这些方法将非常有用。

当在解析过程中发现 Photo 元素时，这些元素的属性(id、server、farm，等等)也可以被循环、解析并赋给 Photo 对象的对应属性。下面的例子执行了这种类型的 XML 到对象的映射：

```
private List<Model.Photo> XmlReaderParseData(string data)
{
    StringReader sReader = new StringReader(data);

    XmlReaderSettings settings = new XmlReaderSettings();
    settings.IgnoreComments = true;
    settings.IgnoreProcessingInstructions = true;
    settings.IgnoreWhitespace = true;

    using (XmlReader reader = XmlReader.Create(sReader,settings))
    {
        List<Model.Photo> photos = new List<Model.Photo>();
        while (reader.Read())
        {
            if (reader.Name == "photo")
            {
                Model.Photo photo = new Model.Photo();
                while (reader.MoveToNextAttribute())
                {
                    string val = reader.Value;
                    switch (reader.Name.ToLower())
```

```
                        {
                            case "farm":
                                photo.Farm = val;
                                break;
                            case "id":
                                photo.ID = val;
                                break;
                            case "isfamily":
                                photo.IsFamily = ConvertBoolean(val);
                                break;
                            case "isfriend":
                                photo.IsFriend = ConvertBoolean(val);
                                break;
                            case "ispublic":
                                photo.IsPublic = ConvertBoolean(val);
                                break;
                            case "owner":
                                photo.Owner = val;
                                break;
                            case "secret":
                                photo.Secret = val;
                                break;
                            case "server":
                                photo.Server = val;
                                break;
                            case "title":
                                photo.Title = val;
                                break;
                        } //end switch
                    } //attribute while loop
                    reader.MoveToElement();
                    photo.Url = CreatePhotoUrl(photo);
                    ImageBrush brush = new ImageBrush();
                    BitmapImage bm = new BitmapImage(new Uri(photo.Url));
                    brush.ImageSource = bm;
                    photo.ImageBrush = brush;
                    photos.Add(photo);
                } //photo
            } //reader while loop
        return photos;
    } //using
}
private bool ConvertBoolean(string val)
{
        return (val == "0") ? false : true;
}

private string CreatePhotoUrl(Model.Photo photo)
{
    //http://farm{farm-id}.static.flickr.com/{server-id}/{id}_{secret
```

```
        }_{size}.jpg
      //farm-id: 1
      //server-id: 2
      //photo-id: 1418878
      //secret: 1e92283336
      //size: m, s, t, b

      return String.Format(_BasePhotoUrl, photo.Farm, photo.Server,
                                     photo.ID, photo.Secret, "s");
}
```

该代码首先将从 Flickr REST 服务检索到的数据加载到 StringReader 对象。然后，代码创建一个 XmlReaderSettings 类，以告诉 XmlReader 忽略注解以及在 XML 文档中可能发现的处理指令。XmlReaderSettings 对象都将传递给 Create 方法，和 StringReader 对象一起用于创建 XmlReader 实例。一旦创建了 XmlReader，整个解析过程就开始了。

当该 XML 流中的每个 Photo 元素被解析时，代码均创建一个 Photo 对象以保存元素的数据。然后，代码利用 MoveToNextAttribute 方法循序 Photo 元素的所有属性。利用 switch 语句，每个属性名都将被检查，并映射为 Photo 对象的相应属性。

一旦所有的属性均迭代完毕，那么就可以通过调用自定义的 CreatePhotoUrl 方法来构建一个 URL 以检索该 Flickr 图像。然后，该 URL 将保存在一个 BitmapImage 对象中，用作某个 ImageBrush 的源。ImageBrush 可以绑定到不同的 Silverlight 控件，以在 Silverlight 界面上显示该图像。在每个 Photo 对象被创建时，该对象均添加到了由 XmlReaderParseData 方法所返回的 List<Photo>集合对象中，并且绑定到了 Silverlight ItemsControl 控件中，如下所示。注意，来自各个图像的 ImageBrush 对象都绑定到了某个 Rectangle 对象的 Fill 属性。

```
<ItemsControl x:Name="icPhotos" Grid.Row="1">
   <ItemsControl.ItemsPanel>
      <ItemsPanelTemplate>
         <wp:WrapPanel x:Name="wpImages" Margin="10"
            Orientation="Horizontal"
            VerticalAlignment="Top" />
      </ItemsPanelTemplate>
   </ItemsControl.ItemsPanel>
   <ItemsControl.ItemTemplate>
     <DataTemplate>
        <Rectangle Stroke="LightGray" Tag="{Binding Url}"
            Fill="{Binding ImageBrush}" StrokeThickness="2"
            RadiusX="15" RadiusY="15" Margin="15"
            Height="75" Width="75" Loaded="Rectangle_Loaded"
            MouseLeave="Rectangle_MouseLeave"
            MouseEnter="Rectangle_MouseEnter"
            MouseLeftButtonDown="rect_MouseLeftButtonDown">
           <Rectangle.RenderTransform>
              <TransformGroup>
                 <ScaleTransform ScaleX="1" ScaleY="1" CenterX="37.5"
```

```
                           CenterY="37.5" />
                   </TransformGroup>
               </Rectangle.RenderTransform>
           </Rectangle>
       </DataTemplate>
   </ItemsControl.ItemTemplate>
</ItemsControl>
```

图 9-4 显示了将 Photo 对象绑定到 ItemsControl 控件后所得结果的一个例子。

图 9-4

XmlReader 类为解析 XML 提供了一个非常高效的 API，但是为了解析 XML 文档中的数据，它需要执行很多工作。当不需要如此细粒度地控制 XML 解析过程时，XmlSerializer 类是 Silverlight 提供的另外一个选项。

### 2. 使用 XmlSerializer 类

您已经看到 XmlReader 类如何以一种只向前的方式逐个节点逐个节点地解析 XML 数据。尽管该类可以用于将 XML 数据映射为 CLR 对象，但是还有其他方法可以简化将 XML 数据映射为对象的过程。Silverlight 提供了 XmlSerializer 类(位于 System.Xml.Serialization 名称空间中)，以用作 XML 文档和对象之间的中间人。它可以将 XML 数据反序列化为对象，也可以将对象序列化为 XML 文档，而仅仅需要编写少量代码。为了让 XmlSerializer 充分发挥作用，需要一些初始的准备工作，但是通过使用内置的.NET 框架工具，用很少的时间就可以让序列化过程启动并运行。

XmlSerializer 在后台使用 XmlReader 和其他辅助类来解析 XML 数据，并将其映射为对象属性。但是，需要创建自定义类以用于存储数据。创建自定义类可以手动完成，也可以使用.NET Framework 的命令行工具 xsd.exe 来完成。xsd.exe 工具通常用于从 XSD 模式生成强类型的 DataSet，但是也可以用于从模式数据生成类。访问 xsd.exe 工具最简单的方法，就是通过 Visual Studio Command Prompt 工具，该工具在安装 Visual Studio 时已经添加到了系统中。

在使用 xsd.exe 工具之前，需要创建一个 XSD 模式，以描述将被反序列化成对象的 XML 格式。完成该任务最简单的方法，是通过使用 Visual Studio 的 Create Schema 工具。将从 RESTful 调用检索得到的 XML 数据加载到 Visual Studio，并从菜单中选择 XML | Create Schema，那么描述该 XML 文档格式的 XSD 模式将自动生成。很有可能需要改变它所创建的某些模式数据类型，因为它仅仅是猜测这些数据类型该是什么。

下面的例子是利用 Visual Studio，根据 Flickr XML 数据所创建的一个名为 Photos.xsd 的 XSD 模式文档：

```xml
<?xml version="1.0" encoding="utf-8"?>
<xs:schema attributeFormDefault="unqualified" elementFormDefault
  ="qualified"
  xmlns:xs="http://www.w3.org/2001/XMLSchema">
  <xs:element name="rsp">
   <xs:complexType>
     <xs:sequence>
      <xs:element name="photos">
        <xs:complexType>
          <xs:sequence>
            <xs:element maxOccurs="unbounded" name="photo">
              <xs:complexType>
                <xs:attribute name="id" type="xs:string" />
                <xs:attribute name="owner" type="xs:string"/>
                <xs:attribute name="secret" type="xs:string" />
                <xs:attribute name="server" type="xs:string" />
                <xs:attribute name="farm" type="xs:string" />
                <xs:attribute name="title" type="xs:string" />
                <xs:attribute name="ispublic" type="xs:string" />
                <xs:attribute name="isfriend" type="xs:string" />
                <xs:attribute name="isfamily" type="xs:string" />
              </xs:complexType>
            </xs:element>
          </xs:sequence>
          <xs:attribute name="page" type="xs:int" />
          <xs:attribute name="pages" type="xs:int" />
          <xs:attribute name="perpage" type="xs:int" />
          <xs:attribute name="total" type="xs:int" />
        </xs:complexType>
      </xs:element>
     </xs:sequence>
     <xs:attribute name="stat" type="xs:string" />
   </xs:complexType>
  </xs:element>
</xs:schema>
```

为了将模式转换成等价的 CLR 对象，同时省去输入所有的类和相关属性的麻烦，可以使用 xsd.exe 工具，并利用如下的命令行参数：

```
xsd.exe /classes /namespace:SilverlightRESTClient.Model
/enableDataBinding Photos.xsd
```

通过运行该 xsd.exe 命令所生成的类，将放置在 SilverlightRESTClient.Model 名称空间中，并且对数据绑定和属性改变通告具有内置的支持。这些类依赖于诸如 XmlElement 和 XmlAttribute 之类的 System.Xml.Serialization 特性，以确保 XML 数据可以正确地映射为属性。这些类默认情况下使用模式元素和属性定义所采用的大小写规则。这些规则可能和标准的.NET 编码命名和大小写习惯不匹配。但是，可以在这些类生成以后对其进行修改。

如果第一次试图在 Silverlight 项目中编译由 xsd.exe 所生成的类，将会遇到编译器错误。在确保所有相关的程序集均已经在 Silverlight 项目中引用了后，需删除所生成代码中所有诸如 System.SerializableAttribute 和 System.ComponentModel.DesignerCategoryAttribute 之类与编译器不符的属性。因为 Silverlight 仅仅包含标准.NET Framework 的一个子集，因此这些属性有一些不能使用。

通常，不推荐修改某个工具所生成的代码。但是，在这种情况下，该工具可以生成一些初始代码，并可以节约时间。如果不喜欢这种方法，那么可以一直自己编写这些类，而且必须确保正确地将 XmlElement 和 XmlAttribute 应用到了相应的类和属性定义，这样 XmlSerializer 就知道如何映射该 XML 数据。

下面所示的例子是使用 xsd.exe 所生成的一个名为 rsp(模式的根元素)的类：

```
namespace SilverlightRESTClient.Model {
    using System.Xml.Serialization;

    /// <remarks/>
    [System.CodeDom.Compiler.GeneratedCodeAttribute("xsd",
      "2.0.50727.1432")]
    [System.Diagnostics.DebuggerStepThroughAttribute()]
    [System.Xml.Serialization.XmlTypeAttribute(AnonymousType=true)]
    [System.Xml.Serialization.XmlRootAttribute(Namespace="", IsNullable
      =false)]
    public partial class rsp : object, System.ComponentModel.
      INotifyPropertyChanged
    {

        private rspPhotos photosField;
        private string statField;

        public rspPhotos photos {
            get {
```

```
                return this.photosField;
            }
        set {
            this.photosField = value;
            this.RaisePropertyChanged("photos");
            }
        }

    [System.Xml.Serialization.XmlAttributeAttribute()]
    public string stat {
        get {
            return this.statField;
        }
        set {
            this.statField = value;
            this.RaisePropertyChanged("stat");
        }
    }

    public event System.ComponentModel.PropertyChangedEventHandler
        PropertyChanged;
    protected void RaisePropertyChanged(string propertyName) {
        System.ComponentModel.PropertyChangedEventHandler
        propertyChanged =this.PropertyChanged;
        if ((propertyChanged != null)) {
            propertyChanged(this,
            new System.ComponentModel.PropertyChangedEventArgs
                (propertyName));
        }
    }
    }
}
```

从 Flickr 所检索到的照片数据，可以反序列化成一个 rspPhotosPhoto 类型，该类型也是从前面给出的模式中使用 xsd.exe 工具生成的。下面是 rspPhotosPhoto 类：

```
public partial class rspPhotosPhoto : object,
  System.ComponentModel.INotifyPropertyChanged {

private string idField;
private string ownerField;
private string secretField;
private string serverField;
private string farmField;
private string titleField;
private string ispublicField;
private string isfriendField;
private string isfamilyField;


/// <remarks/>
```

```
[System.Xml.Serialization.XmlAttributeAttribute()]
public string id {
    get {
        return this.idField;
    }
    set {
        this.idField = value;
        this.RaisePropertyChanged("id");
    }
}

/// <remarks/>
[System.Xml.Serialization.XmlAttributeAttribute()]
public string owner {
    get {
        return this.ownerField;
    }
    set {
        this.ownerField = value;
        this.RaisePropertyChanged("owner");
    }
}

/// <remarks/>
[System.Xml.Serialization.XmlAttributeAttribute()]
public string secret {
    get {
        return this.secretField;
    }
    set {
        this.secretField = value;
        this.RaisePropertyChanged("secret");
    }
}

/// <remarks/>
[System.Xml.Serialization.XmlAttributeAttribute()]
public string server {
    get {
        return this.serverField;
    }
    set {
        this.serverField = value;
        this.RaisePropertyChanged("server");
    }
}

/// <remarks/>
[System.Xml.Serialization.XmlAttributeAttribute()]
public string farm {
```

```
            get {
                return this.farmField;
            }
            set {
                this.farmField = value;
                this.RaisePropertyChanged("farm");
            }
        }

        /// <remarks/>
        [System.Xml.Serialization.XmlAttributeAttribute()]
        public string title {
            get {
                return this.titleField;
            }
            set {
                this.titleField = value;
                this.RaisePropertyChanged("title");
            }
        }

        /// <remarks/>
        [System.Xml.Serialization.XmlAttributeAttribute()]
        public string ispublic {
            get {
                return this.ispublicField;
            }
            set {
                this.ispublicField = value;
                this.RaisePropertyChanged("ispublic");
            }
        }

        /// <remarks/>
        [System.Xml.Serialization.XmlAttributeAttribute()]
        public string isfriend {
            get {
                return this.isfriendField;
            }
            set {
                this.isfriendField = value;
                this.RaisePropertyChanged("isfriend");
            }
        }

        /// <remarks/>
        [System.Xml.Serialization.XmlAttributeAttribute()]
        public string isfamily {
            get {
                return this.isfamilyField;
```

```
    }
    set {
        this.isfamilyField = value;
        this.RaisePropertyChanged("isfamily");
    }
}

public event System.ComponentModel.PropertyChangedEventHandler
  PropertyChanged;

protected void RaisePropertyChanged(string propertyName) {
    System.ComponentModel.PropertyChangedEventHandler propertyChanged =
        this.PropertyChanged;
    if ((propertyChanged != null)) {
        propertyChanged(this,
            new System.ComponentModel.PropertyChangedEventArgs
                (propertyName));
    }
}
```

在创建自定义类以后，XmlSerializer 类就可以用于将 XML 数据反序列化成对象实例。XmlSerializer 的构造函数接受一个 Type 对象，表示 XML 数据将被反序列化成的类型。将该对象类型传递给构造函数将导致在后台生成相应的代码，这些代码将负责解析该 XML 并将其映射为合适的对象类型。为了在目标类型中填充数据，Deserialize 方法将被调用。下面的例子将把数据反序列化为前面所示的 rsp 类型：

```
XmlSerializer xs = new XmlSerializer(typeof(Model.rsp));
Model.rsp rsp = (Model.rsp)xs.Deserialize(dataStream);
```

下面给出的是一个比较完整的例子。该例子使用 HttpWebRequest 和 HttpWebResponse 检索 Flickr XML 数据，将数据反序列化，并将其绑定到 Silverlight 控件，如下所示：

```
private void StartXmlSerializerRequest()
{
    //Add reference to System.Net.dll if it's not already referenced
    HttpWebRequest request = (HttpWebRequest)WebRequest.Create
        (CreateRESTUri());
    //Start async REST request
    request.BeginGetResponse(new AsyncCallback
        (GetXmlSerializerResponseCallBack),
        request);
}

private void GetXmlSerializerResponseCallBack(IAsyncResult asyncResult)
{
    HttpWebRequest request = (HttpWebRequest)asyncResult.AsyncState;
    using (HttpWebResponse response =
        (HttpWebResponse)request.EndGetResponse(asyncResult))
    {
        Stream dataStream = response.GetResponseStream();
```

```
            //rspPhotosPhoto class generated from XSD schema based on
            //Flickr POX. Used xsd.exe
            //After xsd.exe generates code you will need to remove a few
            //attributes to compile the project
            XmlSerializer xs = new XmlSerializer(typeof(Model.rsp));
            Model.rsp rsp = (Model.rsp)xs.Deserialize(dataStream);
            //Process data on GUI thread
            Dispatcher.BeginInvoke(() => ProcessRspObject(rsp));
        }
}

private void ProcessRspObject(Model.rsp rsp)
{
    //Assign Url to each photo object as well as ImageBrush to paint photo
    if (rsp != null && rsp.photos.photo != null)
    {
        foreach (Model.rspPhotosPhoto photo in rsp.photos.photo)
        {
        photo.Url = this.CreateXmlSerializerPhotoUrl(photo);
        ImageBrush brush = new ImageBrush();
        brush.ImageSource = new BitmapImage(new Uri(photo.Url));
        brush.Stretch = Stretch.Uniform;
        photo.ImageBrush = brush;
        }
      DisplayXmlSerializerPhotos(rsp.photos);
    }
    else
    {
        ShowAlert("Unable to proces photo data.");
    }
}

private string CreateXmlSerializerPhotoUrl(Model.rspPhotosPhoto photo)
{
        return String.Format(_BasePhotoUrl, photo.farm, photo.server,
                                        photo.id, photo.secret, "s");
}

//Bind photos to ItemsControl control defined in XAML
private void DisplayXmlSerializerPhotos(Model.rspPhotos photos)
{
    if (photos != null && photos.photo.Length > 0)
    {
        this.icPhotos.ItemsSource = photos.photo;
    }
    else
    {
        ShowAlert("No photos found.");
    }
}
```

XmlSerializer 类提供了将 XML 数据转换成对象的另外一种办法，不需要编写大量的自定义代码。利用 XmlReader 和 XmlSerializer 类，可以解析从某个服务返回的任意类型的 XML 数据。但是，还有另外一种方法可以完成该任务，该方法具有非常好的灵活性，并且使得需要编写的代码数量最少。该方法叫做 LINQ to SQL，下面我们将介绍这种方法。

### 3. 使用 LINQ to XML

.NET 3.5 提供了一种重要的新技术，称为语言集成查询(Language integrated query，LINQ)。该技术可以使用类似于 SQL 的语法来查询应用程序中的对象、数据源甚至 XML 数据。LINQ 也是 Silverlight 应用程序中可用的一项强有力的技术。当想对对象实施排序、过滤和分组时，可以使用 LINQ 技术。尽管关于 LINQ 的完整讨论并不能在一章中给出，但是本章的本部分将讨论在 Silverlight 中如何使用 LINQ to XML 功能来解析从某个 REST 服务(或者其他类型的服务)所返回的 XML 数据，并将数据映射为自定义对象。

LINQ to XML 依赖于一个名为 XDocument 的对象来解析 XML 数据，并将其加载到内存，这样就可以实施 LINQ 查询了。为了使用 XDocument 类以及和 LINQ 相关的类，需要引用 System.Linq.Xml 程序集并导入 System.Linq.Xml 名称空间。XDocument 类提供了如下的方法用于解析 XML 数据，并将其加载到内存，从而可以利用 LINQ 对其进行访问：

- Load——用于从 URI、XmlReader 或者 TextReader 加载 XML 数据。
- Parse——从字符串变量加载 XML 数据。
- ReadFrom——从 XmlReader 对象加载 XML 数据。

下面将分析 LINQ to XML 可以用于查询名为 Photo.xml 的如下 XML 文档的不同方法：

```xml
<?xml version="1.0" encoding="utf-8" ?>
<rsp stat="ok">
  <photos page="1" pages="31875" perpage="100" total="3187432">
   <photo id="2375848757" owner="13128942@N05" secret="8b08b4c89c"
    server="2201"
     farm="3" title="Dogs ready to go" ispublic="1" isfriend="0"
      isfamily="0" />
   <photo id="2376686792" owner="25029759@N04" secret="a2f3ac27db"
    server="3218"
     farm="4"title="Inseparable" ispublic="1" isfriend="0" isfamily="0" />
   <photo id="2376683204" owner="22160786@N08" secret="7e60b3903a"
    server="2410"
      farm="3" title="rjk dog 003"ispublic="1" isfriend="0"isfamily="0" />
   <photo id="2375847463" owner="63299638@N00" secret="62fd3effd2"
    server="2014"
     farm="3" title="Hudson &amp; Kobe" ispublic="1" isfriend="0"
       isfamily="0" />
   <photo id="2376687094" owner="22160786@N08" secret="25c5c4fd23"
    server="2318"
     farm="3"title="rjk dog 008" ispublic="1" isfriend="0" isfamily="0" />
  </photos>
 </rsp>
```

为了访问该 XML 文档中所有的 title 属性，首先需要利用 XDocument 类来将文档加载到内存：

```
XDocument doc = XDocument.Load("Photos.xml");
```

一旦 XML 文档已经被加载，那么下面的 LINQ to XML 查询将可以被执行，以检索 title 属性数据。该查询首先利用 XDocument 类的 Descendants 方法访问所有的后代 photo 元素，然后使用 Attribute 方法访问每个 title 属性值。

```
IEnumerable<string> titles = from photo in doc.Descendants("photo")
                                 select photo.Attribute("title").Value;
```

该 XML 文档中不需要的节点也可以使用 LINQ where 子句来进行过滤。下面是一个 LINQ to XML 的例子。该例子将找到所有长度大于 15 个字符的 title 属性值。

```
IEnumerable<string> titles = from photo in doc.Descendants("photo")
                             where photo.Attribute("title").Value.Length > 15
                             select photo.Attribute("title").Value;
```

当想解析某个 XML 文档，并将值映射为诸如 Photo 对象(这些对象和本章前面例子中所使用的对象一样)的某个自定义对象时，LINQ to XML 也非常有用，如下所示：

```
public class Photo
{
    public string ID { get; set; }
    public string Owner { get; set; }
    public string Secret { get; set; }
    public string Title { get; set; }
    public bool IsPublic { get; set; }
    public bool IsFriend { get; set; }
    public bool IsFamily { get; set; }
    public string Url { get; set; }
    public string Server { get; set; }
    public ImageBrush ImageBrush { get; set; }
    public string Farm { get; set; }
}
```

为了从前面所示的 Photos.xml 文件中抽取各个 photo 元素的所有属性值，并将其值映射为 Photo 类，可以使用如下的代码：

```
private void StartLINQtoXMLRequest()
{
    WebClient client = new WebClient();
    client.DownloadStringCompleted +=
      new DownloadStringCompletedEventHandler
        (client_DownloadStringCompleted);
    client.DownloadStringAsync(this.CreateRESTUri());
}
```

```csharp
private void client_DownloadStringCompleted(object sender,
  DownloadStringCompletedEventArgs e)
{
    ProcessWithLinqToXml(e.Result));
}


private void ProcessWithLinqToXml(string xmlData)
{
    XDocument doc = XDocument.Parse(xmlData);
    List<Model.Photo> photos = (from photo in doc.Descendants("photo")
                                select new Model.Photo
                                {
                                        Farm = photo.Attribute("farm").Value,
                                        ID = photo.Attribute("id").Value,
                                        IsFamily = ConvertBoolean(
                                                    photo.Attribute("isfamily")
                                                    .Value),
                                        IsFriend = ConvertBoolean(
                                                    photo.Attribute("isfriend")
                                                    .Value),
                                        IsPublic = this.ConvertBoolean(
                                                    photo.Attribute("ispublic")
                                                    .Value),
                                        Owner =   photo.Attribute("owner")
                                                    .Value,
                                        Secret =  photo.Attribute("secret")
                                                    .Value,
                                        Server =  photo.Attribute("server").
                                                    Value,
                                        Title =   photo.Attribute("title")
                                                    .Value,
                                }).ToList<Model.Photo>();
        if (photos != null)
        {
            foreach (Model.Photo photo in photos)
            {
            photo.Url = this.CreatePhotoUrl(photo);
            ImageBrush brush = new ImageBrush();
            brush.ImageSource = new BitmapImage(new Uri(photo.Url));
            brush.Stretch = Stretch.Uniform;
            photo.ImageBrush = brush;
            }
            this.DisplayPhotos(photos);
        }
        else
        {
            ShowAlert("Unable to proces photo data.");
        }
    }
```

```
private bool ConvertBoolean(string val)
{
    return (val == "0") ? false : true;
}

private Uri CreateRESTUri()
{
    return new Uri(String.Format("{0}?method={1}&api_key={2}&text
    ={3}&per_page={4}",BaseUri, "flickr.photos.search", _APIKey,
    this.txtSearchText.Text, 50));
}
```

该LINQ to SQL 查询解析每一个 photo 元素属性，并将其值映射为 Photo 类的相应属性。然后 Photo 对象的集合将通过调用 ToList<T>方法作为一个 List<Photo>返回。尽管 XDocument 类确实是将被解析的 XML 文档加载到了内存中，而不是像 XmlReader 类一样对数据进行流化，但是结合 LINQ to SQL 查询能力，XDocument 类可以为将 XML 数据映射为对象提供一种灵活的方法，并且仅仅需要编写少量的代码。

### 9.5.3 处理 JSON 数据

Silverlight 为解析从 Web 服务、REST API 或者其他类型所返回的 XML 数据提供了非常优秀的支持。由于许多服务均返回 XML 数据，因此在 Silverlight 应用程序中，诸如 XmlReader、XmlSerializer 或 XDocument 之类的类会频繁被使用。但是，XML 数据并不是可以从服务返回的唯一数据类型。服务也可能支持 JavaScript 对象表示(Java Script Object Notation，JSON)。该格式为客户端和服务之间交换数据提供了一种压缩的方法。JSON 最初设计是和 JavaScript 语言一起使用，但是很多情况下，需要在 Silverlight 中利用诸如 C# 或者 VB.NET 之类的语言对它进行处理。在这些情况下，可以使用 Silverlight 的 DataContractJsonSerializer 类，该类支持将 CLR 对象序列化为 JSON 以及将 JSON 消息反序列化为 CLR 对象。

DataContractJsonSerializer 类位于 System.Runtime.Serialization.Json 名称空间中。为了使用该类，需要在 Silverlight 项目中引用 System.ServiceModel.Web 程序集。DataContractJson Serializer 的结构和功能均和前面所讨论的 XmlSerializer 类非常类似。它提供了诸如 ReadObject 的方法以实施反序列化，而提供了 WriteObject 方法以实施序列化。ReadObject 方法接受一个包含需要反序列化的 JSON 数据的流作为参数，而 WriteObject 方法则以源对象以及序列化后的 JSON 数据流作为参数。两个方法的签名如下所示：

```
public Object ReadObject(
    Stream stream
)
```

```
public void WriteObject(
    Stream stream,
    Object graph
)
```

### 1. JSON 基础

包括由 Flickr 所提供的服务的很多 REST API，均允许数据以 JSON 格式返回。JSON 利用括弧来区分不同的对象，并利用冒号将属性名和属性值实施分离。下面的例子利用 JSON 将来源于 Flickr 的图像数据传递给某个客户端：

```
{
    "id":"555242564", "owner":"555371@N00", "secret":"555afd69d",
    "server":"2226", "farm":3, "title":"Camp Chihuahua: Class In Session",
    "ispublic":1, "isfriend":0, "isfamily":0
}
```

该 JSON 片段利用{和}字符指定了照片数据在哪开始到哪结束，利用冒号将属性名和属性值分离，并利用逗号分隔不同的属性。如下所示，利用方括号可以定义一个 photo 对象的数组：

```
{
  "photo":
  [
    {
      "id":"2386242564", "owner":"3911171@N00", "secret":"555afd69d",
      "server":"2226","farm":3,"title":"Camp Chihuahua: Class In Session",
      "ispublic":1, "isfriend":0, "isfamily":0
    },
    {
      "id":"2386239664", "owner":"25111971@N02", "secret":"555cced92",
      "server":"3229", "farm":4, "title":"kid and dog",
      "ispublic":1, "isfriend":0, "isfamily":0
    }
  ]
}
```

如下面的 JSON 消息所示，通过添加嵌套的括号，对象也可以定义子对象：

```
{
  "photos":
  {
    "page":1, "pages":32047, "perpage":100, "total":"3204603",
    "photo":
    {
    [
      {
        "id":"2386242564", "owner":"3911171@N00", "secret":"555afd69d",
        "server":"2226", "farm":3, "title":"Camp Chihuahua: Class In Session",
```

```
        "ispublic":1, "isfriend":0, "isfamily":0
      },

      {


        "id":"2386239664", "owner":"25111971@N02", "secret":"555cced92",
        "server":"3229", "farm":4, "title":"kid and dog", "ispublic":1,
        "isfriend":0, "isfamily":0
      }
    ]
  }
  },
  "stat":"ok"}
}
```

### 2. 使用 DataContractJsonSerializer 类

为了使用 DataContractJsonSerializer 类，并不需要完整地理解 JSON 消息格式，因为它处理了数据的序列化和反序列化过程。但是，需要足够了解相关知识，以在 Silverlight 应用程序中创建 JSON 数据可以被反序列化成的匹配 CLR 类。映射为前面所示的 JSON 消息例子的类如下所示：

```csharp
public class FlickrResponse
{
    public string stat { get; set; }
    public photos photos { get; set; }
}

public class photos
{
    public int page { get; set; }
    public int pages { get; set; }
    public int perpage { get; set; }
    public int total { get; set; }
    public photo[] photo { get; set; }
}

public class photo
{
    public string id { get; set; }
    public string owner { get; set; }
    public string secret { get; set; }
    public string title { get; set; }
    public int ispublic { get; set; }
    public int isfriend { get; set; }
    public int isfamily { get; set; }
    public string server { get; set; }
    public string farm { get; set; }
```

```
    //Custome properties used for data binding
    public string Url { get; set; }
    public ImageBrush ImageBrush { get; set; }
}
```

注意，在每个类中定义的属性均和包含在该 JSON 消息中的属性大小写匹配。这种大小写的匹配甚至应用到了子类的名称上，如 photos 和 photo。这正是 JSON 消息正确反序列化的精华所在！JSON 消息和 CLR 对象之间大小写的不匹配将导致数据丢失。

为了反序列化 JSON 消息，可以调用 DataContractJsonSerializer 类的 ReadObject 方法，并为该方法传递一个包含 JSON 数据的流作为参数。下面所示的例子检索了来自 Flickr REST 服务的数据，并将其进行了反序列化。数据是利用 HttpWebRequest 和 HttpWebResponse 对象进行检索的。而反序列化 JSON 数据的代码则位于 GetJSONResponse CallBack 方法中。注意，JSON 数据将被反序列化到 CLR 对象的类型，传递给了 DataContractJsonSerializer 类的构造函数。

```
private Uri CreateJSONUri()
{
    return new Uri(String.Format("{0}?method={1}&api_key={2}&text={3}" +
      "&per_page={4}&format=json&nojsoncallback=1",
      _BaseUri, "flickr.photos.search", _APIKey, this.txtSearchText.Text,
      50));
}

private void StartJsonRequest()
{
    //Add reference to System.Net.dll if it's not already referenced
    HttpWebRequest request = (HttpWebRequest)WebRequest.Create
    (CreateJSONUri());
    //Start async REST request
    request.BeginGetResponse(new AsyncCallback(GetJSONResponseCallBack),
    request);
}

private void GetJSONResponseCallBack(IAsyncResult asyncResult)
{
    JSON.FlickrResponse res = null;
    HttpWebRequest request = (HttpWebRequest)asyncResult.AsyncState;
    using (HttpWebResponse response =
      (HttpWebResponse)request.EndGetResponse(asyncResult))
    {
        Stream dataStream = response.GetResponseStream();
        //Deserialize JSON message into custom objects
        DataContractJsonSerializer jsonSerializer =
          new DataContractJsonSerializer(typeof(JSON.FlickrResponse));
        jsonObj = (JSON.FlickrResponse)jsonSerializer.ReadObject
          (dataStream);
        Dispatcher.BeginInvoke(() => ProcessJsonObject(jsonObj));
```

```
      }
}

private void ProcessJsonObject(JSON.FlickrResponse jsonObj)
{
    //Assign Url to each photo object as well as ImageBrush to paint photo
    if (jsonObj != null && jsonObj.photos.photo != null)
  {
    foreach (JSON.photo photo in jsonObj.photos.photo)
    {
        photo.Url = this.CreateJSONPhotoUrl(photo);
        ImageBrush brush = new ImageBrush();
        brush.ImageSource = new BitmapImage(new Uri(photo.Url));
        brush.Stretch = Stretch.Uniform;
        photo.ImageBrush = brush;
    }
    DisplayJSONPhotos(jsonObj.photos.photo);
  }
  else
  {
        ShowAlert("Unable to proces photo data.");
  }
}

private string CreateJSONPhotoUrl(JSON.photo photo)
{
    //http://farm{farm-id}.static.flickr.com/{server-id}/{id}_{secret}_
      {size}.jpg
    //farm-id: 1
    //server-id: 2
    //photo-id: 1418878
    //secret: 1e92283336
    //size: m, s, t, b

    return String.Format(_BasePhotoUrl, photo.farm, photo.server,
                                     photo.id,photo.secret, "s");
}

private void DisplayJSONPhotos(JSON.photo[] photos)
{
    if (photos != null && photos.Length > 0)
    {
        this.icPhotos.ItemsSource = photos;
    }
    else
    {
        ShowAlert("No photos found.");
    }
}
```

### 9.5.4　处理聚合源

Really Simple Syndication(RSS)和 Atom Syndication Format(ATOM)是全世界的公司和博客用于聚合源的 XML 格式。这些源可以由客户访问和预定。如果正在查找体育比分、世界新闻、技术新闻或者其他成百上千主题的相关信息，那么可能会使用某个可用的 RSS 或者 ATOM 聚合源。尽管本章已经讨论过的不同 XML 技术均可以用于检索并解析 RSS 或者 ATOM 数据，但是 Silverlight 提供了专门设计的类集来处理聚合源。通过使用这些特定的类，可以以一种强类型的方式直接访问聚合源。在讨论 Silverlight 的聚合源类之前，让我们先看看聚合源是什么，以及它们如何用于在发布者和预订者之间交换数据。

#### 1. RSS 和 ATOM 聚合源

RSS 和 ATOM 均依赖于一种简单的元数据格式来实现在发布者和订阅者之间交换数据。RSS 利用 item 元素来描述数据，而 ATOM 则使用 entry 元素来描述数据。RSS 包含多个不同的版本，包括.91 到 2.0，而 RSS 2.0 是目前 Web 站点和博客中所使用的主要版本。而 ATOM 的创建则是为了弥补 RSS 2.0 中一些已经发现的漏洞，ATOM 目前的版本为 1.0。ATOM 添加了一些 RSS 2.0 所不具备的功能，如描述包含在某个源中内容的类型(如文本、二进制或者 HTML)的能力，而且 ATOM 通过包含 xml:lang 属性为特定源项的国际化提供了更好的支持。下面将给出 RSS 和 ATOM 格式的概况。

RSS 使用 XML 标记来描述项目标题、链接、发布者、发布日期、所属分类等一些内容。单个的 item 元素可以包含多个子元素，如 title、link、pubDate、description 和 category。下面的例子给出了具有多个项目的 RSS 源文档:

```
<?xml version="1.0" encoding="utf-8" ?>
<rss version="2.0" xmlns:dc="http://purl.org/dc/elements/1.1/"
  xmlns:slash="http://purl.org/rss/1.0/modules/slash/"
  xmlns:wfw="http://wellformedweb.org/CommentAPI/">
<channel>
  <title>Dan Wahlin&amp;#39;s WebLog</title>
  <link>http://weblogs.asp.net/dwahlin/default.aspx</link>
  <description>Silverlight, ASP.NET, AJAX, XML, and Web Services
    Exploration
    </description>
<dc:language>en</dc:language>
<generator>Community Server</generator>
<item>
  <title>Video: Silverlight Rehab</title>
  <link>http://weblogs.asp.net/dwahlin/archive/2008/04/01/
    video-silverlight-rehab.aspx </link>
  <pubDate>Wed, 02 Apr Year 05:34:00 GMT</pubDate>
  <guid isPermaLink="false">c06e2b9d-981a-45b4-a55f-ab0d8bbfdc1c:
    6059689</guid>
  <dc:creator>dwahlin</dc:creator>
  <description>
```

```
        ...Ommitted for the sake of brevity
      </description>
      <category
      domain="http://weblogs.asp.net/dwahlin/archive/tags/Silverlight/
        default.aspx">
        Silverlight
      </category>
    </item>
  <item>
    <title>Interesting 3rd Party Controls and Demo Applications for ASP
    .NET and
      Silverlight
    </title>
    <link>http://weblogs.asp.net/dwahlin/archive/2008/03/27/interesting-
    3rd-partcontrols-and-demo-applications-for-asp-net-and-silverlight.
    aspx</link>
    <pubDate>Fri, 28 Mar Year 06:38:00 GMT</pubDate>
    <guid
isPermaLink="false">c06e2b9d-981a-45b4-a55f-ab0d8bbfdc1c:6039815</guid>
    <dc:creator>dwahlin</dc:creator>
    <description>
        ...Omitted for the sake of brevity
      </description>
      <category
      domain="http://weblogs.asp.net/dwahlin/archive/tags/
          Silverlight/default.aspx">
        Silverlight
      </category>
    </item>
  </channel>
</rss>
```

ATOM 也可以用于描述条目，但是它使用的是 entry 元素而不是 item 元素。entry 的内容则使用 type 属性来描述，因此客户端知道如何处理该数据。下面例子展示了一个 ATOM 源文档：

```
<?xml version="1.0" encoding="UTF-8" ?>
<feed xmlns="http://www.w3.org/2005/Atom" xml:lang="en">
  <title type="html">Dan Wahlin&amp;#39;s WebLog</title>
  <subtitle type="html">ASP.NET, AJAX, XML, and Web Services Exploration
    </subtitle>
  <id>http://weblogs.asp.net/dwahlin/atom.aspx</id>
  <link rel="alternate" type="text/html"
    href="http://weblogs.asp.net/dwahlin/default.aspx" />
  <link rel="self" type="application/atom+xml"
    href="http://weblogs.asp.net/dwahlin/atom.aspx" />
  <generator uri="http://communityserver.org" version="3.0.20510.895">
    Community Server
  </generator>
```

```
<updated> 200X-04-04T06:41:08Z</updated>
<entry>
   <title>Using Silverlight 2 ItemsControl Templates</title>
   <link rel="alternate" type="text/html"
    href="http://weblogs.asp.net/dwahlin/archive/200X/04/03/using-sil
      verlight-2-itemscontrol-templates.aspx" />
   <id>http://weblogs.asp.net/dwahlin/archive/200X/04/03/using-silver
    light-2-itemscontrol-templates.aspx</id>
   <published>200X-04-04T06:41:08Z</published>
   <updated>200X-04-04T06:41:08Z</updated>
   <content type="html">
    …Ommitted for brevity
   </content>
   <author>
    <name>dwahlin</name>
    <uri>http://weblogs.asp.net/members/dwahlin.aspx</uri>
   </author>
   <category term="Silverlight"
    scheme="http://weblogs.asp.net/dwahlin/archive/tags/Silverlight/
      default.aspx" />
</entry>
<entry>
   <title>Video: Silverlight Rehab</title>
   <link rel="alternate" type="text/html"
    href="http://weblogs.asp.net/dwahlin/archive/200X/04/01/video-s
      ilverlightrehab.
   aspx" />
   <id>http://weblogs.asp.net/dwahlin/archive/200X/04/01/
      video-silverlight-rehab.aspx</id>
   <published>200X-04-02T05:34:00Z</published>
   <updated>200X-04-02T05:34:00Z</updated>
   <content type="html">
      …Ommitted for brevity
   </content>
   <author>
    <name>dwahlin</name>
    <uri>http://weblogs.asp.net/members/dwahlin.aspx</uri>
   </author>
   <category term="Silverlight"
      scheme="http://weblogs.asp.net/dwahlin/archive/tags/Silverlight/
      default.aspx" />
  </entry>
</feed>
```

### 2. 使用聚合源类

　　Silverlight 提供了诸如 SyndicationFeed 和 SyndicationItem 之类的类，以用于解析和循环 RSS 和 ATOM 聚合源。这些特定的类均位于 System.ServiceModel.Syndication.dll 程序集中，并包含在 System.ServiceModel.Syndication 名称空间中。通常，将利用 SyndicationFeed 类来启动解析某个 RSS 2.0 或者 ATOM 1.0 源的过程。

如果该聚合源处于和 Silverlight 应用程序不同的某个域中，那么必须在源所驻留的服务器的根目录中定义一个跨域策略文件。

SyndicationFeed 类提供了 Load 方法，该方法接受一个包含聚合源数据的 XmlReader 对象实例作为参数。XmlReader 可以流化从诸如 WebClient 或 HttpWebResponse 之类的对象所接收到的数据。下面的例子使用 SyndicationFeed 类的 Load 方法来解析利用 HttpWebRequest 和 HttpWebRequest 对象检索所得到的数据：

```
private void StartSyndicationFeedRequest()
{
    HttpWebRequest request = (HttpWebRequest)HttpWebRequest.Create(
      new Uri(this.txtUrl.Text));
    AsyncCallback callback = new AsyncCallback(FeedResponseCallback);
    request.BeginGetResponse(callback, request);
}

private void FeedResponseCallback (IAsyncResult asyncResult)
{
    XmlReader reader = null;
    HttpWebResponse response = null;
    try
    {
        HttpWebRequest request = (HttpWebRequest)asyncResult.AsyncState;
        response = (HttpWebResponse)request.EndGetResponse(asyncResult);
        Stream dataStream = response.GetResponseStream();
        reader = XmlReader.Create(dataStream);
        //Load Syndication Feed
        SyndicationFeed feed = SyndicationFeed.Load(reader);
        Dispatcher.BeginInvoke(() => BindItems(feed));
    }
    finally
    {
        reader.Close();
        response.Close();
    }
}

private void BindItems(SyndicationFeed feed)
{
    this.lbRssItems.ItemsSource = feed.Items;
}
```

在利用 Load 方法将源数据加载到内存以后，SyndicationFeed 类的 Items 属性可以被调用以访问项或者条目，具体依赖于源的类型。Items 是 IEnumerable<SyndicationItem>类型，因此它可以绑定到不同的 Silverlight 控件。SyndicationFeed 类也允许通过调用诸如 CreateItem 和 CreateCategory 的方法来创建新的条目，并且它还可以利用诸如 SaveAsAtom10

和 SaveAsRss20 之类的方法来保存条目。

SyndicationItem 类提供了多个属性，用于访问某个条目的标题、链接、作者、发布日期、文本内容、所属分类等相关信息。它还提供了相应的方法来创建源条目，如 CreateCategory、CreatePerson 和 CreateLink。下面的例子使用 SyndicationItem 类来显示聚合源条目的详细信息：

```
private void ShowFeedItem(SyndicationItem item)
{
    string content = null;
    if (this.gridContent.Visibility == Visibility.Visible) return;
    this.gridContent.Visibility = Visibility.Visible;
    HtmlCleaner cleaner = new HtmlCleaner();
    this.tbTitle.Text=(string)cleaner.Convert(item.Title.Text,null, null,
        System.Globalization.CultureInfo.InvariantCulture);
    //RSS 2.0
    if (item.Summary != null)
    {
        content = (string)cleaner.Convert(item.Summary.Text, null, null,
            System.Globalization.CultureInfo.InvariantCulture);
    }

    //ATOM 2.0
    if (item.Content != null && item.Content.Type.ToLower() == "html")
    {
        TextSyndicationContent textContent =
          item.Content as TextSyndicationContent;
        content = (string)cleaner.Convert(textContent.Text, null, null,
            System.Globalization.CultureInfo.InvariantCulture);
    }
    this.tbContent.Text = content;
    this.hlLink.NavigateUri = item.Links[0].Uri;
    this.tbPubDateRun.Text = item.PublishDate.ToString("d");
}
```

根据聚合源是遵循 RSS 2.0 还是遵循 ATOM 1.0 格式，其项目内容可以通过不同的方式来访问。为了访问 RSS 2.0 的内容，可以使用 SyndicationItem 类的 Summary 属性。该代码样本提供了 Summary 属性的 Text 内容，并通过一个 HTML 清除方法移除 HTML 字符，以使得这些字符不会在 Silverlight 应用程序中显示。而 ATOM 1.0 的内容可以利用 SyndicationItem 类的 Content 属性来访问，该属性返回一个 SyndicationContent 对象。该代码例子验证该内容是否为 null，并利用 Type 属性来检查内容的类型以确保它是 HTML。然后，它将 SyndicationContent 对象强制转换成一个 TextSyndicationContent 对象，这样文本就可以被检索和清除。图 9-5 给出了调用前面代码样本中的 ShowFeedItem 方法所产生的输入。

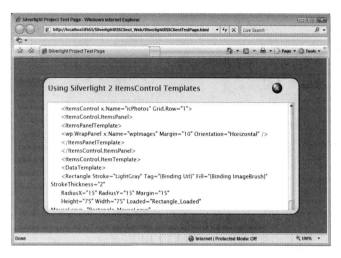

图 9-5

Silverlight 中的聚合源类提供了一种访问数据的方式，而且这种方式不需要依赖自定义 XML 解析或者序列化代码。通过使用诸如 SyndicationFeed 和 SyndicationItem 之类的类，可以用最少的代码和代价来读取源的内容。

## 9.5.5 利用套接字通过 TCP 实施通信

浏览器和服务器之间通过 HTTP 实施通信的能力永远是基于 Web 应用程序的一个主要功能。不管如何，如果没有请求/响应机制，那么 Web 将不会是现在我们所知道的样子。但是，尽管 Web 应用程序具有诸多的优点，但是 Web 应用程序也确实有其本质的局限性，即必须和服务器之间有一个初始连接来检查数据改变。(考虑一个体育事件应用程序，该应用程序允许当服务器改变比分时，比分将在客户端显示。)但是服务器不能在数据发生变化时启动连接来通知客户端，因此客户端必须不断地发起调用以检查比分的改变。该过程导致了在网络上存在大量不需要的流量。

ASP.NET AJAX 严重依赖于这种类型的客户端到服务器的交互，以查看数据是否已经发生了改变，甚至提供了 Timer 控件，以基于一定的时间基础来简化调用某个服务器的过程。尽管诸如 Timer 之类的控件能够很好地完成工作，但是让服务器可以通过某种方式在数据发生变化时将数据推送到客户端，对某些应用程序来说肯定会是一种更好的方法，也是更有效的一种方法。Silverlight 对网络套接字的支持，使得该种推类型的动作变成了现实。

一个网络套接字包含一个 IP 地址和一个端口，这两部分一起可以利用诸如 TCP 和 UDP 之类的协议在客户端和服务器之间发送消息。利用套接字实施通信的应用程序一般都有一个服务器，该服务器利用诸如 TCP 之类的协议来监听消息的发送(提供一个本地 IP 地址和端口)。远程客户端连接到该服务器的 IP 地址和端口。一旦服务器接收了某个客户端连接，那么这两部分之间通信就可以开始了，并且可以在任何方向传递数据。下面将讨论利用套接字创建可以监听客户端连接的服务器的过程。

### 1. 在服务器上使用套接字

.NET Framework 提供了一个位于 System.Net.Sockets 名称空间的网络类集，以用于监听到套接字的客户端连接。使用诸如 Socket、TcpListener 和 TcpClient 之类的类，可以创建一个服务器，而且该服务器能够将数据推送到已连接的客户端。TcpListener 类和 Socket 类提供一种方式以监听和接受客户端连接。一旦连接已经建立，那么利用 TcpClient 类可以访问客户端流。TcpListener 类和 Socket 类均异步或同步接受连接。

下面所示的例子利用 TcpListener 类来监听并处理客户端异步连接：

```
TcpListener _Listener = null;
static ManualResetEvent _TcpClientConnected = new ManualResetEvent(false);

public void StartSocketServer()
{
    try
    {
        //Allowed port range 4502-4534
        _Listener = new TcpListener(IPAddress.Any, 4530);
        _Listener.Start();
        Console.WriteLine("Server listening…");
        while (true)
        {
            _TcpClientConnected.Reset();


            Console.WriteLine("Waiting for client connection…");
            _Listener.BeginAcceptTcpClient(new AsyncCallback
              (OnBeginAccept),null);


            _TcpClientConnected.WaitOne(); //Block until client connects
        }
    }
    catch (Exception exp)
    {
        LogError(exp);
    }
}
```

该例子创建了 TcpListener 对象的一个新实例，该实例可以利用任意的 IP 地址监听端口 4530。一旦 TcpListener 对象已经创建，那么该对象的 Start 对象将被调用以启动对客户端连接的监听。当连接到该服务器时，连接将被异步处理，其方式是将 BeginAcceptTcpClient 方法连接到一个名为 OnBeginAccept 的回调函数，该回调函数将处理连接并访问客户端流。

> 使用端口 4530 是因为 Silverlight 仅能利用 4502 到 4534 的端口和服务器实施通信。

下面就是 OnBeginAccept 回调函数：

```csharp
private void OnBeginAccept(IAsyncResult ar)
{
    _TcpClientConnected.Set(); //Allow waiting thread to proceed
    TcpListener listener = _Listener;

    //Accept connection and access TcpClient object
    TcpClient client = listener.EndAcceptTcpClient(ar);
    if (client.Connected)
    {
        Console.WriteLine("Client connected…");

        //Access client stream
        StreamWriter writer = new StreamWriter(client.GetStream());
        writer.AutoFlush = true;

        Console.WriteLine("Sending initial team data…");

        //Create XML message that will be sent to client upon connecting
        writer.WriteLine(GetTeamData());

        //Start timer that sends data to Silverlight client
        //on a random basis to update team scores
    }
}

private string GetTeamData()
{
    StringWriter sw = new StringWriter();
    using (XmlWriter writer = XmlWriter.Create(sw))
    {
        writer.WriteStartElement("Teams");
        foreach (string key in _Teams.Keys)
        {
            writer.WriteStartElement("Team");
            writer.WriteAttributeString("Name", key);
            Dictionary<Guid, string> players = _Teams[key];
            foreach (Guid playerKey in players.Keys)
            {
                writer.WriteStartElement("Player");
                writer.WriteAttributeString("ID", playerKey.ToString());
                writer.WriteAttributeString("Name", players[playerKey]);
                writer.WriteEndElement();
            }
            writer.WriteEndElement();
        }
        writer.WriteEndElement();
    }
    return sw.ToString();
}
```

当 OnBeginAccept 方法被调用时，监听器的 EndAcceptTcpClient 方法将被调用，以接受连接并引用一个表示调用客户端的 TcpClient 对象。一旦该连接已经建立，那么客户端的数据流就可以访问，并传递给一个 StreamWriter 实例。该实例将用于把从 GetTeamData 方法所返回的小组数据返回给客户端。然后，比分数据将按一定的时间间隔发送给客户端。关于该服务器应用程序的其他细节，可以在本章的下载代码中找到。

### 2. 在 Silverlight 客户端中使用套接字

Silverlight 应用程序可以利用 System.Net 和 System.Net.Sockets 名称空间中的套接字类来直接连接到远程服务器。一旦连接建立，那么数据就可以从该服务器推送到一个或者多个客户端，而不需要客户端实施轮询。多个类——如 DnsEndPoint、Socket 和 SocketAsyncEventArgs，均可用于连接到某个远程服务器。

DnsEndPoint 类用于定义目标服务器的 IP 地址和端口，而 Socket 类定义了连接的类型并主动将客户端连接到服务器。SocketAsyncEventArgs 则用于定义异步回调函数，并在两个方法调用之间传递任意需要的用户状态(指的是 UserToken)。下面给出了一个在 Silverlight 中使用这些类的例子：

```
void Page_Loaded(object sender, RoutedEventArgs e)
{
    DnsEndPoint endPoint =
      new DnsEndPoint(Application.Current.Host.Source.DnsSafeHost, 4530);
    Socket socket = new Socket(AddressFamily.InterNetwork,
      SocketType.Stream, ProtocolType.Tcp);

    SocketAsyncEventArgs args = new SocketAsyncEventArgs();
    args.UserToken = socket;
    args.RemoteEndPoint = endPoint;
    args.Completed +=
      new EventHandler<SocketAsyncEventArgs>(OnSocketConnectCompleted);
    socket.ConnectAsync(args);
}

private void OnSocketConnectCompleted(object sender,SocketAsyncEventArgs e)
{
    byte[] response = new byte[1024];
    e.SetBuffer(response, 0, response.Length);
    e.Completed -=
      new EventHandler<SocketAsyncEventArgs>(
        OnSocketConnectCompleted);
    e.Completed +=
      new EventHandler<SocketAsyncEventArgs>(OnSocketReceive);
    Socket socket = (Socket)e.UserToken;
    socket.ReceiveAsync(e);
}
```

创建了 DnsEndPoint 对象和 Socket 对象后，在客户端连接到该服务器之后，将利用

SocketAsyncEventArgs 对象的 Completed 事件来定义将要调用的异步回调方法。在事件参数值已经设定好以后，Socket 对象的 ConnectAsync 方法将被调用以连接到服务器。

当服务器接受该连接时，OnSocketConnectCompleted 方法将被调用。该方法的目的就是定义响应缓存，并将 Completed 事件和一个名为 OnSocketReceive 的回调方法进行连接，处理来自服务器的 XML 消息。发起该连接的 Socket 对象将利用 SocketAsyncEventArgs 对象的 UserToken 类，在不同的回调函数方法之间传递，该类设计的目的就是保存需要在异步调用之间传递的任意状态。

当接收到来自服务器的 XML 消息数据时，OnSocketReceive 回调方法将被调用，该方法将把数据反序列化成 CLR 对象，并更新用户界面。OnSocketReceive 方法的代码如下所示：

```csharp
private void OnSocketReceive(object sender, SocketAsyncEventArgs e)
{
    StringReader sr = null;
    try
    {
        string data = Encoding.UTF8.GetString(e.Buffer, e.Offset,
         e.BytesTransferred);
        sr = new StringReader(data);
        //Get initial team data
        if (_Teams == null && data.Contains("Teams"))
        {
            XmlSerializer xs = new XmlSerializer(typeof(Teams));
            _Teams = (Teams)xs.Deserialize(sr);
            this.Dispatcher.BeginInvoke(UpdateBoard);
        }

        //Get updated score data
        if (data.Contains("ScoreData"))
        {
            XmlSerializer xs = new XmlSerializer(typeof(ScoreData));
            ScoreData scoreData = (ScoreData)xs.Deserialize(sr);
            ScoreDataHandler handler = new ScoreDataHandler
              (UpdateScoreData);
            this.Dispatcher.BeginInvoke(handler, new object[]
              { scoreData });
        }
    }
    catch { }
    finally
    {
        if (sr != null) sr.Close();
    }
    //Prepare to receive more data
    Socket socket = (Socket)e.UserToken;
    socket.ReceiveAsync(e);
}
```

　　在反序列化过程中创建的对象，将利用 Dispatcher 类的 BeginInvoke 方法，从异步调用线程回传到 Silverlight 用户界面线程。这种在线程之间传送数据的模型，在 Windows Forms 和 WPF 应用程序中都非常普遍。UpdateBoard 方法和 UpdateScoreData 方法将用于修改用户界面，如下所示：

```
private void UpdateBoard()
{
    this.tbTeam1Score.Text = "0";
    this.tbTeam2Score.Text = "0";
    this.lbActions.Items.Clear();
    if (_Teams != null && _Teams.Team != null)
    {
        for (int i = 0; i < 2; i++)
        {
            TeamsTeam team = _Teams.Team[i];
            if (i == 0)
            {
                this.tbTeam1.Text = team.Name;
            }
            else
            {
                this.tbTeam2.Text = team.Name;
            }
        }
    }
}

private void UpdateScoreData(ScoreData scoreData)
{
    //Update Score
    this.tbTeam1Score.Text = scoreData.Team1Score.ToString();
    this.tbTeam2Score.Text = scoreData.Team2Score.ToString();

    //Update ball visibility
    if (scoreData.Action != ActionsEnum.Foul)
    {
        if (tbTeam1.Text == scoreData.TeamOnOffense)
        {
            AnimateBall(this.BB1, this.BB2);
        }
        else //Team 2
        {
            AnimateBall(this.BB2, this.BB1);
        }
    }
    if (this.lbActions.Items.Count > 11) this.lbActions.Items.Clear();
    this.lbActions.Items.Add(scoreData.LastAction);
    if (this.lbActions.Visibility == Visibility.Collapsed)
      this.lbActions.Visibility = Visibility.Visible;
```

```
}

private void AnimateBall(Image onBall,Image offBall)
{
    //Animate basketballs
    this.FadeIn.Stop();
    Storyboard.SetTarget(this.FadeInAnimation, onBall);
    Storyboard.SetTarget(this.FadeOutAnimation, offBall);
    this.FadeIn.Begin();
}
```

图 9-6 显示了该 Silverlight 客户端应用程序在从服务器接收了多个消息并通过 Update ScoreData 方法进行处理之后所得到的结果。

图 9-6

## 3. 创建具有 Silverlight 2 客户端访问策略的套接字服务器

Silverlight 2 在访问位于初始服务器站点或者跨域服务器站点上的套接字之前，要检查客户端访问策略。下面的代码给出了一个针对套接字的客户端访问策略：

```xml
<?xml version="1.0" encoding ="utf-8"?>
<access-policy>
  <cross-domain-access>
    <policy>
      <allow-from>
        <domain uri="*" />
      </allow-from>
      <grant-to>
        <socket-resource port="4530" protocol="tcp" />
      </grant-to>
    </policy>
  </cross-domain-access>
```

```
</access-policy>
```

　　该 XML 代码允许 Silverlight 访问在端口 4530 上的某个 TCP 套接字。如果需要，可以在 port 属性中设置端口范围(如 4530～4534)。在 Silverlight 试图用一个套接字调用服务器时，它将对目标服务器的 943 端口实施调用以检查客户端访问策略，并看看服务器是否允许套接字连接。这将有助于减少各种类型的黑客攻击。如果在服务器上有一个客户端访问策略，并且该策略允许访问客户端正在试图调用的端口，那么套接字代码的处理将继续并且 Silverlight 将试图连接。如果不是这样的话，那么客户端将不能连接到服务器，因为访问被 Silverlight 拒绝了。

　　下面的代码给出了一个创建具有客户端访问策略套接字服务器的例子，Silverlight 应用程序可以在端口 943 连接到该服务器。

```csharp
using System;
using System.Collections.Generic;
using System.Text;
using System.Net;
using System.Net.Sockets;
using System.IO;
using System.Threading;
using System.Reflection;
using System.Configuration;

namespace PolicySocketServices
{
    class PolicySocketServer
    {
        TcpListener _Listener = null;
        TcpClient _Client = null;
        static ManualResetEvent _TcpClientConnected = new ManualResetEvent
            (false);
        const string _PolicyRequestString = "<policy-file-request/>";
        int _ReceivedLength = 0;
        byte[] _Policy = null;
        byte[] _ReceiveBuffer = null;

        private void InitializeData()
        {
            string policyFile = ConfigurationManager.AppSettings
                ["PolicyFilePath"];
            using (FileStream fs = new FileStream(policyFile, FileMode.Open))
            {
                _Policy = new byte[fs.Length];
                fs.Read(_Policy, 0, _Policy.Length);
            }
            _ReceiveBuffer = new byte[_PolicyRequestString.Length];
        }
```

```
    public void StartSocketServer()
    {
        InitializeData();

        try
        {
            //Using TcpListener which is a wrapper around a Socket
            //Allowed port is 943 for Silverlight sockets policy data
            _Listener = new TcpListener(IPAddress.Any, 943);
            _Listener.Start();
            Console.WriteLine("Policy server listening…");
            while (true)
            {
                _TcpClientConnected.Reset();
                Console.WriteLine("Waiting for client connection…");
                _Listener.BeginAcceptTcpClient(
                  new AsyncCallback(OnBeginAccept), null);
                _TcpClientConnected.WaitOne(); //Block until client
                  connects
            }
        }
        catch (Exception exp)
        {
            LogError(exp);
        }
    }

    private void OnBeginAccept(IAsyncResult ar)
    {
        _Client = _Listener.EndAcceptTcpClient(ar);
        _Client.Client.BeginReceive(_ReceiveBuffer, 0, _
          PolicyRequestString.Length, SocketFlags.None,
          new AsyncCallback(OnReceiveComplete), null);
    }

    private void OnReceiveComplete(IAsyncResult ar)
    {
        try
        {
            _ReceivedLength += _Client.Client.EndReceive(ar);
            //See if there's more data that we need to grab
            if (_ReceivedLength < _PolicyRequestString.Length)
            {
                //Need to grab more data so receive remaining data
                _Client.Client.BeginReceive(_ReceiveBuffer,
                  _ReceivedLength,
                    _PolicyRequestString.Length - _ReceivedLength,
                  SocketFlags.None, new AsyncCallback
                    (OnReceiveComplete),null);
                return;
```

```
            }

            //Check that <policy-file-request/> was sent from client
            string request =
              System.Text.Encoding.UTF8.GetString(
              ReceiveBuffer, 0, _ReceivedLength);
          if (StringComparer.InvariantCultureIgnoreCase. Compare(request,
            _PolicyRequestString) != 0)
          {
              //Data received isn't valid so close
              _Client.Client.Close();
              return;
          }
          //Valid request received….send policy data
          _Client.Client.BeginSend(_Policy, 0, _Policy.Length,
            SocketFlags.None,
              new AsyncCallback(OnSendComplete), null);
      }
      catch (Exception exp)
      {
          _Client.Client.Close();
          LogError(exp);
      }
      _ReceivedLength = 0;
      _TcpClientConnected.Set(); //Allow waiting thread to proceed
}

private void OnSendComplete(IAsyncResult ar)
{
    try
    {
        _Client.Client.EndSendFile(ar);
    }
    catch (Exception exp)
    {
        LogError(exp);
    }
    finally
    {
        //Close client socket
        _Client.Client.Close();
    }
}

private void LogError(Exception exp)
{
    string appFullPath = Assembly.GetCallingAssembly().Location;
    string logPath = appFullPath.Substring(0,
      appFullPath.LastIndexOf("\\")) + ".log";
    StreamWriter writer = new StreamWriter(logPath, true);
```

```
try
{
    writer.WriteLine(logPath,
        String.Format("Error in PolicySocketServer: "
        + "{0} \r\n StackTrace: {1}", exp.Message, exp.StackTrace));
}
catch { }
finally
{
    writer.Close();
}
}
}
}
```

分析该代码，将看到该代码使用了 TcpListener 类来监听输入的客户端连接。一旦客户端连接建立，代码将检查请求中的如下值：

```
<policy-file-request/>
```

一旦连接已经建立，Silverlight 自动将该文本发送到策略文件套接字。如果请求包含了正确的值，那么代码将客户端访问策略的内容写回到客户端流(参见 OnReceiveComplete 方法)。一旦接收到该策略文件，Silverlight 将解析该文件，并检查该文件是否允许访问期望的端口，然后接受或者拒绝应用程序正试图实施的套接字调用。

9.5.5 小节的第 3 条"创建具有 Silverlight 2 客户端访问策略的套接字服务器"和 9.5.6 小节"使用 WCF 轮询双向服务以通过 HTTP 实施通信"中的内容摘自 Dan Wahlin 的文章，并感谢 *Dr. Dobb's Journal*。

## 9.5.6　使用 WCF 轮询双向服务以通过 HTTP 实施通信

前面的几小节已经讨论了数据如何从 Web 服务和 RESTful 服务拉到 Silverlight 客户端，甚至是通过套接字从服务器推送到 Silverlight 客户端。Silverlight 2 还提供了另外一种方式，以利用 WCF 和 HTTP 将数据从服务器推送到客户端。WCF 对双向服务合同的支持使得这一切成为可能，并提供了一种独特的方法以将数据抽到 Silverlight 应用程序。

许多已经创建的 WCF 服务均根据简单的请求/响应机制来交换数据，而且这种方式对很多应用程序而言都运行得非常好。除了标准的 HTTP 绑定以外，WCF 也支持多种其他绑定，包括特别针对 Silverlight 的轮询双向绑定。这种方式允许服务在数据发生改变时将数据推送到客户端。这种类型的绑定并不是像使用套接字时的"纯"推模式，因为 Silverlight 客户端确实轮询了服务器以检查任意排队的消息，但是它提供了一种有效的方式将数据推送到客户端，而不用受限于某个特定的端口范围。一旦通信端口已经打开，消息无论在哪个方向上都可以传输。Silverlight SDK 对 Silverlight 客户端和一个双向服务之间如何实施通信做了如下的陈述：

Silverlight 客户端周期性地轮询在网络层上的服务,并检查服务在回调通道上是否有新的消息需要发送。服务将所有需要在客户端回调通道上发送的消息进行排队,并且当客户端轮询该服务时,将消息发送给客户端。

### 1. 创建合同

在为 Silverlight 创建 WCF 双向服务时,服务器需要创建一个带相关操作的标准接口。但是,由于服务器必须和客户端实施通信,因此它还定义了客户端回调函数接口。下面的例子定义了一个名为 IGameStreamService 的服务器接口,且仅包含一个唯一的服务操作:

```
[ServiceContract(Namespace = "Silverlight",
  CallbackContract = typeof(IGameStreamClient))]
public interface IGameStreamService
{
    [OperationContract(IsOneWay = true)]
    void GetGameData(Message receivedMessage);
}
```

该接口和以前看到过或者创建过的标准 WCF 接口有所不同。首先,它包含一个 Callback Contract 属性,该属性指向客户端接口。其次,GetGameData 操作定义为单向操作。由于 IsOneWay 设置为 true,因此客户端调用并不是立即返回,相反结果是推送到客户端的。下面的代码给出了赋给 CallbackContract 的 IGameStreamClient 接口。该接口允许通过调用 ReceiveGameData 方法将消息发回给客户端。

```
[ServiceContract]
public interface IGameStreamClient
{
    [OperationContract(IsOneWay = true)]
    void ReceiveGameData(Message returnMessage);
}
```

查看 ReceiveGameData 操作,可以看到在该操作中轮询双向服务利用 WCF Message 类型和 Silverlight 客户端实施通信。这就可以完全控制客户端和服务之间的数据发送,并允许两者之间通信进行松散耦合。该方法的缺点是,由于 WSDL 类型信息使用了 xs:any 元素,因此消息必须由客户端和服务进行手动地序列化/反序列化。下面就是当服务使用 Message 类型作为操作参数时,服务的 WSDL 类型部分的样子。分析该模式,将注意到该模式包含了 xs:any 元素。

```
<xs:schema elementFormDefault="qualified"
  targetNamespace="http://schemas.microsoft.com/Message"
  xmlns:xs="http://www.w3.org/2001/XMLSchema"
  xmlns:tns="http://schemas.microsoft.com/Message">
  <xs:complexType name="MessageBody">
    <xs:sequence>
```

```
        <xs:any minOccurs="0" maxOccurs="unbounded" namespace="##any"/>
    </xs:sequence>
  </xs:complexType>
</xs:schema>
```

### 2. 创建服务

一旦服务器和客户端之间的合同定义好了，那么服务类就可以被创建以实现 IGameStream Seveice 接口。下面的代码创建一个服务，该服务模拟了一个类似于前面在 Silverlight 中使用套接字所演示的篮球比赛，并且以一定的时间间隔向 Silverlight 客户端发送比赛结果更新数据。

```csharp
using System;
using System.ServiceModel;
using System.ServiceModel.Channels;
using System.Threading;

namespace WCFPushService
{
    public class GameStreamService : IGameStreamService
    {
        IGameStreamClient _Client;
        Game _Game = null;
        Timer _Timer = null;
        Random _Random = new Random();

        public GameStreamService()
        {
            _Game = new Game();
        }

        public void GetGameData(Message receivedMessage)
        {
            //Get client callback channel
            _Client =
              OperationContext.Current.GetCallbackChannel
                <IGameStreamClient>();

            SendData(_Game.GetTeamData());
            //Start timer which when fired sends updated score information
            _Timer = new Timer(new TimerCallback(_Timer_Elapsed), null, 5000,
                Timeout.Infinite);
        }

        private void _Timer_Elapsed(object data)
        {
            SendData(_Game.GetScoreData());
            int interval = _Random.Next(3000, 7000);
```

```
            _Timer.Change(interval, Timeout.Infinite);
        }

        private void SendData(object data)
        {
            Message gameDataMsg = Message.CreateMessage(
                MessageVersion.Soap11,
                "Silverlight/IGameStreamService/ReceiveGameData", data);

            //Send data to the client
            _Client.ReceiveGameData(gameDataMsg);
        }
    }
}
```

该服务首先在构造函数中创建 Game 类的一个实例，该实例将模拟篮球比赛，并创建可以发送给客户端的新的数据。一旦客户端调用该服务的 GetGameData 操作(一个单向操作)，那么通过访问 OperationContext 对象并调用 GetCallbackChannel 方法，将可以获取访问客户端的回调函数接口。然后参加比赛的各个队将在服务器上被创建，并且通过调用 SendData 方法把结果推送到客户端。该方法调用了 Game 对象的 GetTeamData 方法。尽管在此没有给出(但是包含在本书的可下载代码样本中)，GetTeamData 方法生成了一个 XML 消息，并将其作为字符串返回。然后 SendData 方法创建一个 WCF Message 对象，该对象定义了将被使用的 SOAP 1.1(需要该类型的通信)消息，并定义了用于将 XML 数据发送到客户端的正确动作。然后，客户端的 ReceiveGameData 操作将被调用，并且消息最终发送给客户端。

一旦客户端接收到各队信息，服务器将按照随机的时间间隔开始发送模拟的比分数据。在最初对 GetGameData 调用时所创建的 Timer 对象被触发时，_Timer_Elapsed 方法将被调用。该方法将更新比分信息，并通过调用 SendData 方法将数据推送到 Silverlight 客户端。

### 3. 创建服务工厂

一旦该服务类创建完毕，将同时创建一个服务工厂和一个服务主机。工厂将负责创建合适的主机，而主机则定义了服务端点。下面的代码给出了一个创建服务工厂和主机类的例子：

```
using System;
using System.ServiceModel;
using System.ServiceModel.Activation;
using System.ServiceModel.Channels;
using System.ServiceModel.Configuration;

namespace WCFPushService
{
    public class PollingDuplexServiceHostFactory : ServiceHostFactoryBase
    {
```

```
        public override ServiceHostBase CreateServiceHost(string
          constructorString,
            Uri[] baseAddresses)
      {
            return new PollingDuplexServiceHost(baseAddresses);
      }
    }

    class PollingDuplexServiceHost : ServiceHost
    {
        public PollingDuplexServiceHost(params System.Uri[] addresses)
        {
            base.InitializeDescription(typeof(GameStreamService),
            new UriSchemeKeyedCollection(addresses));
        }

        protected override void InitializeRuntime()
        {
            // Define the binding and set time-outs
            PollingDuplexBindingElement bindingElement =
              new PollingDuplexBindingElement()
            {
                ServerPollTimeout = TimeSpan.FromSeconds(10),
                InactivityTimeout = TimeSpan.FromMinutes(1)
            };

            // Add an endpoint for the given service contract
            this.AddServiceEndpoint(
                typeof(IGameStreamService),
                new CustomBinding(
                    bindingElement,
                    new TextMessageEncodingBindingElement(
                        MessageVersion.Soap11,
                        System.Text.Encoding.UTF8),
                    new HttpTransportBindingElement()),
                    "");

            base.InitializeRuntime();
        }
    }
}
```

　　服务工厂类(PollingDuplexServiceHostFactory)在 CreateServiceHost 方法中创建了服务
主机类(PollingDuplexServiceHost)的一个新实例。然后服务主机类覆盖了 InitializeRuntime
方法并创建了一个 PollingDuplexBindingElement 实例。该实例定义了服务器轮询和不活跃
的超时。在 Silverlight SDK 中，关于 PollingDuplexBindingElement 类的 ServerPollTimeout
和 InactivityTimeout 属性做了如下陈述：

　　ServerPollTimeout 属性确定了服务在返回之前保留一个来自客户端轮询的时长。

InactivityTimeout 属性则确定了服务在关闭会话之前没有和客户端交换信息可以经历的时长。

PollingDuplexBindingElement 类位于名为 System.ServiceModel.PollingDuplex.dll 的程序集中。该程序集是 Silverlight SDK 的一部分。需要在 WCF 项目中引用该程序集和 System.ServiceModel.Channels 名称空间，以使用 PollingDuplexBindingElement 类。一旦绑定元素已经创建，那么就可以调用主机对象的 AddServiceEndPoint 方法。该方法引用了 PollingDuplexBindingElement 对象和服务器的 IGameStreamService 接口，以创建自定义绑定。该绑定将使用 HTTP 在后台实施消息交换。

一旦工厂和服务类已经被创建，工厂可以以如下的方式在服务的.svc 文件中被引用：

```
<%@ ServiceHost Language="C#"
        Factory="WCFPushService.PollingDuplexServiceHostFactory" %>
```

查看所有的代码可以看到，为了创建 Silverlight 可调用的 WCF HTTP 轮询双向服务，有很多初始的创建工作需要完成。由于客户端必须轮询服务以检查排队的消息，因此您可能会问，这和编写调用 WCF 的手动轮询 Silverlight 客户端相比有什么优势。微软的 Scott Guthrie 为我们提供了 HTTP 轮询双向过程的更多细节，以帮助回答这个问题：

双向支持确实在后台使用了轮询以实现通告——但是它所采用的方式和手动轮询有所不同。它发起了一个网络请求，然后该请求将有效的"进入睡眠"以等到服务器响应(它并不是立即返回)。然后，服务器一直保持连接打开，但并不处于活跃状态，直到有些东西需要发送回去为止(或者是连接在 90 秒钟后超时——在这种情况下双向客户端将重新连接并等待)。采用这种方法，可以避免重复地访问服务器——但是当有数据需要发送时，仍然可以立即获取响应。

当客户端在后台轮询服务器时，它向服务器发送了如下的消息：

```
<s:Envelope xmlns:s="http://schemas.xmlsoap.org/soap/envelope/">
    <s:Body>
        <wsmc:MakeConnection
          xmlns:wsmc="http://docs.oasis-open.org/ws-rx/wsmc/200702">
          <wsmc:Address>
              http://docs.oasis-open.org/ws-rx/wsmc/200702/
              anoynmous?id=7f64eefe-9328-4168-8175-1d4b82bef9c3
          </wsmc:Address>
        </wsmc:MakeConnection>
    </s:Body>
</s:Envelope>
```

服务器在每次更新比分时，用类似于下面的消息实施响应：

```
<s:Envelope xmlns:s="http://schemas.xmlsoap.org/soap/envelope/">
  <s:Header>
```

```
    <netdx:Duplex xmlns:netdx="http://schemas.microsoft.com/2008/
      04/netduplex">
    <netdx:Address>
        http://docs.oasis-open.org/ws-rx/wsmc/200702/anoynmous?
        id=70379401-a551-494e-abe6-2a0c056b1026
    </netdx:Address>
      <netdx:SessionId>7bbdbba3-8eaf-4735-a343-8deba1f0859b</netdx:
      SessionId>
    </netdx:Duplex>
  </s:Header>
  <s:Body>
    <string xmlns="http://schemas.microsoft.com/2003/10/
      Serialization/">
    &lt;?xml version="1.0" encoding="utf-16"?&gt;&#xD;
    &lt;ScoreData xmlns:xsi="http://www.w3.org/2001/XMLSchema-
      instance"
    xmlns:xsd="http://www.w3.org/2001/XMLSchema"&gt;&#xD;
    &lt;Action&gt;Turnover&lt;/Action&gt;&#xD;
    &lt;Team1Score&gt;4&lt;/Team1Score&gt;&#xD;
    &lt;Team2Score&gt;2&lt;/Team2Score&gt;&#xD;
    &lt;LastAction&gt;Code Warriors: J. Doe turned it
    over&lt;/LastAction&gt;&#xD;
    &lt;LastActionPlayerID&gt;755d8a43-6222-4d85-b48fad9d23b1898b&
    lt;/LastActionPlayerID&gt;&#xD;
    &lt;LastActionPoints&gt;0&lt;/LastActionPoints&gt;&#xD;
    &lt;TeamOnOffense&gt;Bug Slayers&lt;/TeamOnOffense&gt;&#xD;
    &lt;/ScoreData&gt;
    </string>
  </s:Body>
</s:Envelope>
```

#### 4. 创建 Silverlight 双向轮询接收器类

在 Silverlight 中调用和接收数据需要编写大量的代码。在展示实现和轮询双向服务交互的代码之前，理解该过程中所包含的一般步骤非常重要。下面是为了在 Silverlight 客户端中发送和接收数据时需要执行的一些步骤：

(1) 引用程序集和名称空间。

1a. 在 Silverlight 项目中引用 System.ServiceModel.dll 和 System.ServiceModel.PollingDuplex.dll 程序集。

1b. 导入 System.ServiceModel 和 System.ServiceModel.Channels 名称空间。

(2) 创建工厂对象。

2a. 创建 PollingDuplexHttpBinding 对象实例，并设置 ReceiveTimeout 和 Inactivity-Timeout 属性(打开和关闭超时值也可以被设置)。

2b. 使用 PollingDuplexHttpBinding 对象来构建一个通道工厂。

2c. 打开通道工厂，并定义在打开完成之后可以调用的某个异步回调方法。

(3) 创建通道对象。

3a. 使用工厂类来创建一个通道以指向服务的 HTTP 端点。

3b. 打开通道，并定义一个在通道打开完成以后可以被调用的异步回调方法。

3c. 定义一个在通道关闭时可以调用的回调方法。

(4) 发送/接收消息。

4a. 创建一个 Message 对象，并利用通道对象将其异步发送给服务。定义一个在通道发送完毕时可以调用的异步回调方法。

4b. 启动消息接收循环以监听从服务器推送过来的消息，并定义消息接收时可以调用的回调方法。

4c. 处理由服务器推送的数据，并将其派发给 Silverlight 用户界面以进行显示。

既然已经了解了基本的步骤，下面我们看看让整个过程工作的代码。下面的代码显示了一个名为 PushDataReceiver 的类，该类封装了工厂和通道类，并处理了所有的异步操作。该类允许一个 IProcessor 类型的对象作为参数传递给该类，此外该类还接受服务 URL、服务动作以及发送给服务的初始数据(如果有的话)作为参数。IProcessor 对象表示在本例中用于在用户界面上更新数据的实际 Silverlight 页面。当接收到数据时，Page 类的 ProcessData 方法将被调用。

```csharp
using System;
using System.Net;
using System.ServiceModel;
using System.ServiceModel.Channels;
using System.Threading;
using System.IO;
using System.Xml.Serialization;

namespace SilverlightPushClient
{
    public interface IProcessor
    {
        void ProcessData(object receivedData);
    }

    public class PushDataReceiver
    {
        SynchronizationContext _UiThread = null;
        public IProcessor Client { get; set; }
        public string ServiceUrl { get; set; }
        public string Action { get; set; }
        public string ActionData { get; set; }

        public PushDataReceiver(IProcessor client, string url, string
          action,string actionData)
        {
          Client = client;
          ServiceUrl = url;
```

```
  Action = action;
  ActionData = actionData;
  _UiThread = SynchronizationContext.Current;
}

public void Start()
{
    // Instantiate the binding and set the time-outs
    PollingDuplexHttpBinding binding =
      new PollingDuplexHttpBinding()
    {
        ReceiveTimeout = TimeSpan.FromSeconds(10),
        InactivityTimeout = TimeSpan.FromMinutes(1)
    };

    // Instantiate and open channel factory from binding
    IChannelFactory<IDuplexSessionChannel> factory =
      binding.BuildChannelFactory<IDuplexSessionChannel>(
        new BindingParameterCollection());

    IAsyncResult factoryOpenResult =
        factory.BeginOpen(new AsyncCallback(OnOpenCompleteFactory),
          factory);
    if (factoryOpenResult.CompletedSynchronously)
    {
        CompleteOpenFactory(factoryOpenResult);
    }
}

void OnOpenCompleteFactory(IAsyncResult result)
{
    if (result.CompletedSynchronously)
        return;
    else
        CompleteOpenFactory(result);
}

void CompleteOpenFactory(IAsyncResult result)
{
    IChannelFactory<IDuplexSessionChannel> factory =
        (IChannelFactory<IDuplexSessionChannel>)result.AsyncState;

    factory.EndOpen(result);

    // Factory is now open. Create and open a channel from channel
      factory.
    IDuplexSessionChannel channel =
        factory.CreateChannel(new EndpointAddress(ServiceUrl));

    IAsyncResult channelOpenResult =
```

```
            channel.BeginOpen(new AsyncCallback(OnOpenCompleteChannel),
                channel);
        if (channelOpenResult.CompletedSynchronously)
        {
            CompleteOpenChannel(channelOpenResult);
        }
    }

    void OnOpenCompleteChannel(IAsyncResult result)
    {
        if (result.CompletedSynchronously)
            return;
        else
            CompleteOpenChannel(result);
    }

    void CompleteOpenChannel(IAsyncResult result)
    {
        IDuplexSessionChannel channel =
          (IDuplexSessionChannel)result.AsyncState;

        channel.EndOpen(result);

        // Channel is now open. Send message
        Message message =
          Message.CreateMessage(channel.GetProperty<MessageVersion>(),
          Action , ActionData);
        IAsyncResult resultChannel =
          channel.BeginSend(message, new AsyncCallback(OnSend),
            channel);
        if (resultChannel.CompletedSynchronously)
        {
            CompleteOnSend(resultChannel);
        }

        //Start listening for callbacks from the service
        ReceiveLoop(channel);
    }

    void OnSend(IAsyncResult result)
    {
        if (result.CompletedSynchronously)
            return;
        else
            CompleteOnSend(result);
    }

    void CompleteOnSend(IAsyncResult result)
    {
        IDuplexSessionChannel channel =
```

```
        (IDuplexSessionChannel)result.AsyncState;
        channel.EndSend(result);
}

void ReceiveLoop(IDuplexSessionChannel channel)
{
    // Start listening for callbacks.
    IAsyncResult result = channel.BeginReceive(new
      AsyncCallback(OnReceiveComplete), channel);
    if (result.CompletedSynchronously) CompleteReceive(result);
}

void OnReceiveComplete(IAsyncResult result)
{
    if (result.CompletedSynchronously)
        return;
    else
        CompleteReceive(result);
}

void CompleteReceive(IAsyncResult result)
{
    //A callback was received so process data
    IDuplexSessionChannel channel =
      (IDuplexSessionChannel)result.AsyncState;

    try
    {
        Message receivedMessage = channel.EndReceive(result);

        // Show the service response in the UI.
        if (receivedMessage != null)
        {
            string text = receivedMessage.GetBody<string>();
            _UiThread.Post(Client.ProcessData, text);
        }

        ReceiveLoop(channel);
    }
    catch (CommunicationObjectFaultedException exp)
    {
        _UiThread.Post(delegate(object msg)
          {
              System.Windows.Browser.HtmlPage.Window.Alert(msg.
                ToSt ring());
          }, exp.Message);
    }
}

void OnCloseChannel(IAsyncResult result)
```

```
    {
        if (result.CompletedSynchronously)
            return;
        else
            CompleteCloseChannel(result);
    }

    void CompleteCloseChannel(IAsyncResult result)
    {
        IDuplexSessionChannel channel =
          (IDuplexSessionChannel)result.AsyncState;
        channel.EndClose(result);
    }
  }
}
```

当 PushDataReceiver 类的 Start 方法被 Silverlight 调用时，该方法创建一个通道工厂实例以用于创建一个通道实例。然后，前面所示的 CompleteOpenChannel 回调方法将向服务端点发送初始消息，并将需要发送的数据封装在一个 WCF Message 对象中。然后该消息数据将和在服务器上将被调用的正确的服务器动作一起发送。在初始化信息已经发送后，接收循环将启动(查看 ReceiveLoop 方法)，该循环监听服务器发送给客户端的任何消息，并对其进行相应的处理。一旦接收到某条消息，CompleteReceive 方法将被调用，并且消息数据将发回给 Silverlight Page 类来显示。

### 5. 用 XmlSerializer 类处理数据

前面所给出的 PushDataReceiver 类，将从服务器接收到的数据派发给 Silverlight Page 类实施处理。从服务器发送过来的数据是 XML 格式，在 Silverlight 中有多项技术可以对其进行处理，包括 XmlReader 类和 LINQ to XML 功能以及 XmlSerializer 类。这些技术在前面都已经讨论过。

在此所给出的例子将依赖于 XmlSerializer 类来处理数据，因为该类提供了一种简单的方法将 XML 数据映射为 CLR 类型，并且只需编写少量的代码。尽管可以手动创建 XML 数据将要映射到的 CLR 类，但是创建一个 XSD 模式，并利用.NET 的 xsd.exe 工具从该模式生成代码也非常好。xsd.exe 工具提供了一种简单的方式来实现从 XSD 模式生成 C#或者 VB.NET 代码，并且能够确保 XML 数据可以被成功地映射为相应的 CLR 类型属性。下面是使用该工具的一个例子：

```
xsd.exe /c /namespace:SomeNamespace Teams.xsd
```

下面的代码给出了一个利用 xsd.exe 生成 C#代码的 XSD 模式数据：

```
<?xml version="1.0" encoding="utf-16"?>
<xs:schema attributeFormDefault="unqualified" elementFormDefault=
  "qualified"
```

```
     xmlns:xs="http://www.w3.org/2001/XMLSchema">
   <xs:element name="Teams">
     <xs:complexType>
       <xs:sequence>
         <xs:element maxOccurs="unbounded" name="Team">
           <xs:complexType>
             <xs:sequence>
               <xs:element maxOccurs="unbounded" name="Player">
                 <xs:complexType>
                    <xs:attribute name="ID" type="xs:string"use="required" />
                    <xs:attribute name="Name" type="xs:string"
                      use="required" />
                 </xs:complexType>
               </xs:element>
             </xs:sequence>
             <xs:attribute name="Name" type="xs:string" use="required" />
           </xs:complexType>
         </xs:element>
       </xs:sequence>
     </xs:complexType>
   </xs:element>
</xs:schema>
```

　　如果使用 xsd.exe 工具来生成将在 Silverlight 客户端中使用的类，那么必须从自动生成的代码中移除一些不编译的代码行。xsd.exe 工具所生成的代码是为了在完整版本的.NET Framework 上运行的，但是稍加修改就可以在 Silverligght 中应用这些代码，只要简单地从自动生成的代码中移除一些编译器认为不合法的名称空间和属性即可。

　　一旦 Silverlight 客户端接收到来自 WCF 轮询双向服务的数据，那么在该示例应用程序中数据将被一个名为 ProcessData 的方法实施处理(该方法将被 PushDataReceiver 类调用)。ProcessData 使用 XmlSerializer 类来将 XML 数据反序列化成自定义的 Teams 和 ScoreData 对象。Teams 类和 ScoreData 类均是利用上面提到的 xsd.exe 工具从 XSD 模式数据中生成的。

```
public void ProcessData(object receivedData)
{
    StringReader sr = null;
    try
    {
        string data = (string)receivedData;
        sr = new StringReader(data);
        //Get initial team data
        if (_Teams == null && data.Contains("Teams"))
        {
            XmlSerializer xs = new XmlSerializer(typeof(Teams));
            _Teams = (Teams)xs.Deserialize(sr);
            UpdateBoard();
```

```
        }

        //Get updated score data
        if (data.Contains("ScoreData"))
        {
            XmlSerializer xs = new XmlSerializer(typeof(ScoreData));
            ScoreData scoreData = (ScoreData)xs.Deserialize(sr);
            //ScoreDataHandler handler = new ScoreDataHandler
              (UpdateScoreData);
            //this.Dispatcher.BeginInvoke(handler, new object[]
              { scoreData });
            UpdateScoreData(scoreData);
        }
    }
    catch { }
    finally
    {
        if (sr != null) sr.Close();
    }
}
```

当各队数据和比分数据从服务器推送到客户端时，数据将在 Silverlight 界面上更新，如图 9-7 所示。

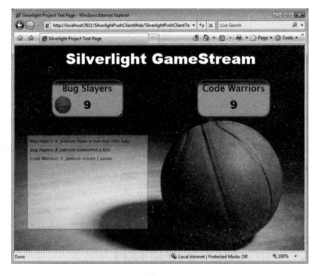

图 9-7

# 9.6 小结

Silverlight 提供了多种方法来请求、接收和处理来自远程服务和 Web 站点的数据。本章介绍了如何使用 Silverlight 通过代理对象来调用 WCF Web 服务和 ASP.NET Web 服务，以及诸如 WebClient 和 HttpWebRequest 之类的类如何用于请求来源于 REST 服务的数据。通过利用这些类和相关的辅助类，可以从那些在相应的地方具有合适的跨域策略文件的服务中检索数据。

本章还涵盖了将 XML 和 JSON 数据转换成 CLR 对象的各种不同策略。通过使用诸如 XmlReader 之类的类，可以完全控制 XML 数据如何映射为对象。当 XML 数据和自定义的类完全匹配时，可以使用 XmlSerializer 类来将 XML 数据反序列化为对象，并且仅需很小的代价和少量的编码。LINQ to XML 功能也可以用于以一种更灵活的方式解析 XML 数据。除了 XML 解析方法以外，DataContractJsonSerializer 类也可以用于将 JSON 消息反序列化为 CLR 对象。

本章的最后部分讨论了聚合源类如何用于解析 RSS 和 ATOM 源，以及套接字和 HTTP 轮询双向技术如何用于将数据从服务推送到某个客户端。通过学习利用 Silverlight 中各种网络和解析类，将可以在应用程序中集成来源于不同位置的数据。

# 处 理 数 据

当逐步深入 Silverlight 体系结构时，可以看到该模型的一个重要部分是数据框架。该领域是 ASP.NET 开发领域中最常用的领域之一，也是服务器和智能客户端开发过程中最常用的领域之一。ADO.NET 已经成为了开发人员的宝贵财富，因为它真正转变了数据访问编程模型，并添加了大量功能丰富的组件和数据类型，以帮助减少开发和测试应用程序的时间。由于该数据框架是完整.NET 实现的一个子集，因此在使用 Silverlight 时，需要知道可以使用哪些功能，以及为了实现目标可以利用哪个功能。

本章给出了在 Silverlight 应用程序中操作来自服务器的数据的多种不同方法，并给出了保存和缓存结果的相关考虑以及最好的一些实现方法。另外，本章还描述了 Data Services(Astoria 项目)。该服务将真正有助于将业务应用程序的生命线扩展到一些如 Silverlight 的新范例中。

在掌握了如何检索和保存来自不同库中的数据后，为实现模型和视图之间清晰的分离，需要研究不同的方法以将数据绑定到 XAML 对象。本章涵盖了多个用于表示数据以及和数据交互所需要的不同控件和技术，包括对依赖属性的使用。

由于 Silverlight 团队一直遵从关于查询语言的新思想，因此本章还介绍了 Silverlight 领域中的 LINQ 实现，并提供了多个例子以帮助理解该功能的最佳实现方法。

最后，本章将总结验证数据的各种不同方法。正如您所见，本章将是非常有趣的一章，而且将来可能还会回过头来阅读，因为处理数据是 Silverlight 梦想的基础部分。

## 10.1 数据框架

为了真正理解数据在 Silverlight 中如何操作，本节将分析组成数据框架的不同名称空间和程序集。本节的主要思想是帮助可视化地理解 Silverlight 所包含的数据场景，从而将它和已经掌握的 ASP.NET 中的数据技术进行比较。

在这方面，Silverlight 和其他技术不同之处在于它没有使用 DataSet 功能：它没有包含 System.Data，也没有包含包括针对 SQL Server、Oracle 或者其他 ODBC 资源客户端功能的名称空间的子集。这些不同的主要原因是执行该应用程序的场景：没有本地数据库，并且将要使用的信息主要来自服务或者实际上是由 XAP 包部署的。

在图 10-1 中，我们可以看到传统的 ASP.NET 应用程序使用服务器端的数据框架，而且不和客户端发生任何交互。相反，在 Silverlight 环境中，对客户端数据框架的部分支持扩展了该框架的功能，但不影响服务器端的功能。ASP.NET 使用了基于服务器的数据支持，而 Silverlight 则使用了服务器支持和客户端支持。

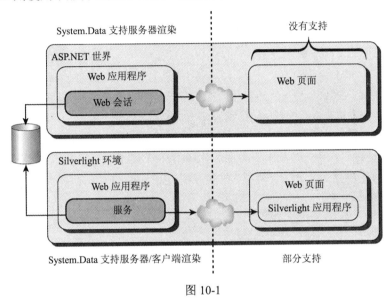

图 10-1

在 ASP.NET 环境下，由于渲染是在服务器上执行的，因此数据检索操作可以访问全部的 System.Data 名称空间和所有的子集名称空间。浏览器仅仅是显示检索得到的信息而已，这使得在 Web 环境下各个组件执行哪些过程具有明显的区分。Silverlight 运行在客户端，这就意味着服务器的角色可能发生变化，因为为了由客户端应用程序实施渲染，服务器必须提供某种不同格式的数据。这种对客户端的依赖导致了格式、操作以及表示的限制。由于由客户端负责执行处理数据和实施渲染，因此很多情况下可以在服务端欺骗该模型以在服务器层检索数据并对其实施处理，然后将格式化的 XAML 数据发送给 Silverlight 应用程序以实施渲染。将这两个环境分离，真正扩展了当前在 ASP.NET 开发中可能执行的功能。

也可以在 ASP.NET 中利用 JavaScript 和其他语言来处理数据，但是本章主要集中讨论在 Silverlight 以及非托管环境下不可用的.NET 类库。

### 10.1.1　探索名称空间

当本书的作者之一 Salvador 还是小男孩时，他就对事物如何运行充满了无限的兴趣。如果您正在阅读本书，我敢保证您也曾经拆开过收音机或者计算机，而仅仅是为了看看这些东西是如何组装到一起的。同样，仅仅为了查看 Silverlight 是如何组合到一起的，本节将研究包含在 Silverlight 包中的不同名称空间，并和完整.NET 实现中的名称空间做了一些比较。因此，在将来不能确定 Silverlight 是否支持某功能时，可以再回到本节以查看

Silverlight 所包含的程序集。

### 1. XML 名称空间

Silverlight 数据基本上都是利用 XML 进行建模和处理的。不管是否喜欢它，XML 是当前应用程序中最流行的一个模型。前面的章节均使用了 XML 来展示例子，但是在本章中，我们将深入研究 Silverlight 包含什么、不包含什么，以及 Silverlight 所独有的一些新功能。

System.XML 名称空间还未完全被移植。因此，为了易于理解，我们来回顾一下该名称空间做了哪些改变以及添加了哪些新的内容——可以假定，在本节中不包含的类型和对象就没有被移植到 Silverlight 中。不要担心是否能够理解本节的全部概念，因为，本章的后续部分将用一些例子来描述完全的 XML 数据支持。但是，即使已经很熟悉 XML，还是会发现这个简单的介绍可能非常有用。

该名称空间中的主要对象是 XmlReader 和 XmlWriter。这两个对象，再加上实例创建器所使用的用于设置属性的相关对象一起，组成了该名称空间的核心。XmlResolver 和 XmlConvert 类将帮助操作属性。此外，该名称空间还支持 XMLSchema 和 XML 序列化。如果已经阅读过第 9 章的通信技术，那么应该对序列化功能有了一定的研究。

需要牢记以下儿方面功能的改变：

- XmlResolver——用于利用 URI 来解析 XML 资源。Silverlight 提供了一个新的名为 SupportsType 的方法，以返回.NET 全部实现所支持的 Stream 以及其他一些类型。
- XmlReaderSettings——该对象支持 XMLReader。在 Silverlight 2 中，ProhibitDTD 属性已经被删除了，相反 Silverlight 使用了 DtdProcessing 类型，该类型展示了 Prohibit、Ignore 和 Parse 枚举值，并且默认设置为 DtdProcessing.Prohibit。该属性能够使用 Ignore 枚举值来忽略 DOCTYPE。
- Xml.Linq——Silverlight 增加了许多新的成员来处理在 Silverlight 中配备的 Linq to XML 版本——例如，许多 Save()命令已经变成了使用流作为参数而不是文件路径。

Silverlight 实现中包含了以下的对象以支持特定的功能：

- XmlPreloadedResolver——位于 Resolver 名称空间。当不期望执行网络调用而使用缓存时，将使用该类型。当前的实现包含 XHTML 1.0 和 RSS 0.91 DTD。
- XmlXapResolver——该解析器是 Silverlight 中最常用的解析器之一，因为它将帮助解析位于应用程序中的 XAP 包中的资源。

### 2. 序列化名称空间

关于序列化，我们想强调一个比较有趣的领域，即对数据合同序列化的支持。该支持将用于反序列化使用 DataContract 特性的类实例，多数是在和服务实施交互时使用。

### 3. 数据控件名称空间

除了 Silverlight 所提供的用于处理数据的程序集和名称空间外，Silverlight 还提供了相应的数据表示控件，可以利用这些控件来渲染信息并执行自动绑定，因此了解这些控件的存在将非常重要。

很多人认为 Silverlight 控件过于简单，或者说对于一些正式的应用程序而言不够好。实际上，很多微软公司的合作者已经为 Silverlight 2 开发了可以提供丰富用户体验的控件。微软公司的业务不是提供各种各样的控件以解决所有的业务问题。他们仅仅是提供了一项技术，以允许开发人员在扩展基本控件时可以充分发挥其创造性。

说了这么多，在这一章将重点讨论两个主要控件——第一个是 DataGrid 控件，另外一个是 ListBox 控件。

### 4. LINQ 名称空间

最后但同样重要的是，Silverlight 在 LINQ 名称空间中对 LINQ 功能提供了广泛的支持。System.Linq 名称空间包含了集成语言查询的基本类，从而允许在 Silverlight 应用程序中使用 LINQ 来查询对象。

System.Xml.Linq 名称空间中也实现了利用 LINQ 来查询 XML。可能会在 Web 上发现到 XLINQ 的引用。多数功能已经从完整.NET 实现中移植过来了，但以下功能除外：

- Extensions——该名称空间不包含支持 DOM(XML 文档对象模型)和 System.Xml 中模式功能的该桥接类。
- XSLT(Extensible Stylesheet Language Transformation)——该可扩展的样式表语言转换功能还未移植到 Silverlight。

## 10.1.2  其他方式

在阅读完前面一节后，可能会问只有这么少的选项，那么可以用 Silverlight 来干什么呢？实际上，在此列出的名称空间仅仅是 Silverlight 插件所直接提供的一些功能。如果不喜欢 XML，那么可以使用一般的.NET 数据结构和类型来接收和渲染信息。在此，我们的主要目的是说明，在已经熟悉这些名称空间的情况下 Silverlight 包含了哪些内容。

记住，可以利用自定义的 DLL 通过扩展现有的数据容器，来创建 Silverlight 应用程序可以理解的自定义数据容器。通过浏览开发社团和访问诸如 www.codeplex.com、www.codeproject.com 等之类的开源库，可以找到一些不同的辅助类。图 10-2 显示了 Silverlight 应用程序如何使用自定义格式。

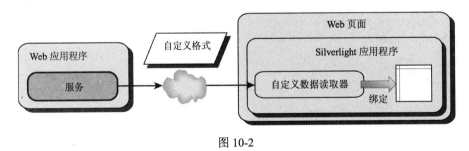

图 10-2

Silverlight 的一个主要设计目标是让插件尽可能的小，这就意味着开发团队仅仅在 Silverlight 中包含了能够方便地移植到其他平台的基本内容。XML 是很多开发人员和平台所支持的开放标准，因此它是自然的选择。除此之外，为了探索 Silverlight 的丰富性，我们将回顾一些其他思想，不仅仅是和数据库以及文件交互，还包含了和本地资源以及存储交互。

本书到现在为止，已经介绍了各种不同的技术和功能。我们将把这些技术和功能组合在一起，以帮助构建针对特定商务应用程序的真正扩展，或者仅仅是一个最酷的 Silverlight 应用程序，因为最终它肯定不会是一个烦人的应用程序！

## 10.2 数据绑定之要素

为理解如何处理数据，学习和回顾一下 Silverlight 如何处理数据绑定将是很有趣的一件事。数据绑定技术提供了显示数据以及和数据交互的能力，并完全地分离了模型和视图。这就意味着开发人员和设计人员可以完全独立地工作，而不用担心会打破屏幕和应用程序之间的交互。

数据绑定已经存在了很长时间——老实说，在这个产业中工作了这么多年，我们已经看到了开发人员对该技术的各种不同反应。有一些开发人员使用了该模型，并且是过度使用了，而另外一些则仍然利用代码将数据和用户界面控件相链接，因为他们想更多地控制应用程序的表示。以前的绑定模型的主要问题是，代码和用户界面仍然有紧密耦合，从而破坏了模型的独立性。研究人员开发了很多模式来解决这个问题，如模型-视图-控制器(MVC)模式和模型-视图-呈现器(MVP)模式。但是有一些架构师和开发人员仍然看到了实现这些模式所需要的许多重新研究的内容。

Windows Presentation Foundation 设计时就采用这种分离的思想。因此微软公司发布了各种不同的开发环境包，如针对开发人员的 Visual Studio 和针对设计人员的 Expression Suite。其思想是各个团队均独立开发，而仅仅是在目标属性名上达成一致即可，并且如果属性名发生变化，设计人员或者集成人员均可方便地修改这些属性。

这并不是说，使用数据绑定是链接数据和用户界面控件的唯一方法。仍然可以通过控件名来调用控件，但是必须认识到，您正在耦合条目。由于现在正在学习一项新技术，所以这可能是放弃一些旧习惯并探索数据绑定能力的好时机。

### 10.2.1 绑定的基础

在本章的目前阶段，可能对绑定在整个系统中如何发挥作用有了一个初步的了解。下面我们将深入分析 Silverlight 中的绑定，理解绑定是什么、如何实现绑定以及如何最好地掌握绑定。

简而言之，数据绑定(data binding)就是用户界面和业务对象之间的连接，它允许数据从一个部分流动到另外一个部分。图 10-3 给出了绑定概念的一个图形化表示。

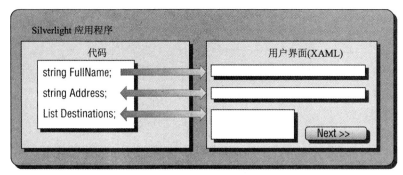

图 10-3

在图 10-3 中，不同类型的箭头表示数据流如何工作。如果需要，它们可以独立地进行赋值，但是在此仅仅为了继续演示绑定，我们检查一下为了链接到对象 XAML 进行了怎样的修改：

本章给出的所有源代码，均可以在 Wrox Web 站点上发布的第 10 章样本代码中找到。

```
<TextBox Height="19"
        Margin="82,47,8,0"
        VerticalAlignment="Top"
        FontFamily="Verdana"
        FontSize="12"
        FontStyle="Italic"
        Foreground="#FFF94806"
        Text="{Binding FullName}"
        TextWrapping="Wrap"
        d:LayoutOverrides="Height"
        x:Name="txtFullName"/>
```

注意为了将 Text 属性绑定到 FullName 属性(该属性默认为路径)，该属性进行了怎么样的修改。现在，如果隐藏代码改变如下：

```
public class BindingSimpleModel
{
    public string FullName
    {
        get { return fullName; }
        set { this.fullName = value; }
    }
}

private BindingSimpleModel model = new BindingSimpleModel();

private void InitBindings()
{
    // we set the name using our model
    model.FullName = "John Doe";
```

```
        // we define the context
        txtFullName.DataContext = model;
    }
```

当执行该代码时，XAML 控件 TextBox 的 Text 属性将根据在代码中设置的内容进行改变。在本例中，我们使用了一个包含 FullName 属性的结构，并设置了该属性的值，然后定义了到目标控件的绑定语境。这帮助我们引入了 DataContext 属性，该功能允许元素获取在绑定操作中所使用的数据源的更多信息。此外，DataContext 属性实际上是一个可绑定的属性。当绑定语境绑定到一个父语境时，它将简化场景。这就意味着如果在网格中设定了该 DataContext，那么该对象可以由其所有的子 UIElements 使用。

当运行该代码时，"txtFullName"文本框将在屏幕上显示 John Doe。

为了完全和代码解耦，也可以利用 XAML 代码来设置绑定语境，就像可以利用其他 XAML 对象在隐藏代码之外绑定属性一样：

```
<Grid.DataContext>

    <!--You can define your data context here, for example a binding - ->
    <Binding/>

</Grid.DataContext>
```

在本章的后面部分，我们将在一个真实的例子中研究这些概念。但是，如果仅仅是想通过浏览本书来寻找一个绑定对象的快速方法，那么应该去查询一些其他书籍。但是，如果想探索数据绑定的不同选项，并自定义绑定如何工作，那么就应该继续阅读本书的其余部分，因为我们将深入该体系结构，并深入分析绑定模型的工作原理。

### 1. 体系结构

既然已经看到了基本的绑定如何工作，那么研究绑定背后的工作原理将帮助更深入理解绑定各部分。由于绑定是独立定义并赋给某个用户界面对象的，所以我们需要研究的第一件事就是绑定所涉及的不同部分。在前面的简单例子中，我们使用了默认的绑定，该绑定是在 XAML 代码中用 "{Binding}" 语句创建的。该方法虽然简单，但是非常有效，而且该方法可以通过配置和自定义来改进用户体验。图 10-4 给出了绑定体系结构。

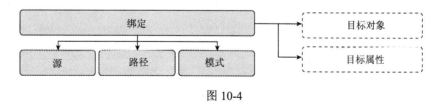

图 10-4

我们分析一下绑定的各个组件以便在大脑中构建绑定的完整印象：

- Binding——该对象是父对象，负责定义绑定，并基于参数设置执行所有的绑定和通告。

- Source——该属性定义了内容位于何处。例如在前面的样本代码中，Source 就是 BindingSimpleModel 结构实例。(注意，尽管我们使用了 CLR 对象，但是该源可以是静态资源。)正如我们所看见的，可以使用 DataContext 来获取或者设置源。
- Path——路径是源的属性名。在前面的例子中，Path 是 FullName 属性。由于源可以包含多个其他的属性，因此定义我们将要使用哪个属性非常重要。
- Model——模式将定义绑定如何工作。在 Silverlight 中，模式可以是 OneWay、OneTime 或者 TwoWay。该属性表示数据如何在源和目标之间流动。这些选项将在本节的稍后详细解释。
- **目标对象**——一旦绑定对象已经创建，那么需要一个目标对象来创建目的连接。该对象通常是一个将用于表示信息的 UIElement 对象。记住，一个单独的绑定对象可以有多个目标，因为它们之间是彼此独立的。
- **目标属性**——该属性是将在目标对象中用于表示数据的属性。注意，目标属性必须是一个依赖属性，但是不必过于担心该约束，因为 UIElement 的大部分属性均已经是依赖属性。在本例中，目标属性是 TextBox 对象的 Text 属性。

正如所见，这些属性了解起来并不困难。但是当我们引入不同的方法来实现相同的目标时，问题就变得复杂了。引入这些不同方法背后的原因，是为了支持 WPF 和 Silverlight 所提供的灵活性，即既可以在隐藏代码中定义绑定，也可以使用 XAML 代码定义绑定，甚至是两者混合使用。

### 2. 数据流

在构建源和目标之间数据流的体系结构时，可能想自定义数据如何在点到点之间转换。前面图 10-3 中的箭头有多个不同的方向。数据流的方向是由绑定模式定义的。Silverlight 中的 WFP 实现，仅仅支持完整.NET 实现中所支持的四种模式中的三种：OneWay、TwoWay 和 OneTime。缺少的那一种是 OneWayToSource，该模式和 OneWay 相反，但是仍然可以用 TwoWay 模式来模拟该功能。

- OneWay——在这种绑定模式中，数据仅仅从源属性流到目标对象的依赖属性。这就意味着任何模型中的改变都将转换到视图，但是在用户界面控件上的改变不会传播到源。例如，如果正在绑定某个控件的背景色，那么就不需要将改变往回传输，因为用户可能不能改变控件的背景色。

```
Binding CustomBinding = new Binding();
CustomBinding.Mode = BindingMode.OneWay;
```

- TwoWay——利用这种模式，源和目标之间可以经常实施同步。这就意味着如果改变源对象的属性值，那么它将同时转换为目标的依赖属性。如果用户改变了用户界面控件的内容，或者其他的自定义代码，那么该改变将会发送回给源属性。当应用程序想从表单中捕获相应的值时，这种模式非常有用。

```
Binding CustomBinding = new Binding();
CustomBinding.Mode = BindingMode.TwoWay;
```

- OneTime——这是最简单也是最方便的配置。一次性绑定仅仅在数据语境或者绑定初始化时把数据从绑定源发送到目标依赖属性一次。除此之外，在任何方向上都不会有任何记录，这使得该方法比其他方法更加快速，因为该方法实现了较小的开销。

```
Binding CustomBinding = new Binding();
CustomBinding.Mode = BindingMode.OneTime;
```

您可能会问 OneWay 和 TwoWay 模型现在实际上是如何将它们在属性上的改变来回传递的。实现这一点需要在源对象中实现 INotifyPropertyChanged 接口，因为依赖属性将会订阅 PropertyChanged 事件。有一点需要强调，即该实现必须手动完成，因为可以改变事件触发的时间。

```
public class BindingSimpleModel : INotifyPropertyChanged
{
    public event PropertyChangedEventHandler PropertyChanged;

    private string fullName;

    public string FullName
    {
        get
        {
            return fullName;
        }
        set
        {
            this.fullName = value;

            // Notifies the change
            OnPropertyChanged("FullName");
        }
    }
    /// <summary>
    /// Notifies when a property is changed
    /// </summary>
    /// <param name="property">property name</param>
    private void OnPropertyChanged(string property)
    {
        if (PropertyChanged != null)
        {
            PropertyChanged(this,
                new PropertyChangedEventArgs(property));
        }
    }
}
```

注意，我们使用了明确的属性名。在内部，这将使用 PropertyPath 访问绑定的路径(path)。目标到属性源的数据流动将自动进行。如果有了前面关于 WPF 的经验，并已经使用了 UpdateSourceTrigger 属性来改变流动行为，那么应该知道 Silverlight 2 不支持 UpdateSource Trigger 属性。

```
<TextBox Height="19"
        Margin="82,47,8,0"
        VerticalAlignment="Top"
        FontFamily="Verdana"
        FontSize="12"
        FontStyle="Italic"
        Foreground="#FFF94806"
        Text="{Binding Path=FullName, Mode=TwoWay}"
        TextWrapping="Wrap"
        d:LayoutOverrides="Height"
        x:Name="txtFullName"/>
```

在前面的代码片段中可以看到，还可以利用 XAML 来定义绑定模式。

记住，如果源对象并没有实现 INotifyPropertyChanged 接口，那么它将执行 OneTime 绑定，而不管选择了何种模式。

## 10.2.2　实践中的绑定

为了探讨定义和控制绑定的不同方法，我们将使用机票预定的例子。表单非常简单：它有一个文本框可以输入全名，有一个框用于选择目的地，还有一个复选框用于检查旅客是否需要签证。该样例看上去如图 10-5 所示。

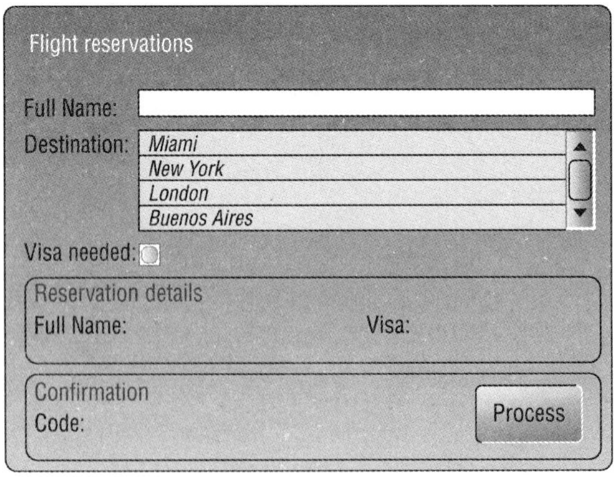

图 10-5

为了理解用于建立绑定过程的不同方法，我们将在这个例子中混合多种不同的技术。可以为特定的项目选择最好的方法。但是本章的思想是，尽可能多展示一些例子，这样就可以在下次需要记住绑定语法时参看本章。

　　针对将要解析的各种不同模型，我们采用了相同的模式，这将帮助我们使用所有不同的模式。一旦掌握了基本的绑定模式，那么当我们学习复杂绑定时可以扩展这些绑定方法。图 10-6 演示了基本的数据流。

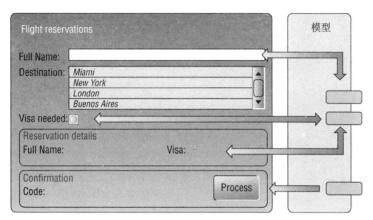

图 10-6

　　全名将首先由模型流动到用户界面，但是当名改变时，它将通过源对象拷贝到预留面板的全名字段。针对签证选项，具有相同的逻辑。最后，当 Process 按钮被单击时，应用程序将在模型层生成一个新的预留代码，该代码将流到用户界面。

　　**在 Silverlight 2 中，不能直接将一个 UIElement 元素绑定到另外一个 UIElement 元素。为了实现该功能，需要使用 CLR 对象源作为桥。**

　　为了包含其他的参数，我们将使用在本章前面所给出的模型的扩展版本。该模型如下所示：

```
public class BindingModel : INotifyPropertyChanged
{
    public event PropertyChangedEventHandler PropertyChanged;

    private string fullName;
    private bool visaRequired;
    private string code;

    public bool VisaRequired
    {
        get { return this.visaRequired; }
        set
        {
            this.visaRequired = value;

            OnPropertyChanged("VisaRequired");
        }
    }
```

```
public string Code
{
        get { return this.code; }
        set
        {
                this.code = value;
                OnPropertyChanged("Code");
        }
}

public string FullName
{
    Get         {return this.fullName;}
    set
    {
            this.fullName = value;
            OnPropertyChanged("FullName");
    }
}

private void OnPropertyChanged(string property)
{
    if (PropertyChanged != null)
    {
            PropertyChanged(this,
                    new PropertyChangedEventArgs(property));
    }
}
}
```

注意，在互联网上的很多例子中，事件在值改变之前就产生，这是不正确的。为了反映改变，应该首先设置相应的值，然后通知属性发生了改变。

### 1. 隐藏代码绑定

隐藏代码绑定(Code-behind binding)表示的是一个特定的绑定模型，其中所有设置都在托管代码中执行而不是在 XAML 代码中执行。这样您就具有最大的自由度，可以不管设计人员用 XAML 代码执行了哪些设置。在此，唯一重要的信息就是 UIElement 控件的名称和类型。有了这些信息，就可以执行数据绑定了。

在查看完整的源代码之前，我们首先来研究一下如何使用隐藏代码来创建绑定。首先需要的是一个 Binding 对象，可以创建一个实例，然后设置在 10.2.1 小节的"体系结构"中研究过的相关属性：

```
Binding MyBinding = new Binding();

// The model will be the object that contains the properties, in this case
```

```
is the
// model instance
FullNameBinding.Source = model;

// We define the path, in other words, the name of the property
FullNameBinding.Path = new PropertyPath("FullName");

// Finally we set up the data flow mode
FullNameBinding.Mode = BindingMode.TwoWay;

// Once we have the binding, we can associate the same binding to one or
   multiple
// targets as well as the property target.
txtFullName.SetBinding(TextBox.TextProperty, FullNameBinding);
```

SetBinding 方法将绑定赋予了目标对象。该方法需要两个参数：一个是将设置为目标属性的依赖属性，另一个则是包含源信息的绑定。

```
public partial class BindingCodeBehind : UserControl
{
    // This is just a structure that contains the FullName property
    private BindingModel model = new BindingModel();

    private void InitFullNameBinding()
    {
        Binding FullNameBinding = new Binding();

        // Full name (two way binding)
        FullNameBinding.Source = model;
        FullNameBinding.Path = new PropertyPath("FullName");
        FullNameBinding.Mode = BindingMode.TwoWay;

        // we manually set the binding
        txtFullName.SetBinding(TextBox.TextProperty, FullNameBinding);

        // Confirmation binding
        Binding DuplicateFullNameBinding = new Binding();

        // The source copies the content
        DuplicateFullNameBinding.Mode = BindingMode.OneWay;
        DuplicateFullNameBinding.Source = model;
        DuplicateFullNameBinding.Path = new PropertyPath("FullName");

        lblReservationDetails.SetBinding(TextBlock.TextProperty,
                DuplicateFullNameBinding);
    }

    private void InitVisaBinding()
    {
        // we initialize the binding with the path
```

```
        Binding VisaBinding = new Binding("VisaRequired");

        // visa name (one way binding)
        VisaBinding.Source = model;
        VisaBinding.Mode = BindingMode.TwoWay;

        // we re-use the binding
        lblResVidaDetails.SetBinding(TextBlock.TextProperty,
          VisaBinding);
        chkVisa.SetBinding(CheckBox.IsCheckedProperty,
          VisaBinding);
    }

    private void InitCodeBinding()
    {
        // we initialize the binding with the path
        Binding CodeBinding = new Binding("Code");

        // visa name (one way binding)
        CodeBinding.Source = model;
        CodeBinding.Mode = BindingMode.OneWay;

        // we manually set the binding
        lblConDetails.SetBinding(TextBlock.TextProperty,
          CodeBinding);
    }

    public BindingCodeBehind()
    {
        InitializeComponent();

        // Initializes the bindings
        InitFullNameBinding();
        InitVisaBinding();
        InitCodeBinding();
    }

    private void cmdProcess_Click(object sender, RoutedEventArgs e)
    {
        Random Rnd = new Random();
        model.Code = Rnd.Next(1000, 9999).ToString();
    }
}
```

本例将演示绑定如何在一个双向的模型中运行，以及如何将内容拷贝到另一个 UIelement。这种技术也称为桥(bridging)。此外，Visa 绑定还在两个不同控件中实施了重用。复选框的输出仅仅渲染了 Boolean 值，但是在本章稍后，将看到在绑定操作中如何能够添加转换。

正如所见，所有的绑定均是在不使用 XAML 代码的情况下建立的，而唯一需要知道的就是控件名。当和设计人员一起合作时，这也就是需要考虑的。

使用 DataContext

本章的第一个例子使用了 DataContext 属性来设置绑定源。现在我们将研究该对象带来的所有优点。为了使用相同的绑定源，DataContext 允许使用继承，这就意味着单一的数据可以在不进行指定的情况下由多个子对象使用。可以修改前面的例子以在网格层加上数据上下文，如下所示：

```
private void InitContext()
{
        MainGrid.DataContext = model;
}

private void InitVisaBinding()
{
    // we initialize the binding with the path
    Binding VisaBinding = new Binding("VisaRequired");

    // visa name (one way binding)
    VisaBinding.Mode = BindingMode.TwoWay;

    // we re-use the binding
    lblResVidaDetails.SetBinding(TextBlock.TextProperty,
      VisaBinding);
    chkVisa.SetBinding(CheckBox.IsCheckedProperty, VisaBinding);
}
```

在本例中，MainGrid 对象是组织所有对象的网格，这就意味着它是目标对象的父元素。注意，我们并未在绑定中设定该源属性。现在，该功能可能看起来并不是特别有用。但是当在使用 XAML 的例子以及混合使用 XAML 和隐藏代码的例子中使用该功能时，该功能将非常有用。

### 2. XAML 绑定

本节将利用相同的例子，但是却使用 XAML 代码。需要解决的第一件事就是在 XAML 环境下引用模型对象。为了实现这一点，需要为用户控件添加一个新的名称空间。可以使用 xmlns 命令来完成该操作。在本例中，该名称空间项为"MySource"。

一旦具有了该名称空间，那么就可以在 XAML 代码中引用对象了。由于 Silverlight 中的标记扩展仅仅允许引用 StaticResources，因此需要将这些对象添加到用户控件资源列表中。(注意，如果需要，该资源可以驻留在另外一个对象内。)有了该引用，就可以为各个键和属性赋予相应的初始化值。在本例中，我们利用"Hello from XAML"项对其进行了初始化。

```
<UserControl
   x:Class="Chapter10.Controls.BindingFromXAML"
```

```xml
      xmlns="http://schemas.microsoft.com/winfx/2006/xaml/presentation"
      xmlns:x="http://schemas.microsoft.com/winfx/2006/xaml"
      Width="400" Height="300"
      xmlns:d="http://schemas.microsoft.com/expression/blend/2008"
      xmlns:mc="http://schemas.openxmlformats.org/markup-compatibility/2006"
      mc:Ignorable="d"
      xmlns:MySource="clr-namespace:Chapter10.Controls">

  <UserControl.Resources>
        <MySource:BindingModel x:Key="Model" FullName="Hello from XAML!" />
  </UserControl.Resources>

  <Grid x:Name="LayoutRoot">

      <!--- … Design entries removed for simplicity … -->

      <!-- Full Name-->
      <TextBox Height="19"
          Margin="82,47,8,0"
          VerticalAlignment="Top"
          FontFamily="Verdana"
          FontSize="12"
          FontStyle="Italic"
          Foreground="#FFF94806"
          TextWrapping="Wrap"
          Text="{Binding Source={StaticResource Model},
                                  Path=FullName, Mode=TwoWay}"
          d:LayoutOverrides="Height"
          x:Name="txtFullName"/>


      <!-- Visa checkbox -->
      <CheckBox HorizontalAlignment="Left"
          Margin="82,139,0,121"
          x:Name="chkVisa"
          Width="21.778"
          Content="CheckBox"
          d:LayoutOverrides="Width"
          IsChecked="{Binding Source={StaticResource Model},
                                  Path=VisaRequired, Mode=TwoWay}"/>
      <!-- Processing Button -->
      <Button Height="35.111" HorizontalAlignment="Right" Margin=
        "0,0,19,15"
          x:Name="cmdProcess" VerticalAlignment="Bottom" Width="66.667"
          Content="Process" Click="cmdProcess_Click"/>

      <!-- Reservation labels -->
      <TextBlock Height="19.555"
          HorizontalAlignment="Stretch"
          Margin="85,0,157,78"
```

```
                VerticalAlignment="Bottom"
                FontSize="12"
                Text="{Binding Source={StaticResource Model},
                                     Path=FullName, Mode=OneWay}"
                TextWrapping="Wrap"
                x:Name="lblReservationDetails"
                d:LayoutOverrides="Height"/>

        <TextBlock Height="19.555"
                HorizontalAlignment="Right"
                Margin="0,0,19,78"
                VerticalAlignment="Bottom"
                FontSize="12"
                Text="{Binding Source={StaticResource Model},
                                     Path=VisaRequired, Mode=OneWay}"
                TextWrapping="Wrap"
                x:Name="lblResVidaDetails"
                d:LayoutOverrides="Width, Height"
                Width="94.073"/>

        <!-- Confirmation labels -->
        <TextBlock Height="19.555" HorizontalAlignment="Stretch"
                Margin="82,0,99,19" VerticalAlignment="Bottom" FontSize="12"
                Text="" TextWrapping="Wrap" x:Name="lblConDetails"
                d:LayoutOverrides="Height" />
    </Grid>
</UserControl>
```

当需要绑定到目标属性时，仅仅需要包含"{Binding}"项就可以了，而且还可以设置初始化属性。在此的主要不同就是资源——由于资源位于资源层，因此需要把它当成一个正常的资源访问。另外几个参数应该比较熟悉。Path 引用了源属性，而 Mode 则用于指定数据流的方向。

> 在 Silverlight 2 中，在调用 StaticResource 命令之前定义资源是非常重要的。因为如果资源在方法调用之后再定义，它就不能正常工作。这有点类似于旧的 C 时代，所有的定义必须在调用之前定义。

使用 DataContext

DataContext 又如何呢？仍然可以像在隐藏代码中所使用的方法一样，利用 XAML 代码定义 DataContext。可以利用一个数据语境来改变 XAML 代码并设置父对象，并且也可以从绑定中移除该源参数。

```
<Grid.DataContext>
    <Binding Source ="{StaticResource Model}"/>
</Grid.DataContext>
```

### 3. 混合绑定

既然已经完全理解了如何使用托管代码和 XAML 代码来声明绑定，那么可以试试在同一个应用程序中混合使用这些技术。由于前面的例子并不是排他性的，因此可以利用 XAML 来定义绑定路径而用隐藏代码来定义 DataContext。实际上，这种类型的实现是非常普遍的。

记住，可以用部分信息定义绑定。这样并不会触发错误，因为绑定引擎将负责定位缺失的参数，其中的主要原因是可以从父元素继承这些信息。

这些实现普遍存在的另外一个主要原因，是因为许多架构师和开发人员倾向于在托管代码层处理源对象实例，以在执行绑定之前对源填入相应的内容并对其进行验证。如果源包含了表示控件的所有参数，那么仅仅需要在父层次上定义语境即可。这将减少将源赋给各个绑定的额外开销，因为它仅仅反射一次就可以加载内容。

> 您可能知道，绑定可能会使用 .NET 的反射机制来发现对象结构。该主题将在 10.2.5 小节"性能考虑"中予以进一步讨论。

```
XAML Code:

        Text="{Binding Path=FullName, Mode=TwoWay}"

Managed Code:

        private void InitContext()
        {
                MainGrid.DataContext = model;
        }
```

### 4. 复杂绑定

到现在为止，我们所讨论的仅仅是对单个对象的绑定。假如我们有一个名为 FullName 的属性，该属性将包含唯一的字符串，并能够很方便地绑定到目标属性。在某些情况下，这并不够，而是需要使用更复杂的、包含数据集合的绑定。

本例将改变绑定的模式，利用一个双向绑定来处理目标列表，并利用一个单向绑定来处理预定细节。其数据流看上去如图 10-7 所示。

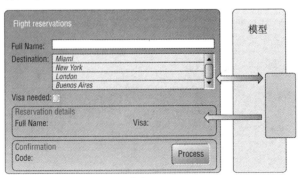

图 10-7

由于有一个新的集合将绑定到应用程序，因此为了包含该列表，需要回顾一下模型结构。但是由于集合中每个单独项上的绑定都是 Two-Way 模式，需要用一种方式来通告每个项目的改变，而不是整个集合的改变。可以手动完成该任务：为集合创建一个自定义项并为该项实现 INotifyPropertyChanged 接口，然后为集合实现 INotifyCollectionChanged 接口。另外一种方法就是使用 ObservableCollection 类。该类具有集合通告的内置实现。

```
/// <summary>
/// Destination item
/// </summary>
public class Destination : INotifyPropertyChanged
{
    public event PropertyChangedEventHandler PropertyChanged;

    private string name;

    public string Name
    {
        get { return name; }
        set
        {
            name = value;
            OnPropertyChanged("Name");
        }
    }

    public override string ToString()
    {
        return name;
    }

    public Destination() {}

    public Destination(string destination)
    {
        Name = destination;
    }

    private void OnPropertyChanged(string property)
    {
        if (PropertyChanged != null)
        {
            PropertyChanged(this,
                new PropertyChangedEventArgs(property));
        }
    }
}

/// <summary>
/// Destinations collection
```

```
/// </summary>
public class Destinations : ObservableCollection<Destination>
{
        public Destinations() : base()
        {
                Add(new Destination("Miami"));
                Add(new Destination("New York"));
                Add(new Destination("London"));
                Add(new Destination("Buenos Aires"));
        }
}
```

如果打算使用自己的集合，并实现 INotifyCollectionChanged 接口，那么推荐使用 List<T>对象作为基类，或者至少实现该接口，因为该接口提供了绑定所需要的最小功能。由于正在手动控制该集合，所以要记得在每次项改变时(add/update/remove)均调用该事件，或者也可以自定义该行为以限制通告。

有了该模型以后，现在可以改变该示例以实现该集合绑定。该例子使用了一个 ListBox。绑定的描述可以在托管代码中，也可以在 XAML 中。下面我们使用了这两个领域的技术。

```
<Grid.Resources>
        <DataTemplate x:Key="Salva">
                <StackPanel>
                        <TextBlock FontFamily="Verdana" FontSize="11"
                                FontStyle="Italic" Text="{Binding Path=Name}"/>
                </StackPanel>
        </DataTemplate>
</Grid.Resources>

<ListBox        Height="62.668"
                Margin="82,72,8,0"
                x:Name="lstDestinations"
                VerticalAlignment="Top"
                d:LayoutOverrides="Height"
                ItemsSource="{Binding }"
                ItemTemplate="{StaticResource Salva}"
                Background="#FFFFFFFF"/>
```

不要担心 DataTemplate。当我们解释如何使用数据控件时，我们将回顾该类，但只要知道该类提供了一种方式用于定义可以在各个项中所使用的模板就行了。如果查看 ListBox，会发现该例子在 ItemSource 属性中指定了绑定并且将项模板设定为一个本地资源。目标对象具有该绑定。现在每个项都应该提取单个项的路径，因此在 Text 属性上有了另外一个绑定。

最后，需要设置源。下面的代码为了设置当前集合在隐藏代码中使用了 DataContext：

```
private void InitBindings()
{
        // Associates the destinations list
```

```
             lstDestinations.DataContext = this.destinations;
    }
```

> 可以将实现了 IEnumerable 接口的任意对象作为源。该接口将应用到所有的集合样式
> UIElements，如 ItemsControl、ListBox 和 DataGrid。

在很多情况下，需要从绑定到模型的列表中获取相应的选定项。在 WPF 中，可以绑定
选定项到标签上。但是在这种情况下，必须使用 TwoWay 模式来实现该功能。下面给出了
对该例子的一些改进。改进后的例子将允许实现该功能。

```
Changes to the model:

private Destination currentDestination;

public Destination CurrentDestination
{
        get { return this.currentDestination; }
          set
          {
                  this.currentDestination = value;
                  OnPropertyChanged("CurrentDestination");
          }
}

Changes to the XAML control:

private void InitBindings()
{
        // Associates the destinations list
        lstDestinations.DataContext = this.destinations;

        Binding SelectionBinding = new Binding();
        SelectionBinding.Source = model;
        SelectionBinding.Path = new PropertyPath("CurrentDestination");
        SelectionBinding.Mode = BindingMode.TwoWay;

        lstDestinations.SetBinding(ListBox.SelectedItemProperty,
                                          SelectionBinding);
        lblReservationDetails.SetBinding(TextBlock.TextProperty,
                                          SelectionBinding);
}
```

## 10.2.3　转换

某些情况下，可能希望数据能够从模型自由地流到用户界面。但是，大部分情况希望
修改数据的表示方式。这就是开发团队将转换功能移植到 Silverlight 2 中的主要原因之一。
该实现非常容易，也非常灵活。实际上，由于其结果是可预测的，因此社团内都在主动使
用该技术。

转换过程的基本流如图 10-8 所示。

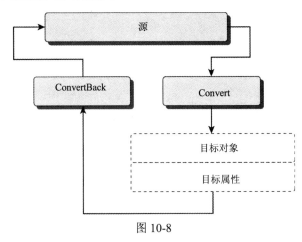

图 10-8

如您所见，IValueConverter 接口提供了两个不同的方法，为了创建绑定转换，需要实现这两个方法。当数据从源属性流到目标属性时，Convert()方法将被调用。在 TwoWay 绑定的情况下，ConvertBack()方法将被执行。这使得可以完全地变换用户将看到的内容以及系统所保存的内容。

为了给 Visa 需求复选框创建一个简单的转换器以避免显示 True 或 False，其代码如下所示：

```
public class BindingConversion : IValueConverter
{
    public object Convert(object value, Type targetType, object parameter,
                          System.Globalization.CultureInfo culture)
    {
        bool CurrentValue = (bool) value;

        if (CurrentValue)
                return "Required";
        else
                return "Not Required";
    }

    public object ConvertBack(object value, Type targetType, object
      parameter,System.Globalization.CultureInfo culture)
    {
            return value;
    }
}
```

该例子并没有考虑转换回源，因为复选框是一个 True/False 响应，并且 TextBlock 是只读的(OneWay)。现在需要将该转换器和绑定相关联。利用隐藏代码，可以将例子改变如下：

```
private void InitVisaBinding()
{
```

```
    // we initialize the binding with the path
    Binding VisaBinding = new Binding("VisaRequired");

    // visa name (one way binding)
    VisaBinding.Source = model;
    VisaBinding.Mode = BindingMode.OneWay;
    VisaBinding.Converter = new BindingConversion();

    // We bind the text block
    lblResVidaDetails.SetBinding(TextBlock.TextProperty, VisaBinding);

    // we need to use another binding that does not use the converter
    VisaBinding = new Binding("VisaRequired");

    // visa name (two way binding)
    VisaBinding.Source = model;
    VisaBinding.Mode = BindingMode.TwoWay;

    chkVisa.SetBinding(CheckBox.IsCheckedProperty, VisaBinding);
}
```

如果需要使用自己的 XAML 代码修改绑定，也可以这样，正如将要在下一个代码块中看到的一样，但是在此之前，我们先解析另外一个有趣的功能。您可能已经注意到了，该接口接收了多个参数。我们解释一下这些参数，这样就可以进行大部分的转换了：

- Value——这是一个最简单的参数，并且可以从源或者目标中接收原始值。在此阶段可以操作该值。
- targetType——这是目标对象期望接收的目标类型。如果需要，可以对它进行分析，必要时还可以转换结果。
- parameter——可以利用该可选参数将信息发送给转换进程。该参数是一个自由参数，可以在绑定中进行初始化。该 XAML 代码块将展示该实现。绑定参数为 ConverterParameter。
- culture——如果不想使用默认的语言文化，那么可以指定想使用的语言文化。绑定参数为 ConverterCulture。

下面的代码展示如何引用转换对象，并利用 XAML 代码发送额外的参数：

```
<UserControl.Resources>
        <source:BindingConversion x:Name="Conversion"/>
</UserControl.Resources>

    <CheckBox
        HorizontalAlignment="Left"
        Margin="82,139,0,121"
        x:Name="chkVisa"
        Width="21.778"
        Content="CheckBox"
        d:LayoutOverrides="Width"
```

```
IsChecked="{Binding Path=VisaRequired, Mode=TwoWay,
            Converter={StaticResource Converter},
            ConverterParam=100}"/>
```

在本例子中，参数 100 将发送给转换器实例。可以基于该值(这些值)来改变转换输出。
如果现在运行该例子，那么当用户单击 Visa 复选框时，应用程序将渲染 "Required" 或者
"Not Required"。

### 10.2.4　依赖属性

WPF 最著名的功能之一就是包含了一个新的属性系统，该属性系统允许应用程序和依
赖属性交互。Silverlight 2 也包含该功能，并且该功能在跨控件之间广泛地应用。Silverlight
中的大部分属性都实现为依赖属性。但是，如果不熟悉依赖属性，可能会问依赖属性到底
是什么意思。

在传统的 CLR 对象中，可以定义属性。这是一个被广泛理解的概念，而且也是面向对
象编程的基础之一。为了和对象以及基类库交互，.NET 语言严重依赖于传统属性。但是传
统属性具有一定的限制，例如，它们很难以实现动态编程。这就意味着，需要在使用属性
之前知道属性的类型和属性名，这一点在很多情况下都是一种局限性。很多开发人员最终
为了通过名称来使用属性而不得不使用反射机制。但是这样做会为应用程序增加一定的性
能开销。

改变整个模型是不可能的，因此，需要有一种方法可以扩展属性以提供一种更稳健的
建模选择。这个问题的答案就是创建新的属性系统，该属性系统包含一个全局属性管理。
这些属性可以包含任何类型，并且能够在运行时设置，因为它们可以用字符串来访问(属性
包模型)。

但是，实现依赖属性不是仅仅可以提供自包含的验证，也不是实现相应的回调函数将
变化通告其他依赖属性。该属性系统是 DependencyProperty 对象，该对象负责管理所有的
依赖属性。对于各个单独属性而言；其基类是 DependencyObject。

让我们看看可以如何定义依赖属性：

```
public partial class BindingDependencyProperty : UserControl
{
        public static readonly DependencyProperty FullNameProperty =
        DependencyProperty.Register("FullName",
        typeof(string),
        typeof(BindingDependencyProperty),
        null);

    public string FullName
    {
        get { return (string)GetValue(FullNameProperty); }
        set { SetValue(FullNameProperty, value); }
    }
}
```

为了在包中包含该属性，需要使用静态 Register 方法。在内部，该方法将把依赖属性添加到一个字典，其键为属性的名称(字符串)，该键通常称为依赖属性标识符(Dependency Property Identifier)。还必须指定其类型和拥有者的类型——在本例中为该类。利用格式<your property name>Property 来命名依赖属性是不错的方法。例如，如果希望注册"Age"为依赖属性，那么需要使用 AgeProperty 作为属性名。Silverlight 2 并没有强制该限制，但是使用这个格式是一个不错的习惯。

前面已经介绍过，依赖属性可以通过一个正常的属性包装器来访问。为了实现这一点，需要使用 CLR 函数 GetValue 和 SetValue。这些辅助方法帮助直接从属性服务中读取信息和往属性服务写入相应的信息。

为了通知其他对象该属性的改变，依赖属性可以被声明。这对于在 Silverlight 2 中模拟缺少的 ElementName 绑定而言非常有用。下面的例子展示了如何实现一个回调通知：

```csharp
public static readonly DependencyProperty OtherProperty =
            DependencyProperty.Register("Other",
            typeof(string),
            typeof(BindingDependencyProperty), null
            );

public static readonly DependencyProperty FullNameProperty =
            DependencyProperty.Register("FullName",
            typeof(string),
            typeof(BindingDependencyProperty),
            new PropertyMetadata(new PropertyChangedCallback(Notify))
            );

private static void Notify(DependencyObject sender,
                           DependencyPropertyChangedEventArgs e)
{
        // We can access both values
        Debug.WriteLine("Previous Value: " + e.OldValue);
        Debug.WriteLine("New Value: " + e.NewValue);

        // we can refer to the same or other dependency property for any
            object
        sender.SetValue(BindingDependencyProperty.OtherProperty,
          e.OldValue);
}
```

现在，绑定依赖属性就可以采用本章一直所采用的语法了。在本例子中，由于依赖属性已经注册到 XAML 用户控件的隐藏代码中，因此可以使用 this 命令：

```csharp
private void InitBinding()
{
        Binding MyBinding = new Binding();

        MyBinding.Source = this;
        MyBinding.Path = new PropertyPath("FullName");
```

```
            MyBinding.Mode = BindingMode.TwoWay;

            txtFullName.SetBinding(TextBox.TextProperty, MyBinding);
    }
```

## 10.2.5　性能考虑因素

本节将分析当确定使用何种类型作为绑定源时必须理解的各种性能考虑因素，因为绑定过程将采用不同的路由来解析对象。

针对这一点，所以要理解在运行时期间，需要发现、寻址以及更新绑定属性。和在 ASP.NET 中一切问题的执行过程一样，CLR 对象可以通过反射来枚举属性和方法。Silverlight 中数据绑定的工作过程和 WPF 中的数据绑定过程非常类似，都严重依赖于反射来运行。不管知道与否，反射一个对象在.NET 中是非常昂贵的操作，所以出于这个原因，需要仔细考虑如何设计绑定以减少开销。

最昂贵的模型就是使用一个简单的 CLR 对象，并且该对象不通知对象发生了什么变化——这是 OneTime 模式的一个非常常见的场景。在该场景中，解决方案将利用反射来发现元数据，从而为其提供访问。

还有另外一种检索信息的方法。该方法用于实现了 INotifyPropertyChanged 接口的对象。如果希望使用 OneWay 模式或者 TwoWay 模式的绑定，那么这是一个常用的模型。在这种情况下，仍然需要使用反射，但是它将直接查询源类型，从而减少开销。这种解决方案仍然使用了反射，因为我们仍然使用了 CLR 对象属性。回顾前一节，前一节引入依赖属性，并解释了 Silverlight 2 为什么要支持依赖属性。

绑定属性的最有效方法就是在源对象中使用依赖属性。但是使用依赖属性并不是唯一的方法。在某些场景下，依赖属性并不是最佳的选择。当需要使用在应用程序中广泛使用的结构时，将这些结构转换成依赖属性将增加大量的额外开销。在这种情况下，依赖属性将不是最佳选择。但是，如果可以使用依赖属性，那么绑定将不会为了获取信息而使用反射，数据绑定引擎将直接解析对象引用(因为该对象可以通过名称来访问)。图 10-9 概括了这些技术，并展示了性能收益。

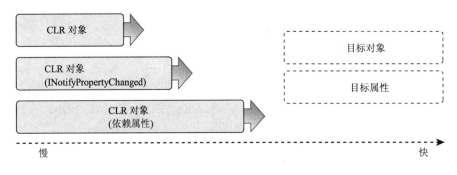

图 10-9

另外一个需要关注的领域是将一个大型 CLR 对象绑定为一个源。当绑定一个大型 CLR 对象时，和绑定一个仅有少量属性的小对象相比，在性能上存在较大的差别。这就意味着如果计划使用一个具有上百个属性的单一对象，那么不妨考虑使用多个具有较少属性的小对象。一些早期的测试得到如表 10-1 所示的结果。(注意，该结果可能会由于不同的环境而有所不同。)

表 10-1

| 源 类 型 | 绑定时间+渲染时间(毫秒) |
| --- | --- |
| 具有 500 个属性的 1 个 CLR 对象 | 675ms |
| 具有 1 个属性的 500 个 CLR 对象 | 166ms |

正如您所见，差别是非常明显的，即使只考虑 500 个对象的绑定时间开销也是如此。

测试、测试，然后再测试，每次实现都完全不同。应用程序场景影响了应用程序如何运作，但是本节的思想是解析内部代码并提供一个参考实现，可以基于对这些参考实现的理解来改进设计。

# 10.3 检索和保存数据

数据是 Silverlight 应用程序的基本组成部分，并且是数据绑定的生命动力。本节将介绍各种用来检索和保存数据的不同技术，稍后将对其进行操作。为了更好地理解本节，需要回顾一下第 9 章。第 9 章解释了服务器通信的内部原理。本节将介绍如何从不同的地方检索数据，并尽可能实现一些高效保存数据的好方法。

每个人都喜欢新的技术，并且出于这个理由，本节将研究微软公司为了从服务中检索数据而正在开发的一些概念和思想。该项目称为 Astoria(现在改名为 ADO.NET Data Services)。也应该花一定的时间来了解该技术，这样在选择最好的方法时，可以拥有一个全面的了解。

## 10.3.1 处理数据存储

Silverlight 2 允许访问来自不同位置的数据，但是由于它处于一个沙箱应用程序中，所以存在诸多限制。我们将提供一些技术来帮助在应用程序中访问和存储数据。

可以使用两类数据存储——本地的和远程的。其他章节已经详细地介绍了这些存储。在此，我们将简短介绍如何获取和保存数据。如果想拷贝和粘贴本章的某些代码，那么可以查阅第 10 章的例子来获取相应的代码。

在此有一件重要的事需要记住，即出于安全的原因 Silverlight 不能访问本地文件系统。为了允许用户在他们想保存文件的时候能够保存文件，很多人讨论过添加一个 SaveFile 对话框，但是还有一些安全问题需要解决。例如，可以创建一个恶毒的应用程序，该应用程序在试图保存文件时不断地往磁盘上写东西，直到磁盘空间用完为止！您可能会认为这太偏激了，但是作为 Web 开发人员，应该知道某些人就想损害其他人。了解了可能会面临这样的风险后，应该会理解为什么在 Silverlight 2 中没有文件系统访问了。

### 1. 本地数据

"本地数据"范畴包含所有不是从其他机器上检索得到的数据，或者至少是在当前应用程序中已经加载的数据。图 10-10 展示了访问本地数据的不同方法。如您所知，随应用程序一起部署的 XAP 包(Silverlight 应用程序所组织和压缩的包)可以包含内容文件(由于可以重命名 XAP 文件为 ZIP 文件，因此可以探测该文件的内容)。可以用不同的方式来访问该内容，并将其保存在我们的临时空间中。我们首先考虑资源。

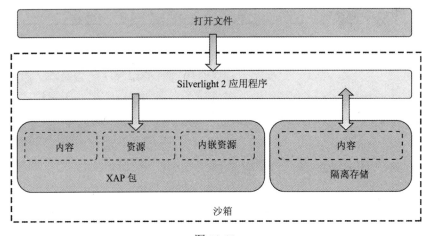

图 10-10

① 使用本地资源

在开发 Silverlight 应用程序时，资源被自动包含在 XAP 包中。可以通过改变 Build Action 属性来使用这些资源，可以将该属性从 Content(内容)改成 resource(资源)或者 embedded resource(内嵌资源)。由于不同的资源需要使用不同的技术来访问，因此这些选项均可以用。

- **内容(Content)**——内容文件将和程序集保持分离，这种行为和在 ASP.NET 中使用的行为一样，因为可以针对外部访问(或更新)添加文件以部署到服务器上。如果将该 XAP 重命名为 ZIP，那么在此可以查看内容文件。这种方法的优点是，内容文件可以按需加载(对于大文件这种方法比较理想)；另外一个大的优点是，不同的程序集可以共享同一个内容文件。

- **资源(Resources)**——也可以选择将该文件嵌入程序集中，并把它作为内部资源看待。在开发 Windows Forms 应用程序时，这种方法非常常见。图像被嵌入表单中，这样表单就可以快速访问图像。该方法的优点是访问速度，但是由于资源和程序集一起加载，所以需要付出内存存储的代价。

- **可本地化的资源(Localizable Resources)**——这种类型资源描述为内嵌资源，但是实际上这些资源是 RESX(传统资源)文件。这些类型的文件通常用于保存字符串和本地化信息，如果 Silverlight 的本地系统包含相应的本地化资源，那么它可以加载正确的语言。

- **XAML 资源(XAML Resources)**——正如我们前面所看到的，为了重用某个用户控件或者特定控件的 XAML 规范，我们可以定义该控件资源。这些资源使用键值保

存，因此，可以像字典一样访问这些资源。该类型的资源也被称为 Silverlight 资源
(Silverlight resource)(而不是应用程序资源)。该类资源在本章并不介绍，但是可以
在第 7 章中找到更多关于此概念的信息，该章解释了样式和模板。

在此，已经探究了如何才能打开作为 Content 保存的数据。和在 Silverlight 中所有的事
情一样，也可以用隐藏代码或者托管代码来完成该设置。需要理解的重要一点是，所有保
存在 XAP 包中的内容均可以通过一个相对 URI 来访问。这就意味着根据保存 Content 文件
的位置，必须修改该 URI 地址。

在下面的例子中，我们首先可以看看如何使用隐藏代码来访问相对 URI：

```
using System.Windows.Media.Imaging;

public partial class AccessingResources : UserControl
{
    public AccessingResources()
    {
        InitializeComponent();

        LoadImage();
    }

    private void LoadImage()
    {
        // We define the image location in our project
        Uri ImageLocation = new Uri("/Controls/Accessing/SLLogo.jpg",
                                        UriKind.Relative);
        // We load the image
        BitmapImage ContentImage = new BitmapImage(ImageLocation);

        // We assign the image to our image control
        imgLogo.Source = ContentImage;
    }
}
```

注意，此代码必须包含图像的完整路径，否则它将产生 "Not Found" 异常。现在，如
果想在 XAML 代码中完成该步骤，那将更加简单：

```
<Image x:Name="imgLogo"
        Height="54.304"
        HorizontalAlignment="Left"
        Margin="8,0,0,8"
        VerticalAlignment="Bottom"
        Width="62.855"
        Source="/Controls/Accessing/SLLogo.jpg"
/>
```

如果将该图像文件改变成资源，那么仅仅需要改变 URI 地址即可，因为它现在应该被
看成是程序集文件夹中的内容而不是位于 XAP 文件中的内容。正因为此，所以需要对方法
做如下修改：

```
private void LoadResourceImage()
{
        // We define the image location in our project
        Uri ImageLocation = new
                Uri("/Chapter10;component/Controls/Accessing/SLLogo.jpg",
                    UriKind.Relative);
        // We load the image
        BitmapImage ResourceImage = new BitmapImage(ImageLocation);

        // We assign the image to our image control
        imgLogo.Source = ResourceImage;
}
```

此外，为了包含程序集引用，XAML 代码也需要进行一定的改变：

```
<Image   x:Name="imgLogo"
         Height="54.304"
         HorizontalAlignment="Left"
         Margin="8,0,0,8"
         VerticalAlignment="Bottom"
         Width="62.855"
         Source="/Chapter10;component/Controls/Accessing/SLLogo.jpg"
/>
```

在加载本地内容文件时的常见问题是，如何才能加载文本，因为打开文件需要流。因此，必须使用 Application 对象，如下所示：

```
Stream YourStream = Application.GetResourceStream("/Text.txt").Stream;
```

然后，可以使用该 StreamReader 来获取文件的内容。

注意，我们正在构建 URI 以访问资源——这些必须是显式的。诸如"~"之类在 ASP.NET 中使用的通配符不能在此语境下使用。

在使用可本地化的资源时，应用程序将根据语言加载正确的资源。例如，在本例中，有一个名为 MyResources.resx 的资源文件。如果没有定义特定的语言，那么该默认的资源文件将被加载。但是如果添加了 MyResources.resx.es，那么当语言是西班牙语时，该资源文件将被加载。注意，这些资源文件应该包含相同的键。访问这些键极其简单，但是我们首先看看如何才能在项目中添加资源文件，如图 10-11 所示。

图 10-11

当在 Silverlight 中创建资源文件时，为了能够用代码直接访问资源文件，必须将访问修饰符(Access Modifier)改成 Internal 或者 Public。可以通过利用 Visual Studio 的内嵌 Resource Editor 来打开资源文件，并修改组合框来实现这一点，如图 10-12 所示。

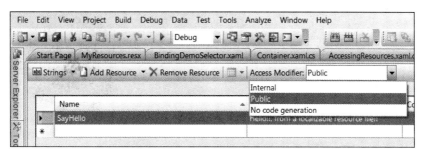

图 10-12

一旦完成了这些步骤，那么就可以从代码直接访问该资源文件了，而不用担心语言改变时需要改变文件名。

```
private void LoadLocalizedResources()
{
        lblString.Text = MyResources.SayHello;
}
```

② 使用隔离存储

出于安全的原因，Silverlight 应用程序并不能访问本地文件系统，因此，如果应用程序需要在本地部署中存储和检索信息，它必须使用隔离存储。

本节将仅仅涉及到使用隔离存储来操作文件以及用于绑定控件的配置信息。如果想了解更多关于隔离存储的知识，请参阅第 12 章。

我们想象一下，您需要从自己的初始站点或者其他 Web Service 上获取数据，而且想将这些数据在本地部署中持久化。可以使用该存储来保存这些信息，应用程序将能够再次访问这些信息(只要用户不清除这些文件，因此必须检查这些信息是否存在)。注意，信息并没有漫游，而是仍然保存在该机器上，因此应用程序需要考虑相关的指令以允许它漫游。

默认情况下，隔离存储中仅有 100kb 的存储空间，应该尽量让应用程序要保存的内容的大小不大于此空间。当然，可以使用 TryIncreaseQuotaTo 命令来请求更多的空间，但是它将会提示用户，而用户可能会说"No"。

我们将再次使用前面预定的例子。在这种情况下，当用户单击 Process 按钮时，全名将从隔离存储中加载。我们看看如何加载该信息：

```
private void LoadFromStorage()
{
    IsolatedStorageFile MyApplicationFile = null;

    try
    {
```

```
            // Gets the reference to the isolated storage for this file
            // (you can have get it from the domain as well)
            MyApplicationFile =
                 IsolatedStorageFile.GetUserStoreForApplication();

            // Check if the folder exists, otherwise it creates one
            if (!MyApplicationFile.DirectoryExists("Reservation"))
            {
                 MyApplicationFile.CreateDirectory("Reservation");
            }

            string FileLocation = System.IO.Path.Combine("Reservation",
                                         "Current.txt");

            // Check if the file exists, if so we load the text
            if (MyApplicationFile.FileExists(FileLocation))
            {
                // We get the stream from the isolated storage
                using (IsolatedStorageFileStream IsolatedStream =
                      MyApplicationFile.OpenFile(FileLocation,
                          FileMode.Open))
                {
                    // We open a stream reader with the current
                    // one
                    StreamReader Reader = new
                          StreamReader(IsolatedStream);

                    // Reads the string and sets the dependency
                    // property
                    FullName = Reader.ReadToEnd();
                    Reader.Close();
                }
            }
    }
    catch (Exception ex)
    {
            // Do something :)
    }
    finally
    {
            // Remember to dispose
            if (MyApplicationFile != null)
                MyApplicationFile.Dispose();
    }
}
```

注意，该示例使用了绑定属性 FulleName，因此该双向模式将在准备好被保存后继续
发回给属性，如图 10-13 所示。

```csharp
private void cmdSave_Click(object sender, RoutedEventArgs e)
{
        IsolatedStorageFile MyApplicationFile = null;

        try
        {
            // Gets the reference to the isolated storage for this file
            // (you can have get it from the domain as well)
            MyApplicationFile =
                IsolatedStorageFile.GetUserStoreForApplication();

            // Check if the folder exists, otherwise it creates one
            if (MyApplicationFile.DirectoryExists("Reservation"))
            {
                string FileLocation =
                    System.IO.Path.Combine("Reservation",
                        "Current.txt");

                // We get the stream from the isolated storage
                using (IsolatedStorageFileStream IsolatedStream =
                        MyApplicationFile.OpenFile(FileLocation,
                            FileMode.OpenOrCreate))
                {
                    // We open a stream reader with the current
                    // one
                    StreamWriter Writer = new
                        StreamWriter(IsolatedStream);

                    // Saves the current value on the file
                    Writer.Write(FullName);
                    Writer.Close();
                }
            }
        }
    catch (Exception ex)
    {
            // Do something :)
    }
    finally
    {
            // Remember to dispose
            if (MyApplicationFile != null)
                MyApplicationFile.Dispose();
    }
}
```

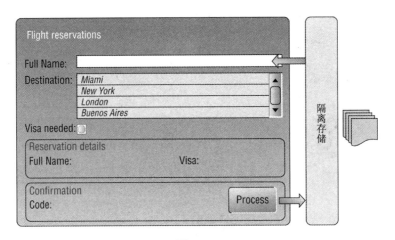

图 10-13

③ 和沙箱之外交互

Silverlight 2 不仅仅允许应用程序和使用本地存储的数据实施交互，它还允许和承载计算机实施交互。当然，这存在一定的安全限制，但是开发团队提供了"Open File"对话框。可以使用该对话框来查询当前用户的某个文件，以让应用程序使用和处理该文件。

本节将利用该对话框来加载由当前用户发送的数据。但是不仅如此，本节还将介绍如何通过使用一个精细的工作区来将文件发回给用户：

```csharp
private void cmdLoad_Click(object sender, RoutedEventArgs e)
{
    // We prepare the file dialog with the customization
    // properties
    OpenFileDialog FileDialog = new OpenFileDialog();
    FileDialog.EnableMultipleSelection = false;
    FileDialog.Filter = string.Format("{0} (*.txt)|*.txt | {1} (*.*) | *.*",
        MyResources.TextFiles, MyResources.AllFiles);
    FileDialog.FilterIndex = 1;

    // Check the dialog response
    if (FileDialog.ShowDialog() == DialogResult.OK)
    {
        FileInfo SelectedFile = FileDialog.File;

        // We open the file stream
        using (StreamReader Reader = SelectedFile.OpenText())
        {
            // We link it to our binding
            FullName = Reader.ReadToEnd();
        }
    }
}
```

现在，该例子具有一个按钮以从外部文件加载全名，并且把它赋给了目标属性。由于该绑定是双向的，因此用户界面将自动改变。注意，由于正在读取一个外部文件，因此添加转换器来验证其内容是一个好主意，否则，可能会遇到一些安全问题，而这些安全问题可能会使应用程序崩溃，甚至使得服务器崩溃。

尽管我们现在正在使用 Silverlight 2，并试着尽可能多地了解其功能，但是我们发现，由于安全限制我们不能为用户提供文件。因此，我们创造了一些在本书中使用的不同技术。记住，将数据发回给初始的服务器不会有任何障碍，而且用户也可以通过 ASP.NET Web 站点访问这些信息。了解这一点以后，就可以基于用户输入(甚至是用户可能提供的外部数据)在 Silverlight 2 应用程序中生成相应的内容，并使用 Web Service 将其发回给服务器。

服务器端的服务可以生成一个文件，并将其保存在用户可以访问的某个特定位置。该位置信息可以发回给应用程序，并作为一个链接表示。然后用户可以单击该链接以下载该文件。该过程可以用图 10-14 所示的图形化模型表示。

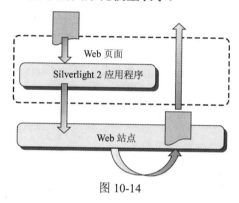

图 10-14

正如您所见，不会再为技术限制而愁眉不展了，仅仅需要创造性地使用在本书所学习到的所有技术以及现有的 ASP.NET 知识就可以实现这一功能。永远要记住，正在运行 Web 站点！

如果想了解此过程的更多细节，请查阅第 12 章。我们将在该章给出该交互过程的安全隐患。

### 2. 远程数据

加载时间是每个软件设计人员随时都需要考虑的问题，并且出于这个原因，Silverlight 2 提供了相应的能力将内容和资源包在同一个包内，以备需要时使用。但是，这并一定总是最好的选择。有时可能需要用户按需查询所得到的数据。正因为此，如果计划将 Silverlight 用作业务应用程序的扩展，那么需要将信息保存到服务器或保存到主应用程序中。

① 使用原站点资源

在"本地数据"小节，已经探讨了如何使用内容文件、资源文件和可本地化资源访问数据。但是，在某些情况下，这些文件可能不包含在包中。这些文件被保存到页面最初被加载的服务器上。

对于 Silverlight 来说有一件好事，就是可以使用和内容文件一样的语法来自动下载内容文件。应用程序将首先查询 XAP 包，如果被请求的资源不在此，那么将直接回到原站点以定位该资源。一旦该内容被下载，那么其他实例也可以访问该资源。

如果想配置内容以便按这种方式起作用，那么要记住将 Build Action 改成"None"，然后确保该文件和 XAP 文件一起部署到了 Web 服务器上(这样它就可以由应用程序加载)。这种方式对隐藏代码和 XAML 代码均可行——只需要使用和 Content 文件相同的语法即可：

```
<Image   x:Name="imgLogo"
         Height="54.304"
         HorizontalAlignment="Left"
         Margin="8,0,0,8"
         VerticalAlignment="Bottom"
         Width="62.855"
         Source="/SLLogo.jpg"
/>
```

该标志如果在 XAP 容器中不能找到，那么将从服务器上加载。

② 使用远程数据

第 9 章已经介绍了如何利用 Silverlight 2 所提供的网络栈来连接不同类型的服务。在此将把该技术付诸于实践，利用 WCF 从服务器上检索预定信息。为此，例子需要两个额外的按钮：第一个用于使用直接数据，而另外一个则用于从某个数据库中检索数据，如图 10-15 所示。

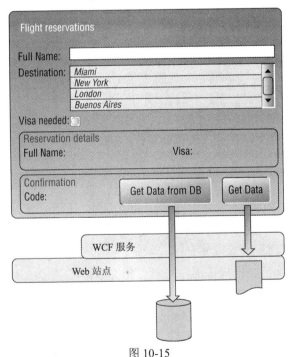

图 10-15

为了开始使用来自服务的数据，需要利用 WCF 定义一个 Web 服务。该例子使用了具有两个不同方法的同一服务——第一个方法 GetReservation 将利用 DataContract 在本地处理请求；而第二个方法 GetReservationFromDatabase 将从外部数据库检索信息。该接口如下

所示:

```
    [ServiceContract]
public interface IDataService
{
        [OperationContract]
        Reservation GetReservation();

        [OperationContract]
        Reservation GetReservationFromDatabase();
}



[DataContract]
public class Reservation
{
        private string fullName;

          [DataMember]
        public string FullName
        {
                get { return this.fullName; }
                set { this.fullName = value; }
        }
}
```

GetReservation 的实现仅仅创建了一个新对象,并在方法结束时将其返回:

```
public Reservation GetReservation()
{
        Reservation NewReservation = new Reservation();
        NewReservation.FullName = "John Doe from Server";

        return NewReservation;
}
```

如果没有这么做,那么必须利用"Add Service Reference"选项(可以通过在 Visual Studio 中右击 Silverlight 项目找到该选项)创建一个客户端代理对象。一旦已经创建了客户端代理,那么就可以调用远程进程。可以像平常一样,利用全名绑定来获取在用户界面上所表示的信息。现在,当单击"Get Data"时,可以异步调用 Web 方法。

```
private void cmdLoad_Click(object sender, RoutedEventArgs e)
{
        BasicHttpBinding Binding = new BasicHttpBinding();

        EndpointAddress RemoteService = new EndpointAddress(new
            Uri("http://localhost:20136/Chapter10.Web/DataService.svc"));

        RemoteDataService.DataServiceClient NewClient = new
            Chapter10.RemoteDataService.DataServiceClient(
```

```
                Binding,
                RemoteService);

        NewClient.GetReservationCompleted += new
            EventHandler<GetReservationCompletedEventArgs>
                    (NewClient_GetReservationCompleted);

        NewClient.GetReservationAsync();

    }

    void NewClient_GetReservationCompleted(object sender,
                                    GetReservationCompletedEventArgs e)
    {
        FullName = e.Result.FullName;
    }
```

由于代理已经从发现过程推断出了对象类型，因此该自动绑定将发挥作用。

现在可以修改另外一个方法以访问数据库。在此，正如可能想象得到的，其工作原理和在 ASP.NET 中完全一样：可以在 Web 应用程序中拥有一个到数据库的连接，并在此连接上执行查询(或者执行存储过程)、读取结果并为应用程序对结果进行格式化。如果对此还不熟悉的话，下面给出了一个简单的实现。

```
public Reservation GetReservationFromDatabase()
{
        // Establish the connection
        SqlConnection NewConnection = new SqlConnection();
        NewConnection.ConnectionString =
            "Server=YourServer;Database=YourDatabase;Trusted_Connection
            =yes;";
        // Perform your query
        SqlCommand QueryCommand = new SqlCommand(
            "SELECT FullName FROM Reservation");

        // Associate the scalar
        Reservation NewReservation = new Reservation();
        NewReservation.FullName = QueryCommand.ExecuteScalar
        ().ToString();

        NewConnection.Close();

        return NewReservation;
}
```

在查询数据库时，不能将 DataSet 对象发回给 Silverlight，因为 Silverlight 并不能理解该对象。因此，需要将结果转换成合适的结构，如本例所示，或者利用 XAML 字符串来发送该信息。后一种情况将在 10.5 节 "操作数据" 中看到。该节将展示如何在 Silverlight 2 应用程序中处理 XML。

另外一个有趣的领域是使用 REST 将 DataContracts 直接转换成 XML，因为 Silverlight 支持该技术，并且 ADO.NET Data Service 中大量使用了该技术。

正如本节已经介绍的，一旦到达服务器，那么此功能将和 ASP.NET 编程模型非常类似了，只是需要将信息打包在一个可以加密的包中发回客户端(在此为应用程序)，而且可以创建自己的分析器和序列化器，并优化包的大小以改进用户体验。

③ ADO.NET Data Service

Visual Studio 2008 SP1 为开发环境引入了多个改进。SP1 不仅仅是一个修改漏洞的补丁，它还以另外一种方式引入已经研究多年的多个不同项目。这些改进之一就是引入了 ADO.NET Data Service(以前叫 Astoria)。

如果还不熟悉该技术，现在我们简单了解该技术。ADO.NET Data Services 是一项整合了.NET 所支持的两项其他技术的技术。第一项技术是 ADO.NET 实体框架(ADO.NET Entity Framework)(该服务包也支持)，另外一项是 WCF 发布 RESTful POX 服务的能力。这就意味着可以基于物理数据库创建逻辑实体，并利用 Data Service 将它们和 REST 一起提供给 Silverlight 应用程序。

有了该技术，就可以使用正常的 HTTP 动作回到服务器操作实体模型了。例如，可以查询服务。该服务提供了一个叫做 Cars 的实体，并以每加仑汽油行驶的里程数为参数对结果进行了过滤，如下所示：

```
http://localhost:8182/YouService.svc/Cars[MPG>5]
```

为了使用该服务，需要建立 Data Service 模型。为了完成该任务，需要将一个实体模型放置在 Web 服务器上。可以通过添加一个名为 ADO.NET 实体数据模型(ADO.NET Entity Data Model)的新项目来完成该操作。可以创建一个新的利用当前数据库的模型，或者继承一个已有模型。该应用程序是全向导样式，因此非常直接。一旦已经定义了数据对象，就可以添加服务。为此，可以添加一个称为 ADO.NET Data Service 的另外条目。这将为 Web 数据生成一个新的 svc 文件。数据源类需要使用已经创建的实体模型。当服务启动并正在运行时，就可以跳到 Silverlight 世界了。

为了使用 Data Service，需要在扩展中添加一个引用，该引用的程序集名为 System.Data. Services. Client。需要做的第一件事就是添加 Web 数据语境，如下所示：

```
DataServiceContext MyDataContext = new DataServiceContext (
                        "http://localhost:8182/YourService.svc");
```

该数据语境告诉类库到哪去查找 Data Service 的实现。需要创建一个内部结构，以包含查询所得到的结果。在本例中，该结构仅仅包含汽车模型和每加仑油耗的里程。

```
public class Car
{
        private string model;
        private int mpg;

        public string Model
        {
```

```
            get { return this.model;}
            set { this.model = value;}
        }

        public int MPG
        {
            get { return this.mpg;}
            set { this.mpg = value;}
        }
    }
```

最后，需要构建相应的查询以允许从服务检索到数据，其内容将自动映射到刚刚所创建的内部结构：

```
DataServiceQuery<Car> MyCars =
        MyDataContext.CreateQuery<Car>("/Cars?$orderby=mpg");
```

REST 的完整使用将允许使用其他类似于 POST 的方法将一辆新车添加到数据库。如果不熟悉该技术，那么请查阅 ADO.NET Data Service 的 Web 站点(http://msdn.microsoft.com/en-us/data/bb931106.aspx)。

### 10.3.2　缓存

该节讨论在 Silverlight 中可能用到的缓存技术。您可能已经知道了可以执行哪些缓存，但是在此我们重新给出了一些该类概念，并给出了一个如何将这些思想应用于实际的例子。

第一个场景涉及每个服务缓存 XAP 应用程序。如果使用过 Flash，就可能知道浏览器将自动缓存包(只要在配置中没有取消)。但是，如果不想缓存该 XAP 文件又该如何呢？在这种情况下，可以使用一个老的窍门——在检索应用程序的请求末尾添加一个随机数，从而让浏览器不缓存该文件。另外一个方法是为了仅下载比较新的 XAP 文件，可以尝试设置 XAP 文件的 HTTP 内容期限。为了实现该设置，需要在 Web 服务器中配置 IIS。

另外一个场景是缓存数据。本章已经介绍应用程序使用隔离存储来保存信息的各种方法。该常用模式也可以重用来缓存信息，因为隔离数据在用户清除以前将一直存在于存储中。记住，为了和运行在同一域中的不同应用程序共享缓存信息，可以在域层次上使用存储。

使用 ASP.NET 的缓存系统又如何呢？为了给 Silverlight 控件保存初始化参数，仍然可以使用该系统。为了完成该任务，可以使用缓存模式 VaryByParam，并将缓存的消息发送给 Silverlight 应用程序。如果正在和 JavaScript 交互，并且 Web 页面已经有了缓存的信息，那么这种情况也可以应用。

## 10.4　数据控件

本节将介绍如何将检索到的数据和前面所介绍的绑定技术结合到一起。

现在开始介绍表示控件。表示控件旨在以一种一致的方式表示数据集合。这些控件对于 ASP.NET 开发人员和用户而言都是非常熟悉的,因为这些控件采用了上世纪九十年代时类似 Excel 和 Outlook 之类的应用程序非常流行的模型。

Silverlight 2 拥有丰富的控件集,可以在应用程序中使用这些控件。但是,在现在的情况下,我们将主要集中讨论 DataGrid。已经有一些公司为 Silverlight 生成了提供更加丰富功能的一些控件。但是,如果直接使用 Silverlight,那么大概会发现这些控件非常有用、可视界面非常丰富,而这种丰富性来自 DataTemplate。

## 10.4.1 数据模板

正如在复杂绑定项目中所看到的,可以利用 DataTemplate 为列表框创建一个条目模板。模板允许以一种图形化的方式设计各个条目的内容,并允许自定义每个列表框项或者其他继承自 ItemsControl 的任意控件的外观。

让我们用另外例子来看看如何为列表框定义一个模板。在该例子中,应用程序列出了您的联系人,并允许用户启动一个聊天会话,如图 10-16 所示。

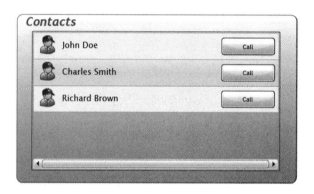

图 10-16

列表中的各个条目都有一个自定义的表示。ItemsControl 对象允许定义一个条目模板。通常需要做的是首先用精美的 XAML 设计器来设计新的控件,接着,如果想使用数据模板,那么仅仅需要拷贝并粘贴该 XAML 代码,这样所有工作就完成了。下面是一些样本代码:

```
<ListBox x:Name ="lstContacts" Margin="23,38,27,30" Width="450">
    <ListBox.ItemTemplate>
        <DataTemplate>
            <Grid x:Name="MyTemplate"
                    Background="#227FBCF0" Height="45.778" Width="445">

                <Image HorizontalAlignment="Left" Margin="8,4,0,8 "
                Width="48" Source="/Controls/DataControls/Man.png"/>

                <TextBlock Margin="51,11,169,13 "
                TextWrapping="Wrap" x:Name="lblName"
                FontFamily="Portable User Interface"
                FontSize="14" Foreground="#FF000000"
```

```
                          Text="{Binding FullName}"/>

                          <Button HorizontalAlignment="Right" Margin="0,8,8,8"
                          VerticalAlignment="Stretch" Width="96.444"
                          Content="Call" d:LayoutOverrides="Width"
                          x:Name="cmdCall"/>
                    </Grid>
                </DataTemplate>
          </ListBox.ItemTemplate>
</ListBox>
```

　　该例子展示了为列表框定义一个模板是多么容易。注意，在模板内仍然可以实施数据绑定，并且该过程遵循在 10.2.2 小节下面"复杂绑定"例子中所学习的相同模式。

　　也可以将正常的资源作为数据模板。这样将补充在资源部分所学习到的内容——仅仅需要将数据模板内容移动到资源区域，并添加一个标识键即可。

```
<UserControl.Resources>
      <DataTemplate x:Key="MyDataTemplate">
          <Grid x:Name="MyTemplate"
                  Background="#227FBCF0"
                  Height="45.778" Width="445">

                  <!--- All the content goes here -- >

          </Grid>
        </DataTemplate>
</UserControl.Resources>

<ListBox x:Name="lstContacts"
        Margin="23,38,27,30"
      Width="450"
      ItemTemplate="{StaticResource MyDataTemplate}"/>
```

## 10.4.2　DataGrid 控件

　　到现在为止，已经介绍了用于显示数据的一般数据控件。现在开始介绍 DataGrid 控件。该控件提供了一种非常灵活的方法，从而实现基于行和列来显示数据。根据数据网格所使用的内置模板不同，这些列具有不同的类型。但是，可以想象，您还可以自定义该行为。

　　本节将讨论如何使用 DataGrid 控件，以及如何基于自动生成的列来将信息绑定到该控件。一旦了解了这些基础，将讨论如何自定义该行为和表示，以覆盖该内置的功能。

　　为了使用 DataGrid，需要做的第一件事是添加正确的名称空间，因为 DataGrid 位于 System.Windows.Controls.Data 中。因此，需要修改 UserControl 头，如下所示：

```
xmlns:Data="clr-namespace:System.Windows.Controls;
        assembly=System.Windows.Controls.Data" >
```

　　现在，为了使用 DataGrid 及其所有元素，需要使用 Data 名称空间。但是在开始定义 DataGrid

之前，需要配置数据绑定。正如在前面的绑定中所看到的，需要用 IEnumerable 对象来配置 ItemSource 依赖属性——本例将使用在数据模板中所使用的联系人模型。该模型具有一个全名，为一个字符串；该模型有一个布尔属性 IsPrivate 以定义联系人的私有性；最后，该模型还有一个图像域，包含联系人的图片。将使用可观察的集合来创建一个双向绑定结构。该模型如图 10-17 所示。

图 10-17

在此给出的第一个功能就是自动列生成。默认情况下，网格包含针对字符串和数字的自动生成列(使用 DataGridTextBoxColumn)，以及使用一个复选框样式列的布尔值(使用 DataGridCheckBoxColumn)。DataGrid 唯一需要的就是源。本例已经拥有了源，因此可以定义该控件。下面让我们看看如何定义它，以及效果将如何：

```xml
<UserControl x:Class="Chapter10.Controls.DataGridSample"
    xmlns="http://schemas.microsoft.com/winfx/2006/xaml/presentation"
    xmlns:x="http://schemas.microsoft.com/winfx/2006/xaml"
    FontFamily="Trebuchet MS" FontSize="11"
    Width="500" Height="300"
    xmlns:Data=
"clr-namespace:System.Windows.Controls;assembly=System.Windows.Controls
.Data">

<Grid x:Name="LayoutRoot" Background="White">
    <StackPanel Margin="10,10,10,10">
        <Data:DataGrid x:Name="MainGrid"
                        Height="120" Width="400"
                        Margin="10,5,0,10" AutoGenerateColumns="True">
        </Data:DataGrid>
    </StackPanel>
</Grid>
</UserControl>
```

需要通过创建一个集合的实例并将其赋给该对象来提供条目源：

```
MainGrid.ItemsSource = new Contacts();
```

DataGrid 将自动读取各条目的格式，并尝试使用默认的列来对其实施渲染，因为使用了 AutoGenerateColumns 依赖属性。如果运行该例子，将得到如图 10-18 所示的结果。

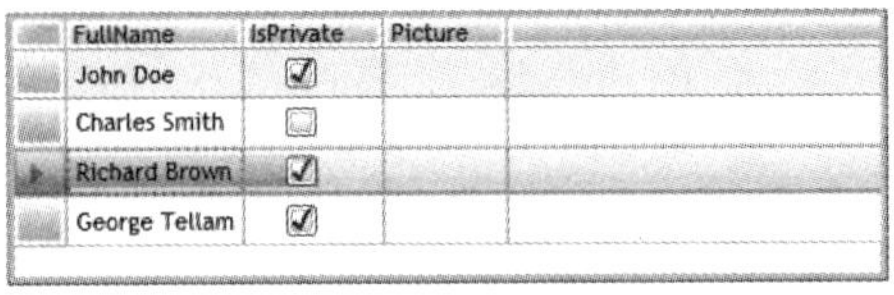

图 10-18

注意，Picture 属性是一个图像，由于网格不知道如何对其实施处理，因此该属性没有渲染。

由于该模型实现了一个可观察集合和属性已改变的接口，因此可以改变单元格的值，并且该改变将反射回模型——双向绑定的魔力发挥作用了！

如果将自动生成的参数改为 False，就可以定义所需要的列。在本例中，可以照样使用前面两列，而第三列将是一个图像。现在，是时候将所有的东西放到一起了，因为我们将使用绑定和数据模板来实现这一点。代码现在改变为如下：

```
<Data:DataGrid x:Name="CustomizedGrid" Height="120" Width="400"
  Margin="10,5,0,10"
AutoGenerateColumns="False" ItemsSource="" RowBackground="AliceBlue">

    <Data:DataGrid.Columns>
        <Data:DataGridTextColumn
                Header="Full Name"
                Width="120"
                Binding="{Binding FullName}"
                FontSize="14" />
        <Data:DataGridCheckBoxColumn
                Header="Private"
                Width="60"
                Binding="{Binding IsPrivate}"/>
        <Data:DataGridTemplateColumn
                Header="Picture"
                Width="60">
            <Data:DataGridTemplateColumn.CellTemplate>
                <DataTemplate>
                    <Image Width="32" Height="32"
                            Stretch="Uniform"
                            Source="{Binding Picture}"/>
                </DataTemplate>
            </Data:DataGridTemplateColumn.CellTemplate>
        </Data:DataGridTemplateColumn>
    </Data:DataGrid.Columns>
</Data:DataGrid>
```

注意，如何使用包含一个图像控件的数据模板来定义列模板。如果需要的话，仍然可以在该例子中使用资源，因为它就是一个普通的模板。如果运行该例子，将得到如图 10-19 所示的结果。

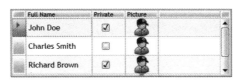

图 10-19

数据模板的灵活性并不仅限于此，可以在当前的选择项上添加额外的细节。这对于不可能显示所有信息的场景是非常有帮助的。可以做的就是，在主行上为用户提供最少的信息，而在用户选择某行时用行细节来显示额外的信息。本例将添加一个额外的域 Address，并且只有当用户选择该行时，应用程序才显示该域。为此，需要改变该 XAML 代码如下：

```
<Data:DataGrid x:Name="CustomizedGrid" Height="220" Width="400" Margin
 ="10,5,0,10"
AutoGenerateColumns="False" ItemsSource="" RowBackground="AliceBlue"
RowDetailsVisibilityMode="VisibleWhenSelected">

    <Data:DataGrid.RowDetailsTemplate>
        <DataTemplate>
            <StackPanel Orientation="Horizontal">
                <TextBlock FontSize="14" Text="Address: "
                    Foreground="Blue"/>
                <TextBlock FontSize="14" Text="{Binding Address}"
                    Foreground="Blue"/>
            </StackPanel>
        </DataTemplate>
    </Data:DataGrid.RowDetailsTemplate>

    <Data:DataGrid.Columns>
                <Data:DataGridTextColumn
                    Header="Full Name"
                    Width="120"
                    Binding="{Binding FullName}"
                    FontSize="14" />

            <- - Other columns her - - >

    </Data:DataGrid.Columns>
</Data:DataGrid>
```

现在，本例有了 RowDetailsVisibilityMode 设置，以定义额外细节的行为。为了使用该依赖属性，需要添加 RowDetailTemplate。可以想象，它是另外一个数据模板。

现在运行该应用程序，当用户单击某个条目时，可以看到所选择的条目如何变化。图 10-20 给出了该结果。

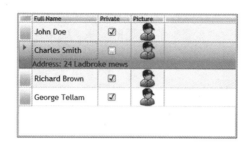

图 10-20

如您所见，DataGrid 仍然是数据表示的利器。现在，有了 WPF 和 Silverlight 一起提供的功能，就有了足够的空间来扩展常用标准控件的功能。

# 10.5　操作数据

正如本章正在探讨的，和其他应用程序一样，Silverlight 2 使用数据也有一定的限制。至今还没有涉及到的一件事就是，处理和操作从库(本地或远程)中检索到的数据。到现在为止，所有例子都是直接使用从一点到另外一点的绑定，但是某些情况需要检索数据，并将其缓存在内存或者隔离存储中，然后根据用户所做的选择对它进行操作。

如果考虑如何从数据库接收数据，那么最终将考虑的是表示数据的结构或对象，或者仅仅是 XML 字符串。Silverlight 2 提供了多种技术，以帮助在绑定或表示结果之前对这些对象进行操作。

现在，需要计划准备如何使用这些功能。在读取数据时，需要遵循该数据模型直到表示数据为止，并且在整个过程中将学习如何操作数据。为此，本章将研究直接处理数据和将 LINQ 引入 Silverlight 环境以处理数据。

## 10.5.1　传统的处理方法

在 LINQ 以前，您曾经处理和操作过数据。在这些方法中，每个元素都被手动地转换和链接，因此代码非常复杂。作为 ASP.NET 开发人员，为了检索和表示数据，您已经操作过对象和 DataSet。大部分应用程序都习惯利用选定的查询来直接查询数据库，并将结果链接到网格或者其他的用户界面控件。如果没有使用数据绑定，那么要做大量的"管道"劳动！

我们将把传统的处理问题分成两个领域：第一个领域是为了检索信息使用专门查询。使用这种通用模式，最终将仅仅为了改变表示或者修改过滤器而多次查询服务器。通过引入 DataSet，可以在不回到数据源的情况下操作内容(因为 DataSet 将在本地处理大部分动作，并在稍后的阶段将结果提交给服务器)，并且很多开发人员已经开始使用该对象来避免到数据库服务器的多个来回。但是，由于我们处于 ASP.NET 范围，该过程大部分时间都发生在服务器端，所以不管在哪都可以省去到数据库服务器之间的来回，但是仍然需要回到 Web 服务器来处理这些结果。

第二个问题领域是格式的多样化。数据可能不仅仅是保存在数据库中，也可能保留在文件中、其他 Web 站点中、Web Service 中，甚至是其他应用程序中。WCF 将真正帮助我们使用来自不同地方的信息，并且基本不破坏应用程序的体系结构。如果想查询一个数据库，必须使用某种格式；如果有一个必须转换成集合的文件，那么将需要另外一种格式。这就为开发人员和架构师增加了自然的额外开销，并妨碍他们在不回到数据源的情况下高效地操作数据。

传统的处理方法带来了很多其他类型的开销，并且这些开销最终将增加项目的风险以及系统的复杂性。这一点在计算机科学领域已经得到了广泛的认同，并且通用查询语言已经提出了多年。幸运的是，技术也就正在于此。

## 10.5.2  LINQ

.NET 团队在设计.NET 3.5 时理解了传统数据处理的问题，并添加了 LINQ 支持。这一技术已经受到了该领域的欢迎。但是，许多人因为其陡峭的学习曲线和昂贵的迁移成本仍然相信，这种转换将花费多年的时间。我们暂且把做此改变所需要花费的时间放在一边，Silverlight 团队确实做了正确的决策，加入了此冒险，并添加了对 LINQ 的支持。

> 如果完全不了解该技术，那么可以阅读本节来理解 LINQ 基础，及其如何在 Silverlight 中实现。如果想进一步地研究该技术，并掌握不同的 LINQ 提供者，我们建议买一本关于此方面的专著，以开发 LINQ 的全部潜能。

那么，LINQ 是什么？语言集成查询(Language-integrated query，LINQ)是一个编程模型，该模型以独立于数据源格式的方式利用查询来操作任意类型数据。这就意味着可以使用相同的查询语言从 SQL Server、数据集、集合、XML、实体等中查询数据。对于"亚马逊"网站而言，它还有事件提供者。如果仅仅为了看看 LINQ 是什么，那么可以查看下面的一小段代码示例。它使用了传统的观察集合来操作数据。这一次它完全是关于客户的数据。

```
public class Customers : ObservableCollection<Customer>
{
    public Customers()
            : base()
    {
        Add(new Customer("John Doe", "USA", 100f));
        Add(new Customer("Richard Gene", "UK", 170f));
        Add(new Customer("Carlos Torres", "Argentina", 50f));
        Add(new Customer("Paul Richy", "USA", 130f));
        Add(new Customer("Miguel Fuentes", "Spain", 430f));
        Add(new Customer("Yu Ming", "China", 180f));
        Add(new Customer("Carl Stevens", "UK", 10f));
    }
}

private Customers customers = new Customers();

private void SimpleLinq()
```

```
{
        var Results = from c in customers
                      where c.Country == "UK"
                      select c.FullName;

        foreach (string item in Results)
        {
                Debug.WriteLine(item);
        }
}
```

Customer 构造函数接受三个参数——全名、国家和余额。利用这些信息，我们可以创建一个实例，并利用 IntelliSense 的全部能力对它实施查询。您可能发现了该语言非常熟悉，只是语言结构和传统的 SQL 相反。实际上，ANSI SQL 语言设计师在设计此语言时脑子里并没有什么发明(想想它是什么时候创建的！)，因此编写查询一个更有效的方式是首先定义想查询什么。这就给了您 IntelliSense，在此可以对内容实施过滤，然后最终构建想要的结构。开始并不知道该查询结果的类型，因为该结构是动态的，因此我们使用了 var 数据类型。但是编译器可以推断出该类型，并且在稍后阶段操作该对象时提供 IntelliSense。正如您所期望的，运行该代码后，将仅仅得到两个 UK 项。

现在，关于 Silverlight LINQ 实现的一件重要事情是，它仅仅直接支持 LINQ to object 和 LINQ to XML(后面将详细介绍)。它并不支持 LINQ to DataSet，因为 Silverlight 应用程序并不支持 ADO.NET！

为了执行该代码，编译器实际上创建了 lambda(λ)希腊字母表达式树。所生成的代码如下：

```
IEnumerable<string> Results = this.customers.Where<Customer>(delegate
(Customer c)
        {
                return (c.Country == "UK");
        }
).Select<Customer, string>(delegate (Customer c)
        {
                return c.FullName;
        }
);
```

正如您所见，为了构建该树，它利用了扩展方法，用委托来执行该功能。如果对 lambda 表达式的语法非常熟悉，那么也可以利用 lambda 表达式来创建代码，并且不存在执行开销。另外重要的一点是，查询实际上是在它被访问时执行的。这就意味着当执行到 foreach 语句时，树的执行将开始。

既然有了这些基础，让我们看看如何利用不同的查询来操作一个集合，并绑定结果。

如图 10-21 所示，一个集合包含了所有数据，但是可以通过绑定合适的结果集来按需表示不同的子集。下面的代码通过添加一些额外的条件并返回完整内容来改进该例子：

```
private void SimpleLinq()
{
    // We select full name and balance from customers in argentina and UK
    var Results = from c in customers
            where c.Country == "UK" || c.Country == "Argentina"
            select c;

    // We assign the binding source
    MainGrid.ItemsSource = Results;
}
```

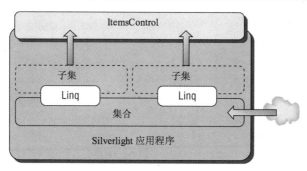

图 10-21

MainGrid 是一个具有自动列的 DataGrid。如果执行该代码，那么它将返回所有居住在 United Kingdom(英国)和 Argentina(阿根廷)的客户。由于选择了 c，因此应用程序将渲染集合的所有列。利用该类功能，可以得到一个网格，该网格将基于用户的选择显示不同的结果。

更有趣的事情是，该技术可以使用诸如联合和排序之类的通用查询功能。为此，需要另外一个集合。在本例中，我们可以快速地创建另外一个具有地址的列表，并添加一个索引。为了实现更多的功能，可以改变该查询表达式。

```
private void cmdJoinList_Click(object sender, RoutedEventArgs e)
{
    Random Rnd = new Random();

    // We select information based on balance
    var Results = from c in customers
                  join d in details on c.Details equals d.Id
                  where c.Balance > Rnd.Next(10, 200)
                  orderby c.Balance descending
                  select c;
    // We assign the binding source
    MainGrid.ItemsSource = Results;
}
```

在本例中，您可能会自问为什么我们不显示地址信息呢？Silverlight 2 中有一个限制，绑定并不能支持匿名类型。这就意味着不能利用该模型创建一个新的结构。但是，如果想这样做，又该如何呢？让我们探讨一下如何实现这一点。

为此，需要创建另外一个结构以包含部分结果，然后对其实施转换并最终进行绑定。我们希望 Silverlight 的未来版本将解决这个问题。但是，就现在而言，下面是该代码样本：

```
private struct PartialResults
{
        public string FullName { get; set; }
        public string Country { get; set; }
        public float Balance { get; set; }
        public string Address { get; set; }
}

private void cmdJoinList_Click(object sender, RoutedEventArgs e)
{
        Random Rnd = new Random();

        List<PartialResults> MyList = new List<PartialResults>();

        // We select the full results
        IEnumerable<PartialResults> Results = from c in customers
                                join d in details on c.Details equals d.Id
                                where c.Balance > Rnd.Next(10, 200)
                                orderby c.Balance descending
                                select new PartialResults { FullName =
                                                    c.FullName,
                                        Country = c.Country,
                                        Balance = c.Balance,
                                        Address = d.Address };

        // We assign the binding source
        MainGrid.ItemsSource = Results;
}
```

该代码现在已经改变为创建一个具名类型而不是匿名类型，这是回避绑定问题的一个好办法。如果执行该代码，将得到一个如图 10-22 所示的结果。由于在数据网格中使用了自动列，因此该列表渲染了部分列表的所有列。

图 10-22

Silverlight 的 LINQ 实现完成了 .NET 3.5 所引入的 System.Core 程序集中 99% 的功能。因此，可以继续用对象来探讨 LINQ 的功能，并且将这些知识应用到 Silverlight 应用程序。

除了当前实现外，如果对 LINQ 比较熟悉的话，应该知道完整的.NET 实现以及 ASP.NET 还包含其他一些相关工具。在 Silverlight 环境下，还存在另外一个实现，LINQ to XML。

## 10.5.3 LINQ to XML

当利用 RESTful 服务检索数据时，Silverlight 2 严重依赖于 XML。在今天的应用程序中，XML 扮演着一个基础的角色。如果您已经使用过 ASP.NET，那么我们保证您对其潜能非常熟悉。说到这里，在 Silverlight 数据表示的工作流程中还有很大的一块缺失：当用 XML 格式检索数据时，Silverlight 应用程序并未提供本地的 XML 绑定。而 WPF 开发人员已经享用了该功能很多年，并且他们会对 Silverlight 不支持该功能感到非常吃惊。有很多传言说，Silverlight 的未来版本将包含该功能。

尽管没有绑定，但仍然可以利用 LINQ 来操作 XML 数据，因为在这种情况下，它支持 LINQ。在 10.5.2 小节 "LINQ" 中，我们已经开始认识到了操作对象的可能性，现在我们将讨论如何利用相同的查询语言来查询 XML 数据。

本例所使用的示例 XML 数据文件包含了客户名称和其他属性信息。该 XML 的内容如下所示：

```xml
<?xml version="1.0" encoding="utf-8" ?>
<Customers>
        <Customer    FullName="John Doe"
                     Country ="USA"
                     Id ="0"
                     Address="23 Batch Campus"/>
        <Customer    FullName="Michael King"
                     Country ="UK"
                     Id ="1"
                     Address="1 Battersea park"/>
        <Customer    FullName="Roger Batman"
                     Country ="UK"
                     Id ="2"
                     Address="99 Columbia road"/>
        <Customer FullName="Jose Cuello"
                     Country ="Mexico"
                     Id="3"
                     Address="12 Esperanza"/>
        <Customer FullName="Gregory Torres"
                     Country ="Mexico"
                     Id="5"
                     Address ="Madagasgar 8"/>
    </Customers>
```

既然已经有了该 XML 内容，现在看看如何利用 LINQ to XML 来执行简单的查询操作，这将有助于理解 XDocument 对象的引入。该对象是 LINQ to XML 的核心，并帮助处理、操作和验证 XML。

```
private void LoadXML()
```

```
{
        XDocument XMLSource = XDocument.Load(
            "Chapter10;component/Controls/Manipulating/Data.xml");
        IEnumerable<string> Results = from c in XMLSource.Descendants
          ("Customer")
                             where c.Attribute("Country").Value == "UK"
                             select c.Attribute("FullName").Value;
    foreach (string name in Results)
    {
            Debug.WriteLine(name);
    }
}
```

当执行该代码时，将在可枚举对象中获得两个项，"Michael King"和"Roger Batman"。
当分析查询语言时，可以看到该语句和针对对象 LINQ 的相似性，但是也可以认识到访问
内容和元素的方式有所不同。

LINQ to XML API 引入了 X 对象。该类对象将帮助系统构建一个合适的内容树，其父
节点为 XDocument。而 XElement、XNode、XAttributes 和其他中间对象则帮助描述和操作
XML 结构中的内容。这就是为什么用该内容加载 XDocument 对象的主要原因。该例子使
用了一个 XML 文件作为源，然后使用该对象来查询和过滤在该对象中的特定项。

XNamespace 提供了相应的能力来动态创建 XML，并使用 LINQ 来查询结果。由于我
们的 Silverlight 应用程序是基于 XAML 的，而 XAML 使用的是 XML 格式，因此这将开始
演示该技术的强大功能。下面的代码显示了如何创建动态内容：

```
private void CreateContent()
{
    XDocument CustomXML = new XDocument(
        new XDeclaration("1.0", "UTF-16", "yes"),
        new XElement("Cars",
            new XElement("Car",
                new XAttribute("Id", "100"),
                new XElement("Owner",
                new XAttribute("Name", "Salvador"),
                new XAttribute("Country", "Argentina"))),
        new XElement("Car",
            new XAttribute("Id", "103"),
            new XElement("Owner",
                    new XAttribute("Name", "John"),
                    new XAttribute("Country", "England")))));

    var Results = from cars in CustomXML.Descendants("Car")
            where Convert.ToInt16(cars.Attribute("Id").Value) == 100
            select cars.Element("Owner").Attribute("Name").Value;

    foreach (var entry in Results)
```

```
        {
            Debug.WriteLine(entry.ToString());
        }
    }
}
```

该例子显示了如何创建内容，然后不仅仅演示了如何基于属性进行查询，还演示了如何操作这些元素。

### 1. 使用 LINQ 的动态 XAML

现在，您可能会问如何才能将 LINQ 集成到对象创建过程中，因为应用程序可以有一个模板 XML 内容文件，并可以基于查询来创建元素。如果需要的话，结果是可以注入应用程序中的 XAML！这就开始展现 Silverlight 中 LINQ to XML 和 XML 名称空间的能力了。

```
private void GenerateXAMLContent()
{
    XDocument XMLSource = XDocument.Load(
            "Chapter10;component/Controls/Manipulating/Data.xml");

    // Default namespace
    XNamespace xmlns =
        "http://schemas.microsoft.com/winfx/2006/xaml/presentation";

    // Dynamic XAML
    XElement MyTextBlock = new XElement(xmlns + "Border",
        new XAttribute("Margin", "8,8,8,8"),
        new XAttribute("BorderBrush", "#FF005CA9"),
        new XAttribute("BorderThickness", "2,2,2,2"),
        new XAttribute("CornerRadius", "10,10,10,10"),
            new XElement(xmlns + "StackPanel",
                new XAttribute("Orientation", "Vertical"),
                from customers in XMLSource.Descendants("Customer")
                where customers.Attribute("Country").Value == "UK"
                select new XElement(xmlns + "TextBlock",
                    new XAttribute("Width", "40"),
                    new XAttribute("FontSize", "12"),
                    new XAttribute("Text",
                    customers.Attribute("FullName").Value))));

                    // Parse and load the XAML
                    UIElement MyElement = (UIElement)XamlReader.Load
                        (MyTextBlock.ToString());

                    // Alter the current UI
                    MainGrid.Children.Add(MyElement);

}
```

需要考虑的第一件事就是将默认的名称空间添加到该动态 XAML 中(否则它不能分析)。有了该信息后，就可以使用前面例子中所解释的技术来创建一个新的 XElement。本例使用了 XAML 对象及其属性。根据动态 XAML 生成功能，在此一个重要的信息就是在元素构建时引入了 LINQ。该例子查询了初始的 XML 内容，并根据查询结果动态创建了一个 TextBlock！这真正显示了 Silverlight 中 LINQ to XML 的潜能。

### 2. 从 XML 绑定

直接将 XML 绑定到 UIElements 的功能已经不复存在了。本节将介绍在操作 XML 内容时可以使用的大致流程。该例子使用在本节开始所采用的相同 XML 例子。

通过在 LINQ 中使用 Select 语句，可以动态地创建返回类型。有了该功能，就可以将查询表达式的结果转换成可绑定的对象，如下所示：

```
public struct PartialResults
{
        public string FullName { get; set; }
        public string Country { get; set; }
        public string Address { get; set; }
}

private void LoadGrid()
{
        XDocument XMLSource = XDocument.Load(
                "Chapter10;component/Controls/Manipulating/Data.xml");

        IEnumerable<PartialResults> Results = from c in
                        XMLSource.Descendants("Customer")
                        where c.Attribute("Country").Value == "UK"
                        select new PartialResults
                        {
                          FullName = c.Attribute("FullName").Value,
                          Country = c.Attribute("Country").Value,
                          Address = c.Attribute("Address").Value
                        };

        MyDataGrid.ItemsSource = Results;
}
```

可以在不受任何约束的情况下将该结构绑定到该数据网格，这就意味着已经可以让该完整模型对象支持从查询返回的结果了。在执行该代码时，将让整个应用程序运行，包括前面所示的动态 XAML。图 10-23 显示了所得到的结果。

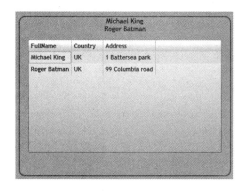

图 10-23

# 10.6 验证

在一个表单中验证用户输入已经发展很多年了，没有人比 ASP.NET 的开发人员更加了解该领域内的技术和工具如何改变我们与用户交互的方式。多年来，很多不怀好意的用户所发现的很多漏洞和攻击方法已经真正推动了这些验证工具的发明。这些技术可以在客户端进行验证，也可以依赖于服务器实施验证。具体在哪实施验证，是开发人员考虑到服务器的往返和响应需求的一个关键因素。

Silverlight 应用程序也需要某种体系结构上的决策，因为应用程序将尽可能地运行在客户端，而仅仅在必要的时候执行服务器回调。在 Silverlight 环境下，所面临的唯一区别是没有一个良好的系统来执行验证。

由于具有相应的技术，所以 WPF 开发人员已经非常熟悉数据验证和绑定验证。而 Silverlight 仅仅支持一个子集，而且并没有提供对 IDataErrorInfo 接口的支持。那么，这意味着什么呢？这就意味着在需要验证用户输入时，必须采用不同的方法。

## 10.6.1 输入验证

本节将讨论如何利用当前 Silverlight 2 中可用的对象来验证用户的输入。为此，需要暂时改变一下思维方式，以 Windows Forms 开发人员在其验证输入时的思考方式来进行思考。由于应用程序是运行在桌面上，并且可以访问事件模型，因此可以在需要的时候捕获用户交互，并提供自动反馈。

可以将验证过程分成不同的时期，并根据需求混合并匹配相应的阶段：

- **内联的**——该技术在 ASP.NET 开发环境中被经常使用，因为它真正有助于警告用户表单中可能存在的问题。只要用户按下一个键，或者是失去了控件的输入焦点，该模型将给出首次验证的结果。

  ASP.NET 的验证控件在该领域具有很大帮助，因为如果需要，它可以执行逻辑检测，并在不回到服务器的情况下展示出错消息。该类验证在 Silverlight 中也提供，但没有相应的控件可以完成该任务。但是可以捕获事件并给出一个出错消息，如下所示：

```
<StackPanel Orientation="Horizontal"
        VerticalAlignment="Center" HorizontalAlignment="Center">
        <TextBlock Text="Percentage (0-100): " FontSize="14"/>
        <TextBox x:Name="txtPercentage" Width="100" FontSize="14"
                    LostFocus="txtPercentage_Validation">
            <ToolTipService.ToolTip>
                <TextBlock Text="Please enter a value between 0 and 100"/>
            </ToolTipService.ToolTip>
        </TextBox>
</StackPanel>

private void txtPercentage_Validation(object sender, RoutedEventArgs e)
{
        int Result;

        if (int.TryParse(txtPercentage.Text, out Result))
        {
            if (Result >= 0 && Result <= 100)
            {
                txtPercentage.Background = new
                                    SolidColorBrush(Colors.White);
                txtPercentage.Foreground = new
                                    SolidColorBrush(Colors.Black);
                ToolTipService.SetToolTip(txtPercentage,
                  "Please enter a value between 0 and 100");
                return;
            }
        }
        txtPercentage.Background = new SolidColorBrush(Colors.Red);
        txtPercentage.Foreground = new SolidColorBrush(Colors.White);
        ToolTipService.SetToolTip(txtPercentage,"Value must be between 0 and
                                    100");
}
```

可以看到一些旧的常用验证仍然可以应用到 Silverlight，并且不需要回到服务器。
记住，ToolTip 可以包含想要包含的任何内容，如图 10-24 中所示，因此，可以添
加一个图像到错误 Tooptip 中或者改变其字体样式。

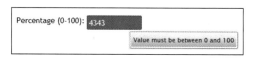

图 10-24

- **基于表单的**——第二个经典选择是表单验证。该验证是在表单提交给系统时执行
的。在 ASP.NET 环境中，该验证通常在服务器端执行，但是在 Silverlight 环境中，
可以在不回到服务器的情况下验证输入。记住，您具有.NET 验证用户输入的全部
能力，因此可以确定在从服务器回来之前具体做哪些操作。该类验证在 Web 环境

下更有意义，但是在 Silverlight 环境中，为了保证能够提供 ASP.NET 所提供的良好用户体验，最好还是使用内联的验证。

了解了这些以后，没有什么可以阻止社团发布新的验证控件，就像他们在 ASP.NET 领域中所提供的一样。因为可以创建自定义控件，并将其和 Silverlight 应用程序一起发布。查看 www.codeplex.com 以了解更多例子。

## 10.6.2　使用动态语言

在某些情况下，验证可能是动态的，或者验证逻辑简单地位于由外部应用程序所产生的资源中。该结果可以是一个使用某种动态语言的文件。该文件将和 Silverlight 应用程序进行交互，并利用该代码来执行验证。

该模型可能适用于集成。在此情况下，Web 应用程序利用 JavaScript 控制所有的验证，并且使用该代码来扩展验证逻辑(包含到服务器的往返)。为此，需要和动态语言引擎交互，并且该动态语言引擎可以与 Silverlight 2 完美合作。

可以从 codeplex 站点 www.codeplex.com 上下载最新的 DLR SDK。

让我们通过一个例子来看看如何实现这一点。该代码使用了一个 TextBox。当该控件失去焦点时，验证将被触发：

```
private ScriptScope scope;
private ScriptSource source;

public InputValidation()
{
    InitializeComponent();

    InitializeValidation();
}

private void InitializeValidation()
{
    // We initialize the runtime
    ScriptRuntime MyRuntime = JScript.CreateRuntime();

    // We select the language, in this case javascript
    ScriptEngine JSEngine = MyRuntime.GetEngine("js");

    // We create the execution scope
    scope = JSEngine.CreateScope();

    // We set the local variables, in this case the textbox
    scope.SetVariable("MyTextBlock", txtDLR);

    // We define the code to execute, this can be an
    // external file
    source = JSEngine.CreateScriptSourceFromString("if (MyTextBlock.
```

```
        Text !=
                        'DLR') MyTextBlock.Text = 'Here goes DLR';}",
                        SourceCodeKind.SingleStatement);
}

private void txtDLR_Validation(object sender, RoutedEventArgs e)
{
        // Executes the dynamic validation
        source.Execute(scope);
}
```

如您所见，基于所选择的语言，利用 DLR 引擎定义了执行范围。在该范围内，您定义了一个局部变量，以引用名为"MyTextBlock"的目标 TextBox。定义了该范围以后，就可以执行想执行的代码。本例给出了一个硬编码的项，但是可能会使用一个外部文件或者流。当文本框失去焦点时，它将执行事件处理器以调用 JavaScript 函数。仅仅在数行代码内，就可以看到 DLR 在代码集成方面的能力。为了探讨动态语言的更多功能，不要忘了查看第 17 章，该章将探讨 DLR 的功能。

### 10.6.3　数据绑定验证

数据绑定并未像在 WPF 中一样提供验证管道，这就再次意味着，它取决于您来实现该验证。数据绑定的问题是，"邪恶的"的输入可能会进入源对象中，从而破坏数据结构。因此，需要采取相应的措施来避免这种情况。

在这种特殊的情况下，肯定不想在源对象中有错误的值。因此为了避免遇到这种情况，可以采用一些窍门。您是否还记得在本章开始的时候为数据绑定而引入的转换模型？现在已经知道，该对象在将值从一个地方发送到另外一个地方之前执行。如果验证准则不匹配，那么这个地方非常适合引入某些数据操作。

```
public class Conversion : IValueConverter
{
    public event Action ValidationError;

    public object Convert(object value, Type targetType, object
      parameter,System.Globalization.CultureInfo culture)
    {
        return value;
    }

    public object ConvertBack(object value, Type targetType, object
      parameter,System.Globalization.CultureInfo culture)
    {
            return Validate(value);
    }

    private object Validate(object value)
    {
        if (value.ToString() == "Binding")
```

```
            {
                    return value;
            }
            else
            {
                    if (ValidationError != null)
                            ValidationError();

                    return string.Empty;
            }
        }

    private void InitializeBinding()
    {
        Binding NewBinding = new Binding();
        Conversion NewConversion = new Conversion();
        NewConversion.ValidationError += new
                                    Action(NewConversion_ValidationError);

        NewBinding.Mode = BindingMode.TwoWay;
        NewBinding.Path = new PropertyPath("Field");
        NewBinding.Source = new Model();
        NewBinding.Converter = NewConversion;

        txtBinding.SetBinding(TextBox.TextProperty, NewBinding);
    }

    private void NewConversion_ValidationError()
    {
        txtBinding.Background = new SolidColorBrush(Colors.Red);
    }
```

正如在本例中所见，可以从转换器中截获该值，然后应用验证逻辑。如果验证失败，为了避免数据冲突可以重新设置源目标值。本例提供了相应的事件来处理验证错误并通知用户。

由于当前的限制，可以充分发挥创造性以在 Silverlight 2 中验证信息。但是正如您此时可以意识到的，运行时是非常小的，并且仅仅包含基本的功能。验证并不难，因为您手头上有了.NET 的所有潜能。

## 10.7　小结

已经到了这一长章的末尾了。如果是从头开始读的，那么您应该对在 Silverlight 环境下数据处理是个什么样子有了清楚的了解。您已经完成了一个旅程。本章首先对所包含的名称空间做了简单的介绍，并限制了数据的可能范围。要了解 Silverlight 不支持传统的 ADO.NET，但是可以访问在.NET 3.5 SP1 中发布的 ADO.NET Data Services(Astoria)，这一点非常重要。

　　学习绑定的基础知识是必要的，因为为了合理地分离模型和表示，WPF 和 Silverlight 都严重依赖于该技术。我们推荐使用绑定，因为绑定被认为是最好的方法，并且可以节省编码时间。本章不仅回顾了数据绑定是什么，而且还介绍了如何使用类库中所提供的可观察集合来执行集合绑定。

　　本章介绍了如何检索数据，这是对第 9 章"和服务器通信"的补充。它使用了不同的本地存储，如资源、内容和隔离存储。Silverlight 2 还包含了使用 Web Service 和 RESTful 接口来远程访问数据。该技术真正扩展了应用程序边界。

　　通过利用针对对象的 LINQ 和 LINQ to XML，LINQ 的功能得到了充分的展示。我们相信，为了利用 ASP.NET 中熟悉的语言动态地检索数据和执行查询操作，您将结合数据绑定一起研究这些功能。Silverlight 团队已经开始研究该技术了，因为微软公司坚信该技术是查询操作的未来。

　　最后，要理解利用传统.NET 表单实施验证中的验证限制和基本情况可以提供相应的工具，以保护应用程序免受错误输入的伤害。这也给了您对如何在 Silverlight 2 环境下使用当前 ASP.NET 知识一个思路。

# 创建自定义控件

在为 Web 应用程序开发用户界面时，通常会考虑表示控件的两个重要方面。第一个方面涉及控件所拥有的内部功能以及它如何和应用程序实施交互，我们称之为控件的逻辑。而另外一方面则是控件的外观：用户非常在意用户界面如何表示信息，并且这也是针对非技术用户的一个重要卖点。实际上，为了引入更直观的方法，我们正在逐步放弃开发人员设计的用户界面，而是采用具有丰富用户经验的设计人员所发布的用户界面。在 Silverlight 环境下，应该坚持同样的原则。但是正如在第 6 章所学习到的，Silverlight 仅仅直接提供了有限的控件。那么，如何才能扩展这些表示选项呢？

本章回顾了在需要创建自定义控件时可以选择的不同方法。在 ASP.NET 环境下，也有能力这么做，但是如果超出了用户控件的范畴而进入自定义控件的领域，那么可能会遇到一些复杂性带来的问题。

为了学习自定义控件，我们介绍一个完整的过程。需要了解的第一件事情是，项目需要哪种类型的自定义，因为实现自定义有着不同的选择，而这些选择可能会把您搞得很糊涂。因此，我们将分析各种方法，并提供可能的实现方案。

最后，我们将讨论在 WPF 的有限帮助下，Silverlight 2 如何提供控件的丰富多彩的选项集：从传统的用户控件和可视化自定义，到完整的可模板化控件。

## 11.1 用户控件

我们介绍的第一个自定义控件是用户控件。如果曾经使用过 ASP.NET，那么可能对该概念比较熟悉。在理论上，Silverlight 和 ASP.NET 采用同样的方式处理用户控件。用户控件(user control)是一个容器，它组合了多个控件，并且最终作为一个唯一实体提供给应用程序，这就意味着可以重用不同 XAML 容器中的分组控件。的确，您可能会自问，在一个正常的 XAML 页面中是否也会遇到同样行为。您是完全正确的——如果分析 Silverlight 页面的 XAML 代码，将发现该代码由以下标签开始：

```
<UserControl x:Class="Chapter11.Controls.UserControlDemo"
    xmlns="http://schemas.microsoft.com/winfx/2006/xaml/presentation"
    xmlns:x="http://schemas.microsoft.com/winfx/2006/xaml"
    FontFamily="Trebuchet MS" FontSize="11"
    Width="400" Height="300"/>
```

本章所给出的所有源代码，均可以在 Wrox Web 站点 www.wrox.com 中找到。

如果需要，可以随意创建用户控件，利用 Visual Studio 项目浏览器或者利用诸如 Blend 之类的外部工具。本章将研究如何创建用户控件，以及为了让它对分析器可见而应该如何改变用户控件的定义。但是在深入具体细节之前，我们首先来看看用户控件是什么，以及如果需要用户控件如何才能决定。

## 11.1.1　理解用户控件

用户控件是将需要放在一起的控件聚合在一起的有效方式。这些控件不仅仅在视觉上聚合到了一起，而且控件后台的逻辑也聚合到了一起。这就意味着可以在应用程序中对其进行重用，让其完全符合面向对象的模型。在面向对象模型中，控件对应用程序的其余部分而言是完全自主的。

在 Web 开发领域，我们往往将为了达成某个目的而一起部署的控件聚合到一起。这就意味着，如果想在 Web 页面中增加一个部分以允许用户搜索 Web 站点的内容，那么可能需要在用户控件中包含一个带单词 Search 的标签、一个允许用户输入他想查找内容的文本框，以及一个用于触发搜索的按钮。现在，当用户在文本框中输入单词，然后单击 Search 按钮时，搜索将通过从聚合的控件中读取参数来执行。

在 ASP.NET 环境下，可以创建一个 ASCX 文件，通常称为 Web 用户控件，并且可以开始对其进行设计。该例子使用了一个 asp:label 控件、一个 asp:TextBox 控件和一个 asp:Button 控件：

```
<%@ Control Language="C#"
AutoEventWireup="true" CodeBehind="WebUserControl1.ascx.cs"
Inherits="Chapter11.WebDemo.WebUserControl1" %>

<asp:Label ID="lblSearchText" runat="server">Search: </asp:Label>
<asp:TextBox ID="txtSearchContent" runat="server"></asp:TextBox>
 
<asp:Button ID="cmdSearch" runat="server" Text="Search !" />
```

现在可以在 Web 页面中重用该搜索用户控件，但是为此，需要让页面知道该控件的位置。在 ASP.NET 页面中，将在页面的头部注册该控件，如下所示：

```
<%@ Page Language="C#" AutoEventWireup="true" CodeBehind="Default.aspx.cs"
Inherits="Chapter11.WebDemo._Default" %>
```

```
<%@ Register TagPrefix ="MyControl" Src ="~/WebUserControl1.ascx" TagName =
"Search" %>

<!DOCTYPE html PUBLIC "-//W3C//DTD XHTML 1.0 Transitional//EN"
"http://www.w3.org/TR/xhtml1/DTD/xhtml1-transitional.dtd">

<html xmlns="http://www.w3.org/1999/xhtml" >
<head runat="server">
    <title>My Test Page</title>
</head>
<body>
    <form id="form1" runat="server">
    <div>
        <MyControl:Search ID = "NewControl" Visible = "true"
                            runat = "server"></MyControl:Search>
    </div>
    </form>
</body>
</html>
```

　　该控件将在页面上被渲染，但是如果想在另外一个页面中重用此功能，甚至是在同一个页面中重用此功能，仅仅需要包含另外一个额外引用就可以了。此外，如果需要修改该用户控件中的漏洞，也仅仅需要修改该用户控件的代码逻辑，并且在编译以后，所做修改将反射到所有使用了该控件的页面中。

　　如果对其稍加考虑的话，将会立即发现用户控件所带来的好处，因为它提供了逻辑和功能的包装模式，从而使得部署更加灵活。那么是否可以手动完成该操作呢？是的，当然可以，但是很容易丢失代码在哪里实现的踪迹，从而导致应用程序中的漏洞和不一致。而这又意味着什么呢？这就意味着可能会丢失作为开发人员的某些信誉，而您当然不希望这种情况发生！

　　如果浏览某些用.NET 编写的 Web 站点，很快就会认识到用户控件到处都在使用。图11-1 在使用了用户控件的地方使用星星和点画线标识，这就意味着，浏览控件可以在其他页面中使用而不需要重写该功能。

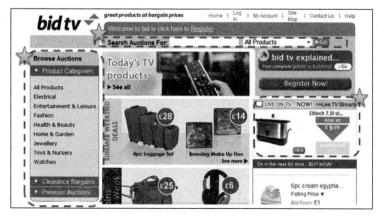

图 11-1

我们已经介绍了在 ASP.NET 环境中如何创建用户控件。在此，我们将展示在 Silverlight 中如何提供相同的功能。因为有了直接的比较，可能会发现理解起来比较容易。用户控件背后的概念是完全一样的。Silverlight 团队引入了和 ASP.NET 和 Windows Forms 开发人员已经使用的同样模型。

下面是 Silverlight 应用程序在 Web 页面中所给出的同样例子。所需要的第一件事就是一个用户控件。正如已经看到的，用户控件仅仅是一段 XAML 代码：

```
<UserControl
  xmlns="http://schemas.microsoft.com/winfx/2006/xaml/presentation"
  xmlns:x="http://schemas.microsoft.com/winfx/2006/xaml"
  xmlns:d="http://schemas.microsoft.com/expression/blend/2008"
  mc:Ignorable="d"
  x:Class="Chapter11.SearchControl"
  d:DesignWidth="640" d:DesignHeight="480" Width="300" Height="50">

  <Grid x:Name="LayoutRoot" Background="White" >
      <Button HorizontalAlignment="Right" Margin="0,8,8,8"
          VerticalAlignment="Stretch" Width="88.667" Content="Search"/>
      <TextBlock HorizontalAlignment="Left" Margin="14,13,0,17 "
        Width="54.889"
          Text="Search:"TextWrapping="Wrap"d:LayoutOverrides="Width"/>
      <TextBox Margin="82,13,107,13" Text="" TextWrapping="Wrap"
        FontSize="14"/>
  </Grid>
</UserControl>
```

现在，为了在页面中表示该用户控件，需要告诉主用户控件到哪里去寻找最近创建的用户控件；否则，将会遇到和 ASP.NET 中一样的解析器错误。

下面给出了如何对主页面进行修改：

```
<UserControl x:Class="Chapter11.Controls.UserControlDemo"
    xmlns="http://schemas.microsoft.com/winfx/2006/xaml/presentation"
    xmlns:x="http://schemas.microsoft.com/winfx/2006/xaml"
    FontFamily="Trebuchet MS" FontSize="11"
    xmlns:Custom ="clr-namespace:Chapter11.Controls.Custom"
    Width="400" Height="300">
    <Grid x:Name="LayoutRoot" Background="White">
      <Custom:SearchControl></Custom:SearchControl>
    </Grid>
</UserControl>
```

在 ASP.NET 中所使用的注册，已经用一个名称空间声明进行了替换。在本例中，名称"Custom"和"TagPrefix"一样。最后，有了包含的名称空间后，为了渲染用户控件，可以直接将用户控件插入网格中。

同样的概念也可以应用到隐藏代码。控制逻辑也和用户控件一样，从而完成整个封装过程。您可能已经注意到，我们在用户控件背后的逻辑和可视化表示之间做了一个区分。

其原因将在阅读本章时变得越来越清晰，因为我们将使用控件的不同部分来演示何时使用某个控件，何时使用另外一个。如果想了解用户控件在整个模型中的作用，请查看图 11-2。

该用户控件在其后台具有唯一的一段逻辑，以管理可视化事件，但是用户控件仅仅是一个容器，它可能包含其他控件甚至其他用户控件。这些控件都没有丢失它们自身的逻辑，因为该模型可以在各个层次上重复。在逻辑层面上可以控制的是，这些控件之间如何交互。这就意味着如果在页面上(另外一个用户控件)包含了搜索用户控件，那么搜索控件将执行其所有的内部逻辑，而不管主用户控件正在做什么。

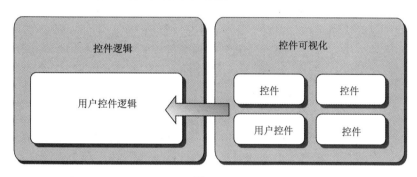

图 11-2

### 1. 部署

用户控件将和 Silverlight 应用程序一起配备，如果将用户控件作为项目中另外一个 XAML 页面包含在项目中，那么不需要做什么额外的工作。但是不要被该行为愚弄了——用户控件不必是当前 Silverlight 程序集的一部分，因为它可能来自另外项目。

某些开发人员和软件厂商可能已经将大量的用户控件组合在了不同的程序集中。这将有助于他们方便地管理多个应用程序之间的通用功能。如果想在应用程序中重用这些控件，则仅仅需要添加包含这些控件的 DLL 文件，并在应用程序中访问这些控件即可。该程序集将包含在 XAP 包中，并在应用程序下载时被部署。

这就导致了两个新的问题：第一个问题是如何在主用户控件中注册这些控件。现在还需要设定程序集，因此可以按照如下方式改变该注册过程来实现这一点：

```
xmlns:CustomExternal =
"clr-namespace:Chapter11.ExternalControls;assembly=Chapter11.Common"
```

该程序集项设定了程序集名以及控件所处的位置。

我们想强调的第二个问题是通用程序集的过度使用。记住，如果非常注重加载性能，就会拥有大量 DLL，而这些 DLL 所包含的是应用程序可能不使用的控件，那么这将可能影响下载时间。也就是说，在单一的程序集内组合了太多的对象。最好的方法是基于使用对控件进行聚合，并且如果需要涉及多个领域的多个控件，如安全领域，那么创建可扩展名称空间，如下所示：

- YourCompany.Common.Security.dll——在所有应用程序中通常使用的基本控件。
- YourCompany.Common.Security.Certificates.dll——某些应用程序可能使用的特定控件。

记住，正如前一章所示，可以按需从服务器端检索程序集。这就意味着可以在用户选择了需要该程序集的功能时再下载程序集，这样也可以节省一定的加载时间。

**2. 使用场景**

既然已经理解了用户控件是什么，这一节将给出使用用户控件的基本原则和选择使用用户控件的可能场景。这个可能性列表并没有列出所有的可能，而应该看成是一个基本原则。

应该问自己的第一个问题是关于封装。如果计划提供一起工作的控件以实现某项特定任务，那么就可以使用用户控件。记住，一旦控件已经进行了聚合，那么在用户控件之外就不能单独使用各个控件了。在设计该控件如何与应用程序的其余部分交互时，应该时刻牢记这一点。

> 开发人员已经知道如何打破封装模式，以将用户控件的单个控件提供给外部应用程序。这是一种不好的工作方式，应该尽量避免。

另外需要考虑的一个领域是重用性。如果该控件非常特殊，且不可能在其他应用程序中使用，那么可以不利用用户控件来达到目的。前面已经说过，一种方法就是在功能层上将应用程序分解，因为应用程序的各部分都由于某个原因而处于某个位置。有了这个思想后，可以将某些领域聚合成用户控件，因为这有助于正确地分离功能，并减少引入跨控件的调用，因为跨控件调用会破坏面向对象模式。

有了封装和重用的思想后，可以分离两个模型：一个是可以在应用程序中多个阶段共享的、与目标无关的功能。很多例子都可能有搜索功能或者邮编查找器。这些用户控件将执行特定的功能，而不会破坏通用应用程序状态机，但是输出将帮助用户达成当前应用程序状态的目标。另外一个模型可以看成是面向对象的辅助模型，其中用户控件并不知道其他控件的任何内容，但是他们的组合将构成应用程序。用户控件可以在它们需要改变状态时使用接口和流化事件和其他用户控件实施通信。该模型通常由一个协调器对象支持。图11-3 图形化地给出了该模型。

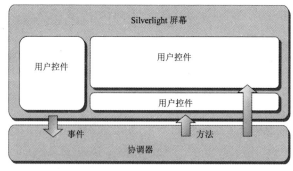

图 11-3

## 11.1.2　创建用户控件

本节将给出如何利用最常用的工具一步一步地创建用户控件。为此，我们将创建一个应用程序以显示一个联系人列表。正如在前面"使用场景"小节中所见，联系人列表中的各个项都拥有了一个包含多个控件的自定义表示，这就意味着该功能是用户控件的一个完美使用场景，其最终输出将如图 11-4 所示。

图 11-4

我们的联系人列表中各个项均包含多个控件，以处理一系列特定的功能，如"show more details"、"send an SMS"或者"write an e-mail"。这些用户控件每个都是自包含的，并且仅仅需要在联系人列表的每个实例中重复渲染即可。

如果需要完整的源代码，仅仅需要从 wrox.com 上下载第 11 章的代码样本即可。

### 1. 添加用户控件

需要做的第一件事就是将用户控件添加到项目中。完全独立于容器是最好的方法，这就意味着联系人项可以在应用程序的其他部分中使用。

可以使用 Visual Studio 或者 Expression Blend 添加用户控件。我们展示了使用这两个工具的过程。在 Visual Studio 中，仅仅需要右击项目，然后选择 Add | New Item。一个带有可以包含在应用程序中的不同类型条目的对话框就会显示出来。

选择"Silverlight User Control"，然后将控件命名为 ContactControl.xaml。图 11-5 给出了所选择的屏幕。

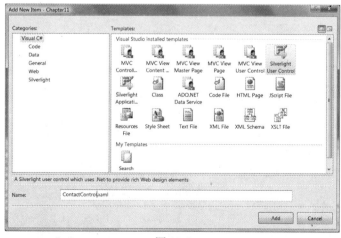

图 11-5

记住，要使用一致的命名规则。在本例中，我们使用 Control 作为我们所有用户控件的后缀。这取决于选择什么样的命名规则，但是一旦选择了某个规则，那么一定要遵守该规则。这样，代码将看起来更专业。

该对话框在应用程序中创建了另外一个 XAML 文件。如果打开该文件，它看上去和主 Silverlight 页面类似(记住该页面也是一个用户控件)。Visual Studio 还将创建隐藏代码文件。

也可以使用 Expression Blend 来完成完全一样的任务——仅仅右击项目，并添加一个新的项，然后用户控件界面将出现。注意，在 Blend 中，可以选择不包含隐藏代码文件的选项。此外，在 Blend 中还可以从主页面设计中创建一个用户控件，这就使得要在主页面中包含该控件更加方便，并且可以突然决定一个控件集合应该被分离。图 11-6 给出了 New Item 对话框，以及该用户控件的屏幕。

图 11-6

### 2. 自定义用户控件

有了该用户控件之后，就可以开始设计它了，其方式和设计正常的 XAML 页面完全一样。不要担心隐藏代码，仅仅需要考虑可视化界面。添加图像控件、TextBlock 控件、一个复选框和两个按钮。必须包含正确的名称，因为逻辑为了操作聚合控件将需要控件名。默认情况下，所有的控件都是作为"私有"的控件而创建的，这就意味着容器不能直接访问单个控件，而只有隐藏代码可以。不要试图将其变成"公有"的，从而使得可以在外面对其进行操作。这样，可能会由于使用这个不是非常完美的解决方法而破坏了其功能。相反，我们应该使用属性来访问用户控件的功能，而不是单个控件的功能。

如果已经添加一个新的用户控件到 Silverlight 项目中，那么仅仅需要修改默认代码即可，下面的例子可以帮助引入这些改变：

```
<UserControl x:Class="Chapter11.Controls.Custom.ContactControl"
    xmlns="http://schemas.microsoft.com/winfx/2006/xaml/presentation"
    xmlns:x="http://schemas.microsoft.com/winfx/2006/xaml"
    FontFamily="Trebuchet MS" FontSize="11"
    Width="400" Height="100"
    xmlns:d="http://schemas.microsoft.com/expression/blend/2008"
    xmlns:mc="http://schemas.openxmlformats.org/markup-compatibility/2006"
```

```xml
    mc:Ignorable="d"
    Loaded="UserControl_Loaded">

<Grid x:Name="LayoutRoot">
      <!-- Main Container -->
      <Border Margin="0,0,0,0" BorderThickness="1,1,1,1"
                    CornerRadius="10,10,10,10">
            <Border.Background>
                <LinearGradientBrush EndPoint="0.5,1" StartPoint=
                  "0.5,0">
                    <GradientStop Color="#FF5CE8E8" Offset="0.007"/>
                    <GradientStop Color="#FF0569B0" Offset="1"/>
                </LinearGradientBrush>
            </Border.Background>
            <Grid>
                <Image HorizontalAlignment="Left" Margin="11,6,0,8"
                      Width="96.535" Stretch="Uniform"
                      d:LayoutOverrides="Width" x:Name="imgPicture"/>
                <TextBlock Height="25.111" Margin="85,8,73,0"
                      VerticalAlignment="Top" FontFamily="Verdana"
                      FontSize="16" FontWeight="Normal"
                      TextWrapping="Wrap" x:Name="lblName"/>
                <TextBlock Height="25.111" Margin="85,33,73,39"
                      VerticalAlignment="Stretch" FontFamily=
                        "Verdana"
                      FontSize="14" FontWeight="Normal"
                      TextWrapping="Wrap" d:LayoutOverrides="Height"
                      x:Name="lblPhone"/>
                <TextBlock Height="25.111" Margin="85,0,73,14"
                      VerticalAlignment="Bottom" FontFamily="Verdana"
                      FontSize="14" FontWeight="Normal"
                      TextWrapping="Wrap" d:LayoutOverrides="Height"
                      x:Name="lblEmail"/>
                <Button HorizontalAlignment="Right" Margin="0,14,8,0"
                      VerticalAlignment="Top" Width="115.667"
                      Content="Send SMS" x:Name="cmdSMS"
                      d:LayoutOverrides="Width, Height" Height=
                        "21.111"/>
                <Button HorizontalAlignment="Right" Margin="0,41,8,35"
                      VerticalAlignment="Stretch" Width="115.667"
                      Content="Send Email" Height="21.111"
                      d:LayoutOverrides="Width, Height"
                      x:Name="cmdEmail"/>
                <CheckBox Height="21.111" HorizontalAlignment="Right"
                      Margin="0,0,8,8" VerticalAlignment="Bottom"
                      Width="108.815" Content="More Details"
                      d:LayoutOverrides="Width, Height"
                      x:Name="chkMoreDetails"
                      Checked="chkMoreDetails_Checked"
                      Unchecked="chkMoreDetails_Unchecked"/>
```

```
            </Grid>
        </Border>
    </Grid>
</UserControl>
```

该代码添加了两个事件：第一个事件在用户控件被加载时执行，因为将用外部属性绑定到内部控件；另外一个事件是针对复选框的，因为当复选框被单击时，将显示额外的信息。

为了将属性提供给 XAML 设计器，需要将其作为依赖属性发布，这些属性将绑定到用户控件中的内部控件。修改用户控件的隐藏代码以提供这些属性，如下所示：

```
public partial class ContactControl : UserControl
{
    public static readonly DependencyProperty PictureProperty =
    DependencyProperty.Register("Picture",
    typeof(string), typeof(ContactControl),null);

    public static readonly DependencyProperty ContactNameProperty =
    DependencyProperty.Register("ContactName",
    typeof(string), typeof(ContactControl), null);

    public static readonly DependencyProperty ContactPhoneProperty =
    DependencyProperty.Register("ContactPhone",
    typeof(string), typeof(ContactControl), null);

    public static readonly DependencyProperty ContactEmailProperty =
    DependencyProperty.Register("ContactEmail",
    typeof(string), typeof(ContactControl), null);

    public static readonly DependencyProperty ContactAddressProperty =
    DependencyProperty.Register("ContactAddress",
    typeof(string), typeof(ContactControl), null);

    pub lic string Picture
    {
        get { return (string)GetValue(PictureProperty); }
        set { SetValue(PictureProperty, value); }
    }

    public string ContactName
    {
        get { return (string)GetValue(ContactNameProperty); }
        set { SetValue(ContactNameProperty, value); }
    }

    public string ContactPhone
    {
        get { return (string)GetValue(ContactPhoneProperty); }
```

```
        set { SetValue(ContactPhoneProperty, value); }
    }

    public string ContactEmail
    {
        get { return (string)GetValue(ContactEmailProperty); }
        set { SetValue(ContactEmailProperty, value); }
    }

    public string ContactAddress
    {
        get { return (string)GetValue(ContactAddressProperty); }
        set { SetValue(ContactAddressProperty, value); }
    }
}
```

有了该代码，现在可以改变容器以将该用户控件添加到主屏幕上。正如前面所看到的，需要为用户控件注册名称空间，如下面的代码所示。注册提供了对控件所展示的新依赖属性的访问。

下面的代码显示了容器应该显示的外观：

```
<UserControl x:Class="Chapter11.Controls.UserControlDemo"
    xmlns="http://schemas.microsoft.com/winfx/2006/xaml/presentation"
    xmlns:x="http://schemas.microsoft.com/winfx/2006/xaml"
    FontFamily="Trebuchet MS" FontSize="11"
    xmlns:Custom ="clr-namespace:Chapter11.Controls.Custom"
    Width="400" Height="500">

    <Grid x:Name="LayoutRoot" Background="White">
        <StackPanel Orientation="Vertical">
            <Custom:ContactControl x:Name="First" Picture="Marta.png"
                ContactEmail="Email1@Temp.com" ContactName="Marta
                Ballesteros" ContactPhone="555-123-1234"
                ContactAddress="23
                John Street" ></Custom:ContactControl>
            <Custom:ContactControl Picture="Daniel.png"
                ContactEmail="MyEmail@Domain.com" ContactName="Daniel
                Alvarez" ContactPhone="555-321-4321"
                ContactAddress="Penbridge 11"></Custom:ContactControl>
            <Custom:ContactControl Picture="Graciela.png"
                ContactEmail="GEmail@NoPlace.co.at" ContactName=
                "Graciela
                Patuel" ContactPhone="555-444-5353" ContactAddress=
                "100 Roe
                Alley"></Custom:ContactControl>
        </StackPanel>
```

```
        </Grid>
    </UserControl>
```

在自己的用户控件内，可以添加想要的任何功能。为了展示其潜能，下面的代码添加
了当用户单击"More Details"复选框时显示额外信息的动画。一个动画显示细节，而另外
一个动画则隐藏细节。可以使用针对复选框的如下事件处理器来触发该动画。

```
<UserControl.Resources>
    <Storyboard x:Name="MoreDetailsTransition">
      <DoubleAnimationUsingKeyFrames BeginTime="00:00:00"
            Storyboard.TargetName="MoreDetails"
            Storyboard.TargetProperty="(UIElement.RenderTransform).
              (TransformGroup.Children)[3].(TranslateTransform.Y)">
          <SplineDoubleKeyFrame KeyTime="00:00:00" Value="0"/>
          <SplineDoubleKeyFrame KeyTime="00:00:00.5000000" Value="-
          96.593"/>
      </DoubleAnimationUsingKeyFrames>
      <DoubleAnimationUsingKeyFrames BeginTime="00:00:00"
            Storyboard.TargetName="MoreDetails"
            Storyboard.TargetProperty="(UIElement.Opacity)">
          <SplineDoubleKeyFrame KeyTime="00:00:00" Value="0"/>
          <SplineDoubleKeyFrame KeyTime="00:00:00.5000000"
          Value="1"/>
      </DoubleAnimationUsingKeyFrames>
    </Storyboard>

    <!-- Reverse storyboard supressed for simplicity ->

< Code Behind >

private void chkMoreDetails_Checked(object sender, RoutedEventArgs e)
{
        MoreDetailsTransition.Begin();
}

private void chkMoreDetails_Unchecked(object sender, RoutedEventArgs e)
{
        MoreDetailsRemove.Begin();
}
```

该结果是一个完全独立的用户控件，该控件能为每个联系人添加自己特定的功能，而
不管容器看上去如何。运行该项目，将展示一个类似于图 11-7 所示的用户控件。

图 11-7

## 11.2 自定义当前控件

很多开发人员都不知道他们的工具箱提供了自定义当前控件外观和感觉的能力，甚至该工具箱还提供了比传统的 Windows Forms 控件环境中自定义工具功能更强大的自定义工具。作为 Web 开发人员，在使用样式和 CSS 文件时已经使用了该功能。该功能允许根据客户或者用户偏好来改变 Web 站点和控件的外观。Silverlight 和 WPF 允许执行同样的操作。

如果从来没有自定义过控件，那么让我来具体解释一下这意味着什么。假定有了 Windows Forms 应用程序，并且想改变一个按钮的外观。可以采用的第一个方法就是改变按钮的公有属性。改变经典的属性(如前景色和背景色)可以使按钮看上去有所不同，但是受限于设计者的约束。如果想做进一步的改进，该怎么办呢？在传统的模型中，可以覆盖 OnPaint 方法以改变按钮实施渲染的方式，或者利用 GDI+的内部机制来创建一个全新的自定义控件以获得合适的外观和感觉。这一点对于应用程序开发者而言有点太难了。Web 开发人员在控件外观上具有一定的自由度，因为他们可以应用样式来改变渲染，并生成更丰富的用户界面。

### 11.2.1 理解可视化自定义

本节将回顾在不创建新控件的情况下，如何改变某个控件的可视化外观。这是在不改变控件逻辑的情况下创建自定义控件的另外一种方法。记住 Silverlight 所实现的模型：可视化和逻辑是分离的。图 11-8 显示现在是在进行可视化的自定义，而不是逻辑的自定义。11.1 节 "用户控件" 已经介绍了将不同的控件组织成控件的方法，这样就创建了新的控件逻辑。

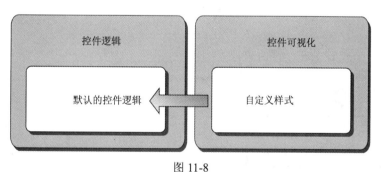

图 11-8

本例仅仅触及到了可视化外观。如果想修改控件的外观，那么这种方法非常有用，而且可能非常满意该行为。此外，还可以在运行时改变模板，以使得 Silverlight 应用程序匹配自定义 Web 站点。在改变控件的可视化方面时，所有的功能将保持不变，正如在图 11-9 中所见。可以用一个全新的外观和感觉来改变当前默认按钮。

图 11-9

可以利用两个技术来实现此改变：第一个方法是为控件添加样式，在这种情况下，较小的属性改变将可以创建一个新的外观和感觉；第二个方法是通过加皮肤，在这种情况下，控件将应用全新的模板。

实际上，不同的可视化选项可以以资源保存方法的形式保存在应用程序层或者用户控件层中。由于 UIElement 具有样式和模板依赖属性，所以可以在运行时对其进行改变。此外，如果需要的话，甚至可以对其实施绑定！我们正开始揭示利用本书所展示的所有概念实施自定义的所有可能。

在开始创建一个完全自定义的控件之前，我们分析一些自定义当前控件可能发挥作用的场景，从而减少实现时的风险和代价。

### 使用场景

利用 Silverlight，可以方便地在不改变控件功能的情况下自定义控件的外观。有了控件模板，可以仅仅通过改变 XAML 代码来改变任意控件。如果想在多个应用程序中重用模板，可以将这些资源打包在不同的程序集中。

使用样式自定义的好场景是在需要提供一个标准化的用户界面时，此时设计人员指定要使用特殊设计的按钮来提供一致性。他们可以改变某些属性，但是默认情况下，按钮在外观上将和首席设计人员所设计的按钮一样。

另外一个需要该技术的好场景是当需要为每个实例自定义应用程序时。这就意味着允许用户改变外观，选择不同的模板，但是并不触及隐藏代码。有很多这样的实现，这些实现的需求将开发推到一个多租客环境。在此环境下，应用程序要根据使用系统的客户需要而在外观上有所不同。通过样式以及加皮肤，Silverlight 和控件自定义可以实现这一点。图 11-10 给出了两个使用相同托管代码(逻辑)和相同服务的不同界面。

图 11-10

11.2.4 小节"将所有知识综合到一起"将讨论如何实现这一点，因为该小节结合了样式和加皮肤的功能。

**"成功的"因素**

我个人比较喜欢自定义控件。老实说，当我以前在另一家公司工作时，我自定义了按钮、面板、列表等可以叫出名的控件——不管它是 Windows Forms 控件还是 Web 控件。作为架构师，也需要考虑用户体验，并且在很多情况下，为了成功实现自定义，还有一些因素。重设计一个控件的外观是非常困难且费时的，而且还很容易出错。我发现，有时真正需要的仅仅是按钮有一个不同的外观，但是自己却使用了全新的按钮。

在我最初研究 WPF 时，事情开始发生改变了。我对该体系结构允许在不改变内部逻辑的情况下而自定义控件的可视性惊叹不已。这可以大大地减少我花费在测试控件以及确保控件可以正常工作上的时间，从而使得我有更多时间来集中考虑控件的外观和感觉。此外，该新模型将有助于降低项目的风险。

## 11.2.2　用样式实施自定义

将研究的第一种类型自定义是加样式。定义某个控件的样式将有助于首席设计师定义某个控件的默认外观，即当使用控件时，它将自动看上去和初始设计一样。当需要提交上百个页面时，这种方式可以节约大量时间。

可以定义一次样式，并将其应用到多个控件也不会带来任何问题。可以将样式保存在应用程序层或者仅仅保留在用户控件中，因为需要将其作为资源保存。当应用一个样式到某个控件时，其外观和感觉将自动改变，但是这并不阻止设计人员再次改变属性。记住，本地属性的改变比全局的样式具有更高的优先级。

可以创建一个 Style 对象作为资源。为了实现这一点，需要定义样式的 TargetType。这样将有助于解析器理解该控件可用的依赖属性，从而阻止一些常见的错误。可以使用 Setter 对象来设置任意的依赖属性，如下所示：

```
<UserControl.Resources>
    <Style TargetType="Border" x:Key="BorderStyle">
            <Setter Property="Background" Value="#FF1090B5"/>
            <Setter Property="CornerRadius" Value="20,20,20,20"/>
    </Style>
</UserControl.Resources>
```

如您所见，仅仅可以改变控件所提供的当前依赖属性。这是一个限制，在进入下一节完全自定义控件(11.3 节)时，将克服该限制。这就意味着用样式实施自定义是非常基础的，但是如果规范化控件设计并提高设计的效率，那么该技术可以完成这项任务。

既然已经准备好了资源，我们来看看如何改变该控件的外观和感觉。在前面的例子中，Border 类型进行了自定义，因此可以自定义当前边框实现，如下所示：

```
<Border Margin="32,91,25,36" Style="{StaticResource BorderStyle}"/>
```

可以看到设置样式是多么容易。注意，仍然使用了 Margin 依赖属性来定义位置。如果想让该属性预先定义，可以对其移动，并将其包含在样式中。现在可以覆盖这些属性——它也能正常发挥作用，并将背景色改为红色。

```
<Border Margin="32,91,25,36" Style="{StaticResource BorderStyle}"
Background="Red"/>
```

这实际上就是控件内部的工作原理。它们具有可以覆盖以改变属性的预定义样式：这些样式通常称为默认样式(default styles)。稍后将看到在结合考虑控件的可视化状态时，结合样式和皮肤如何改变当前控件的外观。

现在，让我们分析一个完整的例子。在该例子中，当利用样式对控件实施自定义时，可以自定义用户控件的外观。为此，需要使用登录界面例子。用户控件将基于条件进行改变，如图 11-11 所示，该例子结合使用 XAML 和托管代码来完成该任务。

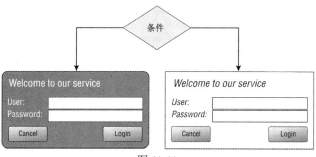

图 11-11

下面的代码实现了该模型。需要做的第一件事就是定义样式。在此使用了两个样式，并将其保存在用户控件资源字典中。

```
<UserControl.Resources>

        <!-- Funky Style -->
        <Style TargetType="Border" x:Key="BorderFunkyStyle">
            <Setter Property="Background" Value="#FF1090B5"/>
            <Setter Property="CornerRadius" Value="20,20,20,20"/>
        </Style>

        <Style TargetType="TextBlock" x:Key="TitleFunkyStyle">
            <Setter Property="Foreground" Value="#FFFFFFFF"/>
        </Style>

        <!-- Classic Style -->
        <Style TargetType="Border" x:Key="BorderClassicStyle">
            <Setter Property="BorderBrush" Value="#FF050000"/>
            <Setter Property="CornerRadius" Value="0,0,0,0"/>
            <Setter Property="BorderThickness" Value="1,1,1,1"/>
        </Style>

        <Style TargetType="TextBlock" x:Key="TitleClassicStyle">
                <Setter Property="FontStyle" Value="Italic"/>
                <Setter Property="Foreground" Value="#FF86451B"/>
        </Style>

</UserControl.Resources>
```

注意，样式应该永远有 x:Key 属性，因为 Silverlight 并不能像 WPF 一样利用目标类型来支持隐含样式。

由于在设计时不知道将要使用哪个样式，因此需要在隐藏代码中对其定义。在该场景下，为了呈现不同的样式，需要添加一个随机算法。为此，该代码处理了用户控件的加载事件。该代码如下所示：

```
private void UserControl_Loaded(object sender, RoutedEventArgs e)
{
    // Our powerfull algorithm :)
    long CurrentTick = DateTime.Now.Ticks;

    // Selects the correct style
    if ((CurrentTick & 1) == 1)
    {
        // Funky Style
        MainBorder.Style = (Style)Resources["BorderFunkyStyle"];

        // Fonts can not be specify by XAML styles
        lblWelcome.FontFamily = new FontFamily("Verdana");

        lblWelcome.Style = (Style)Resources["TitleFunkyStyle"];
        lblUser.Style = (Style)Resources["TitleFunkyStyle"];
        lblPassword.Style = (Style)Resources["TitleFunkyStyle"];
    }
    else
    {
        // Classic Style
        MainBorder.Style = (Style)Resources["BorderClassicStyle"];

        // Fonts can not be specify by XAML styles
        lblWelcome.FontFamily = new FontFamily("Courier New");

        lblWelcome.Style = (Style)Resources["TitleClassicStyle"];
        lblUser.Style = (Style)Resources["TitleClassicStyle"];
        lblPassword.Style = (Style)Resources["TitleClassicStyle"];
    }

    lblUser.FontFamily = lblWelcome.FontFamily;
    lblPassword.FontFamily = lblWelcome.FontFamily;
}
```

如您所见，可以在运行时设置样式，改变其 Style 依赖属性，但是在这个阶段可能已经注意到了没有在样式中添加字体系列。这是因为一个技术限制：在 XAML 中字体系列对象不能被分析。同样的事情还有，例如 IsEnabled 依赖属性也没有在样式中设置，因为布尔类型也不能被分析。按钮的默认模板使用该技术来对字体进行赋值。但是该规则也存在一个例外：如果和包一起发布字体，那么可以做如下的引用：

```
<Setter Property="FontFamily" Value="/fonts/YouCustomFont.ttf "/>
```

样式通过预定义属性可以真正帮助自定义外观和感觉，但是如果和 WPF 中的控件样式相比，Silverlight 实现有一些应该知道的限制：

- 第一点是样式不能基于另外一个样式，因此 Silverlight 不支持 BasedOn 属性。
- 第二点也是最重要的一点是，样式只能被覆盖一次。这就意味着，一旦设置了自定义样式(覆盖默认的样式一次)，就不能再次设置它了。如果试图再次设置，那么将收到一个异常。

本节已经介绍了仅仅通过控制属性来自定义控件的外观，但是在某些情况下，可能想完全自定义控件外观而保持其功能不变。在前面的例子中，按钮的样式保持为原有的样式。下一节将展示如何进一步地实施自定义。

### 11.2.3　用皮肤实施自定义

有时希望自定义控件，但不改变属性或者仅仅应用不同的样式。为此，WPF 和 Silverlight 均允许为控件加上皮肤，有时也称为模板化(templating)。该技术也在常用控件的默认模板中使用。

在 Silverlight 2 中，加皮肤的过程是通过利用 ControlTemplate 控件来实现的，该过程创建一个全新的外观而不改变隐藏代码。模板也可以作为一个资源保存，或者利用隐藏代码动态创建，因为 Control 对象具有一个名为 Template 的公有属性。

图 11-9 展示了如何将默认按钮转换成一个全新的布局。下面是所涉及的代码：

```xml
<ControlTemplate x:Key="Customized" TargetType="Button" >
      <Grid x:Name="LayoutRoot">
        <Ellipse Height="43.555" HorizontalAlignment="Left"
            VerticalAlignment="Top" Width="99.556" Stroke="#FF22FFDC">
            <Ellipse.Fill>
                <LinearGradientBrush EndPoint="0.5,1"
                                            StartPoint="0.5,0">
                    <GradientStop Color="#FFFFFFFF"/>
                    <GradientStop Color="#FF5ABBFF" Offset="1"/>
                </LinearGradientBrush>
            </Ellipse.Fill>
        </Ellipse>
    </Grid>
</ControlTemplate>
```

该控件模板对象的创建和操作都非常简单。重要的信息是目标类型，其功能和样式的目标类型的功能一样。有了该信息，加上我们资源字典中的键名，就可以使用模板了。模板的内容是表示该模板的可视化模型。本例为按钮赋予了椭圆形的外观，并加上了渐变色的背景。现在就可以使用该模板：

```xml
<Button Template="{StaticResource Customized}"
        Foreground="Chocolate" Height="45"
        HorizontalAlignment="Right" Margin="0,30,25,0" VerticalAlignment
            ="Top"
        Width="130" x:Name="cmdCustomizedButton"/>
```

该按钮现在将使用模板的内容进行渲染。记住，也可以通过隐藏代码来对模板赋值，就像下面的代码片段所示。一个非常有趣的功能是，可以在想改变模板的时候动态改变模板，想改多少次就可改多少次。

```
Private ControlTemplate previousControl;

if (previousControl == null)
{
        previousControl = cmdDefaultButton.Template;
        cmdDefaultButton.Template = (ControlTemplate)Resources["Customized"];
}
else
{
        cmdDefaultButton.Template = previousControl;
        previousControl = null;
}
```

使用皮肤来自定义控件仍然允许设置控件的属性，但是将会注意到，它们可能并没有得到预期的效果。例如，如果改变新按钮的背景色，将注意到按钮的背景色并未发生改变，因为控件并不知道如何处理该属性的值。这是因为该值可能并不适合新的模板。但是，如果仍然想使用该功能又该怎么办呢？可以使用 TemplateBinding 米连接它。该对象允许将源属性的值拷贝到新模板模式中。将利用模板绑定来改变开始的例子，如图 11-12 所示。

图 11-12

为了改变按钮上文本的前景色，我们仍然可以使用设计人员所使用的前景色属性，而且该方法是允许控件按其期望行为动作的最好方法。该代码现在看上去如下所示：

```
<ControlTemplate x:Key="Customized" TargetType="Button">
    <Grid x:Name="LayoutRoot">
        <Ellipse Height="43.555" HorizontalAlignment="Left"
            VerticalAlignment="Top" Width="99.556" Stroke="#FF22FFDC">
        <Ellipse.Fill>
                <LinearGradientBrush EndPoint="0.5,1"
                                            StartPoint="0.5,0">
                    <GradientStop Color="#FFFFFFFF"/>
                    <GradientStop Color="#FF5ABBFF" Offset="1"/>
                </LinearGradientBrush>
        </Ellipse.Fill>
    </Ellipse>
    <TextBlock Text="Click Me!"
            Foreground="{TemplateBinding Foreground}"
            HorizontalAlignment="Left" Margin="15,10,0,0" Width="73"
            FontSize="16" FontFamily="Comic Sans MS"
            VerticalAlignment="Top" Height="18"/>
    </Grid>
```

```
</ControlTemplate>
```

现在，正如您所见，对按钮上的文本实施了硬编码。如果在文本上使用 TemplateBinding，必须确保内容受支持——换句话说，是一个字符串。可以改变该例子以利用模板绑定，如下所示：

```
<TextBlock Text="{TemplateBinding Content}"
        Foreground="{TemplateBinding Foreground}"
        HorizontalAlignment="Left" Margin="15,10,0,0" Width="73"
        FontSize="16" FontFamily="Comic Sans MS"
        VerticalAlignment="Top" Height="18"/>
```

但是，如果正在寻找一种可扩展的解决方案，需要允许设计人员添加任意类型的内容。控件的内容可以是另外一个控件或者是一个层次的多个控件。当文本期望是一个字符串时，这就引起了一个问题！如果想添加该内容，需要一个 ContentPresenter 控件。

控件表示器将完成在标签上所说的工作，它将允许利用模板绑定命令来渲染模板中的内容。使用如下的代码以包含该功能：

```
<ContentPresenter Content="{TemplateBinding Content}"
                HorizontalAlignment="Center" Margin="0,0,0,0"
                Width="73"      VerticalAlignment="Center" Height="25"/>
```

注意如何将属性绑定扩展到字体对象，使其不像样式那样受限。当对源控件做如下改动时，就拥有了一个完全自定义的按钮控件，如图 11-13 所示：

```
<Button Template="{StaticResource Customized}"
        Content="Login" FontSize="16"
        Foreground="White" Height="45" HorizontalAlignment="Right"
        Margin="0,30,25,0" VerticalAlignment="Top" Width="130"
        x:Name="cmdCustomizedButton"/>
```

图 11-13

## 11.2.4　将所有知识综合到一起

既然已经理解了如何自定义控件的外观，那么将可以通过混合使用样式和皮肤来使用所有技术以改变某个控件的外观。结合这些技术，将创建一个绝对灵活、可以在多个应用程序中重用的控件，而且对设计人员没有任何限制。

如果混合使用了样式和皮肤，那么将可以让某个控件应用默认样式和模板，并且如果需要的话，可以进一步改变。下面的代码定义了按钮的默认行为和默认模板：

```
<UserControl x:Class="Chapter11.Controls.StyleAndSkinDemo"
    xmlns="http://schemas.microsoft.com/winfx/2006/xaml/presentation"
    xmlns:x="http://schemas.microsoft.com/winfx/2006/xaml"
    FontFamily="Trebuchet MS" FontSize="11"
```

```
        Width="400" Height="300"
        xmlns:d="http://schemas.microsoft.com/expression/blend/2008"
        xmlns:mc="http://schemas.openxmlformats.org/markup-compatibility/2006"
        mc:Ignorable="d">


<UserControl.Resources>
    <Style x:Name="FunkyButton" TargetType="Button">
        <Setter Property="Content" Value="No name"/>
        <Setter Property="Background">
            <Setter.Value>
                <LinearGradientBrush EndPoint="0.5,1"
                                            StartPoint="0.5,0">
                    <GradientStop Color="#FFFFFFFF"/>
                    <GradientStop Color="#FF3094E8"
                                        Offset="0.513"/>
                    <GradientStop Color="#FFFFFFFF"
                                            Offset="0.987"/>
                </LinearGradientBrush>
            </Setter.Value>
        </Setter>
        <Setter Property="IsTabStop" Value="true"/>
        <Setter Property="Template">
            <Setter.Value>
                <ControlTemplate TargetType="Button">

<!--- Control Template -->
<Grid x:Name="LayoutRoot" Background="White">
    <Border Background="{TemplateBinding Background}"
    HorizontalAlignment="Stretch"
    VerticalAlignment="Stretch"
    CornerRadius="10,10,10,10"
    BorderThickness="2,2,1,1">
    <Border.BorderBrush>
        <LinearGradientBrush EndPoint="0.5,1"
                        StartPoint="0.5,0">
        <GradientStop Color="#FFBECDE8"
                        Offset="0.004"/>
        <GradientStop Color="#FF1264F5" Offset="1"/>
        </LinearGradientBrush>
    </Border.BorderBrush>
</Border>
<TextBlock HorizontalAlignment="Center"
        VerticalAlignment="Center"
        FontFamily="Lucida Sans Unicode"
        FontSize="{TemplateBinding FontSize}"
        Text="{TemplateBinding Content}"
        TextAlignment="Center"
        TextWrapping="Wrap"/>
</Grid>
</ControlTemplate>
```

```
        </Setter.Value>
        </Setter>
    </Style>
</UserControl.Resources>

<!--- Presentation -->
<Grid>
        <StackPanel Orientation="Vertical" VerticalAlignment="Center">
                <Button Width="200" Height="50"
                    Content="Silverlight Default Style" FontSize="14"/>
                <Button Style="{StaticResource FunkyButton}" Width
                    ="200"
                    Height="50" FontSize="14"/>
                <Button Style="{StaticResource FunkyButton}" Background
                    ="White"
                    Width="200" Height="50" Content="My customized
                        version"FontSize="14"/>
        </StackPanel>
</Grid>
</UserControl>
```

增加一个混合使用了这两项技术的完整例子，将展示如何添加某种类型内容的值。您可以看到默认的背景是笔刷定义。用户在按钮的第三个实例上改变了默认背景笔刷；而第二个按钮用户没有对其进行改变，使用了默认的渐变笔刷。当运行该例子时，将得到如图 11-14 所示的结果。

图 11-14

### 可视化状态

到现在为止，已经看到了如何自定义控件的可视化方面。但是在运行数个例子并对其进行操作以后，可能已经注意到根据按钮的状态(state)不同，默认样式包含多个不同的可视化样式。实际上，如果想触发动画的话该如何？为此，Silverlight 包含了多个可视化状态，并且可以为控件定义这些状态。

正在使用的每个目标控件均发布了一个可以使用的可视化状态列表。这就意味着当控件状态发生变换时可以覆盖控件的外观，但不会改变这种变换的计算方式。例如，按钮发布了如下所示的可视化状态：

```
[TemplateVisualStateAttribute(Name="Unfocused", GroupName="FocusStates")]
[TemplateVisualStateAttribute(Name="MouseOver", GroupName="CommonStates")]
[TemplateVisualStateAttribute(Name="Pressed", GroupName = "CommonStates")]
[TemplateVisualStateAttribute(Name = "Focused", GroupName = "FocusStates")]
```

```
[TemplateVisualStateAttribute(Name= "Disabled", GroupName="CommonStates")]
[TemplateVisualStateAttribute(Name = "Normal", GroupName="CommonStates")]
public class Button : ButtonBase
```

注意，属性名和分组非常有用，因为在自定义该控件时，这些内容将用于覆盖可视化的改变。

为了理解可视化状态如何被管理，首先需要分析一下 VisualStateManager。该对象将帮助组织可视化状态和状态之间的转变，并且在状态改变时添加将要发生的必要情节串联图板。VisualStateManager 包含在 System.Windows 名称空间中，因此需要做的第一件事就是将该名称空间添加到控件中：

```
xmlns:vsm="clr-namespace:System.Windows;assembly=System.Windows"
```

有了该名称空间，就可以开始在控件模板中声明可视化状态了。第一个定义是可视化状态容器 VisualStateManager.VisualStateGroups。该对象将包含所有的可视化状态组。如果回顾按钮控件所提供的状态列表，将注意到有一个分组名。分组名是通过一个称为 VisualStateGroup 的单个分组对象定义的。下面的例子展示了在鼠标悬浮于新的自定义按钮时如何添加一个色彩转换动画：

```
<VisualStateManager.VisualStateGroups>
    <VisualStateGroup x:Name="CommonStates">
        <VisualState x:Name="MouseOver">
            <Storyboard>
                <ColorAnimation Storyboard.TargetName="MainBorder"
                Storyboard.TargetProperty =
                "(Border.BorderBrush).(SolidColorBrush.Color)"
                To="Black"/>
            </Storyboard>
        </VisualState>
    </VisualStateGroup>
</VisualStateManager.VisualStateGroups>
```

在本例中，当目标按钮触发状态转换到 MouseOver 时，动画将被触发，从而将边框颜色变为黑色——再次注意，不需要在隐藏代码中改变一行代码！

如果想在控件从一个状态转换到另外一个状态时触发一个可视化的变化，可以添加一个状态转换情节串联图板。负责组织转换的对象是 VisualStateGroup.Transitions。每个转换都由一个 VisualTransition 对象表示，该对象允许定义需要监测的状态以及交互的持续时间。下面的代码显示了当控件从 MouseOver 状态转换到 Normal 状态时，如何添加额外的色彩转变：

```
<VisualStateGroup.Transitions>
    <VisualTransition From="MouseOver" To="Normal" GeneratedDuration
    ="0:0:1.5">
        <Storyboard>
            <ColorAnimation Storyboard.TargetName="MainBorder"
            Storyboard.TargetProperty =
            "(Border.BorderBrush).(SolidColorBrush.Color)"
```

```
                  To="Red"/>
              </Storyboard>
        </VisualTransition>
</VisualStateGroup.Transitions>
```

Blend 2.5 也提供可视化状态管理功能，以使得利用用户界面来设计改变和让改变可视化变得更加容易。图 11-15 给出了如何改变可视化状态。

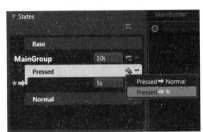

图 11-15

Blend 列出了从基类控件继承得到的主要状态，并允许以图形化的方式添加新的可视化状态组、可视化状态以及状态之间的转换。由于它将生成所有的 XAML，因此这将真正帮助减少需要编写的笨重代码的量。

现在可以改变最初的例子，以在用户将鼠标移动到新的自定义按钮上时添加一个可视化状态改变。该代码显示了如何将可视化状态集成到项目中：

```
<ControlTemplate TargetType="Button" >
    <Grid x:Name="LayoutRoot" Background="White">
<VisualStateManager.VisualStateGroups>
        <VisualStateGroup x:Name="CommonStates">
          <VisualStateGroup.Transitions>
            <VisualTransition From="MouseOver"
                To="Normal" GeneratedDuration="0:0:1.5">
              <Storyboard>
                    <ColorAnimation
                    Storyboard.TargetName="MainBorder"
                    Storyboard.TargetProperty =
"(Border.BorderBrush).(SolidColorBrush.Color)"
                    To="Red"/>
                </Storyboard>
            </VisualTransition>
        </VisualStateGroup.Transitions>

        <VisualState x:Name="MouseOver">
            <Storyboard>
                <ColorAnimation
                    Storyboard.TargetName="MainBorder"
                    Storyboard.TargetProperty =
"(Border.BorderBrush).(SolidColorBrush.Color)"
                    To="Black"/>
            </Storyboard>
```

```
                    </VisualState>
                    <VisualState x:Name="Normal">
                        <Storyboard>
                                <ColorAnimation
                                    Storyboard.TargetName="MainBorder"
                                    Storyboard.TargetProperty =
                        "(Border.BorderBrush).(SolidColorBrush.Color)"
                                    To="#FFBECDE8"/>
                        </Storyboard>
                    </VisualState>
                </VisualStateGroup>
            </VisualStateManager.VisualStateGroups>

    <Border x:Name="MainBorder" Background="{TemplateBinding Background}"
            HorizontalAlignment="Stretch" VerticalAlignment="Stretch"
            CornerRadius="10,10,10,10" BorderThickness="2,2,1,1">
            <Border.BorderBrush>
                <SolidColorBrush Color="#FFBECDE8"/>
            </Border.BorderBrush>
    </Border>

    <TextBlock x:Name="MainContent"
                    HorizontalAlignment="Center"
                    VerticalAlignment="Center"
                    FontFamily="Lucida Sans Unicode"
                    FontSize="{TemplateBinding FontSize}"
                    Text="{TemplateBinding Content}"
                    TextAlignment="Center"
                    TextWrapping="Wrap"/>
    </Grid>
</ControlTemplate>
```

# 11.3　自定义控件

自定义控件这一节是本章的最后一部分，因为它使用了在本章中已经学习到的所有功能。如果分析了本章给出的例子和代码，可能已经注意到了在某些场景下，控件的默认行为并不怎么好。有时，将控件聚合在用户控件中或者改变控件的外观并不够。

Silverlight 团队采用了 WPF 模型，该模型对开发人员完全开放，可以随意进行自定义。这就意味着没有什么复杂的或者非文档的模型，因为 Silverlight 团队用于创建默认工具箱的相同技术也可被开发人员和设计人员使用。您将发现，利用 Silverlight 2 开发完全自定义的控件要比使用 ASP.NET 容易得多。

## 11.3.1　自定义控件是什么

想象一下作为 Silverlight 团队的一员，第一个任务就是创建工具箱控件。已经掌握了前面所讨论的关于用户控件和可视化自定义方面的所有技术，但是可能是在没有任何基本控件的情况下实现这些控件。在此，需要从头开始编写完整的控件，这就意味着将负责定义控件的功能以及控件的外观，同时还要考虑 WPF 和 Silverlight 为该任务所引进的扩展性模型。

现在，需要基于 Control 基类来编写所有的控件逻辑，而不是使用到现在为止在本章所给出的 UserControl。图 11-16 给出了目前关于控件的逻辑和表示的一个可视化表示。

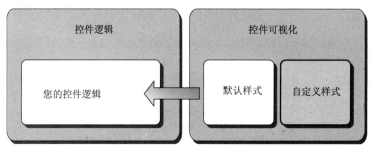

图 11-16

图 11-16 显示了现在所拥有的控件逻辑和默认样式。当设计人员实现控件时，他应该可以覆盖控件的可视化界面，并且仍然可以和控件逻辑以及状态转变交互。这看上去有很多工作要做，但是相信我们，该内部体系结构将允许用最小的代价来对其进行自定义。

由于默认情况下自定义控件并不包含在设计器的工具箱当中，因此将控件进行发布并将其添加到项目中就非常重要了。这样就使得最好是将所有的自定义控件分组在不同的程序集，如此一来就可以在多个项目中使用这些控件。而程序集可以打包在 XAP 包中，并随所有必需的资源一起发送给最终用户。

注意，由于正在构建自定义控件，因此可以在自定义过程中使用其他框架元素。例如，Calendar 控件使用了文本块和按钮，并且是一个完全自定义的控件。

### 使用场景

决定何时创建一个自定义控件并不容易，而且它会真正影响项目，因为将需要花费大量的努力来设置控件的逻辑和外观，同时还需要考虑进一步的可自定义。所提供的选择越多，那么创建错误控件的机会也就越大。

我们建议使用自定义控件的一个主要场景是真正需要自定义的逻辑，而且该逻辑能够被重新部署并可以在其他项目中使用，例如缩微图片浏览器。这样的控件应该在当前的工具箱中不存在，并且需要实现可视化的自定义。将所有这些变量放到一起，可以解决的第一个场景就是您的业务正在售卖自定义控件时。现在有很多公司都准备利用 Silverlight 缺乏基本控件的机会，大量生产 Silverlight 控件。可以看到现在诸如组合框、可视化滑杆和复杂网格之类的控件在默认情况下都未给出，但是这些控件已经可以购买到了。这就导致了我们的另外一个推荐：如果控件已经存在，那么购买该控件。相信我们，控件并不是非常贵，而且某个公司已经经历了对其实施自定义、进行测试以及相应支持的痛苦过程。因此，购买控件可以真正降低项目中的风险。

分析一下需求是否可以通过利用一个简单的用户控件就可以满足。在评估一个控件时，首要的规则是，如果控件比较复杂而其需要多个控件，那么使用一个用户控件将更胜一筹。如果控件比较简单，而且具有一个简单且良好定义的目标，那么可能需要使用自定义控件了。

## 11.3.2　第一个自定义控件

本节将学习开发新的自定义控件。我们已经确定需要一个值滚动条，该滚动条以一种可视化丰富的样式显示了内容。

对于该项目，我们将首先利用在本章前面所学习的技术创建一个自定义控件，然后添加更多的功能和复杂性。(如果仅仅阅读了本节，那么回顾一下前面几节是一个不错的主意。)最后，我们将引入一些关于可视化和控件逻辑之间交互的新概念。

该自定义控件已经被评估了，并且有如下的需求：

(1) 它将作为一个可以在多个项目中重用的简单控件给出，并且可以由设计人员实施自定义。

(2) 该控件一次只能滚动呈现一个项。

(3) 该控件需要两个按钮以前后移动内容。

完整的自定义控件将看上去如图 11-17 所示。

图 11-17

既然拥有了所有的细节，可以开始构建该自定义控件了。需要做的第一件事是在 Silverlight 项目中添加一个新项。如果想要的话，可以为其创建一个独立的程序集，因为步骤是一样的，只不过需要添加引用并改变控件上的自定义名称空间而已。

使用如下的代码创建一个新类，并将其重命名为 ValueScroller。为了被识别为合法的 UIElement，该类需要继承自 Control：

```
public class ValueScroller : Control
{
    public ValueScroller()
    {
        this.IsTabStop = true;
    }
}
```

IsTabStop 设定了是否希望控件包含在 tab 列表中。现在，切换到将要表示自定义控件的用户控件中，并添加该名称空间，这样它就可以被分析了：

```
<UserControl x:Class="Chapter11.Controls.CustomControlDemo"
    xmlns="http://schemas.microsoft.com/winfx/2006/xaml/presentation"
    xmlns:x="http://schemas.microsoft.com/winfx/2006/xaml"
    xmlns:custom="clr-namespace:Chapter11.Controls"
    FontFamily="Trebuchet MS" FontSize="11"
    Width="400" Height="300" Background="White">
```

```
<Grid Width="400" Height="200" Background="White">
    <StackPanel Orientation="Vertical" VerticalAlignment="Center">
        <custom:ValueScroller Width="200" Height="25"/>
    </StackPanel>
</Grid>
</UserControl>
```

只要包含了该名称空间，那么就可以在 XAML 设计器中访问该控件了。您可能已经注意到了控件的某些属性是继承自 Control 的，如宽度和高度。该项目可以进行正常编译，但是没有任何东西会被渲染，因为仅仅创建了控件逻辑的框架而已。

前面已经利用控件模板通过样式和皮肤对控件的可视化部分进行了自定义。在该控件中，您将采用相同的方法。例如，当拖放一个按钮时，按钮的默认样式将应用到该按钮。在我们的例子中，这完全是一样的，因为我们需要一个默认视图。您如何定义默认样式呢？让我们研究一下内置样式模型。

### 1. 内置样式

默认样式聚集在一个名为 generic.xaml 的文件中，该模型和在 WPF 中可能学习到的模型一样。该文件为自定义控件包含了默认的内置样式。注意，该文件可能有多个定义。

该文件仅仅是一个包含可以由自定义控件使用的样式和模板的资源字典而已。由于其内容是资源，因此应该将其作为资源文件看待，而不应该将其作为传统的 XAML 文件对其实施编译。

现在回到该项目，创建一个名为 Themes 的新文件夹，然后添加一个新的 XML 文件，并将其重命名为 generic.xaml。一旦包含了该文件，那么跳到 Properties 部分并将 Build Action 改为 Resource。同时，移除 Custom Tool 项，因为不需要它。

需要以在应用程序中或者用户控件字典中所采用的相同方法定义该字典。为此，跳到 generic.xaml 文件，并将其内容改变为如下：

```
<ResourceDictionary
    xmlns="http://schemas.microsoft.com/winfx/2006/xaml/presentation"
    xmlns:x="http://schemas.microsoft.com/winfx/2006/xaml"
    xmlns:custom="clr-namespace:Chapter11.Controls">
</ResourceDictionary>
```

您正在添加控件所处于的自定义名称空间，因为在样式和模板中将需要它来定义目标类型。现在，可以开始设计控件了。在该资源字典中，我们将添加一个新的样式。下面的代码展示了如何添加新的样式：

```
<ResourceDictionary
    xmlns="http://schemas.microsoft.com/winfx/2006/xaml/presentation"
    xmlns:x="http://schemas.microsoft.com/winfx/2006/xaml"
    xmlns:custom="clr-namespace:Chapter11.Controls">

<!-- Built-in Style -->
```

```xml
<Style TargetType="custom:ValueScroller">
    <Setter Property="Template">
    <Setter.Value>
        <ControlTemplate TargetType="custom:ValueScroller">
            <Grid x:Name="MainRoot" Background="White">
                <Border x:Name="MainBorder"
                        HorizontalAlignment="Stretch"
                        VerticalAlignment="Stretch"
                        BorderBrush="#FF5E5E5E"
                        BorderThickness="1,1,1,1">
                </Border>

                <TextBlock x:Name="MainText"
                        FontFamily="Verdana"
                        FontSize="14"
                        FontStyle="Normal"
                        TextWrapping="Wrap" Height="17"
                        HorizontalAlignment="Center"
                        VerticalAlignment="Center" />

                <Button x:Name="RightButton"
                        HorizontalAlignment="Right"
                        VerticalAlignment="Stretch" Width="24"
                        BorderBrush="#FFC6BDBD">
                    <Grid>
                            <Image Source="RightArrow.png"
                                    Width="16" Height="16"/>
                    </Grid>
                </Button>
                <Button x:Name="LeftButton"
                        HorizontalAlignment="Left"
                        VerticalAlignment="Stretch"
                        Width="24" BorderBrush="#FFC6BDBD">
                    <Grid>
                            <Image Source="LeftArrow.png"
                                    Width="16" Height="16"/>
                    </Grid>
                </Button>
            </Grid>
        </ControlTemplate>
    </Setter.Value>
    </Setter>
</Style>
</ResourceDictionary>
```

到现在为止，应该比较熟悉该语法了。需要强调的一个重要地方是 TargetType，它就是新的自定义控件。将该 generic.xaml 文件添加到项目后，现在需要将控件连接到该样式。为此，跳到隐藏代码，并在构造函数中添加如下的代码：

```
public ValueScroller()
{
     this.IsTabStop = true;
     this.DefaultStyleKey = typeof(ValueScroller);
}
```

现在运行该项目时，可以看到该控件有了一个可视化的标识！

### 2. 自定义属性

为了扩展正在使用的基类 Control 所发布的默认属性，需要添加一些新的属性到控件。本例添加了两种类型的属性。第一种属性将是依赖属性，而第二类属性则是标准属性。其目的是为了展示如何与这两类属性交互。

如果希望可以在控件中执行任意类型的绑定，包括针对自定义样式的模板绑定，那么依赖属性是必需的。在这种情况下，有一个示例的文本属性，该属性将在控件第一次被渲染时渲染。如果打开隐藏代码，仅仅需要在控件类中添加如下的代码：

```
public static DependencyProperty DemoTextProperty =
     DependencyProperty.Register("DemoText", typeof(string),
     typeof(ValueScroller), null);

/// <summary>
/// Demonstration text
/// </summary>
public string DemoText
{
     get { return (string)GetValue(DemoTextProperty); }
     set { SetValue(DemoTextProperty, value); }
}
```

我们刚刚已经声明了依赖属性和传统的属性访问器。现在，可以在内置模板中使用该属性，也可以在我们的控件表示中使用该属性。下面的例子展示了如何改变 generic.xaml 文件以使用该属性：

```
<!- - Generic.XAML -->

<Style TargetType="custom:ValueScroller">
     <Setter Property="DemoText" Value="Start Scrolling!"/>
     <Setter Property="Template">
             <Setter.Value>
                  <ControlTemplate TargetType="custom:ValueScroller">
                       <!- - Other code removed -- >
                       <TextBlock x:Name="MainText"
                            FontFamily="Verdana" FontSize="14"
                            FontStyle="Normal"
                            Text="{TemplateBinding DemoText}"
                            TextWrapping="Wrap" Height="17"
                            HorizontalAlignment="Center"
```

```
                              VerticalAlignment="Center" />
                    </ControlTemplate>
                </Setter.Value>
            </Setter>
    </Style>
```

当在用户控件容器中使用该自定义控件时，我们也可以访问刚刚添加的属性：

```
<!- - Control Implementation -->

<StackPanel Orientation="Vertical" VerticalAlignment="Center">
        <custom:ValueScroller x:Name="MyControl"
                              Width="200" Height="25"
                              DemoText="Current Item"/>
</StackPanel>
```

这并不阻止使用正常属性。本例子将使用一个字符串数组来添加滚动对象的源。为此，您可以添加该属性，然后利用实现的隐藏代码来处理该事件。数组声明应该位于新的自定义控件的隐藏代码中，如下面的代码所示：

```
private string[] source;
/// <summary>
/// Source
/// </summary>
public string[] Source
{
        get { return this.source; }
        set { this.source = value; }
}
```

现在，我们可以使用包含自定义控件的用户控件隐藏代码中的属性。在我们的例子中，我们将用一个默认的列表来填充该数组。为此，我们需要将“Loaded”事件处理如下：

```
private void UserControl_Loaded(object sender, RoutedEventArgs e)
{
        MyControl.Source = new string[] { "Easy", "Medium", "Hard" };
}
```

现在，我们拥有了一个控件，该控件提供了一个属性，并且给出了可视化的样式。现在是时候添加自定义逻辑并建立可视化和逻辑之间的链接了。为此，需要理解 Silverlight 中的部分模型。

### 11.3.3 部分模型

有一件事您可能已经注意到了，即在用户控件环境中不能在 XAML 页面和所使用的隐藏代码之间建立无缝的链接。XAML 代码保存在 generic.xaml 文件中，并且暂时使用了 TargetType 将其链接到隐藏代码。

但是，当用户单击某个滚动按钮时，如何链接控件逻辑呢？答案就在部分模型中。

部分模型分为两组：第一组是元素部分，在此定义了控件需要使用哪个元素。这些元素应该在 XAML 模板中。没有这些元素，那么该控件可能会失去功能。(注意，我们在此说的是应该，因为可以通过使用在按钮示例中所使用的样式和模板模型来稍微改变控件的工作流程。)

另外一组是状态部分。这些部分定义了可以由可视化状态管理器使用的控件状态。

部分模型定义了控件逻辑和可视化之间的合同，从而为在这些实现之间提供了清晰的分离。这些实现之间没有别的链接。这是一种将开发者和设计人员的工作进行分离的优秀方法。

### 1. 元素部分

元素部分允许定义为了执行控件的逻辑将需要哪个对象。这就意味着为了在运行时获取这些对象，可视化模板应该包括这些对象。图 11-18 给出了控件初始化时，两者之间的关系。

当控件初始化时，它将在当前实例中通过名称来查找部分。这就使得可以访问控件以处理事件或者执行属性的改变，例如改变文本块的内容。

将元素部分定义为控件的特性这一点非常重要。在这种方式中，设计器或者外部功能可以查询控件所需的不同元素，下面的代码显示了如何在 ValueScroller 例子的隐藏代码中添加元素：

```
[TemplatePart(Name = "MainBorder", Type = typeof(FrameworkElement))]
[TemplatePart(Name="MainRoot", Type=typeof(FrameworkElement))]
[TemplatePart(Name="LeftButton", Type=typeof(Button))]
[TemplatePart(Name = "RightButton", Type = typeof(Button))]
[TemplatePart(Name = "MainText", Type = typeof(TextBlock))]

[TemplatePart(Name = "LostFocusAnimation", Type = typeof(Storyboard))]
[TemplatePart(Name = "FocusAnimation", Type = typeof(Storyboard))]
public class ValueScroller : Control
```

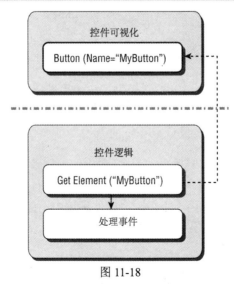

图 11-18

　　该模板元素部分可以是所需要的类型。此处正在查询通用框架元素。(这被认为是最好的方法，因为需要设计人员添加他所需要的任意控件)。另外还在查找某个特定类型以及一组情节串联图板，以控制具有焦点的动画。

　　由于已经将模板定义成了属性，所以需要添加必需的代码以获取该实例，并开始在这些代码中添加逻辑。为此，需要覆盖由基类所提供的 **OnApplyTemplate** 方法。一旦将默认样式或者自定义样式应用到控件，该方法将执行——自定义的最佳时间。下面的代码给出了覆盖 OnApplyTemplate 方法之后的 ValueScroller 隐藏代码：

```
private FrameworkElement mainBorder;
private Storyboard focusAnimation;
private Storyboard lostfocusAnimation;
private FrameworkElement mainRoot;
private Button leftButton;
private Button rightButton;
private TextBlock mainText;

public override void OnApplyTemplate()
{
    base.OnApplyTemplate();

    // Get the parts
    mainRoot = (FrameworkElement)GetTemplateChild("MainRoot");
    mainBorder = (FrameworkElement)GetTemplateChild("MainBorder");
    leftButton = (Button)GetTemplateChild("LeftButton");
    rightButton = (Button)GetTemplateChild("RightButton");
    mainText = (TextBlock)GetTemplateChild("MainText");

    // Get the resources
    if (mainRoot != null)
    {
        focusAnimation = (Storyboard)mainRoot.Resources
          ["FocusAnimation"];
        lostfocusAnimation =
                (Storyboard)mainRoot.Resources["LostFocusAnimation"];
    }

    InitInternalEvents();
}

private void InitInternalEvents()
{
    this.MouseEnter += new MouseEventHandler(ValueScroller_MouseEnter);
    this.MouseLeave += new MouseEventHandler(ValueScroller_MouseLeave);

    if (leftButton != null)
        leftButton.Click += new RoutedEventHandler(leftButton_Click);

    if (rightButton != null)
        rightButton.Click += new
```

```
RoutedEventHandler(rightButton_Click);
    }
```

该代码显示了如何通过调用 GetTemplateChild 函数来获取元素。记住，为了收到该实例，名称应该完全匹配。要时刻牢记，设计人员可能不会实现所有的元素，因此某些方法可能会返回 null。为此，当查询类似于情节串联图板的资源时，需要检查该资源是否存在。

可以看到，还可以使用刚刚获取的对象实例来访问元素的资源。本例使用了两个动画来改变背景。下面是这两个动画的一个，并且可以通过键来访问：

```
<Grid.Resources>
        <Storyboard x:Key="FocusAnimation">
            <ColorAnimationUsingKeyFrames BeginTime="00:00:00"
            Storyboard.TargetName="MainBorder"
            Storyboard.TargetProperty =
            "(Border.Background).(GradientBrush.GradientStops)[0].
            (GradientStop.Color)">
            <SplineColorKeyFrame KeyTime="00:00:00" Value="#FFCECECE"/>
            <SplineColorKeyFrame KeyTime="00:00:01" Value="#FFFFFBFB"/>
            </ColorAnimationUsingKeyFrames>
        </Storyboard>
</Grid.Resources>
```

最后，有了对象实例在手上，可以开始添加控件逻辑了。可以看到将可视化样式链接控件逻辑而且不耦合这两个文件是多么容易。这是一个非常迷人的体系结构，并且真正简化了开发一个自定义控件时所涉及的努力。

```
#region Event Handling
        void rightButton_Click(object sender, RoutedEventArgs e)
        {
            MoveNext();
        }

        void leftButton_Click(object sender, RoutedEventArgs e)
        {
            MovePrevious();
        }

        void ValueScroller_MouseLeave(object sender, MouseEventArgs e)
        {
            lostfocusAnimation.Begin();
        }

        void ValueScroller_MouseEnter(object sender, MouseEventArgs e)
        {
                focusAnimation.Begin();
        }
#endregion
```

```
#region Control Logic
        /// <summary>
        /// Next item
        /// </summary>
        private void MoveNext()
        {
            if (++currentIndex > Source.GetUpperBound(0))
                    currentIndex = 0;

            ShowContent(currentIndex);
        }
        /// <summary>
        /// Previous item
        /// </summary>
        private void MovePrevious()
        {
            if (--currentIndex < 0)
                    currentIndex = Source.GetUpperBound(0);

            ShowContent(currentIndex);
        }
        /// <summary>
        /// Shows the content
        /// </summary>
        /// <param name="index"></param>
        private void ShowContent(int index)
        {
            if (Source != null)
            {
                if (index >= Source.GetLowerBound(0) &&
                        index <= Source.GetUpperBound(0))
                {
                        mainText.Text = Source[index];
                }
                return;
            }
        }
#endregion
```

该隐藏代码现在具有了完整的功能，并且如果需要，默认的模板也可以由新的模板覆盖了，因为逻辑并没有改变。现在，为了提供一致的行为以允许正确的状态覆盖，需要实现必要的属性和逻辑，以和可视化状态管理器交互。

### 2. 可视化状态部分

本例已经介绍了如何获取资源，以及如何基于控件逻辑来触发改变。但是，有一个更加灵活的方法可以执行这些操作，并且允许设计人员更好地控制各个状态的外观。提供可视化状态将允许设计人员完全覆盖控件在各个状态下的外观。

为了定义不同状态，需要添加可视化状态部分。这些部分是使用特性来定义的。本例中没有使用 TemplatePart，相反，使用了 TemplateVisualState。

为了在该例子中应用该技术，需要在控件的隐藏代码中用新的可视化状态来替换现在的定义情节串联图板的元素部分：

```
[TemplatePart(Name = "MainBorder", Type = typeof(FrameworkElement))]
[TemplatePart(Name="MainRoot", Type=typeof(FrameworkElement))]
[TemplatePart(Name="LeftButton", Type=typeof(Button))]
[TemplatePart(Name = "RightButton", Type = typeof(Button))]
[TemplatePart(Name = "MainText", Type = typeof(TextBlock))]

[TemplateVisualState(Name = "Normal", GroupName = "CommonStates")]
[TemplateVisualState(Name = "MouseOver", GroupName = "CommonStates")]
public class ValueScroller : Control
```

现在，控件有两个状态：正常状态和鼠标在其上时的状态。可以用分组名对状态进行分组。当有多个状态和子状态时，该技术有时非常有用。定义一个正确的分组层次可以帮助设计人员理解其背后的逻辑。

修改 generic.xaml 文件，以利用可视化状态管理器将这些资源转换成两个状态，如下所示：

```
<vsm:VisualStateManager.VisualStateGroups>
    <vsm:VisualStateGroup x:Name="CommonStates">
        <vsm:VisualState x:Name="Normal">
            <Storyboard>
                <ColorAnimationUsingKeyFrames BeginTime="00:00:00"
                Storyboard.TargetName="MainBorder"
                Storyboard.TargetProperty =
                "(Border.Background).(GradientBrush.GradientStops)
                  [2].(GradientStop.Color)">

                <SplineColorKeyFrame KeyTime="00:00:00"
                        Value="#FF00749F"/>
                <SplineColorKeyFrame KeyTime="00:00:01"
                        Value="#FFFFFFFF"/>
                </ColorAnimationUsingKeyFrames>
            </Storyboard>
        </vsm:VisualState>
        <vsm:VisualState x:Name="MouseOver">
            <Storyboard>
                        <!- - Removed for simplicity -- >
            </Storyboard>
        </vsm:VisualState>
    </vsm:VisualStateGroup>
</vsm:VisualStateManager.VisualStateGroups>
```

注意，出于简单考虑，我们已经移除了一些代码，可以在站点(wrox.com)上找到该例子的完整代码。但是，现在它可以清晰表明如何将情节串联图板从资源中移到可视化状态管理器中。要记住在 generic.xaml 文件中添加可视化状态管理器名称空间，否则 vsm 名称空间不能识别！

```
xmlns:vsm="clr-namespace:System.Windows;assembly=System.Windows"
```

最后一件事就是在控件逻辑中如何改变状态。可以在代码中访问 VisualStateManager 对象，而且可以利用该对象从一种状态转换到另一种状态。第一个参数是状态正在改变的控件，而第二个参数则是新的可视化状态的名称，第三个参数则引用了是否触发转换。如果需要阻止转换，可以阻止转换发生。代码现在如下所示：

```
void ValueScroller_MouseLeave(object sender, MouseEventArgs e)
{
        VisualStateManager.GoToState(this, "Normal", true);
}

void ValueScroller_MouseEnter(object sender, MouseEventArgs e)
{
        VisualStateManager.GoToState(this, "MouseOver", true);
}
```

正如所见，该代码比较灵活，并且允许设计人员在需要时触发多个情节串联图板，而不是拥有派生于元素部分的静态情节串联图板。

有了这些自定义控件领域中的主要知识和工具，现在是时候自己开始实验并开始使用功能强大的控件了。

# 11.4　小结

本章介绍了完整的知识，其思想是挖掘 Silverlight 2 的一切可能——学习各个独立的功能，并试图找到各个功能的最佳实现。

本章研究了用户控件如何工作，以及用户控件在哪些情况下有用。该概念您可能比较熟悉，因为 ASP.NET 开发人员经常使用该概念。将控件聚合在父控件中是可能遇到的最常用的自定义。该功能在 Silverlight 2 中非常强大，而且非常简单。

在富互联网应用程序世界中，可视化方面特别重要。为此，本章介绍了如何使用样式和皮肤来自定义控件。有时，控件默认外观和感觉并不够好，但是控件逻辑完全适用。该技术是一个常用技术，允许设计人员方便地改变他们的应用程序外观。本章通过为每个可视化状态自定义一个或多个动画，介绍了可视化状态以及一些商业工具，以帮助理解某个控件的内部逻辑。

最后，在讨论自定义控件时，本章将所有的技术糅合到了一起。最后一节讨论了该技术非常有用的特定场景，并且提供了应用各个功能的简单例子。在学习过程中 generica.xaml 的引入是一个重要的里程碑，因为它是可以在各个控件中看到的内置样式的核心。最后，本章讨论了如何创建自定义状态以及如何让控件在控件逻辑中触发改变，以允许设计人员完全自定义新创建的自定义控件。

第**12**章

# 确保 Silverlight 应用程序的安全

随着 Silverlight 的发布，使用一项技术并编写运行快捷而且视觉非常让人满意的应用程序，已经成为了 Web 应用程序开发的新的兴奋点。但是，选择 Silverlight，然后仅仅采用该技术的软件开发方法已经是 Internet 时代以前的往事了。在那个时代，开发人员并没有什么压力需要从一开始就在他们的应用程序中编织相应的安全逻辑。在 Internet 以前的日子里，安全也很重要，但是应用程序并没有像今天一样暴露给如此众多的用户。在今天的世界里，在专业开发人员和偏执狂之间存在着非常明确的界限，并且具有不同的期望。

当然，作为 ASP.NET 开发人员，期望应用程序向外提供一些较高层的功能是比较普遍的，因此需要在脑海里随时紧绷安全这根弦。这项工作并不是每个人都喜欢做的，但是它是一项必需的工作。

安全问题存在于不同的伪装技术中，并且位于不同的层次。本章重点集中介绍 Silverlight 开发过程需要了解的不同层次上的安全问题。由于将要使用的某些技术可能来自 ASP.NET 开发，因此在这种情况下，会看到如何将 ASP.NET 的安全模型扩展到 Silverlight 客户端应用程序。

本章首先从总体上介绍了应用程序的安全问题，然后分析了 Silverlight 所引入的安全模型的核心细节。一旦掌握了这些基础知识，本章将讨论一些比较精细的安全功能，并且讨论作为 ASP.NET 开发人员如何在已有的安全知识基础之上构建安全措施。在整个过程当中演示了多个具体的例子，这些例子包含了作为 Silverlight 开发人员期望使用的代码块。

## 12.1　正在遭受攻击

为了讨论安全问题，有必要先建立相应的场景以讨论"确保 Silverlight 应用程序的安全"的真正含义。需要对谁确保应用程序的安全？需要保护的是哪些将要探讨的关键领域？

以典型的 ASP.NET Web 应用程序为例，必须了解不同层次上的安全问题。确保安全可以是在最低层次上通过访问控制列表(Access Control List，ACL)来确保资源的安全，也可以是确保传输的安全(如 SSL)，也可以是确保谁来访问资源(身份验证)，也可以是确保哪个通过认证的用户可以访问资源(授权)，等等。由于跨越多个不同层次来确保应用程序的安全是一项令人畏惧的任务，至少在比较大的组织内是这样的，很可能有人专门研究这样一个基础结构集上的安全问题。但是，作为开发人员，责任是在代码层考虑安全相关的问题。本章主要讨论在代码层应该如何确保 Silverlight 应用程序的安全。当然，将继续使用已有的 ASP.NET 安全技术，但是也需要将这些技术扩展到 Silverlight 代码中。

在讨论确保代码安全的具体细节之前，有必要回过头看看正在针对谁保护应用程序。

多年以来，研究人员已经研究了多个常见的攻击领域。这些攻击包括 SQL 注入、HTML 注入、跨域脚本、跨框架脚本以及分布式拒绝服务攻击(DDOS)——属于该范畴的还有很多。人们还有可能会利用某类特定浏览器的弱点来实施攻击。自然，确保各个攻击点安全往往都是某些人的职责，而且不同的安全点将由不同的人来负责。例如，确保 SQL 注入不会成为某个攻击者的选择就是开发人员的主要责任。但是确保浏览器不易受到攻击(或者，在实际中尽快地提供相应的补丁)则是浏览器供应商的主要责任。但是，当开始查看跨域脚本时，这些界限就不是这么清晰了。

应用程序安全的责任该落到开发者肩上、还是浏览器供应商的肩上？抑或是用户的肩上？很好，说它应该落在用户肩上的人确实非常勇敢，而那些告诉用户说他们正在受到攻击的原因是由于他们自己的错误造成的人就更加勇敢了！幸运的是，该项责任已经由另外一个团队承担了(并且应该由他们承担)——即浏览器供应商，在 Silverlight 中，就是微软公司。如果已经编写了一些简单的 Silverlight 应用程序，也许已经知道了有一些诱人的原因使得希望具有跨域通信的能力。第 9 章已经解释了在 Silverlight 中如何达到该目标，但是在本章的后面将再次提到这个问题，并考虑了其安全方面的问题。下一个问题就是"谁"可能会攻击应用程序。很好，这个问题的答案根据应用程序的功能将有所不同。例如，如果是一个政府站点，那么攻击者可能是持有不同政治观点的人。如果应用程序是一个在线的银行应用程序，那么攻击者可能是一个有组织的犯罪集团，或者也许攻击者仅仅是一些好奇的孩子。事实上，具体是谁将危及应用程序的安全并不是真正的问题——如果应用程序正在受到攻击，那么整个公司以及开发人员都处于危险当中。实际上，对于公司而言，如果可能，对这些成功的攻击进行保密是非常常见的。

> 这些问题以及更多的问题，可以以一种更加形式化的方式通过后面一种被称为**威胁建模(threat modeling)**的方法来进行提问与回答。为了减少应用程序中的安全弱点区域，威胁建模通常都被引入了软件的开发生命周期中。详细地讨论该模型已经超出了本书的范围，但是如果有兴趣了解更多威胁建模的知识，那么下面的文章将是一个非常好的起点：http://msdn.microsoft.com/en-us/library/ms978516.aspx。

这样，有了这些讨论在脑子里以后，下面将开始讨论如何确保应用程序的安全，同时还需要保证用户能够正常访问应用程序并使用应用程序。

## 12.2    安全模型

在构建应用程序时，有很多层次上的安全问题需要考虑。本节将主要集中讨论由.NET

Framework 所提供的安全模型。在.NET Framework 的桌面实现中，有两个模型可能比较熟悉：基于角色的安全和代码访问安全。

.NET Framework 的桌面实现中所提供的基于角色的安全(Role-based security)允许开发人员指定相应的角色，其中，为了执行某段特殊的代码(程序集、类或者方法)，调用用户必须为该角色的成员。在 Silverlight .NET Framework 中，基于角色的安全是被移除的几个功能之一。该功能在 Internet 可访问的、客户端可执行的应用程序中没有太多意义。

为了进一步解释这一点，需要理解基于角色安全的使用场景。该安全检查往往用于限制呈现给用户的信息，或者是阻止用户执行不允许他们执行的操作。

对于前者，信息限制主要来源于服务器端。用户是运行在浏览器的安全语境之下，并且提供给他信息的层次是在服务器上确定的。如果应用程序可以通过 Web 访问，那么用户可能正在某个地方使用匿名身份验证来访问该应用程序。但是有时确实需要由基于角色的安全机制所提供的功能(也许站点使用了表单身份验证)，在这种情况下，该安全问题可以由 ASP.NET 层(或者其他可能正在使用的服务器端技术)进行处理。这种场景将在12.5节"集成 ASP.NET 安全机制"中加以进一步讨论。

另外一个需要基于角色安全的场景是确定用户可以执行的某些操作。首先，这些操作是可以在用户自己的计算机上执行的操作(如：读/写某个文件)。这个层次上的安全在 Silverlight 应用程序中并不需要，因为 Silverlight 应用程序是在一个沙箱环境中执行的(这一点将在下一节中详细讨论)。换句话说，这些安全问题将在另外一个层次上考虑。当然，这并不意味着就不能在服务器上实现该层次上的安全，在此情况下，仍然可以使用熟悉的 ASP.NET 技术。

那么，由于基于角色的安全不再包含在 Silverlight 中，所以 Silverlight 中就仅仅剩下了代码访问安全(code access security，CAS)了，对吗？对，但并不完全正确。如果对在桌面世界和 ASP.NET 世界中配置 CAS 感到满意的话，那么当听到在 Silverlight 中有一个简单得多的模型时可能会非常高兴。尽管新的模型采用了新的实现，但是将注意到该模型和在桌面模型中所使用的某些类具有一些相似性。在深入分析 Silverlight 安全模型之前，有必要对传统的 CAS 模型进行简单的介绍。这样该模型还保留了什么内容就更加明显了。这绝不是对桌面模型的深入分析，但是它应该会提供一个快速的入门。

代码访问安全使得开发人员(和机器管理人员)可以明确规定，哪些代码可以在机器上执行，以及在不同的层次上代码可以访问哪些资源。该技术在从某个供应商购买某个软件时大体上是不需要的，因为供应商是信任的终端用户；但是如果在 Internet 上从某个从来就没有听说过的提供商处下载某个应用程序时又如何呢？例如，以在查找某个应用程序可以执行特定任务以节省大量时间的场景为例。在喜欢的搜索引擎中执行了一个搜索，并且发现某个应用程序看上去似乎正是想要的应用程序——非常好！因此，打算执行该应用程序以期它能够解决这个特定的问题。但是，如何能够真正知道该应用程序将执行什么功能？例如，它可能会运行，重写某个系统文件的加载，修改某些注册表设置，或者谁知道它还会干什么！很好，代码访问安全可以通过限制应用程序对某些资源的访问权限(基于某些"证据")来解决这个问题。权限可以聚集成权限集合，并和某个"代码组"相关联。证据(evidence)是在加载时 CLR 从某个程序集中抽取的相应信息。它可以包括诸如程序集位置的 URL 之类的信息，也可以包含相应的发布者等——这些信息允许运行时确定该程序集和哪个"代码组"相关联。一个代码组(Code Group)具有一个相关的权限集合，这些权限集合决定了该程序集具体允许执行哪些操作。正如您所见，该技术已经开始变得有点复杂了。

　　用户机器的 CAS 策略可以通过 MMC 插件工具(mscorcfg.cfg)来配置，也可以通过命令行工具(caspol.exe)来配置。对于 ASP.NET 应用程序而言，这些设置可以通过一个 AppDomain 策略来配置。这些策略的设置可以在 C:\Windows\Microsoft.NET\ Framework\ <Framework Version>\CONFIG 文件夹中的 web.config 文件中找到。该文件包含某些类似于以下代码的内容：

```
<location allowOverride="true">
  <system.web>
   <securityPolicy>
     <trustLevel name="Full" policyFile="internal"/>
     <trustLevel name="High" policyFile="web_hightrust.config"/>
     <trustLevel name="Medium" policyFile="web_mediumtrust.config"/>
     <trustLevel name="Low" policyFile="web_lowtrust.config"/>
     <trustLevel name="Minimal" policyFile="web_minimaltrust.config"/>
   </securityPolicy>
   <trust level="Full" originUrl=""/>
  </system.web>
</location>
```

　　对于各个信任层次，都将可以找到一个更深层的文件，以确定和该信任层次相关联的权限集合。在该文件中，可能会注意到的是默认情况下，ASP.NET 应用程序将在全信任(Full Trust)模式下执行。这可能不利于"默认安全"倡议(在下一节中讨论)，但是应该记住，该 CAS 层次不允许应用程序执行其他操作，而仅仅允许执行承载进程正在运行的安全语境所提供的操作。在此需要记住的一件事是，尽管 Silverlight 拥有了新的安全模型，但是 ASP.NET 仍然通过比较传统的 CAS 安全实现进行配置。

　　CAS 功能位于 System.Security 名称空间中，并且 Silverlight 模型也可以在该名称空间中找到。

　　前面已经提到过，Silverlight 安全机制使得不需要这个稍显复杂的模型。在 Silverlight 中，每个程序集、类和方法都在下面安全层次的某个层次上运行，这些安全层次形成了该模型的主要支撑：

- SecurityTransparent——在该层次上定义的代码，仅仅可以调用其他 Security-Transparent 代码或者标记为 SecuritySafeCritical 的代码。运行在该层次上的代码无疑可以执行不影响承载操作系统安全或者稳定性的操作。

- SecuritySafeCritical——该层次是 Silverlight 中新添加的版本，并且可以看成是 SecurityTransparent(上面)和 SecurityCritical(下面)之间的通道。由于安全运行时不允许 Transparent 代码直接调用 Critical 代码，因此该层次将作为两者之间的中介。该层次可以限制仅仅访问 Transparent 代码所需的至关重要的 Critical API。此外，它还应该对 Transparent 代码所传入的内容执行确认检查，以保证没有恶意代码以及其他不安全调用。只有微软公司签名的程序集可以使用该层次的安全机制。

- SecurityCritical——该层次是为正在执行某些具有潜在危险调用的代码所保留的。这样的调用往往是 I/O 操作或者较低层次的直接对操作系统的调用(在 Windows 系统中，为 Platform Invocation 调用)。SecurityTransparent 代码并不需要访问该安全层次以调用该安全层次上的代码。任何企图调用该层次上代码的访问都将导致一个 MethodAccessException 异常。只有微软公司签名的程序集可以使用该安全层次。

实际上，这些不同的层次仅仅是可以添加到类定义中的一些功能而已。除了 SecuritySafeCritical 以外，其他的一些功能均可以在桌面.NET Framework 中使用。注意，默认情况下，您所编写的代码都将在 "Transparent" 层次上执行，这一点非常重要。如果试图覆盖该行为，并指定一个其他层次而不是该层次，那么该设置的层次将被忽视(阻止是没有效果的！)。这就真正意味着，没有什么真正的理由需要在代码中设定这样的特性，因为代码永远有效地运行在 SecurityTransparent 层次上。

尽管这些特性中的某些在桌面 CLR/CAS 中可用，但是这些特性确实导致了该难题的稍微不同。在 CAS 中有一个概念叫堆栈跟踪(stack-walk)，由是，安全运行时将执行对调用代码的检查，以确保在较低安全层次上的代码不能调用其他 API 以执行具有更高优先级的工作。该概念在 Silverlight 中随一些其他概念 CAS 一起消失了。

脑子里有这些知识以后，现在是时候看一个例子了。下面的代码片段将展示，作为用户不能使用过去所使用的技术直接将内容写到硬盘的原因：

```
try
{
    using(FileStream fs = new FileStream("c:\\output.txt",
        FileMode.CreateNew))
    {
        using(StreamWriter sw = new StreamWriter(fs))
        {
            sw.WriteLine("Hello World!");
        }
    }
}
catch (Exception ex)
{
    DisplayError(ex);
}
```

*该代码演示了包含 "using" 语句的最好使用方法。该语句与实现了 Dispose 模式的类一起使用。这样使得用户不需要在每个对象上手动调用 Dispose 方法。*

为了让该代码在机器上运行，只要简单地将其拖到隐藏代码的 Page_Loaded 事件处理器中，并添加 System.IO 名称空间即可。为了在 UI 上显示一些有意义的信息(为了代码的可读性，在此省略了这些内容)，还需要完成 DisplayError 方法。

在执行这些看上去比较简单的代码时，将发现当如下的代码行试图创建该文件时将产生一个异常：

```
FileStream fs = new FileStream("c:\\output.txt",
```

```
FileMode.CreateNew
```

所产生的异常就是前面所提到的 MethodAccessException 异常。如果输出该异常消息，将看到该异常是在 FileStream 的构造函数中产生的。这就是证据，证明实际上由微软公司实现的 FileStream 类确实有一个 SecurityCritical 特性应用到该类上。

在此，还可以进一步证明这一点。可以打开.NET 的 Reflector 工具，浏览 Silverlight 目录(C:\Program Files\Microsoft Silverlight\<version>)，并打开包含在 mscorlib.dll 中的 Silverlight 的.NET 基类库来实现这一点。如果查看 Disassembly 面板(Tools->Disassemble)，那么通过展开 System.IO 以及 FileName 之前的 CommonLanguage RuntimeLibrary，将看到每个静态构造函数均标注了该特性，如图 12-1 所示。

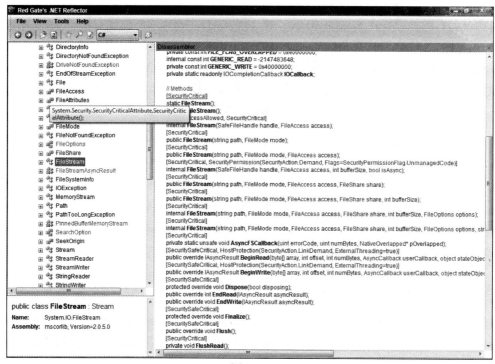

图 12-1

# 12.3　使用沙箱

在二十世纪九十年代，微软公司就开始由于其软件中存在的安全弱点而饱受公众的非议。人们有这么一种感觉：该公司并没有实现它所鼓吹的前景，并且已经在绑定安全功能这条道路上迷失了方向。当然，事情并不是永远只有黑和白，并且安全确实应该从应用程序的设计阶段就开始考虑。而这正是微软公司的可信赖计算(Trustworthy Computing)计划的目标。该计算模型要求将安全的重点带回到应用程序中。实际上，由于采用了一个完整的安全评估，所以很多标志性应用程序的开发都被中止了。该项计划的三个基本原则是设计时安全、默认安全以及部署安全。下面给出了对这三个原则的简单描述：

- **设计时安全**(Secure by Design)——该原则是不言而喻的。它认为在应用程序的设计阶段安全需要作为一个首先考虑的因素。安全应该在应用程序设计的各个层次上考虑，从高层的体系结构直到底层所使用的 API 调用。

- **默认安全**(Secure by Default)——通常说来，应用程序可能将它所支持的各个单独功能都处于使能状态，这样就导致了一个比较大的受攻击区域。这个特殊原则表明，只有应用程序的核心功能在默认情况下处于使能状态。这种情况下，比较大的例子就是 Internet 信息服务(Internet Information Services，IIS)7.0。IIS 7.0 有一个非常好的模块化设计，可以很容易地在细粒化级别上配置要使能的特色功能，并且很多模块在默认情况下都是关闭的，但也获得了使用这样的体系结构所带来一些其他好处，如内存开销减少了。

- **部署时安全**(Secure by Deployment)——这更多的是关于部署应用程序时的指导方针，该原则包括如何安全配置应用程序。这样可能意味着需要提供相应的工具和文档来辅助完成该过程。

脑子里有了这些知识之后，那么沙箱是什么以及沙箱将位于这些点的哪个点上？

现在已经知道了不能直接写到文件系统，因为允许这么做的 API 标注了 SecurityCritical 特性，而代码仅仅被赋予了 Security Transparent 安全层次。真正需要的是一个可以调用具有 SecuritySafe Critical 特性的 API，然后该 API 可以对传递进来的参数执行相应的检查，或者限制到一个功能的安全层次。该 API 位于 System.IO.IsolatedStorage 名称空间中。

在上一节所给定的例子中，一旦试图通过 FileStream 类创建位于 c:\output.txt 文件，该调用将失败。IsolatedStorage 名称空间不允许将文件写到硬盘的根目录中。但是它允许在其他某个地方创建和写入该文件，该位置是作为 Silverlight 沙箱的一部分提供的。该沙箱的位置将在稍后进行讨论。为了证明这一点是可能的，考虑如下的代码片段。其功能和前面的例子一样，只不过它使用的是 IsolatedStorage，并且该例子成功了。

如果正在编译该代码，记住要包含 System.IO.IsolatedStorage 名称空间，还需要补充 DisplayOutput 方法。该方法仅仅将从该文件中读到的字符串显示到屏幕上。

```
        using (IsolatedStorageFile isf =
IsolatedStorageFile.GetUserStoreForApplication())
    {
        using (IsolatedStorageFileStream ifs = new
IsolatedStorageFileStream("output.txt", FileMode.Create, isf))
        {
            using (StreamWriter sw = new StreamWriter(ifs))
            {
                sw.WriteLine("Hello World!");
            }
        }

        using (IsolatedStorageFileStream ifs = new
IsolatedStorageFileStream("output.txt", FileMode.Open, isf))
{
    using (StreamReader sr = new StreamReader(ifs))
    {
```

```
                    string firstLine = sr.ReadLine();
                    DisplayOutput(firstLine);
                }
            }
        }
```

在该代码中添加了一些简单但是值得注意的代码，增加这些代码就是为了使用隔离存储。一旦已经添加了 System.IO.IsolatedStorage 名称空间引用，该代码和初始代码的第一个不同就是以下的代码片段：

```
IsolatedStorageFile isf = IsolatedStorageFile.GetUserStoreForApplication()
```

该行代码是为将要创建的文件请求一个存储位置。默认情况下，Silverlight 应用程序最大只有 1MB 的配额以保存文件，并且 Silverlight 应用程序可以访问由 IsolatedStorage FileStream 类提供的区域。实际上，如果在调试器中的该行代码上设置一个断点，将注意到实例变量(在本例中为 ifs)具有一个名为 m_FullPath 的属性。该属性显示了在本地文件系统中文件的精确位置。尽管在需要用某些调试来完成任务时它非常有用，但是在大部分情况下不需要担心这一点。

如果试图在应用程序中使用超出 1MB 的存储配额，那么应用程序将产生一个 System.IO. IsolatedStorage.IsolatedStorageException 异常，以表明已经试图超出该配额。有一个方法可以绕过这一点，该方法就是调用 IsolatedStorageFile.IncreaseQuotaTo()方法。该方法接收一个 long 类型的值，并且允许以字节指定新的配额。但是，在此有一个警告必须知道。不能在代码中调用该方法——该方法必须在作为用户输入结果而产生的事件处理器中被调用。这是因为为了提高该配额，需要用户的权限。例如，如果在一个 button 的事件处理器中调用该方法，那么用户将遇到一个对话框。该对话框将告诉用户应用程序已经请求了更大的空间，并且询问是否允许使用额外空间(参见图 12-2)。

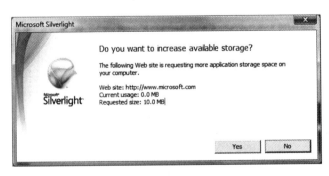

图 12-2

这样，IncreaseQuotaTo 返回一个 Boolean 值以表明是否给予了这样的特权，因此代码逻辑将考虑该响应。

除了该对话框提示用户为应用程序增加配额外，还有其他一些地方也可以配置该配额。例如，如果用户开始时的磁盘空间比较低，那么他们可以删除所有和站点相关联的存储，或者他们也可以一起关闭隔离存储。这一点可以通过 Silverlight 插件的配置选项来实现，如图 12-3 所示。

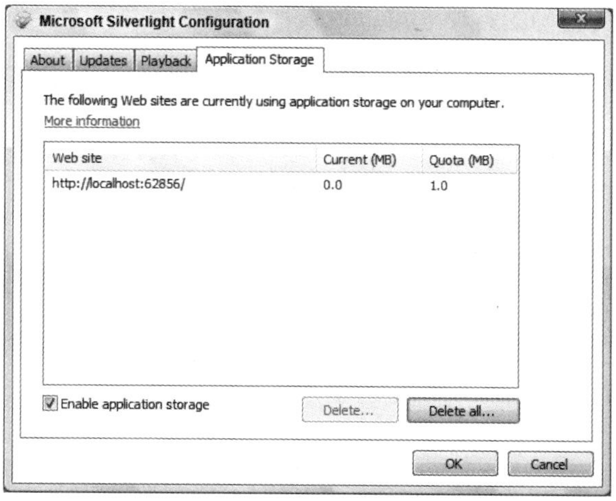

图 12-3

下面一行非常安全的代码乍看上去比较熟悉(为了清晰起见，using 语句仍然被省略了)：

```
IsolatedStorageFileStream ifs = new IsolatedStorageFileStream("output.txt",
    FileMode.CreateNew, isf)
```

该代码看上去和前面例子中所使用的 FileStream 行非常类似，只不过该代码使用了 SafeCritical 的 IsolatedStorageFileStream 类而已。该类有多个重载的构造函数，但是在前面的简单例子中，和 FileStream 的例子相比只有一个额外的参数，并且该参数仅仅是 IsolatedStorageFile 对象，因此这个流知道到哪里读文件以及将文件写到哪里。

根据该代码显示，该示例和前面的 FileStream 例子非常相似。该示例中增加的代码是为了读回该值，这就证明某些数据已经写到了该文件中。

该例子给出了隔离文件存储 API 的一个大概，但是应该知道该 API 包含了比在本例中所给出的更多类。例如，在很多场景下，需要提供一个比上面所给出的普通文件结构更加丰富的文件结构。可以通过创建目录(通过 IsolatedStorageFile 类)来实现这一点。在创建和读取文件夹和文件时，应该注意到由于在沙箱中工作，仅仅需要指定相对路径名。这就是为什么在上面的例子中没有 c:\output.txt，而只有 output.txt。

关于 IsolatedStorage 有一个有趣的方面值得讨论，即在 c:\users\<username>\AppData\Local\IsolatedStorage 子文件夹中相关的细节。当依赖客户端机器上的多个浏览器来从同一个位置获取文件时，这一点将变得更加重要。这样的场景确实非常少，但是对您而言知道这一点也很好。在这样的例子中，在 User A 下运行的 Silverlight 应用程序将总是把它的数据保存在同一个地方。该例子使用了 Windows 文件系统结果作为例子，但是沿着这个脉络继续，应用程序对于同一机器上的其他用户而言应该是安全的，因为 NTFS 权限将限制查看在 c:\users 目录中另外一个用户的文件(当然，假如不是机器管理员的话)。

尽管在可以将文件保存在哪里以及可以从哪里打开文件方面受到了限制，但是可以继续往前走一步，通过为用户提供一个文件对话框以从他们的本地驱动器中选择文件，从而将信任加到用户身上。该能力是由 OpenFileDialog 类提供的，该类允许选择一个文件，就像可以在 Silverlight 之外执行的其他基于文件的操作一样。在此，您可能想在某个方面影响用户，并将他们领向正确的方向。可以通过在默认显示的类型上为对话框提供一个过滤器来实现这一点，也可以允许用户选择一个或者多个文件，然后可以将他们所选择的文件保存在一个集合中以实施进一步的处理。

需要注意的一件事是，对于保存文件没有对应的 SaveFileDialog 类。

## 12.4　跨域安全

因为受限于开发环境可能不会马上就遭遇跨域安全限制所带来的不便，因为在此开发环境中服务和客户端代码都位于同一台机器上。当试图使用内部网之外的服务或者组织中其他地方的服务时，该问题就产生了。

第 9 章已经说明了适当地利用安全机制可以阻止 Silverlight 运行时在 HTTP 层和 Socket 层执行跨域的网络调用。该章还显示，为了使得这样的调用成为可能，针对各种情况需要在服务器上所采取的方法。当开始开发跨网络的 Silverlight 应用程序时，需要记住的主要一点是，这些限制如何在没有相应策略文件和策略服务器的情况下把其自身列在文件列表中。为了稍后要讨论的例子应该记住，如果某个 Web Service 客户端不能定位到一个跨域策略文件，那么它将收到一个 CommunicationException 异常。幸运的是，在这种情况下，如果该情况发生，该出错消息将会指明正确的方向。

## 12.5　集成 ASP.NET 安全机制

到现在为止所涉及的某些概念，即使在 Silverlight 中没有处理过，可能也已经比较熟悉了。例如，在过去使用 ASP.NET AJAX 扩展或者作为某些 Flash 开发的一部分时，可能已经遇到了跨域问题。如果以前没有遇到过这些问题，那么现在应该对这些问题有比较好的理解。如果是 ASP.NET 开发人员，那么对本节集中讨论的安全领域可能非常熟悉。本节主要讨论 ASP.NET 的提供者模型，特别是它的直接安全提供者。在讨论这些问题之前，我们先简单介绍该模型以免对该领域不熟悉。

暂时将安全放到一边，ASP.NET 为开发人员引入了提供者模式。该模式是整个 ASP.NET 中(以及 ASP.NET 之外)一个非常有名的模式。在此模式下，开发人员可以为某个特定的任务或者功能基于某个通用 API 实施编程，但是它通常是通过某种数据抽象层次(Data Abstraction Layer)从具体实现抽象得到的。这使得软件非常灵活，而且成为可插拔的体系结构。因此如果某个存储或者终端资源已经改变了，那么所有需要涉及到的就是配置的改变，从而让该 API 保持不变。

例如，为了将安全引入该模型，可以考虑角色提供者。正如其名称所暗示的，角色提供者(role provider)是一个功能，允许用户放置在由应用程序设计者所定义的角色中，以限制他们对系统某些部分的访问权限。那么，为什么需要使用提供者模型呢？很好，因为它对于灵活地根据环境将该信息保存在不同位置上是非常有用的。这些位置可以是一个数据库、活动目录或者其他地方。开发人员并不需要真正担心这一点，他们仅仅需要编写一些如下所演示的并遵循该 API 合同的代码即可，而且所有这些工作都是在后台发生的：

```
Roles.AddUserToRole("cbarker00", "Administrators");
```

在开始使用角色之前，需要对访问应用程序的用户进行身份验证——也就是说，"这个人是谁？"。该情况由另外一个提供者来处理：成员提供者。该提供者的使用方式看上去还是和在 ASP.NET 中使用该模式相似，但是现在正面临着将其扩展到 Silverlight 应用程序的挑战。

现在，我们将给出例子看看如何以这种方式确保 ASP.NET 应用程序的安全。Calculator 例子可以作为该示例应用程序，并且可以在本章中所带的代码中找到。一旦服务已经进行调整以支持该功能，那么我们将看看如何使用 Silverlight 客户端，以及如何对客户端进行配置，以和新的具有安全保证的服务进行交互。

对于 Visual Studio 的 .NET IDE 来说，把成员关系提供者引入 Calculator Web Services 是小事一桩。如果正在使用该例子，那么需要做的就是和 Silverlight 客户端一起打开 Calculator 项目。

可以有多种方式来执行以下步骤，包括使用命令行工具，和手动修改 web.config 文件。但是，该例子将使用一个简单的 UI 方法。该方法允许执行这些步骤，并且还可以更加快速地运行。

首先，需要支持成员关系提供者和角色提供者，并且在这个例子中将使用表单认证。右击 Calculator 项目，并选择 Set as Startup Project 选项。然后，单击 Project 工具栏选项并选择 "ASP.NET Configuration"。一旦 Web Site Administration Tool 打开，那么选择 Security 选项，如图 12-4 所示。

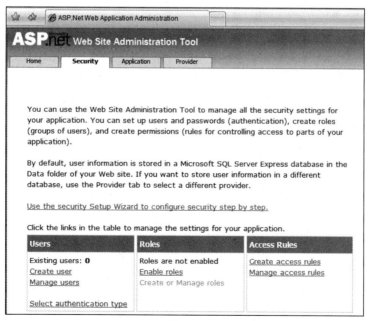

图 12-4

一旦选择了 Security 选项，则需要将 Users 框中的 authentication type 设置为 From the

Internet。这就告诉了 ASP.NET 将使用 Forms Authentication 而不是 Windows Authentication，该工具将把下面的代码行插入 web.config 文件中：

```
<authentication mode="Forms" />
```

然后，将创建一个可以访问该应用程序的用户，所以单击 Create user。在下一个页面上输入用来登录该应用程序的用户证书。现在选择 Enable roles 并添加一个称为 Administrators 的角色。现在应该将所创建的用户添加到 Administrators 角色中，或者通过选择 Manage roles，或者选择 Manage user。由于将使用默认的提供者，因此所有和用户以及角色相关的信息将保存在一个 SQL Server Express 数据库中。首先，通过单击 Provider 选项卡并单击"Select a different provider for each feature(advanced)"选项，可以看到该存储在提供者名中已经表明了。正在使用的成员关系提供者是 AspNetSqlMembershipProvider，而角色提供者是 AspNetSqlRoleProvider。该成员关系提供者将负责认证应用程序，而角色提供者将帮助对应用程序中的某些角色进行授权。表单认证的默认存储就是 SQL Server。这就是为什么使用 AspNetSqlMembershipProvider。SQL Server 也用于保存角色信息，这就是为什么使用 AspNetSqlRoleProvider。为了进一步检验这一点，将发现当在工具中访问和配置这些信息时，一个数据库将出现在 Visual Studio 中的 AppData 目录下。如果没有看到该数据库，那么在 Solutions Explorer 中选择"Show All Files"选项，并展开 AppData，如图 12-5 所示。

已经创建了用户而且也已经创建了角色，剩下的还有什么需要做的呢？需要限制对站点的未授权访问，并且必须为用户提供一种方式来对用户访问应用程序进行认证。首先需要使得 Administrator 角色中的成员可以访问整个应用程序，因此单击"Create access rules"选项，选择"Rule applies to: Administrator"，然后为该选项赋予一个 Allow 权限。然后，选择 OK。接下来，需要拒绝那些没有被认证的用户(并且因此不在该角色中)。为了实现这一点，选择"Create access rules"，然后选择"Anonymous user"，并为其赋予一个"Deny"权限。现在可能会单击"Done"，并关闭 Web Site Administrator Tool。现在看看 Calculator 项目中的 web.config 文件中增加了哪些配置信息：

```
<authorization>
   <allow roles="Administrators" />
      <deny users="?" />
</authorization>
<roleManager enabled="true" />
<authentication mode="Forms" />
```

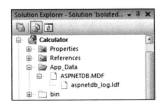

图 12-5

可以看到 Administrators 角色被允许访问整个应用程序，而"？"则被拒绝访问该应用程序。"？"只是意味着"no authenticated"或者"guest"。还可以看到 roleManager 属性被打开了，而打开该属性是通过 UI 打开该角色所导致的结果。

在应用程序中，为了支持该基础层次上的安全，所需要的最后一步就是为用户赋予认证的能力。为了进行认证，ASP.NET 的 Forms Authentication 机制默认将查找一个名为 Login.aspx 的页面。该页面的名称是可配置的，但是出于此处的目的，该名称就非常好。需要通过右击项目并选择 Add new item 来添加该页面。然后，选择 Web Form，并为其设定名为 **Login.aspx**。现在，简单地将一个 Login 控件拖到新页面，其他的就不用多加考虑了。

为了测试这些工作能够正常进行，试着直接访问 Web Service(Calculator.svc)。您将被重定向到登录页面。一旦输入了用户证书，将被认证。由于是 Administrators 角色的一个成员并且可以访问该站点，因此将被重定向到最初访问的页面，即 Calculator.svc Web Service。

现在是时候放松一下了——让 Silverlight 客户端和新的具有安全保证的 Web Service 进行交谈。

为了从最简单的场景开始，应该具有两个文件，这两个文件如下所示：

- Calculator.svc——客户端将调用的 Web Service。
- AuthenticationTestPage.aspx——承载 Silverlight 控件的客户端页面。

托管代码将作为 AuthenticationTestPage.aspx 页面中控件的一个结果而被调用。该控件将通过 Web 代理调用 Calculator Web Service。如果 AuthenticationTestPage.aspx 页面和该 Web Service 处于同一个 Web 应用程序中，那么这不会有问题，因为在访问 AuthenticationTestPage.aspx 时用户将被认证。因此为了认证用户，用户将被重定向到登录页面。一旦用户已经登录了，那么对 Web Service 的调用将成功，因为它将运行在一个被认证的用户语境中。仅仅为了清楚该过程，以下的代码将继续执行：

```
CalculatorClient calc = new CalculatorClient();

calc.AddCompleted +=
new EventHandler<AddCompletedEventArgs>(calc_AddCompleted);

calc.AddAsync(1, 2);
```

但是，将客户端页面和 Web Service 放在同一个 Web 应用程序中并不是非常现实的真实世界方案。很多情况下，客户端应用程序会处于远程的某个地方，并且一旦解决了跨域问题，将会遇到新的问题，该问题就是远程客户端应用程序没有相应的安全凭证。这将导致应用程序会进行重定向，因为它是驻留调用 Web Service 的客户端代码的程序集。以这种方式运行该代码，将导致一个 CommunicationException 异常。该异常内部有一个消息，该消息和在没有配置跨域策略文件时将看到的消息基本一样。这是因为运行时需要该策略文件，但是由于它重定向到了该登录页面，因此它不能发现该文件，从而导致请求失败。

由于这样的一个出错消息，所以感知该特殊场景才是问题的实质。在这个非常简单的例子中知道这为什么会发生，但是如果考虑一个具有嵌套调用的更复杂的应用程序，那么对于调试则是非常复杂的环境。本章并不讨论调试(这些问题将在第 15 章加以讨论)。此处我们所讨论的是，如何基于安全的 ASP.NET Web Service 来认证 Silverlight 客户端。

如果曾经尝试过从 ASP.NET AJAX 客户端处理这个问题的话，那么这个问题可能似乎是熟悉的领域。由于这两项技术都是基于客户端的，因此从要求告诉服务器您是谁这一点来说，所遇到的问题逻辑上是一样的。下面一节将介绍需要采取的实现步骤，从而以某种合适的方式来展示 ASP.NET 应用程序，并指示 Silverlight 来完成其应该完成的义务。

需要做的第一件事就是为客户端提供相应的 ASP.NET 应用服务。

正如本章其他地方所涉及到的，应用服务是可以在 ASP.NET 应用程序中使能的，用来在服务器环境之外提供 ASP.NET 的认证、角色以及配置文件功能。这些 Web Service 可以被配置为利用 JSON 和 SOAP 格式实施通信，这样将允许更多的客户端访问这些 Web Service。

为了使得理论相对简单易懂，此讨论仅仅单独地集中在将成员关系提供者展示给客户端，而不将角色提供者展示给客户端。同时，为了避免造成混乱，成员关系提供者是通过认证服务来向外展示的。

> 这些步骤中有一些在第 5 章讨论 Profile 应用服务时进行了比较深入的讨论。基本原则是一样的，并且本节将使用同样的概念以展示和使用 Authentication 应用服务。

正如在前面所看到的，ASP.NET 应用服务是构建在 WCF 之上，因此需要采用的第一步就是，首先通过创建一个虚构的 AuthenticationService.svc 将认证服务展示为 WCF 端点。该服务可能包含如下的代码行：

```
<%@ ServiceHost Language="C#" Service="System.Web.ApplicationServices.
AuthenticationService" %>
```

该行代码将服务指向了 ASP.NET 所自带的实现。然后，需要在适当的地方添加如下元素来配置该 WCF 服务、绑定和行为：

```
<service name="System.Web.ApplicationServices.AuthenticationService"
      behaviorConfiguration="AuthenticationServiceTypeBehaviors">
  <endpoint contract="System.Web.ApplicationServices.
   AuthenticationService"
            binding="basicHttpBinding" bindingConfiguration="userHttp"
            bindingNamespace="http://asp.net/ApplicationServices/v200"/>
  </service>

<bindings>
   <basicHttpBinding>
      <binding name="userHttp">
        <security mode="None"/>
      </binding>
   </basicHttpBinding>
</bindings>
```

```
<behavior name="AuthenticationServiceTypeBehaviors">
    <serviceMetadata httpGetEnabled="true"/>
</behavior>
```

您应该已经有了现存的服务，并且在应用程序中为 Calculator 服务配置好了这些行为，因为该服务已经由 Visual Studio 生成。可以使用针对该服务所创建的配置设置为基础，添加如下所示的认证服务细节。

接下来，需要让认证服务支持基于客户端的脚本(和 Silverlight)。为了实现这一点，需要将如下的配置部分添加到 web.config 文件中：

```
<system.web.extensions>
  <scripting>
    <webServices>
      <authenticationService enabled="true" />
    </webServices>
  </scripting>
</system.web.extensions>
```

为了让该代码发挥作用，需要确保已经在 web.config 文件中定义了合适的配置部分。定义这些配置部分的 xml 如下所示：

```
<configSections>

  <sectionGroup name="system.web.extensions"
type="System.Web.Configuration.SystemWebExtensionsSectionGroup,
System.Web.Extensions,
Version=3.5.0.0, Culture=neutral,
PublicKeyToken=31BF3856AD364E35">
    <sectionGroup name="scripting"
type="System.Web.Configuration.ScriptingSectionGroup,
System.Web.Extensions,
Version=3.5.0.0,
Culture=neutral,
PublicKeyToken=31BF3856AD364E35">

      <sectionGroup name="webServices"
type="System.Web.Configuration.ScriptingWebServicesSectionGroup,
System.Web.Extensions,
Version=3.5.0.0,
Culture=neutral,
PublicKeyToken=31BF3856AD364E35">

      <section name="authenticationService"
type="System.Web.Configuration.ScriptingAuthenticationServiceSection,
System.Web.
    Extensions,
```

```
Version=3.5.0.0,
Culture=neutral,
PublicKeyToken=31BF3856AD364E35" requirePermission="false"
allowDefinition="MachineToApplication"/>

        </sectionGroup>
      </sectionGroup>
    </sectionGroup>
</configSections>
```

现在需要将所有这些粘在一起。上面的步骤应该已经以与 Calculator 服务所使用的相似方式，将认证服务展示给 Silverlight 客户端。因此，下一步只是简单地将新的 Service Reference 添加到已经创建的 AuthenticationService.svc 服务中。

> 在此有趣的问题就是，如果页面位于请求认证所处的站点，可能不能添加该 Service Reference。在这种情况下，可以通过在 web.config 中输入如下的配置来允许所有人访问该 AuthenticationService.svc 端点。
>
> ```
> <location path="AuthenticationService.svc">
>   <system.web>
>     <authorization>
>         <allow users ="*" />
>     </authorization>
>   </system.web>
> </location>
> ```
>
> 如果实施了跨域请求，也需要为策略文件产生一个类似的异常。

该场景现在是设置传递给认证的细节。显然，可以对其进行硬编码，或者通过如下所示的 XAML 来提供某些用户输入：

```
<Grid x:Name="LayoutRoot" Background="White">
  <Grid.RowDefinitions>
     <RowDefinition Height="20" />
     <RowDefinition Height="20" />
     <RowDefinition Height="20" />
     <RowDefinition Height="20" />
     <RowDefinition Height="20" />
     <RowDefinition Height="20" />
     <RowDefinition Height="20" />
     <RowDefinition Height="20" />
  </Grid.RowDefinitions>

  <Grid.ColumnDefinitions>
     <ColumnDefinition />
     <ColumnDefinition />
  </Grid.ColumnDefinitions>

  <TextBlock Text="Username" Grid.Row="0" Grid.Column="0" />
```

```
<TextBox x:Name="txtUsername" Grid.Row="0" Grid.Column="1" />

<TextBlock Text="Password" Grid.Row="1" Grid.Column="0" />
<TextBox x:Name="txtPassword" Grid.Row="1" Grid.Column="1" />

<Button x:Name="btnLogin" Content="Login" Grid.Row="2" Grid.Column="1"
Click="btnLogin_Click" />

<TextBlock x:Name="LoginSuccess" Grid.Row="3" Grid.Column="1" />

<TextBlock Text="Number1:" Grid.Row="4" Grid.Column="0" />
<TextBox x:Name="txtNum1" Grid.Row="4" Grid.Column="1" />

<TextBlock Text="Number2:" Grid.Row="5" Grid.Column="0" />
<TextBox x:Name="txtNum2" Grid.Row="5" Grid.Column="1" />

<Button x:Name="btnAdd" Content="Add" Grid.Row="6" Grid.Column="1"
Click="btnAdd_Click" />

<TextBlock Text="Result:" Grid.Row="7" Grid.Column="0" />

<TextBlock x:Name="txtResult" Grid.Row="7" Grid.Column="1" />

</Grid>
```

在此，需要添加合适的事件处理器连接，这一点可以从和本章中相关的代码示例中看到。但是，将该调用提供给认证服务的关键代码如下所示：

```
svc = new AuthenticationServiceClient();
svc.LoginCompleted +=
new EventHandler<LoginCompletedEventArgs>(svc_LoginCompleted);
svc.LoginAsync(txtUsername.Text, txtPassword.Text, "", false);
```

svc_LoginCompleted 事件处理器将允许查看登录是否已经成功。可以通过测试 LoginCompletedEventArgs.Result 属性，以查看一个布尔值来查看登录是否成功。

您将注意到有 4 个参数传递给了上面的 LoginAsync 方法。这些参数遵循 LoginAsync (username, password, customCredential, isPersistent)的签名。前面两个参数不用多加解释，非常直观。第三个参数(customCredential)允许将一些另外自定义参数传递给某个认证服务，该服务已经配置好除了接受用户名和密码以外还接受别的参数。第四个参数 isPersistent 则表明是否创建一个 cookie 以保留用户的认证状态。

现在，有了认证 Silverlight 客户端用户所需要的所有组件。在相应的示例中，将发现调用 Calculator 服务将失败，并且将产生一个熟悉的 CommunicationException 异常，除非用户已经通过所提供的表单对其进行了认证。

为了成功地使用这些样本，应该更新该 Service Reference 以确保这些引用指向了正确的位置，并且应该使用前面已经提到的 ASP.NET Configuration Tool 添加一个用户证书集合到该应用程序。运行这些样本的前提条件是已经安装了 SQL Server 2005 Express Edition，因为认证信息库需要该软件。

## 12.6　迷惑

在 ASP.NET 世界里，智能属性(intellectual property，IP)的大部分都是以程序集的形式保存在服务器上的。客户所看到的就是在其浏览器中所渲染的 HTML。在传统的 WinForm 应用程序中，开发人员有时会更加谨慎。换句话说，当他们装配应用程序时，他们的程序集就被部署到了客户端机器上。这一点所带来的问题就是，包含在这些程序集中的微软中间语言(Microsoft Intermediate Language，MSIL)，使得通过逆向工程该应用程序来发现其代码和逻辑非常复杂。某个开发人员的代码和相应的智能属性彼此看上去似乎不一致。那么代码是否应该被保护，或者它是否是真实的意思呢？这是另一天的讨论了。本节将描述开发人员为了保护他们的.NET 程序集而采用的一项技术：迷惑(obfuscation)。Silverlight 程序集将到达终端用户的机器上执行。因此，应该考虑迷惑选项以保护智能属性。

目前，市面上由很多迷惑工具，各个不同工具均使用了一些不同程度的方法来对反编译器隐藏代码。但是，代码显然需要编译和执行，因此在.NET 世界里，如果没有使用 ngen.exe 来生成程序集的本地映像，那么被迷惑的代码必须还是合法的 MSIL。由于迷惑代码仍然是 MSIL，那么该代码仍然可以由诸如 Red Gate 的 Reflector 之类的反编译工具读取，但是该代码看上去可能比它的本来面目更加不直观。有多种不同的技术可以用于隐藏代码的功能，包括简单类型、方法与域的重命名、字符串加密以及比较复杂的控制流代码。后者是允许代码以逻辑相同方式执行，但是为了实现这一点的物理代码将被隐藏，因此实际代码逻辑就不会直接向外展示。当然，尽管在各个层次上做了隐藏，但真正在做的是使得程序集更加难以解码。如果遇到黑客、竞争对手，或者是任何具有充分准备还有大把时间的人，那么他们可以研究出用于隐藏该代码的不同算法。本质上说，迷惑基本上就是"通过隐藏确保安全"。如果真的不希望应用程序中的某些部分将被反编译和理解，那么应该考虑将那些逻辑驻留到服务器上，从而进一步减少这些代码误入歹人之手的可能性。这些代码可能是通过一个 Web Service 或者套接字展示的，也可能是动态生成的 XAML。

如果在过去使用过迷惑工具，那么可能知道在 Visual Studio 中包含 Dotfuscator 工具的"社团版"。遗憾的是，在 Visual Studio .NET 2008 RTM 发布版中，并未提供对 Silverlight 程序集的支持，支持该功能的第一个 Dotfuscator 版本是 v4.1。

## 12.7　加密

在使用加密类时，将再次发现在 Silverlight 中使用的是一个子集。这些类仍然位于熟悉的名称空间 System.Security.Cryptography 和 System.Security.Cryptography.X509Certificates 中。后一个名称空间允许从文件导入证书、将证书导出到文件，以及从文件中读取证书。还可以从该文件中提取相应的信息。

前一个名称空间提供了大量的功能，如可以产生一个随机数，生成哈希数据(利用

SHA1Managed 类和 SHA256Managed 类)，以及对数据进行加密(使用 AesManaged 类)。

　　AesManaged 类是在 Silverlight 中提供的唯一一个对称加密类。在对称加密算法中，用于对数据实施加密的密钥和用户数据实施解密的密钥是一样的。当把该加密算法应用到服务器和 Silverlight 客户端应用程序之间时，该算法可以很好地发挥作用，因为如果需要，它允许将所有的加密数据保存在客户端的隔离存储中。但是，在此需要认识到的重要一点是，公钥的安全性问题。换句话说，应该将其和被加密的数据进行隔离。在此的建议是，使用某个用户知道的输入(如某个万能密钥)，这样在需要的时候，用户可以解锁属于他们的数据。

　　尽管该类已经从桌面.NET Framework 的完整版本中完全删除，但是它确实提供了某些基本的构造块，以确保在数据通过网络在服务器和客户端之间发送时不会被篡改。

## 12.8　小结

　　本章讨论了和 Silverlight 应用程序相关的安全问题，并且将该问题划分成了一些比较小的主题。这些主题大部分都不是什么新问题，但是处理这些问题的方式可能是新问题。本章的讨论包括可能对应用程序实施的攻击类型，以及在 Silverlight 框架中处理这些攻击的方式。在掌握了安全的基本知识以后，本章从认证和授权的角度介绍了确保应用程序安全的自定义方面。在适当的地方有了这些安全构造块以后，需要确保传送给客户端的数据的安全——也许在富 Internet 应用程序的世界里有一个稍微不同的方法需要考虑。

　　尽管本章已经介绍了在 Silverlight 应用程序中与安全相关的大部分内容，但是所有的规则中最重要的是，从第一天开始就要考虑代码的安全问题，而不是事后才去考虑。

第**13**章

# 音频和视频

Silverlight 最吸引人的功能之一，是它可以轻松地在 ASP.NET 应用程序中嵌入高保真音频和视频的能力。随着宽带互联网络访问的流行，大多数用户开始期盼网站具有更丰富的内容，例如用视频和音频来做广告、预览、娱乐，甚至培训终端用户。

本章将通过分析 MediaElement 对象并解释如何显式地控制所选择的媒体播放来展示如何使用音频和视频。所有 MediaElement 所支持格式的详细信息，将与关于使用 Microsoft Expression Encoder 的简明指南相结合。除了在 Silverlight 应用程序中直接使用 MediaElement 控件，本章还将演示 ASP.NET Media 服务器控件，从而使得不需要仅仅为了在 ASP.NET Web 站点中嵌入媒体而编写 Silverlight 应用程序。

更重要的一点提示是，在讨论 Silverlight 中的流化内容以及如何利用微软 Silverlight 流化服务来轻松地在 ASP.NET 应用程序中发布和调整媒体之前，本章还将展示在媒体内提供同步的一些方法。

## 13.1  第一步

下面几节将展示如何通过 Silverlight MediaElement 控件将音频和视频内嵌在 ASP.NET 应用程序中。该部分列出了 Silverlight 所支持的格式，而且还展示并讨论了加载和播放所选择媒体所需要的属性。然后，还介绍了用于更好地控制媒体的方法和属性。

### 13.1.1  在 ASP.NET 应用程序中内嵌音频和视频

ASP.NET 应用程序通过 MediaElement 对象实现了提供不同类型的媒体。简而言之，此对象提供了通过 URI 来指定媒体文件的能力，并且可以将其显示在 Silverlight UI 中的矩形区域内(在视频情况下)，或者在没有可视化表示的情况下简单播放和控制播放(在音频情况下)。在本章的后面部分，除了可以看到如何在 Silverlight 内使用 MediaElement 对象外，还将看到在 ASP.NET 3.5 Futures 下载中提供的 Media 服务器控件的使用。

### 1. 所支持的格式

在我们深入研究 MediaElement 对象及其使用之前,先看一个关于该对象所支持的媒体格式的大致情况。该控件支持多种视频和音频格式, 如下所示:

- 音频格式
  - WMA 7——Windows Media Audio 7
  - WMA 8——Windows Media Audio 8
  - WMA 9——Windows Media Audio 9
  - WMA 10——Windows Media Audio 10
  - MP3——MPEG-1 Audio Layer 3
- 视频格式
  - WMV 1——Windows Media Video 7
  - WMV 2——Windows Media Video 8
  - WMV 3——Windows Media Video 9
  - WMVA——Windows Media Video Advanced Profile, Non-VC-1
  - WMVC1——Windows Media Video Advanced Profile, VC-1

除了以上选项, MediaElement 还支持 Windows Media Metafiles(Advanced Stream Redirector 文件, ASX)。ASX 文件就是一个 XML 文件,不过该文件包含了要播放的 Windows 媒体文件列表。如果喜欢的话, 它就是一个播放清单。

但是, Silverlight 不支持某些 ASX 功能。所支持功能的完整清单, 请参考 MSDN 文档。

### 2. MediaElement

MediaElement 派生自 FrameworkElement, 而 FrameworkElement 又派生自 UIElement。这两个类为所派生的控件提供了布局能力, 包括获取输入(键盘、鼠标和手写笔), 让字符获取焦点以及通过 Width 和 Height 属性调整信息的大小等能力。

当然, 除了标准的输入、视频和布局能力外, MediaElement 还添加了大量属性、方法和事件, 以用于选择并控制应用程序中的媒体。我们首先看看 Source 属性。

① Source 属性

默认情况下, Source 属性设置为 null, 但其参数类型应该为 String, 并应该设置为合法的 URI。

Source 属性的期望值为一个 URI(Uniform Resource Identifier)格式的字符串。这意味着它必须使用 US-ASCII 集中的字符。另一方面, 国际化资源标识符(Internationalized Resource Identifier, IRI)的引入, 允许开发人员和用户使用通用字符集(Universal Character Set)(Unicode)以他们自己的语言来指定资源位置。虽然 Source 属性在功能上支持 IRI 字符串, 但是它们不是 US-ASCII 集的一部分。这种现象的结果就是, 如果想在 URI 中使用不属于 US-ASCII 的字符, 则需要显式地对其进行编码。

所以, 要选择并播放媒体, 首先需要实例化一个 MediaElement 对象, 然后将其 Source

属性设置为定义媒体文件位置的 URI。下面的 XAML 展示了如何执行以上操作：

```
<UserControl x:Class="Chapter13.Page"
    xmlns="http://schemas.microsoft.com/winfx/2006/xaml/presentation"
    xmlns:x="http://schemas.microsoft.com/winfx/2006/xaml"
    Width="400" Height="300">

    <Canvas x:Name="LayoutRoot" >
        <MediaElement x:Name="MyMedia"
                      Canvas.Left="100"
                      Canvas.Top="100"
                      Source="/Assets/Butterfly.wmv">

        </MediaElement>
    </Canvas>

</UserControl>
```

正如您能看到的，MediaElement 对象被实例化，并提供了一个 x:Name 属性，以防止想从代码访问它。该控件定位在离 Canvas 上方和左边均为 100 像素的位置，而且 Source 设置为位于 ClientBin 目录内 Assets 文件夹中的 Butterfly.wmv。正如上面所显示，代码在 Source 属性中利用了相对 URI。在本例中，起始位置将相对于当前加载的.xap 文件。

> 除了相对 URI 外，还可以使用 http:标记来访问跨域媒体，使用 mms:标记来访问微软媒体服务器上的内容，以及使用 rtsp:和 rtspt:标记来访问实时流化协议上传输的内容。

如果编译并运行此代码，将看到该视频在浏览器窗口自动开始播放，如图 13-1 所示。

图 13-1

② AutoPlay 属性

默认情况下，在 Source 属性中指定的媒体将自动开始播放。这是因为 MediaElement 的布尔型属性 AutoPlay 默认设置为 True。如果想直接控制媒体何时开始播放，只需将此值设置为 False 即可，如本章后面的 13.2.1 小节"控制播放"中所示。

```
<MediaElement x:Name="MyMedia"
              Canvas.Left="100"
              Canvas.Top="100"
              Source="/Assets/Butterfly.wmv"
              AutoPlay="False">

</MediaElement>
```

③ Position 属性

无论何时设置 Source 属性，MediaElement 都将把其 Position 属性重新设置为 00:00:00。此属性的期望值为 TimeSpan 类型值，它表示从 Source 所引用的媒体开始播放到媒体开头的那段时间量。但是，注意，如果所引用的媒体不支持搜索功能——例如，如果它正在进行流化——则设置此属性将完全没有效果。

可以通过检查布尔型属性 CanSeek，来查看所播放的媒体是否支持搜索功能。如果媒体支持搜索功能，该属性将返回 True；如果不支持，则返回 False。但是，直到媒体被实际加载，还是不可能断定 CanSeek 的值是什么，所以需要监听 MediaOpened 事件，然后在那里检查该属性的值。

这就意味着，在 XAML 中设置 Position 属性实际上不是正确的做法，因为在这时还无法知道设置此值是否有效果。相反，一旦打开媒体并测试完其搜索功能后，就要在隐藏代码中使用 Position 属性。

以下 XAML 和代码显示了如何处理 MediaOpened 事件以及如何确定媒体是否支持搜索功能。如果媒体支持此功能，媒体的位置被设置为从起点开始 5 秒，然后播放媒体。

```
<UserControl x:Class="Chapter13.Page"
    xmlns="http://schemas.microsoft.com/winfx/2006/xaml/presentation"
    xmlns:x="http://schemas.microsoft.com/winfx/2006/xaml"
    Width="400" Height="300">

    <Canvas x:Name="LayoutRoot" >

        <MediaElement x:Name="MyMedia"
                      Canvas.Left="100"
                      Canvas.Top="100"
                      Source="/Assets/Butterfly.wmv"
                      MediaOpened="MyMedia_MediaOpened"
                      AutoPlay="False">

        </MediaElement>

    </Canvas>
```

```
</UserControl>
```

注意上面 XAML 中 MediaOpened 事件的包装。下面的代码显示了如何在 MediaOpened 事件中测试 CanSeek 属性，其中它所返回的值是可以信赖的。如果媒体是可搜索的，则一个 TimeSpan 值被赋予 Position 属性以将媒体设置为 5 秒，然后就播放媒体。

```csharp
using System;
using System.Collections.Generic;
using System.Linq;
using System.Net;
using System.Windows;
using System.Windows.Controls;
using System.Windows.Documents;
using System.Windows.Input;
using System.Windows.Media;
using System.Windows.Media.Animation;
using System.Windows.Shapes;

namespace Chapter13
{
    public partial class Page : UserControl
    {
        public Page()
        {
            InitializeComponent();
        }

        private void MyMedia_MediaOpened(object sender, RoutedEventArgs e)
        {
            //If seekable, set position
            if (MyMedia.CanSeek)
            {
                MyMedia.Position = new TimeSpan(0, 0, 5);
            }
            //Either way, instruct the media to being playing
            MyMedia.Play();
        }
    }
}
```

④ NaturalDuration 属性

但是如果不知道正在使用的媒体有多长怎么办呢？MediaElement 通过提供 Natural-Duration 属性来考虑此要求。此属性返回一种 Duration 类型值，其内容可以是 TimeSpan、Automatic 或 Forever。

在触发 MediaOpened 事件之前，NaturalDuration 属性将被设置为默认值 Automatic。如果已打开的媒体是实时流化或不知道其持续时间的，此值将保持为 Automatic。在这种情况下，媒体将仅仅是继续播放，直到结束位置。

以下代码显示了此属性如何用于将媒体的持续时间写到 TextBlock 中：

```
private void MyMedia_MediaOpened(object sender, RoutedEventArgs e)
{
    //If seekable, set position
    if (MyMedia.CanSeek)
    {
        MyMedia.Position = new TimeSpan(0, 0, 5);
    }

    Duration duration = MyMedia.NaturalDuration;
    //If the duration can be ascertained
    if (duration != Duration.Automatic)
    {
        TimeSpan ts = duration.TimeSpan;
        MediaInfo.Text = ts.ToString();
    }
    else
    {
        MediaInfo.Text = "Cannot ascertain duration";
    }

    //Either way, instruct the media to being playing
    MyMedia.Play();
}
```

⑤ Height 属性和 Width 属性

虽然可以在 MediaElement 对象上设置继承得到的 Height 属性和 Width 属性，但是出于对性能的考虑，应该避免这样的操作。显示媒体最快速的方法，就是让其以自然的尺寸显示，也就是其原始编码所显示的大小。如果这个大小不理想，可以考虑使用诸如 Expression Media Encoder 之类的工具对媒体重新编码，并将其设定为要求的大小。

一旦触发了 MediaOpened 事件，可获取其 NaturalVideoHeight 和 NaturalVideoWidth 属性的值，它们都是指定视频的自然渲染分辨率的 double 类型值，如下例所示：

```
private void MyMedia_MediaOpened(object sender, RoutedEventArgs e)
{
    double naturalHeight = MyMedia.NaturalVideoHeight;
    double naturalWidth = MyMedia.NaturalVideoWidth;

    MediaInfo.Text = String.Format("Height: {0}, Width: {1}",
        naturalHeight,
        naturalWidth);

    MyMedia.Play();
}
```

运行此代码，将看到如图 13-2 所示的结果。

图 13-2

⑥ Volume 属性

为了控制媒体播放的音量，可以对 MediaElement 对象的 Volume 属性进行设置。此属性的期望值是一个 double 类型值，并可以设置为 0 到 1 之间的值，其中 0 为最小值，1 为最大值。此属性的默认值为 0.5。

但是要记住，值 0.5 可能与不同媒体文件的真实音量不相等。这是因为各个媒体文件都是用它们自己的基准音量设置来录制的。要测试应用程序，并为每个媒体文件适当地设置理想的音量，或者确保用相同的基准音量来编码所有的媒体文件，这一点很重要。

也可以通过将 IsMuted 属性分别设置为 False 或 True 来选择打开或完全关闭音量。

最后，还可以用 MediaElement 对象的 Balance 属性来调整左右扬声器之间的音量。此属性要求的值是一个 -1 到 1 之间的 double 类型值，其中 -1 为左边扬声器的最高音量，而 1 为右边扬声器的最高音量。默认值为 0，这意味着此音量对每个扬声器来说都是相同的。

下面的例子演示了在一个基本的例子中这些属性的用法。该例子使用 Slider 对象来控制整体音量以及扬声器之间的平衡：

```
<UserControl x:Class="Chapter13.VolumeControlExample"
  xmlns="http://schemas.microsoft.com/winfx/2006/xaml/presentation"
  xmlns:x="http://schemas.microsoft.com/winfx/2006/xaml"
  Width="400" Height="300">

  <Grid x:Name="LayoutRoot" Background="White">
```

```xml
<Grid.ColumnDefinitions>
    <ColumnDefinition Width="*" />
    <ColumnDefinition Width="5*"/>
</Grid.ColumnDefinitions>

<Grid.RowDefinitions>
    <RowDefinition Height="*" />
    <RowDefinition Height="*" />
    <RowDefinition Height="8*"/>
</Grid.RowDefinitions>

<TextBlock Text="Volume"
        Grid.Row="0"
        Grid.Column="0" />

<Slider x:Name="VolumeSlider"
    Grid.Row="0"
    Grid.Column="1"
    Orientation="Horizontal"
    Minimum="0"
    Maximum="1"
    Width="200"
    SmallChange="0.1"
    LargeChange="0.2"
    ValueChanged="VolumeSlider_ValueChanged"/>

<TextBlock Text="Balance"
        Grid.Row="1"
        Grid.Column="0" />

<Slider x:Name="BalanceSlider"
        Grid.Row="1"
        Grid.Column="1"
        Orientation="Horizontal"
        Minimum="-1"
        Maximum="1"
        Width="200"
        SmallChange="0.1"
        LargeChange="0.2"
        ValueChanged="BalanceSlider_ValueChanged"
        Value="0"/>

<MediaElement x:Name="MyMedia"
            Canvas.Left="100"
            Canvas.Top="100"
            Source="/Assets/Butterfly.wmv"
            AutoPlay="True"
            Grid.Row="2"
```

```
                            IsMuted="False"
                            Volume="0"
                            Grid.ColumnSpan="2"
                            Balance="0"/>
        </Grid>

</UserControl>
```

现在列出了该应用程序的隐藏代码。每个 Slider 控件的两个处理器分别负责使用由每个滑杆所提供的 NewValue 来调整 Volume 属性和 Balance 属性的值。

```
using System;
using System.Collections.Generic;
using System.Linq;
using System.Net;
using System.Windows;
using System.Windows.Controls;
using System.Windows.Documents;
using System.Windows.Input;
using System.Windows.Media;
using System.Windows.Media.Animation;
using System.Windows.Shapes;

namespace Chapter13
{
    public partial class VolumeControlExample : UserControl
    {
        public VolumeControlExample()
        {
            InitializeComponent();
        }

        private void VolumeSlider_ValueChanged(object sender,
                            RoutedPropertyChangedEventArgs<double> e)
        {
            MyMedia.Volume = e.NewValue;
        }

        private void BalanceSlider_ValueChanged(object sender,
                            RoutedPropertyChangedEventArgs<double> e)
        {
            MyMedia.Balance = e.NewValue;
        }
    }
}
```

图 13-3 显示了包括两个新的 Slider 控件的 UI。可以试着更改两者的值，并听听效果。

图 13-3

# 13.2　更精确的控制

在所有的场合都希望媒体文件从头播到尾是不太可能的。MediaElement 通过选择属性和事件，提供了对于媒体文件播放更加细粒度的控制。

## 13.2.1　控制播放

正如您所期盼的，媒体播放可用通用的 Play、Pause 和 Stop 命令来控制。

### 1. Play 命令

如果在 Source 中指定的媒体文件还没播放，则 Play 命令将使其开始播放，或者如果媒体文件正处于暂停状态，将继续播放。如果调用此命令时，媒体文件正在播放，则不发生任何动作。

此方法返回空，而且不接受参数：

```
MyMedia.Play();
```

### 2. Pause 命令

这里没什么繁重的工作。使用 Pause 命令将导致正在播放的媒体文件进入暂停状态。在此状态下，用 Play 命令将让其继续播放。MediaElement 还提供了 CanPause 属性，它对于实时流媒体返回 False。如果在 CanPause 属性为 False 的媒体上使用 Pause 命令，则命令将被忽略。

Pause 方法返回空而且不接受参数，同时 CanPause 也不接受参数并返回一个布尔型值：

```
MyMedia.Pause();
bool CanPause();
```

### 3. Stop 命令

Stop 命令将导致正在播放的媒体停止。如果当使用 Stop 命令时此媒体正处于暂停或播放状态，则 Position 被设置为回到开始。在已经停止播放的媒体上使用 Stop 命令，则此命令将被忽略，并没有任何效果。

此方法返回空，并不接受参数：

```
MyMedia.Stop();
```

### 4. 将所有的命令放到一起

现在将逐步分析一个基本的例子以演示这些播放命令的使用。此例子将使用一些自定义的形状来表示 Play、Pause 和 Stop 功能。

下面的 XAML 展示了如何在 Silverlight 中使用此功能，第 13 章源代码中的 Control Playback.xaml 文件给出了此段代码。

```
<UserControl x:Class="Chapter13.ControlPlayback"
  xmlns="http://schemas.microsoft.com/winfx/2006/xaml/presentation"
  xmlns:x="http://schemas.microsoft.com/winfx/2006/xaml"
  Width="640" Height="480">

  <Canvas x:Name="LayoutRoot">

    <!-- Media Navigation Commands -->
    <!-- STOP -->
    <Canvas MouseLeftButtonDown="NavButtonPressed"
            MouseLeftButtonUp="StopPlayback"
            Canvas.Left="10"
            Canvas.Top="10">

        <Rectangle Stroke="Black"
                   StrokeThickness="3"
                   Height="30"
                   Width="30"
                   Fill="Red" />

    </Canvas>

    <!-- PAUSE -->
    <Canvas MouseLeftButtonDown="NavButtonPressed"
            MouseLeftButtonUp="PausePlayback"
            Canvas.Left="100"
            Canvas.Top="10">

        <Rectangle Stroke="Black"
                   StrokeThickness="3"
```

```xml
                        Height="30"
                        Width="10"
                        Fill="Orange"
                        Canvas.Left="0" />

            <Rectangle Stroke="Black"
                        StrokeThickness="3"
                        Height="30"
                        Width="10"
                        Fill="Orange"
                        Canvas.Left="10" />
        </Canvas>

        <!-- PLAY -->
        <Canvas MouseLeftButtonDown="NavButtonPressed"
                MouseLeftButtonUp="PlayPlayback"
                Canvas.Left="190"
                Canvas.Top="10">

            <Polygon Points="0 0, 30 15, 0 30"
                        Fill="Green"
                        Stroke="Black"
                        StrokeThickness="3" />

        </Canvas>

        <TextBlock TextAlignment="Right"
                    Canvas.Left="240"
                    Canvas.Top="10"
                    x:Name="MediaDuration">
        </TextBlock>

        <!-- Our Media Object -->
        <MediaElement x:Name="MyMedia"
                        Source="/Assets/Butterfly.wmv"
                        AutoPlay="False"
                        MediaOpened="MyMedia_MediaOpened"
                        Canvas.Left="10"

        Canvas.Top="100">

        </MediaElement>

    </Canvas>

</UserControl>
```

在此使用的主要布局控件是 Canvas，因此，基本媒体播放器的组成部分绝对定位其上。首先，在布局上出现的是媒体导航图标。我们选择将它们每一个控件均包装在自己的

Canvas 中，然后仅在此子 Canvas 中绘制，利用一个 Rectangle 对象来绘制停止图标，利用两个 Rectangle 对象代表暂停图标，并用一个 Ploygon 对象来绘制播放按钮。

　　MouseLeftButtonDown 和 MouseLeftButtonUp 事件都在子 Canvas 层得到了处理，并负责分别调用通用的 NavButtonPressed 方法和命令特有的[command] Playback 方法。下面我们给出了该例子的源代码，并随后解释该源代码。

```csharp
using System;
using System.Collections.Generic;
using System.Linq;
using System.Net;
using System.Windows;
using System.Windows.Controls;
using System.Windows.Documents;
using System.Windows.Input;
using System.Windows.Media;
using System.Windows.Media.Animation;
using System.Windows.Shapes;

namespace Chapter13
{
    public partial class ControlPlayback : UserControl
    {
        public ControlPlayback()
        {
            try
            {
                // Required to initialize variables
                InitializeComponent();
            }
            catch (Exception ex)
            {
                string errorMessage = ex.Message;
                //appropriate error handling in here : )
            }
        }

        //Media is loaded and information (if any) should now be available
        private void MyMedia_MediaOpened(object sender, RoutedEventArgs e)
        {
            TimeSpan ts = MyMedia.NaturalDuration.TimeSpan;

            MediaDuration.Text = String.Format("{0} - {1}:{2}:{3}",
                "Media Duration",
                ts.Hours.ToString().PadLeft(2, '0'),
                ts.Minutes.ToString().PadLeft(2, '0'),
                ts.Seconds.ToString().PadLeft(2, '0')
            );
```

```
            ts = MyMedia.Position;
        }

        private void StopPlayback(object sender, MouseButtonEventArgs e)
        {
            MyMedia.Stop();
            this.NavButtonReleased(sender, e);
        }

        private void PausePlayback(object sender, MouseButtonEventArgs e)
        {
            MyMedia.Pause();
            this.NavButtonReleased(sender, e);
        }

        private void PlayPlayback(object sender, MouseButtonEventArgs e)
        {
            MyMedia.Play();
            this.NavButtonReleased(sender, e);
        }

        private void NavButtonPressed(object sender, MouseButtonEventArgs e)
        {
            foreach (UIElement element in ((Canvas)sender).Children)
            {
                Shape shape = element as Shape;
                if (shape != null)
                {
                    shape.Stroke = new SolidColorBrush(Colors.Gray);
                }
            }
        }

        private void NavButtonReleased(object sender, MouseButtonEventArgs e)
        {
            foreach (UIElement element in ((Canvas)sender).Children)
            {
                Shape shape = element as Shape;
                if (shape != null)
                {
                    shape.Stroke = new SolidColorBrush(Colors.Black);
                }
            }
        }
    }
}
```

　　第一个需要注意的方法是 MyMedia_MediaOpened，它在加载媒体时被调用。此时，关于正使用媒体的特定信息应该可用。对于此例子，将注意到应用程序查询了 NaturalDuration

属性，并对其进行了格式化以将其显示。

　　然后，代码包含了三个从显示中的导航图标直接触发得到的事件处理器：StopPlayback、PausePlayback 和 PlayPlayback。每个处理器首先分别调用 MediaElement 的相关命令 Stop()、Pause()和 Play()。然后它们调用同样的 NavButtonReleased 方法，并将事件参数传递给该方法。

　　大概说来，为了让图标看起来像已被单击过，NavButtonPressed( 由 MouseLeft-ButtonDown 触发的)中的代码将它们的 Stroke 属性调整为 Colors.Gray。当按钮被释放时，调用相应的媒体命令和 NavButtonReleased 通用方法。此方法仅仅将 Stroke 重新设置为初始颜色 Colors.Black。这为自定义图标提供了一个很基本的突出显示机制。

　　图 13-4 显示了这个最基本的媒体播放器如何发挥作用。

图 13-4

① Stretch 属性

　　MediaElement 还提供了 Stretch 属性。该属性的值指定加载的视频是否伸缩以适应 MediaElement 对象本身的大小，以及如何进行扩展。此属性是 System.Windows.Media.Stretch 类型，并且是取下列值的一种枚举类型：

- None——视频将不会伸缩以填充 MediaElement。
- Uniform——视频将均匀地伸缩，直到有一边触及 MediaElement 的边框。视频按比例显示。
- UniformToFill——视频将均匀地伸缩以完全填充 MediaElement，因此视频将出现一些剪裁。
- Fill——视频将可能进行非均匀伸缩，直到填充满 MediaElement。视频可能不按比例显示。

　　第 13 章的源代码包括一个名为 StretchExample 的 XAML 文件。该文件通过将视频同时显示在四个独立的 MediaElement 对象中，来说明各个设置所得到的效果。MediaElement 的宽度和高度已经设置为与媒体本身的比值不一样，以更好地说明此问题。

下面的 XAML 演示了此页面的布局：

```xml
<UserControl x:Class="Chapter13.StretchExample"
    xmlns="http://schemas.microsoft.com/winfx/2006/xaml/presentation"
    xmlns:x="http://schemas.microsoft.com/winfx/2006/xaml"
    Width="400" Height="300">

    <Canvas x:Name="LayoutRoot"
            Background="Gray">

        <!-- Stretch.None -->
        <MediaElement x:Name="MediaStretchNone"
                    Canvas.Left="0"
                    Canvas.Top="10"
                    Width="300"
                    Height="150"
                    Source="/Assets/Butterfly.wmv"
                    Stretch="None" />
        <!-- End Stretch.None -->

        <!-- Stretch.Uniform -->
        <MediaElement x:Name="MediaStretchUniform"
                    Canvas.Left="350"
                    Canvas.Top="10"
                    Width="300"
                    Height="150"
                    Source="/Assets/Butterfly.wmv"
                    Stretch="Uniform" />
        <!-- End Stretch.Uniform -->

        <!-- Stretch.UniformToFill -->
        <MediaElement x:Name="MediaStretchUniformToFill"
                    Canvas.Left="0"
                    Canvas.Top="200"
                    Width="300"
                    Height="150"
                    Source="/Assets/Butterfly.wmv"
                    Stretch="UniformToFill" />
        <!-- End Stretch.UniformToFill -->

        <!-- Stretch.Fill -->
        <MediaElement x:Name="MediaStretchFill"
                    Canvas.Left="350"
                    Canvas.Top="200"
                    Width="300"
                    Height="150"
                    Source="/Assets/Butterfly.wmv"
                    Stretch="Fill" />
        <!-- End Stretch.Fill -->
```

```
        </Canvas>

</UserControl>
```

该代码得到如图 13-5 所示的显示结果。

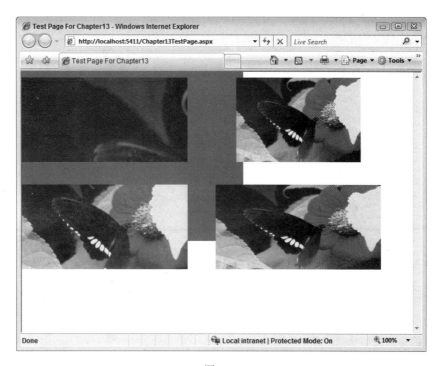

图 13-5

② 继承得到的属性

正如本章前面所提到的，MediaElement 本身是从 UIElement 派生得到的，因此该控件同样具有这样的子对象所应该有的全部属性，这一点也值得记住。例如，可以自由地应用设置来调整 MediaElement 的 Opacity。

```
<UserControl x:Class="Chapter13.AlterProperties"
    xmlns="http://schemas.microsoft.com/winfx/2006/xaml/presentation"
    xmlns:x="http://schemas.microsoft.com/winfx/2006/xaml"
    Width="400" Height="300">

<Canvas x:Name="LayoutRoot" >

    <MediaElement x:Name="MyMedia"
                Canvas.Left="10"
                Canvas.Top="10"
                Source="/Assets/Butterfly.wmv"
                Opacity="0.3" />

    </Canvas>

</UserControl>
```

**501**

Opacity 属性接受 0.0 到 1.0 之间的 double 类型值，其中 0 为完全透明，而 1 为完全不透明。

图 13-6 显示了值 0.3 是如何影响视频显示的。

图 13-6

不需要满足于用一个矩形区域显示视频。使用 UIElement 提供的 Clip 属性可以定义一个区域，在此区域之外的内容将被剪裁。考虑下面的例子：

```xml
<UserControl x:Class="Chapter13.ButterflyClip"
   xmlns="http://schemas.microsoft.com/winfx/2006/xaml/presentation"
   xmlns:x="http://schemas.microsoft.com/winfx/2006/xaml">

   <Grid x:Name="LayoutRoot" Background="White">

        <MediaElement x:Name="MediaClipButterfly"
                      Canvas.Left="10"
                      Canvas.Top="10"
                      Source="/Assets/Butterfly.wmv">

            <MediaElement.Clip>
                <EllipseGeometry Center="200,200" RadiusX="200"
                   RadiusY="200" />
            </MediaElement.Clip>
        </MediaElement>

    </Grid>
```

```
</UserControl>
```

在该 XAML 中，MediaElement.Clip 属性被设置为一个 EllipseGeometry 对象，该对象定义了一个 Ellipse，它的中心为 200,200，它的半径在所有方向都为 200——也就是一个圆。图 13-7 显示了所得结果的输出。

图 13-7

## 13.2.2　在 ASP.NET 中控制播放

如果想在包含页面中控制 MediaElement 对象，可以利用第 4 章讨论过的功能。在该种情况下，客户脚本可以访问在 Silverlight 应用程序中正确修饰的类型和成员。此功能将起到很好的作用。

但是，在 ASP.NET 页面中内嵌媒体是很常见的要求，尤其是随着宽带互联网访问的流行，这种需要将更多。正因为这样，就有了一个 ASP.NET 服务器控件。该控件负责利用 Silverlight 的 MediaElement 对象并内嵌了该插件。这就是 ASP.NET Media 控件，并且所需要做的就是将此控件添加到 ASP.NET 页面上。

此控件被集成为 ASP.NET Futures 下载的一部分，可以从微软站点免费下载。

### ASP.NET Media 服务器控件

此控件的优点是允许将自己的音频和视频文件直接内嵌到 Web 页面中，不需要任何关于客户端的知识，而不管客户端是 JavaScript 还是 XAML/Silverlight 都是如此。然后，控件负责生成所有的 Silverlight 标记以及让媒体运行所需的隐藏代码。

控件除了允许包括 Chapters、Markers 和 Captions 等属性外，还支持皮肤。

一旦安装了 ASP.NET Futures 工具包，就可以选择创建一个新的项目，并且在 Web 项目模板中，将看到 ASP.NET AJAX Futures Web Application 选项，如图 13-8 所示。

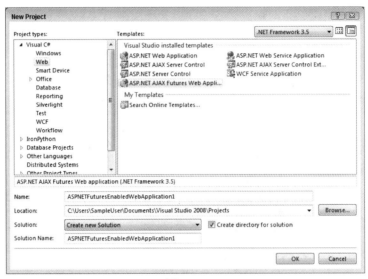

图 13-8

一旦创建好了此项目，就可以在页面上使用 ASP.NET Media 控件，如下面的 HTML 所示：

```
<%@ Page Language="C#" AutoEventWireup="true"
        CodeBehind="Default.aspx.cs"
        Inherits="TestMediaControl._Default" %>

<!DOCTYPE html PUBLIC "-//W3C//DTD XHTML 1.0 Transitional//EN"
"http://www.w3.org/TR/xhtml1/DTD/xhtml1-transitional.dtd">

<html xmlns="http://www.w3.org/1999/xhtml" >
<head runat="server">
    <title>Untitled Page</title>
</head>
<body>
    <form id="form1" runat="server">
        <asp:ScriptManager ID="ScriptManager1" runat="server" />
    <div>
        <asp:Media ID="MyMedia"
                MediaUrl="~/Bear.wmv"
                runat="server"
                Width="100%"
                Height="100%" />
    </div>
    </form>
</body>
</html>
```

注意，并不需要 Silverlight 项目，而且根本不需要设计 XAML。所有这些完全都由 Media 控件负责实现。图 13-9 显示了媒体播放器如何工作——它看起来比之前创建的那个要好一点，这一点您肯定会赞同！

图 13-9

## 13.2.3　时间线标记

时间线标记可以将一个媒体文件中的多个给定点与任何"有用"信息相关联。它们通常以一种同步机制的形式使用，例如，搜索某个媒体以达到某个指定点，甚至允许将媒体和其他项在给定时间实现同步(广告就是一个很好的例子——电影中的小轿车追逐可以通过时间线标记来发信号，说明该在右边显示 BMW 公司的广告了)。

还可以用时间线在一个培训短片或类似的视频文件下方显示一个副本的正确部分。

现在明白它的用处了。

时间线标记是在媒体文件自身中创建并保存的。微软提供了 Windows 媒体文件编辑器 (Windows Media File Editor，Windows Media Encoder 9 安装包自带的)和微软公司的 Expression Encoder 以创建时间线标记。在考虑 Silverlight 应用程序中使用这些标记的情况之前，首先看看用来将时间线标记添加到媒体文件中的 Windows Media File Editor 和 Expression Encoder。

### 1. Windows Media File Editor

这个唾手可得的工具是 Windows Media Encoder 9 安装包自带的，它允许打开并编辑以.wmv、.wma 和.asf 文件扩展名结束的媒体文件。运行此应用程序时，将在屏幕上呈现如图 13-10 所示的画面。

图 13-10

在此例中打开和编辑的文件是和 Windows Vista 一起安装的，名为 Bear.wmv，这一点和现在已经看到的 Butterfly.wmv 一样。一旦文件在 Windows Media File Editor 中被打开，Markers 按键将变为使能状态。单击此按钮打开 Markers 对话框，该对话框允许在媒体文件中的设置点创建任意的标记。图 13-11 显示了此过程。

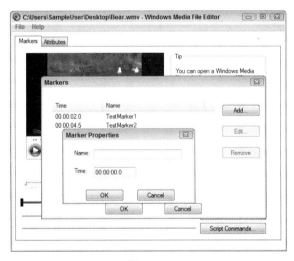

图 13-11

正如您可以看到的，除了列出了已创建标记的字符串数据和时间外，Markers 按钮旁边的时间线还显示了所创建的标记的位置点。该文件的被编辑版本被另存为 BearWithMarkers.wmv，并放置于第 13 章源代码的 Assets 目录中。

### 2. Expression Encoder

Expression Encoder 能够轻松地让视频项目支持 Web，而且它特别适用于充分利用 Silverlight 播放场景下的多图形以及交互能力,甚至能够生成适合于在 Zune 上播放的内容。

除了创建媒体文件外，还可以创建从一个工作站或一个 Windows Media Server 流化得到的实时多媒体会话。此例仅将标记添加到媒体文件中，并对其进行编码。

Expression Encoder 利用任务来创建自己的工作。创建一项新的任务。这项任务实际上就是一个会话，然后导入视频，做修改并添加标记，编码并输出。

图 13-12 显示了 Bear.wmv 被导入新的任务中之后的 UI。

正如在该多功能 UI 上看到的，有大量的功能可用。不过，由于此书不是致力于成为 Expression Encoder 的手册，所以我们在此不详细讨论这些功能。

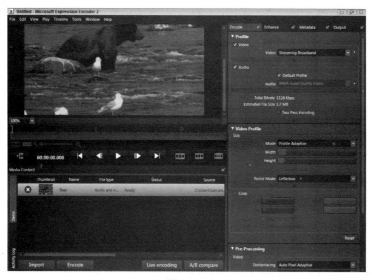

图 13-12

为了使用标记，可以从菜单栏选中 Timeline | Add Marker，或在右上方选中 Metadata 选项卡，并使用下面的 Marker 面板。图 13-13 显示了导入另一个视频并将两个标记添加到 Bear.wmv 之后的 UI。

图 13-13

一旦添加了自己的标记(并假定进行了要求的其他修改)，就可以选择对该新的媒体实施编码。图 13-14 显示了此操作中的编码面板。

图 13-14

新编码的文件将根据输出面板选项输出，如图 13-15 所示。

图 13-15

### 3. 通过代码添加时间线标记

这里给出了用于演示在 Silverlight 应用程序中使用时间线标记的代码，但是请在空闲时间自行下载这些代码并仔细研读。正在使用的文件是第 13 章源代码中的 TimelineMarkers.xaml 文件。

```
<UserControl x:Class="Chapter13.TimelineMarkers"
    xmlns="http://schemas.microsoft.com/winfx/2006/xaml/presentation"
    xmlns:x="http://schemas.microsoft.com/winfx/2006/xaml"
    Width="400" Height="300">

    <Canvas x:Name="LayoutRoot" >
```

```
    <MediaElement x:Name="MyMedia"
                   Canvas.Left="10"
                 Canvas.Top="70"
                 Source="/Assets/BearWithMarkers.wmv"
                 MarkerReached="MyMedia_MarkerReached">
    </MediaElement>
    <TextBlock x:Name="StatusText"
               Canvas.Left="0"
               Canvas.Top="0"
               FontSize="10"/>
    </Canvas>

</UserControl>
```

上面的代码将两个控件添加到根 Canvas 对象中，一个 MediaElement 控件和一个 TextBlock 控件。MediaElement 控件的声明包含了一个 MarkerReached 事件，而该事件被包装到了一个称为 MyMedia_MarkerReached 处理器中。播放过程中只要在媒体文件中遇到一个标记，此事件即触发。

因为包括了 TextBlock 控件，所以能够看到每个标记所返回的信息。下面的代码显示了如何处理 MarkerReached 事件，以便让它将标记信息输出到屏幕上：

```
using System;
using System.Collections.Generic;
using System.Linq;
using System.Net;
using System.Windows;
using System.Windows.Controls;
using System.Windows.Documents;
using System.Windows.Input;
using System.Windows.Media;
using System.Windows.Media.Animation;
using System.Windows.Shapes;

namespace Chapter13
{
    public partial class TimelineMarkers : UserControl
    {
        public TimelineMarkers()
        {
            InitializeComponent();
        }

        private void MyMedia_MarkerReached(object sender,
                                    TimelineMarkerRoutedEventArgs e)
        {
            StatusText.Text += String.Format(
                " Time: {0}, Type: {1}, Text: {2}\n",
                e.Marker.Time.Seconds.ToString(),
                e.Marker.Type,
```

```
                    e.Marker.Text);
        }
    }
}
```

MyMedia_MarkerReached 处理器接受两个参数，常用的 sender 对象和一个 TimelineMarker-EventArgs 类型参数。此对象包括一个 Marker 对象，该对象展示了 Time、Type 和 Text 属性以进行确认。

上面的代码只抽取了适当的值，并在播放媒体时将它们列在 TextBlock 中。

图 13-16 显示了该代码的结果。

图 13-16

您也已经直接以编程的方式访问了 MediaElement 内的 Marker 属性，该对象为一个 TimelineMarker 对象的集合。此集合包括所有已经内嵌在媒体文件中的标记，不过它允许将标记动态地添加到媒体文件中。用这种方法添加的标记只是暂时的，只要将不同的媒体文件加载到 MediaElement 对象中，它就会被删除。

DynamicMarkers.xaml 演示了此技术。此 XAML 本身定义了一个 MediaElement 对象和一个 TextBlock 控件来输出信息：

```
<UserControl x:Class="Chapter13.DynamicMarkers"
    xmlns="http://schemas.microsoft.com/winfx/2006/xaml/presentation"
    xmlns:x="http://schemas.microsoft.com/winfx/2006/xaml"
    Width="400" Height="300">

<Canvas x:Name="LayoutRoot" >

    <MediaElement x:Name="MyMedia"
                    Canvas.Left="10"
                    Canvas.Top="70"
```

```
                        Source="/Assets/Bear.wmv"
                        MarkerReached="MyMedia_MarkerReached"
                        MediaOpened="MyMedia_MediaOpened">

        </MediaElement>

        <TextBlock x:Name="StatusText"
                    Canvas.Left="0"
                    Canvas.Top="0"
                    FontSize="10"/>
    </Canvas>

</UserControl>
```

此时，媒体文件/Assets/Bear.wmv 在此处不含标记。在隐藏代码中，MediaLoaded 事件
将被处理。只有触发了 MediaLoaded 事件，MediaElement 的 Markers 集合才被认为是有效
的，所以将新的 TimelineMarker 对象动态地添加到此集合中的代码应该位于其中。

```csharp
using System;
using System.Collections.Generic;
using System.Linq;
using System.Net;
using System.Windows;
using System.Windows.Controls;
using System.Windows.Documents;
using System.Windows.Input;
using System.Windows.Media;
using System.Windows.Media.Animation;
using System.Windows.Shapes;

namespace Chapter13
{
    public partial class DynamicMarkers : UserControl
    {
        public DynamicMarkers()
        {
            InitializeComponent();
        }
        private void MyMedia_MarkerReached(object sender,
                                        TimelineMarkerRoutedEventArgs e)
        {
            StatusText.Text += String.Format(
                " Time: {0}, Type: {1}, Text: {2}\n",
                e.Marker.Time.Seconds.ToString(),
                e.Marker.Type,
                e.Marker.Text);
        }

        private void MyMedia_MediaOpened(object sender, RoutedEventArgs e)
        {
```

```
          TimelineMarker marker = new TimelineMarker();
          marker.Type = "Added Via Code";
          marker.Time = new TimeSpan(0, 0, 6);
          marker.Text = "Hello, World!";

          MyMedia.Markers.Add(marker);

          TimelineMarker marker2 = new TimelineMarker();
          marker2.Type = "Annotation";
          marker2.Time = new TimeSpan(0, 0, 2);
          marker2.Text = "Test annotation";

          MyMedia.Markers.Add(marker2);
       }
    }
}
```

添加动态的标记非常简单，仅仅需要实例化一个新的 TimelineMarker 对象，并在将其添加到 Markers 集合之前将它的 Type、Time 和 Text 属性设置为期望的值即可。

图 13-17 显示了此结果。

图 13-17

时间线标记也可用于允许用户或开发人员将媒体文件直接定位在一个指定点上，例如，跳到一个教程的第 2 步。要实现此功能的代码很简单，仅仅需要将 MediaElement.Position 属性设置为对应的 TimelineMarker 对象中拥有的 TimeSpan 值即可：

```
MyMedia.Position = MyMedia.Markers[1].Time;
```

通过循环可用的标记并在内容列表清单中显示它们，用户可以轻松地在媒体文件中的不同点之间移动，甚至可以在观看或收听时在他们感兴趣的地方动态地添加自己的标记。

### 4. MediaElement 事件

MediaElement 给出了多个很有用的事件供您处理。在此例中已经多次用到了 MediaOpened 和 MarkerReached 事件。现在将讨论需要注意的其他事件，随后是一些说明它们使用情况的示例代码。

① CurrentStateChanged

只要 MediaElement 对象的 CurrentState 属性发生改变，此事件就会触发。此属性是 MediaElementState 枚举类型。其常用的状态如下所示：

- MediaElementState.Buffering——媒体正在被加载。如果在进入该状态时媒体正在播放，那么将显示最后一帧。
- MediaElementState.Closed——MediaElement 没有加载任何媒体，并且将只显示一个透明的帧。
- MediaElementState.Opening——加载了 Source URI 中指定的媒体。所有的 Play、Pause 和 Stop 命令都排队等候，并在成功打开的基础上执行。
- MediaElementState.Paused——MediaElement 的 Position 属性不向前变化。如果正播放媒体，将继续显示最后一个帧。
- MediaElementState.Playing——Position 属性增加，并且播放媒体。
- MediaElementState.Stopped——如果媒体为视频类型，则显示第一帧。Position 属性被设置为 0，并且不增加。

  此事件的签名为：

```
void CurrentStateChanged(object sender, RoutedEventArgs e);
```

② MediaEnded

此事件在当前正播放的媒体结束时产生。

```
void MediaEnded(object sender, RoutedEventArgs e);
```

③ MediaFailed

此事件在 MediaElement Source 出现错误时产生。代码包括一个 ErrorEventArgs 类型的参数，它允许确认与错误相关的 Type、Code 和 Message 属性。

```
void MediaFailed(object sender, ErrorEventArgs e);
```

④ BufferingProgressChanged

此事件在下载过程中将被触发多次，因为有大量的媒体文件被缓存(从事件最后生成开始，它的值增加 0.05 或更多)：

```
void MyMedia_BufferingProgressChanged(object sender, RoutedEventArgs e)
```

⑤ DownloadProgressChanged

像 BufferingProgressChanged 一样，此事件更可能在一个逐步下载过程中重复发生，并且将在所有的下载内容增加 0.05 或更多时触发。

```
void MyMedia_DownloadProgressChanged(object sender, RoutedEventArgs e)
```

只要将这些事件封装到 XAML 标记中(或者如果真希望,则封装到代码中)即可。这样就一切就绪了。

```
<!-- Our Media Object -->
<MediaElement x:Name="MyMedia"
              Source="/Assets/Butterfly.wmv"
              AutoPlay="False"
              MediaOpened="MyMedia_MediaOpened"
              Canvas.Left="10"
              Canvas.Top="100"
              CurrentStateChanged="MyMedia_CurrentStateChanged"
              MediaEnded="MyMedia_MediaEnded"
              MediaFailed="MyMedia_MediaFailed">

</MediaElement>
```

下面的处理器只是在这些错误发生时将信息输出到一个 TextBlock 控件:

```
//Listen for the media current state changing and output state to textblock
private void MyMedia_CurrentStateChanged(object sender, RoutedEventArgs e)
{
    MediaElementState state = MyMedia.CurrentState;
    MediaState.Text = state.ToString();
}

private void MyMedia_MediaEnded(object sender, RoutedEventArgs e)
{
    MediaState.Text = "Media Ended";
}

private void MyMedia_MediaFailed(object sender, ErrorEventArgs e)
{
    MediaState.Text=String.Format("Error Code:{0},Error Message:{1},Error
        Type: {2}",
    e.ErrorCode.ToString(),
    e.ErrorMessage,
    e.ErrorType.ToString());
}
```

### 13.2.4　SetSource

迄今为止,一直是通过 Source 属性设置 MediaElement 对象所引用的媒体文件。但是,如果媒体文件比较大的话(要面对这个问题,媒体文件经常比较大),此技术将带来一定的问题。在 Silverlight 应用程序加载时,直到所有的 XAML 和相关的资源都下载以后,才为用户显示 XAML。这就意味着,如果 XAML 和资源很大,那么用户将等待很长时间,这样并不是好的用户体验。

要克服这个问题,可以编写自己的 Silverlight 应用程序,以便让它不直接链接到正使用的媒体文件，而是异步下载媒体。MediaElement 类的 SetSource 方法接受了一个 Stream 对象，可以利用 WebClient 对象异步下载媒体文件来提供此对象。您可能记得这段来自第 4 章中的代码，它是用于按需下载.xap 文件。下面的代码说明了如何用 SetSource 方法和 WebClient 类下载媒体文件而又不会无法控制 UI：

```csharp
using System;
using System.Collections.Generic;
using System.Linq;
using System.Net;
using System.Windows;
using System.Windows.Controls;
using System.Windows.Documents;
using System.Windows.Input;
using System.Windows.Media;
using System.Windows.Media.Animation;
using System.Windows.Shapes;

namespace Chapter13
{
    public partial class SetSourceExample : UserControl
    {
        public SetSourceExample()
        {
            InitializeComponent();
        }

        private void UserControl_Loaded(object sender,
            RoutedEventArgs e)
        {
            WebClient webClient = new WebClient();

            webClient.OpenReadCompleted +=
                new OpenReadCompletedEventHandler
                    (webClient_OpenReadCompleted);

            webClient.OpenReadAsync(
                new Uri("Assets/Bear.wmv", UriKind.Relative)
                );
        }

        void webClient_OpenReadCompleted(object sender,
            OpenReadCompletedEventArgs e)
        {
            MyMedia.SetSource(e.Result);
            MyMedia.Play();
        }
    }
}
```

### 13.2.5 流化

MediaElement 控件支持 Windows 媒体服务器上媒体文件的流化。如果 URI 中的模式指定为 mms(Microsoft Media Services)，那么控件将首先尝试流化。如果文件不能流化，MediaElement 则将重新考虑累积下载此媒体文件。相反，如果指定 http 或 https 为模式，则控件首先尝试累积下载，然后才尝试流化。

在 Silverlight 应用程序中流化媒体的最简单方法，或许就是利用免费的 Silverlight 伴随服务：Microsoft Silverlight Streaming by Windows Live。

流化服务提供了一个可以承载和流化媒体的平台，并且可以从管理 Web 站点或者通过 REST API 来访问。如果携带广告的话，无限制流化可以免费使用；如果不带广告的话，该服务将需要进行付费。请查阅站点 http://dev.live.com/silverlight/，以了解最新的价格信息以及解释如何使用此服务的技术文档。

# 13.3 小结

本章首先介绍了 Silverlight 编程模型中的关键对象：MediaElement 对象，它使得应用程序可以显示高质量媒体。本章介绍了如何控制音频和视频的不同设置，以及 Silverlight 中所支持的不同格式。

由于媒体文件可能很大，所以默认情况下通过 Source 属性引用它们可能导致客户端的性能问题，因为在可以显示任何内容之前，完整的 XAML 和媒体资源都必须下载完毕。本章介绍了如何通过利用 SetSource 属性来缓解此问题，并提高客户的用户体验。

支持媒体的 ASP.NET 应用程序中的一个常见要求是，能够让所选择的媒体与其他 UI 事件和对象实现同步——例如，在播放电影时适时地显示广告功能——或者让一个副本与培训视频实现同步。本章介绍了这些是如何完成的：首先使用 Microsoft Expression Encoder 和 Windows Media File Editor 在应用程序中创建时间线标记。这些标记，有效地扮演着同步点的角色。然后这些标记可以轻松地应用在 Silverlight 应用程序中，并且应用程序将采取相应的动作。

在 ASP.NET 应用程序中内嵌媒体是常见的情况，本章介绍了 ASP.NET Media 服务器控件是如何实现此操作的，而且不需要编写一行 XAML 或 JavaScript 代码。

本章还介绍了媒体是如何通过 mms 被流化以及累积式下载的，而且也大致了解了通过 Windows Live 进行的流化，以及微软提供的让您可以发布和控制支持媒体的 Silverlight 应用程序的伴随服务。

下一章"图形和动画"，将向您展示如何创建和使用自定义的图形来对 UI 进行润色，以及通过使用动画来赋予它们生命。

# 图形和动画

第 3 章"XAML 简介"首次介绍了 Silverlight 中的绘制功能,尽管是非常简单的绘制功能,但是涵盖了 Ellipse、Rectangle 和 Line 对象。本章将扩展这些知识,首先分析 Shape基类,然后介绍在屏幕上绘制比较复杂图形的 Path、Polyline 或 Polygon 对象。

除了派生于 Shape、可以用于实施布局和将其渲染到屏幕上的对象外,还有派生于Geometry 的对象,这些对象可以描述不同的形状,但是不能将其放在布局中并进行渲染。本章将介绍这些对象的使用。

接下来,本章将介绍 Brush 对象,以及如何使用这些对象来绘制显示区域,包括如何使用图像和视频作为笔刷。

然后,本章将介绍 Silverlight 中的图像处理,包括所支持的图像类型,以及如何将图像同步或者异步地进行下载。在此还涉及了使用 Deep Zoom 来对图像进行拼接和放大缩小。

最后,本章将转移到 Silverlight 为用户界面添加动画的能力,并且学习到两种主要的动画,"From/To/By"动画和"关键帧"动画。本章将介绍允许执行动画的每种动画类型的不同属性,以及不同动画类型中可用的定时选项。本章还将介绍如何在动画中创建每帧回调机制,该机制对于游戏编程是非常有用的。

## 14.1 为 ASP.NET 赋予新的生命

这一节首先将帮助您在当前技术中正确地定位 Silverlight 及其能力,而且还讨论了Silverlight 可能为现有的 ASP.NET 应用程序所带来的一些好处。

### 14.1.1 Silverlight 之前

认为在 Silverlight 面世之前 Web 就是令人厌烦的、静态的世界是非常幼稚的,因为事实并不是这样的,Web 中还存在大量的图形和动画。在 Silverlight 之前,多种技术可以用于提供具有较大影响的图像、动画和丰富的内容,而最值得注意的是 Flash 和 Java Applet。

Flash 为大多数人打开了编写多功能 Web UI 之门。它提供了一个相对容易的编程模型,并且该模型主要集中在图形和动画处理上。Java Applet 提供了同样的功能。但是，直接跳到 Java 的学习曲线对于很多人而言困难重重。

除了这两项技术以外，XHTML+SMIL 语言也提供了在 Web 上对图形、媒体和动画的支持，但是该语言比较少用。

同步多媒体集成语言(Synchronized Multimedia Integration Language，SMIL)是一种基于 XML 的语言。它可以用于提供定时和动画，以及内嵌多媒体内容。XHTML+SMIL 是当前为了在 HTML 页面中包含 SMIL 而提供的 W3C 规范。最初，微软公司、Macromedia 和 Compaq/DEC 就集成 HTML 和 SMIL 给 W3C 提交了一个提案。该语言那时候还叫 HTML+TIME。XHTML+SMIL 构建在该语言之上，并且添加了另外的一些功能，因此 XHTML+SMIL 变成了当前完成该任务的标准。

为了详细地了解该技术，请查阅 W3C 在 www.w3.org/TR/XHTMLplusSMIL/ 上的记录。

### 14.1.2　支持 Silverlight 的图形和动画

Silverlight 解决了丰富的功能总是要以陡峭的学习曲线为代价的问题。正如前面已经提到的，通过 XAML 和.NET 隐藏代码实现 UI 布局和过程代码的分离，意味着设计人员可以快速地掌握该技术，或者是通过手工完成，或者是使用开发工具的 Expression 套件。那么，留给.NET 开发人员(人员多得难以计数)的任务就是编写所有需要的代码。

Silverlight 可以创建"打破模子"的 UI。各个组成部分完全可以是自定义的，而不用依赖内置控件/形状来构建另外一个普通的站点或者插件。本章将要深入研究的复杂二维(2D)图像，将可以方便地在屏幕上渲染所有可能的形状，而不用编写一行过程代码。并且其具有完整功能的动画 API 可以为内容带来生命，例如可以在精确的时间内方便地在屏幕上移动多个控件，同时平稳地改变颜色。

简而言之，Silverlight 可以通过提供集成的设计时支持、丰富的图形和动画以及易于设计者使用的环境，来帮助容易地为已有的 ASP.NET 站点赋予新的生命。

## 14.2　Silverlight 中的图形

使用 Silverlight 来实施 UI 开发将会遇到很多问题，而且这些问题在仅仅依赖于标准内置控件的 UI 开发中是不曾遇到的。也许设计团队希望输入控件看上去就像他们的公司标记——您可能知道的一个图标，具有圆角边框和填充内容。或者如果图像/视频能够更好地适应到特定形状的容器，而不是使用一个普通矩形的话，那么它们看上去可能会好一些。

不管出于什么原因，这样的需求都将在 Silverlight 中得到满足，正如下面的几节所解释的那样。

### 14.2.1　Shape 类

System.Windows.Shapes.Shape 类是 Silverlight 中 6 个基本形状类型——Ellipse、Rectangle、

Line(在第 3 章已经讨论过)、Polyline、Polygon 和 Path 的基类。Shape 继承自 Framework Element，因此也就继承自 UIElement。这使得该类具有接收输入并获取输入焦点的能力，而且还可以参与布局——简而言之，它可以在屏幕上实施渲染。

　　Shape 在其基类基础上添加了多个混合属性，包括：通过其 Fill 属性提供的在其内进行绘图的能力；通过其 Stretch 属性提供的以某种方式对其进行拉伸，以充满其容器空间的能力；通过其 Stroke 属性和 StrokeThickness 属性提供的指定如何渲染形状轮廓的能力。在下面了解这些派生形状的对象时，以及将来学习利用 Brush 对象来绘制图像时，将看到这些属性真正发挥作用。

　　Shape 是一个抽象类，这就意味着它不能直接被实例化。为了使用该类，我们必须从该类派生出新的类。

### 1. Polygon 对象

　　Polygon 类使得可以绘制由多条线段组成的封闭形状。可以使用 Points 属性来指定一系列的 Point 对象，其中每个对象定义要绘制的 Polygon 形状的一个角或者连接点。考虑一个简单的例子，该例子绘制一个三角形。为了绘制一个三角形，需要指定 3 个点，分别为{50,50}、{400,200}和{25,200}。该三角形为红色。

```
<UserControl x:Class="Chapter14.PolygonExample"
    xmlns="http://schemas.microsoft.com/winfx/2006/xaml/presentation"
    xmlns:x="http://schemas.microsoft.com/winfx/2006/xaml"
    Width="400" Height="300">

    <Grid x:Name="LayoutRoot" Background="White">

        <Polygon Points="50,50 400,200 25,200"
                 Fill="Red" />

    </Grid>

</UserControl>
```

　　注意，在 XAML 中写作时，Points 属性允许使用如上所示的比较方便使用的简短语法，即在 X 和 Y 值之间用逗号隔开，然后各个点之间用空格隔开。当然，该属性也可以以比较冗长的方式指定。

　　此外，同样的多边形还可以利用代码以编程的方式来进行描述，但是您肯定会认为这是一种比较繁琐的方法：

```
private void UserControl_Loaded(object sender, RoutedEventArgs e)
{
    Polygon polygon = new Polygon();
    polygon.Points.Add(new Point(50, 50));
    polygon.Points.Add(new Point(400, 200));
```

```
        polygon.Points.Add(new Point(25, 200));
        polygon.Fill = new SolidColorBrush(Colors.Red);

        LayoutRoot.Children.Add(polygon);
}
```

这两种方法都将导致绘制出一个如图 14-1 所示的三角形。

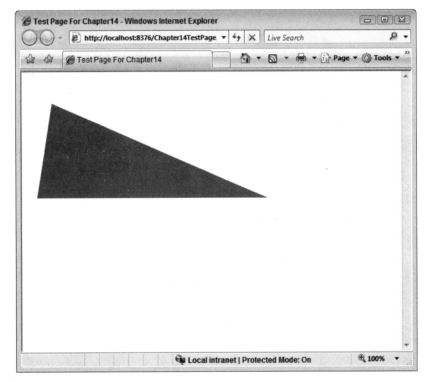

图 14-1

恰如所见，它看上去有点奇怪，Polygon 实际上允许在 Points 属性中仅仅指定两个点：

```
<!-- Triangle -->
<Polygon Points="50,50 400,200 25, 200"
         Fill="Red" />

<!-- Only two points, so essentially a Line -->
<Polygon Points="25,300 400,300"
         StrokeThickness="5"
         Stroke="Blue" />
```

但是，如果这么做的话，实际上是描述了一条线段，而 Line 对象就是为了实现这一目标的。以这种方式绘制的线，将只有在 StrokeThickness 属性指定为非零值时才会被渲染。该输出现在看上去如图 14-2 所示。

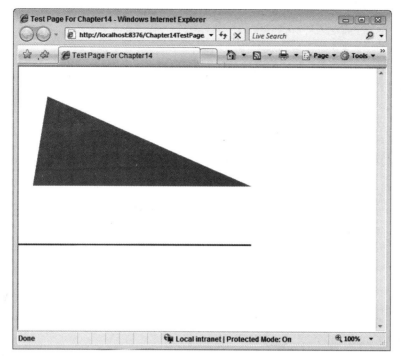

图 14-2

如果选择创建只指定一个点的多边形，那么确实可以创建这样的多边形。但是，该多边形将不会被渲染。实际上，如果想在屏幕上渲染一个小点，可以使用 Ellipse 对象，并相应地设置其大小。

### 2. Polyline 对象

和 Polygon 类一样，Polyline 允许指定一系列的点，不过这些点将被渲染为一系列相互连接的线段。Polygon 和 Polyline 之间的关键差异是在 Polyline 中，这些线最终并不需要连接到一起以形成一个封闭的形状。

图 14-3 给出了以下 XAML 的输出：

```xml
<UserControl x:Class="Chapter14.PolylineExample"
    xmlns="http://schemas.microsoft.com/winfx/2006/xaml/presentation"
    xmlns:x="http://schemas.microsoft.com/winfx/2006/xaml"
    Width="400" Height="300">

    <Grid x:Name="LayoutRoot" Background="White">

        <Polyline Points="80,20 20,150 100,300"
                  Stroke="Red" StrokeThickness="5" />

    </Grid>

</UserControl>
```

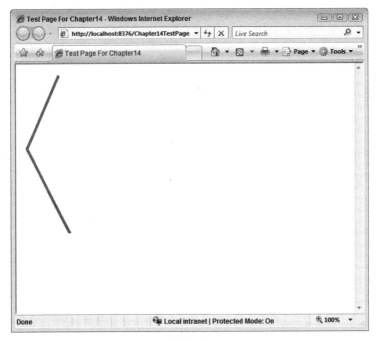

图 14-3

　　该 Polyline 指定了 3 个 Point 对象。正如在图 14-3 中所见，最后一个点和第一个点并没有自动地连接到一起以形成一个封闭的形状。相反，它不封闭。那么，这对 Fill 属性会有什么影响呢？是不是只有封闭的形状才可以让该属性发挥作用呢？考虑下面的 XAML：

```xml
<UserControl x:Class="Chapter14.PolylineExample"
    xmlns="http://schemas.microsoft.com/winfx/2006/xaml/presentation"
    xmlns:x="http://schemas.microsoft.com/winfx/2006/xaml"
    Width="400" Height="300">

<Canvas x:Name="LayoutRoot"
        Background="White">

    <Polyline Points="80,20 20,150 100,300"
            Stroke="Red" StrokeThickness="5"
            Fill="Blue"
            Canvas.Left="0"
            Canvas.Top="0" />

    <Polyline Points="110,200 200,200 250,170 110,200"
            Stroke="Red" StrokeThickness="5"
            Fill="Blue"
            Canvas.Left="0"
            Canvas.Top="0" />

    </Canvas>

</UserControl>
```

该代码设定了两个形状：一个将形成封闭形状，因为其第一个点和最后一个点相同；而另外一个则没有形成封闭形状。两个形状均设定了 Fill 属性为蓝色。图 14-4 显示了 Silverlight 如何处理该情况。

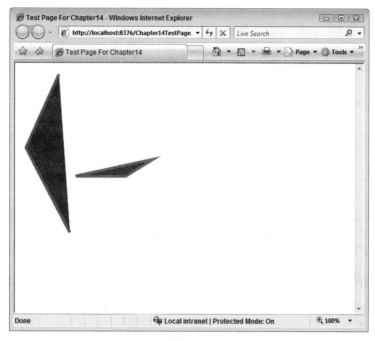

图 14-4

正如您所见，两个形状均让 Fill 属性发挥了作用。在不封闭形状的情况下，在最后一个点和第一个点之间绘制了一条虚构的线，从而让 Fill 属性发挥了作用。

和 Polygon 一样，也可以创建和指定具有唯一点的 Polyline。但是，该 Polyline 将不会被渲染。

### 14.2.2　Path 和 Geometry 对象

Path 类使得可以自由地绘制最复杂的形状。这些形状不仅仅是由一些相互连接的线段组成，还可以包含一些弧，并且可以渲染为封闭形状和非封闭形状。

为了利用 Path 对象绘制一个形状，需要使用 Geometry 对象来定义该形状，并将该对象传递给 Path 对象的 Data 属性。和 Shape 对象非常类似，System.Windows.Media.Geometry 对象可以用于描述二维(2D)形状。但是，Geometry 对象和 Shape 对象的关键区别就是，由于 Shape 对象派生自 UIElement，它们可以将自身渲染到屏幕上，但是 Geometry 对象就不行，除非将其和 Path 对象关联。Geometry 仅仅可以用于描述形状。但是，当和 Path 对象一起使用时，Geometry 对象就可以渲染到屏幕上。Geometry 对象和完善的 Shape 对象相比将更加轻便，而且可以在任何需要 Shape 对象的地方使用，但是它不会被渲染。例如，将常看到使用 Geometry 对象来描述裁剪域。因此，如果需要编程访问某些形状，而不需要显示这些形状，那么应该充分利用 Geometry 对象的优点。

存在 3 类基本的 Geometry 对象：RectangleGeometry、EllipseGeometry 和 LineGeometry。对于那些包含线条、曲线和弧的比较复杂的形状，将使用 PathGeometry。除了该类外，Silverlight 还提供了 GeometryGroup 对象。该对象允许从多个不同的几何形状组合出一个形状。

下面几节将简单地介绍这些对象，从而熟悉这些对象，并了解它们是如何被渲染的。非常重要的一点是，由于 Geometry 对象还可以用于裁剪诸如图像之类的项，因此该类将比 Shape 对象的使用更为广泛。

### 1. RectangleGeometry

正如其名所示，RectangleGeometry 对象用于描述二维的矩形。下面的例子说明了为了将其渲染到屏幕，该对象如何才能传递给 Path.Data：

```xml
<UserControl x:Class="Chapter14.PathExample"
    xmlns="http://schemas.microsoft.com/winfx/2006/xaml/presentation"
    xmlns:x="http://schemas.microsoft.com/winfx/2006/xaml"
    Width="400" Height="300">

    <Grid x:Name="LayoutRoot" Background="White">

        <Path Fill="Blue">
            <Path.Data>
                <!-- Position is 100,50 height and width are both 200 -->
                <RectangleGeometry Rect="100, 50, 200, 200" />
            </Path.Data>
        </Path>

    </Grid>

</UserControl>
```

### 2. EllipseGeometry

EllipseGeometry 对象用于通过为中心点以及 X 半径和 Y 半径赋值来描述二维的椭圆：

```xml
<UserControl x:Class="Chapter14.PathExample"
    xmlns="http://schemas.microsoft.com/winfx/2006/xaml/presentation"
    xmlns:x="http://schemas.microsoft.com/winfx/2006/xaml"
    Width="400" Height="300">

    <Grid x:Name="LayoutRoot" Background="White">

        <Path Fill="Blue">
            <Path.Data>
                <EllipseGeometry Center="100,100"
                                 RadiusX="40"
                                 RadiusY="80" />
            </Path.Data>
        </Path>
```

```
        </Grid>

</UserControl>
```

### 3. LineGeometry

LineGeometry 对象是最简单的 Geometry 对象。该对象描述了一条线段：

```
<UserControl x:Class="Chapter14.PathExample"
    xmlns="http://schemas.microsoft.com/winfx/2006/xaml/presentation"
    xmlns:x="http://schemas.microsoft.com/winfx/2006/xaml"
    Width="400" Height="300">

    <Grid x:Name="LayoutRoot" Background="White">

        <Path Stroke="Blue"
            StrokeThickness="5">
          <Path.Data>
             <LineGeometry StartPoint="10,10"
                          EndPoint="200,200" />
          </Path.Data>
        </Path>

    </Grid>

</UserControl>
```

### 4. GeometryGroup

GeometryGroup 对象用于从多个不同的几何对象组合出一个形状：

```
<UserControl x:Class="Chapter14.PathExample"
    xmlns="http://schemas.microsoft.com/winfx/2006/xaml/presentation"
    xmlns:x="http://schemas.microsoft.com/winfx/2006/xaml"
    Width="400" Height="300">

    <Grid x:Name="LayoutRoot" Background="White">

        <Path Fill="Blue" Stroke="Yellow" StrokeThickness="2">
          <Path.Data>
             <GeometryGroup FillRule="EvenOdd">
                <RectangleGeometry Rect="30, 30, 100, 50" />
                <RectangleGeometry Rect="20, 20, 30, 80" />
                <EllipseGeometry Center="60, 60"
                            RadiusX="100"
                            RadiusY="50" />
                <LineGeometry StartPoint="0,0"
                            EndPoint="100, 20" />
             </GeometryGroup>
```

```
            </Path.Data>
        </Path>

    </Grid>

</UserControl>
```

图 14-5 给出了在 GeometryGroup 的 FillRule 属性设置为 EvenOdd 时这段标记的输出。
图 14-6 给出了当该属性设置为 NonZero 时的输出。

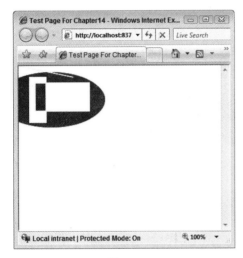
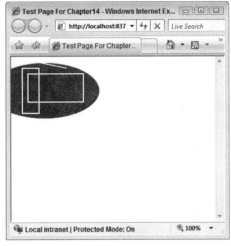

图 14-5　　　　　　　　　　　　　　　　图 14-6

### 5. PathGeometry

PathGeometry 允许使用线段、弧形和曲线来描绘二维形状，因此可以用于创建最复杂
的形状(封闭的或非封闭的)。为了创建 PathGeometry 对象，需要创建 PathGeometry 对象将
使用的 PathFigure 对象集合。每个 PathFigure 对象将负责绘制整个形状的一部分。

而 PathFigure 对象又由多个 PathSegment 对象组成，这些对象可以是 ArcSegment、
BezierSegment、LineSegment、PolyBezierSegment、PolyLineSegment、PolyQuadraticBezier-
Segment，或者是 QuadraticBezierSegment。每个对象均用于绘制不同的线段、弧以及曲线。

当利用 PathGeometry 绘制形状时，各个 PathFigure 的 PathSegment 对象将以首尾相连的方
式彼此连接。下面的代码显示了一个包含两个 PathFigure 对象的 PathGeometry。第一个
PathFigure 对象仅仅包含一个简单的 LineSegment；第二个 PathFigure 对象包含一个 ArcSegment
对象和一个 BezierSegment 对象。注意，在图 14-7 中，BezierSegment 对象是如何从
ArcSegment 的终点开始绘制的。

```
<UserControl x:Class="Chapter14.PathGeometryExample"
    xmlns="http://schemas.microsoft.com/winfx/2006/xaml/presentation"
    xmlns:x="http://schemas.microsoft.com/winfx/2006/xaml"
    Width="400" Height="300">

    <Grid x:Name="LayoutRoot" Background="White">
```

```xml
    <Path Stroke="Black" StrokeThickness="3">
        <Path.Data>
            <PathGeometry>
                <PathGeometry.Figures>
                    <PathFigure StartPoint="0, 0">
                        <PathFigure.Segments>
                            <LineSegment Point="30, 100" />
                        </PathFigure.Segments>
                    </PathFigure>

                    <PathFigure StartPoint="30, 100">
                        <PathFigure.Segments>
                            <ArcSegment IsLargeArc="False"
                                        Size="175, 135"
                                        RotationAngle="45"
                                        SweepDirection="Counterclockwise"
                                        Point="200, 50"/>

                            <BezierSegment Point1="300, 50"
                                           Point2="250, 80"
                                           Point3="300, 60" />

                        </PathFigure.Segments>
                    </PathFigure>
                </PathGeometry.Figures>
            </PathGeometry>
        </Path.Data>
    </Path>

    </Grid>

</UserControl>
```

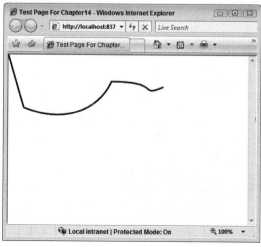

图 14-7

**527**

### 14.2.3　用 Brush 对象绘图

如果在 Silverlight 中做一些自定义绘制，那么很可能需要用某种内容来"填充"自定义形状，填充内容可以是简单的单一的纯颜色，也可能是比较复杂的颜色，如渐变的颜色。为了支持这一点，Silverlight 提供了各种 Brush 对象。Silverlight 中的所有笔刷均继承自抽象的 Brush 类，该类将用于定义可以在屏幕中绘制区域的对象。Silverlight 中具有 5 种派生 Brush 实现的主要类型。

#### 1. SolidColorBrush

SolidColorBrush 对象是最基本的 Brush 对象，因为该对象仅仅允许用某个特定的单一颜色绘制屏幕的某个区域。但是，可以有很多种方式来设置某种单一颜色，而且既可以在 XAML 中设置，也可以在代码中设置。下面的 XAML 通过一系列 Rectangle 对象的 Fill 属性来展示用于设定单一颜色的不同技术。您可能已经猜到了，由于有多种方法为唯一的 Fill 属性提供相应的信息，因此在转换传递给 Brush 对象的值时，TypeConverters 将扮演着重要的角色。

```
<UserControl x:Class="Chapter14.PaintingWithBrushes"
    xmlns="http://schemas.microsoft.com/winfx/2006/xaml/presentation"
    xmlns:x="http://schemas.microsoft.com/winfx/2006/xaml"
    Width="400" Height="300">

<Grid x:Name="LayoutRoot" Background="White">

    <StackPanel>

        <!-- Specify using set Brush Color -->
        <Rectangle Width="200"
                   Height="40"
                   Fill="DarkGreen" />

        <!-- Specify using Red, Green and Blue hex values -->
        <Rectangle Width="200"
                   Height="40"
                   Fill="#F0F" />

        <!-- Specify using Alpha, Red Green and Blue hex values -->
        <Rectangle Width="200"
                   Height="40"
                   Fill="#5F0F" />

        <!-- Specify using Red, Green and Blue hex values
            (2 digits per value)-->
        <Rectangle Width="200"
                   Height="40"
                   Fill="#FF0712" />

        <!-- Specify using Alpha, Red, Green and Blue
            hex values (2 digits per value) -->
```

```
        <Rectangle Width="200"
                   Height="40"
                   Fill="#FF00FF00" />

        <!-- Specify Red, Green and Blue using scRGB format -->
        <Rectangle Width="200"
                   Height="40"
                   Fill="sc#0.3, 0.8, 0.2" />

        <!-- Specify Alpha, Red, Green and Blue using scARGB format -->
        <Rectangle Width="200"
                   Height="40"
                   Fill="sc#1.0, 0.3, 0.8, 0.2" />

    </StackPanel>

  </Grid>

</UserControl>
```

从一个较高的层次上看，有三种常用的技术可以用于指定颜色。首先，可以使用某个预定义颜色的字符串名来设定颜色，如本例中的 Red、Green 或者 DarkGreen。其次，可以使用 RGB 的十六进制值来指定颜色，该值用一个或者两个数字来表示红色、绿色或蓝色组件。还可以在 RGB 值之前加上一个 Alpha 组件，该组件表明颜色的透明程度，0 表示完全透明。最后，还可以使用 scRGB 语法来指定颜色，在该语法中每个组件均用一个 0 到 1 之间的值来指定。

现在，我们来看看如何在代码中创建一个 SolidColorBrush。下面的例子利用了 SolidColorBrush 来设置某个 Rectangle 对象的 Fill 属性和 Stroke 属性。对于 Fill 属性，颜色是利用 Color.FromArgb 静态方法来指使。该方法允许以字节参数的形式来提供 A、R、G 和 B 颜色组件。但是，Stroke 属性则是通过使用静态的 Colors.[ColorName]属性来设置的。这两项技术均返回一个 Color 对象。该对象将在把对象渲染到屏幕上时由 SolidColorBrush 使用：

```
private void UserControl_Loaded(object sender, RoutedEventArgs e)
{
    Rectangle rectangle = new Rectangle();
    rectangle.Height = 40;
    rectangle.Width = 200;
    rectangle.StrokeThickness = 3;
    rectangle.Stroke = new SolidColorBrush(Colors.Black);
    rectangle.Fill = new SolidColorBrush(
        Color.FromArgb(0, 120, 120, 255));

    RectContainer.Children.Add(rectangle);
}
```

### 2. LinearGradientBrush

除了可以用单一的纯色来绘制图形外，还可以选择用(n)种不同的颜色来绘制一个区域，并且各种颜色可以逐渐地和另外一种颜色混合，也可以是突然改变，具体取决于您的决定。LinearGradientBrush 允许指定多种颜色如何沿着某个唯一直线轴混合成一种颜色。默认情况下，这种渐变将是从绘制区域的左上角到绘制区域的右下角。不同的颜色及其在渐变上的位置，则通过使用 GradientStop 对象来指定。下面的例子显示了如何使用 LinearGradientBrush 来绘制一个 Rectangle 对象，并且该对象沿默认的对角线渐变轴有一个黄色到红色的平滑混合：

```xml
<UserControl x:Class="Chapter14.LinearGradientBrushExample"
    xmlns="http://schemas.microsoft.com/winfx/2006/xaml/presentation"
    xmlns:x="http://schemas.microsoft.com/winfx/2006/xaml"
    Width="400" Height="300">

    <Grid x:Name="LayoutRoot" Background="White">

        <Rectangle Width="200" Height="200">
            <Rectangle.Fill>
                <LinearGradientBrush>
                    <GradientStopCollection>
                        <GradientStop Color="Yellow"
                                      Offset="0.5" />
                        <GradientStop Color="Red"
                                      Offset="1.0" />
                    </GradientStopCollection>
                </LinearGradientBrush>
            </Rectangle.Fill>
        </Rectangle>

    </Grid>

</UserControl>
```

图 14-8 给出了该 XAML 的输出。

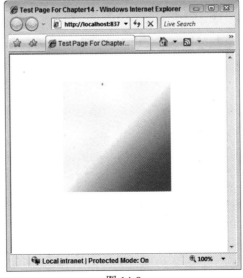

图 14-8

注意颜色是如何沿着默认轴进行混合的。重申一遍，默认情况下，该轴将是从绘制区域的左上角——看成是(0,0)——到绘制区域的右下角——看成是(1,1)，如图 14-9 所示。

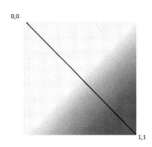

图 14-9

如果想改变默认的轴，可以简单地改变正在使用的 LinearGradientBrush 对象的 StartPoint 和 EndPoint 属性，下面的 XAML 显示了如何改变该轴，以使得该轴从右上(1,0)开始到达左下(0,1)结束：

```
<Grid x:Name="LayoutRoot" Background="White">
    <Rectangle Width="200" Height="200">
      <Rectangle.Fill>
       <LinearGradientBrush StartPoint="1,0" EndPoint="0,1">
          <GradientStopCollection>
            <GradientStop Color="Yellow"
                               Offset="0.5" />
            <GradientStop Color="Red"
                               Offset="1.0" />
          </GradientStopCollection>
       </LinearGradientBrush>
      </Rectangle.Fill>
    </Rectangle>
</Grid>
```

图 14-10 给出了该输出结果及相应的轴。

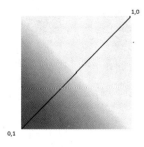

图 14-10

### 3. RadialGradientBrush

RadialGradientBrush 允许指定如何以椭圆为轴将多种颜色混合到一起，因此指定子 GradientStop 的 Offset 为 1.0 则表示轴的整个圆周。默认的中心(GradientOrigin)设置为(0.5,

0.5)。下面的例子将 GradientOrigin 保持不变，而将蓝色和绿色混合到一起：

```xml
<UserControl x:Class="Chapter14.RadialGradientBrushExample"
    xmlns="http://schemas.microsoft.com/winfx/2006/xaml/presentation"
    xmlns:x="http://schemas.microsoft.com/winfx/2006/xaml"
    Width="400" Height="300">

    <Grid x:Name="LayoutRoot" Background="White">

        <Rectangle Height="300"
                   Width="300">

            <Rectangle.Fill>
                <RadialGradientBrush>
                    <GradientStopCollection>
                        <GradientStop Color="Blue" Offset="0.5" />
                        <GradientStop Color="Green" Offset="1.0" />
                    </GradientStopCollection>
                </RadialGradientBrush>
            </Rectangle.Fill>

        </Rectangle>

    </Grid>

</UserControl>
```

图 14-11 给出了输出结果。

如果将 GradientOrigin 改为(0.0,0.0)，可以在图 14-12 中看到该改变的结果。

GradientOrigin - 0.5, 0.5

图 14-11

图 14-12

可以将 GradientOrigin 看成是表示光源的原点，因为颜色将沿着给定的椭圆从该点向外传播。

### 4. ImageBrush

到目前为止，已经看到了如何用一种单一的纯颜色来绘制某个区域，以及如何利用基

于多种颜色沿某个给定轴进行混合所得到的组合颜色来绘制某个区域。还可以使用
ImageBrush 类，该类使得可以用一个给定的图像来绘制区域。该技术对于绘制一个有纹理
(例如，纹理可能是墙上的砖块)的界面非常有用。

下面的例子显示如何利用一副图像来绘制一个矩形的内部。默认情况下，图像将不会
平铺，而是进行拉伸以填充整个区域，但是可以通过改变 Stretch 和 TileMode 属性来改变
这种状况。

```xml
<UserControl x:Class="Chapter14.ImageBrushExample"
    xmlns="http://schemas.microsoft.com/winfx/2006/xaml/presentation"
    xmlns:x="http://schemas.microsoft.com/winfx/2006/xaml"
    Width="400" Height="300">

    <Grid x:Name="LayoutRoot" Background="White">

        <Rectangle Width="400"
                   Height="300"
                   Stroke="Yellow"
                   StrokeThickness="2">
            <Rectangle.Fill>
                <ImageBrush ImageSource="bricks.jpg" />
            </Rectangle.Fill>
        </Rectangle>

    </Grid>

</UserControl>
```

图 14-13 给出了该代码的输出。注意，在该图中图像进行了拉伸，以便用图像中的黄
色填充矩形边框(当在屏幕上浏览时)。

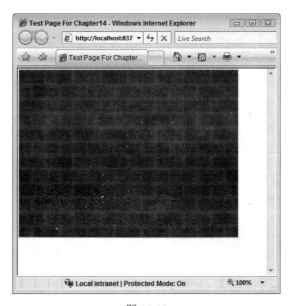

图 14-13

通过将 Stretch 属性改变为 None，图像将仅仅按其本来的尺寸在矩形内绘制一次，如图 14-14 所示。

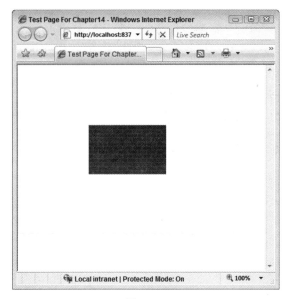

图 14-14

### 5. VideoBrush

还可以选择通过 VideoBrush 对象使用某个视频的内容来绘制屏幕上的某个给定区域。当使用该对象时，有一些方面需要考虑。首先，VideoBrush 对象需要和 MediaElement 对象联手才能发挥作用。MediaElement 对象将负责加载和控制 VideoBrush 将用于绘制给定区域的视频。上一章已经详细介绍了 MediaElement。其次，如果不采取相应的措施，那么 MediaElement 和被绘制的区域将同时显示选定的视频。下面的例子展示了如何隐藏 MediaElement 对象：

```
<UserControl x:Class="Chapter14.VideoBrushExample"
    xmlns="http://schemas.microsoft.com/winfx/2006/xaml/presentation"
    xmlns:x="http://schemas.microsoft.com/winfx/2006/xaml"
    Width="400" Height="300">

    <Grid x:Name="LayoutRoot" Background="White">

        <!-- The MediaElement object to control t-->
        <MediaElement x:Name="BearVideo"
                    Source="Bear.wmv"
                    Opacity="0.0"
                    IsMuted="False" />

        <StackPanel>
            <Path>
                <Path.Fill>
```

```
                    <VideoBrush SourceName="BearVideo" Stretch=
                        "UniformToFill" />
                </Path.Fill>
                <Path.Data>
                    <EllipseGeometry Center="100,100"
                                        RadiusX="50"
                                        RadiusY="50" />
                </Path.Data>
            </Path>

            <TextBlock Text="Silverlight Rocks"
                        FontSize="30">
                <TextBlock.Foreground>
                    <VideoBrush SourceName="BearVideo"
                        Stretch="UniformToFill" />
                </TextBlock.Foreground>
            </TextBlock>
        </StackPanel>

    </Grid>

</UserControl>
```

该 XAML 在两个地方使用了 VideoBrush——绘制由一个 EllipseGeometry 对象所描述的区域，和绘制一个字符串文本的 Foreground。记住，这两个视频最终均由它们所使用的 MediaElement 控制。

为了阻止 MediaElement 对象在显示由 VideoBrush 对象所绘制的区域时同时显示，其 Opacity 属性将被设置为 0.0，以让它完全透明。图 14-15 给出了将 MediaElement.Opacity 改成 0.5 时，该应用程序的显示结果。

图 14-15

### 14.2.4　Transform

将 Transform 应用到某个元素，就允许在 UI 所定义的坐标内改变元素的位置和(或)大小。例如，可能会将诸如 Rectangle 之类的对象旋转 90º，将某个元素变成其两倍大小，或者仅仅将某段文本移到右边。

在底层，转换通过使用矩阵来描述某个对象在二维坐标中的位置。通过改变某个对象的矩阵的单个值，其位置和大小就可以被调整。Silverlight 允许使用 MatrixTransform 类手动编辑某个对象的转换矩阵。但是，现在已经有很多 Transform 所派生的实现，这些实现涉及了大部分常用的场景。本节将介绍这些实现。

#### 1. RotateTransform

使用 RotateTransform 类可以将某个对象旋转所指定的一个角度。对象实际的旋转点默认为其容器的原点(0,0)。如果希望图像绕其中心进行旋转，或者绕所选定的某个任意点旋转，可以指定 RotateTransform 的 CenterX 和 CenterY 属性，以提供新的旋转点。

```xml
<UserControl x:Class="Chapter14.TransformsExample"
    xmlns="http://schemas.microsoft.com/winfx/2006/xaml/presentation"
    xmlns:x="http://schemas.microsoft.com/winfx/2006/xaml"
    Width="400" Height="300">

    <Grid x:Name="LayoutRoot" Background="White">

        <TextBlock Text="Silverlight Rocks">
            <TextBlock.RenderTransform>
                <RotateTransform Angle="45" />
            </TextBlock.RenderTransform>
        </TextBlock>

    </Grid>

</UserControl>
```

注意在该 XAML 中 RotateTransform 对象是如何应用到 TextBlock 的 RenderTransform 属性的。如果想将同样的转换应用到某个基于 Geometry 的对象，那么需要将该转换设置为该对象的 Transform 属性，因为基于 Geometry 的对象并不支持 RenderTransform 属性。图 14-16 给出了该 TextBlock 被转换前后的不同状态。

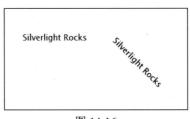

图 14-16

下面的 XAML 显示了应用到一个 RectangleGeometry 对象的一个相似的转换，该对象是通过一个 Path 对象来实施渲染的。注意，该转换是应用到了 Transform 属性，而不是 Render-Transform 属性，因为 RenderTransform 属性仅仅在继承自 UIElement 的对象中存在。

```xml
<Path Grid.Row="1" Fill="Blue">
    <Path.Data>
        <RectangleGeometry Rect="0,0,100,30">
            <RectangleGeometry.Transform>
                <RotateTransform Angle="90" />
            </RectangleGeometry.Transform>
        </RectangleGeometry>
    </Path.Data>
</Path>
```

### 2. SkewTransform

SkewTransform 允许沿着某个给定轴以一定的角度拉伸一个对象。例如，可能会沿着 X 轴拉伸一个 Rectangle 45°。下面的 XAML 标记显示了如何将一个矩形分别沿着 X 轴以及 Y 轴的正反两个方向进行拉伸：

```xml
<UserControl x:Class="Chapter14.TransformsExample"
    xmlns="http://schemas.microsoft.com/winfx/2006/xaml/presentation"
    xmlns:x="http://schemas.microsoft.com/winfx/2006/xaml"
    Width="400" Height="300">

    <Grid x:Name="LayoutRoot" Background="White">

        <Canvas Background="White" >

            <Rectangle Fill="Black"
                    Width="200"
                    Height="30"
                    Canvas.Top="50"
                    Canvas.Left="50">
            </Rectangle>

            <Rectangle Fill="Black"
                    Width="200"
                    Height="30"
                    Canvas.Top="150"
                    Canvas.Left="50">
                <Rectangle.RenderTransform>
                    <SkewTransform AngleX="25" />
                </Rectangle.RenderTransform>
            </Rectangle>

            <Rectangle Fill="Black"
                    Width="200"
                    Height="30"
                    Canvas.Top="250"
                    Canvas.Left="50">
```

```
                <Rectangle.RenderTransform>
                    <SkewTransform AngleY="25" />
                </Rectangle.RenderTransform>
                </Rectangle>

                <Rectangle Fill="Black"
                        Width="200"
                        Height="30"
                        Canvas.Top="350"
                        Canvas.Left="50">
                    <Rectangle.RenderTransform>
                        <SkewTransform AngleY="-25" />
                    </Rectangle.RenderTransform>
                </Rectangle>
            </Canvas>

        </Grid>

</UserControl>
```

图 14-17 给出了该标记的结果。

图 14-17

### 3. ScaleTransform

利用 ScaleTransform 对象，可以沿着 X 轴和 Y 轴放大或缩小某个对象。这就意味着可以利用该对象来均匀地放大或缩小某个对象，还可以利用该对象来沿着 X 轴或者 Y 轴拉伸图像，如以下的 XAML 标记所示：

```
<UserControl x:Class="Chapter14.ScaleTransformExample"
    xmlns="http://schemas.microsoft.com/winfx/2006/xaml/presentation"
    xmlns:x="http://schemas.microsoft.com/winfx/2006/xaml"
    Width="400" Height="300">

    <Canvas x:Name="LayoutRoot" Background="White">
```

```
            <TextBlock Text="Scale Me!"
                    FontSize="25"
                    Canvas.Left="50"
                    Canvas.Top="50"/>
            <TextBlock Text="Scale Me!"
                     FontSize="25"
                     Canvas.Left="50"
                     Canvas.Top="100">
        <TextBlock.RenderTransform>
           <ScaleTransform ScaleX="2" />
        </TextBlock.RenderTransform>
      </TextBlock>

      <TextBlock Text="Scale Me!"
                FontSize="25"
                Canvas.Left="50"
                Canvas.Top="150">
        <TextBlock.RenderTransform>
           <ScaleTransform ScaleY="2" />
        </TextBlock.RenderTransform>
      </TextBlock>

          <TextBlock Text="Scale Me!"
             FontSize="25"
             Canvas.Left="50"
             Canvas.Top="200">
        <TextBlock.RenderTransform>
          <ScaleTransform ScaleY="2" ScaleX="2" />
        </TextBlock.RenderTransform>
      </TextBlock>

   </Canvas>

</UserControl>
```

图 14-18 给出了这些不同转换的结果。

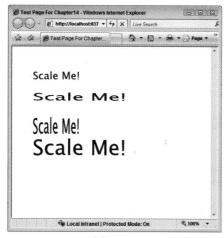

图 14-18

### 4. TranslateTransform

利用 TranslateTransform 对象，可以设定沿着 X 轴和 Y 轴将某个对象移动多远:

```
<UserControl x:Class="Chapter14.TranslateTransformExample"
   xmlns="http://schemas.microsoft.com/winfx/2006/xaml/presentation"
   xmlns:x="http://schemas.microsoft.com/winfx/2006/xaml"
   Width="400" Height="300">

   <Canvas x:Name="LayoutRoot" Background="White">
     <Rectangle Width="100"
                 Height="30"
                 Canvas.Top="50"
                 Canvas.Left="50"
                 Fill="Black">

     </Rectangle>

     <Rectangle Width="100"
                 Height="30"
                 Canvas.Top="50"
                 Canvas.Left="50"
                 Fill="Black">
       <Rectangle.RenderTransform>
          <TranslateTransform X="150" Y="0" />
       </Rectangle.RenderTransform>
     </Rectangle>

     <Rectangle Width="100"
                 Height="30"
                 Canvas.Top="50"
                 Canvas.Left="50"
                 Fill="Black">
       <Rectangle.RenderTransform>
          <TranslateTransform X="150" Y="50" />
       </Rectangle.RenderTransform>
     </Rectangle>

   </Canvas>

</UserControl>
```

该 XAML 定义了 3 个 Rectangle 对象，并且每个对象开始均在同一个地方。但是第二个和第三个对象应用了一个 TranslateTransform 对象。第二个对象沿着 X 轴移动了 150 个像素; 而第三个对象则沿着 X 轴移动了 150 个像素，沿着 Y 轴移动了 50 个像素。图 14-19 给出了该 XAML 的结果。

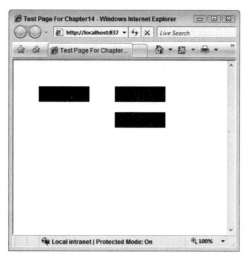

图 14-19

## 14.3 图像处理

为了在 Silverlight 中将标准的图像显示到屏幕上，主要有两种方法。有一种方法在本章已经看到了，可以选择用一个 ImageBrush 来"绘制"屏幕的某个区域。在另外一种方法中，可以使用 System.Windows.Control.Image 类来指定和显示图像。通常说来，如果仅仅需要在 UI 中加载和显示某个图像，那么 Image 类就可以胜任此职。如果想利用某个图像来绘制一个已有元素的内部，例如，设置页面的 Background，那么需要使用 ImageBrush 对象。该对象可以用于任何需要 Brush 实例的地方。

还有第三种在 Silverlight 中显示图像的方法。该方法是一种比较特殊的方法，它允许加载一个高分辨率的图像，并且可以随意地放大缩小以及拼接该图像。该方法将在后面的有关 MultiScaleImage 和 DeepZoom 小节中进一步予以介绍。

### 14.3.1 Image 类和 BitmapImage 类

Image 和 ImageBrush 均使用了一个 ImageSource 类型的对象来指定需要加载的图像。Image 使用其 Source 属性，而 ImageBrush 则是通过其 ImageSource 属性来使用该类型。当该属性在 XAML 中设置时，该属性可以以一个 URI 的形式传入。该 URI 将利用一个 TypeConverter 转换器，以转换成一个 ImageSource 对象。实际上，ImageSource 是一个抽象类，而最终使用的类型是 BitmapImage。

目前，BitmapImage 仅仅支持 JPEG 和 PNG 文件格式。

```
<Grid x:Name="LayoutRoot" Background="White">
    <Image Source="bricks.jpg" />
</Grid>
```

在 UI 中加载和显示某个图像的最简单方法，是将 Image 元素拖到该界面，然后在 Source

属性中指定该 URI。在后台，一个 BitmapSource 实例将用于试图加载该图像。如果该图像没有被加载成功，那么将产生 ImageFailed 事件。如果图像的 Height 和 Width 属性没有设定，那么图像将以其原始尺寸被加载。

除了可以通过直接设置 Source 属性同步加载图像外，还可以通过异步以流的方式下载图像，然后通过 BitmapImage 对象的 SetSource 方法将其应用到图像。如果有一个大的图像，而且图像下载需要花一点时间的话，该技术使得 UI 在图像文件加载时仍然可以绘制而且保持响应。

该技术用于按需加载图像资源，与用于按需加载程序集以及按需加载媒体内容的技术一样。首先，使用一个 WebClient 对象来定位和下载需要的资源。然后，OpenReadCompleted 和 DownloadProgressChanged 处理器可以分别用于获取整个已下载的流以及跟踪下载的进展。下面的代码演示了该技术：

```
using System;
using System.Collections.Generic;
using System.Linq;
using System.Net;
using System.Windows;
using System.Windows.Controls;
using System.Windows.Documents;
using System.Windows.Input;
using System.Windows.Media;
using System.Windows.Media.Animation;
using System.Windows.Shapes;
using System.Windows.Media.Imaging;

amespace Chapter14
{
    public partial class ImageExample : UserControl
    {
        public ImageExample()
        {
            InitializeComponent();
        }

        private void LoadAndDisplayImage()
        {
            System.Net.WebClient client = new System.Net.WebClient();
            client.DownloadProgressChanged +=
              new System.Net.DownloadProgressChangedEventHandler(
                  client_DownloadProgressChanged);

            client.OpenReadCompleted +=
                new System.Net.OpenReadCompletedEventHandler(
                    client_OpenReadCompleted);

            client.OpenReadAsync(new Uri("bricks.jpg",
              UriKind.Relative));
```

```
    }

    void client_OpenReadCompleted(object sender,
        System.Net.OpenReadCompletedEventArgs e)
    {
        BitmapImage bmpImage = new BitmapImage();
        bmpImage.SetSource(e.Result);

        MyImage.Source = bmpImage;
    }

    void client_DownloadProgressChanged(object sender,
        System.Net.DownloadProgressChangedEventArgs e)
    {
        PercentageComplete.Text = e.ProgressPercentage.ToString();
    }

    private void UserControl_Loaded(object sender, RoutedEventArgs e)
    {
        this.LoadAndDisplayImage();
    }
  }
}
```

要注意，在 OpenReadCompleted 处理器中 BitmapImage 对象是如何被实例化的，以及其 SetSource 方法是如何被调用的，该方法的输入参数为 OpenReadCompletedEventArgs.Result 属性所提供的 Stream。DownloadProgressChangedHandler 处理器显示了怎样才能访问 DownloadProgressChangedEventArgs.ProgressPercentage 以跟踪下载的进度。如果下载需要花费一定时间的话，那么该处理器可能是更新一个进度条或者类似的东西。

### 14.3.2　使用 Deep Zoom 的高级拼接和缩放

在 Deep Zoom 背后的基本假设是：假如希望在 Silverlight 应用程序中显示一个大的图像文件，可能是地图或者复杂的图形。Deep Zoom 并不是在一个操作中将图像发送给浏览器，而是允许仅仅发送用户所选中的特定部分图像，以便在应用程序中查看或者在屏幕上显示，从而节省时间和带宽并提高性能。除此以外，Deep Zoom 还允许用户平滑地拼接和拉伸正在使用的大图像文件。这比较酷吧？

为了提供这些能力，Deep Zoom 依赖于将正在使用的图像文件划分成多个比较小的碎片，并且这些碎片拥有特定的格式和文件夹结构。当用户需要该图像时，这些碎片将发送给用户，而不是将正在使用的整个图发送给用户。

为了帮助创建正确的碎片和文件结构，Expression 团队提供了 Deep Zoom Composer。为了大致介绍该工具以及如何在 Silverlight 中使用 Deep Zoom，我们需要一个例子。

首先，需要一个测试图像，并且已经安装了 Deep Zoom Composer。我已经在第 14 章的源代码中包含了一个名为 aircraft.jpg 的测试图像，但是也可以随意使用自己的图像。为了安装 Deep Zoom Composer，仅仅需要从微软公司的站点上免费下载即可。

一旦安装了该软件，启动该软件，将看到如图 14-20 所示的起始页面。

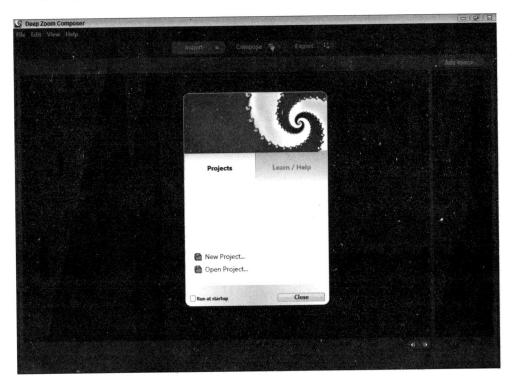

图 14-20

选择 "New Project"，然后输入一个合适的项目名，如图 14-21 所示。

图 14-21

在使用 Deep Zoom Composer 时，为了创建期望的输出，需要执行三个不同的步骤——Import、Compose 和 Export。

在此阶段，Import 选项卡将默认被选中，并且有一个选项可用，即 "Add Image"。选择该选项，然后使用标准的打开文件对话框来浏览所选择的图像。图 14-22 给出了导入了唯一图像并准备使用该图像的 Deep Zoom Composer。

图 14-22

现在，如果有多幅不同的图像想组合成单一的 Deep Zoom 图像，需要在 Compose 选项卡中完成该任务。本例将仅仅使用唯一的图像，因此现在可以忽略该选项。图 14-23 给出了可以引用的 Compose 工作空间。

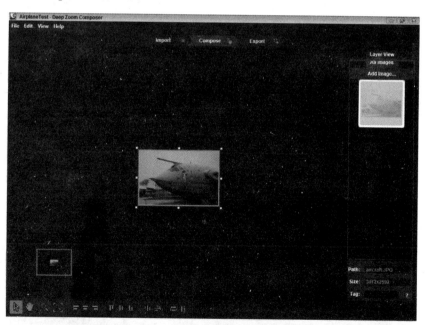

图 14-23

最后，还有 Export 选项卡和 Export 工作空间，该选项卡允许为输出 Deep Zoom 图像碎片以及所支持的目录结构和文件设置不同的选项。图 14-24 显示了 Name 属性设置为

AircraftExport 时的 Composer 工作空间，并且所选定的选项将让组合器使用 MultiScaleImage 控件创建 Deep Zoom 文件以及浏览该文件的 Silverlight 项目。

图 14-24

一旦已经输入了相关的属性值，那么只需要单击 Export 按钮，Deep Zoom Compose 将完成剩下的工作。第 14 章的源代码中包含了一个名为 aircraftexport 的项目。打开该项目，构建并运行该项目，将看到正在使用的图像。单击鼠标左键将放大图像；如果在单击鼠标左键时按住 Shift 键，则缩小图像。也可以用鼠标来拖动图像，并有效地拼接图像。图 14-25 显示了通过双击放大的图像。

图 14-25

下面的 XAML 给出了使用 Deep Zoom Composer 输出所需要的标记。注意 MultiScaleImage 控件元素。

```
<UserControl x:Class="DeepZoomProject.Page"
    xmlns="http://schemas.microsoft.com/winfx/2006/xaml/presentation"
    xmlns:x="http://schemas.microsoft.com/winfx/2006/xaml"
    Width="800" Height="600">
    <Grid x:Name="LayoutRoot" Background="White">
        <Border BorderBrush="#FF727272" BorderThickness="1,1,1,1">
            <MultiScaleImage Height="600" x:Name="msi" Width="800"/>
        </Border>
    </Grid>
</UserControl>
```

下面的隐藏代码负责设置实际的图像源(如下所示)，并提供了示例代码以实现图像的缩放和拼接。如果对此感兴趣的话，可以分析一下该源文件。如果需要的话，可以拷贝该文件，并将其粘贴到自己的项目中使用。

```
this.msi.Source = new DeepZoomImageTileSource(
new Uri("GeneratedImages/dzc_output.xml", UriKind.Relative));
```

# 14.4　为用户界面加上动画

Silverlight 提供了两种类型的动画以供使用，"From/To/By"动画和"关键帧"动画。本节将介绍这两种技术的细节。首先，有一点需要指出，Silverlight 中的所有动画，不管是"From/To/By"类型动画还是"关键帧"类型动画，最终都派生自 System.Windows. Media.Animation.Timeline 类。

## 14.4.1　Timeline 类

正如其名所示，Timeline 类用于表示时间部分。该类所提供的不同属性包括指定 Timeline 所表示时间长度的属性(Duration)、设置时间前进速度的属性(SpeedRatio)、设定 Timeline 是否重复的属性(RepeatBehavior)，以及动画结束后将发生什么情况的属性 (FillBehavior)，等等。Timeline 还提供了 Completed 事件。该事件将在动画结束时被触发。

Timeline 是一个抽象类，不能直接被实例化，因此它仅仅是用来帮助构建 Silverlight 所提供的动画类。

## 14.4.2　From/To/By 动画

动画的第一个主要分类是 From/To/By 动画。该类动画之所以这样命名，是因为可以利用该动画将某个对象的属性(例如某个图像的 Opacity 属性)，经历一定时间周期后从一个值变成另外一个值。有多种 From、To 和 By 属性的不同组合，通过设置这些属性，可以确定这些属性值如何实施动起来的改变，如表 14-1 所示。

表 14-1

| 属性组合设置 | 动 画 动 作 |
| --- | --- |
| 仅仅设置 From 属性 | 要动起来的属性将从给定的 From 值转变到该属性的默认值。例如，如果将针对 Opacity 属性的 From 属性设置为 0.0，并且没有设置 To 值和 By 值，那么它将从 0.0 变成默认值，即 1.0 |
| 设置 From 和 To 属性 | 要动起来的属性值将在 Duration 所给定的时间周期内从 From 值开始变化到 To 值 |
| 设置 From 和 By 属性 | 要动起来的属性值将在 Duration 所给定的时间周期内从 From 值变化到 From 加 By 值的和。例如，如果设置 From 属性为 0.1，而 By 值为 0.2，那么要动起来的属性将从 0.1 变为 0.3，即两者之和 |
| 仅仅设置 To 属性 | 要动起来的属性值将从默认值变成由 To 属性所设定的值 |
| 仅仅设置 By 属性 | 要动起来的属性值将从默认值变成默认值和 By 属性值之和 |

在该类动画中，可以"动起来"的属性仅仅是 Color、Double 和 Point 类型的属性，并且这些动画分别由 ColorAnimation、DoubleAnimation 和 PointAnimation 类表示。

该类动画的一个例子就是，在一段时间内逐渐地将一副图像的 Opacity 属性从完全透明变成完全不透明，以实现图像的淡入和淡出。

### 1. StoryBoard

为了可以使用动画，该动画需要包含在 StoryBoard 对象中。该对象为动画提供了两个关键的功能——实际指定哪个对象属性应动起来以及通过 Begin、Stop、Pause 和 Resume 方法来控制动画的重放。该类提供了两个绑定属性，以控制 From/To/By 动画的对象/属性目标，即 TargetName 和 TargetProperty。StoryBoard 动画并不能作为某个诸如 Grid 之类的容器控件的内容存在，相反它必须放置在包含以备使用的控件的 Resource 部分。

### 2. DoubleAnimation

下面的例子给出了如何使用 DoubleAnimation 以及包含的 StoryBoard，来逐渐淡化 Silverlight 页面中的 Image 控件。DoubleAnimation 对象可以用于让任何 Double 类型的属性值动起来。

```
<UserControl x:Class="Chapter14.AnimationExamples"
    xmlns="http://schemas.microsoft.com/winfx/2006/xaml/presentation"
    xmlns:x="http://schemas.microsoft.com/winfx/2006/xaml"
    Width="400" Height="300">

    <Grid x:Name="LayoutRoot" Background="White">

        <Grid.RowDefinitions>
            <RowDefinition />
            <RowDefinition />
        </Grid.RowDefinitions>
```

```
        <Grid.Resources>
          <Storyboard x:Name="FadeImageStoryboard">
            <DoubleAnimation From="1.0"
                             To="0.0"
                             Duration="0:0:5"
                             RepeatBehavior="Forever"
                             AutoReverse="True"
                             Storyboard.TargetName="MyImage"
                             Storyboard.TargetProperty="Opacity" />
          </Storyboard>
        </Grid.Resources>

        <Image x:Name="MyImage"
               Source="Desert Landscape.jpg"
               Grid.Row="0"/>

        <Button x:Name="StartAnimation"
                Content="Start Animation"
                Click="StartAnimation_Click"
                Grid.Row="1"
                Width="100"
                Height="20" />

    </Grid>

</UserControl>
```

第一个需要注意的是，在页面的 Grid.Resources 部分所定义的 StoryBoard 和 Double Animation。StoryBoard 包含唯一的 DoubleAnimation(但是它可以包含多个动画)。该动画指定了一个动画时间为 5 秒的无限重复动画，该动画每 5 秒钟循环，将 MyImage.Opacity 属性值从 1.0 变成 0.0。(MyImage 是在下面的 XAML 中定义的。)由于 AutoReverse 属性设置为 True，以及 RepeatBehavior 设置为 Forever，因此该代码将得到图像不断地逐渐消失、然后再回到屏幕的效果。

然后，可以看到作为动画目标的图像对象的定义，随后是一个 Button 对象，该对象将用于通过其 Click 事件处理器来启动动画：

```
private void StartAnimation_Click(object sender, RoutedEventArgs e)
{
    FadeImageStoryboard.Begin();
}
```

该代码的实际结果是，当页面中的该按钮被单击时，图像将不断地渐入渐出，如图 14-26 所示。

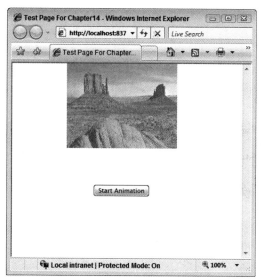

图 14-26

### 3. PointAnimation

动画的 PointAnimation 类可以让 Point 类型的属性动起来，并且其工作方式和 Double Animation 完全一致。下面的例子使用了该类动画来改变 LineGeometry 对象的 StartPoint 属性：

```xml
<UserControl x:Class="Chapter14.PointFromByToAnimation"
    xmlns="http://schemas.microsoft.com/winfx/2006/xaml/presentation"
    xmlns:x="http://schemas.microsoft.com/winfx/2006/xaml"
    Width="400" Height="300">

    <Canvas x:Name="LayoutRoot" Background="White">

        <Canvas.Resources>
            <Storyboard x:Name="PointAnimationExample">
                <PointAnimation From="50, 50"
                                To="300, 300"
                                Duration="00:00:05"
                                Storyboard.TargetName="TheLine"
                                Storyboard.TargetProperty="StartPoint" />
            </Storyboard>
        </Canvas.Resources>

        <Path Stroke="Black"
              StrokeThickness="3"
              Loaded="Path_Loaded">
            <Path.Data>
                <LineGeometry x:Name="TheLine"
                              StartPoint="50, 50"
                              EndPoint="50, 300" />
            </Path.Data>
```

```
    </Path>

  </Canvas>

</UserControl>
```

在该例子中，动画将由 LineGeometry 对象的 Loaded 事件启动，而不是通过用户单击某个按钮或者其他 UI 元素来实现。

### 4. ColorAnimation

最后一种内置的 From/To/By 类型动画是 ColorAnimation。该类动画允许某个对象的 Color 属性动起来。同样，该类动画的动作原理和前面两种 From/To/By 动画一样。下面的例子演示了使用一种特殊的语法，让某个在 XAML 中没有显式命名的目标属性动起来：

```
<UserControl x:Class="Chapter14.ColorFromToByAnimationExample"
    xmlns="http://schemas.microsoft.com/winfx/2006/xaml/presentation"
    xmlns:x="http://schemas.microsoft.com/winfx/2006/xaml"
    Width="400" Height="300">

  <Grid x:Name="LayoutRoot" Background="White">

    <Grid.Resources>
        <Storyboard x:Name="ColorAnimationStoryboard">
            <ColorAnimation From="Yellow"
                    To="Red"
                    Duration="00:00:05"
                    AutoReverse="True"
                    RepeatBehavior="Forever"
                    Storyboard.TargetName="MyRectangle"
Storyboard.TargetProperty="(Rectangle.Fill).(SolidColorBrush.Color)" />
        </Storyboard>
    </Grid.Resources>
    <Rectangle x:Name="MyRectangle"
            Width="300"
            Height="200"
            Fill="Yellow"
            Loaded="MyRectangle_Loaded" />

  </Grid>

</UserControl>
```

需要分析的关键一点是，传递给 Storyboard.TargetProperty 属性的值。注意该语法如何在(type_to_use.property) 之前指定需要动起来的(object.property)。在前面的例子，这些属性分别为(Rectangle.Fill)和(SolidColorBrush.Color)。这一点在这个实例中是要求的，因为 Fill 属性是通过内联方式设定的。如果 Fill 属性的设置得比较冗长，并指定了一个具名的 SolidColorBrush，那么就可以使用标准的语法来设置具名的对象。

### 5. 多个 From/To/By 动画

对于 Storyboard 而言，它可以包含多个动画对象，而且各个对象可以并行运行。下面的例子显示了多个不同的动画如何应用到两个独立的 Ellipse 对象。第二个 Ellipse 对象包含了一个 TranslateTransform 和一个 RotateTransform，并且也加上了动画。

```xml
<UserControl x:Class="Chapter14.MultipleFromToByAnimationExample"
    xmlns="http://schemas.microsoft.com/winfx/2006/xaml/presentation"
    xmlns:x="http://schemas.microsoft.com/winfx/2006/xaml"
    Width="400" Height="300">

    <Canvas x:Name="LayoutRoot"
            Background="White"
            Loaded="LayoutRoot_Loaded">

        <Canvas.Resources>
            <Storyboard x:Name="AnimationController">
                <PointAnimation From="100, 100"
                                To="100, 450"
                                Duration="00:00:02"
                                AutoReverse="True"
                                RepeatBehavior="Forever"
                                Storyboard.TargetName="Ball1"
                                Storyboard.TargetProperty="Center" />

                <ColorAnimation From="Red"
                                To="Yellow"
                                Duration="00:00:05"
                                AutoReverse="True"
                                RepeatBehavior="Forever"
                                Storyboard.TargetName="MyPath"
Storyboard.TargetProperty="(Path.Fill).(SolidColorBrush.Color)" />

                <DoubleAnimation From="0"
                                To="360"
                                Duration="00:00:03"
                                RepeatBehavior="Forever"
                                AutoReverse="True"
                                Storyboard.TargetName="Ball2Rotate"
                                Storyboard.TargetProperty="Angle" />

                <DoubleAnimation From="100"
                                To="300"
                                Duration="00:00:05"
                                AutoReverse="True"
                                RepeatBehavior="Forever"
                                Storyboard.TargetName="Ball2Translate"
                                Storyboard.TargetProperty="X" />

                <DoubleAnimation From="120"
```

```
                                            To="200"
                                            Duration="00:00:05"
                                            AutoReverse="True"
                                            RepeatBehavior="Forever"
                                            Storyboard.TargetName="Ball2Translate"
                                            Storyboard.TargetProperty="Y" />
                </Storyboard>
            </Canvas.Resources>

            <Path x:Name="MyPath"
                    Fill="Red">
                <Path.Data>
                    <GeometryGroup>
                        <EllipseGeometry x:Name="Ball1"
                                Center="100, 100"
                                RadiusX="50"
                                RadiusY="50" />
                    </GeometryGroup>
                </Path.Data>
            </Path>

            <Ellipse x:Name="Ball2"
                    Width="100"
                    Height="30"
                    Canvas.Top="120"
                    Canvas.Left="100"
                    Fill="Blue">
                <Ellipse.RenderTransform>
                    <TransformGroup>
                        <RotateTransform x:Name="Ball2Rotate" />
                        <TranslateTransform x:Name="Ball2Translate" />
                    </TransformGroup>
                </Ellipse.RenderTransform>
            </Ellipse>
        </Canvas>

    </UserControl>
```

该代码首先在 Canvas.Resources 部分中创建了一个 Storyboard 对象。该 Storyboard 对象指定了一个颜色动画和三个双精度动画，而且各个动画均各自作用在其自身 UI 中的元素上。然后这些元素在 Canvas 中定义，并且所有动画均在隐藏代码的 LayoutRoot_Loaded 方法中启动，因为该方法封装了主 Canvas 元素的 Loaded 事件。

### 14.4.3　关键帧动画

既然已经了解了 From/To/By 动画，那么现在该将注意力转移到比较高级的动画类型：关键帧动画。From/To/By 动画的一大缺点就是，该类动画仅仅允许为所选定的属性指定两个值，并让该属性在这两个值之间变化。但是，关键帧动画允许设置逐步变化的(n 个)值，以创建动画。该功能允许创建复杂得多的动画，因为不仅可以为属性指定多个可以转换的步骤，还可以准确地控制各个步骤如何转换，是平滑转换、还是突变，或者是两者的混合。

### 1. 关键帧动画类型

在 Silverlight 中，可以使用 4 种类型的关键帧动画。

- ColorAnimationUsingKeyFrames——允许在某个指定的时间间隔内，通过一系列的 KeyFrame 步骤来为某个给定的 Color 类型属性设置动画。
- DoubleAnimationUsingKeyFrames——允许在某个指定的时间间隔内，通过一系列的 KeyFrame 步骤来为某个给定的 Double 类型属性设置动画。
- PointAnimationUsingKeyFrames——允许在某个指定的时间间隔内，通过一系列的 KeyFrame 步骤来为某个给定的 Point 类型属性设置动画。
- ObjectAnimationUsingKeyFrames——允许通过一系列的 KeyFrame 步骤以改变应用到某属性的对象，如将 RadialGradientBrush 改变成 SolidColorBrush，从而为某个给定的属性设置动画。

### 2. KeyFrame 集合

每个 KeyFrame 动画均包含一个 KeyFrame 对象集合，这些对象要么派生自 DoubleKeyFrame、PointKeyFrame、ColorKeyFrame，要么派生自 ObjectKeyFrame 抽象类。当然，具体派生自哪个类，依赖于包含在该对象中的 KeyFrame 动画类型——例如 DoubleAnimationUsingKeyFrames 动画中的对象就派生自 DoubleKeyFrame。

重复一遍，一个 KeyFrame 动画包含一个有(n 个)KeyFrame 对象的集合，集合中的每个对象均派生自一个所使用 KeyFrame 特有的抽象基类。现在需要知道这些 KeyFrame 对象(除 ObjectKeyFrame 外——稍后会做详细介绍)都有 3 个子类型——Linear、Discrete 和 Spline。具体选择哪个，取决于想让 KeyFrame 对象怎样从一个对象转换到另外一个对象。下面给出了 Double、Point 和 Color KeyFrame 类型的 9 种不同排列：

- Linear[Double|Color|Point]KeyFrame
- Discrete[Double|Color|Point]KeyFrame
- Spline[Double|Color|Point]KeyFrame

因此，想在动画的各个步骤中使用这 3 种关键帧动画中的哪一种呢？这几类动画之间的区别，就是它们所指定的值的转换方式不同。对 Linear 动画，其值是均匀变化，其方式和标准 From/To/By 动画的值变化方式一样。对于 Discrete 动画，其值是突变的，即从一个值瞬时就变成下一个值。对于 Spline 而言，可以指定转换如何发生，如加速变化。

因此，如果想平滑地将某个对象的颜色在黄和蓝两种颜色之间转换，那么可以使用 LinearColorKeyFrame 对象。如果想突然将颜色变为红色，那么可以添加一个 DiscreteColorKeyFrame 动画。最后，如果想刚开始慢慢将颜色变为橘黄色，但是在转换的最后加速改变，那么可以通过添加一个 SplineColorKeyFrame 动画来实现这一点。

对于 ObjectAnimationUsingKeyFrame 动画，则只有 DiscreteObjectKeyFrame 对象。因为在任意对象上实现 Linear 或者 Spline 插补动画实在是太复杂了。

每个关键帧通常都拥有两个值，Value 和 KeyTime。KeyTime 是转换完成应该花费的时间，而 Value 则是转换所到达的新值。但是，基于 Spline 的关键帧有第三个值，即 KeySpline。为了理解这个值的作用，需要理解贝塞尔曲线是如何工作的。关于这一点的完整解释已经超出了本书的范围，但是可以想象一下，正在绘制一条直线，然后在该直线上设置了两个控制点，这两个控制点表示了该直线将如何被"拉"成曲线。这就是创建一条贝塞尔曲线的本质。有了 KeySpline 属性，就可以沿着一条直线设置两个控制点，以表示转换的起始和结束之间的时间。通过这种方式，可以改变转换的速度，因为基于时间的改变速度将沿着具有"曲线"的直线进行改变，从而提供了更真实的加速和减速，而不仅仅是一个固定的改变速度。

关于贝塞尔曲线的更多知识，请查看 http://en.wikipedia.org/wiki/B%C3%A9zier_curve。

### 3. 使用关键帧的颜色动画例子

下面的 XAML 使用了 Discrete、Linear 和 Spline 插值来为 Ellipse 的颜色属性设置动画，该属性首先逐渐地由黄色变成蓝色，然后突然由蓝色变成红色，然后再逐渐地变回黄色，并且在最后的变化时利用 Spline 关键帧对其进行加速：

```xaml
<UserControl x:Class="Chapter14.ColorKeyFrameAnimationExample"
    xmlns="http://schemas.microsoft.com/winfx/2006/xaml/presentation"
    xmlns:x="http://schemas.microsoft.com/winfx/2006/xaml"
    Width="400" Height="300">

    <Canvas x:Name="LayoutRoot"
            Background="White"
            Loaded="LayoutRoot_Loaded">
        <Canvas.Resources>
          <Storyboard x:Name="AnimationController">
            <ColorAnimationUsingKeyFrames BeginTime="00:00:00"
                                          Storyboard.TargetName="Ball"
Storyboard.TargetProperty="(Shape.Fill).(SolidColorBrush.Color)">

                <LinearColorKeyFrame Value="Blue"
                                     KeyTime="00:00:05" />

                <DiscreteColorKeyFrame Value="Red"
                                       KeyTime="00:00:10" />

                <SplineColorKeyFrame Value="Yellow"
                                     KeySpline="0.1,0.0 0.8,0.0"
                                     KeyTime="00:00:13" />

            </ColorAnimationUsingKeyFrames>

          </Storyboard>
        </Canvas.Resources>

        <Ellipse x:Name="Ball"
                 Width="100"
```

```
                        Height="100"
                        Canvas.Left="200"
                        Canvas.Top="200"
                        Fill="Yellow" />
    </Canvas>

</UserControl>
```

### 4. 每帧动画回调

如果正在利用 Silverlight 来帮助编写在线游戏或者执行自定义的精确动画，那么很可能需要创建一个渲染循环或者游戏循环。在 Silverlight 中，游戏循环的创建是一个相对比较简单的任务，因为有 CompositionTarget 类的帮助。

CompositionTarget 类自身用于表示显示界面，而且用户界面将在其上被渲染。它拥有一个可以连接的非常有用的事件 Rendering。当用户界面渲染可视化树上的项目时，该事件将被触发，因此该事件将提供一种很好的方式，以允许在每帧或者每集的时间基础上执行相应的动作。

仅仅需要将 CompositionTarget.Rendering 事件封装到一个相应的处理器，然后从事件参数中抽取 RenderingTime 即可，如下面的代码样本所示。在每一帧中，该代码仅仅将当前的渲染时间写到了一个 TextBlock。

```
using System;
using System.Collections.Generic;
using System.Linq;
using System.Net;
using System.Windows;
using System.Windows.Controls;
using System.Windows.Documents;
using System.Windows.Input;
using System.Windows.Media;
using System.Windows.Media.Animation;
using System.Windows.Shapes;

namespace Chapter14
{
    public partial class PerFrameCallback : UserControl
    {
        public PerFrameCallback()
        {
            InitializeComponent();
            CompositionTarget.Rendering +=
                    new EventHandler(CompositionTarget_Rendering);
        }

        void CompositionTarget_Rendering(object sender, EventArgs e)
        {
            TimeSpan renderingTime = ((RenderingEventArgs)e).RenderingTime;
            tbDisplay.Text = renderingTime.ToString();
```

```
            }
        }
    }
```

# 14.5    小结

现在，我们对"图形和动画"一章做一个总结。

本章介绍了由 Silverlight 所提供的图形 API。本章首先介绍了几个在第 3 章未曾介绍的派生自 Shape 的对象——Polygon、Polyline 和 Path。为了将 Path 对象渲染到屏幕上，Path 对象需要一个 Geometry 对象，并且 Silverlight 直接提供了多个派生自 Geometry 的对象，如 RectangleGeometry、EllipseGeometry、LineGeometry 和 PathGeometry。这些对象还可以组合在一个 GeometryGroup 对象中，以创建更加复杂的形状。

如果应用程序需要使用形状，但是并不需要将其渲染到屏幕上，那么使用 Geometry 对象是实现这一点的更加轻便的方法。

接下来，我们学习了 Brush 对象，以及不同类型的 Brush 对象。这些对象分别使得既可以用某种纯单一的颜色(SolidColorBrush)来绘制图像、也可以使用变化的不同颜色来绘制图像，既可以沿直线渐变的颜色(LinearGradient Brush)、也可以从某个中心点向外扩展的颜色渐变(RadialGradientBrush)。本章还介绍了如何分别通过使用 ImageBrush 和 VideoBrush 对象来用图像和视频绘制图像。

最后，该节揭示了 Deep Zoom 的高级拼接和缩放功能，包括使用 Deep Zoom Composer 来准备使用该技术的图像内容。

然后，本章转向了动画 API。首先，本章简单地介绍了 Timeline 和 Storyboard 对象，然后介绍了两种动画中比较简单的一种——From/To/By 动画。该节介绍了这种动画类型如何允许为 Double 类型、Point 类型以及 Color 类型的值设置动画，以及如何通过它们包含的 Storyboard 对象来控制这些动画。

然后，本章介绍了关键帧动画。该类动画允许创建比较复杂的动画。这些动画可以通过基于 Linear 的转换、基于 Discrete 的转换和基于 Spline 的转换，在(n 个)不同的步骤之间转换。除了为 Double、Point 和 Color 类型设置动画外，关键帧动画还可以为 Object 类型设置动画。但是由于在任意对象上提供其他类型转换的固有复杂性，该类动画只有 Discrete 类型的转换。

最后，本章介绍了如何通过处理 CompositionTarget.Rendering 事件以编程的方式连接用户界面的每帧渲染。该技术对于创建游戏循环或者其他客户密集的绘制方式非常有用。

下一章"故障排查"将介绍如何发现并修补应用程序中存在的一些漏洞。祝您开心！

# 第15章

# 故 障 排 查

不管是正在了解一项新技术，还是基于一直在用的某项技术来编写应用程序，都会遇到一些故障问题，这时就需要回头检查代码，进行代码的故障排查。Silverlight 中也没有什么不同。而且由于 Silverlight 基本上是一种.NET 技术，因此，很多场合下使用.NET 中已有的技巧可以解决问题。如果您具有 ASP.NET 应用程序的开发背景，那么您所面临的处境可能要比普通的.NET 开发人员好一些，因为您在过去就已经熟悉了数据如何在网络上传输，并且可能对这些数据有所了解。

本章涉及到在故障排查时可能需要使用的多种工具。当然，要讨论的第一个工具应该是 Visual Studio，以及它为调试 Silverlight 应用程序所提供的支持。不过除了 Visual Studio 外，还有很多免费工具可以帮助进一步分析应用程序，并可以从另一个角度来分析应用程序正执行什么操作。

Silverlight 支持多平台和多浏览器的特性，对于终端用户来说是件好事，但是从开发和故障排查的角度来看，该特性引入了复杂性——至少是需要在各种环境中测试应用程序。自从 Silverlight 发布第一天以来，Silverlight 就为所支持的多平台特性提供了内置的调试支持。

所以，言归正传，现在我们来详细地分析一下这些内置的支持，看看如何利用这些技术在尽可能短的时间内修复瘫痪的应用程序并让它们继续运行。

本章主要分为四大节，每节将分别回答四个关键问题：

- 如何知道应用程序出现了问题？
- 可能观察到是哪种类型的问题？
- 有什么工具可以帮助解决这些问题？
- 可以做点什么以减少潜在的问题？

前面两个问题完全是关于设置故障排查场景的问题，而后面的两个问题则是关于不同的故障排查工具并展示如何解决已产生的问题。

## 15.1  是否出现了问题

此问题听起来似乎会有一个很显然的答案。但是应用程序可能会面临多种不同类型的问题，而根据问题的不同，是否出现了问题也并不一定是非常明显的。

最明显的问题类型是，通过 Silverlight 出错对话框将错误显示给终端用户。虽然这些出错信息并不总是很明确，但是至少您知道有个问题需要解决。

很不明显的问题是代码内部产生了异常，但是异常却被代码或 Silverlight 运行时吞噬了，并没有抛出。这些问题可以用不同方式告诉用户——可能是用户单击了按钮但应用程序不执行任何操作，或者应用程序被不正确地渲染。另一个更值得关注的问题可能是，用户知道一个动作已经执行了(比方说，调用 Web 服务，或者一些类似于关闭某个金融事务之类的这种被认为是很关键的操作)，但是它悄无声息地失败了。针对这类错误，可以考虑两种方式来消除：(1)保证对代码做了适当的错误/异常处理，(2)考虑检测代码以提供有用的诊断信息。

另一类问题是，终端用户是否抱怨应用程序不按期望的方式工作。如果再阅读该句子一遍，就会注意到我们需要区分问题和错误。用户的问题可能是他们并不是按期望方式来使用应用程序的(在这种情况下，可能希望重新考虑 UI 设计)。但是。也可能是他们尝试执行某个动作，而应用程序执行了不该做的操作。那么，首先，如果这种问题发生在应用程序发布之后，并且终端用户正使用该程序，那么肯定需要花大量的时间和金钱来修正应用程序中的这些错误。首先要问自己和用户的一个问题就是，他们是否执行了特定的动作，以便可以据此重现此问题。在发布应用程序之前，已经测试了应用程序，所以所有的功能都必须起作用，对吗？但是，由于应用程序的动态特性使得代码的执行有很多代码路径，这使得在实际中测试所有的场景是不可能的。可以采取行动减轻此类问题所导致的影响，即在应用程序中引入正式的单元测试。这将在下一节中讨论。

虽然前面的列表给出了一些比较常见的问题形式，但是由于应用程序具有动态性，所以不可能预测问题的每个征兆。考虑一些可能遇到的比较常见的问题"类型"也很有帮助。下面将讨论这些常见问题类型。

## 15.2  常见问题类型

刚才讨论了不同问题的含义，接下来将讨论导致这些问题的可能原因。本文将要讨论的问题，大致可以分为以下三类：

- 设计时问题。
- 编译时问题。
- 运行时问题。

前两类问题是开发人员经常遇到的问题。因此，这两类问题只需花费较少的经费就可以修复，而且还可以利用设计器(Designer)(例如 Microsoft Expression Blend)或编译器(Compiler)(通过 Visual Studio)的智能特性来提供相应的线索，以说明为什么这些工具无法以某种方式处理代码和标记。

最后一类问题比较难以捕获。如果幸运的话，该类问题可能会在用户单击几次应用程序时即遇到，但是通常情况下要重现此场景会很复杂。换句话说，要重现该类问题，需要特定的动作以特定的顺序执行，并且应用程序还必须处于出现问题的特定状态。下面的两个因素使得运行时问题变得更为复杂：

- **瞬时现象**——问题可能是暂时的。这类问题并不总是发生，甚至可能是一次性事件。
- **非瞬时现象**——此类问题是可重复的。如果每次执行完全相同的动作，则肯定可以遇到相同的问题。

瞬时问题是迄今为止最难进行故障排查的问题。该类问题可能是因为这样或那样的原因，应用程序仅以某种方式失败一次。对该类问题而言，更糟的情况是应用程序经常失败，但是却不是每次都失败。这种问题与非瞬时问题相似，只是发生的频率稍低，但都难以调试。

设计时问题和编译时问题在这里就不做进一步介绍，因为开发环境所提供的功能可以支持进行下一步的故障排查。对于运行时漏洞、错误和类似问题，应该考虑以下可能的错误源：

- 代码。
- 网络。
- 运行环境。

由代码缺陷所导致的问题基本上都是"非瞬时"问题。但是当这些问题不经常发生时，该类问题也会导致麻烦。要调试代码问题，需要用一系列的工具和技术，这些将在本章的剩余部分中通篇讨论。所有的技术包括：使用调试器(例如 Visual Studio)来编写一些诊断信息，编写单元测试来尽早捕获这些问题，以及一些其他技术。

您也可能正在使用第三方代码，并怀疑是这些代码导致了问题发生。如果是这种情况，首先要想到的是联系供应商，但是这不总是可行。在有些情况下，可能需要利用工具，例如 Reflector，来仔细分析第三方的程序集(希望此程序集并未使用迷惑技术来让工作更困难)。如果代码不是您编写的，则修改将非常困难，但是理解代码的逻辑最少可以提供一些为什么会出现问题的线索。利用这些线索可能就知道如何对其实施修改，以达到期望的效果。

在今天的现代互联网上，社区的概念得到越来越多的人接受，所以您所使用的可能是一个开源代码。在这种情况下，可以将遇到的漏洞或问题发回此社区，并在论坛中咨询更多信息。

这样就排除了所有编码缺陷，但是应用程序可能仍然会遇到奇怪的情况。网络就是非常典型的一个"瞬时"类的问题源。因为 Silverlight 应用程序是在客户端执行的，所以它与服务器的会话可能比传统的 ASP.NET Web 应用程序更少，因为 ASP.NET Web 应用程序需要为每个新页面请求服务器。但是，当 Silverlight 应用程序需要 Web 服务器上的内容而要回过头去请求服务器，或者需要通过 Web Service 调用来调用互联网上的 Web 服务时，它需要和服务器交互的次数会增大几倍。在编写互联网应用程序时，根据开发人员种类的不同，以及应用程序的类型不同，您可以对其他服务提供商有某种程度的信任。如果在企业内部编写 Silverlight 应用程序，您(您的公司)将几乎可以完全控制与应用程序进行对话的服务器。您甚至还可能要与其他公司对话。但是在这种情况下，您和该这家公司也可能有某种服务等级协议(Service Level Agreement，SLA)。如果应用程序由于该公司的服务器关闭而开始失效，那么他们应该通知您他们出现了问题，并通知服务器估计何时会重启。

对于 Web 上的消费者类型应用程序，这种应用程序经常与多个不同的服务对话(考虑混搭应用程序的流程)，并且对于大部分 Web 服务，都不能获取这种 SLA 协议。因此，所遇到的所有问题很大程度上都要靠自己来判定。产生这种问题时，没有必要知道问题是存在于服务器端，还是客户端，或者它们之间的任何地方，例如互联网服务提供商(Internet Service Provider)。诊断极少发生的互联网问题，可能是故障排查过程中更加难以解决的问题之一。检测可能对排除这些问题(和网络调用相关的问题)有帮助，并且如果足够幸运可以重现问题的话，就可以利用后面将讨论的一些 HTTP 跟踪器(HTTP Tracer)工具来帮助解决更深层的问题。

第三种主要的问题源头是运行环境。由于现在使用的是 Silverlight，因此通常是客户端问题，但是不排除服务器环境，这当然是因为 Silverlight 资源必须驻留在某些地方，以便拉到客户端执行。Silverlight 的目标是成为客户端-不可知(在情理中)的插件，因此如果在 Internet Explorer 中遇到了问题，那么在 Firefox 中也可能会遇到。如果在 PC 上遇到了问题，则在 Mac 上也可能会遇到此问题。如果在不同的平台和浏览器之间无法得到这种一致性，并且您正在支持 Silverlight 的客户端环境中运行应用程序，那么应该将此问题报告给微软公司。如果可以一致地重现此问题，那么应该考虑使用针对其他问题类型的技术。这些技术大部分都不是针对特定浏览器的(除了 Web Development Helper 和 Firebug 外)，而且您甚至可以用 Visual Studio 来远程调试在 Mac 上的 Silverlight 应用程序。

下面，将开始用一些现在的工具和技术来支持理论了。您可以使用这些技术和工具来让应用程序重新正常运行。

## 15.3　可用工具

每个开发人员都需要大量工具来帮助他排查应用程序中的故障。但是除了拥有正确的工具外，真正的技巧在于了解何时使用何种工具。本节讨论现有的一些工具，并描述了使用各种特定调试器的场合，首先是 Visual Studio。从编码和开发的角度来看，您应该很熟悉此 IDE 了，但是从 Silverlight 调试的角度来看可能未必。

### 15.3.1　Visual Studio

本节将一步一步地设置 Visual Studio，以便准备将其充当 Silverlight 应用程序调试器。在此阶段，您可能已经创建了多个 Silverlight 项目。如果真的这么做了，那么很可能是通过使用 Silverlight Tools for Visual Studio 所提供的模板来完成此任务的。这就意味着，您直接就有了调试项目的方法以及测试项目的选择。为了开始分析这些选项，参见图 15-1。

各选项名暗示了它们各自的功能，但是为了理解各个选项的完整功能和意义，还需要更加详细的描述。

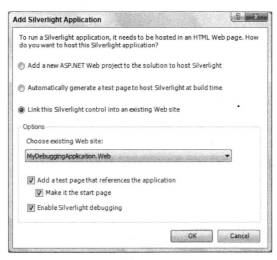

图 15-1

### 1. "Add a New ASP.NET Web Project to the Solution to Host Silverlight"

虽然此选项比第三个选项"Link this Silverlight control into an existing Web site"拥有更少的选项，但是两者在某些方面很相似。第三个选项将稍后描述。但是如果从头开始一个项目，要选择第一个选项。该选项要求将 Silverlight 插件承载在 Web 页面中，而不是让它承载在一个已有的站点中。

首先呈现的是希望创建的项目"类型"。这些选项对 ASP.NET 开发人员来说又是熟悉的，但这里要再提一下，有两种方式承载站点：(1)作为一个 Web 站点，(2)作为一个 Web 应用程序项目。第一种方式提供了一种快速便捷的方法，通过使用 XCOPY 部署来获取和部署一个 Web 站点。也就是说，它是一个完全独立的站点，它使用特殊的文件结构以便能够快速构建。此方式的一个例子就是能够使用"App_Code"文件夹。在此文件夹中，可以使用类似于 MyLibrary.cs 之类的 ASP.NET 源文件，并且这些文件将在运行时被构建到临时的程序集中。此选项和 Web 应用程序项目之间的关键区别，就是没有相关的项目文件。

第二种方式所产生的项目文件常被认为是一大优点，尤其是在处理大规模项目，并且出于某种原因需要将 Web 站点集成到一个自动构建和部署的过程中时更是如此。可以简单地在项目文件中说明构建环境，而且项目文件中记录了所有与 Web 应用程序有关的资源。此外，项目文件还可以相对容易地构建项目所需要的一切。

一旦做出了选择，那么向导将在测试 Web 页面中创建承载插件所要求的所有资源。这将在"Link This Silverlight Control into an Existing Web Site"部分更详细的介绍。

### 2. "Automatically Generate a Test Page to Host Silverlight at Build Time"

如果已经或正在用此选项创建一个项目，将注意到该选项创建了一个单独的项目。该项目包括两个标准的 XAML 文件、它们各自的隐藏代码文件、一个 AppManifest.xml 文件、一个 AssemblyInfo 文件，以及相关的程序集引用。这对于开发应用程序来说很好，但是 Silverlight 控件需要有一个承载者以让它能够显示。这一点通过在构建时动态生成测试页面来实现。

如果查看项目的属性并选中 Debug 选项卡，将注意到向导已经为项目的 "Dynamically generate a test page" 设置了 Start Action。这就产生了实际上它是如何创建此测试页面的问题。要找到此问题的答案，可以深入研究一下 Visual Studio 项目文件。Visual Studio 中的所有项目都在 XML 中声明了它们的设置，该 XML 文件遵循一个被称为 MSBuild 的模式。MSBuild 是微软公司的软件构建技术。

所以，如果用 Windows 资源管理器找到构建项目文件(如果是 C#项目，那么项目文件扩展名为.csproj；如果为 VB.NET 项目，则扩展名为.vbproj)，然后在 Notepad 中打开该文件，将注意到该文件包括项目的各种设置和配置信息，并且所有信息都存储为 XML 格式。在 Visual Studio 中单击 Build 选项，MSBuild 将读取此文件。但是为什么我们需要知道这一点呢？因为，在此我们将看到一个如下所示的属性：

```
<CreateTestPage>true</CreateTestPage>
```

没有 Silverlight Tools for Visual Studio 所提供的协助，Visual Studio 不知道如何读取此属性。如果再深入研究该文件，将看到一个对 Silverlight 构建辅助文件的引用：

```
<Import Project="$(MSBuildExtensionsPath)\Microsoft\Silverlight\v2.0\
Microsoft.Silverlight.Csharp.targets" />
```

进一步讨论 MSBuild 已经超出了本书的范围，但是上面这行代码包含一个名为 MSBuildExtensionsPath 的属性。默认情况下，该属性是类似于 C:\Program Files\MSBuild\的路径名。如果打开后面的\Microsoft.Silverlight.Csharp.target 文件，将看到此文件导入了 Microsoft.Silverlight.Common.targets，而 Microsoft.Silverlight.Common.targets 文件又从一个托管的程序集中导入了任务。

```
    <UsingTask
TaskName="Microsoft.Silverlight.Build.Tasks.CreateHtmlTestPage"
AssemblyFile="Microsoft.Silverlight.Build.Tasks.dll" />
```

位于此程序集中的任务将在 CreateTestPage 属性计算为 true 时被调用。这时，开发环境将提供一个动态 Web 页面来承载应用程序。如果构建并执行该项目，然后查看 ClientBin 文件夹，将看到此任务生成的文件——也就是 TestPage.html。该文件将成为应用程序的承载者。此 HTML 所包含的标记大致如下所示：

```
<object data="data:application/x-silverlight," type="application/
x-silverlight-2" width="100%" height="100%">
    <param name="source" value="MySilverlightApplication.xap"/>
    <param name="onerror" value="onSilverlightError" />
    <param name="background" value="white" />
```

如果以前曾经将 ActiveX 插件用作 Web 页面的一部分，那么您应该很熟悉该对象标签。"type" 参数告诉浏览器在运行时应该触发哪个控件(在本例中为 Silverlight)。然后，代码将相关的参数传递给控件，例如包名(在本例中为 MySilverlightApplication.xap)。

"Automatically generate a test page to host Silverlight at build time" 选项的优点是，测试应用程序时工作很简单。但是，如果想看看 Silverlight 控件在现有 Web 应用程序的语境

中是如何渲染的，需要选择初始 Silverlight 模板中的第一个或最后一个选项，或者在项目的属性中改变"Start Action"设置。

### 3. "Link This Silverlight Control into an Existing Web Site"

在实际应用程序中，一个普通 Web 页面上可能不仅仅有 Silverlight 应用程序。您可能有一个使用 Web Parts 的 Web 应用程序，并且每个 Web Parts 都有自己的 Silverlight 控件。此时，前面的选项可能就不具备测试这些控件的能力了。

如果您确实有现成的 Web 应用程序或 Web 站点，那么可能希望用 Silverlight 来改进此应用程序，并将其集成到承载该 Sliverlight 的 Web 应用程序中。如果是这种情况，应该在 Silverlight Application Wizard 中选中第二个选项。如果选中了此选项，那么就可以选择多个其他复选框，如下所述：

● Choose Existing Web Site——此选项的含义非常明显，允许选择希望在其中承载 Silverlight 应用程序的现有 Web 站点。

● Add a Test Page That References the Control——此选项详细说明了是否希望在现有 Web 站点中插入测试页面。如果不选中此选项及其下面的选项，您将发现 Silverlight 项目将被添加到现有 Web 站点的解决方案中。一旦构建解决方案，Silverlight 包将被置于 Web 站点下的 ClientBin 子文件夹中。如果在执行完向导后改变主意，可以通过在 Web 站点项目上右击并选中 Properties 来改变这些选项。在左边面板的下方有一个名为 Silverlight Application 的选项卡。如果选中此选项卡，然后单击 Add 按钮，将看到如图 15-2 中所示的对话框。

如果选中"Add a test page that references the control"选项，那么构建 Silverlight 项目所得到的包将被自动复制到"Destination Folder"属性所设定的文件夹。该属性默认认为"ClientBin"。除此之外，向导还创建了一个承载测试页面。此测试页面为 ASP.NET 页面，它包括了一个 asp:Silverlight 控件，该控件引用了 Destination 文件夹中已构建的.xap Silverlight 包。

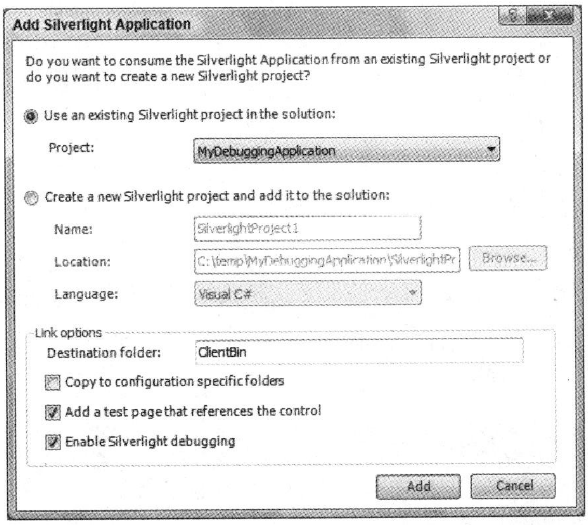

图 15-2

- Make It the Start Page——此选项只是让前面的复选框所生成的测试页面成为 Web 站点内部的起始页面。这可通过 Web 站点项目属性按一般的方式来调整。

- Enable Silverlight Debugging——此选项告诉 Visual Studio 希望在 Web 站点项目中使能 Silverlight 调试。如果希望在以后使能/禁用此选项，可在 Web 站点项目中，在"Web"选项卡上的 Debuggers(调试器)下面，找到一个名为 Silverlight 的复选框，并进行相应的设置。

那么这到底实现了什么功能呢？非常简单，如果选中此复选框，那么可以在 Silverlight 的隐藏代码文件中设置断点，并且调试器遇到这些断点时将暂停运行。换句话说，可以像调试传统应用程序一样无缝地调试此应用程序。

后台执行的操作主要有两部分：

- 将 dbgshim.dll 和 mscordbi.dll 加载到了 Visual Studio 中，以调试应用程序。这些 DLL 可位于不同的位置，但应该可以在 Silverlight 安装文件夹 C:\Program Files\Microsoft Silverlight\<version number>(默认的)下找到。

- 启用了浏览器中的脚本调试，它允许调试基于脚本的 JavaScript 页面。在这里使用 Visual Studio .NET 2008 的额外好处是，能够很好地支持在脚本中设置断点。

## 15.3.2　调试应用程序

既然已经让应用程序为调试做好了准备，下一步就可以讨论调试了。在开始调试之前，还有一些更深层的选项需要考虑。

在开始部署应用程序时，应该在 IDE 内部将构建类型设置为 "Release"。该设置告诉编译器，以 Release 模式来构建 Silverlight 程序集。对 Release 模式所作的设置真正起什么作用，取决于相应的编译器。例如，C#编译器可能会执行与 VB.NET 编译器不同的编译动作。通过设置此选项，您设置了一个意图标志：告诉编译器希望生成哪种类型的构建。如果编译器看到已经设置了 Release 的类型，它就知道可以自由地优化它所生成的 MSIL (Microsoft Intermediate Language)代码，而不需要让代码仍然保持某种比较适合人类阅读的格式。虽然经常可以注意到，Release 程序集的大小要比 Debug 程序集要小(虽然优化不只是关系到程序集大小)，但是此优化过程中实际发生了什么，实在没有必要在这里讨论。

这些构建类型之间的另一个区别就是所生成的符号文件。符号文件是扩展名为.pdb 的文件(程序数据库)，而且所构建的每个程序集都有一个匹配的.pdb 文件。在对应用程序进行故障排查时，符号文件将被传递给调试器。该文件为所构建的程序集和源代码之间提供了联系的线索。即使在 Release 构建中，虽然程序集中与源代码有关的信息很少，但构建中也将生成符号文件。被忽略的信息包括源代码行号、路径等。在调试时符号文件用处很大，但是在托管的环境中它们的地位有些降低，因为现在可以使用反射来找到某些信息，这些信息在非托管的应用程序中通常是无法访问的。

在.NET 中，描述类、方法和类型(等)的元数据存储在它们所描述的程序集内部。由于元数据和元数据所描述的实际结构保存在一起，因此可以确定它们是同步的。.NET 框架提供了相应的方法以在运行时查询这些信息，该过程被称为.NET 反射。

　　这个强大的功能使得可以获取那些通常(在非托管环境中)只能在运行时通过使用符号文件才能获得的信息。正如前面所描述的，在托管的环境中，通过检索元数据没有存储的信息，例如代码行号和路径，符号仍然维护了某些值。

在使用符号文件时有几条规则要遵守：

- 必须将符号文件生成为构建的一部分，以便在后面阶段依靠特定构建进行调试。
- 即使代码没有改变并且重新构建，仍然应该生成新的符号，因为编译器优化将导致符号与代码的不同步。
- 不要将调试符号分发给第三方——只分发发布符号。这一点是出于安全考虑，因为分发调试符号可能会暴露没必要让公众了解的信息。

符号文件最有用的应用场景之一，是远程用户访问应用程序并发现应用程序中某些方面不起作用。让远程用户在应用程序出现故障点给应用程序内存拍个快照，并让他将此快照发给您，有时候是非常有用的。此快照被称为内存转储，而符号文件允许在故障点深入查看应用程序。

　　由于 Silverlight 驻留在浏览器中，所以浏览器也需要符号。微软将"发布的"符号置于公共服务器上，因此需要进入此路径以获取这些符号。

在开发应用程序时，所有手头上相关的调试环境都应该具有 Visual Studio 的形式。

很多情况下，可能在 Web 应用程序内部编写客户端脚本以单独运行或补充 Silverlight 应用程序的功能。使用 Silverlight 中的 HTML "桥"，托管代码可以与浏览器的 HTML 文档对象模型以及任何 JavaScript 内容进行通信。这就意味着，有时候可能需要把一些脚本调试作为故障排查过程的一部分。在此情况下，Visual Studio 环境是一个很好的工具，它可以提供相应的帮助，但是有几点要注意。首先，不能在同一调试过程中调试托管代码和脚本。这就是说，如果在 XAML 的隐藏代码中设置一个断点，并且已经打开了 Silverlight 调试，那么断点将发挥相应的作用。然而，如果在脚本中也设置了断点，那么在"Silverlight" 调试打开时，脚本中的断点将不能起作用。以 Internet Explorer 为例，应该按照以下步骤来保证能够让客户端脚本中的断点发挥作用：

(1) 在承载 Silverlight 控件的 Web 应用程序中，进入 Project Properties 窗口并浏览 Web 选项卡。在 Debuggers 部分下面，确认 Silverlight 框没有被选中，如图 15-3 所示。

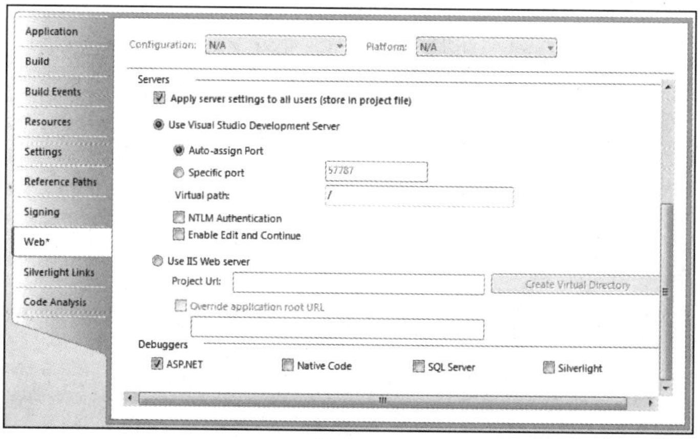

图 15-3

(2) 下一步是确认浏览器已配置为允许脚本调试。在 Internet Explorer 情况下，启动浏览器并打开 Tools 选项卡，然后进入 "Internet Options" 对话框。在 Advanced 选项卡上，确认 "Disable script debugging (Internet Explorer)" 和 "Disable script debugging (Other)" 复选框未被选中，如图 15-4 所示。

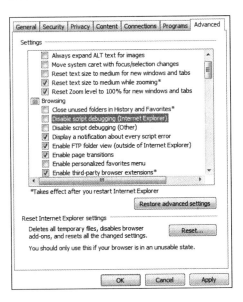

图 15-4

(3) 最后一步，就像对其他任何代码所作的一样，只需在脚本中设置一个断点，并执行应用程序就可以。这将提供功能丰富调试环境的所有好处，例如可以观察调用堆栈以及查看局部变量的值。图 15-5 说明了对于一个简单函数来说该环境的大致情况。

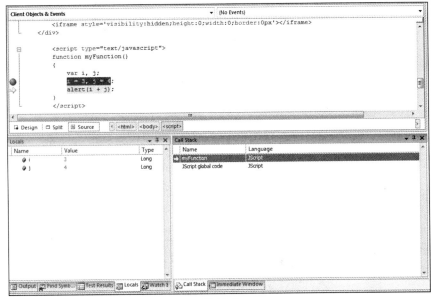

图 15-5

需要知道的环境问题是应用程序的承载 Web 服务器。默认情况下，Visual Studio 将在 Cassini Web 服务器中执行 Silverlight 应用程序。但是，有时您可能会在整个部署过程中移动应用程序，将应用程序放到一个 UAT 或 Staging 环境中。在这些环境中，将使用大型的 Web 服务器(例如 IIS、Apache)。应该确保 Web 服务器已经配置了正确的 MIME 类型以支持 Silverlight 应用服务。简而言之，需要在 Web 服务器中添加一个如下所示的 MIME 类型映射：File Extension: .xap、MIME Type: application/x-silverlight-app。

Cassini 是 Visual Studio 中承载 Web 项目的本地 Web 服务器名称。该服务器使得在开发时可以不用配置应用程序即可放置在像 IIS 或者 Apache 之类比较复杂的服务器环境中。正在使用 Cassini 作为 Web 服务器的一个可靠标志是，系统托盘中有一个小图标，该图标的名称为 "ASP.NET Development Server"。

也不是总会在调试环境下遇到问题，而且有时候可能足够幸运可以重现此问题，而不需要通过按下[F5]键来执行应用程序，在此情况下，将 Visual Studio 绑定到现有的浏览器进程中可能就更为方便。

要将 Visual Studio 作为调试器绑定到另一进程，需要选中 Debug 工具选项菜单，然后选择 "Attach to Process"。这将给出运行在该系统上的进程列表。有可能您是在自己的用户账户语境中执行浏览器，但是如果不是这样，必须确保选中了 "Show processes from all users" 和 "Show processes from all sessions" 选项，以便能发现需要调试的进程。

此节讨论了开始调试应用程序时需要采取的一些步骤。如果在 Visual Studio 中调试过其他类型的应用程序，将对此比较熟悉。下面要讨论的几个工具可能就不那么熟悉了。这些工具不是微软公司的产品，但是是开发的基本工具，对 Web 开发而言尤其如此。

### 15.3.3 HTTP 跟踪器

有时应用程序可能会失败，但是可能不确定它是在某个特定方法调用的生命周期中的哪一点失败的。例如，您可能在处理一些页面逻辑的应用程序中单击了一个按钮，然后，页面根据此逻辑，调用一个特定的 Web 服务以便获取更详细的信息。如果单击按钮并得到一个已处理的或未处理的异常，那么您可能已经处在问题的轨迹上。但是，也可能没有产生异常，而只是一个悄无声息的故障，或者没有看到预期的行为——该怎么做呢？在这种情况下，可以从头至尾跟踪代码，但是随后您可能又想起检查一下请求是否确实离开了客户端，如果确实离开了客户端，客户端发送和接收了什么呢？有很多工具可以帮助完成此任务。例如，可以用一个诸如 Ethereal(www.ethereal.com)或微软的 Network Monitor 之类的工具，但是对于 Silverlight 应用程序而言，这些工具给出的信息可能都有些过于详细了，因为它们报告了网络通信栈中太底层的通信信息。

您真正想要的理想工具是一个类似的工具，但是是特别针对 HTTP 协议的工具。该类工具有很多都比较好，但是我最喜欢的工具是 Fiddler(www.fiddler2.com)和 Nikhil Kothari 的 Web Development Helper (www.nikhilk.net/Project.WebDevHelper.aspx)。

如果正使用 FireFox 浏览器，则另一个可以使用的工具是 Firebug()。Firebug 不仅仅是一个 HTTP 跟踪器，因为它允许实时调试浏览器对象模型，而且可以基于它编写 JavaScript 代码。此小节中也将讨论该工具，因为它的确提供了非常有用的网络跟踪功能。

接下来将对这些工具进行逐个描述，但是更深层的信息，请查看它们各自的 Web 站点。

前面的章节中已经介绍了 Calculator Web Service 这个例子。现在，我们将以这个例子为基础，展示如何利用下面介绍的各种工具来从应用程序中提取一些有用的信息。

### 1. Web Development Helper

Web Development Helper 是一个优秀的跟踪工具，它能很好地与 Internet Explorer 集成。可以通过它来查看页面的请求和响应，而且它确实具有帮助排查客户端应用程序和服务器之间网络通信相关故障所需要的所有功能。

为了说明该工具是如何用于诊断故障的，我们使用了第 12 章中的身份验证示例。重申一遍，此例子包含驻留在单独域上的 Calculator Web Service，并且要求在成功调用之前能够在 Silverlight 客户内部对自己进行身份验证。

这里将要模拟的故障是，clientaccesspolicy.xml 文件在哪里没有显式支持所有用户均可访问。换句话说，下面几行代码没有被添加到 web.config 文件中：

```
<location path="clientaccesspolicy.xml">
  <system.web>
    <authorization>
      <allow users="*" />
    </authorization>
  </system.web>
</location>
```

所以，如果在 Internet Explorer 中启动了该应用程序，并且通过进入 Tools，然后选中 Web Development Helper 激活了该工具，将看到该工具被加载到页面底部的独立面板上。然后需要告诉它启动跟踪，以让它跟踪客户和服务器间的 Web 服务之间的通信。如果输入一些有效的凭据，然后选中 Login，正常情况下可以期待通过身份验证，这样就可以通过输入两个数字并单击 Add 按钮来执行 Add 操作。但是，通过单击 Login 按键将看到一个 CommunicationException 异常，它说明并不是所有的事情都顺利进行了。如果继续研究该异常，将发现该异常已经由 Web Development Helper 进行了进一步的深入分析。

图 15-6 给出了应用程序和工具的输出。

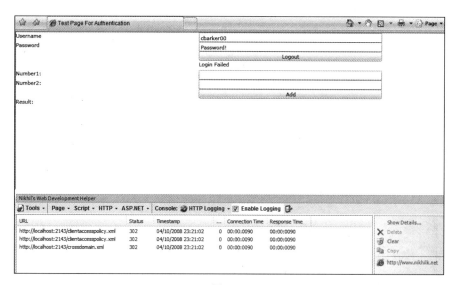

图 15-6

此工具显示客户端正在向 http://localhost:<port>/clientaccess policy.xml 发送一个请求，而且对此请求的 HTTP 响应的状态代码为 302。首先，我们知道应用程序没有显式地请求此资源，是 Silverlight 运行时出于安全的原因检查 clientaccesspolicy.xml 文件是否存在。不太清楚的是，为什么返回了状态代码 302。(其原因是 web.config 文件中所采取的步骤，但是现在暂时只知道这些而已。)

HTTP 状态代码 302 实际上表示资源被发现了，但不是在被请求的位置发现的。换句话说，存在重定向。如果在工具中双击该 HTTP 请求项，一个对话框将弹出，并带有详细的信息，如图 15-7 所示。

正如所看到的，对话框被分为两个窗格。上方的窗格显示了向服务器提出的请求，而下方的窗格则显示了来自服务器的响应。在上方窗格中看到的键值是所请求的资源——"GET /clientaccesspolicy.xml HTTP /1.1."。此行显示了所使用的 HTTP 动作是 GET 动作(即我们正请求一个资源)，正请求的资源位于/clientaccesspolicy.xml，并且我们正与 HTTP 1.1 实施通信。

Web 服务器用值"HTTP /1.1 302 Found"来响应此请求，以表明所使用的协议以及所返回的状态代码。这里最值得关注的一条信息是"/login.aspx?ReturnUtl=%2 fclientaccesspolicy.xml"的"Location"值。该信息表示了重定向的地址。Silverlight 运行时能够有效获取的是返回的登录页面而不是一个策略文件，因此，它无法在不同的位置寻找策略文件。运行时实际上搜索它的多个路径，但是总是回到登录页面，因此用户将永远无法成功通过身份验证。在此特定的实例中，状态代码将引导您研究在哪里进行了重定向。在此，应该可以很好地理解此行为为什么会发生。可以用这些技术来排查一整套故障。

如果重新将 web.config 中原来的几行添加进来，为策略文件提供异常规则，那么您将会发现，跟踪成功地显示了对身份验证服务的一个调用。

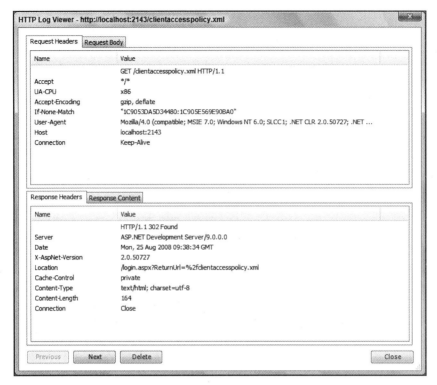

图 15-7

### 2. Fiddler

Fiddler 是另一个 Web 跟踪工具，但它的功能比之前提到的 Web Development Helper 功能更丰富。之前的工具对于大部分场合来说已经足够了，但是 Fiddler 提供了额外的功能，例如能够构建请求，并将这些请求传递给站点，以查看它们返回什么——这是一个很好的功能，但是并非总是必需的功能。

Fiddler 不仅仅是一个 Web 跟踪工具，更是一个代理工具。换句话说，它处于应用程序和目标 Web 站点、Web 服务等之间。

如果以前做过 AJAX(Asynchronous JavaScript and XML)编程，则可能已经很熟悉此工具。尽管有很多工具可以简单地跟踪 HTTP 请求/响应消息，但 Fiddler 还可以跟踪 AJAX 请求(它通常是由 XMLHTTPRequest 对象发出的)。同样，这也是因为它是作为一个代理。

与 Web Development Helper 不同，Fiddler 处于一个单独的、和浏览器并行的进程中，从而允许将它与大量的浏览器和其他的 HTTP 请求客户应用程序相结合使用。

要获取对 Fiddler 的最初体会，可以在启动示例应用程序的同时启动 Fiddler。(该应用示例就是前面演示 Web Development Helper 时所使用的实例。)只需加载应用程序，并从 Tools 菜单上选中"Fiddler2"。该操作会在一个独立的进程中启动 Fiddler。如果在 Silverlight 客户端输入一系列有效的凭据，并单击"Login"(假设仍然有每个人的策略文件)，将看到一个成功的调用，并且在 Fiddler 中，将看到又产生了两个新请求，如图 15-8 所示。

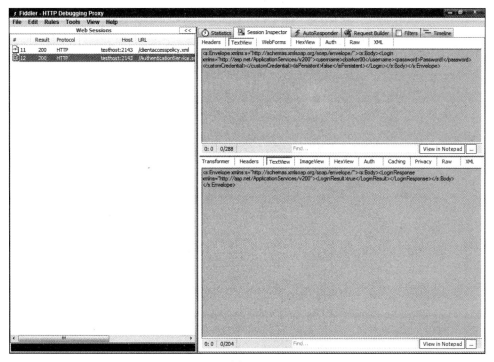

图 15-8

仔细分析一下该屏幕，可以看到 HTTP 请求是在左边窗格上发出的，而且右边窗格被分成请求(上方窗格)和响应(下方窗格)上下两部分。在左手边，可以看到表示对策略文件的请求和对 Authentication Web Service 的请求成功的 OK 状态代码 200。在右手边的窗格中，能看到实际的 SOAP 消息，它们被发送到服务器或从服务器发送。如果再细看，可以看到请求中凭据通过网络被发送，响应为一个成功的 "LoginResult"，它被设置为 true。在此还需要强调，对于敏感信息要考虑将消息通过安全的链接来传输，例如 SSL。这将导致一个加密的通道，这样信息将不像这里用明文的形式发送。

注意，在这个特定的例子中，HTTP 请求是由 "testhost" 而不是 "localhost" 产生的。这是因为，Fiddler 不会跟踪任何本地机器上所作的调用。这样做是为了欺骗 Fiddler，让 Fiddler 认为正向另一台机器发出请求。在 Windows 中可以通过打开 C:\Windows\System32\drivers\etc\hosts 文件并添加下面这行代码来实现此操作：

```
127.0.0.1    testhost
```

这将把您机器上所有对 "testhost" 的调用都解析为回环 IP 地址 127.0.0.1，其效果等同于对 "localhost" 实施请求。

### 3. Firebug

为了和前面两个例子保持一致，我们将用一个示例来展示 Firebug 调试器。正如之前提到的，此工具提供了一系列不同功能。如果选择 Firefox 作为浏览器，那么就有必要花时间来研究它。下面的例子将看看来自该网络组件的输出。

如果正在浏览刚刚所使用的示例应用程序，那么可以通过进入 Tools 菜单，选中 Firebug，然后选择"Open Firebug"在 Firefox 中打开 Firebug。类似于 Web Development Helper，该工具将在下方窗格中打开。要使用网络功能，只需选中 Net，然后使用有效的凭据登录示例应用程序。此操作将打开类似于图 15-9 的界面。

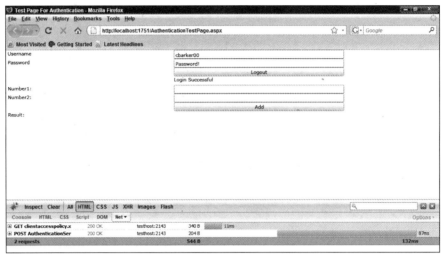

图 15-9

此界面比之前工具的界面可读性更好，而且它给出了一个漂亮的图形，说明了加载每个请求所花费的时间(见每个请求资源右边的栏)。还可以展开每个请求，以获取与响应头和响应消息相关的详细信息。

使用诸如 Silverlight 的技术，可能需要大量跨网络的通信，而这些工具在排查可能产生的故障时将提供巨大的帮助。

### 15.3.4　Red Gate 的 Reflector

Red Gate 的 Reflector 在整本书的例子中一直都在用，不过它的重要性确实需要突出说明。如果已经做了一段时间的.NET(不仅仅只是 Web)开发，那么您很有可能已经一次或者多次使用过 Reflector。在作者的机器上，它在任务栏中，位于 Outlook 和 Media Player 快捷方式的旁边，并且它确实应该如此，因为作者经常使用该工具。

那么，它做些什么呢？通过利用.NET 反射机制，它提取程序集的所有相关信息，并将其用一个友好的、用户可读的格式显示在屏幕上。其 UI 与 Visual Studio Class View 没有很大区别，但是它的真正优点在于，能够提取程序集的 MSIL 并将其翻译成所选择的.NET 语言(例如 C#)。

通过提供这样的翻译，可以更好地理解不是您所编写的代码，并认识到应该如何与该代码进行交互。当然，该工具不能代替文档，而且只能用作最后的办法。文档通常不会描述某段代码的内部工作原理，而且仅仅只描述公共接口。文档只提供了正在使用代码的黑箱视图。这适用于大多数场合，但是当需要了解后台正运行的项目或者只是好奇想知道程序的内部逻辑时，它就不太适用了！

是的，供应商可能会对代码实施迷惑，而且可以肯定，翻译后的 C#并不总是初始代码的完全表示(由于编译器优化等原因)，但是后者并不妨碍理解程序集实际上所执行的操作。

当微软宣布.NET 和反射的概念面世时，人们大惊小怪了好一阵，认为失去了与对手竞争的知识产权(IP)。对于此观点的主要争论就是，除非是在编写一些创新的算法，要不然代码实际上应该只是一个好理念的实现而已，因此并不需要实施迷惑。大部分微软公司的托管程序集都没有采用任何方式实施迷惑，就是对此观点的一个说明。

# 15.4  减少故障的可能性

当不可避免地发生了故障时，最好是能够排除故障。当然，首先最好还是能够减少发生故障的可能性。目前，开发人员使用了多种编码方法和技术来减少产生故障的可能性，而这些技术的核心，不外乎就是测试驱动的开发(Test Driven Development，TDD)。测试驱动开发先编写测试案例，后才编写代码来满足测试案例。本节将更多地关注可以编写的测试类型，以便能够不断地确保代码的完整性，并使得您可以自由决定在开发过程中使用哪种类型的技术。

## 15.4.1  单元测试

单元测试(Unit Testing)是中间层或者组件开发人员所熟悉的测试类型，而典型的 ASP.NET 开发人员可能更熟悉编写某个表单的 UI 测试。不过，如果以前已经在应用程序中开发了多个层，那么您可能已经接触过单元测试。

首先，什么是单元测试？它是将要编写的最低层次的测试。单元测试的唯一目标就是保证代码执行一项特殊的功能。单元测试常常是在方法和类的层次上。

单元测试应该成为开发过程中的关键部分，因为它有助于在需要花大量经费来修复故障之前确认问题。图 15-10 说明了在整个开发过程的不同阶段修复漏洞所需要的相关花费。

在 Visual Studio 的开发人员版本和测试版本中，Visual Studio 为启动和执行单元测试提供了大量的支持。关于这些功能的讨论已经超出了本书的范围，所以建议阅读 http://msdn2.microsoft.com/en-us/library/ms379625(VS.80).aspx 上关于这些功能的相关文档。不过，在研究该文章之前，先阅读下面的内容。

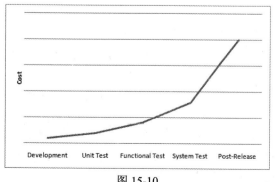

图 15-10

如果尝试过对 Silverlight 源代码实施单元测试，那么您将发现开发环境通常会显示 Generate Unit Tests 对话框，但是该对话框通常没有任何内容。该对话框不起作用的原因是，测试项目所使用的 CLR 是 Desktop CLR，而 Silverlight 应用程序所引用的项目所使用的是 Silverlight 的 CoreCLR，并且二者不是二进制兼容的。此时，您可能认为这节将很简短。下面将介绍 Microsoft.Silverlight.Testing。

在非 Silverlight 应用程序中，可以使用多个测试程序集(例如 Microsoft.VisualStudio.QualityTools.UnitTestFramework.dll)来提供单元测试支持和 IDE 集成。这些程序集都是基于 Desktop CLR 构建的，所以当试图在 Silverlight 应用程序中——当然，应用程序使用 CoreCLR ——使用这些程序集时，可能会遇到麻烦。

Silverlight 产品开发团队在开发过程中也必须测试他们的控件，所以他们也开发了自己的测试框架来帮助支持此功能。此框架的入口点是前面提到的 Microsoft.Silverlight.Testing 程序集。

> Silverlight 单元测试程序集并没有像所预想的那样是 SDK 的一部分。此框架是和 Silverlight 同时开发的，是 Silverlight 工具包的一部分，可以免费从 www.codeplex.com/Silverlight/ 上单独下载。

对于大部分场合，该测试框架使用 Desktop CLR 上所使用的标准测试特性，但是和 Silverlight 中的其他问题一样，它只是比较小的一个子集。Silverlight 测试框架是基于 CoreCLR 构建的，因此该框架可以支持 Silverlight 应用程序的测试需要。但是，Silverlight 测试框架的一个缺陷是，未集成到 Visual Studio IDE 中。这意味着，您不得不自己创建测试项目，然后将相关特性集应用到类和方法上。此节将介绍一些相应的基础知识，并为编写针对代码的单元测试做好准备。

> 为帮助在 IDE 内编写单元测试，可以考虑使用在 www.testdriven.net/ 上可以找到的 Visual Studio 的 TestDriven.NET 插件。在此，我们不使用 TestDriven.NET 工具，但是您应该知道它的存在，并知道它可能会让测试工作变得更加轻松。

要让单元测试启动并运行，需要准备下面三项内容：

- 作为 Silverlight 工具包的一部分下载的 Silverlight 测试框架程序集。
- 要测试的 Silverlight 项目。
- 承载测试的 Silverlight 项目。

当创建一个项目以承载测试时，必须添加相关的程序集，因此，为了明确起见，此处给出两个要关注的文件：

- Microsoft.Silverlight.Testing.dll——此程序集包括 Silverlight Test Engine 和 Test Harness。因此，该程序集主要集中在测试的执行和生成测试结果。
- Microsoft.VisualStudio.QualityTools.UnitTesting.Silverlight.dll——除了其他的一些功能外，此程序集包含各种 Assert 方法和可以在测试中设置的特性，并且该程序集基本将可用的语法限于 Visual Studio。

您需要做的下一件事是打开一个现有的 Silverlight 解决方案或快速创建一个虚构的 Silverlight 解决方案，比方说，具有两个文本框和一个按钮，用于将两个数字相加。(这将让您真实地感觉 Silverlight 的力量！)

在开始创建 Silverlight 项目以承载测试时，有一个诀窍需要注意。虽然 Jeff Wilcox(测试框架的创建者)已经制定了一些可用来构建项目的模板，但是通常，还是必须调整由 Silverlight 模板所创建的项目。可以从 Jeff Wilcox 的博客 www.jeff.wilcox.name/ 上下载最新的模板。而且，除此之外，他的博客是查找有关测试框架进一步信息的好地方。

创建测试项目时的一个通用规则是，将其命名为与目标项目同名，不过在后面要加上.Test。例如，如果目标项目名为 Calculator，测试项目应该称为 Calculator.Test。

在开始编写测试代码之前，需要理解 Silverlight 和测试框架之间的一些关系。这些关系的最初描述是根据测试模板所生成的代码来得到的。

您将注意到的第一件事是，除了正常的程序集外，所创建的 Silverlight 项目还引用了两个 Silverlight 测试框架程序集。而且，该过程还生成了一个 Test.cs 文件，该文件看起来如下所示：

```
using System;
using System.Collections.Generic;
using Microsoft.VisualStudio.TestTools.UnitTesting;

namespace Calculator.Test
{
    [TestClass]
    public class Test
    {
        [TestMethod]
        public void TestMethod()
        {
            Assert.Inconclusive();
        }
    }
}
```

这是一个非常简单的文件。但是，如果您还不熟悉单元测试的某些约定，那么该文件将为您介绍这些约定。代码中包含一个对 UnitTesting 名称空间的引用。此名称空间对应于在非 Silverlight 项目中常用的程序集，当然该名称空间是使用该程序集的 Silverlight 实现。

类的名称通常是所测试的类的名称并带上 Test 扩展名。所以，如果测试 Calculator 类，测试类将是 Calculator.Test。而对于方法名，可以应用类似的规则，但是对某个给定的目标方法，可以有多个测试方法。举个例子，假定在 Calculator 类中已经有下面的方法：

```
public double Divide(double i, double j)
{
    if ((i / j) == double.PositiveInfinity)
    {
        throw new System.DivideByZeroException();
    }
    else
        return i / j;
```

```
}
```

虽然这是一个非常简单的例子，但是可能需要对此方法进行下面的测试：

```
    [TestMethod]
[ExpectedException(typeof(System.DivideByZeroException))]
public void DivideCheckForDivideByZero()
{
    double Actual = 0;

    Page calc = new Page();

    Actual = calc.Divide(5, 0);

}

[TestMethod]
public void DivideCheck()
{

    double Actual = 0;
    double Expected = 2;

    Page calc = new Page();

    Actual = calc.Divide(6, 3);

    Assert.AreEqual(Actual, Expected);

}
```

第一个测试是检查在尝试用 0 除 5 时是否不返回数字。第二个测试是检查在尝试用 3 除 6 时 Divide 方法是否正确返回 2。在功能完善的"非 Silverlight"测试环境中，这两个测试可能只需进行一个，并将其绑定到一个可以将一系列值传入该方法的数据源。遗憾的是，该测试框架的 Silverlight 版本不允许将其绑定到数据源。

在前面的类和方法中所设定的一些特性，在此需要简单解释一下。类的特性(TestClass)只是告诉测试框架此程序集包括了一些测试。方法的特性(TestMethod)则只是告诉框架，这些方法应该作为测试的一部分来执行。

第一个"Divide"测试中有一个名为 ExpectedException 的附加特性。正如它的名称所暗示的，此特性告诉测试框架期望产生一个异常(在本例中为 System.DivideByZeroException)，并且如果测试框架确实遇到此异常，测试将不会失败。事实上，会出现更进一步的情况，如何没有遇到此异常，它将失败。遗憾的是，如果运行此代码，Visual Studio 会默认在抛出异常的点中止调试器，这对于自动调试不是好消息。为了防止这种情况，可以通过进入 Debug | Exceptions 菜单，然后不选中"User-unhandled"的 Common Language Runtime Exceptions 复选框，来告诉 Visual Studio 不要在托管的异常处中断。

一个更通用的方法是通过使用 Assert 类在方法的结果上产生一个"断言"。在第二个 Divide 测试方法中可以看到 Assert 类的例子。此类声明了一个特定结果。如果条件没有完全符合，则测试失败。

本章主要是介绍如何配置测试类，但是我们还需要一个环境来运行测试。正如已提到的，Silverlight 没有实现与 IDE 的紧密集成，但是该框架提供了自身的环境以用于执行测试。要查看环境和测试代码之间的连接方法，可以分析 App.xaml 的隐藏代码文件(对于 C# 为 App.xaml.cs)。该文件由模板生成。

除了隐藏代码文件中的测试框架引用外，代码的重要部分如下所示：

```
private void Application_Startup(object sender, StartupEventArgs e)
{
        this.RootVisual = UnitTestSystem.CreateTestPage(); }
```

您不需要理解此静态方法的内部工作原理，只要知道它负责设置测试页面、执行测试并报告结果就可以了。此测试页面的外观如图 15-11 所示。

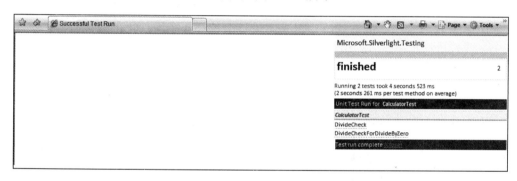

图 15-11

您可能认为前面的图显示了很多空白。不用担心，这些空白是测试中所有 Silverlight UI 将显示的区域。这部分内容将在下一节中关于用户界面测试中介绍。

在此次特定运行中执行的两个测试都成功了。但是如果测试失败，可以查看一些红色的标志，然后获得关于导致失败的一些详细信息，以帮助更进一步排查故障。

> 现在 Visual Studio 还没有连接到 Silverlight 测试框架的功能之一，是将 Code Coverage 应用到代码中的能力。

这些例子的目标是针对 Silverlight 应用程序的逻辑进行测试，但是您还可能将逻辑置于服务器上了，或者将逻辑保留在本地。此外，应用程序开发还有测试 Silverlight 应用程序用户界面的要求，这将在下一节中讨论。

## 15.4.2  UI 测试

作为 Web 开发人员，可能已经使用过诸如 Web Developer、Microsoft Application Center Test(ACT)或 Visual Studio Test Edition(Web 测试)等工具。这些工具都提供了浏览 Web 站点、选中一些选项，以及用类似于宏的方式记录一些动作的功能。根据工具的不同，可以尝试使用代码中已记录的宏，并执行很多高级的播放步骤来回放访问站点的情况。这些工具确实对压力测试有益(想象一下对该站点重放几十、几百甚至上千条的这些动作)，而且它们对于回归测试也非常有用。

这些工具的功能就是重放对服务器的 HttpRequest 请求，但是 Silverlight 应用程序是基于客户端的，因此您必须采取其他技术来实现类似的功能。虽然最后一节将证明这些工具对于对测试业务逻辑很有用，但是由于 Silverlight 能为应用程序提供丰富的用户界面，因此 Silverlight 很可能用于游戏中。本节是基于前一节介绍的框架构建的，并将展示如何使用此框架来测试 UI。

和前面一样，最好的办法还是通过分析一个例子来理解这些概念，所以这里我们也这样做。该例子将要测试，一个按钮一旦被按下之后是否正确执行操作。当按钮被按下时将执行的动作是：

(1) 它将通过变小而自己动起来。

(2) 然后它自己变成初始大小。

(3) 然后再将一个 TextBlock 的值设置为 "Completed"，来说明按钮的处理已经结束。

这听起来有点做作，但是它确实是在比较复杂的操作中所使用的相同处理的简单形式。为了演示执行时该应用程序的外观，请按照图 15-12 中的图标流程来操作。

一旦建立了此应用程序，就能够用与创建基于逻辑的单元测试类似的方法创建一个测试类。该项目结构的完整说明如图 15-13 所示。

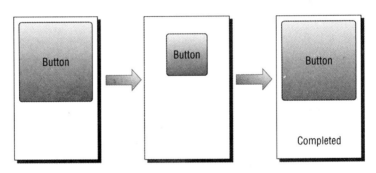

图 15-12

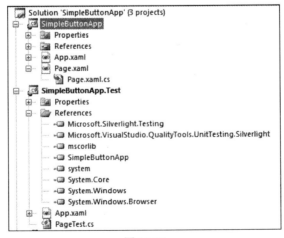

图 15-13

下面要做的事是编写单元测试类。前面描述过的模板这里还留有少量工作需要处理。例如,为了轻松访问 Test Surface 以及其他 UI 测试中所需要的功能,您需要从 SilverlightTest 类(在 Microsoft.Silverlight.Testing 名称空间中得到的)派生得到测试类。此外, 模板还需要包括测试阶段所使用控件的相关名称空间。在进一步查看测试代码之前,下面的代码片段说明了应用程序页面的实际隐藏代码:

```
public bool buttonCompleted; //TODO: Make private

//TODO: Make private
public void myButton_Click(object sender, RoutedEventArgs e)
{
    buttonCompleted = false;
    buttonDownSB.Begin();
    buttonDownSB.Completed += new EventHandler(buttonDownSB_Completed);
}

void buttonDownSB_Completed(object sender, EventArgs e)
{
    buttonDownReverseSB.Begin();
    buttonDownReverseSB.Completed += new
    EventHandler(buttonDownReverseSB_Completed);
}

void buttonDownReverseSB_Completed(object sender, EventArgs e)
{
    myTextBlock.Text = "Completed";
    buttonCompleted = true;
}
```

此代码片段引起了一些需要讨论的问题,这已通过两个 TODO 注释突出显示。值得注意的, 所示的成员变量和事件处理器一般将被封装在类中,因此该类均为它们提供了一个私有的访问修饰符。然而, 通过将它们声明为私有的,测试框架不能直接访问这些方法和处理器。在测试框架的完整桌面版中,有一个私有访问修饰符的说明,该私有访问修饰符的产生是为了允许这种访问,但是 Silverlight 安全模型不允许这种访问。让测试可以访问私有代码的最好方法是,使用 System.Runtime.CompilerServices 名称空间中的 InternalsVisibleTo 特性。此特性可以在程序集上设置,并且允许指定一个希望赋予访问权的远程程序集。为简单起见并省去这些步骤,上面的代码片段使用了公有访问修饰符。

正如从上面代码所看到的,此过程存在一个简单的事件发生链。用户单击一个按钮,从而启动让按钮变小的情节串联图板动画。一旦此情节串联图板完成,第二个动画将开始,从而让按钮恢复它的初始大小。一旦此操作完成,文本块被更新以说明动画完成。此外,应用程序还设置了一个布尔型标志以显示操作完成。由于设置标志在代码内部无论什么时候都有用,因此需要在实际的代码中设置某种完成标记。下面的代码显示了带布尔型标记

(buttonCompleted)的代码：

```
using System;
using System.Collections.Generic;
using System.Windows;
using System.Windows.Controls;
using Microsoft.VisualStudio.TestTools.UnitTesting;
using Microsoft.Silverlight.Testing;
using SimpleButtonApp;

namespace SimpleButtonApp.Test
{
    [TestClass]
    public class PageTest : SilverlightTest
    {
        [TestMethod]
        [Asynchronous]
        public void myButtonTest()
        {
            Page page = new Page();

            Silverlight.TestSurface.Children.Add(page);

            string ExpectedStart = "";
            string ActualStart;
            string ExpectedEnd = "Completed";
        TextBlock myTextBlock = page.FindName("myTextBlock") as TextBlock;

        ActualStart = myTextBlock.Text;

        Assert.AreEqual(ActualStart, ExpectedStart);

        page.myButton_Click(this, null);

        EnqueueConditional(() => page.buttonCompleted);

        EnqueueCallback(() => Assert.AreEqual((page.FindName("myTextBlock")
    as
            TextBlock).Text, ExpectedEnd));

        EnqueueTestComplete();
        }
    }
}
```

第一次使用此方法测试代码可能会有很多疑问。现在应该对很多特性、引用和目标类实例化都比较熟悉了，因为这些是前面的小节中介绍的概念。然而，对于用户界面测试，还有一些更复杂的技术需要学习。为了帮助理解此代码，图 15-14 中给出了一个图。

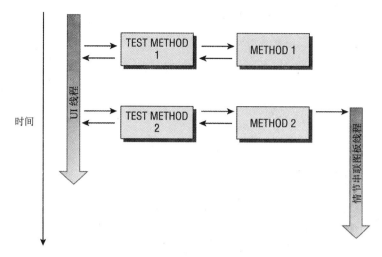

图 15-14

TEST Method 1 表示一个标准的同步单元测试。换句话说，Silverlight Test Harness 在
UI 线程之外运行，并且它执行 TEST Method 1，而 TEST Method 1 又执行 Method 1。Method
1 返回一个值，TEST Method 1 对该值产生一个断言，并且 Test Harness 可以在 UI 中显示
此结果。

当让一个事件作为方法的一部分进行触发，或者是把事件作为其他类型的异步动作的
一部分，如等待情节串联图板结束，进行触发时，UI 测试将变得非常复杂。这就是图 15-14
中 Method 2 所表示的情况，而且这也是图 15-12 和 15-13 中的代码所介绍的场景。可以从
图表中看出，当 Test UI 线程结束时 Storyboard 线程可能仍然还在执行。当一个测试方法结
束时，Test Harness 通常会打破测试过程，这将破坏正进行的 Storyboard 线程。这将妨碍对
在 Storyboard 执行过程中或是在结束时所设置的值生成断言——在前面的例子中关于
TextBlock 上值的断言将是不准确的，因为 UI 线程在该值被设置之前就移动到下一个测试
方法上。

为了解决这个问题，测试框架需要具有相应的能力以处理那些动作实际为异步的方
法。要测试这样一个方法，需要在测试方法上设置 Asynchronous 特性，以表示测试引擎的
意图。通过设置此特性，可以访问 Enqueue*方法。前面的代码片段给出了这些方法的完整
代码。现在将给出这些代码行实际功能的解释。

需要做的第一件事就是调用方法。这是很简单的操作，下面几行通过直接调用事件处
理器来执行该操作：

```
page.myButton_Click(this, null);
```

现在准备启动情节串联图板的执行序列。这里要告诉测试引擎，本次测试还没有结束
并且不应该进行下一个测试。可以通过调用以下的 EnqueueConditional 来通知测试引擎，
必须等待 Storyboard/Button-Click 结束。

```
EnqueueConditional(() => page.buttonCompleted);
```

这里使用了在目标应用程序中定义的 buttonCompleted 标志。一旦它被设置为 true，测

试引擎就知道可以安全地继续测试方法了。

您可能不熟悉前面方法中所显示的语法，因为它使用了符号()=>page.buttonCompleted。这称为 lambda 表达式，它是 C# 3.0 中引入的一个特性。简而言之，此实例中的 lambda 表达式是声明一个匿名委托的缩写，并且因此节省了几行代码。lambda 表达式遵守如下所示的语法：

```
Params => Expression
```

该语法的意思是"我希望将这些 Param 传递给此表达式"。在上面的情况下，通过使用空的括号表示没有应该传递给表达式的参数。关于 lambda 表达式的简介，请见 MSDN 文章 "Lambda Expressions" (http://msdn2.microsoft.com/en-us/ library/bb397687.aspx)。

一旦情节串联图板线程结束，就可以自由执行断言了。为了与异步测试模型保持一致，需要将操作(在此例中为一个断言) 作为委托的一部分传递给测试引擎。通过执行此操作，测试引擎可以将此操作作为一项工作添加到它的队列中，然后此操作将在适当的时间由 UI 线程上的调度器执行。此动作在下面的代码中执行：

```
EnqueueCallback(() => Assert.AreEqual((page.FindName("myTextBlock") as
    TextBlock).Text, ExpectedEnd));
```

这与在异步测试中的操作一样，只不过将断言作为委托的一部分插入测试引擎而已。

一旦执行了断言，就需要通知引擎测试结束，然后它可以相应地清除测试界面(尽管如此，但是作为一个好的习惯，还是应该考虑自己进行清除)。调用 EnqueueTestComplete 可以结束代码。

注意目标代码不应该对测试代码有任何依赖，而且不应包含任何针对某个测试的特定代码，这一点很重要。换句话说，目标代码应与测试环境保持隔离状态，并且应该只是一个可能的测试目标。上述的 InternalsVisibleTo 特性可以被看作是此规则的一个例外，因为在测试 Silverlight 程序集时没有多少可选的方法。此特性还允许给定一个特定的程序集名，即测试程序集。

### 可访问性

除了已经讨论过的方法外，实际上有另一个选择可用于测试 UI。

让尽可能多的用户可以访问应用程序这一点很重要。并且您应该对用户的需求很敏感。您应该满足的一种用户是具有残障的用户。例如，如果有盲人用户浏览站点，他们可能需要有文本朗读器来帮助他们阅读页面上的内容。文本朗读器能让标准的 HTML 页面变得很简单，因为它能够读取一定的文本并将其翻译为人类的声音。对于嵌套的插件，例如 Silverlight，则可能有问题——软件的文本朗读部分不能理解插件内部的内容，并且也不知道应该将它读成什么。有很多理由要求为此类信息提供可访问性。通过 System.Windows.Automation.* 名称空间，Silverlight 提供了相应的能力以通过向外部应用程序提供控件信息。

前一节中给出的例子使得您可以手动生成按钮单击事件，但是确实需要执行很多操作来实现这一点。

更好的方法是，在控件及其行为中添加一个更正式的接口。幸运的是，Silverlight 控件通过特定的"Automation Peer"类公布了它们的属性。此类正是为了实现此功能而设计的。此外，如果您正编写自己的控件，则可以通过重写 UIElement.OnCreateAutomationPeer 方法来实现自己的 Automation Peer 并提供控件功能。

System.Windows.Automation.Peers 名称空间包含了 Silverlight 中实现了其自己的 Automation Peers 方法的控件列表。虽然这些控件不是特别为测试设计的，但是自动化仍然与单元测试框架有一定重合的地方，所以可能在以后的版本中会有所调整，这两个特性可能也会更加为人所了解。

### 15.4.3 异常处理

当开始编写 Silverlight 应用程序，并逐渐熟悉它的应用程序模型时，您可能会遇到很多悄无声息的失败。和在所有的托管应用程序中一样，异常将在堆栈中冒泡，直到遇到异常处理器。您还将注意到 Silverlight 运行时有时会吞噬掉用户代码中的异常(事实上，这种情况经常出现)，所以确保正确处理异常很重要。您要做的第一件事就是，将任何具有潜在问题的调用打包在一个适当的 try/catch 块中，这样您就可以按照自己想法处理任何问题。处理问题的方法可能是通过某种方式的弹出信息来通知用户，或者是向服务器发送一个出错提示(当然，如果错误不是基于网络的话)。

将代码单独打包也不一定总是可行的，所以 Silverlight 提供了"未处理的异常处理器"，以在应用程序级别上定义异常。这有点像 ASP.NET 应用程序中的全局异常处理器。如果查看 App.Xaml 后台的代码，将发现如下所示的代码：

```
this.UnhandledException += this.Application_UnhandledException;
```

这样，就可以为应用程序中更普通的问题执行恰当的动作。

### 15.4.4 检测

另一个有用的故障排查技术是检测。Silverlight 应用程序实现此操作的方法是使用熟悉的 System.Diagnostic 名称空间。例如，如果感觉通知用户一个特殊的故障不太合适，可以用 Debug 类将一些输出传递给绑定的调试监听器。

所以，代码将看起来如下所示：

```
private void Application_UnhandledException(object sender,
        ApplicationUnhandledExceptionEventArgs e)
{

    Debug.WriteLine(e.ExceptionObject.Message);

}
```

这将把由异常生成的消息输出到监听底层输出的界面上。如果在此过程中使用了 Visual Studio，此消息将输出到 Output 窗口，但是很多应用程序均可以监听这种不产生出错提示的出错消息。

# 15.5　小结

本章有意不讨论现实世界中的问题，而将主要精力放在当遇到漏洞或其他问题时会想到的技术和工具。在掌握好这些技术之后，就可以按这种方式实施开发，从而从一开始就减少问题的发生。如果应用程序产生任何故障，不管采用什么方法，现在应该都可以尽早地捕获到错误。因为您已经知道了在该环境下应该采取什么样的工具。

软件产业是世界上发展最快的产业之一，尤其是在今天互联网的世界中。有很多团队成员都在持续不断的努力，以生产出帮助修复和诊断故障的工具，所以请务必关注论坛上关于最新杀手锏诊断工具的信息。

# 第16章

# 性　能

在考虑 Silverlight 应用程序性能时，大致的想法和考虑桌面应用程序性能很相似，而不同于 ASP.NET Web 应用程序性能调整的基本思路。之所以会这样，原因是 Silverlight 应用程序的大多数处理都在客户端机器上执行，而不是集中在远处的服务器上执行。应用程序的性能不应该是软件开发完成之后再考虑的问题；换句话说，作为开发人员，性能问题应该是在编写第一行代码之前——即设计阶段就应该清楚的事情。如果在设计阶段就考虑了性能问题，那么在开发完成以后，您还可以采取多个步骤来调整应用程序的性能。本章的目的是从这两个角度来解决性能调整问题：编写应用程序代码时应该知道的一些保证性能的决策，以及在检查阶段为了改善性能应该采取的步骤。

就性能而言，一个比较奇怪的现象是，每个开发人员和项目管理人员都希望他们的应用程序是性能优越的，但是如果再深入一点，问问他们所说的性能的度量是什么，他们经常回答不出来，或者最多是模糊的回答。通常，从一开始就清楚地理解应用程序需要实现哪种层次的性能要求是重要的。在集中式的 ASP.NET 应用程序中，性能已经有了相应的标准，如应用程序可以同时服务的用户数、页面响应时间，等等。在 Silverlight 应用程序中，可以选择通过考虑动画每秒钟为终端用户提供的帧数来测量应用程序的性能。由于 Silverlight 的处理主要是在客户端上执行的，因此还要注意客户端硬件规格。客户端的硬件规格在 Web 环境中可能是千差万别的。考虑硬件规格所采取的关键步骤是确定目标用户。一旦确定了目标用户，就应该致力于让硬件的性能指标满足关键用户群运行软件的硬件要求。这类似于过去的站点明确说明"最好用分辨率 1 024×768 来查看"。

本章的结构如下：首先列出了 Silverlight 应用程序常见的性能瓶颈。然后，随后各节讨论了如何通过检测来获取应用程序所遇到性能问题的详细信息。最后，本章的后面部分讨论了提高应用程序的性能可以采取一些措施。再一次提醒，在此阶段，性能不是一个通用术语，而是一个具体的、应用程序需要满足的性能标准。

# 16.1　性能瓶颈

正如在前面章节中所讨论的，Silverlight 带来了很多优点——而其中最突出的优点是跨多平台和浏览器功能——可以在不同的平台和不同的浏览器上访问应用程序。如果任何事物都只有好的一方面而没有坏的一方面，那世界将是多么美好，但是这是不可能的。因此 Silverlight 应用程序可达性的另一面，是在应用程序与目标平台之间必须有一个兼容层。此兼容层意味着编写应用程序不能将目标针对特定的硬件，也不能使用特定的软件；所编写的应用程序在一定程度上必须是通用的，从而防止应用程序在某个环境中可工作但是在另一个环境中则无法正常工作。幸运的是，平台的这个抽象层由 Silverlight 运行时负责管理，而且，事实上，此产品团队开发 Silverlight 的目标之一，就是让它的性能在不同的平台之间尽量一致。但是，这不应该成为不在不同平台上测试应用程序的借口，因为差别总是不可避免要存在的。

此现象的一个例子是，不同的浏览器和平台具有不同的底层图形技术，而且 Silverlight 和这些底层技术之间的协同工作能力也根据执行的动作而稍微不同。这就意味着在设计应用程序时，必须测试动画、视频等在运行 Mac 与 Firefox 的机器上的效果，和在运行 Windows 与 Internet Explorer 的机器上的效果一样好。另一件要注意的事情是，Silverlight 现在不支持任何图形硬件加速。

应用程序可能不一定总能达到所追求的性能等级，但是只要拥有一个不愿放弃的最低标准，那么您就有目标基准，并可以朝着这个方向调整性能和编写代码。

## 16.1.1　开发人员与设计者的关系

此节的标题给人一种唱反调的感觉。那是因为它给人的感觉是开发团队和设计者之间是对峙的，但是，情况当然不是这样。Silverlight 设计时已经从下到上考虑了各方面因素以分离关注点：让设计者使用 XAML，而让开发人员在隐藏代码中编写内部逻辑。这种层次上的分离有好处，因为它让具有最好技术的人们仅仅关注他们所擅长的领域，而不需要通读他们所不理解的甚至是不需要关心的代码或标记。虽然，分离关注点是实行隔离的原因，但是这两个团队仍然要非常密切地合作。

设计者综合一些外观不错的应用程序，这些应用程序可能有很多 MediaElement、动画，甚至可能是自定义控件，但是这些应用程序最终还要回到开发人员的手中，因为开发人员将评估这些设计可能对应用程序产生的性能影响。第一眼看来，这是可视化能力和应用程序性能之间的平衡行为，但是情况并不总是这样。例如，虽然设计者已经将一个视频置于应用程序的背景上，但还是可以采取很多方法来在维持视觉上的效果，而同时降低其对性能的影响。这个特殊的问题和其他问题都将在学习完本章之后得到解决。在讨论检测和改进性能之前，首先有必要看看性能问题的一些相关领域。

性能不佳的应用程序的主要表现包括以下几个方面：

- 处理器使用率过高。
- 缺乏流畅的动画和媒体播放。

● 用户界面无法响应。

在不同的特定场合下，这些表现的原因可能也相差很大。下面给出了对各种表现的简单讨论。

### 16.1.2　处理器使用率过高

由于没有图形加速，性能不佳的应用程序的关键硬件指标就是处理器使用率。导致这个问题的原因有多种因素，但是通过测量应用程序整个生命期中的处理器使用率，能够查看应用程序在何处大量使用了处理器。检测应用程序可能会指明问题之源，但是可能有多种解决办法，或者要做出决策。导致该类问题的某些原因可以归结为，页面内部元素的不当使用，但是其他原因可能是因为大量的大块代码。在后面一种情况中，可以将大块代码按小块任务进行分解。

Silverlight 运行时本身具有较好的性能记录，所以对于大部分场合来说，都可以按照本章所介绍的步骤来解决性能问题。

### 16.1.3　低帧率

通常，所看到的所有性能问题可能都是前面提到的处理器使用率过高的结果。但是，这对于每个单独的案例而言并不一定成立，因为性能问题可能与 I/O 有关而与处理器无关——换句话说，处理器并不是瓶颈，而可能是在 UI 中遇到了性能问题，因为您正等待数据下载。如果给定 Silverlight 的通信模型后，通过进行相应的调整，这个问题很容易就可以解决。在 16.3 节 "改进性能" 中，我们将详细讨论该问题。

如果您是终端用户，可能不会将处理器的使用率作为糟糕性能的第一个指示器；您首先看到的可能是很低的帧率或者用户界面的无法响应。

当处理器开始执行一项大工作量的工作时，Silverlight 渲染器将开始降低帧率。这是在测试过程中或者是更早的概念论证阶段需要小心的问题，并且不应该让用户看到这种情况。

### 16.1.4　不可响应的 UI

导致一个不可响应的用户界面(UI)有两个主要原因(可能还有第三个原因)。第一是处理器使用率过高，而第二是由于主用户界面线程在网络上堵塞了(由于 Silverlight 所使用的通信模型，该现象应该会在少数情况下发生)。第三种可能性是代码中的漏洞可能会无限期地阻塞 UI，因此可能控制 UI 让其永不返回。后者当然是测试过程中可以发现的故障，也可能是第 15 章所讨论的测试技术能够检测到的故障。

## 16.2　检测

检测(instrumentation)基本是获取来自应用程序的某种反馈的基本方法，通常贯穿整个开发过程。检测可以收集调试信息，或者在性能调整情况下，可以收集一些与性能相关的统计表。这种检测可以分为 Silverlight 所提供的配置设置，以及命令应用程序在运行时所产生的一些信息(可能只是在调试构建中)。

### 16.2.1　监测帧率

Silverlight 插件就应用程序的帧率提供了很多不同设置,这些对于调整应用程序性能而言是最基本的设置。下面讨论关于帧率的各种设置。

#### 1. EnableFrameRateCounter 和 MaxFrameRate

在开发过程中首先需要激活的一个设置就是 EnableFrameRateCounter。该设置可以在 Silverlight 插件上设置。如果使用的是 ASP.NET Silverlight 控件,那么该设置大概如下所示:

```
<asp:Silverlight ID="Xaml1" runat="server"
Source="~/ClientBin/TextAnimation.xap"
        Version="2.0" Width="100%" Height="100%"
EnableFrameRateCounter="true" />
```

如果直接创建该对象的话，那么指定一个对象参数，如下所示:

```
<object data="data:application/x-silverlight,"
type="application/x-silverlight-2"
        width="100%" height="100%">
...
<param name="enableframeratecounter" value="true" />
...
```

该代码为您在浏览器的状态栏中给出了一个方便访问的帧率指示器。

请注意，此状态栏只在基于 Internet Explorer 的浏览器中才有。

此指示器的格式的例子如图 16-1 所示。

数字遵循 fps:currentframerate/maximumframerate 的格式。该例子显示了一个显然的问题：当前帧率怎么超过了最大值？这是因为第一个数字的实际意义是如果有机会应用程序将以此帧率操作。在本例中，该值受限于默认值 60fps(帧每秒)。因此，在应用程序中解释此现象的方法是，当前帧率与最大帧率这两者中较小的值即为应用程序正使用的实际帧率。此回答回避了问题的实质，即如何重写默认的帧率最大值。该值只是另一个简单的参数，即 MaxFrameRate。可以通过将 MaxFrameRate 的值仅仅设置为 1，然后执行称为 BouncingBall 的示例应用程序来测试此参数的效果。BouncingBall 示例是个简单的应用程序，它实现了想像的功能：一个在 Canvas 控件内部四处弹跳的球。这不是用传统的动画来制作的，因为它的轨迹是动态的，因此该示例使用了一个每帧回调事件处理器。

　　然而，和任何传统动画一样，它确实需要依赖一个合适的帧率以流畅地执行。当以变化的最大帧率执行该应用程序时，帧率的适宜性变得很明显。

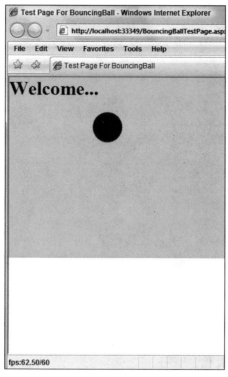

图 16-1

　　这里要注意的重要一点是，应该在所有可能的地方用标准的 Silverlight 动画，而不是编写自己的动画代码。在所有传统动画可以使用的场合，使用标准的 Silverlight 动画都能获得一定的性能提高。

　　这些计数器的作用就是在不同机器和浏览器上测试应用程序的性能(测试MaxFrameRate)。例如，您可能知道在浏览器和操作系统的某个特定配置上，能够获得50fps的输出。很有可能您拥有一台高端机器，它处理此问题可以没有任何问题，但是在开发应用程序过程中，可以将 MaxFrameRate 值设置为更小值，例如15，以确保应用程序的用户体验在此帧率时也是适合的。这就意味着：当在低端机器上运行应用程序时，它们将能够按期望的方式来使用应用程序。

### 2. EnableRedrawRegions

　　在 Silverlight 插件上建立的另一个有趣设置是 EnableRedrawRegions 设置。此设置默认是关闭的，但是通过激活它(将其设置为 true)，您将在应用程序的每帧变化时获得一个表示正在重绘区域的可视化的指示器。通过激活此设置并配合将 MaxFrameRate 设置为 1，可以看到正在按照帧重画球的区域。这种情况如图 16-2 所示。

图 16-2

正如从此演示中看到的，重画过的区域被阴影覆盖。这样，我们就可以很容易地知道 Silverlight 每一帧都不是对整个屏幕的重绘，因此也就不会大量消耗珍贵的 CPU 时钟周期。

## 16.2.2　手动定时

前面的方法是测试应用程序帧率的推荐方法，但是如果需要在应用程序中定时特定的任务，或者如果需要一些 Internet Explorer 和 Firefox(正如已经提到的，Firefox 不支持 EnableFramerateCounter 参数)之间的可比数字，可以补充这些信息。为了定时一个特定的任务，可以编写一些简单的定时代码；这不是 Silverlight 所特有的，因为可以用 DateTime. Now.Ticks 方法。而该方法可能在以前的.NET Framework 开发工作中就已熟悉。本章所包括的 TimerAndText 示例代码演示了如何为一个情节串联图板实现定时。

该示例代码给出了一个情节串联图板内部的四个简单动画。每个动画旋转并放大 MediaElement 上的一个 TextBlock——对于处理器来说处理该动画并不复杂，但是它确实需要执行一些处理。最后一个动画在 1.6 秒后结束，但是由于代码将 AutoReverse 设置为 true，因此情节串联图板结束的全部时间为 3.2 秒。正如前面所讨论的，情节串联图板代码封装了一些简单的定时代码，该代码如下面的代码段所示：

```
void Page_Loaded(object sender, RoutedEventArgs e)
{

...

storyBoard1.Completed += new EventHandler(storyBoard1_Completed);
storyBoard1.AutoReverse = true;
storyBoard1.Begin();

}
void storyBoard1_Completed(object sender, EventArgs e)
{
```

```
ticks = DateTime.Now.Ticks - ticks;
timer.Text = ticks.ToString();
ticks = DateTime.Now.Ticks;
storyBoard1.Begin();

}
```

这样，代码所作的就是启动一个定时器，并且一旦情节串联图板结束，它将显示情节串联图板开始和结束时间之间的差，并将其值显示在一个 TextBlock 中。然后情节串联图板重新开始。记住 DateTime.Now.Ticks 单元为纳秒，通过简单的数学规则计算可知，timer.Text 应该等于 $3.2 \times 10\,000\,000 = 32\,000\,000$。对于大多数情况而言，是这样的，但是当运行例子时，将会发现情况并不总是这样。例如，在一个具有中等配置的笔记本电脑上，我们发现时间差别达到 50 000ns(纳秒)，或者 0.005 秒，这是非常合理的，并且是终端用户不太可能注意的。这当然是一个相对轻量级的应用程序，尽管我们采取了一些措施让它变得比较消耗内存。如果打开多个浏览器窗口来启动真正对客户端上应用程序进行压力测试，事情将变得很有意思。由于没有任何图形硬件加速，您将发现 CPU 真正开始大量使用了。图 16-3 显示了打开的多浏览器窗口的屏幕截图，这些浏览器均打开了测试示例。

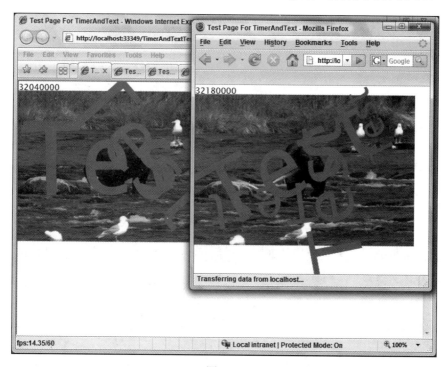

图 16-3

在此特定的例子中，可以看到 Firefox 度量显示了一个值 32 180 000，该值超过基准时间 0.018 秒。虽然这不是一个很大的差别，而且这个例子稍微有些做作，但是不难想像，如果用户在使用一台比较慢的机器，而且该机上打开了多个窗口以访问其他的网站，那么它将变得非常困难。这实际上要回去参考在各种实际的硬件和平台上的测试，以便应用程序在不同平台上都具有良好性能。0.018 秒可能看起来不是一个大数字，但是在同一个图例中，能看到当前帧率多糟糕——可怜的 14.35 fps。用户很可能会注意到这样低的帧率，但是用户关注低帧率的主要原因，将是缺乏一个连续的帧率。换句话说，如果帧率持续稳定为 14fps，用户可能会意识到，但是不会显著影响用户体验。如果帧率在 14fps 到 60fps 之间剧烈变化，那么性能影响要显著得多。

您可能已经使用之前提到的技术轻松地重现了低帧率的最终结果，但是直到实际向应用程序进行压力测试时为止，很难看到帧率到底能达到多低。

此测试中的另一个关注过的重要度量是处理器使用率。仅通过使用 Windows 任务管理器就可以了解到处理器的使用，但是通过设置一些性能监测计数器，可以得到一些非常精确的数字。图 16-4 显示了前面的压力测试的各种性能数据。

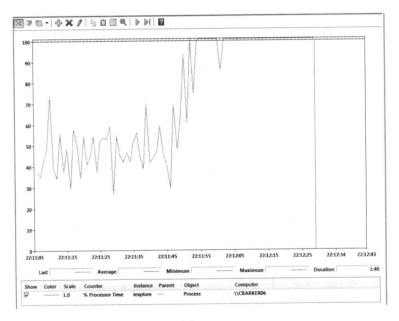

图 16-4

不应该靠数据分析员来确定应该在哪个时间点启动应用程序的其他实例，而且还要注意负载是分布在所有内核/CPU 上的。

## 16.3　改进性能

此节将介绍在应用程序开发过程中或开发之后可以用来提高应用程序性能的各种方法。本节用处很大，也是在开始任何重要的开发之前需要阅读的，因为本节介绍了开发设计过程中要注意的一些事项。一般的指导思想是：如果不确定应用程序中某特定功能的效果，那么好主意是，在主设计之前编写一些小的证明概念应用程序，来证明其功能和预期的是否一样是个好主意。跨浏览器和平台测试应用程序的性能一直都是非常重要的，这已经不需要再重复了。

在后面介绍的很多场合，在性能参数上都不得不做一定的折中，但是也不是每个场合都是这样。例如，在设计媒体时，应该尽力尝试通过对视频进行编码来降低它的质量，从而看看到底可以放弃多少质量。通常，降低视频的质量并不能改善应用程序设计。不过这里要记住的关键一点是：如果有一些相对比较少的视觉差异，那么用户体验将会大大的提高。再次说明，我们应该考虑帧率的持续性，而不是脉冲式的高帧率。

现在是时候将应用程序分解成一些常用功能和缺陷了。通过了解这些常用功能和缺陷，您就可以开始踏上创建一个响应快而且视觉吸引人的应用程序的征途了。

### 16.3.1　动画

Silverlight 应用程序较丰富的功能之一是动画；它为用户赋予了界面生命，并且能够让用户更直观地与应用程序实现交互。此功能所引入的副作用是，同时进行的大量动画对性能可能造成的影响，以及为某种类型的元素增加动画对性能可能产生影响(例如文本，我们马上将讨论)。本节解释了一些要小心的陷阱，大多数陷阱最好在开始开发之前就要了解，因为要完全修复这些陷阱费用非常高。

### 16.3.2　文本

在前面看到的 TimerAndText 示例中，情节串联图板中有四个文本动画。由于动画文本对性能有实际影响，因此这类动画通常在对时间进行比较时用作压力测试方案。当文本在 Silverlight 内部被渲染时，它经历了一个称为微调(hinting)的过程。该过程是字体开发人员让相应信息与字体发生联系的方法，这样对于某种特定字体大小，每个字型都具有很多与其相关的像素，以渲染一个光栅显示。要理解此句子的意思，首先需要弄清这些术语中的定义。

首先，字型(glyph)是一个字符的表示(如果在 Silverlight 内部用过 Glyphs 元素，可能对此比较熟悉)。为了将其放在一定的语境中考虑，可以以字符 A 为例。在简单的例子中，A 可以有两个相关的字型——一个是它的大写表示，一个是小写表示。现在，如果考虑 PC 显示，它是由称为像素的元素的矩阵组成的——这本质上就是一个光栅(rasterized)显示。当图形驱动程序开始将内容渲染成这种显示(在这里是字型)时，它必须采集图形信息，这些信息可能并不严格地遵守目标像素矩阵，而且它必须使用一个算法，该算法将那些字型置于矩阵上，以尽可能准确地反映源图像信息。此插值过程如图 16-5 所示。

在图 16-5 中，每个正方形代表一个像素。在此特定的例子中，右边已渲染的字符 A 与它的原形(在最左边)相比已经产生了变形，因为被转换了。显然，矩阵中的正方形数量越多(也就是分辨率越高)，对于用户来说变形就越不明显。在开发字体时，设计者能够将"微调"数量与一个字型相关联，以便得到某个大小，微调可以准确地表示哪些像素需要修饰。

以图 16-5 作为例子，右边变形的字的轮廓可以通过以稍微不同的方式渲染一些像素来清理，使其看上去比较平滑。

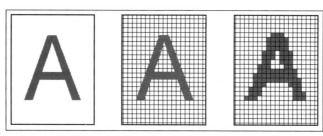

图 16-5

有多种技术可用于改进字型的外形，例如，抗锯齿化。抗锯齿化为被修饰的字体轮廓提供了一个平滑的边缘。

那么，既然已经解释了这些术语，是时候回顾一下为什么它们这么重要了。事实是，在 Silverlight 内部为文本加上动画时，渲染引擎为每个帧执行微调。就必须执行的处理量而言，这个过程非常昂贵。尽管对较小的动画而言，您可能注意不到此操作的影响，但是要记住该操作的代价很高。此行为的表现是高 CPU 使用率，而且有些帧将会丢失。通过前面对 TimerAndText 示例进行的压力测试，可以看到这一点。

此问题的一个解决办法就是，使用 Path 元素代替基于字体的文本元素，例如 TextBlock。这显然有一些相关的开发开销，因此如果考虑使用这些功能，可能需要在进行主应用程序设计之前做一些概念验证工作。

### 16.3.3　游戏循环

根据应用程序是在线的商业应用程序还是类似于交互游戏的应用程序，应用程序的需求将有所不同。要求由玩家直接指挥的大多数互动游戏都需要称为游戏循环(game loop)的东西。在 16.2 节"检测"中已经给出了关于此的一个例子，不过在这里它还是值得重新分析一下，以理解可用于调整性能的一些方法。

由于游戏将运行一段时间，因此游戏循环允许以固定频率执行游戏逻辑，这些输入检查通常包括在某种类型的循环代码中。在 BouncingBall 例子中，虽然没有任何用户，但是仍然需要使用一个游戏循环，因为它的动作高度动态化，并且每次运动都不同。应用程序可能运用了动画来实现此效果，但是需要做相当多工作，而作为开发人员来说，此工作的整体感受将是所做的工作与职责有点格格不入。

在开发游戏循环时，有好多种不同的方法，最常见的如下所示：

● 创建一个持续时间为"0"的情节串联图板，并用情节串联图板的结束事件作为游戏循环的脉冲。该方法的效果很好，但是当应用程序进行压力测试时，游戏循环的性能将开始急剧降低。

● 创建一个新的线程，并且在线程内部调用循环来检查用户的输入，并相应地在屏幕上移动对象。由于工作将在独立的线程上完成，而且需要使用 UI 元素，所以必须用 Dispatcher.BeginInvoke() 来引导对 UI 线程的调用。这允许将一个委托函数置于 UI 的消息队列中准备执行。此方法通常意味着在生成的线程中引入一个

Thread.Sleep()，以避免 UI 线程由于消息过多而溢出。因为在这种情况下，应用程序可能被冻结，而无法进行更新。

- 创建一个 DispatcherTimer 实例，并在几毫秒以后触发对逻辑的调用。设置 Interval 属性并连接到 OnTick 事件，就可以执行此操作。DispatcherTimer 是一个高精度的定时器，因此每秒钟可以提供很多机会来获取用户输入以影响游戏的动作。很明显，在事件处理器中加入的逻辑越多，定时器的间隔就越小，对应用程序造成的压力就越大。

- 用 CompositionTarget.Rendering 创建一个每帧回调。在回调函数内部，收集来自用户/玩家的输入，然后根据需要将对象移动到屏幕上。

还有另一些方法可用来生成这些游戏循环，但是它们似乎都比较做作。首选的方法是前面列表中所给出的最后一种方法，即在每帧回调中执行自己的逻辑。此方法非常灵活，并且本质上可以防止过度地调用游戏逻辑——换句话说，以 Bouncing Ball 为例子，为什么需要以比帧变化频率更高的频率更新它的位置以渲染该移动呢？答案是不需要这样做，因为这样做是浪费处理器周期。如果有一条特定的游戏逻辑确实需要在一个更高的频率上执行，如果需要的话，那么仍然可以同时使用 DispatcherTimer。

Bouncing Ball 示例说明了每帧回调的技术，但是是以最基本的形式，它可以非常简单地实现如下：

```
void Page_Loaded(object sender, RoutedEventArgs e)
{
    CompositionTarget.Rendering += new
        EventHandler(CompositionTarget_Rendering);
}

void CompositionTarget_Rendering(object sender, EventArgs e)
{
// TODO: Implement per-frame callback rendering code.
}
```

在 Bouncing Ball 例子中，对球进行定位的代码是在 CompositionTarget_Rendering 事件处理器内部处理的。

如果仔细分析一下 Bouncing Ball 示例，将看到游戏循环实现为一个持续时间为零的情节串联图板(在 commented-out 代码中)。这不是推荐的方法，但是确实是一种方法，此代码的主架构如下所示：

```
void Page_Loaded(object sender, RoutedEventArgs e)
{

storyBoard1.Completed += new EventHandler(storyBoard1_Completed);
storyBoard1.Begin();

}

void storyBoard1_Completed(object sender, EventArgs e)
{
```

```
// TODO: Implement rendering and positioning code.

    storyBoard1.Begin();
}
```

storyBoard1 在 XAML 中简单地定义如下:

```
<UserControl.Resources>
        <Storyboard x:Name="storyBoard1" BeginTime="0:00:00"
Duration="0:00:00" />
    </UserControl.Resources>
```

但是正如前面所讨论的，这里最好的方法就是用 CompositionTarget 方法，所以其他的技术不再详细讨论。

### 16.3.4　Windowless

如果再分析一下 Bouncing Ball 示例，将注意到在测试页面上传递给 Silverlight 插件的参数之一是 Windowless="true"。此设置告诉 Silverlight 插件，要在浏览器内作为一个 Windowless 控件执行。这句话的意思是，在底层 Win32 API 中，没有 Windows 句柄与插件相关联。只凭这个原因，不足以将此选项设置为 true；让其真正有用的是，它允许和 Web 页面的 HTML 元素进行集成。本质上，通过设置 Windowless="true"，能够在承载插件上设置 Z 索引，以便让它出现在现有 HTML 内容的后方或前方。比方说，当希望让一个 HTML 下拉列表框位于 Silverlight 控件的顶部时，此功能很有用。当然，也可以用 HTML "桥" 将两者无缝地连接在一起，因此对于用户，HTML 的外形和 Silverlight 内容是协调的。如果希望在 Silverlight 应用程序中配合使用 ASP.NET 控件，该技术也将做相同的处理。

设置此值的缺陷是，由渲染引擎所造成的性能影响。就此技术来说，当在 Mac 上运行应用程序时，没有别的选择；即使已经明确地将此值设置为 false(总之，它是默认值)，但它仍然会有在 Mac 上浏览器中运行 Windowless 插件的行为。之所以出现这种现象，是因为 Windowless 插件并不直接依赖 Silverlight，而是依赖于 ActiveX 和后台的 Windows 平台。在 Mac 上，插件完全不理解 "Windowed"。

这里值得指出的是，虽然不能让此功能在 Mac 上失效，但是这并不意味着，在 Mac 上运行的性能要比在 PC 上或其他机器上运行的性能更差，因为它实际上与后台的操作系统 API 如何处理渲染有关。但是，这里的经验规则是将此值设置为 false，除非应用程序中要求能够将 Silverlight 置于 HTML 内容之上，或者置于 HTML 内容之下。

> 这里用到的主要例子已经大致说明了，激活此设置的原因是允许 HTML/Silverlight 交互。此设置实际上允许比此功能更多的灵活性，并且可以用它让 Silverlight 和 Flash 插件之间互相覆盖。

Windowless 设置经常与另一个影响性能的因素——透明背景——配合使用。

### 16.3.5　透明背景

上一节详细介绍了一些希望将 Silverlight 内容置于 HTML 内容之上的场合。为了让这二者之间的视觉效果集成，可以选择在 Silverlight 插件上将 PluginBackground 颜色设置为透明。如果要覆盖背景上的一些内容，那么插件上该设置是唯一可用的设置，因此该参数与 Windowless 参数的关系非常紧密。通过在插件背景中设置为透明，可以得到一些非常漂亮的效果——甚至是诸如菜单这种简单的东西。如图 16-6 中所示，该技术可以让页面效果变柔和。

图 16-6

像菜单一样静态的东西应用程序可能不会难以实现，但是对于动画来说肯定是另一番景象。要完全理解为什么使用透明背景可以达到一定的性能要求，就有必要从根本上理解透明背景是什么。在 Silverlight 控件上，可能将参数指定如下：

```
<asp:Silverlight ID="Xaml1" runat="server"
Source="~/ClientBin/Transparency
    .xap"
        Version="2.0" Windowless="true" PluginBackground="Transparent"
        EnableFrameRateCounter="true"/>
```

如果这里使用<object>标签符号，对应的参数名为 background。和其他具名的颜色一样，Transparent 只是一个底层值的别名。在 ASP.NET 环境中，您可能已习惯于指定 RGB(红色、绿色、蓝色)值，可能不习惯使用这里打包的额外组件。该组件(this 指代的就是前面的 extra component)是 ARGB 中的 A，它是一个透明度值。每种颜色和透明度都具有一个相关联的 8 位值，它用从 00 到 FF 的 16 进制值表示。所以当使用 Transparent 别名时，实际上被翻译为 00FFFFFF，其中前两个 F 字符代表这里显示的 Alpha 值：

```
<asp:Silverlight ID="Xaml1" runat="server"
Source="~/ClientBin/Transparency.xap"
        Version="2.0" Windowless="true" PluginBackground="#00FFFFFF"
```

```
EnableFrameRateCounter="true"/>
```

事实上，当 ARGB 的前两个字符设置为 0×0，这并不影响其余值的设置值，因为其余的值将不可见。如果将透明度值增加到 0×80，它等于一个十进制值 128(也可能是 256)，则其余的值开始起作用。通过将其余的值设置为 0×FF，将颜色设置为透明的白色，因为 #FFFFFF 被计算为白色。可以从 Transparency 示例解决方案中看到由 Alpha 值提供的一系列不同的透明色。

所以，当渲染器必须做出特别的努力来将前景的图像和背景的图像"混合"在一起，以提供透明效果时，必须考虑透明所带来的性能影响。如果有一个动画，每帧都必须重新混合，那么此过程将会造成很大的影响。和以前一样，这里要记住的关键一点是，测试在不同平台和浏览器上的性能，因为在某些平台和浏览器上实现就比在其他浏览器和平台上更困难。

虽然任何透明度都将导致处理任务增加，但是最大的性能影响来自插件透明度，而不是插件内部其他元素的透明度。

Alpha 值并不是纯粹地与 Silverlight 中的 Transparent 别名相关，因为它们也可以用其他方式来设置，例如设置一个 Opacity 值。

### 16.3.6　Opacity 和 Visibility

Tranparent 颜色别名倾向于在属性上设置，例如 Background、Foreground 和刚才已经看到的，PluginBackground。这些属性都允许在属性下设置所有的颜色和透明度值。

虽然这些颜色名可以被认为是别名，但是它们不总表示颜色。实际在背后所发生的是，这些字符串表示正经历从字符串表示到一个 SolidColorBrush 类型的转换。

另一个允许单独设置 Alpha 属性的属性是 Opacity。所有的 UIElements 对象均拥有此属性，但 Silverlight 插件自身中并没有该属性。所有的 UIElements 均要 Opactiy，但是诸如于 Background 的属性却并不是所有的 UIElements 都有。例如，可以在一个网格布局上设置 Opacity 和 Background，但是只能在 TextBlock 上设置 Opacity。Opacity 被设置为 0 到 1.0 的范围内的值，1.0 为完全不透明，而 0 为完全透明。那么，在网格上将 Background 属性设置为 Transparent，与将其 Opacity 属性设置为 0 之间的区别是什么呢？后者将调整网格(或目标 UIElement)背景和前景的能见度，而前者将只让背景变透明。

为了更好地控制让元素的哪个部分变透明，可以设置 OpacityMask 属性并用一个刷子来指定希望影响的区域。

最后一节强调了，虽然在 Silverlight 控件内部降低透明度值将导致处理任务增加，但是不会造成像降低 Silverlight 插件透明度值时所能造成的巨大影响，那么，为什么在本节中提 Opacity 呢？从美学的角度看，这是个很有用的属性，但是再次重申，对您来说，必须明智地使用它。Opacity 的不当使用是用它来隐藏显示中的元素。这之所以是个不好的方法，是因为虽然它对用户来说不可见，但是渲染器本质上仍然执行一些与此元素相关的渲染任务。所以，事实上，如果想隐藏元素，则应该将它们的 Visibility 属性设置为 System.Windows.Visibility.Collapsed。

### 16.3.7　全屏模式

普通终端用户通常不太关心其 Web 体验背后的技术，但是对技术带来的改进 Web 体验印象深刻。要获得此体验，无疑要将设计很多奇特的动画、模板化现有控件，并且可能需要编写自己的控件。通过使用本章以及整本书中已讨论的技术，您也可能希望将应用程序与今天的 Web 无缝地相结合。您已经看到了这些技术中的一些如何影响应用程序的性能，并且现在也意识到，可以做些什么来应对这些性能陷阱。另一个可以用来将应用程序集成到终端用户的 Web 体验的方法是，赋予应用程序切换到全屏(Full-Screen)模式的能力。这对于 Silverlight 来说不是什么新功能，并且，事实上，如果在任何大型浏览器的 Windows 上单击[F11]键，将看到浏览器的全屏视图。在该模式下即使不是浏览器工具栏全部消失，也是大部分浏览器工具栏将消失。全屏模式的传统用法遍布所有的应用程序，例如 Internet Café 浏览，以及专注于运行单个 Web 应用程序的机器上；全屏显示仅仅关注某个特定的应用程序。完全没有必要强迫用户进入全屏模式，但是，需要提供相应的选项来实现这一点，这样他们就可以选择是否进入全屏模式。

能够通过单击浏览器中的一个快捷键进入全屏也很好，但是也可以用 Silverlight 将此功能引入应用程序中。Silverlight 对象模型中一个比较隐蔽的属性可以命令浏览器进入全屏模式：

```
App.Current.Host.Content.IsFullScreen = true;
```

您可能会因为某种类型的输入事件而执行此代码，例如，如果用户敲击一个特定的键，或者如果他单击某个特定按钮。当然，应该为应用程序提供从全屏模式返回的方法(通过将此值设置为 false)，但是作为一个退路，Silverlight 运行时至少允许敲击[Esc]键来从全屏模式返回。

> 不能在任何启动事件过程中执行此行代码。禁止此行为已经成为一种安全手段，以防止极端的攻击，例如恶意站点复制桌面并在伪装下接受输入。

当进入全屏模式时，有几个最有可能采取的常见步骤。首先可能希望重新调整所有控件、形状等，以利用额外的屏幕空间。可以通过将代码与 FullScreenChanged 事件联系起来从而实现此目的，如下所示：

```
public Page()
{
    InitializeComponent();
    this.Loaded += new RoutedEventHandler(Page_Loaded);
    App.Current.Host.Content.FullScreenChanged+=new
        EventHandler(Content_FullScreenChanged);
}

private void btn1_Click(object sender, RoutedEventArgs e)
```

```
  {
    if (App.Current.Host.Content.IsFullScreen == false)
    {
       App.Current.Host.Content.IsFullScreen = true;
    }
    else
    {
       App.Current.Host.Content.IsFullScreen = false;
    }
  }

  void Content_FullScreenChanged(object sender, EventArgs e)
  {
     if (App.Current.Host.Content.IsFullScreen == true)
     {
        //TODO: Write scale-up code
        //TODO: Hide unwanted elements
     }
     else
     {
        //TODO: Write scale-down code
        //TODO: Bring back previously hidden elements
     }
  }
```

正如已讨论过的，在大多数浏览器中，可以使用键盘快捷键来切换到全屏模式。要注意的一件事是，这些动作如果直接执行的话，则将绕过 Silverlight 运行时，Silverlight 事件处理器将不会运行。因此应该注意的是，应通过应用程序来驱动屏幕切换而不是直接通过浏览器来切换。

可能采取的另一个动作是隐藏一些显示屏上的元素。为什么会这样做的例子是，如果应用程序有大量的工具栏，并且这些工具栏对全屏模式没有任何作用，或者只是很普通，没有任何意义。可以从 //TODO 注释确切地了解应该在哪里隐藏/显示哪些元素，但是可以使用不同的方法。从前面 16.3.6 小节 "Opacity 和 Visibility" 中，您已了解从性能角度看不应该做什么，但是除了在希望隐藏的元素上将 Visibility 设置为 Collapsed 外，还有另外一个方法：就是将元素从 Visual Tree 上删除。可以通过执行一些类似如下的代码来非常轻松地执行此操作：

```
LayoutRoot.Children.Remove(textBlock);
```

根据应用程序的用途不同，这个方法相对于设置 Visibility 属性既有优点又有缺点。例如，如果希望在全屏模式隐藏很多元素，并且应用程序可能大部分时间将用于全屏状态，则将元素从此树中删除将很有益处。这将降低运行时的负担，因为不需要在树中枚举那么多元素，而且当然还会降低内存占用。然而，只有当确实遇到这么严格的要求时，这样做才值得。换句话说，您将在很长一段时间内处于全屏状态，并且有很多希望隐藏的元素。这是因为，当从全屏模式返回时，您可能希望重新显示这些元素。如果这些元素之前只将

Visibility 值设置为 Collapsed，则它们已经在 Visual Tree 中，并且只是处于将此属性切换回 Visible 的状态。但是，如果您已将它们从树中删除，随后它们已离开此区域且被垃圾-回收算法处理了，那么应用程序将不得不经历一个过程：费时费力地重建对象，并将它们置于树中的正确位置。这将消耗大量的处理器周期，尤其在分析大量元素时更是如此。

所以再次重申，没有什么灵丹妙药，但是需要记住这是要考虑的因素，并且有了这些知识的武装，您应该能够在设计时做出正确的决定。

### 16.3.8　Height 和 Width

刚入门的 Web 开发人员，即使是在 ASP.NET 之前的日子里，经常遇到的相当常见的错误是：使用相当大的图像文件并将它用在 Web 页面上。其实它不需要很大，而且事实上，开发人员都会用 HTML 重新调整它的大小并在图像上设置样式。在这种情况下，终端用户得到的将是一个加载非常慢的页面，而在最后，只是一个很小的图像被隐藏在某个角落。当然，这是今天仍然需要避免的事情，但是还有额外的陷阱要小心：那就是媒体元素的高度和宽度。不管是将一大块媒体设置得太小还是将一小块媒体设置得太大——采用这两者中的任一种都将产生性能问题。这可能不是个值得注意的性能问题，但是由于有了所有这些潜在的问题，因此如果此行为在一个应用程序中执行上百次甚至上千次，问题就会滚雪球似地增长。

问题的原因是，当 Silverlight 渲染器开始显示元素时，不管它是图像还是视频，都必须在它的处理管道中执行一个额外的步骤：即在能够渲染它之前解码元素，然后必须重调它的大小以达到指定的边界。这里最根本的禁忌是：让媒体元素的高度和宽度动起来，因为这将对每一帧采取此措施，而且可能还会遇到混合每一动画帧媒体的性能问题。

当遇到此问题时，可以借助的将是诸如 Expression Encoder 之类的工具。这些工具允许在设计时将媒体编码成新的大小，因此在运行时将剔除这些性能影响。当然，如果还希望让媒体的尺寸动起来，那么这个工具对您没什么帮助，但在某些特定场合让媒体尺寸动起来确实是一个需求。

### 16.3.9　XAML 与图像的关系

在应用程序的设计阶段，您可能会让内部的或第三方设计者从图形的角度来看应用程序的外观原型。这些设计可能被呈交给项目领导审阅，领导将协调为这些图像赋予生命的开发工作。但是设计者也可能是用 Microsoft Expression Blend 或 Microsoft Expression Design 来"设计"应用程序界面，因此项目领导得到的可能是一系列 XAML 文件。这样就需要做一个重要的决策：应用程序的哪个部分需要用 XAML 渲染的图像，哪个部分将使用普通的图像。所做的选择都将直接影响应用程序的性能，并且不管选择哪种方式，都有好的一面和不好的一面。

Performance 解决方案中的 XAMLvsImage 例子说明了应用程序将图像表示为 XAML 和表示为 JPEG 时应用程序的大小差异。该项目并不是用来执行的，而是用来证明设计时的一些基本想法。在此项目中能看到的是两个 XAML 文件：一个名为 simple.xaml，而另一个名为 complex.xaml。这两个文件分别在 Images 文件夹中以 JPEG 文件表示，名为 image_simple.jpg 和 image_complex.jpg。所有的文件都用 Expression Design 生成，并且它们的文件大小如表 16-1 所示：

表 16-1

| 文　件　名 | 简　　　单(字节) | 复　　　杂(字节) |
| --- | --- | --- |
| XAML | 799 | 357 193 |
| JPEG | 7431 | 14 305 |

此例显示了采用不同格式时应用程序的极限大小。在简单图像中，XAML 更小；但是在比较复杂的图形中，XAML 则大很多倍。这种现象的原因是两方面的：JPEG 格式本来就经历了一级压缩，而 XAML 表示正使用 Path 元素来获取文本的复杂轮廓，并且包括了很多以文本字符串形式存储的相关数据。从实际情况看，这里的性能问题很明显，那就是如果要将复杂的 XAML 图形置于网络上，那么使用 XAML 表示图像要比 JPEG 表示图像对应用程序的性能影响更大(尽管如果 XAML 包括在一个 XAP 文件内，它也将经历一级压缩)。但是从简单图形的例子中可以看到，性能的好坏并不仅仅是资源使用的多少。

不管怎样，要做关于性能的决定并不总是与资源的大小有关的。例如，如果希望重新设定图形的大小，XAML 矢量图形将比 JPEG 光栅图像要好得多。另一方面，如果只是需要公司的标志的一个表示，不太可能需要重调大小，那么您可能希望下载更小的资源。

> 和设置 MediaElement 的 Height 和 Width 非常类似，设置 Path 元素的 Height 和 Width 也有性能问题。如果需要重新调整 Path 元素的大小，则应该通过 Data 属性的坐标来完成。

如果选择用诸如 JPEG 的图像，那么可以通过用 WebClient 类下载它来进一步提高性能，以便图像在下载时，不会阻塞 UI 线程。

### 16.3.10　线程

第 4 章已经介绍了各种可用的线程选项。在考虑应用程序的性能时要记住这些概念。和其他的考虑一样，在考虑应用程序的性能和线程时就会有一个折中。例如，如果在主 UI 线程上执行很多复杂逻辑，将导致用户界面变得不响应而让终端用户愁眉不展。这里的解决方法就是，使用第 4 章中讨论过的方法来分离复杂逻辑，并将它转给另一个线程。但是，在应用程序中创建线程是昂贵的操作，所以应该保守并多加考虑地使用。总的来说，大家都比较接受的方法是，如果在自定义的逻辑中有一个长期运行、模块化的操作，应该考虑使用一个单独的线程。Silverlight 控件通过使用 Async Pattern 来帮助强制执行这些方法。这一点在本章稍后将予以介绍。

### 16.3.11　JavaScript 与托管代码的关系

作为有 ASP.NET 背景的开发人员，当需要减少对服务器的访问，而在客户端进行计算时，可能会频繁地使用 JavaScript。现在 Silverlight 2 为客户端引进了托管环境。因此，大多数情况下，您可以开始把开发工作集中在.NET 语言选择上。然而，有时也需要开发一些 JavaScript 代码。这样做的原因有很多，包括下面列出的两个：

- 希望在 Silverlight 应用程序被加载之前执行一些逻辑/操作。这种情况可能发生在一些自定义插件的启动代码中，或者正尝试用闪屏(它本身就出现在应用程序和托管的运行时被加载之前)做一些更复杂的操作。
- 可能在一些使用 JavaScript 代码的 HTML 控件中有一些现有的投资，而且部分移植策略表明，不可以立即移植到 Silverlight。

不管出于什么原因，都应该知道已编译的托管代码的性能与集成脚本的性能之间的差别。wrox.com 上的部分示例代码包含一个名为 JSvsCS 的 Silverlight 项目，它是一个 JavaScript/C#比较项目。项目呈现了一个页面，并且允许单击按钮在 JavaScript 或 C#中计算 Fibonacci 数列中的前 28 个数字。

为了保证此测试的公平，计时代码应尽量完整地打包于 Fibonacci 算法相关的代码中。换句话说，为了显示结果，计时不考虑枚举 Visual Tree。

在执行完计算后，结果与计算结果所花费时间都被显示出来。

您可能会问，既然这不是整数，为什么只计算前 28 个数。其原因是在测试过程中，Internet Explorer 检测到计算 29 个数字所花的时间太长，并且持续显示一个提示信息，询问是否要终止此长时间运行的脚本。这种情况只会在 JavaScript 代码中出现，但是为保证测试的公平性，这两组代码都执行基于数列前 28 个数字的计算。

算法的 JavaScript 代码实现如下所示：

```javascript
// JavaScript Implementation of Fibonacci Sequence

function main(j)
{
    var strFib;
    var dateStart = new Date();
    var startTime = dateStart.getTime();

    for(i=0; i<j; i++)
    {
        strFib = strFib + fib(i) + ", ";
    }

    var dateEnd = new Date();
    var endTime = dateEnd.getTime();

    var plugin = document.getElementById("Xaml1");

    var JSFib = plugin.Content.FindName("txtJSFib");
    var JSTimer = plugin.Content.FindName("txtJSTimer");
```

```
    JSFib.Text = strFib;
    JSTimer.Text = endTime - startTime + " ms";
}

function fib(n)
{
    if(n < 2)
    {
        return n;
    }
    else
    {
        return fib(n-1) + fib(n-2);
    }
}
```

同样算法的 C#代码实现如下所示:

```
// C# Implementation of Fibonacci Sequence

private void btnCSGo_Click(object sender, RoutedEventArgs e)
{
    StringBuilder sb = new StringBuilder();
    DateTime startTime = DateTime.Now;

    for (int i = 0; i < FIB_RUNS; i++)
    {
        sb.Append(fib(i));
        sb.Append(", ");
    }

    DateTime endTime = DateTime.Now;

    txtCSFib.Text = sb.ToString();
    txtCSTimer.Text =
        endTime.Subtract(startTime).Milliseconds.ToString() + " ms";
}

private long fib(long n)
{
    if (n < 2)
    {
        return n;
    }
    else
    {
        return fib(n - 1) + fib(n - 2);
    }
}
```

对于 C#代码的实现，可以编写得效率更高些，但是该代码结构尽量保持与 JavaScript 的结构一致，以保证提供更明显的对比效果和可能更公平的测试。

从这两个片段中可以看出，实际的 fib 函数/方法几乎完全一样。然后，调用函数则对此方法进行可变次数(正如已经解释的，为 28 次)的循环调用。任意一个循环代码均直接将当前次数赋予一个变量。代码将在计算完成时计算得到一个时间差，并将其输出到 Silverlight Application Window。Silverlight 浏览器桥使用下面的简单代码行调用 JavaScript 代码：

```
HtmlPage.Window.Invoke("main", FIB_RUNS);
```

此代码行和该表单中按钮紧密地联系在一起，并且调用 JavaScript 实现并重复与 C#实现相同的次数(也就是，由 FIB_RUNS 常量检测到的)。

那么，现在已经讨论了实现的详细情况，那么应该如何比较性能呢？图 16-7 显示了结果，并且也展示了整个测试工具。

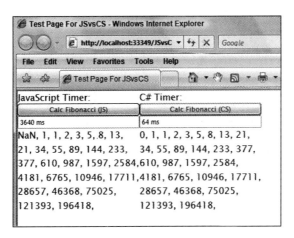

图 16-7

JavaScrip 实现用了 3 640 ms(毫秒)来完成，而 C#代码生成相同的输出、执行相同的算法，只用了 64ms。不过，实际上，这个结果并不完全真实。C#测试第一次运行时，它用了 150ms，随后所有的运行均用了大约 64 ms。这是非常合理的，因为托管代码是准实时编译的，并且很可能在运行过程中被缓存。虽然如此，即使初次运行也比 JavaScript 版本快好几倍。

这些计时在测试运行多次后都非常接近。它们将根据所运行的机器的硬件性能指标而不同，但是应该能够很快让此测试运行在自己的机器上。

当开始在不同浏览器上运行相同的测试时真正有趣的发现才会出现。刚才所引用的测试数据是对应于运行在 Internet Explorer 7 上的。表 16-2 给出了运行在 Windows Vista 上的 Firefox 和 Safari 中的同一测试结果。

表 16-2

| 浏　览　器 | JavaScript(ms) | C#-第二轮(ms) |
|---|---|---|
| Internet Explorer 7 | 3 640 | 64 |
| Firefox 3.0.1 | 301 | 64 |
| Safari 3.1.2 | 705 | 66 |

在 Windows 上的 Safari 3.1.2 内运行 Silverlight 2 不是受支持的配置，但是这里只用来作更深入的比较。

尽管这些测试由于算法逻辑不完全公平以及机器上配置的硬件和软件存在差异而不够科学，但是两个关键的观点还是非常明显：

● Internet Explorer 实现大约比 Safari 慢 5 倍，并且比 Firefox 慢了 12 倍之多。

● 正如所预期的，C#实现在不同的浏览器上是可比的。事实上，结果是那么相近，没有明确的差别。

那么从此表格可得出什么结论呢？再次重申，它是个老的观点，它强调了在多个浏览器上测试应用程序的重要性。它还重申了应该尽量在所有可能的地方使用托管代码(当然要从逻辑考虑)，因为它比 JavaScript 快很多倍，并且要跨平台时它更稳定。

以计算器例子为例，托管代码在这种情况下比 Internet Explorer 中的 JavaScript 快50 倍。

希望此消息对您来说不是很大的震动，但是如果确实喜欢用 JavaScript 编写代码，可以选择将代码转向托管的 JavaScript，托管的 JavaScript 位于动态语言运行时之上。

### 16.3.12　元素重用

不管在什么地方，设计者都希望最大程度地降低 XAML 的复杂性。这并不意味着必须在功能上做修剪，而是经常有办法可以用看上去更简洁的 XAML 来获得相同的视觉效果。前面已经介绍过让 XAML 更简洁的方式，并且使用样式和模板就可以支持重用，这样就不需要单独定义每个控件的外观和感觉。

如果希望开发自己的控件，那么通过尽量少地使用组成控件的组成元素，可以进一步降低 XAML 的复杂性。以显示星级系统的一个控件为例，在星级系统中，终端用户悬浮于一系列的 5 颗星星之上，并且当其悬浮于某个星星上时，将星星点亮为金色。

在这个简单的例子中，似乎很明显的是，作为设计者，不希望在控件内部设计同样的星星元素 5 次——最可能是定义有一颗星星的控件，而该控件可以被父控件重用 5 次。而且，您也可以在各个星星上获取某种效果，如为其加上深度的外观。尽管可以通过将几个形状覆盖在其上实现此效果，但是使用一个简单的渐变实现此效果会更简单些。还可以继承此功能，通过进一步使用视觉状态管理器(Visual State Manager)往控件上添加更加丰富的外观。总之，通常有很多种方法可以用来渲染控件的外形，并且在定义 XAML 时，应该仔细考虑所有可用的方法。设计者可能经常使用工具创建 XAML，但是这并不意味着他们应该避开在后台创建的相应代码。工具很可能只在 XAML 生成时具有有限的智能，所以在开发过程中应该有这么一个阶段：在此阶段中检查 XAML，以查看它在重用性和可维护性方面是否可以更有效。

## 16.3.13　布局

正如已经看到的，Silverlight 提供了 3 个布局面板选项——Canvas、StackPanel 和 Grid。这些面板中最灵活的是 Canvas，因为它可以指定 Canvas.Top 和 Canvas.Left 属性将子元素置于任何地方。从应用程序设计的角度来看，通常不鼓励在所有可能的地方都使用 Canvas，因为对于大多数场合，某个面板可能会更有针对性地解决需求。例如，想像正为一商务应用设计某种表单条目。表单可能包括客户名称和地址的一系列标签，并且这些标签还配备了用于输入这些信息的 TextBox。虽然确实可以在 Canvas 中提交这些信息，但是从设计的角度来看这么做没有任何意义，而且对于开发人员来说，这将让您陷入更多计算诸如行和列的值的工作中。第 5 章中已经介绍了相关的计算过程，计算过程是由一个布局面板完成以渲染子元素的，包括测量和重新布局子元素两步布局过程。换句话说，第一步是询问子元素在面板中需要多少空间，第二步是面板实际计算子元素拥有多少空间，并且相应地对其实施渲染。由于 Canvas 比较灵活，所以它实际上在排列阶段并没有做那么多工作，它为子元素提供元素所需的空间可能会弄乱它的子元素。这与其他布局不同，例如 Grid，它不得不通过计算才能决定一个元素应该置于哪一行或哪一列，并且它必须保证元素不落在那些范围之外。可以想象到，由比较严格的布局所执行的额外计算，实际上意味着它的性能不如使用 Canvas。要了解的关键点是，尽管用 Canvas 可以获得更好的性能，但是随后可能需要在很多场合中自己执行诸如度量和排列(Measure and Arrange)步骤(以表单场景作为一个例子)，因此将在一定方面失去获得的大部分(如果不是全部)性能。这里关键要解决的问题就是应该根据任务选用最恰当的面板，并且这经常意味着要避免使用 Canvas 布局。

Grid 和 StackPanel 都进行了多次计算，以便与它们的子元素协调，所以为了提高性能可以考虑如何减少计算和排列处理发生的次数。为了做一个比较好的决定，需要了解最初触发布局计算的原因，这些原因包括：

- 添加一个子元素到布局中。
- 改变某个特定元素的属性值，如 Width 和 Height。
- 调用 UIElement.InvalidateMeasure。此操作导致了对下面方法的隐式调用。
- 调用 UIElement.InvalidateArrange。如果其后没有跟随一个 UpdateLayout 调用，此操作将触发布局的异步更新。
- 调用 UIElement.UpdateLayout。此操作区别于以上的调用操作，因为它触发了 UIElement 上布局的同步更新。它通过检查元素上无效的计算和排列值来实现此操作，Measure 和 Arrange 值可以用两个前述的方法调用来将其设置为"脏的"。

布局过程通常都是要在将元素添加到面板以后执行的，所以除了尽量少地从面板添加和删除元素外，所能做的并不多，而从面板添加和删除元素的次数取决于应用程序的设计。但是，在某些情况下可以避免不必要地调整子元素大小。如果面板拥有好几百个子元素，而需要重新调整它们每一个的大小，那么布局过程的负担相当重。

如果希望强制为一个子元素的布局实施重计算,那么可以调用 UIElement.InvalidateMeasure、UIElement.InvalidateMeasure 或 UIElement.UpdateLayout 方法。这些都是合法的,但是应该小心后台的实际操作。通常,这些调用都作为高级布局管理的一部分在代码内部调用。对于大部分场合,将由运行时负责这种调用。

### 16.3.14　处理数据

Silverlight 运行时的灵活性使得可以用它开发很多不同类型的应用程序。例如,可以为 Web 开发消费者应用程序,也可以为银行编写企业应用程序。从传统意义上说,这两个完全不同类型的应用程序应该具有完全不同的视觉外形。例如,诸如 YouTube.com 之类的消费者 Web 应用程序具有引人注目的、可视化界面,以支持其关注媒体。而企业级的银行应用程序具有更加保守的用户界面,通常都是基于表单的。在后面一种场合中,控件是支持每日业务数据处理要求的重要方面。毫无疑问,用 Silverlight 改进它们,您将开始看到这些应用程序中一些图形和动画的更美观用法,但是只有当它们可以增加应用程序的商业值时才使用这些内容。

虽然这些不同类型的应用程序可以采取不同的方法来处理数据,但是在功能上无疑会有交叉,并且当涉及到应用程序内部的数据处理时,在这两种情况下都要特别小心——但是可能在企业案例中更是这样。可能客户的要求是要存储大量的客户关系数据,并且需要呼叫中心的员工可以访问此数据。要添加此功能,则需要在设计应用程序时认真考虑。虽然减少对服务器数据调用的次数是件好事,但它也可能会变成一件坏事,因为这要在客户端浏览器的内存中存储大量的数据。wrox.com 上的代码示例包括一个名为 WorkingWithData 的示例项目,它显示了在客户端上存储大量数据的一些不良效果。此例子采用了模拟数据,但是最终结果相同。它利用 Silverlight SDK 所带的 DataGrid 控件。由于已经阅读过关于在 UI 上显示数据的一章,现在应该熟悉此控件。下面的代码片段突出说明了代码示例的关键行,并且在代码后还给出了其功能的解释和破解了此功能的预期行为:

```
public partial class Page : UserControl
{

    string[] firstNames = { "Chris", "Dave", "Matt" … };
    string[] lastNames = { "Barker", "Smith", "Doe" … };
    string[] cities = { "Derby", "Nottingham", "Manchester" … };
    const int GRID_ELEMENTS = 1000000;

    public Page()
    {
      InitializeComponent();

      this.Loaded += new RoutedEventHandler(Page_Loaded);
    }

    void Page_Loaded(object sender, RoutedEventArgs e)
    {
```

```
// call to loop the media
media1.MediaEnded += new RoutedEventHandler(media1_MediaEnded);

XElement root = new XElement("Root");

Random r = new Random(DateTime.Now.Millisecond);
for (int i = 0; i < GRID_ELEMENTS; i++)
{
    root.Add(new XElement("Customer",
      new XElement("Firstname", firstNames[r.Next(firstNames.Length)]),
      new XElement("Lastname", lastNames[r.Next(lastNames.Length)]),
      new XElement("DOB.", r.Next(31).ToString()
          + "/" + r.Next(12).ToString()
          + "/" + r.Next(1900, 2008).ToString()),
      new XElement("OfficeLocation", cities[r.Next(cities.Length)])
      ));
}

var query = from customer in root.Descendants("Customer")
    select new Customer { Firstname = customer.Element
        ("Firstname").Value,
                    Lastname = customer.Element("Lastname").Value,
                    DOB = customer.Element("DOB.").Value,
                    Office = customer.Element("OfficeLocation")
                    .Value };
    dataGrid1.ItemsSource = query;
    }
}

public class Customer
{
    public string Firstname{ get; set; }
    public string Lastname { get; set; }
    public string DOB { get; set; }
    public string Office { get; set; }
}
```

首先是代码实际功能的高层解释。它显示了一个数据网格。该网格显示了一些想定的客户数据，包括客户的姓、名、出生日期以及客户中心办公室位置等一些列。数据本身是随机生成的，姓名和办公室位置是随机从一组可能值中抽取的。说到随机，在数据网格的右边有一个关于一只熊的视频。这个视频是用来测试当往内存一次性加入大量数据时性能受到多大影响的。

前面代码中的前几行声明了字符串数组，它包括了姓、名和客户居住的英国城市/镇。这里的 GRID_ELEMENTS 常量是允许调整在数据网格中随机生成的元素数量。此数字越大，则此应用程序所经受的考验也就越大。通过在 XML 中使用 LINQ，数据一开始被构建到一个 XML 树中，其中数据看起来如下所示：

```
<Root>
```

```
<Customer>
    <Firstname>Chris</Firstname>
    <Lastname>Barker</Lastname>
    <DOB.>18/8/1980</DOB.>
    <OfficeLocation>Derby</OfficeLocation>
</Customer>
</Root>
```

然后用一个查询表达式将数据导入"Customer"实体中。数据网格通过将其 ItemsSource 属性设置为该值来执行此查询。在具有大量元素且元素个数适当时，网格本身工作还是良好的。如果增加元素数量，则应用程序需要花更长的时间来启动，但是一旦加载完成，媒体将流畅地播放。一旦开始在数据网格应用程序中滚动，应用程序的负载将增加。

　　我们在一个 Intel 双核 2.16 GHz、具有 2 GB RAM 的处理器上运行此具有一百万个数据网格元素的应用程序。当我们在网格中滚动，大概也就这么多元素时，应用程序开始有些费劲。

当通过增加元素数量，并在网格中滚动来为应用程序做压力测试时，将遇到两个初始瓶颈——即处理器的使用率暴涨和帧率降低。后者的行为可以从媒体元素跳动过于显著看出来，并且 Internet Explorer 状态栏中的帧率计数器也变得很低。在处理数据时对系统的另一个影响是，浏览器处理所消耗的内存数量。当拥有一百万个元素时，如果查看处理器的内存使用，将看到大约 250 MB 的消耗量。

这是处理数据时性能影响的一个简单例子，但是在处理大量数据时要进行更深层的考虑：

- 用实际数量的数据来测试应用程序。如果用 10 000 行数据在一台高端开发机器上测试应用程序，没有办法推断它运行得很好，但是如果它能在一台低端的客户机器上处理一百万行数据，则可以说明它的性能很好。
- 在应用程序其余部分的语境中测试它。此例子中只有一个数据网格和一个视频，用来说明核心的概念。在现实世界中，可能在屏幕上拥有很多控件、动画等，所以期望遇到此处用到的这么多数据行可能是不现实的。如果已经在数据网格上应用了复杂的主题或模板，那么要考虑这些可能会对性能造成很大的影响。

第三点，在处理这种数量级的数据时，考虑改进性能的领域要关注到在某个时间在客户端上到底需要多少数据。从 UI 的角度来看，在一个数据网格中拥有如此多的数据不是特别直观。因为用户必须在数据中滚动以查找一个特定的记录，因此将数据分割成多个数据网格可能会好一些。可以在数据上提供一个过滤器，以允许将数据行按办公室位置进行分类，甚至可以按以某个字母开头的姓来进行分类。

在呼叫中心例子中，可能的情况是，如果一个呼叫者打电话进来，您能够进入服务器仅为这位用户搜索数据。在企业的例子中，此过程相对较快，并且可以大大减少每次在客户端所保留的数据量。另一个方法可能是在本地缓存数据。所以，可以在应用程序启动时抓住初始的机会将数据下载(或者最少是数据的一个大子集)，然后将这些数据持久化到隔离存储中。仍然需要避免一次性地将这些数据加载到数据网格中，但是这里的优势是，当需要这些数据，不需要进入网络，而只需要在磁盘上本地搜索所需要的数据。这种作法的开销相对较低，尤其在基于 Web 的场合中更是如此。

在此测试上还有几点要注意的是，DataGrid 具有一些内在的性能优化，以便处理大量数据。DataGrid 使用的关键优化是 UI 虚拟化的优化。UI 虚拟化(UI Virtualization)是一个术语，指的是只有可见数据能够由控件处理。例如，如果在 DataGrid 中有 1 000 行，由于屏幕的限制，不太可能一次看到它们全部，并且可能只能看到一个拥有 20 行数据的子集。虚拟化技术意味着控件将只能处理 20 行，而不是总数 1 000，它大大改进了应用程序的性能。当然，当数量上升到前面提到的一百万时，如果一次滚动多个可视区域，那么应用程序需要以一个有可能更快的频率来计算和处理新的可视区域。这种情况仍然会有其他问题。事实上，如果使用诸如 ListBox 的控件来查看数据，可能会注意到性能更糟，因为它没有使用虚拟化技术。

目前，市面上有很多控件提供商。提供商 www.devexpress.com 提供了另一个免费的 DataGrid 控件，您可能希望在它的功能和可比性能方面作进一步研究。可以从 www.devexpress. com/ Products/NET/ Controls/Silverlight/Grid/上注册和下载此控件。

## 16.3.15　减少应用程序与服务器的通信

前一节已经简要地讨论了如何减少在内存中保留大量元素的方法，即在需要的时候对服务器提出数据搜索请求。这是一种提高性能的方法，但是并不总是可以解决问题的万能钥匙。首先，在 Web 应用程序中执行开销最大的操作几乎就是访问 Web。换句话说，任何网络上的通信开销都将比直接从内存上取数据要昂贵好几倍。另外要注意的一个事项是，这不仅仅只是涉及到数据访问，还可能涉及到获取应用程序依赖的某种资源，例如图像、视频等。虽然减少应用程序到服务器的来回次数(并让它不需要这么多通信)是个好主意，但是还是要小心，不要把其他性能都将到最低。它应该是一个折中考虑。需要考虑的主要因素如下：

- 数据被请求的频率是多少？
- 服务器上的数据被其他客户端修改的频率是多少？需要知道了解这一点吗？
- 真的一次需要全部的数据吗？或者可以考虑一个子集吗？
- 数据可以存放在本地磁盘上吗？或者更高效地存储在内存中吗？

到现在为止，我们都假定通信频繁的应用程序是与大量数据密切相关的，但是情况并不总是这样。可能情况是需要的数据很少但是变化的频率很高。服务器上的数据变化频繁所带来的问题是，常常需要了解它在什么时候发生了变化，以保证客户端不是在使用旧的数据。此问题的一个解决方法，就是让应用程序定期询问服务器以检查数据是否改变了。如果改变了，它可以通知客户端。如果在网络上有很多运行同一应用程序的客户端，这对于网络来说就是一个负担了，并且真正的弊端是，这可能导致90%的轮询请求结果是数据没有改变。另一种方法仅仅是为了减少不必要的轮询，并且建立一个规则，在该规则中，要么是最后一个修改数据的客户端修改数据时进行更新，要么是修改数据的第一个客户端修改数据时更新——不管采用什么规则，都可以免除轮询的需要。此方法能产生效果，不过当然不能适应每个商业案例，但是不应该默认地假设需要知道已经改变的数据的时间秒数。第9章已经介绍了另一种方法，ASP.NET 开发人员可能对它不是很熟悉。该方法让服务器通过套接字通知所发生的变化。这里我们不再重新讨论它了，但是出于完整性的考虑，可以将它看作在某些场合减少应用程序通信频繁的一种方法。

## 16.3.16　运行时性能

看起来，开发人员好像肩负了很多性能调整的任务，因此本节在这里将列出产品团队 (Product Team)为了构建框架而所做的一些优化。如果处理得好，该框架将提供应用程序所要求的性能。了解这些优化有很大的用处，因为通过了解底层的设施，开始在它上面构建项目时就可以做出更明智的决策。

您已经知道了 Silverlight 为改进性能而在设计时做了一些设计决策——即.NET Framework 的删减版，它包括删减的基本类库(Base Class Library)和 Windows Presentation Foundation 的 XAML 子集，以让它仍然保持体积小、吸引人和插件般的大小。该优化趋势一直贯穿 Silverlight 开发过程，因此在这里覆盖所有这些是不现实的。本节列出了一些 Silverlight 提供的不那么为人知晓、但是可以更进一步实现的优化。

### 1. 多核

Silverlight 的好功能之一是它可以利用执行 Silverlight 应用程序的机器上的多处理器核。在规划目标应用程序运行的硬件时，这是需要考虑的重要因素。

### 2. 异步模式

如果已经编写过与服务器通信的代码，不管是使用 WebClient 的 Web 服务调用还是 HttpWebRequest，通信模式均已从传统的同步设计转变成了异步模式。所以在传统的 ASP.NET 开发中，如果在 CalcService Web Service 上调用 Add Web 方法，客户端代码将看起来如下所示：

```
private void btn1_Click(object sender, RoutedEventArgs e)
{
    CalculatorSoapClient svc = new CalculatorSoapClient();
    txtResult.Text = svc.Add(2,2).ToString();
}
```

在 Silverlight 模型下，现在必须写更多行代码，如下所示：

```
private void btn1_Click(object sender, RoutedEventArgs e)
{
    CalculatorSoapClient svc = new CalculatorSoapClient(binding, addr);
    svc.AddCompleted += new EventHandler<AddCompletedEventArgs>
    (svc_AddCompleted);
    svc.AddAsync(2, 2);
}

void svc_AddCompleted(object sender, AddCompletedEventArgs c)
{
    txtResult.Text = e.Result.ToString();
```

　　}

　　实际上，对于比较传统的 Web 开发，可以选择使用此异步模式，但是很少能发现有应用程序以这种方法编码。除了同步调用 Web 方法(或相反)特别简单外，在一般的 ASP.NET Web 应用程序中，异步地执行此操作实际没有任何意义。这种现象的原因是，如果需要从服务器返回的一些信息，无论如何都会要求完整的页面回传。只有在转向使用 AJAX 时，才开始能够摆脱同步模型的束缚，并且这种情况下也有它自己的方式实现此操作——通过 XmlHttpRequest 对象。由于 Silverlight 应用程序界面足够丰富，不再指望每次做出对服务器的请求时整个页面都刷新，也不指望在这样的请求过程中用户界面冻结，因此它驱动着您走上只用异步模型的路线。不过，这样需要添加一些额外的代码行。

　　此决策确实消除了在一个长时间运行的操作中开发人员阻塞 UI 线程的可能性，并且它帮助克服了本章开头部分讨论的瓶颈之一。在后台，此模式实际上触发了一个新线程来产生请求，但是这是一个如此普通的操作，因此不需要了解额外请求线程的潜在复杂性。

### 3. XAML 分析器

　　Silverlight 运行时核心中的 XAML 分析器(XAML Parser)必须提供较好的性能——毕竟，XAML 几乎是应用程序的活力源泉——当然是针对设计者而言。在很多情况下，您需要在隐藏代码中操作可视化树，这是完全合法的。当通过代码加载 XAML 并操作可视化树时，要记住一件事，由于是在托管代码中编写代码，这意味着在后台正通过一个互操作层来完成操作。这样做在性能方面相对花费较高。通过直接在 XAML 中声明 UI，XAML 分析器读取 XAML 并构建可视化树，其优点是 XAML 分析器是用本地代码编写，因此没有经历互操作层的额外费用。当然，不是所有的东西都可以直接在 XAML 中获得，并且常常会遇到不能从 XAML 中获取的情况，但是如果为了避免通过不必要代码来操作可视化树，则要了解这正是运行时的行为。

### 4. 比较

　　在今天的 Web 中有很多 RIA 框架，最值得关注的是 Flash。在现有的框架内，比较它们之间的性能是件很有趣的事。在 Web 上有一些站点，主张提供相同应用程序运行在各个框架下的一个几乎接近的基准。要小心这种基准，因为某个框架在一个领域的性能可能比在另一个领域时要好，并且代码示例没必要使用每种语言的最优化特性。但是不管用哪种方式来完成性能图表，看看这些资源都是很有趣的:

- www.bubblemark.com/——此站点上有一个应用程序，它与代码中的 BouncingBalls 示例不太一样。它可以增加和减少球的数量，并且它跟踪在每种后台技术中的帧率。
- www.craftymind.com/guimark/——GUIMark 是另一个渲染测试，但是它更关注于显示文本，并为被测试的每项技术提供了渲染引擎性能的另外一个方面。

# 16.4　小结

要在单个应用程序中考虑所有性能的影响是不可能的，但是本章给出了最常见的性能缺陷，并且给出了避免这些缺陷所应该采用的方法。

本章的目的是，首先列出一个性能不佳的应用程序可能存在的问题，然后逐个分析诊断导致性能不佳的方法。最后，本章介绍了许多 Silverlight 功能，从动画到网络通信。对性能而言，好的方法都存在于已经讨论过的大部分功能中，但是正如您已经意识到的一点，任何事情都不是只有黑和白。对于大部分功能，都需要进行折中。但是一旦建立了应用程序需要达到的性能指标，那么折中就要最小。直到知道了用户的主流硬件时才考虑性能是不可能的，因为在列出了硬件再测试这些步骤的有效性是非常困难的。最后，本章测试了承载应用程序的不同平台和浏览器上的变化对应用程序的性能影响。